单片机技术与节电装置设计

DANPIANJI JISHU YU
JIEDIAN ZHUANGZHI SHEJI

刘利军　编著

U0341886

中国电力出版社
CHINA ELECTRIC POWER PRESS

内 容 提 要

本书是在《节电技术及其工程应用》《电气控制与节电系统设计》节电技术知识丛书的基础上，利用更加先进的技术知识，将单片机技术和节电控制技术有机整合编写而成，进一步拓宽了节电技术知识，使从事节电工作的工程技术人员或节电产品研发设计人员在学习和掌握了单片机技术的同时，能够解决节电产品的一些实际问题，将知识转化为生产力。本书内容丰富，理论结合实际，通俗易懂，条理清晰，可读性和实用性强。

全书包括单片机概述，51 单片机系统结构和基本原理，51 单片机汇编语言程序设计基础，C 语言及 C51 程序设计，51 单片机的中断、定时与串行通信，51 单片机系统扩展，51 单片机的模拟与数字接口技术，变频器节电运行参数显示调节装置的设计，路灯时段控制节电装置的设计，交流电动机测流节电控制装置的设计，基站机房节电及换风节能控制装置的设计共 11 章。

本书可供从事节电、自动控制、电力电子等专业的工程技术人员、电子产品研发设计人员学习使用，也可作为大学本、专科单片机课程教材以及职业学院、技师学院等相关专业学生的教学用书或者参考书，也可作为拟就业人员、中高级电工和技师的学习与培训教材。

图书在版编目(CIP)数据

单片机技术与节电装置设计/刘利军编著. —北京：中国电力出版社，2016.7

ISBN 978-7-5123-9096-6

Ⅰ. ①单⋯　Ⅱ. ①刘⋯　Ⅲ. ①单片微型计算机-应用-技节能-电力装置　Ⅳ. ①TM7

中国版本图书馆 CIP 数据核字(2016)第 055428 号

中国电力出版社出版、发行

(北京市东城区北京站西街 19 号　100005　http://www.cepp.sgcc.com.cn)

北京市同江印刷厂印刷

各地新华书店经售

*

2016 年 7 月第一版　2016 年 7 月北京第一次印刷

787 毫米×1092 毫米　16 开本　33.75 印张　871 千字

印数 0001—2000 册　定价 **98.00** 元

前　言

随着信息科学和微电子控制技术的深入发展，现代的计算机技术出现了通用计算机系统和嵌入式计算机系统两大分支，单片机是嵌入式系统中的典型代表。单片机最本质的功能特性是控制。它将典型的计算机功能资源制作于一片集成电路之中，然后嵌入到各类具体设备内部，如可广泛地嵌入到家用电器、机器人、工业控制单元、仪器仪表、汽车电子系统、金融电子系统、节电节能系统、通信系统等产品中，形成了可以实现人类智能的普遍意义上的控制器件，因此也称为微型控制器（MCU）。在众多的单片机中，MCS-51 系列（简称 51 系列或 51）机型的出现是 MCU 产业发展中的里程碑。它历经 30 多年的发展，从最早的 4 位机到 8 位机，一直发展到现在的 32 位机，其应用已渗透到科研、商业、国防、工农业生产、医疗卫生、生活等各个领域，已经形成了一个品种多、功能全、性价比高、用户群庞大的系列产品，成了事实上 8 位单片机的技术标准，也成了国内高校最为流行的单片机教学机型之一。51 单片机具有广泛的适用性，只要学会 51 单片机的操作，便可很容易的掌握其他门类的单片机。

单片机在节电产品上的应用也不例外，它是从事节电工作的工程技术人员或节电产品研发设计人员必须掌握的基本专业基础知识和技能。为增强国家科技实力，促进我国的"十三五"节能减排工作任务的顺利完成，不但要有前瞻的科学研究，还要有成熟和精湛的实用技术，科技创新无处不在。因此，本书致力于培养基础知识扎实且掌握实际运用技能的单片机应用型人才和节能创新型人才。

本书以简单易学的 51 单片机为对象机型，从实用出发，深入浅出、内容丰富、图文并茂、通俗易懂，系统地介绍了单片机的基本工作原理、硬件功能与汇编语言、C 语言程序设计、VB 程序设计，使读者快速认识单片机。通过学习本书介绍的几种典型节电装置的软硬件设计，可使读者进一步获取大量单片机应用知识的同时，充分利用单片机技术增加电子产品以及节电产品的研发能力。单片机技术是实践性很强的技术，实践是学好单片机技术的最佳方式，所以建议读者要多看、多分析电路图，多读程序，多编程序，多动手，多练习，只有这样才能真正掌握单片机的技术。

本书共分为 11 章，前 7 章介绍了 51 单片机的基本入门知识，后 4 章详细介绍了电力电子类节电装置的原理及其软硬件的设计，读者可在此基础上举一反三设计出更多更好的电子产品或节电产品。主要内容有：

第 1 章是单片机概述。通过本章的学习，读者可以较全面地了解单片机的概念、发展、应用、研发流程、主要品种及系列以及基础知识数制与编码。

第 2 章简述了 51 单片机系统结构和基本原理。本章是 51 单片机的基础，通过学习，读者可以了解和掌握 51 单片机的结构、引脚、存储器、寄存器、I/O 端口、时钟、复位电路等方面的基础知识。

第 3 章介绍 51 单片机汇编语言程序设计基础。通过本章的学习，了解汇编语言的指令格式、符号标识、伪指令、寻址方式、指令系统、程序的设计及程序的基本结构等内容。学完该章后，可以读懂和设计 51 单片机的汇编程序。

第 4 章介绍 C 语言及 C51 程序设计。主要介绍了 C 语言基础、构造数据类型、函数与

C51 程序的结构与设计等。学完该章后，读者可以编写 51 单片机 C 程序。

第 5 章介绍 51 单片机的中断、定时与串行通信。本章首先介绍了中断的概念，并以 51 单片机的中断系统为例介绍了中断的处理过程及应用。之后介绍了单片机系统中一个重要的部件：定时/计数器。最后介绍了单片机串行通信的基本知识及单片机串行口的结构、特点、工作方式，并简单介绍了单片机双机、多机通信技术以及 PC 机与单片机的通信实例。通过本章的学习，使读者掌握和了解 51 单片机中的这些重要技术。

第 6 章介绍 51 单片机系统扩展。通过本章的学习，了解 51 单片机的外部程序存储器（ROM）、外部数据存储器（RAM）、并行 I/O 接口的扩展技术以及常用的串行存储器。在本章的应用举例中给出了一个实用的电子密码锁产品的硬件和软件的设计实例，供大家学习参考。

第 7 章介绍 51 单片机的模拟与数字接口技术，着重介绍了在设计电子产品以及节电产品时，常用到的一些模拟与数字接口技术。详细讨论了模拟量输出电路以及光耦隔离输入技术和功率输出接口技术。

第 8~11 章介绍节电装置的设计。在这 4 章中，每章的开始首先进行了相关器件的介绍，如键盘、LED 显示器、LCD 液晶显示器、DS1302 时钟芯片、8 位串行 A/D 转换器 ADC0832、12 位串行 A/D 转换器 TLC25443、单总线数字温度传感器 DS18B20 等。在第 9 章中还介绍了 Keil 开发工具的使用及 ISP 技术，在第 10 章中还介绍了新型 51 单片机 AT89S、STC89C 系列的内部"看门狗"电路及程序，在第 11 章中还介绍了 PC 机与单片机串行通信技术，以及 PC 机程序常用的编程软件 Visual Basic 6.0（简称 VB6.0）的使用。通过前面一系列单片机技术知识的学习，在此基础上利用单片机技术，在这 4 章中每章的最后，系统介绍了几种不同类型节电装置的软硬件设计，主要有设计功能要求、硬件电路设计、单片机软件源程序设计以及 PC 机 VB 源程序设计等设计内容。

本书在编写过程中，山东省节能办公室郑晓光主任给予了深切关心和支持帮助，还得到了山东瑞斯高创股份有限公司刘黎明董事长的大力支持，车伟、刘猛等为全书的图、表绘制、排版付出了辛勤的劳动，刘筠在教学的百忙之中也帮助整理了书中的部分文字，在此谨向他们表示衷心的感谢！

本书参考了 Atmel、Silicon Laboratories、Keil 公司的数据手册与应用注释、广州周立功单片机发展有限公司的网站、众多 51 内核单片机等网站提供的资料，以及相关单片机的参考文献，在此谨向网站资料作者及参考书作者深表诚挚的谢意。

由于学识水平有限，书中不妥之处在所难免，敬请广大读者批评指正。

编　者

2016 年 1 月

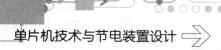

目　录

## 第 1 章

单 片 机 概 述

1.1 基 础 知 识

1.1.1 单片机的概念

1. 单片机的基本概念

电子计算机自 1946 年诞生以来，已经历了四代的发展。第四代微型计算机是大规模集成电路的产物，而单片机属于第四代微型计算机的一个重要分支。单片机的应用导致了控制领域的一场革命，使微控制技术（软件控制）逐步取代传统的硬件控制。

单片微型计算机是把中央处理器或称微处理器（Central Processing Unit，CPU）、一定容量的随机存取存储器（Random Access Memory，RAM）、只读存储器（Read Only Memory，ROM）、定时/计数器以及输入/输出（Input/Output，I/O）接口电路等部件集成在一块大规模集芯片上，其具有一台电子计算机的全部功能，这样的集成电路芯片简称单片机（Single Chip Microcomputer）。由于它们常用于控制装置，因此这类芯片也被称为微控制器（Micro-Controllers Unit，MCU）。

一个最基本的单片机（微型计算机）通常由运算器、控制器、存储器、输入设备、输出设备 5 部分组成。其中，由运算器、控制器、中断系统、寄存器组等构成中央处理器（CPU），成为单片机的核心部分，使用自己的指令系统，编制用户应用程序，实现运算和控制。单片机内部程序存储器 ROM 和数据存储器 RAM 是各自独立的，用于存放程序和数据，这是有别于其他计算机的一大特点。I/O 接口用于与外部设备连接，进行数据采集和传送数据计算、加工的结果。单片机除了具备一般微型计算机的功能外，为了增强实时控制能力，绝大部分单片机的芯片还集成有定时/计数器，A/D、D/A 转换器等功能部件。MCS-51 单片机的基本结构如图 1-1 所示。

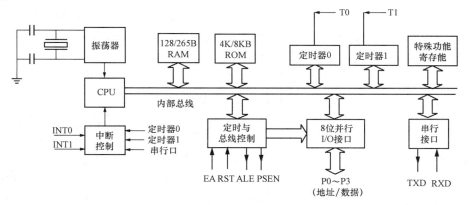

图 1-1　MCS-51 单片机的基本结构

单片机体积小，质量轻，抗干扰能力强，对环境要求不高，价格低廉，可靠性高，灵活性好，开发也较容易，这样即使是非电子计算机专业人员，通过学习一些专业基础知识，以后也能依靠自己的技术力量开发所希望的单片机应用系统，并可获得较高的经济效益，因此，在我国单片机现在已经广泛地应用于各行各业中。

2. 单片机的特点

一块单片机芯片就是一台计算机。由于单片机这种特殊的结构形式，使其具有很多显著的优点和特点，因而广泛应用于各个领域。

（1）优异的性能价格比。单片机把所需要的存储器、各种功能的 I/O 接口都集中在一块芯片内，特别是 1992 年以后，为了提高速度和执行效率，世界上许多公司采用了 RISC 流水线和 DSP 的设计技术，使单片机的性能明显优于同类型微处理器。片内 ROM 的容量发展到 32KB，片内 RAM 可达 2KB，单片机的寻址能力可达 1MB 以上。世界各大生产单片机公司在提高单片机性能的同时，进一步降低价格，不断提高单片机的性能价格比。

（2）控制功能强。单片机主要用于控制，要求以其构成的系统有实时、快速响应，能迅速采集到大量数据，做出逻辑判断与推理后实现对被控对象的参数调整与控制。因此单片机的指令系统中均有极丰富的 I/O 接口逻辑操作、位处理及转移等指令。单片机的逻辑控制功能及运行速度均高于同一档次的其他类型的微计算机系统。

（3）集成度高、有很高的可靠性。单片机把各功能部件集成在一块芯片上，内部采用总线结构，减少了各芯片之间的连线，大大提高了单片机的可靠性和抗干扰能力。另外，由于其体积小，在强磁场环境中易采取屏蔽措施，适合工作在恶劣环境下。

（4）低电压、低功耗。单片机大量应用于携带式产品和家用电器产品中，其低电压、低功耗的特性尤为重要。目前，单片机的功耗已经从毫安级降到微安级，甚至降到 $1\mu A$ 以下，电压在 1.5～6.0V 均能正常工作。

1.1.2 单片机的发展

自从 1974 年美国仙童（Fairchild）公司的第一台单片微型计算机问世以来，单片机的发展特别迅速，各种新、高性能单片机不断推陈出新冲向市场。迄今为止，单片机的发展大致可分为四个阶段。它的产生和发展与微处理器的产生和发展基本同步。

第一阶段（1971～1974 年）：1971 年 11 月美国 Intel 公司设计成了集成度为 2000 只晶体管/片的 4 位微处理器 Intel4004，其配有随机存取存储器 RAM、只读存储器 ROM 和移位寄存器等芯片，构成了第一台 MCS-4 微型计算机。随后又研制成了 8 位微处理器 Intel 8008，在此期间美国仙童公司还研制成了 8 位微处理器 F8。这些微处理器虽说还不是单片机，但从此拉开了研制单片机的序幕。

第二阶段（1974～1978 年）：初级单片机阶段，从 4 位逻辑控制器件发展到 8 位，使用 NMOS 工艺（速度低，功耗大，集成度低）。以 Intel 公司的 MCS-48 为代表，这个阶段的单片机内集成有 8 位 CPU、并行 I/O 接口、8 位定时/计数器，寻址范围不大于 4K，且无串行口。

第三阶段（1978～1982 年）：高性能单片机阶段，CMOS 工艺逐渐被高速低功耗的 HMOS 工艺代替。在这一阶段推出的单片机普遍带有串行 I/O 接口，有多级中断处理系统、16 位定时/计数器。片内 RAM、ROM 容量加大，且寻址范围可达 64KB，有的片内还带有 A/D 转换接口。这类单片机有 Intel 公司的 MCS51、Motorola 公司的 6801 和 Zilog 公司的 Z8 等。由于这类单片机应用领域极其广泛，目前生产公司仍在大力改进器件的结构与性能。

第四阶段（1982 年至今）：8 位单片机巩固发展及 16 位单片机推出阶段，此阶段主要特征是一方面发展 16 位单片机及专用单片机；另一方面同时不断完善高档 8 位单片机，改善其结构，以满足不同的用户需要。近 10 年以来，MCU 的发展出现了以下新的特点：

（1）在技术上，由可扩展总线型向纯单片型发展，即只能工作在单片方式。

（2）MCU 的扩展方式从并行总线型发展出各种串行总线。

（3）将多个 CPU 集成到一个 MCU 中。

（4）在降低功耗，提高可靠性方面，MCU 工作电压已降至 3.3 V（有些芯片已降至 1.5 V）。

（5）第四阶段的一个重要特征是 FLASH 的使用使 MCU 技术真正进入了第四代。

与通用微处理器不同，单片机的应用主要面向工业控制。单片机的发展是为了满足被控制对象的要求，构成各种专用控制器与多机控制系统。因此，单片机中的 8 位机仍是当前市场的主流，由于单片机在多媒体、汽车、节能、航空航天、高级机器人及军事装备等方面应用的需要，16/32 位单片机的应用得到发展。应注意，在单片机工程应用过程中，不应刻意追求其位数的多少，而应注重其实用性，充分发挥其内在资源的功能。

随着集成技术的发展和广泛应用的迫切需要，单片机的发展特别迅速，其发展趋势具有以下特点。

1. 技术高新化

由 16 位向 32 位系列发展，CPU 功能不断增强，运算速度和精度不断提高，采用新颖 AISC 结构，扩展内部资源，增强内部资源功能。目前，单片机内部存储器容量大大增加，ROM 从 4KB 达到了 32KB，RAM 从 128B 达到了 2KB，EPROM 从 512B 达到了 2KB，寻址空间可达 1MB 以上。另设有多组并行 I/O 接口、多路串行通信口、多功能定时系统、多路 A/D 转换、实时中断及多种监测系统、DMA 通道电路等。单片机控制系统外加硬件电路，减小了控制系统的体积，提高了系统的可靠性。

2. 低功耗、宽电压、高速度、高可靠性

单片机多数采用金属栅氧化物（CMOS）半导体工艺生产，CMOS 芯片除了低功耗特性之外，还具有功耗的可控性。CMOS 电路的特点是低功耗、高密度、低速度、低价格。采用双极型半导体工艺的 TTL 电路速度快，但功耗和芯片面积较大。随着技术和工艺水平的提高，又出现了 HMOS（高密度、高速度 MOS）和 CHMOS 工艺。目前生产的 CHMOS 电路已达到 LSTTL 的速度，其传输延迟时间小于 2ns，它的综合优势已优于 TTL 电路。因此，在单片机领域 CMOS 正在逐渐取代 TTL 电路。几乎所有的单片机都有 WAIT、STOP 等省电运行方式。其允许使用的电压范围越来越宽，一般为 3～6V。8051F9×× 单片机的最低电压可为 0.9V，Atmel 公司最新发布的 0.7V TinyAVR 甚至可以用一个纽扣电池供电。主频率在 12、24、33MHz 以上，且可在很宽的频率范围内运行。普遍在片内集成多种监视设施，以防止程序受干扰而跑飞或死机。为防止重要数据丢失而在片内增设电可擦 EPROM 存储器。其工作环境为 -40～85℃。

3. 品种多样化

为了能满足各种不同应用的需要，目前单片机的集成度不断提高，除了一般必须具有的 CPU、ROM、RAM、定时/计数器等以外，片内集成的部件还有模/数转换器、人机界面、通信接口、I^2C、SPI、CAN、USB 总线等。人机界面技术开始只在高端单片机产品中，现在已经延伸到中低端单片机上了，这就是工业产品的消费化趋势。AVR、PIC 单片机都支持 LCD、触摸传感功能。Atmel 公司的 Qtouch 技术与 Pico-Power MCU 和触摸软件库形成低成本方案。随着互联网的广泛应用，各种有线和无线通信方式与单片机结合的越来越紧密。CAN、USB、Ethernet 已经成为 32 位单片机的基本组成部分。无线技术在工业和消费电子产品中的应用越来越多。如 TI 公司的 CC2430，其又称为无线单片机，它是一种集成了单片机和无线收发模块的 SoC。

4. 语言高级化

随着单片机更广泛深入地开发应用，存储器和寻址空间的扩大，高级 C 语言面向对象的进步，以及广大编程人员对 C 语言的普遍熟悉，加上汇编语言设计复杂程序的固有缺点等原因，使得 C 语言开发单片机应用软件将成为必然。目前，较高档的 8051 内核单片机系列都将配置 C 语言资源，较高档的开发系统均已具备 C 语言应用开发功能。

1.1.3 单片机的应用

单片机与其控制对象结合，构成的电子系统常称为嵌入式系统。嵌入式系统中单片机的运行控制算法，使被控制对象智能化。目前，单片机已渗透到我们工作、生活的各个领域，几乎很难找到哪个领域没有使用单片机。如导弹的飞行控制装置用的就是单片机，网络数据传输通信、办公自动化、工业自动化控制、节电控制系统、仪器仪表、太阳能空调、智能 IC 卡系统、汽车与节能及各类家用电器的控制均离不开单片机。单片机的特点是体积小，再增加一些外围电路即可成为一个完整的应用系统。

单片机应用系统可以采集数字信号或通过 A/D 转换器采集模拟信号，将采集到的信号送入单片机进行信号处理，具有对数据、命令进行存储、运算、逻辑判断及自动化操作等功能，并将处理后的控制信号通过数字信号接口输出或者通过 D/A 转换器输出模拟信号，可以通过网络接口实现单片机与单片机或者单片机与 PC 的通信，还可以采用一些先进的控制理论和控制方法，具备良好的人机交互接口。与传统测控系统相比，单片机应用系统在测量过程自动化、测量数据处理及功能多样化方面具有更大的优势，还具有结构简洁、精度高、操作简单、扩展性强等优点，更容易实现高精度、高性能、高可靠性、多功能的目的。

单片机主要应用于控制系统中，对各行各业技术改造和产品更新换代起到了重要的推动作用。单片机应用的意义绝不仅限于它的广阔范围以及所带来的经济效益，更重要的意义在于从根本上改变着传统的控制系统设计思想和设计方法。这种以软件取代硬件的控制技术，称为微控制技术。随着单片机技术的发展和应用普及，微控制技术在智能化方面早已不是硬件控制所能比拟的，它带来了一场对控制技术的革命。因此，了解单片机，掌握单片机应用技术，具有划时代的意义。

1. 单片机应用系统的硬件电路及软件组成

（1）硬件电路的组成。硬件电路包括单片机及其接口电路、模拟量输入通道、开关量输入通道、模拟量输出通道、开关量输出通道、数据通信接口电路、人机通道（如键盘、显示器接口电路等），以及其他外围设备（如打印机等）接口电路。单片机应用系统组成如图 1-2 所示。

1）单片机及其接口电路。单片机及其接口电路包括单片机、程序存储器、数据存储器、输入/输出接口电路及扩展电路，功能是进行必要的数值计算、逻辑判断、数据处理等。

2）输入/输出通道。输入/输出通道是单片机和被测量监控对象之间设置的信号传递和变换的连接通道。它包括模拟量输入通道、开关量（数字量）输入通道、模拟量输出通道、开关量（数字量）输出通道等。输入/输出通道的作用是将被测量监控对象的信号变换成单片机可以接收和识别的代码，将单片机输出的控制命令和数据经变换后作为执行机构或电气开关的控

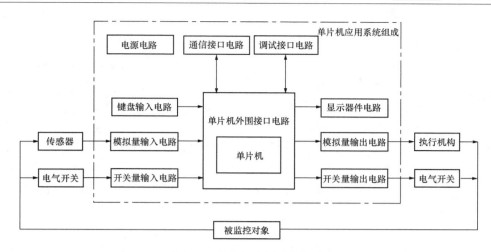

图 1-2　单片机应用系统组成

制信号，从而控制被测量监控对象进行期望的动作。

在单片机应用系统中，需要处理一些基本的开关量（数字量）输入/输出信号，如开关的闭合与断开、继电器的接通与断开、指示灯的点亮与熄灭、阀门的开启与关闭等，这些信号都是以二进制的"0"和"1"出现的。单片机应用系统中对应的二进制位的变化表征了相应器件的特性。开关量（数字量）输入/输出通道就是要实现外部的开关量信号和单片机的联系，包括输入信号处理及输出功率放大电路。

模拟量输入/输出通道由数据处理电路、A/D 转换器、D/A 转换器等构成，用来输入/输出模拟量信号。其中，模拟量输入通道的任务是把传感器，如压力变送器、温度传感器、液位传感器、流量传感器等监测到的模拟信号转变为二进制数字信号，送给单片机处理。模拟量输出通道的任务是把单片机输出的数字量信号转换成模拟电压或者电流信号，驱动相应的执行机构动作，达到控制的目的。

3）通信接口。通信接口用来实现单片机与外界其他计算机或智能外设交换数据。

4）人机通道。人机通道是人和单片机应用系统之间建立联系、交流信息的输入/输出通路，包括人机接口和人机交互设备两层含义。人机接口是单片机和人机交互设备之间实现信息传输的控制电路。人机交互设备是单片机应用系统中最基本的设备之一，是人和单片机应用系统之间建立联系、交换信息的外部设备，常见的人机交互设备可分为输入设备和输出设备两类。其中，输入设备是人向单片机应用系统输入信息，如输入键盘、开关按钮等；输出设备是单片机应用系统直接向人提供系统运行结果，如显示装置、打印机等。通过单片机应用系统的人机通道，向单片机应用系统输入命令和数据，了解单片机应用系统运行的状态和显示相关的工作参数。

单片机应用系统的工作过程大致如下：输入信号经过开关量输入通道电路或模拟量输入通道电路进行变换、放大、整形、补偿等处理。对于模拟量信号，需经 A/D 转换器转换成数字信号，再通过接口送入单片机。由单片机对输入数据进行加工处理、计算分析等一系列工作，通过接口送至显示器或打印机，也可输出开关量信号或经模拟量通道的 D/A 转换器转换成模拟量信号，还可通过串行口（如 RS-232C 等）实现数据通信，完成更复杂的测量、控制任务。

（2）软件组成。硬件只是为单片机应用系统提供底层物质基础，要想使单片机应用系统正常工作必须提供或研制、开发相应的软件，单片机应用系统软件可以分为系统软件、支持软件和应用软件。

系统软件包括实时操作系统、引导程序等。支持软件包括汇编语言、编译程序、高级语言等。应用软件是系统设计人员针对某个测控系统而编制的控制和管理程序。单片机应用系统的应用软件包括监控程序、中断服务程序以及实现各种算法的功能模块。监控程序是单片机应用系统软件的中心环节，它接收和分析各种命令，并管理和协调整个程序的执行；中断服务程序是在人机接口或其他外围设备提出中断申请，并为单片机响应后直接转去执行，以便及时完成实时处理任务；功能模块用来实现仪表的数据处理和控制功能，包括各种测量算法（如数字滤波、标度变换、非线性修正等）和控制算法（如 PID 控制、前馈控制、模糊控制等）。

只有软件和硬件相互配合，才能发挥单片机的优势，研制出具有更高性能的单片机应用系统。

2. 单片机的应用形式

单片机应用系统各种各样，按使用单片机芯片数量的多少可分为单机应用和多机应用。

(1) 单机应用。在一个应用系统中，只用一片单片机（MCU），这是目前应用最多的方式。

1）在智能仪表中的应用。用单片机改造原有的测量、控制仪表，可提高其测量速度和精度，加强其控制功能，简化其硬件结构，使其便于使用、维修和改进。由单片机构成的智能仪表集测量、处理、控制功能于一体，赋予测量仪表以新的面貌。

2）在机电一体化中的应用。机电一体化是机械工业发展的方向。机电一体化产品是指集机械技术、微电子技术、计算机技术于一体，具有智能化特征的机电产品。单片机作为机电产品中的控制器，由于具有体积小、质量轻、可靠性高、功能强、安装方便等优点，大大优化了机电产品的功能，提高了产品的自动化、智能化程度。

3）在实时控制中的应用。单片机广泛应用于各种实时控制系统中，如工业过程控制、过程监测、航空航天、尖端武器、机器人系统等各种实时控制系统，它们都用单片机作为控制器。用单片机实时进行数据处理和控制，使系统保持最佳工作状态，提高系统的工作效率和产品质量。

4）在节电控制中的应用。电力是国民经济发展的基础资源，降低能源消耗是我国的基本国策。用单片机可实现对各种设施的节电控制及节电改造，如路灯的分时段节电控制、电动机调速节电控制、通信基站的新风节能控制、电磁调压综合节电控制等。

5）在太阳能方面中的应用。聚光式太阳能空调系统中的追日控制、光伏发电系统中的逆变控制、太阳能充/放电控制、太阳能路灯控制等。

6）在家用电器中的应用。目前国内外各种家用电器已普遍采用单片机代替传统的控制电路，如洗衣机、电冰箱、空调器、微波炉、音响设备、电风扇及许多高级电子玩具都配上了单片机，单片机在家用电器中的应用前景十分广阔。

(2) 多机应用。

1）功能集散系统。多功能集散系统是为了满足工程系统多种外围功能要求而设置的多机系统。例如，一个加工中心的计算机系统除了完成机床加工运行控制外，还要控制对刀系统、坐标系统指示、刀库管理、状态监视、伺服驱动等机构。

2）并行多机控制系统。为解决工程应用系统的快速性问题，常使用多片单片机构成大型实时工程应用系统。这些系统有快速并行数据采集、处理系统和实时图像处理系统等。

3）局部网络系统。单片机网络系统的出现，使单片机应用进入了一个新的水平。目前单片机构成的网络系统主要是分布式测控系统。

3. 应用系统

在工业系统中，单片机的主要功能在于实现计算机控制，下面简要介绍一下单片机在工业控制中的一般应用。

（1）单片机在直接数字系统中的应用。直接数字控制（Direct Digital Control，DDC）是单片机在工业控制中应用最普遍的一种方式。在这种方式中，单片机作为系统的一个组成部分或环节，直接参与控制过程，其原理框图如图1-3所示。由图1-3可知，一台单片机可以对多个被控参数进行巡回检测，并把检测结果和给定值进行比较，再按事先约定的控制规律进行运算处理，然后通过A/D和反多路开关执行机构动作，从而使生产过程始终处于最佳运行状态。

（2）单片机在分布控制系统中的应用。分布控制系统（或称为集散控制系统）（Distributed Control Systems，DCS），实际上是一个分级结

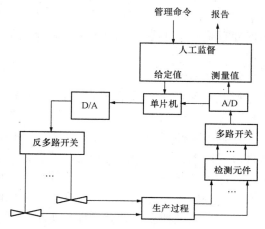

图1-3 DDC控制系统原理框图

构的计算机系统，是由一台或数台主计算机和若干单片机构成的计算机系统。如图1-4所示为一个三级管理的分布式计算机系统。

在图1-4中，厂级管理计算机用于厂级事物管理、新产品开发和对下属车间的指导，主要采用大型或超级微型计算机系统。车间监督计算机（Supervisory Computer Control，SCC）用于车间一级的事务管理和对班组生产的指导，常由微型计算机或中、小型计算机构成。设备控制级又称DDC级，用于对生产过程的直接控制和接受SCC来的指导，大部分采用单片机制成。

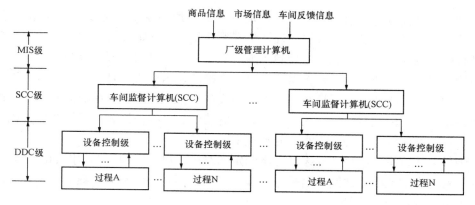

图1-4 三级管理的分布式计算机控制系统

显然，单片机在工业控制中直接位于控制第一线，它具有面大量广的特点，是工厂自动化的关键部件之一。

1.1.4 单片机应用系统研发流程

单片机应用系统是一个比较复杂的信息处理系统，其研制开发过程同样是一个复杂的系统工程。这一过程包括市场调查（过去的市场、现在的市场、将来的市场等）、资料检索查询、

可行性分析（经济性、技术先进性、客观条件、社会效益等）、组建研制小组、系统总体方案设计、方案论证和评审、硬件和软件的分别细化设计、硬件和软件的分别调试、系统组装、实验室仿真调试、烤机运行、现场试验调试、验收等。

由于这是一个复杂的系统工程，在此不能逐一详细介绍，只能简单介绍一下系统总体设计方案，确定硬件结构和软件算法，研制逻辑电路和编制程序，以及系统的调试和性能测试等。为保证系统质量和提高研制效率，设计人员应在正确的设计思想指导下进行系统研制的各项工作。

依据系统的功能要求和技术经济指标，按系统功能层次把硬件和软件分成若干个模块，分别进行设计和调试，然后把它们连接起来，进行总调，这就是设计单片机应用系统的基本思想。

通常把硬件部分分成单片机、输入/输出通道、人机通道、通信接口及电源等模块，而把软件分成监控程序（包括初始化、键盘、显示管理、中断管理、时钟管理、自诊断等）、中断服务程序以及各种测量和控制算法等功能模块。这些硬件、软件模块还可以继续细分，由下一层次更为具体的模块来支持和实现。模块化设计的优点是，无论是硬件还是软件，每一个模块相对独立，故能独立地进行设计、研制、调试和修改，从而使复杂的工作得以简化。模块间的相对独立也有助于研制任务的分解和设计人员之间的分工合作，这样可以提高工作效率。

设计、研制一台单片机应用系统大致可分为三个阶段：确定任务、拟定设计方案阶段；硬件、软件研制及系统结构设计阶段；系统试验调试、性能测定阶段。

1. 制定总体方案

对单片机应用系统的研制，应充分注意与实际问题相结合，以解决实际问题为出发点。研制小组通过对实际问题的仔细调研和分析，对用户需求的熟悉和理解，才能确定项目的研制任务，提出切实可行的系统总体方案。系统总体方案包括硬件总体方案和软件总体方案。硬件和软件是相互结合的有机整体，既有联系又有区分。系统总体设计时，两者要相互协调，形成最终的统一方案。

（1）确定设计任务和系统功能。首先确定单片机应用系统所要完成的任务和应具备的功能，如系统是用于过程控制还是数据处理，都有哪些功能；确定经济技术指标，如系统的精度要求、系统的开发成本和生产成本的控制范围；系统输入信号的类型、范围和处理方法；过程通道的结构形式和通道数，以及是否需要隔离；系统的显示格式，是否需要打印输出；系统是否具有通信功能等。以此作为系统软件、硬件的设计依据。另外，对系统的使用环境情况及维修的方便性也应充分的注意。设计人员在对系统的功能、可维护性、可靠性及性价比综合考虑的基础上，提出系统设计的初步方案，并形成书面文件。

（2）硬件总体方案。硬件总体设计方案制定的时候，尽量采用功能框图的方法，明确系统的结构，确定各个功能模块之间的信号输入输出关系，不必拘泥到具体细节。硬件总体方案设计需要考虑以下内容：

1）确定系统的结构类型和构成方式，即确定是采用分散控制系统、分级型控制系统还是直接数字控制系统，以及采用的单片机。

2）外围设备的选择，包括各类传感器、变送器和执行器等。

3）还应考虑人机关系、系统机械电气结构、抗干扰等。

（3）软件总体方案。软件总体方案的设计思想和硬件总体方案的设计思想类似，自顶而下尽量采用功能框图的方法，确定各个功能模块之间的接口输入/输出关系，表达清楚，明确系统的软件结构。另外，还需考虑数学模型、控制策略和控制算法等。

（4）系统总体方案。当硬件总体设计方案和软件总体方案通过反复琢磨，最终确定之后，将两者合二为一，构成系统总体方案，形成文档。通过进一步的方案论证和评审，完成总体方案可行性报告和总体方案设计报告，产生具体的研制任务书和产品保证要求，明确产品研制技术流程和进度安排等环节。

通过调查研究对方案进行论证，完成单片机应用系统的总体方案设计工作。在此期间应绘制系统总图和软件总框图，拟订详细的工作计划。

（5）开发方案主要内容。在经过市场调查、资料检索查询、可行性分析之后，即可拟订一个开发方案。开发方案要结合项目实际情况，根据当前人员配置、技术储备、财务储备等条件，总结完善出书面文件。开发方案主要内容如下：

1）研制开发课题的背景，包括课题研究内容和目的等。

2）国内外技术状态和发展趋势。

3）项目开发可行性分析。

4）预期功能指标、性能指标及成果。

5）总体方案。

6）技术途径。

7）开发流程规划。

8）开发物资保障条件。

9）技术力量和分工。

2. 工程设计与实现

（1）硬件工程设计与实现。硬件电路的设计包括单片机接口电路、输入/输出通道、人机交互接口电路和通信接口电路等功能模块。设计电路时，尽可能采用典型的线路，力求标准化；电路中的相关元器件性能必须匹配；扩展元器件较多时须设置线路驱动器；为确保系统能长期可靠运行，还须采取相应的抗干扰措施，包括去耦滤波、合理的走线、通道隔离等。

完成电路设计，绘制好布线图后，应反复核对，确认线路无差错，才可加工印制电路板。制成电路板后仍须仔细校核，以免出现差错，损坏元器件。

硬件工程设计与实现要尽量遵循模块化、通用化和系列化的思想，力求使硬件设计简洁可靠。

1）单片机的选择。合适的单片机可以简化系统设计，使系统具备优秀的处理核心，加快开发流程，提高产品的可靠性。单片机及其接口电路是单片机应用系统的核心，为确保系统的性能指标，在选择单片机时，需考虑内部存储器容量的大小，I/O 接口是否足够，硬件配套是否齐全，以及芯片的价格等。在内存容量要求不大、外部设备要求不多、速度要求不高的单片机应用系统中，可采用 8 位或 16 位单片机。若要求系统运算功能强、处理精度高、运行速度快，则可选用 16 位或 32 位单片机。

2）总线的选择。总线包括内部总线、外部总线和系统级总线等。良好的总线方式可以简化硬件设计，提高可扩展性和可更新性。

3）输入/输出通道。其包括模拟量输入通道、开关量（数字量）输入通道、模拟量输出通道、开关量（数字量）输出通道等。输入/输出通道是单片机和外部元器件的接口通道，也是产品和外界的接口通道。其选用和设计方法必须考虑各种性能指标和因素，如分辨率、采样速率、量程、可靠性、输入/输出通道数、串行操作还是并行操作等，使其满足实际需要。

4）由于单片机是通过各种接口与键盘、显示器、打印机等部件相连接的，并通过输入/输出通道，经测量元件和执行器直接连至被测和被控对象，因此人机交互接口电路和输入/输出通道的设计是研制的重要环节，应力求可靠实用。

5）变送器和执行机构。变送器用来实现对被测量的数据采集（如压力、温度、流量、液位等），其输出接口有电压型、电流型、数字型、总线型等方式。执行机构用于接收单片机的控制信息，控制动作执行，如电磁阀、加热器、电动机等。应根据实际情况和被控制对象的特性选取合适的器件。

（2）软件工程设计与实现。通常，应用系统软件需要自行开发。开发过程中，应该先绘制程序总体流程图和各个功能模块的流程图，选择合适的编程语言，编写各个模块的软件程序，然后将各个功能模块组合成一个整体，完成预期功能。

1）数据接口和数据结构。因为各个功能模块之间有一定的联系，相互之间要进行参数信息传递，为了避免接口混乱，程序调用错误，必须明确各个功能模块之间的数据接口以及数据结构。

2）资源分配。软件程序都要占用一定的硬件资源，如程序存储器、数据存储器、定时器、通信接口、I/O 接口、中断源等，必须做好详细的分配，避免资源浪费和资源紧张现象的出现。

3）控制软件设计。这部分内容包括数据采集和数据处理程序、控制算法程序、控制输出程序、实时时钟程序、中断处理程序、数据管理程序、数据通信程序等，它直接影响系统软件代码的质量和最终软件的性能。

4）编程语言的选择。编写程序可用机器语言、汇编语言或各种高级语言。究竟采用何种语言则由程序长度、系统的实时性要求以及所具备的研制工具而定。规模不大的应用软件，大多采用汇编语言来编写，这种编写可减少存储容量，降低器件成本，节省机器时间。研制较复杂的软件且运算任务较重时，可考虑使用高级语言来编程。采用 C 语言编写源程序，编程方便，软件可读性强，易于修改和扩充。该软件功能强，编译效率高，有助于开发规模大、性能更完善的应用软件。编完程序，经汇编或编译生成目标码。

软件设计应注意结构清晰，存储区规划合理，编程规范，以便于调试和移植。同时，为提高仪表可靠性，应实施软件抗干扰措施。在程序编写过程中，还必须进行优化工作，即仔细推敲、合理安排，利用各种程序设计技巧，使编出的程序所占内存空间较小，执行时间较短。

3. 系统的调试

研制阶段只是对硬件和软件进行了初步调试和模拟试验。样机装配好后，还必须进行联机试验，识别和排除样机中硬件和软件两方面的故障，使其能正常运行。待工作正常后，便可投入现场试用，使系统处于实际应用环境中，以考验其可靠性。在调试中还必须对设计所要求的全部功能进行测试和评价，以确定系统是否符合预定性能指标，并写出性能测试报告。若发现某一项功能或指标达不到要求时，则应变动硬件或修改软件，重新调试，直至满足要求为止。

系统的调试分为两个阶段，即试验室试验调试和现场试验调试，这两部分内容又分别包含硬件调试和软件调试两方面内容。试验调试是一个综合的过程，需要相关人员相互配合完成。

1.1.5　单片机主要品种及系列

单片机可以按以下几种情况进行分类：CPU 处理字的长度、使用范围、主要产品系列。

1. CPU 处理字的长度

就 CPU 处理字的长度而言，有 4 位单片机、8 位单片机、16 位单片机、32 位单片机。

（1）4 位单片机。4 位单片机的字长为 4 位，一次并行处理 4 位二进制数据。单片机的开发利用是从 4 位机开始的。自 1975 年以来，几乎所有的 4 位微型计算机全是单片机结构。4 位单片机的主要生产公司有日本 SHARP 公司的 SM 系列、东芝公司的 TLCS 系列、NEC 公司的 uCOM75×× 系列和 uPD75×× 系列、松下公司的 400 系列、福士通公司的 MB88 系列，美国 TI 公司的 TMS1000、NS 公司的 COP400 系列、洛克威尔（Rockwell）的 PPS/1 系列等。

4 位单片机的特点是价格便宜，结构简单，功能灵活，既有相对的数字处理能力，又有较强的控制能力。其主要应用于洗衣机、微波炉等家用电器及高档电子玩具中。

（2）8 位单片机。8 位单片机已成为单片机中的主要机型。在 8 位单片机中，一般把无串行 I/O 接口和只提供小范围寻址空间（小于 8KB）的单片机称为低档 8 位单片机，如 Intel 公司的 MCS-48 系列和 Fairchild 公司的 F8 系列。把带有串行 I/O 接口或 A/D 转换，以及可进行 6KB 以上寻址的单片机称为高档 8 位单片机，如 Intel 公司的 MCS-51 系列、Motorola 公司的 MC6801 和 Zilog 公司的 Z8 系列。近年来，为了发展和提高 8 位机的性能，将 16 位以上机型的高性能、高技术下移到 8 位机上，以达到 8 位字长不变而又增设功能的发展模式，如 Zilog 公司的新 28，Philips 公司的 83C552/592，Intel 公司的 83C152/154、83C51/FA/FB/FC 等都在各自原有 8 位机的基础上扩充了许多功能。其中，最具有代表性的是 MC68HC11 系列，它增强了 16 位变址寄存器、16 位堆栈指针，2 个 8 位累加器可联成一个 16 位累加器，因而可实现内部 16 位运算。另设有 4～7 组并行 I/O 接口、2 个串行通信接口、多功能定时系统、8 位 8 路 A/D 转换、实时中断及多种监控系统，既可单片工作又可外部扩展。有的机型还设有 4～6 个 PWM、4 个 DMA、协处理器，寻址空间可达 1MB，片内存储器和运算速度均提高了好多倍。

8 位单片机具有功能强、价格低廉、品种齐全的特点，广泛应用于各个领域，是单片机的主流。

（3）16 位单片机。目前主要的 16 位单片机有 Intel 公司的 MCS-96 系列、NS 公司的 HPC16040 系列和 NEC 公司的 783×× 系列。其中，MCS-96 系列是得到实际应用的最具有代表性的产品。该系列分为 48 引脚双列直插式和 68 引脚扁平式两种封装形式，内含 16 位 CPU、8KB 的 ROM、232B 的 RAM、5 个 8 位并行 I/O 接口、4 个全双工串行通信接口、4 个 16 位定时/计数器、8 个通道的 10 位 A/D 转换器（48 脚封装的只有 4 个通道）和 8 级中断处理系统。8096 的硬件设置使它具有多种 I/O 功能、高速输入/输出子系统（HISO）、脉冲宽度调制 PWM 输出、特殊用途监视定时器等。

（4）32 位单片机。32 位单片机最具代表性的有 Intel 公司的 MCS-80960 系列、Motorola 公司的 MC68HC332 系列等。

2. 使用范围

单片机可分为通用型单片机和专用型单片机两大类。通用型单片机把开发资源（如 ROM、I/O 接口等）全部提供给用户使用，其适应性较强，应用非常广泛。专用型单片机是针对各种特殊需要专门设计的芯片。与其他集成电路芯片一样，单片机也可按所能适用的环境温度划分为四个等级，即民用或商用级 C 为 0～+70℃；工业级 I 为－40～+85℃；汽车专用级 A 为－40～+125℃；军用级 M 为－55～+150℃。

3. 51 系列单片机及其主要类型

51 系列单片机指的是 Intel 公司生产的一个系列的单片机的总称。20 世纪 80 年代中期以后，由于 Intel 公司将重点放在高档微处理器芯片的开发上，所以将其 51 系列中的 80C51 内核使用权以专利互换或出售的形式转让给了全球许多著名 IC 设计厂商，如 Amtel、Philips、Analog Devices、Dallas 等。这些厂家生产的单片机是 51 系列单片机的兼容产品，或者说是与 MCS-51 指令系统兼容的单片机。51 系列单片机是商业化单片机的鼻祖，多年来积累的技术资料和开发经验是其他系列单片机所不能比拟的，51 系列单片机事实上已经成为 8 位单片机的行业标准。51 系列单片机按照功能可以划分为以下几种主要类型。

（1）基本型。基本型主要包括 8031、8051 和 8751 等通用产品，其基本特性是 8 位 CPU、4KB 片内程序存储器（ROM）、128B 的片内数据存储器（RAM）、32 条并行 I/O 接口线、21 个专用寄存器、2 个可编程定时/计数器、5 个中断源、2 个优先级、1 个全双工串行通信口、外部数据存储器寻址空间为 64KB、外部程序存储器寻址空间为 64KB、逻辑操作位寻址功能、1 个片内时钟振荡器和时钟电路、单＋5V 电源供电。

（2）增强型。增强型有 8052、8032、8752、89C52、89S52、87C54、87C58 等。这些单片机内部的 ROM、RAM 容量比基本型增大了一倍，同时定时器增为 3 个。87C54 内部 ROM 为 16KB，87C58 增加到 32KB。另外，如中断源、A/D、SPI、I²C 接口等也越来越多地集成到了 MCS-51 单片机中。

（3）低功耗型。低功耗型有 80C5X、80C3X、87C5X、89C5X 等。型号中的"C"表示单片机采用了 CHMOS 工艺，特点是低功耗。

（4）ISP 型。ISP（In System Programming）型，即在线编程，它是 Lattice 半导体公司首先提出的一种能在产品设计、制造过程中的每个环节，甚至是产品卖给最终用户以后，都可对其器件、电路板或整个电子系统的逻辑和功能随时进行重组或重新编程的技术，代表产品有 Atmel 公司的 AT89S51、AT89S52 等 S 系列的产品。

（5）IAP 型。IAP（In Application Program）型，即在应用中可编程，就是在系统运行的过程中动态编程，这种编程是对程序执行代码的动态修改，而且无须借助任何外部力量，也无须进行任何机械操作，这一点有别于 ISP 型。一般来说，ISP 型在进行加载程序之前，需要设置某些功能引脚，迫使 IC 转入自举状态。而 IAP 型则不需要对硬件做任何动作，只要有合法的数据来源即可。数据源既可以是内部程序运行的结果，也可以来自 UART、I/O 接口或者总线。IAP 型不仅提供现场或者远程软件修改升级，也可以把它理解成 idate、pdate 或者 xdate，替代 I²C 之类的外部 E²PROM，存储并加密数据。典型芯片如 SST 公司开发的 C51 系列单片机 SST89C54/58。

4. 典型 51 系列单片机产品

目前，国际上单片机生产厂商都各有自己的系列产品，因此单片机的种类繁多，至少有 50 多个系列，400 多个品种。最主要的生产厂商有 Intel、Atmel、Philips、Siemens、Motorola、Zilog 等，其中 Intel 公司的 51 系列单片机是当今的行业标准单片机芯片，它是一种高性能的单片机，其结构功能优化、易扩展、可靠性高、功耗低，在许多领域都得到了广泛的应用。表 1-1 列出了 MCS-51 单片机的功能特性。

表 1-1   MCS-51 单片机的功能特性

型 号	片内存储器（字节）		I/O 接口		工 艺	中断源	定时/计数器（16 位）	晶振（MHz）
	ROM/EPROM	RAM	并行	串行				
8051AH	4K/	128	4×8	1	HMOS	5	2	2～12
8751AH	/4K	128	4×8	1	HMOS	5	2	2～12
8031AH	—	128	4×8	1	HMOS	5	2	2～12
8052AH	8K/	256	4×8	1	HMOS	6	3	2～12
8752BH	/8K	256	4×8	1	HMOS	6	3	2～12
80C31BH	—	256	4×8	1	CHMOS	6	3	2～12
83C51FA	4K/	128	4×8	1	CHMOS	5	2	2～12
87C51FC	—	128	4×8	1	CHMOS	5	2	2～12
87C51BH	/4K	128	4×8	1	CHMOS	5	2	2～12

MCS-51 单片机一般采用 HMOS 和 CHMOS 工艺制造。这两种单片机完全兼容，CHMOS 工艺比较先进，它具有 HMOS 的高速和 CMOS 的低功耗特点。

根据单片机内部的 CPU（内核）来分类，有 51 内核单片机、非 51 内核单片机、ARM 内核单片机等。所谓 51 内核单片机，就是具有 8051CPU 的单片机。

目前，市场上常见的 51 内核单片机芯片型号见表 1-2。典型产品芯片外形如图 1-5 所示。

由于厂商及芯片型号太多，表 1-2 所列芯片都是 51 内核扩展出来的单片机，因此 51 单片机具有广泛的适用性，只要学会 51 单片机的操作，便可很容易的掌握其他门类的单片机。

图 1-5 典型的 51 单片机芯片外形

表 1-2   51 内核单片机芯片主要厂商及产品型号

厂 商	产 品 型 号
AT（Atmel）	AT89C51、AT89C52、AT89C53、AT89C55、AT89LV52、AT89S51、AT89S52、AT89LS53 等
Philips（飞利浦）	P80C54、P80C58、P87C54、P87C58、P87C524、P87C528 等
Winbond（华邦）	W78C54、W78C58、W78E54、W78E58 等
Intel（英特尔）	i87C54、i87C58、i87L54、i87L58、i87C51FB、i87C51FC 等
Siemens（西门子）	C501-1R、C501-1E、C513A-H、C503-1R、C504-2R 等
STC	STC89C51RC、STC89C52RC、STC89C53RC、STC89LE51RC、STC89LE52RC、STC12C5412AD 等

5. 单片机型号的含义

关于单片机芯片上的型号或称为标号，以标号为 STC 89C51RC 40C-PDIP 0908CU8138.00D 单片机为例，分别解释这个标号的含义。产品的外形如图 1-6 所示。

图 1-6　STC 89C51RC-DIP　　　　图 1-7　STC 89C52RC-PLCC

STC——前缀，表示芯片为 STC 公司生产的产品。其他前缀还有如 AT、i、Winbond、SST 等。

8——该芯片为 8051 内核芯片。

9——内部含 Flash E^2 PROM 存储器。还有如 80C51 中 0 表示内部含 Mask ROM（掩模 ROM）存储器；如 87C51 中 7 表示内部含 EPROM 存储器（紫外线可擦除 ROM）。

C——该器件为 CMOS 产品。还有如 89LV52 和 89LE58 中的 LV 和 LE 都表示该芯片为低电压产品（通常为 3.3V 电压供电）；而 89S52 中的 S 表示该芯片含有可串行下载功能的 Flash 存储器，即具有可在线编程（ISP）功能。

5——固定不变。

1——该芯片内部程序存储空间的大小，1 为 4KB，2 为 8KB，3 为 12KB，即该数乘上 4KB 就是该芯片内部的程序存储空间大小。程序空间大小决定了一个芯片所能装入执行代码的多少。一般来说，程序存储空间越大，芯片价格也越高，所以在选择芯片时要根据硬件设备实现功能所需代码的大小来选择价格合适的芯片，只要程序能装得下，同类芯片的不同型号不会影响其功能。

RC——表示 STC 单片机内部 RAM 为 512B。还有如 RD＋表示内部 RAM 为 1280B。

40——芯片外部晶振最高可接入 40MHz。AT 单片机数值一般为 24，表示其外部晶振最高为 24MHz。

C——产品级别，表示芯片使用温度范围，C 表示商业级，温度范围为 0～＋70℃。

PDIP——产品封装型号，PDIP 表示双列直插式。

0908——本批芯片生产日期为 09 年第 8 周。

CU8138.00D——芯片厂家制造工艺或处理工艺的编号。

例如，STC 89C52RC 401-PLCC0917RB8916.1D，该产品外形如图 1-7 所示，其传达的信息是 STC 公司生产的 8051 内核，具有 8KB 内部程序存储器，采用 512B 内部 RAM、CMOS 工艺，最高外部时钟为 40MHz，产品级别为工业级，使用温度范围为－40～＋85℃，生产日期为 2009 年第 17 周，封装型号为 PLCC，制造工艺为 RB8916.1D。

6. 芯片封装简介

（1）DIP（Dual ln-line Package）双列直插式封装。DIP 指采用双列直插形式封装的集成电路芯片，绝大多数中小规模集成电路（IC）均采用这种封装形式，其引脚数一般不超过 100 个。采用 DIP 封装的单片机芯片有两排引脚，需要插入到具有 DIP 结构的芯片插座上。当然，也可以直接插到电路板上进行焊接。

（2）PLCC（Plastic Leaded Chip Carrier）带引线的塑料芯片封装。PLCC 指带引线的塑料芯片封装载体，它是表面贴型封装之一，外形呈正方形，引脚从封装的四个侧面引出，呈丁字形，是塑料制品，外形尺寸比 DIP 封装小得多。PLCC 封装可用 SMT 表面安装技术在 PCB 电路板上安装布线，具有外形尺寸小、可靠性高的优点。

（3）QFP（Quad Flat Package）塑料方型扁平式封装和 PFP（Plastic Flat Package）塑料扁平组件式封装。QFP 与 PFP 两者可统一为 PQFP（Plastic Quad Flat Package），QFP 封装的芯片引脚之间距离很小，引脚很细，一般大规模或超大型集成电路都采用这种封装形式，其引脚数一般在 100 个以上。用这种形式封装的芯片必须采用表面安装设备技术（SMD）将芯片与主板焊接起来。采用 SMD 安装的芯片不必在主板上打孔，一般在主板表面上有设计好的相应引脚的焊点。PFP 封装的芯片与 QFP 方式基本相同，它们唯一的区别是 QFP 一般为正方形，而 PFP 既可以是正方形，也可以是长方形。

（4）PGA（Pin Grid Array package）插针网格阵列封装。PGA 芯片封装形式在芯片的内外有多个方阵形的插针，每个方阵形插针沿芯片的四周间隔一定距离排列，根据引脚数目的多少，可以围成 2～5 圈。安装时，将芯片插入专门的 PGA 插座，为使芯片能够更方便地安装和拆卸，从 486（PC 机）芯片开始，出现了一种名为 ZIF（Zero Insertion Force socket）的 CPU 插座，专门用来满足 PGA 封装的 CPU 在安装和拆卸上的要求。

ZIF 是指零插拔力的插座，如图 1-8 所示。把这种插座上的扳手轻轻抬起，集成电路（单片机芯片）就能很容易地插入到插座中。然后将扳手压回原处，利用插座本身的特殊结构生成的挤压力，使芯片的引脚与插座牢牢地接触。而拆卸集成电路芯片时，只需将插座的扳手轻轻抬起，使压力解除，集成电路芯片便可轻松取出。

图 1-8　ZIF 封装插座

（5）BGA（Ball Grid Array package）球栅阵列封装。当 IC 的引脚数大于 208 个引脚时，传统的封装方式已很难满足工艺要求，因此除使用 QFP 封装方式外，大部分的多引脚数的芯片（如图形芯片与芯片组等）均采用 BGA 封装技术。BGA 一出现便成为 CPU、主板上南/北桥芯片等高密度、高性能、多引脚封装的最佳选择。BGA 封装技术可分为以下 5 大类：

1）PBGA（Plastic BGA）基板，一般为 2～4 层有机材料构成的多层板。Intel 系列 CPU 中，PentiumⅡ、PentiumⅢ、PentiumⅣ处理器均采用这种封装形式。

2）CBGA（Ceramic BGA）基板，即陶瓷基板，芯片与基板间的电气连接通常采用倒装芯片（Flip Chip，FC）的安装方式。Intel 系列 CPU 中，Pentium Ⅰ、Pentium Ⅱ、Pentium Pro 处理器均采用过这种封装形式。

3）FCBGA（Filp Chip BGA）基板，硬质多层基板。

4）TBGA（Tape BGA）基板，基板为带状软质的 1～2 层 PCB 电路板。

5）CDPBGA（Carity Down PBGA）基板，封装中央有方型低陷的芯片区（又称空腔区）。

另外，还有如 T0-89、T0-92、T0-220、SOJ（J 型引脚小外形封装）、TSOP（薄小外形封装）、VSOP（甚小外形封装）、SSOP（缩小型 SOP）、TSSOP（薄的缩小型 SOP）、SOT（小外形晶体管）、SOIC（小外形集成电路）等。由于封装型号较多，这里不再一一列出。

1.2 数 制 与 编 码

计算机所处理的各式各样的信息，本质上可归为两类：一类是数码；另一类是代码。无论是数码还是代码，均以二进制数的形式表示。

1.2.1 数制

计数体制简称为数制，是人们对数量计数的一种统计规律。按进位的原则进行计数的方法称为进位计数制，日常生活中最常用的是十进制数，计算机中采用的是二进制数，为了书写和阅读方便，经常使用十六进制数。

数制包含多位数中每一位数的构成方法以及进位规则两个内容，其中涉及"基"和"权"两个概念。"基"是某种数制所使用的数码的个数，例如，十进制数使用的数码有 0～9 十个数字，显然十进制数的基是 10。"权"则表示多位数中每一位所具有的值的大小，例如，在 777.6 这个数中，从左到右每一位的值大小是 7×10^2、7×10、7、6×10^{-1}，这说明每一位的权是不一样的。

（1）十进制数（Decimal Number）。十进制数的基为 10，各位的权是以 10 为底的幂次 10^i（$i = 0, 1, 2, \cdots$），遵守"逢十进一"的进位规则。

一个任意的十进制数 D（n 位整数）可以表示为

$$D = D_{n-1} \times 10^{n-1} + D_{n-2} \times 10^{n-2} + \cdots + D_1 \times 10^1 + D_0 \times 10^0 = \sum_{i=0}^{n-1} D_i \times 10^i$$

这个式子称为十进制数的按权展开式。例如，数 4321 可以展开为

$$4321 = 4 \times 10^3 + 3 \times 10^2 + 2 \times 10^1 + 1 \times 10^0$$

（2）二进制数（Binary Number）。二进制数每位上只有 0 和 1 两个数字，基是 2，使用"逢二进一"的计数规律，二进制数从小到大的计数顺序为 0，1，10，11，100，…

二进制数的位权是 2^i，一个任意二进制数 B（n 位整数）的按权展开式是

$$B = B_{n-1} \times 2^{n-1} + B_{n-2} \times 2^{n-2} + \cdots + B_1 \times 2^1 + B_0 \times 2^0 = \sum_{i=0}^{n-1} B_i \times 2^i$$

这个式子称为二进制数的按权展开式。例如，数 100011B 可以展开为

$$100011B = 1 \times 2^5 + 0 \times 2^4 + 0 \times 2^3 + 0 \times 2^2 + 1 \times 2^1 + 1 \times 2^0 = 35D$$

（3）十六进制数（Hexadecimal Number）。二进制的缺点是书写长，不便记忆和阅读。为此，通常采用十六进制数弥补二进制数的不足。十六进制数不仅书写方便，便于阅读，而且非常容易和二进制数进行转换。因此，在编写汇编语言源程序或 C 语言程序时，习惯使用十六进制数。

十六进制数有 16 个计数数字，它们分别是 0～9、A、B、C、D、E 和 F。其中，A～F 对应着十进制中的 10～15。表 1-3 列出了与十进制数 0～15 相对应的二进制数和十六进制数。

通常在一个数后面加上一个英文字母来表明它的数制形式，二进制数后加 B，十进制数后加 D，十六进制数后加 H。十进制数的标志经常省略。十六进制数如果是字母打头，则需在前面加一个 0，如 0A5H 是一个十六进制数。十六进制数每一位的权值是 16^i（$i = 0, 1, 2, \cdots$），0A5H 按权展开式是

$$0A4H = 0 \times 16^2 + 10 \times 16^1 + 5 \times 16^0 = 165D$$

表 1-3   十进制、二进制和十六进制对应表

十进制 D	二进制 B	十六进制 H	十进制 D	二进制 B	十六进制 H
0	0000	0	8	1000	8
1	0001	1	9	1001	9
2	0010	2	10	1010	A
3	0011	3	11	1011	B
4	0100	4	12	1100	C
5	0101	5	13	1101	D
6	0110	6	14	1110	E
7	0111	7	15	1111	F

（4）无符号数和有符号数。计算机中的二进制数根据其是否有符号位，可以分为无符号数和有符号数。无符号数比较简单，它的每一位均有相应的权值，8 位无符号二进制数的大小是 0～255。

当计算机处理的数据有负数时，就必须使用有符号数。有符号数是将最高位作为符号位，符号位是没有权值的，并规定正数的最高位是 0，负数的最高位是 1。例如，8 位有符号数 10101011B 的大小是－43D。

在计算机中，有符号数一般不用原码表示，而是用补码表示。一个正数的补码与原码是一样的，负数的补码等于原码求反再加 1（符号位不变）。例如，－13 的原码是 10001101B，补码是 11110 011B。8 位二进制有符号数的原码与补码的对应关系见表 1-4。

表 1-4   原码与补码对照表

二进制数	十六进制数	十 进 制	
		原 码	反 码
00000000B	00H	＋0	＋0
00000001B	01H	＋1	＋1
⋮	⋮	⋮	⋮
01111111B	7FH	＋127	＋127
10000000B	80H	－0	－128
10000001B	81H	－1	－127
⋮	⋮	⋮	⋮
11111110B	FEH	－126	－2
11111111B	FFH	－127	－1

1.2.2 数制的转换

各种数制之间存在着一定的转换关系，使用计算机时正确掌握和灵活运用这些关系是十分必要的。

（1）二进制与十进制的相互转换。

1）二进制数转换为十进制数。将二进制数按权展开相加之和就是等值的十进制数。例如，$1101101B = 1 \times 2^6 + 1 \times 2^5 + 0 \times 2^4 + 1 \times 2^3 + 1 \times 2^2 + 0 \times 2^1 + 1 \times 2^0 = 109D$。因此，$1101101B = 109D$。

2）十进制数转换为二进制数。采用"除 2 取余"法，将十进制整数转换为二进制整数。例如，把 21 转化为二进制数的过程如下：

```
2 | 21        余数      低位
2 | 10         1         ↑
   2 | 5       0         |
      2 | 2    1         |
         2 | 1  0        |
            0   1        高位
```

所以，21D ＝10101B。

（2）二进制与十六进制的相互转换。

1）二进制数转换为十六进制数。转换的基本准则是 4 位二进制数对应着 1 位十六进制数，由右向左每 4 位分为 1 组，不足 4 位时，在前面补 0，然后将每组用对应的十六进制数代替即可。

【例 1-1】 将二进制数 110111000100010B 转换成十六进制数。

解 按每 4 位进行分组

```
0110      1110      0010      0010
 6         E         2         2
```

则 110111000100010B＝6E22H。

2）十六进制数转换为二进制数。将十六进制数转换为对应的二进制数时，只要把十六进制的每一位用相应的 4 位二进制数代替即可。例如，2EH ＝101110B。

1.2.3 常用编码

在计算机中要用二进制代码来表示各种信息（如数字、字母和标点符号等），把这些信息转换成二进制代码的过程叫作编码。编码有多种不同的方案，即有多种码制，下面介绍常用的 8421BCD 码和 ASCII 码。

（1）8421BCD 码。计算机只能识别二进制数，但是人们却习惯用十进制数，为了便于人机联系，通常采用具有二进制形式的代码来表示十进制数。这种编码方法就是将十进制数的每一位用四位二进制代码表示，通常称为二—十进制编码，简称 BCD（Binary Coded Decimal）码。

BCD 码有多种编码方案，最常用的是 8421BCD 码。表 1-5 列出了 8421BCD 码与十进制数 0～9 的对应关系。BCD 码是比较直观的，只要熟悉了它的 10 个编码，就可以很方便地实现十进制数与 BCD 码之间的转换。例如：

$$13＝（0001\ 0011）_{8421} \qquad （0100\ 1001\ 0110\ 0111）_{8421}＝4967$$

表 1-5 8421BCD 编码表

十进制数	8421BCD 码	十进制数	8421BCD 码
0	0000	5	0101
1	0001	6	0110
2	0010	7	0111
3	0011	8	1000
4	0100	9	1001

二进制、八进制、十进制以及十六进制数值的相互转换，也可利用电脑（PC 机）中的"计算器"进行快速任意转换。操作方法是："开始"→"程序"→"附件"→"计算器"，如图 1-9 所示。在弹出的界面上，单击"查看"→"科学型"，操作界面如图 1-10 所示。

图 1-9　打开"计算器"的界面示意　　　　图 1-10　"计算器"数值转换操作界面

（2）字符的编码——ASCII 码。ASCII（American Standard Code for Information Interchange）码是美国标准信息交换码的简称，是计算机中应用最广泛的一种字符编码，用来识别数字、字母、通用符号、控制符等字符信息。

ASCII 码有 7 位二进制编码，能表示 128 个字符，其中包括 0～9 共 10 个十进制数码，26 个英文字母的大、小写形式，一些专用的可打印字符以及非打印字符等。在单片机中，通常用 1 个字节（8 位）来表示一个 ASCII 字符，其中低 7 位为字符的 ASCII 码值，最高位或者为 0，或者用于其他的功能，例如，在通信系统中可用作奇偶校验位。ASCII 码字符表见表 1-6，其符号说明见表 1-7。

表 1-6　　　　　　　　　　　　　　　ASCII 码字符表

低位 \ 高位		0	1	2	3	4	5	6	7
		000	001	010	011	100	101	110	111
0	0000	NUL	DLE	SP	0	@	P	、	p
1	0001	SOH	DC1	!	1	A	Q	a	q
2	0010	STX	DC2	"	2	B	R	b	r
3	0011	ETX	DC3	#	3	C	S	c	s
4	0100	EOT	DC4	$	4	D	T	d	t
5	0101	ENQ	NAK	%	5	E	U	e	u
6	0110	ACK	SYN	&.	6	F	V	f	v
7	0111	BEL	ETB	'	7	G	W	g	w
8	1000	BS	CAN	(	8	H	X	h	x
9	1001	HT	EM	)	9	I	Y	i	y
A	1010	LF	SUB	*	:	J	Z	j	z
B	1011	VT	ESC	+	;	K	[	k	{
C	1100	FF	FS	,	<	L	\	l		
D	1101	CR	CS	—	=	M	]	m	}
E	1110	SO	RS	.	>	N	↑	n	~
F	1111	SI	US	/	?	O	↓	o	DEL

19

表 1-7   **ASCII 码字符符号说明**

符号	说明	符号	说明	符号	说明
NUL	空	FF	走纸控制	CAN	作废
SOH	标题开始	CR	回车	EM	纸尽
STX	正文开始	SO	移位输出	SUB	减
ETX	本文结束	SI	移位输入	ESC	换码
EOT	传输结束	DEL	数据链换码	FS	文字分隔符
ENQ	询问	DC1	设备控制 1	GS	组分隔符
ACK	承认	DC2	设备控制 2	RS	纪录分隔符
BEL	报警符	DC3	设备控制 3	US	单元分离
BS	退一格	DC4	设备控制 4	SP	空格
HT	横向列表	NAK	否定	DEL	作废
LF	换行	SYN	空转同步		
VT	垂直制表	ETB	信息组传送结束		

## 第 2 章

51 单片机系统结构和基本原理

本章从应用的角度出发，系统介绍 51 单片机系统的内部结构、引脚定义及各功能模块的工作原理。其中涉及与程序设计、系统扩展相关的硬件资源及其使用方法。

51 单片机包括许多类型，常用的有 8051 子系列、8052 子系列和 80C51 子系列等，目前常用的是 80C51 系列，如 89C51 等。不同的 51 子系列单片机的内部结构基本相同，本章以 8051 子系列为例，从用户的角度有针对性地介绍 51 单片机的硬件结构和相关模块的工作原理。

通过本章学习，应了解和掌握单片机的基本组成，即 CPU 结构、存储器的组织结构、并行 I/O 接口的基本原理和操作特点，单片机的电源、时钟和复位电路。

2.1 基本结构和引脚功能

2.1.1 基本结构

1. 51 单片机的内部结构

51 单片机的典型产品为 8051、8751、8031，它们的差别只在程序存储器方面。8751 内部有 4KB 用户可编程的 EPROM，8031 无内部程序存储器 ROM，必须外接 EPROM 程序存储器，8051 内部有 4KB 工厂掩膜编程的程序存储器 ROM，除此之外，其内部结构完全相同，即都采用了 8051 内核。

一个基本的 MCS-51 单片机通常包括中央处理器、ROM、RAM、定时/计数器和 I/O 接口等各功能部件，各功能由内部的总线连接起来，实现数据通信。其内部结构框图如图 2-1 所示。它包含以下功能部件：

（1）一个 8 位 CPU；

（2）程序存储器 ROM；

（3）片内低 128B 数据存储器 RAM；

（4）片内有 21 个特殊功能寄存器 SFR；

（5）可寻址外 ROM 和 RAM 控制电路，存储器空间各 64KB；

（6）片内时钟振荡器，频率范围为 1.2～12MHz；

（7）4 个 8 位并行 I/O 接口（共 32 条可编程 I/O 端线），1 个可编程全双工串行口；

（8）2 个 16 位定时/计数器；

（9）5 个中断源，可以设置成两个优先级；

（10）位控制器，位寻址功能。

2. 51 单片机的中央处理器 CPU

51 单片机内部有一个功能很强的 8 位微处理器 CPU，它是单片机最核心的部分，是指挥中心和执行机构。它的作用是读入和分析每条指令，根据指令的要求，控制单片机各个部件执

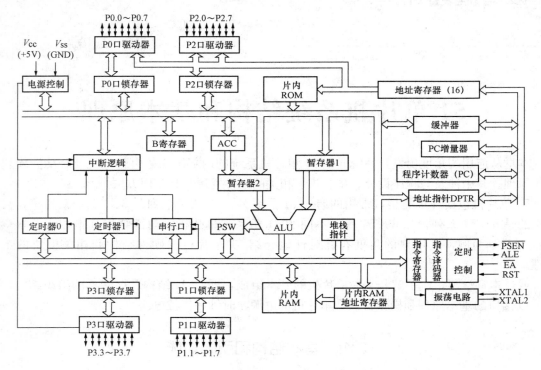

图 2-1　MCS-51 单片机内部结构框图

行指令操作,完成特定的功能。CPU 包括运算器和控制器两部分。

(1) 运算器。以算术逻辑运算单元 ALU 为核心,含有累加器 A、暂存器 1、暂存器 2、程序状态字 PSW、B 寄存器等许多功能部件。在控制器的控制下 ALU 可完成各种算术运算和逻辑运算,并具有位操作功能,其运算的操作数分别来自累加器 A 和 B 寄存器,运算结果的状态送 PSW。

(2) 控制器。它是 CPU 的控制中心,主要任务是识别指令,并根据指令的性质控制单片机的各个功能部件,使单片机各个部分协调工作。控制器包括指令寄存器 IR、指令译码器、定时控制逻辑、数据指针 DPTR、程序计数器 PC、堆栈指针 SP 以及地址寄存器、地址缓冲器等。

程序计数器 PC 是一个物理上独立的 16 位计数器,可寻址 64KB 的程序存储空间,它总是指向 CPU 即将执行指令所在的存储单元地址。当 CPU 取走一个字节的指令代码时,它便自动加 1,指向下一个代码的地址。

2.1.2　引脚定义及功能

基于 8051 内核的单片机,若引脚数相同,或是封装相同,它们的引脚功能是相同的,其中用得较多的是 40 脚 DIP 封装的 51 单片机,也有 20、28、32、44 等不同引脚数的 51 单片机。

不论是哪种芯片的单片机,其表面都有一个凹进去的小圆坑,或是用颜色标识的一个小标记(圆点或三角或其他小图形),这个小圆坑或是小标记所对应的引脚就是这个芯片的第 1 引脚,然后逆时针方向数下去,即 1 到最后一个引脚。图 2-2 (a) 是 PDIP 封装的单片机,在左上角有一个小圆坑,并且下面还有一个白色小三角,则它的左边对应的引脚即为此单片机的第 1 引脚,逆时针数依次为 2,3,…,40。图 2-2 (b) 是 PQFP/TQFP 封装的单片机,它的小圆坑在左下角，图 2-2（c）是 PLCC/LCC 封装的单片机，它的小圆坑在最上面的正中间，在实际焊接或是绘制电路板时，应特别注意它们的引脚标号，否则，若焊接错误，则完成的电路是不会正常工作的。

1. 各引脚的功能

典型的 51 单片机是标准的 40 引脚双列直插式 PDIP 封装的集成电路芯片，引脚排列如图 2-2（a）所示。根据功能不同，40 个端子可分为 4 类。

（1）电源端子。

Vcc（40 脚）：接 +5V 电源。

Vss 或 GND（20 脚）：接地端。

（2）外接晶振端子。

XTAL1（19 脚）：片内反相放大器输入端。

XTAL2（18 脚）：片内反相放大器输出端。通过 XTAL1、XTAL2 外接晶振后，即可构成自激振荡器，驱动内部时钟发生器向主机提供时钟信号。外接晶振的晶体规格，常见的有 4MHz、6MHz、11.0592MHz、12MHz 等。

（3）输入/输出端子。

P0.0～P0.7（39～32 脚）：P0 口是一个 8 位双向 I/O 接口。在访问外部存储器或进行 I/O 接口扩展时，它分时作为低 8 位地址总线和双向数据总线。

P1.0～P1.7（1～8 脚）：P1 口是一个 8 位准双向 I/O 接口。

P2.0～P2.7（21～28 脚）：P2 口是一个 8 位准双向 I/O 接口。在访问外部存储器时，它作为高 8 位地址总线。

P3.0～P3.7（10～17 脚）：P3 口除作为普通 8 位准双向 I/O 接口外，还具有第二功能。P3 口的第二功能见表 2-1。

表 2-1　　　　　　　　　　　　　　　　P3 口的第二功能

端　子	名　称	功　能
P3.0	RXD	串行输入口
P3.1	TXD	串行输出口
P3.2	$\overline{INT0}$	外部中断 0 输入口
P3.3	$\overline{INT1}$	外部中断 1 输入口
P3.4	T0	定时器 0 外部输入口
P3.5	T1	定时器 1 外部输入口
P3.6	$\overline{WR}$	片外数据存储器写选通输出口
P3.7	$\overline{RD}$	片外数据存储器读选通输出口

（4）控制端子。

ALE/$\overline{PROG}$（30 脚）：地址锁存有效信号输出端。在访问片外程序存储器时，该端子的输出信号 ALE 用于锁存 P0 口的低 8 位地址。当单片机上电正常工作以后，该端子就会以时钟振荡频率 1/6 的固定频率向外输出正脉冲信号。

$\overline{PSEN}$（29 脚）：程序存储允许输出端。片外程序存储器的读选通信号，低电平有效。

$\overline{EA}$/V_{pp}（31 脚）：$\overline{EA}$=0，单片机只访问片外程序存储器；$\overline{EA}$=1，单片机访问内部程序存储器后，访问片外程序存储器。对于 8031 单片机，因无片内存储器，故 $\overline{EA}$=0。

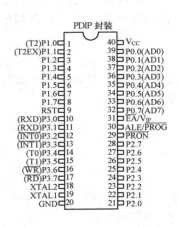

PDIP封装产品外形

(a)

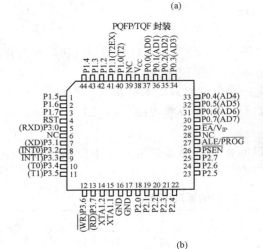

PQFP/TQF封装产品外形

(b)

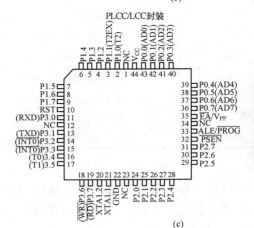

PLCC/LCC封装产品外形

(c)

图 2-2 51 单片机引脚排列

（a）双列直插式；（b）方形封装式；（c）方形封装式

RST（9 脚）：复位信号输入端。高电平时完成复位操作，使单片机回复到初始状态。

2. 片外总线结构

在单片机应用系统中，当单片机本身内存不足时，可进行外设存储器，由于需要进行系统扩展，P0、P1、P2、P3 不能都作通用 I/O 接口使用，而是根据每根口线的特殊性，结合其他端子功能，形成 8051 的片外总线结构，如图 2-3 所示。

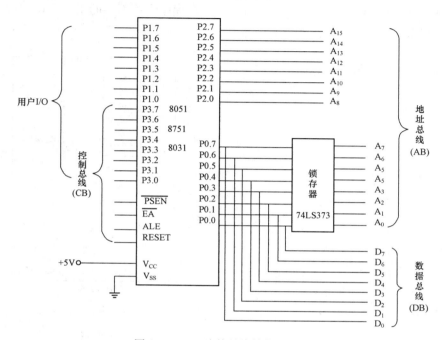

图 2-3　8051 片外总线结构示意图

（1）地址总线 AB（16 位）。地址总线是用来传送片内发出地址信息的总线。单片机片内的数据存储器和程序存储器容量有限，必须给单片机增加外部存储器，CPU 工作时即能把片内信息存储到外部存储器中（写操作），也能从中取出信息送入片内（读操作）。

51 单片机信息按存储单元分组存放在存储器中，每一个存储单元包含存储器的一个字，每一个字是 8 位二进制数，并有唯一的存储器地址与之对应，用十六进制表示法表示。在一个存储单元中进行读写之前，单片机必须首先选择所需要的存储器地址，把地址信息输出到地址总线上。

51 单片机地址总线宽度为 16 位，符号表示为 A0～A15，对存储器直接进行编址的编址数有 $2^{16} = 65536$ 个，寻址范围为 64KB（$1K = 2^{10} = 1024$ 个字），地址从 0000H～FFFFH。P0 口经地址锁存器提供 16 位地址总线的低 8 位地址 A7～A0，而由 P2 口直接提供高 8 位地址 A15～A8。

（2）数据总线 DB（8 位）。DB 是片内外之间用来相互传送数据的总线，数据总线宽度为 8 位，每次恰好操作一个字节的 8 位数据，符号表示为 D7～D0，由 P0 口提供。

（3）控制总线 CB。控制总线是用来传送控制信息的总线，用于使单片机与外部电路的操作同步，分为输入控制线和输出控制线。由 P3 口的第二功能和端子 RESET、$\overline{\text{EA}}$、ALE、$\overline{\text{PSEN}}$组成。

2.2 存储器和寄存器

51 单片机的存储器分程序存储器（ROM）和数据存储器（RAM），两者的寻址空间是分开的。从应用的角度来看，它可分为三个独立字节地址空间，即片内外统一编址的 64KB 的 ROM、256B 的片内 RAM 和 64KB 的片外 RAM，在程序中用不同的指令来访问这三个逻辑空间。其结构如图 2-4 所示。

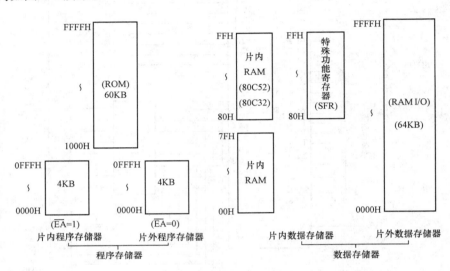

图 2-4　存储器的结构

2.2.1　程序存储器

程序存储器是用来存放程序代码和表格常数的，在单片机运行过程中，其中的数据一般不会改变。由于程序指针 PC 是 16 位的，所以程序存储器范围可达 64KB（0000H～FFFFH）。不同型号的单片机内部配置的 ROM 是不一样的，8051 内部有 4KB 的 ROM，8751 有 4KB 的 EPROM，而 8031 内部没有 ROM。CPU 用 $\overline{EA}$ 来控制片内 ROM 和片外 ROM 的寻址。当 $\overline{EA}$ ＝1 时，片内外统一编址；当 $\overline{EA}$ ＝0 时，只能从片外 ROM 取址，如图 2-4 所示。

程序存储器中的 6 个特殊用途单元是保留给系统使用的，通常用户程序不占用这些地址单元，ROM 中部分单元的特定用法见表 2-2。一般在这些单元中存放一条跳转指令，跳转到用户程序的某一位置。例如，在 0000H 中放一个转移指令，转向用户程序的起始地址。

表 2-2　　　　　　　　　　　　　ROM 中部分单元的特定用法

单 元 地 址	特 定 用 法
0000H	单片机复位后，PC＝0000H，即程序从 0000H 开始执行指令
0003H	外部中断 0 服务程序入口地址
000BH	定时器 0 溢出中断服务程序入口地址
0013H	外部中断 1 服务程序入口地址
001BH	定时器 1 溢出中断服务程序入口地址
0023H	串行口中断服务程序入口地址

2.2.2　数据存储器

数据存储器一般用来存放运算的中间结果以及数据缓冲等。

1. 内部数据存储器

内部数据存储器又可以分为两个不同的区，即内部 RAM 区和特殊功能寄存器（SFR）区。

（1）内部 RAM 区。内部 RAM 区的容量为 128 字节（00H～7FH），通常用于存放运算过程的中间值，并用作堆栈区。内部 RAM 区根据使用时的功能划分为工作寄存器区、位寻址区和数据缓冲区，如图 2-5 所示。

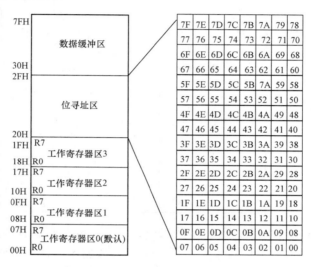

图 2-5　内部 RAM 功能划分示意图

1）工作寄存器区（地址 00H～1FH）。该区占用 32 个字节，即 32 个 RAM 单元，其分为 4 个组。CPU 使用哪一组工作寄存器是由程序状态字 PSW（PSW 是一个 8 位的特殊功能寄存器）中的第 3 位（RS0）和第 4 位（RS1）确定的，对应关系见表 2-3。当某一组被设定成工作寄存器后，该组中的 8 个寄存器（8 个 RAM），从低到高分别记为 R0～R7，R0～R7 可以表示 4 组中任一组。

表 2-3　工作寄存器区选择

PSW		工作寄存器 R0～R7	PSW		工作寄存器 R0～R7
RS1	RS0		RS1	RS0	
0	0	0 区（00H～07H）	1	0	2 区（10H～17H）
0	1	1 区（08H～0FH）	1	1	3 区（18H～1FH）

2）位寻址区（地址 20H～2FH）。该区共有 16 个单元，128 个位地址（00H～7FH），位寻址区地址映像见表 2-4。位寻址区允许 CPU 对每一位进行操作，这些单元也可以作为一般的数据缓冲单元使用

3）数据缓冲区（地址 30H～7FH）。地址为 30H～7FH 的 80 个存储单元是普通的数据缓冲区。在实际使用中，往往要在其中开辟一个称为堆栈的区域，这个区域里的数据具有先进后出的特点。

表 2-4　　　　　　　　　　　　　位寻址区地址映像

字节地址	位　寻　址							
	D7	D6	D5	D4	D3	D2	D1	D0
2FH	7F	7E	7D	7C	7B	7A	79	78
2EH	77	76	75	74	73	72	72	70
2DH	6F	6E	6D	6C	6B	6A	69	68
2CH	67	66	65	64	63	62	61	60
2BH	5F	5E	5D	5C	5B	5A	59	58
2AH	57	56	55	54	53	52	51	50
29H	4F	4E	4D	4C	4B	4A	49	48
28H	47	46	45	44	43	42	41	40
27H	3F	3E	3D	3C	3B	3A	39	38
26H	37	36	35	34	33	32	31	30
25H	2F	2E	2D	2C	2B	2A	29	28
24H	27	26	25	24	23	22	21	20
23H	1F	1E	1D	1C	1B	1A	19	18
22H	17	16	15	14	13	12	11	10
21H	0F	0E	0D	0C	0B	0A	09	08
20H	07	06	05	04	03	02	01	00

（2）特殊功能寄存器（SFR）区 。内部 80H～FFH 高 128 字节是供给特殊功能寄存器（SFR）使用的。8051 内部的 I/O 接口锁存器、串行口数据缓冲器、定时/计数器以及各种控制寄存器和状态寄存器统称为特殊功能寄存器，也称专用寄存器，用来设置片内电路的运行方式，记录电路的运行状态。51 单片机的 SFR 有 21 个，离散分布在 80H～FFH 地址范围内，只占用了 21 个地址，其中不被 SFR 占用的地址单元对它的访问是没有意义的，用户不能使用。

51 单片机对特殊功能寄存器采取与片内 RAM 统一编址的方法，可按字节地址直接寻址，地址映像见表 2-5。在这 21 个特殊功能寄存器中，带"∗"的 11 个寄存器可以进行位寻址，即凡字节地址可被 8 整除的 SFR 可位寻址。

SFR 分别属于以下功能单元：

CPU：ACC、B、PSW、SP、DPTR（由 DPL 和 DPH 组成）、PCON；

并行口：P0、P1、P2、P3；

中断系统：IE、IP；

定时/计数器：TMOD、TCON、T0（由 TL0 和 TH0 组成）、T1（由 TL1 和 TH1 组成）；

串行口：SCON、SBUF。

下面对 CPU 中 SFR 的功能做如下介绍，其他 SFR 在用到时再做介绍。

1）累加器 A（ACC）（Accumulator）。累加器 A（ACC）为 8 位寄存器，是 CPU 中使用最频繁最常用的 8 位专用寄存器，它既可用于存放操作数，也可用于存放运算结果。51 单片机中大部分单操作数指令的操作数就取自 ACC，许多双操作数指令中的一个操作数也取自 ACC，ACC 助记符为 A。

2）通用寄存器 B（General Purpose Register）。8 位寄存器 B 主要用于乘、除法运算。该寄存器在乘法或除法前，用来存放乘数或除数，在乘法或除法完成后用来存放乘积的高 8 位或除数的余数。此外，寄存器 B 也可作为一般数据寄存器使用。例如：

```
MOV A，♯05H    ；A←05H
MOV B，♯03H    ；B←03H
MUL AB         ；BA←A×B＝5×3
```

表 2-5   51 单片机特殊功能寄存器表

名　称	符号		地址	位地址与位名称							
				D7	D6	D5	D4	D3	D2	D1	D0
寄存器 B*	B		F0H	F7	F6	F5	F4	F3	F2	F1	F0
累加器 A*	ACC		E0H	E7	E6	E5	E4	E3	E2	E1	E0
程序状态字*	PSW		D0H	D7	D6	D5	D4	D3	D2	D1	D0
				DY	AC	F0	RS1	RS0	OV	F1	P
定时/计数器 2 捕捉高字节	RCAP2H		CBH								
中断优先级控制寄存器*	IP		B8H	BF	BE	BD	BC	BB	BA	B9	B8
					PS	TP1	PX1	PT0	PX0		
P3 口锁存寄存器*	P3		B0H	B7	B6	B5	B4	B3	B2	B1	B0
				P3.7	P3.6	P3.5	P3.4	P3.3	P3.2	P3.1	P3.0
中断允许控制寄存器*	IE		A8H	AF	AE	AD	AC	AB	AA	A9	A8
				EA			ES	ET1	EX1	ET0	EX0
P2 口锁存寄存器*	P2		A0H	A7	A6	A5	A4	A3	A2	A1	A0
				P2.7	P2.6	P2.5	P2.4	P2.3	P2.2	P2.1	P2.0
串行数据缓冲器	SBUF		99H								
串行口控制寄存器*	SCON		98H	9F	9E	9D	9C	9B	9A	99	98
				SM0	SM1	SM2	REN	TB8	RB8	TI	RI
电源控制寄存器	PCON		87H	SMOD				GF1	GF0	PD	IDL
P1 口锁存寄存器*	P1		90H	97	96	95	94	93	92	91	90
				P1.7	P1.6	P1.5	P1.4	P1.3	P1.2	P1.1	P1.0
定时/计数器 1 高字节	TH1		8DH								
定时/计数器 0 高字节	TH0		8CH								
定时/计数器 1 低字节	TL1		8BH								
定时/计数器 0 低字节	TL0		8AH								
定时/计数器方式控制	TMOD		89H	GATE	C/T	M1	M0	GATE	C/T	M1	M0
定时/计数器控制*	TCON		88H	8F	8E	8D	8C	8B	8A	89	88
				TF1	TR1	TF0	TR0	IE1	IT1	IT0	IE0
数据指针	DPTR	DPH	83H								
		DPL	82H								
堆栈指针	SP		81H								
P0 口锁存寄存器*	P02		80H	87	86	85	84	83	82	81	80
				P0.7	P0.6	P0.5	P0.4	P0.3	P0.2	P0.1	P0.0

3）程序状态字 PSW （Program Status Word）。PSW 是一个 8 位的专用寄存器，用来存放指令执行后累加器 A 的状态信息。PSW 中 Cy、Ac、Ov、P 的状态是根据指令的执行结果由硬件自动形成，F0、RS1、RS0 的状态由用户根据需要用软件方法设定。此寄存器各标志位的含义（定义）如下：

	位序	PSW.7	PSW.6	PSW.5	PSW.4	PSW.3	PSW.2	PSW.1	PSW.0
PSW	位标志	Cy	Ac	F0	RS1	RS0	Ov	—	P
D0H	位地址	D7H	D6H	D5H	D4H	D3H	D2H	D1H	D0H

a. 位 7 为进位标志 Cy （Carry）。Cy 的功能一是存放算术运算的进位标志，在进行加、减运算时，如果操作结果使累加器 A 中最高位 D7，有进位输出或借位输入，则 Cy＝1，否则 Cy ＝0；二是在位操作中，Cy 作位累加器 C 使用。

b. 位 6 为半进位标志（辅助进位标志）Ac （Auxiliary Carry）。加减运算中，当累加器 A 中的 D3 位向 D4 位（低半字节向高半字节）有进位或借位时，Ac＝1（置 1），否则 Ac＝0（置 0）。通常在二—十进制调整时使用。

c. 位 5 为用户标志 F0 （Flag zero）。这是一个供用户定义的标志位，由用户根据需要用软件方法对 F0 置位或复位、清零，用于程序分支（控制用户程序的转向）。

d. 位 4、3 为工作寄存器组选择位 RS1、RS0。用于设定 4 个区的工作寄存器中的哪一组为当前正在工作的工作寄存器组，即对相同名称的 R0～R7 改变其物理地址，由用户通过软件方式加以选择。单片机在开机或复位后，RS1 和 RS0 总是为零状态，故 R0～R7 的物理地址为 00H～07H，选择 0 区为当前工作寄存器组。若执行如下指令：

```
        MOV  PSW,  #08H    ；PSW←08H
```

则 RS0、RS1 为 01B，故 R0～R7 的物理地址改变为 08H～0FH，1 区为当前工作寄存器组。用户可以利用这种方法达到保护某一区 R0～R7 中数据的目的，这对用户程序设计是非常有利的。

e. 位 2 为溢出标志 Ov （Over flow）。用于表示累加器 A 在算术运算过程中运算结果是否发生溢出。当运算结果超出了 8 位数所能表示的范围，即－128～＋127 时，则 Ov 自动置 1，否则 Ov＝0。

在加法运算中，Ov＝1 表示运算结果错误，Ov＝0 表示运算结果正确。

在乘法运算中，Ov＝1 表示乘积超过 255，即乘积分别在寄存器 B 与累加器 A 中，Ov＝0 表示乘积只在累加器 A 中。

在除法运算中，Ov＝1 表示除数为 0，除法不能进行，Ov＝0 表示除数不为 0，除法可以正常进行。

f. 位 0 为奇偶标志位 P （Parity）。用于表示累加器 A 中内容的奇偶性，由硬件根据累加器 A 中的内容对 P 位自动置位或复位。若累加器 A 中二进制数 1 的个数为奇数，则 P＝1，若为偶数，则 P＝0。此标志对串行通信中的数据传输（奇偶校验）有重要意义，可校验传输过程中是否出错。

g. 位 1 为无定义位，未用。用户可以利用位地址 D1H 或位标志 PSW.1 使用这一位。

4）堆栈指针 SP （Stack Pointer）。堆栈指针 SP 是一个 8 位专用寄存器，用来表示堆栈顶部在内部 RAM 中的位置，它的内容总是指向堆栈区的栈顶地址。每当有一个数据进栈时，SP 内容加 1；当有一个数据出栈时，SP 的内容减 1。

在往货栈存放货物时，正确的做法是按顺序从下往上地堆放。取货时，从上往下取出，最先存入的货最后取出，而最后存放的货最先取出。货栈堆货和取货即按照"先进后出"或"后进先出"的规律，弹仓子弹的压入和弹出也符合这个规律。

计算机中的堆栈是一种特定的数据存储区，是一种按照"先进后出"或"后进先出"规律存取数据的 RAM 区域，它的一端是固定的，另一端是浮动的，这个存储区所有信息的存入和取出都只在浮动的一端进行，这个区域称为堆栈区。如图 2-6（a）所示，堆栈有栈顶和栈底之分，堆栈指针 SP 存放着堆栈中栈顶的存储单元地址，堆栈在存放数据之前栈顶和栈底地址重合，SP 中为栈底地址，堆栈中存放数据之后，SP 中栈顶地址值增加，而栈底地址不变。

51 单片机的堆栈区安放在片内低 128B 字节内，在这个范围内可以安排任何区域为堆栈区。但习惯上，CPU 工作时至少要有一组工作寄存器，所以 8051 复位后，堆栈指针 SP 初始值自动设为 07H，当第一个数进栈时，SP 加 1 指向 08H 单元。为了合理使用内部 RAM，堆栈一般不设立在工作寄存器区和位寻址区，通常设在内部 RAM 30H～7FH 地址空间内，可用数据传送指令给 SP 赋初值。如：

```
MOV SP, ♯70H          ; SP←70H
```

栈操作通过压栈指令 PUSH 和弹栈指令 POP 完成，如图 2-6（b）、（c）所示。

```
MOV A, ♯35H           ; A←35H
PUSH Acc              ; SP←SP + 1, (SP) ←A
```

在汇编程序中，堆栈是为子程序调用和中断操作而设立的，其具体功能为保护断点和现场。

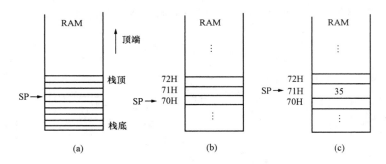

图 2-6　堆栈示意图

（a）堆栈结构；（b）没有压栈时堆栈；（c）压入一个数的堆栈

5）并行口 P0～P3。P0～P3 是 4 个 8 位的特殊功能寄存器，分别对应 4 个并行 I/O 的端口锁存器。通过对该寄存器的读写，可实现数据从相应 I/O 端口的输入、输出。

6）数据指针 DPTR（Data Pointer）。数据指针 DPTR 是一个 16 位寄存器，可分为两个 8 位寄存器 DPH、DPL，DPH 是 DPTR 的高 8 位，DPL 是 DPTR 的低 8 位，可寻址范围为 64KB。常用作访问外部数据存储器时的地址指针。如：

```
MOV DPTR, ♯3000H      ; DPTR←3000H
MOVX A, @DPTR         ; A← (3000H)
```

上述两条指令将片外 3000H 单元中的内容送到片内累加器 A 中。

7）程序计数器 PC（Program Counter）。程序计数器 PC 是一个 16 位加计数器，用来存放执行程序的地址，编码范围为 0000H～FFFFH 共 64K。它的内容是正在执行指令的地址加上该指令的字节数，确立一当前地址，即下一条要执行指令的地址（PC'＝PC+正在执行指令字节数），以确保程序顺序执行。程序计数器 PC 在物理结构上是独立的，不属于 SFR 区，但仍是具有特殊功能的寄存器，所以也可认为片内的特殊功能寄存器有 22 个。

寄存器 SP、PSW、ACC、B、DPH、DPL 对单片机的工作是很重要的，但在应用 C51 来设计程序时，对程序设计来说，它们并非是非了解不可的。

2. 外部数据存储器

当单片机的内部数据存储器不能满足数据要求时，可通过总线端口和其他 I/O 端口扩展外部数据存储器。一般使用 DPTR 作为外部数据存储器的地址指针，由于 DPTR 是 16 位的寄存器，所以外部数据存储器的寻址空间可达 64KB。

2.3 I/O 端 口

51 单片机有 4 个 8 位双向并行 I/O 端口，即 P0、P1、P2、P3。每个 I/O 端口既可作为字节的输入/输出，也可按位使用。各个端口的功能有所不同，其内部结构也有所差别，但基本工作原理类似。此外，51 单片机内还有一个全双工的串行 I/O 端口，能用于 I/O 端口扩展或串行异步通信。

2.3.1 并行端口功能

1. P0 端口

P0 端口是一个 8 位双向 I/O 端口。在访问外部存储器时，P0 端口可以分时传送低 8 位地址和 8 位数据信号。P0 端口的内部结构图如图 2-7 所示。端口的每一位都有一个位锁存器（D 触发器）、一个输出驱动器（场效应三极管）和一个输入数据缓冲器。

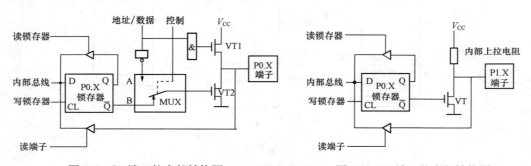

图 2-7　P0 端口的内部结构图　　　　图 2-8　P1 端口的内部结构图

P0 端口有两个功能：一是作为外部地址/数据总线使用；二是作为通用 I/O 端口使用。当系统需要扩展时，P0 端口具有外部地址/数据总线的分时复用功能，既是外部地址总线的低 8 位地址，又是片外数据总线。当作为通用 I/O 端口使用时，是一个三态的 I/O 端口。如果用作输出口，则需要外接上拉电阻才能驱动负载；而用作输入口，则必须保证 P0 端口锁存器的初始状态是 1，否则在读操作之前，应先向 P0 端口锁存器写入 1（单片机复位后，P0～P3 端口的锁存器状态都是 1）。

P0 端口的工作原理：P0 端口用作通用 I/O 端口时，CPU 将控制信号输出为低电平，这样一方面可以使多路开关 MUX 接通 B 端，另一方面使"与"门输出为低电平，VT1 截止，使输出级构成开漏极输出电路。当 P0 端口被用作输出口时，因输出级处于开漏极状态，所以必须外接上拉电阻（一般应用中的上拉电阻可以为 1～10kΩ）。当写信号加在锁存器的时钟（CL）时，D 触发器将内部总线上的信号反相后输出到 Q，如果 D 端（内部总线）信号为

"0"，则 $\overline{Q}$ 为 "1"，VT2 导通，在 P0.X 上输出低电平。相反，当 D 端（内部总线）信号为 "1" 时，则 $\overline{Q}$ 为 "0"，VT2 截止，此时虽然 VT1 也没导通，但因 P0.X 上用户已外接了上拉电阻，所以此时可以输出为 "1"。当 P0 端口被用作输入口时，必须保证 VT2 截止。要使 VT2 截止必须先向锁存器写入 "1" 使 $\overline{Q}$ 为 "0"。输入信号从 P0.X 输入后，先进入读端子缓冲器，CPU 执行端口输入指令后 "读端子" 信号使输入缓冲器打开，输入信号就可以顺利进入内部数据总线。

"读—改—写" 操作：MCS-51 单片机除了对端口有基本的读/写操作之外，还能对端口进行 "读—改—写" 操作。如当执行 "ANL P0, A" 指令时，将 P0 端口的状态信号与累加器 A 的内容相 "与" 后再重新从 P0 端口输出，这个过程就经过了 "读—改—写" 操作。

2. P1 端口

P1 端口只用作通用 8 位准双向 I/O 端口，与 P0 端口不同的是其内部带有固定上拉电阻，自带上拉电阻给用户带来方便。图 2-8 是 P1 端口的内部结构图。P1 端口作为一般 I/O 端口使用时功能与 P0 端口类似。但与 P0 端口相比，P1 端口少了地址/数据的传送电路和多路开关，内部一个固定的上拉电阻代替了 MOS 管。作为输出端口时，直接驱动负载。作为输入端口时，应该先向 P1 端口写入 "1"，以关闭输出驱动场效应管，保证 VT 截止，这时端子可被内部上拉电阻拉为高电平，同样也可以由外部信号拉为低电平。只有这样才能保证端子信号的正确读入。

3. P2 端口

P2 端口内部结构图如图 2-9 所示。它有两种功能：一是作为外部地址总线的高 8 位地址使用；二是作为通用 I/O 端口使用。当系统需要扩展时，P2 端口是外部地址总线的高 8 位地址线。当作为通用 I/O 端口时，是一个准双向 I/O 端口，与 P1 端口功能类似。

4. P3 端口

P3 端口是准双向 I/O 端口，同时还具有第二功能。P3 端口内部结构图如图 2-10 所示。

当 P3 端口作为通用 I/O 端口时与其他 P1、P2 端口功能类似，只是 CPU 将第二输出功能设为高电平，作为输入时必须先写入 "1"。

当 P3 端口作为第二功能输出时，应先将锁存器置 "1"，使 "与非" 门和输出状态只受第二输出功能控制。第二输出功能信号经过 "与非" 门和 MOS 管 VT 二次反相后输出到外部引脚上。

当 P3 端口作为第二功能输入时，其 "第二输出功能" 自动置 "1"，引脚上的信号经输入缓冲器送到 "第二输入功能" 端。

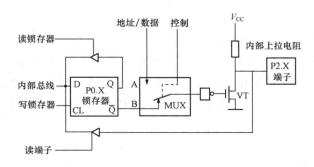

图 2-9　P2 端口的内部结构图

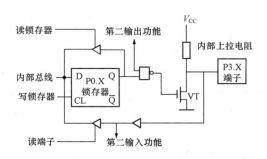

图 2-10　P3 端口的内部结构图

2.3.2 负载能力

P0 端口的输出级与 P1～P3 端口的输出级在结构上是不同的，因此它们的负载能力也不同。

通常把 $100\mu A$ 的电流定义为一个 TTL 负载的电流。P1～P3 端口的输出电流都不小于 $400\mu A$，所以它们的每一位输出均可驱动 4 个 LSTTL（低功耗肖特基 TTL）负载。P1～P3 端口内部都有上拉电阻，因此在作为输入时，无需加上拉电阻。P0 端口的输出电流不小于 $800\mu A$，所以它们的每一位输出可驱动 8 个 LSTTL 负载。但它内部没有加上拉电阻，所以如果输入由集电极开路或漏极开路电路驱动时，应外加上拉电阻。当输出驱动 MOS 电路时，也应外加上拉电阻。一般来说，外加上拉电阻可以大大提高 I/O 端口的驱动能力。上拉电阻的值通常取 $10k\Omega$。

2.3.3 端口的使用

并行 I/O 端口用于并行传送 I/O 数据，如打印机、键盘、A/D 和 D/A 转换器等都要通过并行 I/O 端口才能与 CPU 联机工作。并行 I/O 端口一方面以并行方式向 CPU 传送 I/O 数据，另一方面可以以并行方式和外设交换数据，也就是说，并行 I/O 端口并不改变数据传送方式，只是实现 CPU 和外设间速度和电平的匹配以及缓冲 I/O 数据的作用。

1. 各端口应用功能

（1）P0 端口：当系统不作扩展时，可作一般 I/O 端口使用，但需外接上拉电阻来驱动 MOS 输入；当系统扩展时，P0 端口担任低 8 位地址/数据复用总线，还可直接驱动 MOS 电路而不必外接上拉电阻。

（2）P1 端口：专供用户使用 I/O 端口。

（3）P2 端口：当系统不作扩展时，可作一般 I/O 端口使用；当系统扩展时，可作高 8 位地址线使用。

（4）P3 端口：双功能端口，该端口的每一位均可以独立地定义为第一 I/O 端口功能或第二 I/O 端口功能。第一 I/O 端口功能使用时，端口的结构与操作和 P1 端口相同。

2. 各端口操作方式

4 个端口共有 3 种操作方式，即数据输出方式、读—修改—写方式、读端口引脚方式。

（1）数据输出方式：CPU 通过一条数据操作指令把输出数据写入 P0～P3 的端口锁存器，然后通过输出驱动器送到端口引脚线。例如：

```
MOV P0, A      ；累加器 A 中内容送 P0 端口
```

（2）读—修改—写方式：CPU 用一条指令把端口锁存器中数据读入累加器 A 或内存 RAM 中修改，修改后再送回端口锁存器。例如：

```
ANL P0, #data      ；P0 锁存器数据与立即数相与，结果送回 P0 端口锁存器
ORL P0, A          ；P0 锁存器数据与累加器 A 相或，结果送回 P0 端口锁存器
```

如 CPL P0. X、SETB P0. X、CLR P0. X、DJNZ 等都是读—修改—写指令。

（3）读引脚方式：在这种方式下，CPU 首先必须使欲读端口引脚所对应的锁存器置位，以便驱动器中 VT2 管截止，然后打开三态缓冲器，使相应端口引脚线上的信号输入到 51 单片机内部数据总线。因此用户在读引脚时必须连续使用两条指令。例如，读 P1 端口低 4 位引脚线上信号的汇编程序为：

```
MOV A, P1      ；读 P1 端口引脚信号送累加器 A
XRL  A, P3     ；读 P3 端口引脚信号，与累加器 A 相异或
```

改变或获得 I/O 的状态，若用 C51 进行编程，如以下几句程序，便可完成对 P1 端口的读

取和 P3 端口的输出操作。

```
unsigned char temp;
temp = P1          //读取 P1 端口的数据到 temp
P3 = temp          //把 temp 数据从 P3 端口输出
```

如果需要对单独的某个 I/O 端口线进行操作，可用下面的程序完成。

```
sbit P1_1 = P1^1
P1_1 = 1           //把 P1.1 设置成高电平
P1_1 = 0           //把 P1.1 清零为低电平
```

2.4　单片机工作条件

电源、时钟和复位电路不是单片机的内部电路，但它们却是单片机运行所必需的最基本的外加电路。对大多数单片机的应用系统来说，电源、时钟和复位电路的设计常常是应用系统设计的第一步。

2.4.1　电源

微机需要一种或多种电源电压，这些电压的误差通常必须保持在其标称值的 5% 以内。8051 单片机的工作电源为 +5V。

2.4.2　时钟

51 单片机的一条指令可以分解为若干个基本的微操作，时钟信号是用来提供片内各种微操作的时间基准的。

1. 时钟电路的组成

51 单片机内部有一个用于构成振荡器的高增益反相放大器，端子 XTAL1、XTAL2 分别是放大器的输入端和输出端。根据硬件电路的不同，产生时钟信号通常有两种方式：内部振荡方式和外部振荡方式。

（1）内部振荡方式。在端子 XTAL1 和 XTAL2 处外接晶体振荡器或陶瓷振荡器，称为内部振荡方式，如图 2-11 所示。由于单片机内部有一个高增益反相放大器，当外接晶振后，就构成了自激振荡器并产生振荡时钟脉冲。这种振荡电路还可由软件控制启停，使系统进入低功耗工作状态。

（2）外部振荡方式。这种方式是把外部时钟信号引入单片机内。对于 HMOS 型芯片，外部振荡器的信号接 XTAL2 端，XTAL1 端接地，如图 2-12（a）所示，由于 XTAL2 端的逻辑电平不是 TTL，故在此接一个上拉电阻。而对于 CHMOS 型芯片，外部信号接 XTAL1，另一个端 XTAL2 悬空，如图 2-12（b）所示。

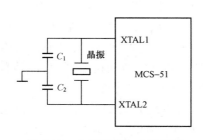

图 2-11　内部振荡方式线路图

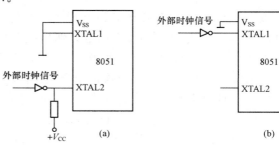

图 2-12　外部振荡信号的输入
（a）HMOS 型芯片；（b）CHMOS 型芯片

2. 时钟的基本概念

振荡源产生的振荡信号的周期称为振荡周期。单片机以此为最小的定时单位，片内的各种操作都以此周期为时间基准，振荡周期又称为时钟周期。

单片机的时钟实质上就是 CPU 的时序，即指令执行中各微操作信号之间在时间上的相互关系。为达到同步工作目的，各微操作信号在时间上有严格的先后次序，这些次序就是 CPU 时序。

(1) 时钟时序单位。把振荡脉冲的周期（晶振周期）定义为拍节（用 P 表示），振荡周期 2 分频后形成状态周期（用 S 表示）。振荡周期 12 分频后形成机器周期（$T_机$ 表示），所以 1 个机器周期包含 6 个状态周期（S），用 S_1，S_2，…，S_6 表示，或 12 个时钟周期（P），用 S_1P_1，S_1P_2，S_2P_1，S_2P_2，…，S_6P_1，S_6P_2 表示，既 1 个机器周期＝6 个状态周期＝12 个振荡周期，如图 2-13 所示。

CPU 取出一条指令至该指令执行完所需的时间称为机器周期，8051 指令的执行时间有 1 机器周期（单周期）、2 机器周期（双周期）和 4 机器周期 3 种情况。如果单片机外接晶振的频率 f_{osc} 为 12MHz，则时钟周期（振荡周期）为 $1/12\mu s$，状态周期为 $1/6\mu s$，机器周期＝$1/f_{osc}\times$时钟周期的个数＝$1/12MHz\times12=1\mu s$。若外接晶振的频率为 6MHz 时，机器周期为 $2\mu s$。

把一个程序所有指令的执行时间加起来，就是这段程序的执行时间，在一些要求较高的实时控制系统和延时（定时）程序中，了解程序的运行时间是非常必要的。

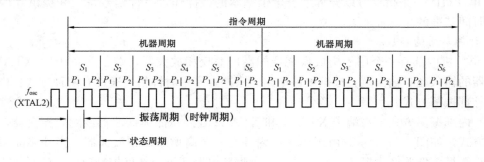

图 2-13 时钟定时单位时序关系

(2) 指令执行时序。8051 有 111 条指令，按其执行时间可分为单周期、双周期、四周期指令；按其机器码的长度又分为单字节、双字节、三字节指令。概括起来指令可分为单字节单周期指令、单字节双周期指令、双字节单周期指令、双字节双周期指令、三字节双周期指令。乘法指令为单字节四周期指令。图 2-14 表示指令的取值/执行时序。

指令的执行分为取指令操作码和执行指令两个阶段，在取指令操作码阶段，CPU 从内部或外部 ROM 中取出指令操作码及操作数，然后执行指令逻辑功能。由图 2-14 可见，地址锁存信号 ALE 在每个机器周期内产生两次，出现在 S_1P_2 和 S_4P_2，持续时间为一个状态周期。ALE 信号每出现一次，CPU 进行一次读指令操作，由于指令的字节数和机器周期数不同，并不是每一个 ALE 信号出现时都能有效读指，有时所读操作码无效。如图 2-14（a）中，单字节单周期指令只在第一个 ALE（S_1）时读操作码，第二个 ALE（S_4）时仍然有一个读指操作，但 PC 没加 1，第二次读操作无效。图 2-14（b）是双字节单周期指令，一条指令 2 个字节，每次总线操作是 8 位，在每次 ALE 出现时都有效读指，第一次是读指令操作码，第二次是读指

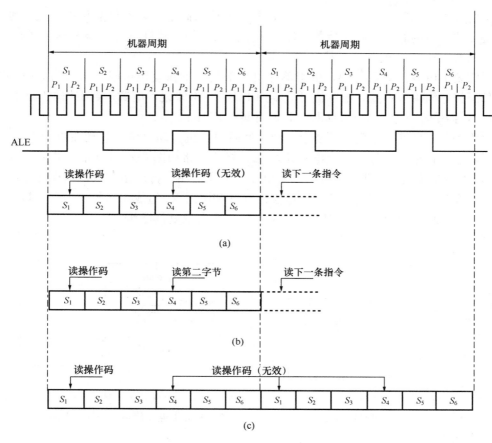

图 2-14　指令的取指/执行时序

（a）单字节单周期指令；（b）双字节单周期指令；（c）单字节双周期指令

令第二字节，指令的执行在指令周期内最后一个机器周期的 S_6P_2 振荡周期内完成。在图 2-14（c）中，两个机器周期内进行了 4 次读操作（产生 4 次 ALE 信号），由于是单字节指令，故后面 3 次读数无效。

2.4.3　复位电路和复位状态

单片机应用系统工作时，会经常要求单片机进入复位工作状态。因此，了解单片机的复位状态和设计复位电路是非常重要的。

1. 单片机的复位电路

当 51 单片机的复位端子 RST 出现 2 个机器周期以上的高电平时，单片机执行复位操作。如果 RST 持续为高电平，则单片机处于循环复位状态。在实际应用中，复位操作通常有两种基本方式，即上电复位和手动复位。

（1）上电复位。上电复位要求接通电源后，自动实现复位操作。典型的上电复位电路如图 2-15 所示。图中电容和电阻构成微分电路，在 RC 电路充电过程中，RST 端出现正脉冲，只要正脉冲信号连续保持 2 个机器周期以上的时间，单片机就可实现复位，使单片机恢复到初始状态。

在内部集成有"看门狗"电路的新型 51 单片机（如 AT89S、STC89C 等），其复位引脚具有双向功能，当上电时，外加电容与单片机内部下拉电阻形成复位电路使单片机复位；当单片机内部的"看门狗"（WDT）溢出时，RST 引脚输出高电平，不仅复位单片机，也复位单片机外部需要复位的芯片，以保持各芯片之间复位动作的一致性。若需要 RST 引脚输出复位信号，则需要 1～10kΩ 的外部下拉复位电阻。

在只需要上电复位的系统中，由于单片机内部具有下拉复位电阻（阻值为 50～300kΩ），所以外部下拉电阻可以不要，电容值可减小到 1μF。一般来说，电源达到工作电压值的时间在 10ms 以内，振荡器频率为 12MHz 时，起振时间小于 1ms。

（2）手动复位电路。手动复位要求电源接通后单片机自动复位，并且在单片机运行期间，用开关操作也能使单片机复位。上电复位与开关复位电路如图 2-16 所示。上电后，由电容 C 和 R_2 组成上电复位电路，实现单片机的上电复位。当程序运行出错或操作错误使系统处于死机，单片机在运行过程中需要复位时，通过按键 S 和电阻 R_1 组成手动复位电路，按下复位键 S 后松开，就能使 RST 保持一段时间的高电平，从而实现复位操作。

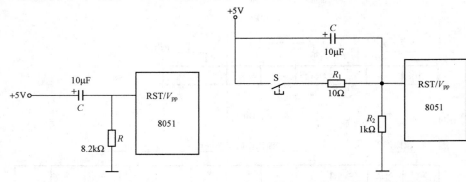

图 2-15　上电复位电路　　　　　图 2-16　上电复位与开关复位电路

2. 单片机的复位状态

单片机的复位操作使单片机进入初始化状态，这时 PC 为 0000H，表明程序从 0000H 地址单元开始执行。复位操作不改变内部 RAM 中内容，复位后特殊功能寄存器的初态见表 2-6。

表 2-6　　　　　　　　　　复位后特殊功能寄存器的初态

特殊功能寄存器	复位状态	特殊功能寄存器	复位状态
PC	0000H	TMOD	00H
A	00H	TCON	00H
B	00H	TH0	00H
PSW	00H	TL0	00H
SP	07H	TH1	00H
DPTR	0000H	TL1	00H
P0～P3	FFH	SCON	00H
IP	XXX0 0000B	SBUF	XXXX XXXXB
IE	0XX0 0000B	PCON	0XXX0000B

注　表中符号 X 为随机状态。

第 3 章

51 单片机汇编语言程序设计基础

　　汇编语言是一种面向机器的程序设计语言，用助记符形式表示，属于低级程序语言。汇编语言的指令结构简单、功能单一，可以直接对单片机内部的工作寄存器、存储器、端口、中断系统、定时器等进行操作，能把数据处理的过程表述得非常具体。

　　指令是 CPU 根据人的意图指挥计算机执行某种操作的命令。一台微机所能识别和执行的全部指令的集合称为该 CPU 的指令系统。MCS-51 单片机的指令系统与一般微机一样，可用两种语言形式表示，即机器语言指令和汇编语言指令。

　　如果要计算机按照人的意图完成某项任务，必须让它按顺序执行若干条指令，通常把这种按照人的要求编排的指令操作序列称为程序。编写程序的过程称为程序设计。程序设计语言作为实现人机对话的基本工具，可分为机器语言、汇编语言和高级语言。用汇编语言和高级语言编制的程序称为源程序，都要转换成机器语言程序后才能为计算机直接执行，这种用机器语言描述的程序通常称为目标程序。

　　高级语言的特点是通用性强，可以在不同的机器上运行。用户在编写程序时不必仔细了解计算机的指令系统，且比较接近人习惯的自然语言和数学表达式，便于理解和掌握。用高级语言编写的程序要用编译程序或解释程序翻译成机器语言程序方能执行。

　　机器语言是一种能被机器识别和执行的语言，用二进制数"0"和"1"形式表示。它存放在计算机存储器内，直接指挥机器的运行。机器语言指令用二进制代码表示，称为机器码。这种指令能使 CPU 直接识别、分析和执行相应的操作。但由于机器语言所编写的程序既繁琐又难以记忆，使用非常不方便，并且不易查错和修改，由此汇编语言应运而生，汇编语言指令是用助记符号形式表示的指令。这种指令容易理解和记忆，但不能直接为 CPU 识别和理解。因此，汇编语言的指令必须与机器语言的指令一一对应。为了方便，程序设计人员通常都用汇编语言指令编写程序，这种程序称为汇编语言源程序，源程序设计后，还要翻译成机器语言程序（目标程序），这个过程称为汇编。用来完成汇编工作的程序称为汇编程序。为便于理解，下面给出一段汇编语言源程序和所对应的机器语言的目标程序。

```
地址              目标程序                           源程序
2000H     01110100 00000101B    74 05H    STAR: MOV   A,    ＃05H
2002H     00100100 00001010B    24 0AH          ADD   A,    ＃0AH
2004H     11110101 00100000B    F5 20H          MOV   20H,  A
2006H     10000000 11111110B    80 FEH          SJMP  $
```

　　汇编语言与机器的指令系统密切相关，不同的机型其指令系统不同，因此汇编语言程序不具备高级语言的通用性，对于不同类型的 CPU 要使用不同的汇编语言，如 8086、MCS-51 汇编语言。用汇编语言编写的程序要经过汇编程序（也可以手译）翻译成机器语言程序后才能为计算机所识别。与高级语言相比，虽然其无通用性，但其翻译所生成的目标代码比由高级语言生成的目标代码要短，因而占用的内存小、执行速度快。据统计，译成机器语言后，后者的长度一般增加 15%～200%，执行时间也相应增长 50%～300%。汇编语言可最直接最有效地控制硬件，充分利用硬件系统的许多特性。因此，在要求反应灵敏的实时控制系统中，通常采用汇编语言，在内存容量有限，需要直接和有效控制硬件的场合，也常使用汇编语言编程。学习汇编语言必须首先学习机器的指令系统。本章所介绍的指令系统是学习 51 单片机汇编语言程序设计的基础。

　　一台计算机具有的所有指令的集合称为该计算机的指令系统。指令系统的指令功能和数量的多少决定了该计算机处理能力的强弱。51 单片机的指令系统共有 111 条，按其功能可分为数据传送、算术运算、逻辑运算、程序转移、位操作 5 大类。指令系统简明，便于初学者掌握。

　　51 单片机的指令较短，其中单字节指令有 49 条、双字节指令有 46 条、三字节指令只有 16 条。从指令执行时间来看，单机器周期指令 64 条，双机器周期指令 45 条，只有乘除 2 条指令的执行时间为 4 个机器周期。在 12MHz 晶振情况下，单机器周期、双机器周期、4 机器周期指令的执行时间分别为 1、2、4μs。由此可见，MCS-51 系列指令系统在储存空间与执行时间上都有较高的效率，除此之外，MCS-51 指令系统中含有丰富的位操作指令，是该指令系统的一大特色。

3.1 指令格式及分类

3.1.1 汇编语言指令格式

　　汇编语言对源程序的编写格式作了明确的规定。对 MCS-51 来说，汇编语言中的每条语句应当符合典型的四分段格式。

〔标号:〕操作码〔操作数〕〔;注释〕

　　在书写汇编语句时，上述四部分应该严格用定界符加以分隔，定界符指冒号、空格符、逗号、分号等。例如：

```
标号      操作码      操作数      注释
LOOP:     MOV        A,#11H      ;A←11H
```

　　(1) 标号。编写源程序列时，给数据或存放数据或指令的存储单元所取的名字，称为标号。标号是语句地址的标志符号，有了标号，程序中的其他语句才能访问该语句。它所表示的是该指令位置的符号地址，程序汇编时，按指令规定对每一标号赋一个确定值，这样标号就以一个确定的数值出现在操作数区段中。通常在子程序入口或转移指令的目标地址处才赋予标号。标号的选取最好能带有明确的意义，如用 START 表示某程序的开始，用 DELAY 作为延时程序的入口。有关标号的规定如下：

　　1) 标号是由 1～8 个 ASCII 字符组成的，但头一个字符必须是字母，其余字符可以是字母、数字或其他特定字符。标号是符号地址，表示所在行程序的地址。

　　2) 不能使用本汇编语言已经定义了的符号作为标号，如指令助记符、伪指令记忆符以及寄存器的符号名称等。

　　3) 标号后边必须跟冒号 (:)。

　　4) 同一标号在一个程序中只能定义一次，不能重复定义。

　　5) 一条语句可以有标号，也可以没有标号，标号的有无取决于本程序中的其他语句是否需要访问这条语句。也就是说，标号不是必须有的，只有那些访问内存指令所要寻址的单元，或者转移指令所要访问的语句以及子程序的入口地址等，才需要标号。采用标号，不仅便于查询、修改程序，也便于转移指令的书写。

为了加深理解，下面给出一些常见的错误标号和正确标号。

错误的标号　　　　　　　　　　　　　　　正确的标号

1BT：（以数字开头）　　　　　　　　　BT1：

BEGIN（无冒号）　　　　　　　　　　　BEGIN：

TA＋TB：（"＋"号不能出现在标号里）　TATB：

ADD：（指令助记符）　　　　　　　　　ADD1：

（2）操作码。操作码用于规定语句执行的操作内容，它是汇编语言程序行中不可缺少的部分，或者说它是指令的核心部分，用于指示机器执行各种操作，如加、减、传送等。操作码是以指令助记符或伪指令助记符表示的，用来表示指令的功能。

（3）操作数。操作数是表示指令操作的对象，它给出的是参加运算（或其他操作）的数据或数据的地址。表示操作数的方式有多种，可以是数字、标号或寄存器名，也可以是汇编语言所能识别的表达式。在汇编过程中，这个表达式的值将被计算出来。MCS-51 的操作数有寄存器寻址、直接寻址、间接寻址等 7 种不同的寻址方式。

汇编语言中使用的常数可以用二进制、十进制、十六进制表示，也可以用引号括起来的 ASCII 字符表示。在用十六进制表示操作数时，以 A～F 开头的数前面应加"0"，避免与标号混淆。而用 ASCII 字符表示操作数是取其代码的值，如"A"与 41H 等同，即 A 的 ASCH 码为 41H。

根据指令不同，操作数可以是 3 个、2 个或 1 个，少数指令没有操作数，如下所示。

［标号：］操作码［第一操作数］［，第二操作数］［，第三操作数］［；注释］

（4）注释。注释不属于语句的功能部分，它只是对语句的解释说明，只要用"；"开头，即表明以下为注释内容。使用注释可使程序的文件编制显得更加清楚，帮助程序人员阅读程序，简化软件的维护。注释的长度不限，一行不够时可以换行接着书写，但换行时应注意在开头使用"；"号。在汇编时，这部分内容不会参与运行，不影响机器汇编的结果。

（5）分界符（分隔符）。分界符用于把语句格式中的各部分隔开，以便于区分，包括空格、冒号、分号或逗号等多种符号。这些分界符号在 MCS-51 汇编语言中的使用情况如下：

1）冒号（：），用于标号之后；

2）空格（ ），用于操作码和操作数之间；

3）逗号（，），用于操作数之间；

4）分号（；），用于注释之前。

3.1.2　指令格式的分类

MCS-51 指令系统的指令格式以 8 位二进制数为字节基础单位，可分为单字节、双字节和三字节指令。

（1）单字节指令（49 条）。单字节指令分为两类，即无操作数的单字节指令、含有操作数寄存器编号的单字节指令。例如：

INC DPTR　　　　　　　　　　　　　MOV A, Rn

| 10100011 |

| 11101rrr |

rrr＝000～111，表示 R0～R7。

无操作数的单字节指令　　　　　　　含有操作数的单字节指令

"INC DPTR"指令的功能是数据指针 DPTR 的值加 1，指令码的二进制数为 10100011B，相对应的十六进制数为 0A3H。

还有一些单字节指令在其 8 位代码中包含了操作数所在的地址。如指令"MOV　A，R7"，其功能为将寄存器 R7 中的内容传送给累加器 A。指令码为 11101111B，其中前五位 11101 表示操作码，后三位 111 是通用寄存器 R7 的二进制编码。

（2）双字节指令（46 条）。双字节指令含有 2 个字节，通常第一字节为操作码，第二字节为操作数。操作数可以是立即数，也可以是操作数所在的片内地址。例如：

MOV A, #data

nn | 01110100 |

nn+1 | data |

如指令是"MOV A，　#88H"，其功能是将 8 位的立即数 88H 传送给累加器 A，指令码为 74H、88H 两个字节。

（3）三字节指令（16 条）。三字节指令一般是用第一字节表示操作码，用第二、三字节表示操作数（可以是立即数）或操作地址。有如下四类：

第一类：MOV DPTR, #data16

nn | 操作码 |

nn+1 | data 15~8 |

nn+2 | data 7~0 |

第二类：MOV direct, #data

nn | 操作码 |

nn+1 | direct |

nn+2 | data |

第三类：DJNZ A, #data, rel

nn | 操作码 |

nn+1 | data |

nn+2 | direct (rel) |

第四类：LCALL addr16

nn | 操作码 |

nn+1 | addr15~8 |

nn+2 | addr7~0 |

如指令是"MOV　DPTR，#4567H"，其功能是将 16 位立即数送给 DPTR，指令码为 90H、45H、67H 三个字节。

3.2 指令符号标识及伪指令

3.2.1 指令符号标识

在 MCS-51 指令系统中，操作码采用了 44 种助记符，其意义见表 3-1。

表 3-1　　　　　　　　　　　　MCS-51 助记符意义

助记符	意　义	助记符	意　义
MOV	送数	MUL	乘法
MOVC	程序存储器送 A	DIV	除法
MOVX	外部送数	DA	十进制调正
PUSH	压入堆栈	AJMP	绝对转移
POP	堆栈弹出	LJMP	长转移
XCH	数据交换	SJMP	短转移
XCHD	交换低 4 位	JMP	相对转移

助记符	意　义	助记符	意　义
ANL	与	JZ	判 A 为 0 转移
ORL	或	JNZ	判 A 非 0 转移
XRL	异或	JC	判 Cy 为 0 转移
SETB	置位	JNC	判 Cy 非 0 转移
CLR	清 0	JB	直接位为 1 转移
CPL	取反	JNB	直接位为 0 转移
RL	循环左移	JBC	直接位为 1 转移，并清该位
RLC	带进位循环左移	CJNE	比较不相等转移
RR	循环右移	DJNZ	减 1 不为 0 转移
RRC	带进位移环右移	ACALL	绝对调用子程序
SWAP	高低半字节交换	LCALL	长调用子程序
ADD	加法	RET	子程序返回
ADDC	带进位加法	RETI	中断子程序返回
SUBB	带进位减法	NOP	空操作
INC	加 1	DEC	减 1

在汇编中用到的操作数符号及其操作数符号的意义如下：

Ri —— 可用作间接寻址的寄存器，只能是 R0、R1 两个寄存器，所以 i＝0 或 1。

Rn —— 当前寄存器组的 8 个通用寄存器 R0～R7（n＝0～7），它在片内数据存储器中的地址由 PSW 中的 RS1 和 RS0 确定。

@ Ri —— 寄存器 Ri 间接寻址的 8 位片内 RAM 单元（0～255）。

Direct —— 8 位片内 RAM 的地址，表示直接单元地址。寻址范围为片内 RAM 中低 128 个单元的十六进制地址 00H～7FH 及专用寄存器 SFR 的单元地址或符号地址。

＃data —— 8 位立即数，在指令中它通过前缀符＃与 Direct 相区别。

＃data16 —— 16 位立即数。

addr11 —— 11 位目的地址，用于 ACALI 和 AJMP 指令，可从下条指令开始的 2KB 调用或转移。

addr16 —— 16 位目的地址，用于 LCALL 和 LJMP 指令中，目的地址必须在 64KB 程序存储器 ROM 地址空间内实现调用或转移。

rel —— 相对转移指令中的偏移量，以 8 位补码形式表示，用于 SJMP 和条件转移指令，地址偏移量范围是相对于下一条指令，在－128～＋127 地址范围内转移。

DPTR —— 数据指针，其是一个 16 位的寄存器，可分为两个 8 位寄存器 DPH、DPL，DPH 是高 8 位，DPL 是低 8 位，可寻址范围为 64KB。

bit —— 位地址，表示片内 RAM 中的可寻址位和 SFR 中的可寻址位。

A —— 累加器（直接寻址方式的累加器表示为 ACC）。

B —— 专用寄存器。

C（CY）—— 进位标志位，它是布尔处理机的累加器，也称为累加位。

@ —— 间址寄存器或基址寄存器的前缀。

/—— 加在位地址之前，表示该位状态取反。

X—— 表示片内 RAM 的直接地址或寄存器。

(X) —— 表示由 X 所指定的某寄存器或某单元中的内容。

((X)) —— 表示由 X 间接寻址单元中的内容。

$ —— 表示当前的指令地址。

← —— 表示将箭头右边的内容传送至箭头的左边。

∧、∨、⊕ —— 表示逻辑与、或、异或。

3.2.2 伪指令

不同的计算机系统有不同的汇编程序，也就定义了不同的汇编命令，这些由英文字母组成的汇编命令称为伪指令。伪指令不是真正的指令，无对应的机器码，在汇编时不产生目标程序（机器码），只是用来对汇编过程进行某种控制，在编写汇编语言源程序时，必须严格按照指令规定的格式书写。在 MCS-51 指令系统中的 111 条指令，都有与之对应的机器码，并由机器在汇编时翻译成目标代码（机器码），以供 CPU 执行，除此之外，还定义了如下 8 条伪指令。

（1）ORG 汇编起始命令。

命令格式：ORG nn

用于汇编语言源程序或数据块开头，功能是规定该伪指令后面程序的汇编地址，即汇编后生成目标程序存放的起始地址。nn 表示 16 位地址。例如：

```
        ORG  1000H
START:  MOV  A，#32H
        ……
        END
```

这段程序规定了标号 START 的地址是 1000H，又规定了汇编后的第一条指令码从程序存储器的 1000H 单元开始存放。在一个源程序中，ORG 可以多次出现在程序的任何地方，当它出现时，下一条指令的地址就由此重新定位。在汇编语言源程序的开始，通常都用一条 ORG 伪指令来规定程序的起始地址。如果不用 ORG 规定，则汇编得到的目的程序将从 0000H 开始。

（2）END 汇编结束命令。

用于汇编语言源程序末尾，指示源程序到此全部结束。在机器汇编时，对 END 后面的指令不予汇编，一个源程序只能有一个 END 命令。因此，END 语句必须放在整个程序末尾。

（3）EQU 赋值命令。

命令格式：字符名称 EQU 赋值项

EQU 命令是把"赋值项"赋给"字符名称"。本命令用于给字符名称赋予一个特定值，赋值以后，其值在整个程序中有效。赋值项可以是常数、地址、标号或表达式。用 EQU 赋过值的符号名可以用作数据地址、代码地址、位地址或是一个立即数。它可以是 8 位的，也可以是 16 位的。例如：

```
TT  EQU  R1
MOV A，TT
```

这里 TT 表示工作寄存器 R1。又例如：

```
A10  EQU  10
ADRS EQU  07EBH
```

```
        MOV   A,   A10              ; A←10
        ......
        LCALL ADRS                  ; 调用 07EBH 处子程序
        ......
        END
```

这里 A10 为片内 RAM 的一个直接地址，而 ADRS 定义了一个 16 位地址，实际上它是一个子程序的入口地址。再例如：

```
        ORG   1000H
A09     EQU   R1
A10     EQU   30H
DE1     EQU   0450H
        MOV A, A09                ; A←R1
        MOV R0, A10               ; R0← （30H）
        ......
        LCALL DE1                 ; 调用 0450H 处子程序
        ......
        END
```

EQU 伪指令中的字符名必须先赋值后使用，故该语句通常放在源程序的开头。

（4）DATA 数据地址赋值命令。

命令格式：字符名　DATA　表达式

DATA 命令功能与 EQU 类似，它是将 16 位地址赋值给所定义的字符名。其差别是 EQU 定义的字符名必须先定义后使用，而 DATA 定义的字符名可以先使用后定义。用 EQU 伪指令可以把一个汇编符号赋给一个名字，而 DATA 只能把数据赋给字符名。DATA 语句中可以把一个表达式的值赋给字符名称，其中的表达式应是可求值的。在程序中 DATA 伪指令常用来定义数据地址。

（5）DB 定义字节命令。

命令格式：DB　［项或项表］

项或项表可以是一个字节，用逗号隔开的字节串或括在单引号（''）中的 ASCII 字符串。该指令表示把指令右边的单字节数据依次存放到以左边标号为起始地址的连续存储单元中，通常用于定义常数表。或者说汇编程序从当前 ROM 地址开始，保留一个字节或字节串的存储单元，并存入 DB 后面的数据。例如：

```
        ORG 1000H
START:  MOV A, 30H
        ......
   TAB: DB  18H, 27H, 36H, 45H
        DB  54H, 63H, 72H, 81H
        END
```

设 TAB 标号地址为 1030H，则该程序汇编时，自动把 18H 单元存入 1030H 单元，把 27H 单元存入 1031H 单元……，汇编后结果为：

（1030H） = 18H	（1031H） = 27H	（1032H） = 36H	（1033H） = 45H
（1034H） = 54H	（1035H） = 63H	（1036H） = 72H	（1037H） = 81H

又如：

```
        ORG   2000H
        DB    0A3H
LIST:   DB    26H, 03H
STR:    DB    'ABC'
```

这段程序经汇编后 ROM 中相关单元的内容是：

(2000H) = A3H　　(2001H) = 26H　　(2002H) = 03H

(2003H) = 41H　　(2004H) = 42H　　(2005H) = 43H

其中，41H、42H、43H 分别为 A、B、C 的 ASCH 编码值。

（6）DW 定义字命令。

命令格式：DW　＜16 位数据项或项表＞

DW 指令同 DB 指令功能基本类似，都是在内存的某个区域内定义数据，不同的是 DW 指令定义的是字（16 位），而 DB 指令定义的是字节（8 位）。DW 指令表示把指令右边的双字节数据、16 位数据项或项表依次存入指定的连续存储单元中。每项数值为 16 位二进制数，高 8 位先存放，低 8 位后存放，这和其他指令中 16 位数的存放方式相同。常用于定义一个地址表。例如：

```
        ORG   1000H
TABLE:  DW    11H, 2BH, 2233H
```

上面的指令汇编后，ROM 中相关的单元内容是：

(1000H) = 00H　　(1001H) = 11H

(1002H) = 00H　　(1003H) = 2BH

(1004H) = 22H　　(1005H) = 33H

（7）DS 定义存储空间命令。

格式：DS　表达式

在汇编时，表示从指定地址开始预留一定数量的内存单元，以备源程序执行过程中使用。预留单元的数量由表达式的值所规定的存储单元决定。例如：

```
        ORG   1000H
        DS    02H
        DB    11H, 22H
```

汇编以后，从 1000H 保留 8 个单元，然后从 1002H 开始按 DB 命令给内存赋值，即（1002H）= 11H，（1003H）= 22H。

又如：

```
        ORG 1000H
START:  MOV A, 30H
        ......
SPC:    DS 06H
        DB 54H, 63H, 72H, 81H
        END
```

设 SPC 地址为 1100H，则上述程序汇编时，碰到 DS 语句，从 1100H 地址开始预留 6 个连续地址单元，碰到 DB 语句，从 1006H 地址开始依次存放 54H、63H、72H、81H。

注意：DB、DW、DS 伪指令都只对程序存储器起作用，它们不能对数据存储器进行初始化。

（8）BIT 位地址符号命令。

格式：字符名称　BIT　位地址

该指令把 BIT 右边的位地址赋给左边的字符名称。被定义的位地址在源程序中可用符号名称来表示。但应注意并不是所有的汇编程序都可以识别 BIT 指令，不识别时可用 EQU 指令来定义位地址变量。例如：

```
        ORG  3000H
CC0     BIT  P1.0
CC1     BIT  F0
CC2     BIT  25H
        MOV  C, CC0      ; C←P1.0
        CLR  CC1         ; 状态标志位 F0 清零
        ORL  C, CC2      ; C←P1.0 逻辑或 25H
```

其中，字符名称不是标号，其后没有冒号，但它是必须的。其功能是把 BIT 之后的位地址值赋给字符名称。又如：

```
M1  BIT  P2.0
M2  BIT  12H
```

这样，P2 端口第 0 位的位地址就赋给了 M1，而 M2 的值则为 12H。

3.3　寻　址　方　式

寻址就是寻找指令中操作数或操作数所在存储单元的地址。所谓寻址方式，就是找到存放操作数的地址并把操作数提取出来的方法，它是汇编语言设计中最重要的内容之一。MCS-51 单片机共有 7 种寻址方式，分别是立即寻址、直接寻址、寄存器寻址、寄存器间接寻址、变址寻址、相对寻址以及位寻址。对每一种寻址方式，需要掌握其工作原理，即在指令执行时寻找操作数的过程。另外，转移指令中偏移量 rel，转移地址 addr11、addr16 等在实际编程时都可以用标号来代替，不需要手动计算偏移量，汇编时由汇编程序自动计算。

3.3.1　立即寻址

立即寻址指令的操作数域中，直接给出参加运算的操作数，称为立即数，用♯表示。立即寻址时，指令中地址码部分给出的就是操作数，即取出指令的同时立即得到了操作数。例如：

```
MOV  A, ♯80H          ; A←80H
```

表示将立即数 80H 送累加器 A 中。

```
MOV  DPTR, ♯data16    ; DPTR←♯data16
```

表示把 16 位立即数送 DPTR，其中高 8 位送 DPH，低 8 位送 DPL。

立即寻址示意图如图 3-1 所示。

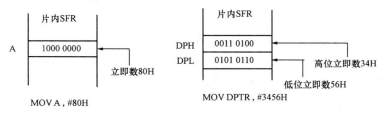

图 3-1　立即寻址示意图

3.3.2 直接寻址

在直接寻址指令中，操作数域中直接给出参加操作的操作数所在的存储单元的地址，这种寻址方式用于对内部 RAM 的访问，操作数地址可以为字节地址和位地址。

（1）访问内部 RAM 低 128 字节，指令中 Direct 以单元地址形式表示。

    MOV A,35H   ；将 35H 单元的内容送累加器 A，A←（35H）

（2）访问内部 SFR 区，指令中 Direct 以单元地址或寄存器符号形式表示。

    MOV A,81H   ；A←（81H）

    MOV A,SP   ；A←SP

上述两条指令功能完全相同，堆栈指针 SP 的地址为 81H。

    MOV A,P1   ；将 P1 端口的内容送累加器 A，A←P1

（3）访问位地址空间，指令中 bit 以位地址或位名称形式表示。

    MOV C,20H   ；将位寻址区的位地址 20H 的内容送进位 C，C←（20H）

    SETB EA   ；EA 位置 1

直接寻址示意图如图 3-2 所示。

3.3.3 寄存器寻址

寄存器寻址指令中，操作数域中给出的是操作数所在的寄存器，寄存器的内容是操作数。指令中以寄存器符号名称来表示寄存器，可进行寄存器寻址的有当前工作寄存器 R0～R7、累加器 ACC、通用寄存器 B、DPIR、位累加器 C。

4 个寄存器组共有 32 个通用寄存器，但指令中使用的是当前工作寄存器组，因此在使用寄存器寻址指令前，必须将 PSW 寄存器中的 RS1、RS0 位置位，确定当前工作寄存器组。

    MOV R0, ♯55H

    MOV A, R0   ；A←R0

寄存器寻址示意图如图 3-3 所示。

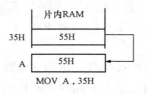

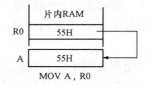

图 3-2 直接寻址示意图　　　　　图 3-3 寄存器寻址示意图

3.3.4 寄存器间接寻址

寄存器间接寻址指令中，操作数域给出的是操作数地址所在的寄存器，即寄存器的内容为操作数的地址，该地址所在单元的内容为操作数。寄存器间接寻址指令也是以寄存器符号名称来表示的，但为了区别寄存器寻址和寄存器间接寻址，在寄存器间接寻址方式中，寄存器符号前加“@”前缀标志。

例如：假定 R0 寄存器的内容是 25H，25H 单元的内容是 73H，则指令“MOV A，@R0”执行过程：首先由操作码找到 R0，以 R0 中存放的内容（操作数）25H 为地址，把 25H 地址单元的内容（操作数）73H 送累加器 A，累加器 A 的内容为 73H。寄存器间接寻址示意图如图 3-4 所示。

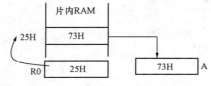

图 3-4 寄存器间接寻址示意图

寄存器间接寻址所涉及的寻址范围如下：

（1）片内 RAM 及片外数据存储器的一页。指令中使用当前工作寄存器组中的 R0 或 R1 作为存放操作数的地址指针，表示形式为@R0、@R1，寻址范围只有 256 字节。8051 片内低 128 字节 RAM 和 8052 片内 256 字节 RAM 被寻址，片外数据存储器可用指令"MOVX A，@ Ri"寻址一页，高 8 位地址由 P2 口锁存器提供。

堆栈指令 PUSH、POP 也可以算作寄存器间接寻址，其间接寻址寄存器为堆栈指针 SP。

（2）外部数据存储器。对这个存储空间的访问，使用 DPTR 作为间接寻址寄存器，表示形式为@DPTR。

例如：MOVX A，@DPTR

该指令把 DPTR 指定的片外存储单元的内容送片内累加器 A 中。

另应注意，特殊功能寄存器 SFR 只能用直接寻址。

3.3.5　变址寻址

变址寻址是以程序计数器 PC 或数据指针 DPTR 为基址寄存器，以累加器 A 为变址寄存器，将二者内容相加形成的十六位地址作为操作数地址。MCS-51 指令系统中有两条变址寻址指令，用于读取程序存储器 ROM 中的数据表格。

查表指令：MOVC　A，@A + PC

　　　　　　MOVC　A，@A + DPTR

例如：

```
MOV DPTR，  ♯0300H        ; DPTR←0300H
MOV A，     ♯02H          ; A←02H
MOVC A，    @A + DPTR     ; A←（0300H + 02H）
```

此程序的功能是将程序存储器中 0302H 单元的常数 X 取出送到片内累加器 A 中。变址寻址示意图如图 3-5 所示。

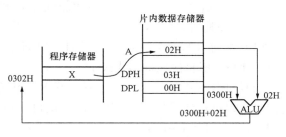

图 3-5　变址寻址示意图

3.3.6　相对寻址

将程序计数器 PC 的当前值与指令给出的偏移量（rel）相加，形成新的转移目标地址，这种方式称为相对寻址方式。相对寻址方式是为了实现程序的相对转移而设计的，为相对转移指令所采用。一般情况下，程序的执行顺序是逐条进行的，PC 值顺序增加指向下一条要执行指令的地址，但在子程序调用或条件转移情况下，需要从转移指令处跳过一些指令转移到要执行的目的指令处，此处的目的地址通过相对寻址方式求得。目的地址等于 PC 的当前值（执行完转移指令后的 PC 值）加上相对转移指令中提供的偏移量（rel）。偏移量（rel）是一个带符号的 8 位二进制补码数，取值范围为 $-128 \sim +127$（以 PC 值为中间的 256 个字节范围），在实际编程中偏移量（rel）可以用标号来代替，系统会自动计算偏移量。程序的相对转移示意图如图 3-6 所示。

相对转移指令的目的地址＝转移指令地址＋转移指令字节数＋偏移量（rel）＝PC 当前值＋偏移量（rel）

在 MCS-51 指令系统中，有两类相对转移指令，一类是二字节转移指令，一类是三字节转移指令。在计算 PC 当前值时要注意指令的字节数。

例如：双字节相对转移指令

```
2000H    8054H    SJMP rel    ;PC+PC+2+rel
```

该指令操作码 80H 放在程序存储器 ROM 的 2000H 单元中，相对地址偏移量（rel）54H 放在 2001H 单元。这条指令的执行结果是，目的地址 PC＝2000H＋2＋54H＝2056H，程序转移到 2056H 处执行，指令执行过程如图 3-7 所示。

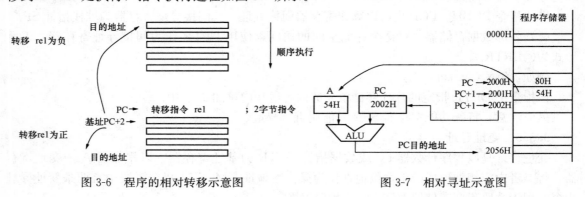

图 3-6　程序的相对转移示意图　　　　　　图 3-7　相对寻址示意图

3.3.7　位寻址

MCS-51 的位处理功能由位操作指令实现。操作数是一个可单独寻址的位地址，这种寻址方式称为位寻址方式。位寻址是直接寻址方式的一种，其特点是对存储器中可位寻址的某一位进行操作。位操作指令采用位寻址方式来获取位操作数，位操作数存放在位地址中，用 bit 表示。例如：

```
SETB bit      ;(bit)←1
MOV  C, 25H   ;将位地址 25H 中的数据传送给位累加器 C，C←25H
```

1. 位寻址的范围

（1）片内 RAM 位寻址区为 20H～2FH（单元地址），共 128 位（低 128B），位地址是 00H～7FH，用直接地址形式表示。

（2）SFR 区中的可寻址位，部分 SFR 区中有 11 个地址可以被 8 整除的特殊功能寄存器，它们是可以进行位寻址的（其中有 83 位可以位寻址）。如位地址 B8H～BFH、D0H～D7H、E0H～E7H、F0H～F7H 等。

2. 可位寻址的位地址的表示形式（方法）

（1）直接使用位地址形式。

```
MOV 00H,  C  ;(00H) ← (Cy)
```

其中，00H 是片内 RAM 中 20H 地址单元的第 0 位。

（2）字节地址加位序号的形式。

```
MOV 20H.0,  C ;(20H.0) ← (Cy)
```

其中，20H.0 是片内 RAM 中 20H 地址单元的第 0 位。

（3）位的符号地址（位名称）表示形式。

对于部分特殊功能寄存器，其各位均有一个特定的名字，所以可以用它们的位名称来访问该位。例如：

```
MOV C,   RS1,   ;(Cy) ← (RS1)
ANL C,   P      ;(C) ← (C) ^ (P)，P 是 PSW 的第 0 位，C 是 PSW 的第 7 位。
```

（4）字节符号地址（字节名称）加位序号的形式。

对于部分特殊功能寄存器（如状态标志寄存器 PSW），还可以用其字节名称加位序号形式来访问某一位。例如：

```
CLR  PSW.6   ;(AC)←0
```

其中，PSW.6 表示该位是 PSW 的第 6 位。

以上是 MCS-51 单片机的 7 种寻址方式，在使用时应注意：

（1）指令中的源操作数可以使用上面 7 种寻址方式中的任何一种，但目的操作数只能是寄存器寻址、寄存器间接寻址、直接寻址和位寻址这 4 种中的任意一种。

（2）片内 SFR 区只能采用直接寻址方式。

（3）片外 RAM 区只能采用寄存器寻址、寄存器间接寻址（以 R0、R1 或 DPTR 作间址寄存器）的寻址方式访问。

3.4　指 令 系 统

MCS-51 汇编语言的指令系统共有 44 种操作码助记符，7 种寻址方式，它们代表着 33 种功能，可以实现 51 种操作。由助记符和操作数的各种寻址方式组合得到 111 条指令。其中单周期指令 64 条，双周期指令 45 条，只有乘、除两条指令的执行时间是四个周期。在指令中，操作码占 1 个字节；操作数中，直接地址占 1 个字节，♯ data 占 1 字节，♯ data16 占两个字节；操作数中的 A、B、R0～R7、@Ri、@DPTR、@A+DPTR、@A+PC 等均隐含在操作码中。MCS-51 指令系统可以按其功能分为五大类。要掌握每一类指令的助记符及其功能，并根据实际的需要灵活应用。在实际使用当中，往往需要把各种功能的指令融合到一起完成某个特定的功能，因此必须熟练掌握这些基本的指令及其用法。

3.4.1　数据传送指令

数据传送是一种最基本、最主要的操作。通常在应用程序中，传送指令占有极大的比例，数据传送的灵活性对整个程序的编写和执行都起着很大的作用。所谓数据"传送"，就是把源地址单元的内容传送到目的地址单元中去，指令执行后，源地址单元内容不变，属于"复制"而不是"剪切"；或者源地址单元与目的地址单元内容互换。数据传送指令共 29 条，可分为内部 RAM 数据传送、外部 RAM 数据传送、程序存储器数据传送、数据交换和堆栈操作 5 类。除以累加器 A 为目的操作数的数据传送指令对 P 标志位有影响外，其他均不影响标志位。

（1）内部 RAM 数据传送指令（16 条）。

格式：MOV　<目的操作数>，<源操作数>

内 RAM 数据传送指令按目的操作数可分为以下几类。

1）以累加器 A 为目的操作数的指令（4 条）。这组指令的作用是把对应的源操作数内容存放到累加器 A 中。以累加器 A 为目的操作数的指令，只影响 PSW 中的 P 标志位，不影响其他标志位，其指令格式如下：

```
MOV  A,  ♯data    ；A←data，将立即数 data 送累加器 A
MOV  A,  direct   ；A←direct，将直接地址单元的内容送累加器 A
MOV  A,  Rn       ；A1←Rn，将寄存器内容送累加器 A
MOV  A,  @Ri      ；A←(Ri)，将间接 RAM 中内容送累加器 A
```

【例 3-1】将存放在片内 RAM 50H 单元的数据送到累加器 A 中。

解

```
解法一　MOV A，50H
```

解法二　MOV R0，＃50H

　　　　MOV A，　@R0

【例 3-2】若（R6）＝40H，（20H）＝30H，（R0）＝30H，（30H）＝20H，分析下列每条指令执行后寄存器的内容。

解　MOV A，R6　　　　　；（A）＝40H，（R6）＝40H 不变

　　　MOV A，　20H　　　　；执行后（A）＝30H，（20H）＝30H 不变

　　　MOV A，　@R0　　　　；执行后（A）＝20H，（R0）＝30H

　　　MOV A，　＃11H　　　；执行后（A）＝11H

2）以工作寄存器 Rn 为目的操作数的指令（3 条）。这组指令的作用是把源操作数内容存放到当前工作寄存器组 R0～R7 中的某个寄存器中，源操作数内容不变，指令格式如下：

　　　MOV Rn，　＃ data　　　；Rn←data

　　　MOV Rn，　direct　　　；Rn←（direct）

　　　MOV Rn，　A　　　　　；Rn←（A）

【例 3-3】若（A）＝20H，（20H）＝60H，分析下面每条指令执行后寄存器的内容。

解　MOV R2，　A　　　；（R2）＝20H

　　　MOV R2，20H　　　；（R2）＝60H

　　　MOV R2，＃20H　　；（R2）＝20H

3）以直接地址单元为目的操作数的指令（5 条）。本组指令的作用是把源操作数内容存放到片内 RAM 的某个直接地址单元中，源操作数内容不变，其指令格式如下：

MOV direct，　A　　　　　；direct←（A）

MOV direct，＃data　　　；direct←data

MOV direct1，　direct2　　；direct1←（direct2）

MOV direct，　Rn　　　　；direct←（Rn）

MOV direct，@ Ri　　　　；direct←（（Ri））

【例 3-4】若（A）＝40H，（R2）＝46H，（R0）＝30H，（30H）＝70H，分析下列每条指令执行后对应单元的内容。

解　MOV 30H，　A　　　　；（30H）＝（40H），（A）＝40H

　　　MOV 40H，　R2　　　　；（40H）＝46H，（R2）＝46H

　　　MOV 41H，　@ R0　　　；（41H）＝70H，（R0）＝30H

4）以间址寄存器 @Ri 为目的操作数的指令（3 条）。这组指令的作用是把对应的源操作数的内容存放到间址寄存器 Ri 中，而源操作数不变，其指令格式如下：

MOV @Ri，　A　　　；（Ri）←（A）

MOV @Ri，　direct　；（Ri）←（direct）

MOV @Ri，　＃data　；（Ri）←data

【例 3-5】求执行下述指令后，寄存器及 50H 单元的内容有什么变化？

　　　MOV R0，　　　＃50H

　　　MOV @R0，　　＃00H

解　执行完上述指令后，（R0）＝50H，（50H）＝00H。

5）16 位数据传送指令（1 条）。16 位数据传送指令格式如下：

　　　MOV DPTR，＃ data16　；DPTR←data16

该条指令功能是把 16 位立即数的高 8 位送 DPH，低 8 位送 DPL。

通过以上内部 RAM 数据传送指令可以得到内部数据传送关系，如图 3-8 所示。

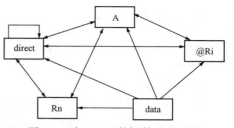

图 3-8　内 RAM 数据传送关系图

（2）外部 RAM 数据传送指令（4 条）。CPU 与外部数据存储器之间进行数据传送时，必须使用外部传送指令，外部数据传送必须通过累加器 A，且采用寄存器（用 R0、R1 和 DPTR 3 个间接寻址的寄存器）间接寻址方式完成，其指令格式如下：

```
MOVX  A,  @Ri        ; A←（（Ri））
MOVX  A,  @DPTR      ; A←（（DPTR））
MOVX  @Ri, A         ;（Ri）←（A）
MOVX  @DPTR, A       ;（DPTR）←（A）
```

以上 4 条指令中，以累加器 A 为目的操作数的指令为外部 RAM 的读指令，以累加器 A 为源操作数的指令为外部 RAM 写指令。由于 Ri 是 8 位的寄存器，所以只能访问片外 RAM 的低 256 个单元（00H～0FFH）；DPTR 可以访问片外 RAM 的全部 64KB 的空间。

在这组指令中，外部 RAM 的读指令对标志位有影响，其他指令对标志位没有影响。从上面的指令可以看出，要与外部数据存储器 RAM 打交道必须通过累加器 A，所有需要送入外部 RAM 的数据要通过累加器送出去，而所有要读入的外部 RAM 的数据也必须通过累加器 A 读入。由此可以看出，内部 RAM 和外部 RAM 的区别是内部 RAM 之间可以直接进行数据传送，而外部 RAM 之间以及外部 RAM 和内部 RAM 之间不能直接进行数据传送。

【例 3-6】下列指令执行完之后，累加器 A 和外 RAM 1234H 单元内容分别是多少？

```
MOV   30H, #44H       ;（30H）=44H
MOV   R1, #30H        ;（R1）=30H
MOVX  A, @R1          ;（A）=44H
MOV   DPTR, #1234H    ;（DPTR）=1234H
MOVX  @DPTR, A        ;（1234H）=（A）=44H
```

解　执行完上述指令后，（A）=44H，（1234H）=44H。

（3）程序存储器 ROM 数据传送指令（查表指令）（2 条）。MCS-51 单片机的程序存储器 ROM 分为内 ROM 和外 ROM，程序存储器内部的数据是只读的，因此程序存储器的数据传送是单向的，并且只能读到累加器 A 中。这类指令在查表中经常用到，又称为查表指令。查表指令一共有 2 条，都属于变址寻址，指令格式如下：

```
MOVC  A,  @A+DPTR     ; A←((A) + (DPTR))
MOVC  A,  @A+PC       ; A←((A) + (PC) +1)
```

上面这两条指令功能相同，但在使用方式上有区别，主要体现在以下几方面。

1）查表的位置不同。采用 DPTR 作为基地址寄存器时，表可以放在 64KB 程序存储器空间的任何地址，使用方便，故称为远程查表；采用 PC 作为基地址寄存器时，具体的表在程序存储器中只能在查表指令后的 256B 的地址空间中，使用有限制，故称为近程查表。

2）偏移量的计算方法不同。采用 DPTR 作为基地址寄存器时，查表目标地址为（DPTR）＋（A），A 为欲查数值距离表首地址的值；采用 PC 作为基地址寄存器时，查表目标地址为（A）＋当前指令的 PC 值＋1，因此 A 的值必须预先设置为：A 的值＝查表的目标地址－当前指令的 PC 值－1。

【例 3-7】指出下面程序执行后累加器 A 中的数据。

```
ORG    1000H
MOV    A,♯20H      ;双字节指令
MOVC   A,@A+PC     ;单字节指令
……
ORG    1020H
DB     0C0H,0F9H,0A4H,0A5H,30H,44H,50H
```

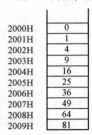

2000H	0
2001H	1
2002H	4
2003H	9
2004H	16
2005H	25
2006H	36
2007H	49
2008H	64
2009H	81

图 3-9　0～9 的平方值表

解　查表指令的当前 PC 值为 1002H，上述查表指令执行后，查表目标地址为（1002+1）H+20H=1023H，而 1023H 单元存储的数据为 0A5H，故指令执行完后，累加器 A 的内容为 0A5H。

【例 3-8】 如图 3-9 所示，有一个 0～9 的平方值表，请根据 A 中的内容取出表格中的数据。

解　程序 1：采用 DPTR 为基址寄存器

```
MOV   DPTR,♯2000H        ;表格首地址送 DPTR
MOVC  A,@A+DPTR          ;A←((A)+(DPTR))
```

执行结果：若原值 A=02H，则查表后 A=04。

若原值 A=06H，则查表后 A=36。

程序 2：采用 PC 为基址寄存器。已知 A=01H

```
      ORG   1FFBH
1FFBH: ADD  A,♯02H          ;A=03H
1FFDH: MOVC A,@A+PC         ;PC←PC+1,A←((A)+(PC))=(03H+1FFEH)=(2001H)
1FFEH: SJMP $               ;停机
2000H: DB 0,1,4,9,16
      DB 25,36,49,64,81
      END
```

执行结果：A=01H。

由于 PC 的当前值不为表格首址，故在 MOVC 指令前有一条加法指令，使 A 加一个修正值♯data，修正值为查表指令和表格首址之间的存储单元个数。

PC 当前值+data=表格首址，也可写成 data=表格首址-PC 当前值。

（4）数据交换指令（5 条）。数据交换指令，或称字节交换指令，数据传输时，若需要保存目的操作数，则经常采用数据交换指令。数据交换指令有 3 条整字节交换和 2 条半字节交换指令，字节交换的示意图如图 3-10 所示。

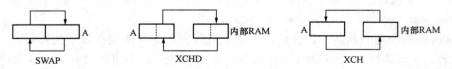

图 3-10　字节交换示意图

1）半字节数据交换指令（2 条）。半字节交换指令主要有 A 的高低字节交换和 A 与间址寄存器低 4 位交换，指令格式如下：

```
SWAP  A            ;(A)₀~₃↔(A)₀~₇
XCHD  A,@Ri        ;(A)₀~₃↔((Ri))₀~₃
```

注意：第二条半字节交换指令对 P 标志位有影响。

2）整字节交换指令（3 条）。整字节交换指令如下：

```
XCH   A, Rn        ; (A) ↔ (Rn)
XCH   A, direct    ; (A) ↔ (direct)
XCH   A, @Ri       ; (A) ↔ ((Ri))
```

【例 3-9】 设 A＝78H，R3＝25H，R0＝20H，（20H）＝31H。

解
```
XCH   A, R3        ; A = 25, R3 = 78H
XCHD A, @R0        ; A = 31H, (20H) = 25H, R0 = 20H
SWAP A             ; A = 13H
```

程序执行结果：A＝13H，R3＝78H，　R0＝20H，（20H）＝25H。

（5）堆栈操作指令（2 条）。在 8051 内部 RAM 的低 128 字节单元中，可设定一个区域作为堆栈，SP 存放程序运行过程中需要保护的数据。也就是说，堆栈操作在执行中断、子程序调用、参数传递等程序时用于保护断点和恢复现场。其功能是实现 RAM 单元数据送入栈顶或由栈顶取出数据至 RAM 单元，因此堆栈操作指令实际上是以堆栈指针 SP 为间址寄存器的间址寻址方式。堆栈操作有两种，即压栈（进栈）PUSH 和出栈 POP，通过堆栈指示器 SP 进行，栈顶由堆栈指针 SP 指定，但因为 SP 是唯一的，所以在指令中 SP 项隐含了只表示直接寻址的操作数据项。堆栈操作指令如下：

```
PUSH direct        ; SP←(SP) + 1, (SP)←(direct)    进栈指令
POP   direct       ; direct←((SP)), SP←(SP) - 1    出栈指令
```

进栈是先将栈指针 SP 内容加 1，然后将直接寻址单元的内容存入栈顶单元。堆栈是向上生成。出栈指令是将 SP 所指单元的内容送进内部直接寻址单元中，然后 SP 的内容减 1。

在使用堆栈指令时要注意，堆栈区应避开使用的工作寄存器区和其他需要使用的数据区，系统复位后，SP 的初始值为 07H。为了避免重叠，一般初始化时要重新设置 SP。

【例 3-10】 设 SP＝62H，DPTR＝2456H，执行如下指令。

解
```
PUSH DPL           ; SP←(SP) + 1,    63H←(DPL)
PUSH DPH           ; SP←(SP) + 1,    64H←(DPH)
```

程序执行结果：（64H）＝24H，（63H）＝56H，（SP）＝64H。

再继续执行下列操作：

```
POP 30H            ; 30H←((64H)), SP←(SP) - 1
POP 31H            ; 31H←((63H)), SP←(SP) - 1
```

程序执行结果：（30H）＝24H，（31H）＝56H，SP＝62H。

【例 3-11】 设（30H）＝20H，（40H）＝21H，利用堆栈作为媒体编出 30H 和 40H 单元内容交换。

解
```
MOV SP, #70H       ; 令栈底地址为 70H
PUSH 30H           ; SP←SP + 1, 71H←20H
PUSH 40H           ; SP←SP + 1, 72H←21H
POP 30H            ; 30H←21H, SP = 71H
POP 40H            ; 40H←20H, SP = 70H
```

执行结果：SP＝70H，（30H）＝21H，（40H）＝20H。

应注意，堆栈操作时应符合"先进后出"和"后进先出"的原则。

另外，在书写的时候还应注意，堆栈操作指令是直接寻址指令，直接地址不能是寄存器名，因此应注意指令的书写格式。例如：

```
PUSH    ACC（不能写成 PUSH  A）
POP     00H（不能写成 POP  R0）
```

3.4.2 算术运算指令

算术运算指令主要完成加、减、乘、除四则运算，以及加1、减1、BCD 码的运算和调整等。算术运算指令的两个参与运算的操作数，一个存放在累加器 A 中（此操作数也为目的操作数），一个存放在 R0～R7 或@Ri（片内 RAM）以及片内 RAM 某个直接地址中，或是存在 ♯ data（立即数）中，这类指令大多数都会影响到程序状态字 PSW，乘除指令不影响 AC 标志位。

（1）不带进位的加法指令（4 条）。不带进位的加法指令是将源操作数的内容与累加器 A 的内容相加，结果存入累加器 A。不带进位的加法指令（ADD）对 PSW 中的所有标志位均产生影响，具体的指令格式如下：

```
ADD A, ♯data        ; A← (A) + data
ADD A, direct       ; A← (A) + (direct)
ADD A, Rn           ; A← (A) + (Rn)
ADD A, @Ri          ; A← (A) + ((Ri))
```

【例 3-12】如果程序执行前（A）=29H，（20H）=88H，（R7）=0A0H，（R0）=30H，（30H）=0C2H，求顺序执行完下列每条指令的结果（包括标志位的状态）。

```
解  ADD A, ♯10H     ; (A) = 39H, (Cy) = 0, (AC) = 0, (OV) = 0
    ADD A, 20H      ; (A) = 0C1H, (Cy) = 0, (AC) = 1, (OV) = 0
    ADD A, R7       ; (A) = 61H, (Cy) = 1, (AC) = 0, (OV) = 1
    ADD A, @R0      ; (A) = 23H, (Cy) = 1, (AC) = 0, (OV) = 0
```

（2）带进位的加法指令（4 条）。带进位的加法指令是将源操作数的内容与累加器 A 的内容、进位标志位的内容一起相加，结果存入累加器 A 中。带进位的加法指令（ADDC）对 PSW 中的所有标志位均产生影响，具体的指令格式如下：

```
ADDC A, ♯data       ; A← (A) + data + (Cy)
ADDC A,  direct     ; A← (A) + (direct) + (Cy)
ADDC A,  Rn         ; A← (A) + (Rn) + (Cy)
ADDC A,  @Ri        ; A← (A) + (Ri) + (Cy)
```

【例 3-13】如果程序执行前（A）= 26H，（Cy）=1，（R0）= B9H，求执行指令"ADDC A，R0"后的结果（包括标志位的状态）。

解

```
ADDC  A, R0   ; A← (A) + (R0) + (Cy)
```

$$
\begin{array}{r}
0\ 0\ 1\ 0\ 0\ 1\ 1\ 0 \\
1\ 0\ 1\ 1\ 1\ 0\ 0\ 1 \\
+\qquad\qquad\qquad\ 1 \\
\hline
1\ 1\ 1\ 0\ 0\ 0\ 0\ 0
\end{array}
$$

执行完本指令后（A）= E0H，（R0）=B9H，（Cy）=0，（AC）=1，（OV）=0，（P）=1。

【例 3-14】将内 RAM 20H 单元、21H 单元、22H 单元中的 3 个无符号数相加，并将和存入 R0（高位）与 R1（低位）。

```
解  MOV A, 20H      ; 把20H单元内容存入A
    ADD A, 21H      ; 把21H单元的内容和A中内容（即20H）单元内容相加
```

```
MOV R1, A          ；将前两个数相加的低位存入 R1
MOV A, ♯00H        ；给 A 赋值为 0
ADDC A, ♯00H       ；将前两个数相加的进位存入 A
MOV R0, A          ；将前两个数相加的高位（进位）存入 R0
MOV A, R1          ；将前两个数相加的低位存入 A
ADD A, 22H         ；前两个数相加的低位与第三个数相加
MOV R1, A          ；三个数和的低位存入 R1
MOV A, ♯00H        ；给 A 赋值为 0
ADDC A, R0         ；第二次加法的进位与第一次加法的高位（R0 中的数）相加
MOV R0, A          ；高位和存入 R0
```

（3）带借位的减法指令（4 条）。带借位的减法指令是将累加器 A 的内容减去源操作数的内容，再减去进位标志位的内容，最后将结果存入累加器 A 中。带借位的减法指令（SUBB）对 PSW 中的所有标志位均产生影响，具体的指令格式如下：

```
SUBB A, ♯data    ；A← (A) - data - (Cy)
SUBB A, direct   ；A← (A) - (direct) - (Cy)
SUBB A, Rn       ；A← (A) - (Rn) - (Cy)
SUBB A, @Ri      ；A← (A) - ((Ri)) - (Cy)
```

MCS-51 指令系统中没有不带进位的减法，欲实现不带借位的减法，需在执行 SUBB 指令前，使（Cy）清 0。

【例 3-15】完成 2 字节减法运算，设被减数低位和高位分别存放在 40H、41H 单元中，减数低位和高位分别存放在 30H、31H 中，差的低位和高位分别存放在 50H、51H 单元中。

解　
```
MOV A, 40H      ；被减数低字节送 A
CLR C           ；Cy 清 0
SUBB A, 30H     ；低位字节相减
MOV 50H, A      ；低位字节的差送入 50H
MOV A, 41H      ；被减数高字节送入 A
SUBB A, 31H     ；高字节相减
MOV 51H, A      ；高字节差送入 51H
```

（4）十进制调整指令（1 条）。十进制调整指令是一条专门的指令，它跟在加法指令 ADD 或 ADDC 后面，对运算结果的十进制数进行 BCD 码修正。因为压缩的 BCD 码存在 6 个无效码，BCD 加法时，若结果进入无效码区，会出现错误结果，使用十进制调整指令可以使运算结果调整为压缩的 BCD 码数，以完成十进制加法运算功能。十进制调整指令格式如下：

```
DA A      ；将 A 的内容转换为 BCD 码
```

注：该指令对 PSW 中除 OV 之外的所有标志位均有影响。

BCD 码调整的原则如下：

1）若累加器 A 的低 4 位大于 9 或（AC）=1，则（A）=（A）+06H；

2）若累加器 A 的高 4 位大于 9 或（Cy）=1，则（A）=（A）+60H；

3）若累加器 A 的低 4 位和高 4 位都大于 9 或（AC）和（Cy）都等于 1，则（A）=（A）+66H。

【例 3-16】试编写程序求 68H 和 99H 这两个数的 BCD 码之和。

解　
```
MOV A, ♯68H       ；(A) = 68H
MOV R0, ♯99H      ；(R0) = 99H
```

```
ADD A，R0            ；如果不调整则 （A）＝01H，（Cy）＝1，（AC）＝1
DA    A             ；调整之后 （A）＝67H，（Cy）＝1，得正确结果为167
```

【例 3-17】 完成十进制数 75＋86 的加法程序。

解
```
ORG 1000H
MOV A，#75H    ；A←75H
ADD A，#86H    ；A←75H＋86H＝FBH
DA    A        ；A←61H Cy＝1
```

二进制加法和十进制调整过程为：

```
  7 5        A=01110101  B
 +8 6        data=10000110  B
 ─────       ─────────────
 16 1        0  11111011
                 └──────┐
                        ├──→ Cy=0, Ac=0 低4位＞9, 加06H修正
 +        0110
 ───────────
 1  00000001
      └──────┐
             ├──→ Cy=1, 加06H修正
 +        0110
 ───────────
 1  01100001
```

操作结果：Cy＝1，A＝61H。

另外，十进制调整指令不能对减法指令进行修正。BCD 码减法必须采用 BCD 补码运算法则，变减法为补码加法，然后对其进行十进制调整来实现。具体实现步骤如下：

1）求 BCD 减数的补码数，即 9AH－减数。减法运算可以转化为加法运算，减去一个数可以用加上该减数的补码数来进行。一个负数的补码数是模减去该数，两位十进制数的模是100（十六进制数为 9AH）。例如：

$$-20\ 的补码数＝100-20（减数的补码＝9AH-减数）$$
$$＝80$$

2）被减数加上 BCD 减数的补码数（被减数＋减数的补码）。例如：

```
70-20=70+(-20)  补数
     =70+80
     =150
      └────→ 进位
```

3）将相加结果进行十进制调整，即可得到 BCD 减法运算的正确结果。

【例 3-18】 试完成 70－20 的十进制减法程序。

解
```
ORG 1000H
CLR C              ；Cy←0
MOV 30H，#70H      ；被减数存入 30H
MOV A，#9AH
SUBB A，#20H       ；求减数的补码数
ADD A，30H         ；被减数加上补码数
DA    A            ；对 A 的结果十进制调整
MOV 30H，A         ；差存入 30H 单元
```

（5）加 1 指令（5 条）。加 1 指令又称为增量指令，其功能是使操作数所指定单元的内容加1，指令格式如下：

```
INC A              ; A←(A)+1
INC direct         ; direct←(direct)+1
INC Rn             ; Rn←(Rn)+1
INC @Ri            ; (Ri)←((Ri))+1
INC DPTR           ; DPTR←(DPTR)+1
```

注：INC 指令除对累加器 A 操作影响 P 标志位外，其他操作均不影响 PSW 的各标志位。

【例 3-19】将 50H、51H 单元的内容清 0。

　解
```
    MOV R0, ♯50H        ; 给 R0 赋值
    MOV @R0, ♯00H       ; 利用间址寻址，把 50H 单元清 0
    INC R0              ; (R0) = 51H
    MOV @R0, ♯00H       ; 把 51H 单元清 0
```

（6）减 1 指令（4 条）。减 1 指令又称为减量指令，其功能是使操作数所指定的单元的内容减 1，指令格式如下：

```
DEC A       ; A←(A)-1
DEC direct  ; direct←(direct)-1
DEC Rn      ; Rn←(Rn)-1
DEC @Ri     ; (Ri)←((Ri))-1
```

注：DEC 指令除对累加器 A 操作影响 P 标志位外，其他操作均不影响 PSW 的各标志位。

【例 3-20】编程实现 DPTR 减 1 的运算。

　解　由于减 1 指令中没有 DPTR 减 1 的指令，因此需要将 DPTR 拆分为 DPH 和 DPL 进行操作。

　程序如下：
```
CLR C             ; 将 Cy 清 0
MOV A, DPL        ; 将数据指针的低 8 位送入 A
SUBB A, ♯01H      ; 将 A 的内容减 1 送入 A
MOV DPL, A        ; 将 A 的内容减 1 送入 DPL
MOV A, DPH        ; 将数据指针的高 8 位送入 A
SUBB A, ♯00H      ; 将 A 的内容减 0，再减去低位的借位送入 A
MOV DPH, A        ; 将 A 中得到的最终结果送入 DPH
```

（7）乘除指令（2 条）。乘除指令实现乘法或除法操作，这两条指令是 MCS-51 指令系统中执行时间最长的指令，各占 4 个机器周期。乘法指令完成 2 个 8 位无符号数相乘，乘数和被乘数分别放在 A 和 B 寄存器中，乘积的高 8 位放在 B 寄存器中，低 8 位放在累加器 A 中；除法指令中，被除数和除数分别存放在 A 和 B 寄存器中，商存放在 A 中，余数存放在 B 中。指令格式如下：

```
MUL AB   ; (B)(A)←(A)×(B)
DIV AB   ; (A)←(A)/(B)
```

注：乘除指令影响 PSW 的 P、OV 和 Cy 标志位，Cy 总是被清 0 的。乘法运算中，若乘积大于 0FFH，则 OV=1；除法运算中，若除数为 0，则 OV=1。

3.4.3　逻辑运算和移位指令

常用的逻辑运算和移位类指令有逻辑与、逻辑或、逻辑异或、循环移位、清 0、求反等指令，它们的操作数均为 8 位。逻辑运算都是按位进行的，除用于逻辑运算外，还可用于模拟各种数字逻辑电路的功能，进行逻辑电路的设计。逻辑运算和移位指令中，除了以 A 为目的操

作数的指令影响 P 标志位以及带进位的循环移位指令影响 Cy 和 P 外，其他均不影响 PSW 各标志位。

（1）逻辑与运算指令（6 条）。本指令能实现两个操作数的逻辑与，指令格式如下：

```
ANL A, # data          ; A←(A)∧data
ANL A, direct          ; A←(A)∧(direct)
ANL A,  Rn             ; A←(A)∧(Rn)
ANL A, @Ri            ; A←(A)∧((Ri))
ANL direct,  A         ; direct←(A)∧(direct)
ANL direct, # data     ; direct←(direct)∧data
```

逻辑与运算主要可以使操作数的某些位不变（这些位与"1"），某些位置 0（这些位与"0"）。

【例 3-21】取 P1 端口的 D0、D4 位，结果存放到 30H 单元。

解
```
MOV P1, # 11H        ; P1.0, P1.4 端口写 1
MOV A, P1            ; 读 P1 端口的值
ANL A, # 11H         ; 另 P1.0, P1.4 端口不变，其余位清 0
MOV 30H, A           ; 结果存放到 30H 单元
```

（2）逻辑或运算指令（6 条）。本指令能实现两个操作数的逻辑或，指令格式如下：

```
ORL A, # data          ; A←(A)∨data
ORL A, direct          ; A←(A)∨(direct)
ORL A,  Rn             ; A←(A)∨(Rn)
ORL A, @Ri            ; A←(A)∨((Ri))
ORL direct,  A         ; direct←(A)∨(direct)
ORL direct, # data     ; direct←(direct)∨data
```

逻辑或运算主要可以使操作数的某些位不变（这些位或"0"），某些位置 1（这些位或"1"）。

【例 3-22】将 P1 端口输入的低 3 位信号，与 P2 端口输入的高 5 位合并成一个字节，然后从 P3 端口输出，试编程实现。

解
```
MOV P1, # 0FFH       ; P1 端口为准双向口，做输入时先置 1
MOV P2, # 0FFH       ; P2 端口为准双向口，做输入时先置 1
MOV A, P1            ; 读 P1 端口的值
ANL  A, # 07H        ; 屏蔽 P1 端口高 5 位，取低 3 位
MOV R1, A            ; 将结果暂存入 R1
MOV A, P2            ; 读 P2 端口的值
ANL  A, # 0F8H       ; 屏蔽 P2 端口低 3 位，取高 5 位
ORL A, R1            ; 组合 P1 端口的低 3 位和 P2 端口的高 5 位
MOV P3, A            ; 结果从 P3 端口输出
```

（3）逻辑异或运算指令（6 条）。本指令能实现两个操作数的逻辑或，指令格式如下：

```
XRL A,  # data        ; A←(A)⊕data
XRL A, direct         ; A←(A)⊕(direct)
XRL A,  Rn            ; A←(A)⊕(Rn)
XRL A, @Ri           ; A←(A)⊕((Ri))
XRL direct,  A        ; direct←(A)⊕(direct)
```

```
XRL direct, ♯ data        ; direc←(direct)⊕ data
```

逻辑异或运算按位操作，相同为 0，相异为 1，可以实现某些位取反（用这些位异或"1"），某些位不变（用这些位异或"0"）。

上述指令都是按位进行"与""或""异或"逻辑运算的。对 8 位二进制数进行逻辑处理，使之适合于传送、存储和输出打印等，其中"∧"表示与运算，"∨"表示或运算，"⊕"表示异或运算。

逻辑运算指令分为两类，一类是以 A 为目标操作数寄存器，一类是以直接地址为目标操作数寄存器，但其操作都是将目标操作数与源操作数按位进行位逻辑运算，操作结果送目标操作数。这类指令不影响 PSW 中各标志位。

若逻辑运算指令的目标操作数是 I/O 端口地址，则为"读—改—写"操作，即参加运算的原始 I/O 端口数据是从端口锁存器读出，而不是从端口引脚读出。

【例 3-23】 已知 A＝A5H，R0＝73H，分别执行如下指令后累加器 A 的结果如何？

1）ANL A，R0　　　　　　2）ORL A，R0　　　　　　3）XRL A，R0

解　1）　A　　10100101　　2）　　10100101　　3）　　10100101
　　　　　R0　∧ 01110011　　　　∨ 01110011　　　　⊕ 01110011
　　　　　　　00100001　　　　　11110111　　　　　11010110
　　　　　　　A＝21H　　　　　　A＝F7H　　　　　　A＝D6H

逻辑运算类指令能完成数据拼装，当需要只改变字节数据的某几位，而其他位不变时，不能直接使用传送方法，只能通过逻辑运算完成。

【例 3-24】 编程实现累加器 A 的低 4 位传送到 P1 端口的低 4 位，但 P1 端口的高 4 位保持不变。

解
```
MOV R0, A          ; A 的内容暂存 R0
ANL  A, ♯0FH       ; 屏蔽 A 的高 4 位（低 4 位不变）
ANL P1, ♯F0H       ; 屏蔽 P1 端口的低 4 位（高 4 位不变）
ORL P1, A          ; 实现 A 的低 4 位向 P1 端口传送
MOV A, R0          ; 恢复 A 的内容
```

（4）循环移位指令（4 条）。MCS-51 单片机的循环移位指令有不带进位的循环左、右移位（操作码为 RL、RR）指令和带进位的循环左、右移位（操作码为 RLC、RRC）指令 4 条，只能对累加器 A 进行移位，移位指令可以相当于乘法或除法（左移一位相当于乘 2，右移一位相当于除 2），其指令格式如下：
```
RL A    ; An＋1←(An)(n＝0~6)，  A0←(A7)
RR A    ; An←(An＋1)(n＝0~6)，  A7←(A0)
RLC A   ; An＋1←(An)(n＝0~6)，  Cy←(A7), A0←(Cy)
RRC A   ; An←(An＋1)(n＝0~6)，  A7←(Cy), Cy←(A0)
```

【例 3-25】 对存放在 R1、R0 的 16 位数（高 8 位在 R1 中）右移一位，最高位补"1"。

解
```
MOV  A, R1    ; 读取高 8 位的值
SETB C        ; 值 Cy 为 1
RRC A         ; 循环右移，使最高位为 1
MOV R1, A     ; 把右移后的结果给高 8 位
MOV A, R0     ; 读取低 8 位的值
RRC  A        ; 循环右移，最低位给 Cy
```

```
      MOV R0, A          ;结果给低 8 位
```

（5）累加器清 0 与取反指令（2 条）。在 MCS-51 指令系统中，专门提供了累加器 A 的清 0 和取反指令，利用取反，可以进行求补操作，即对要求补码的数先取反再加 1。累加器清 0 和取反指令均是单字节单周期指令，与逻辑运算或数据传送实现累加器 A 清 0 或取反相比，效率较高，而且节约存储空间。其指令格式如下：

```
CLR A    ;A←0
CPL A    ;A←(A̅)
```

（6）空操作指令。空操作指令的汇编语言格式如下：

```
      NOP          ;PC←PC+1，空操作
```

空操作指令不进行任何操作，但执行时要占用一个机器周期，多用于延时等待或在抗干扰设计中做指令冗余，以提高软件的可靠性。

3.4.4 控制转移指令

计算机在运行过程中，一般通过程序计数器 PC 的自动加 1 实现顺序执行，有时候对于较复杂的操作，需要通过强迫改变 PC 值的方法来进行程序的分支转移，这就需要用到控制转移指令。控制转移指令的功能就是通过改变程序计数器 PC 中的内容，控制程序执行的流向，实现程序分支转向，MCS-51 单片机提供了 17 条控制转移指令。这些控制转移指令中，除了 CJNE 影响 PSW 的进位标志位 Cy 外，其他均不影响 PSW 的各标志位。

（1）无条件转移指令（4 条）。无条件转移指令就是提供不规定条件的程序转移，共有 4 条，指令格式如下：

```
LJMP addr16        ;PC←addr15～0
AJMP  addr11       ;PC←(PC)+2，PC_{10～0}←addr11
SJMP  rel          ;PC←(PC)+2+rel
JMP   @A+DPTR      ;PC←(DPTR)+(A)
```

1）长转移指令（LJMP addr16）。长转移指令提供了 16 位的目标转移地址，其功能是把指令码中的 16 位转移目标地址送入 PC，因此这条指令可以跳转到 64KB ROM 的任意位置。为了方便程序设计，addr16 通常采用符号地址表示，程序执行时再被汇编成 16 位二进制地址。

【例 3-26】编写初始化程序，使单片机复位后自动执行 MAIN 主程序，已知 MAIN 主程序存放在 ROM8000H 处。

```
解  ORG 0000H
    LJMP MAIN
    ORG 8000H
    MAIN：…
```

2）绝对转移指令（AJMP addr11）。这条指令可以在该指令的下一条指令的同一个 2KB 区域（2^{11}）内跳转。PC_{15}～PC_{11} 用于把 64KB 的 ROM 划分为 32 个区域，相当于 32 个页（每页 2KB，由 PC_{10}～PC_0 确定）。指令执行时，PC 首先加 2 指向当前 PC 值（即形成新的 PC 值），然后用指令中的 11 位地址替换当前 PC 值的低 11 值，当前 PC 值的高 5 位确定是哪一页，替代后的低 11 位代表了该页的页内地址，在实际程序设计中为了方便，addr11 也常用标号代替，程序执行时再被自动汇编成对应的地址。

【例 3-27】分析下面绝对转移指令的执行情况。

```
      ORG 2000H
```

　　　　MAIN：AJMP 101 1000 0111B

解　指令执行前：

　　　　　　　（PC）＝MAIN 的标号地址（2000H）

　　　指令执行后：

1）（PC）＝（PC）＋2＝2002H＝0010 0000 0000 0010B；

2）用指令中给出的 11 位地址取代当前 PC 的低 11 位，得转移目标地址＝0010　0101　1000 0111（2587H），即程序将转到 2587H 处去执行。

3）相对（短）转移指令（SJMP rel）。本指令的目标地址是（PC）＝（PC）＋2＋rel，rel 是一个用补码表示的 8 位带符号的二进制数，范围为－128～＋127，负数表示向后（地址变小方向）移，正数表示向前（地址变大方向）移。rel 常用符号地址表示，在汇编时计算机能自动计算出 rel 的值，手工汇编时，需要人工计算 rel 的值，rel 值＝转移的目的地址－2－指令执行前的 PC 值。

这条指令的优点是只给出相对的转移地址，不具体指出地址值，这样，当程序地址发生变化时，只要相对地址不发生变化，该指令就不需要做任何改动。

【例 3-28】指出下面转移指令执行后程序跳转的位置。

　　　　ORG 24A5H
　　　　SJMP 30H

解　rel 为正数，因此程序向前转移，转移目标地址为

　　　　（PC）＋2＋rel＝ 24A5H＋02H＋30H＝24D7H

故程序转移到 24D7H 处开始执行。

4）间接（散）转移指令或称变址寻址转移指令（JMP @A＋DPTR）。这条指令的功能是把累加器 A 中的 8 位无符号数与数据指针 DPTR 中的 16 位数相加，送入 PC，作为下条指令的地址，利用这条指令能实现程序的散转。

【例 3-29】分析下面程序的执行过程。

```
     MOV DPTR，♯TAB      ；将 TAB 所代表的地址送入 DPTR
     MOV A，R1            ；从 R1 中取数送入 A
     MOV B，♯2           ；给 B 赋值为 2
     MUL AB              ；A 中的数（即原来 R1 中的数）乘以 2
     JMP @A + DPTR       ；跳转
TAB：SJMP S1             ；跳转表格，S1 处理程序
     SJMP S2             ；S2 处理程序
     SJMP S3             ；S3 处理程序
```

解　该段程序的执行过程分析：

第 1 句执行完之后，DPTR 中的值就是 TAB 的首地址。

第 2 句是从 R1 获得一个值，假设这个值为按键处理程序获得的键值，比如按下第一个键，键值为 0，需执行 S1 处理程序；按下第二个键，键值为 1，需执行 S2 处理程序，依此类推。假设按下的是第三个键，则从 R1 中取到的键值为 2。

执行第 3、4 句指令之后，A 中的值为键值的 2 倍，即（A）＝4。

接着执行第 5 句，程序将跳转到（DPTR）＋（A）＝TAB 标号地址＋4 处执行，由于 SJMP 指令为双周期指令，程序跳至 SJMP S3 处执行，这即是键 3 的处理程序。

由此可见，散转（变址寻址）指令可以实现程序的分支转移。

在编程中，经常使用短转移指令 SJMP 和绝对转移指令 AJMP，以便生成浮动代码。另外，51 单片机无专用的停机指令，若要求动态停机可用 SJMP 指令，常用方法有以下两种：

方法 1　HERE：SJMP HERE

方法 2　SJMP　$

（2）条件转移指令（8 条）。条件转移指令的功能就是在规定的条件满足时进行程序转移，否则程序往下顺序执行。在 MCS-51 单片机中，条件转移指令有累加器 A 判零转移指令、比较转移指令和减 1 不为 0 转移指令等，下面分别介绍。

1）累加器 A 判 0 转移指令（2 条）。指令格式如下：

JZ rel　　；若（A）＝0，则转移（PC）← （PC）＋2＋rel；若（A）≠0，则顺序执行（PC）← （PC）＋2

JNZ rel　；若（A）≠0，则转移（PC）← （PC）＋2＋rel；若（A）＝0，则顺序执行（PC）← （PC）＋2

rel 的取值范围是在执行当前转移指令后的 PC 值（PC＋2）基础上的－128～＋127（用补码表示），实际编程时可以采用符号地址表示。

rel 的计算方法：rel＝转移目标地址－转移指令地址（当前 PC 值）－2。

【例 3-30】判断 A 口有无数据输入，若有则把 A 口数据送内部 RAM 50H 单元，若无数据输入，则送 0 到内部 60H 单元。

解　MAIN：MOV P1，＃0FFH　；P1 端口准双向口，读端口前先置 1

　　　　MOV A，P1　　　；读取 P1 端口的值送至 A

　　　　CPL A　　　　　　；A（P1 端口的值）取反

　　　　JZ ZERO　　　　；若（A）＝0，则 P1 端口无输入，转移

　　　　MOV 50H，A　　；（A）不为 0，数据存入内 RAM 50H 单元

　　　　AJMP LOOP　　　；跳转到 LOOP

　　ZERO：MOV 60H，A　　；无数据输入，则 0 送入 60H

　　LOOP：SJMP　$　　　；停机

　　　　END　　　　　　　；结束

2）比较转移指令（4 条）。比较转移指令是把两个操作数做比较，以比较的结果作为控制条件来控制程序的转移方向，共有 4 条指令，指令格式如下：

CJNE A，　direct，rel　；若（A）＝（direct），则（PC）← （PC）＋3；

　　　　　　　　　　　；若（A）＞（direct），则（PC）← （PC）＋3＋rel，Cy＝0

　　　　　　　　　　　；若（A）＜（direct），则（PC）← （PC）＋3＋rel，Cy＝1

CJNE A，＃data，rel　；若（A）＝data，则（PC）← （PC）＋3；

　　　　　　　　　　　；若（A）＞data，则（PC）← （PC）＋3＋rel，Cy＝0

　　　　　　　　　　　；若（A）＜data，则（PC）← （PC）＋3＋rel，Cy＝1

CJNE Rn，＃data，rel　；若（Rn）＝data，则（PC）← （PC）＋3

　　　　　　　　　　　；若（Rn）＞data，则（PC）← （PC）＋3＋rel，Cy＝0

　　　　　　　　　　　；若（Rn）＜data，则（PC）← （PC）＋3＋rel，Cy＝1

CJNE @Ri，＃data，rel　；若（Ri）＝data，则（PC）← （PC）＋3

　　　　　　　　　　　；若（Ri）＞data，则（PC）← （PC）＋3＋rel，Cy＝0

　　　　　　　　　　　；若（Ri）＜data，则（PC）← （PC）＋3＋rel，Cy＝1

比较转移指令的转移范围 rel 的取值是在执行当前转移指令后的 PC 值基础上的－128～＋127（用补码表示），可以采用符号地址表示。

比较转移指令对两个无符号数进行的比较是通过两操作数的减法实现的，其会影响 Cy 标志位，但不保存最后的差值，两个操作数的内容不变；若用比较转移指令比较两个有符号数，

单纯看 Cy 的值是无法比较这两个数大小的，需先判断其符号位，在符号位相同的情况下可以按照比较条件产生的 Cy 值进一步判断大小。

3）减 1 不为 0 转移指令（2 条）。循环转移指令是通过对寄存器或地址单元的数据进行减 1 并按条件进行转移的指令，主要用于循环程序当中，实现对循环次数的控制，指令格式如下：

```
DJNZ Rn, rel      ; (Rn) ← (Rn) － 1，若 (Rn) ≠ 0，则 (PC) ← (PC) ＋ 2 ＋ rel；
                  ; 若 (Rn) = 0，则 (PC) ← (PC) ＋ 2
DJNZ direct, rel  ; (direct) ← (direct) － 1，若 (direct) ≠ 0，则 (PC) ← (PC) ＋ 3 ＋ rel；
                  ; 若 (direct) = 0，则 (PC) ← (PC) ＋ 3
```

减 1 不为 0 转移指令在执行时，先将操作数内容减 1，并保存减 1 后的结果，然后对该结果进行判断，若为 0 则跳转，否则顺序执行。

【例 3-31】编程计算 1＋2＋3＋…＋10 的值。

解　从 1 加到 10 为自然数依次相加，故可以用循环指令来控制循环次数。

程序如下：

```
      MOV R0，♯10      ; 设置循环次数为加数的最大值
      CLR A            ; 累加器清 0
      CLR C            ; 进位标志位清 0
LOOP: ADDC  A，R0      ; 循环主题，用 R0 中的值（加数）加之前的运算和，并存入 A
      DJNZ R0，LOOP    ; 控制循环次数
      SJMP   $         ; 结束
```

（3）子程序调用与返回指令（4 条）。程序编写时，有时候会需执行一些相同操作的程序段，为了减少编写和调试的工作量，常常把这些程序段定义为子程序。在程序运行时，可以通过调用指令来调用并执行子程序；子程序执行完后，再用返回指令从子程序返回到主程序，主程序与子程序之间的调用关系如图 3-11（a）所示。

为了便于模块化程序设计，子程序可以嵌套，即在一个子程序执行过程中可以调用另外的子程序，形成子程序的嵌套；嵌套的子程序返回时，先返回后调用的，再返回先调用的，保证调用指令和返回指令成对出现。两级子程序嵌套示意图如图 3-11（b）所示。

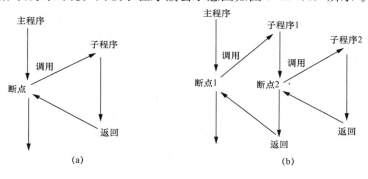

图 3-11　子程序的嵌套
(a) 主程序与子程序关系图；(b) 两级子程序嵌套示意图

为了实现子程序的完整调用，子程序调用指令和返回指令必须成对出现。子程序调用指令在主程序中使用，在需要调用子程序时，调用指令能自动把程序 PC 的当前值（断点地址）保护到堆栈中，并将子程序入口地址自动送入程序计数器 PC 中，从而使程序转去执行子程序；

子程序执行完后，需要执行子程序返回指令，它是子程序的最后一条指令，返回指令能自动把堆栈中的断点地址送入 PC 中，使程序能自动返回到主程序中调用指令的下一条指令处（即断点处）。子程序调用和返回指令格式如下：

```
LCALL   addr16      ; (PC) ← (PC) +3,
                    ; SP← (SP) +1, SP← (PC)₇~₀; SP← (SP) +1, SP← (PC)₁₅~₈
                    ; (PC)₁₅~₀←addr16
ACALL   addr11      ; (PC) ← (PC) +2,
                    ; SP← (SP) +1, SP← (PC)₇~₀; SP← (SP) +1, SP← (PC)₁₅~₈
                    ; (PC)₁₅~₀←addr11
RET                 ; (PC)₁₅~₈←((SP)), SP← (SP) −1, (PC)₇~₀← ((SP)), SP← (SP) −1
RETI                ; (PC)₁₅~₈←((SP)), SP← (SP) −1, (PC)₇~₀← ((SP)), SP← (SP) −1
```

在使用子程序调用和返回指令时，子程序调用时应注意入口参数设置，子程序返回时应注意出口参数的传递。

1）长调用指令（LCALL）。长调用指令，用于调用存放在 64KB 空间任意地方的子程序，本指令不影响 PSW 的各标志位。

2）短调用指令（ACALL）。该指令的调用范围为 2KB，执行该指令时共完成 2 项操作：

a. 断点保护，即通过自动堆栈，把断点地址（(PC) +2 的值）保存起来；

b. 构造目的地址，即在 PC 加 2 之后，用 addr11 代替 PC 的低 11 位，而 PC 的高 5 位不变。

使用 ACALL 指令时需注意，子程序必须存放在该指令执行后第一个字节开始的 2KB 范围内，即同一页内。

3）子程序返回指令（RET）。该指令与子程序调用指令成对出现，其功能是从堆栈中取出断点地址，送入 PC，使主程序从断点处继续执行。

4）中断返回指令（RETI）。中断服务程序是一种特殊的子程序，它是在计算机响应中断时，由硬件完成调用而进入相应的中断服务程序。RETI 指令与 RET 指令相仿，区别在于 RET 是从子程序返回，RETI 是从中断服务程序返回。无论是 RET 还是 RETI 都是子程序执行的最后一条指令。

【例 3-32】从 30H~3FH 单元中寻找特征字 80H，如找到，则计数单元 R3 加 1，同时使 P1.0 端口驱动发光二极管发光并延时一定时间（发光二极管低电平驱动）。

```
解          ORG    1000H
    MAIN:   MOV    R3，  ＃00H        ;计数单元清 0
            MOV    R1, ＃10H          ;设置查找单元个数
            MOV    R0，  ＃30H        ;设置查找单元首地址
    BIJIAO: CJNE   @R0, ＃80H, LOOP   ;从第一个单元开始与特征字比较
            INC    R3                 ;若找到特征字，则计数单元加 1
            CLR    P1.0               ;驱动发光二极管发光
            LCALL  DELAY              ;调用延时字程序
            SETB   P1.0               ;发光二极管灭
    LOOP:   INC    R0                 ;查找单元地址加 1
            DJNZ   R1, BIJIAO         ;查找是否结束，若没有结束，则从下个单元接着找
            SJMP   $                  ;查找完，"原地踏步"
    DELAY:  MOV    R7, ＃200          ;延时子程序
```

```
       D1：MOV    R6，♯250        ；设置内循环次数
       D2：DJNZ   R6，D2          ；内循环
           DJNZ   R7，D1          ；外循环转移语句
           RET                    ；子程序返回
           END                    ；程序结束
```

3.4.5　位操作指令

位操作指令的操作对象不是字节，而是某个可寻址的位，由于位的取值只能是 0 或 1，故位操作指令又称为布尔变量操作指令。位操作指令操作的对象为片内 RAM 的 128 个可寻址的位和 SFR 中 11 个可位寻址的特殊功能寄存器中的 83 个可寻址位。

位操作指令以进位标志 Cy 作为位累加器，可以实现布尔变量的传送、运算和控制转移等功能。

（1）位数据传送指令（2 条）。位数据传送可以在可寻址位与位累加器 Cy 之间进行，以 Cy 做中介可以实现两个位之间的数据传送，指令格式如下：

```
MOV C，   bit        ；Cy ← (bit)
MOV bit，  C         ；bit ← (Cy)
```

（2）位状态控制指令（4 条）。位状态控制主要是对位置位或复位，指令格式如下：

```
CLR   C            ；Cy ← 0
CLR   bit          ；bit ← 0
SETB  C            ；Cy ← 1
SETB  bit          ；bit ← 1
```

（3）位逻辑操作指令（6 条）。位逻辑操作有位与、位或、位异或、位取反等，除了位取反指令 CPL bit 外，其余指令均以位累加器 Cy 为目的操作数，执行结果存入 Cy，原位的内容不发生变化。指令格式如下：

```
ANL C，  bit        ;Cy ← (Cy)∧(bit)
ANL C，  /bit       ;Cy ← (Cy)∧(bit̄)
ORL C，  bit        ;Cy ← (Cy)∨(bit)
ORL C，  /bit       ;Cy ← (Cy)∨(bit̄)
CPL C               ;Cy ← (C̄y)
CPL bit             ;( bit) ← (bit̄)
```

位逻辑操作指令除了用于位逻辑操作外，还可用于对组合逻辑电路的模拟。采用位操作指令进行组合逻辑电路的设计比采用字节型逻辑指令节约存储空间，运算操作十分方便。

【例 3-33】 设 x，y，z 为不同的位地址，编程实现 $(z) = (x) \oplus (y)$。

解
```
MOV C，y          ；(Cy) = (y)
ANL C，/x         ；(Cy) = (y)∧(X̄)
MOV z，C          ；(z) = (Cy) = (y)∧(X̄)
MOV C，x          ；(Cy) = (x)
ANL C，/y         ；(Cy) = (x)∧(Ȳ)
ORL C，z          ；(Cy) = (y)∧(X̄) + (x)∧(Ȳ)
MOV z，C          ；(z) = (y)∧(X̄) + (x)∧(Ȳ) = (x)⊕(y)
```

（4）位条件（控制）转移指令（5 条）。位条件（控制）转移指令和前面介绍过的条件转移指令类似，只不过是以位的状态作为实现程序转移的判断条件，可以使程序设计更加方便、灵活，指令格式如下：

```
    JC  rel            ; 若（Cy）=1，则转移（PC）←（PC）+2+rel；
                       ; 否则顺序执行（PC）←（PC）+2
    JNC rel            ; 若（Cy）=0，则转移（PC）←（PC）+2+rel；
                       ; 否则顺序执行（PC）←（PC）+2
    JB  bit，rel       ; 若（bit）=1，则转移（PC）←（PC）+3+rel；
                       ; 否则顺序执行（PC）←（PC）+2
    JNB bit，rel       ; 若（bit）=0，则转移（PC）←（PC）+3+rel；
                       ; 否则顺序执行（PC）←（PC）+3
    JBC bit，rel       ; 若（bit）=1，则转移（PC）←（PC）+3+rel，并且
                       ; （bit）←0；否则顺序执行（PC）←（PC）+2
```

【例 3-34】 求出内 RAM 30H 单元中的数据含 1 的个数，并将结果存入 31H 单元。

```
解      CLR C            ; Cy 清 0
        MOV R2，#8        ; 设置循环次数
        MOV R1，#00       ; 计数单元清 0
        MOV A，30H        ; 把 30H 单元内容读入 A
   LOOP: RRC A            ; 执行带进位的右循环，使（ACC. 0）送入 Cy 中
        JNC NEXT          ; 判断 Cy 中是否为 1，若不为 1 则转至 NEXT
        INC R1            ; 若 Cy 为 1，则令计数单元内容加 1
   NEXT: DJNZ R2，LOOP    ; 判断是否够 8 次，若不够则继续执行移位
        MOV 31H，R1       ; 将计数结果送入 31H 单元
        SJMP  $           ; 停机
        END               ; 结束
```

3.5 汇编语言源程序的设计

程序是为计算某一算式或完成某一工作的若干指令的有序集合。计算机的全部工作概括起来，就是执行指令序列的过程。为计算机准备这一系列指令前的过程称为程序设计。目前，可用于程序设计的语言基本上可分为机器语言、汇编语言和高级语言 3 种。本节重点介绍汇编语言。

在程序设计自动化的第一阶段，就是用英文字符来代替机器语言，这些英文字符被称为助记符。用这种助记符表示指令系统的语言称为汇编语言或符号语言，用汇编语言编写的程序称为汇编语言程序。但是，计算机不能直接识别在汇编语言中出现的字母、数字和符号，需要将其转换成用二进制代码表示的机器语言程序，才能够识别和执行。通常把这一转换（翻译）工作称为汇编。汇编可以由程序员通过查指令表把汇编指令程序转换为机器语言程序，这个过程称为人工汇编。目前基本上由专门的程序来进行汇编，这种程序称为汇编程序。经汇编程序汇编而得到的机器语言程序，计算机能够识别和执行，因此这一机器语言程序称为目的程序或目标程序，而汇编语言程序称为源程序。

3.5.1 汇编语言源程序的设计步骤

根据任务要求，采用汇编语句编制程序的过程称为汇编语言程序设计。在进行程序设计时，首先应根据需要解决的实际问题的要求和所使用计算机的特点，确定所采取的计算方法和计算公式，然后结合计算机指令系统特点，本着节省存储单元和提高执行速度的原则编制程序。一个应用程序的编制，从拟制设计任务书到所编程序调试通过，通常可以分成以下 7 步。

1. 拟制设计任务书

这是一个收集资料和项目调研的过程。设计者应根据设计要求到现场进行实地考察，并根据国内外情况写出比较详实的设计任务书，必要时还应聘请有关专家帮助论证。设计任务书应包括程序功能、技术指标、精度等级、实施方案、工程进度、所需设备、研制费用和人员分工等。

2. 建立数学模型

在弄清设计任务书的基础上，设计者应把控制系统的计算任务或控制对象的物理过程抽象并归纳为数学模型。数学模型是多种多样的，可以是一系列的数学表达式，可以是数学的推理和判断，也可以是运行状态的模拟等。

3. 确立算法

根据被控对象的实时过程和逻辑关系，设计者还必须把数学模型演化为单片机可以处理的形式，并拟制出具体的算法和步骤。同一数学模型，往往有几种不同的算法，设计者还应对各种不同算法进行分析和比较，从中找出一种切合实际的最佳算法。算法是进行程序设计的依据，它决定了程序设计的正确性和程序的质量，确定算法时，不但要根据问题的具体要求，还要考虑指令系统的特点，确定所采用的计算方法和计算公式。

4. 绘制程序流程图

绘制程序流程图是程序的结构设计阶段，也是程序设计前的准备阶段。程序流程图不仅可以体现程序的设计思想，而且可以使复杂问题简化并收到提纲挈领的效果。对于一个复杂的设计任务，还应根据实际情况确定程序的结构设计方法（如模块化程序设计、顺序程序设计等），把总设计任务划分为若干子任务（即子模块），并分别绘制出相应的程序流程图。程序流程图用各种图形、符号、有向线段来直观表示程序执行的步骤和顺序，使人们通过流程图的基本线索，完整地了解全局。程序流程图中各部分的规定画法如图 3-12 所示。

图 3-12 程序流程图规定画法示意图

(a) 开始框和结束框；(b) 处理框；(c) 判断框；(d) 流向线

5. 分配存储单元

单片机系统中相同存储空间可以做不同用途，如同一片内 RAM 空间可做数据区、堆栈区、位寻址区，为避免使用时造成数据混乱，应在编程序前划分好每一空间的具体功能。

6. 编制汇编语言源程序（编写源程序代码）

编制汇编语言源程序是根据程序流程图进行的，也是设计者充分施展才华的地方。设计人员应在掌握程序设计的基本方法和技巧的基础上，注意所编程序的可读性和正确性，必要时应在程序的适当位置上加上注释。

7. 调试、测试程序、程序优化

上机调试可以检验程序的正确性，也是任何有实用价值的程序设计无法超越的阶段。因为任何程序编写完成后都难免会有缺点和错误，只有通过上机调试和试运行才能发现并纠正。调试是利用仿真器等开发工具，采用单步、设断点、连续运行等方法来排除程序中错误的，直至正确为止。在调试程序时，一般将各模块分调完成后，再进行整个程序的联调。

程序的优化以能够完成实际问题要求为前提，以质量高、可读性好、节省存储单元和提高执行速度为原则。程序设计中经常采用循环和子程序的形式来缩短程序的长度，通过改进算法和择优使用指令来节省工作单元和减少程序的执行时间。

3.5.2 设计特点

汇编语言程序设计有以下几个特点：

（1）助记符指令和机器指令一一对应，所以用汇编语言编写的程序效率高，占用存储空间小，运行速度快，因此汇编语言能编写出最优化的程序。

（2）汇编语言程序设计时，数据的存放、寄存器和工作单元的使用等均由设计者安排。高级语言程序设计时，这些工作由计算机软件安排，程序设计者不必考虑。因此，使用汇编语言编程比使用高级语言困难。因为汇编语言是面向计算机的，汇编语言的程序设计人员必须对所使用计算机的硬件结构有相当深入的了解。特别是对各类寄存器、端口、定时/计数器、中断系统等内容更应熟悉，以便在程序设计中熟练使用。

（3）汇编语言程序设计的技巧性较高，且有软硬件结合的特点。汇编语言能直接访问存储器、输入与输出接口及扩展的各种芯片（如 A/D、D/A 等），也可直接处理中断，因此汇编语言能直接管理和控制硬件设备。

（4）汇编语言缺乏通用性，程序不易移植，各种计算机都有自己的汇编语言，不同的单片机具有不同的指令系统，并且不能通用。

3.5.3 汇编语言源程序的编辑与汇编

汇编语言源程序在上机调试前必须经过汇编翻译成目标机器码才能被 CPU 执行。通常，汇编语言源程序的汇编可以分为人工汇编和机器汇编两类。

1. 人工汇编

人工汇编是指人直接把汇编语言源程序翻译成机器码的过程。人工汇编是把程序用助记符指令写出后，再通过人工方式查指令编码表，逐个把助记符指令"翻译"成机器码，然后把得到的机器码程序键入单片机，进行调试和运行。

人工汇编是按绝对地址进行定位的，偏移量的计算以及程序的修改都很麻烦，目前很少有人使用，通常只在小程序或条件所限时才使用。一般工程上的实用程序都是采用机器汇编来实现的。

2. 机器汇编

机器汇编是用上位机（PC 机中的汇编软件）代替人工的一种汇编方法。首先将源程序（助记符形式）输入到 PC 机中，由 PC 机中的软件自动地把汇编语言源程序（助记符形式）翻译成目标程序（机器码），完成这一翻译工作的软件就是汇编程序。

汇编程序需要汇编器汇编才能得到单片机可以运行的机器指令程序，支持 51 单片机的汇编器以 Keil 公司的 A51 使用最多。

汇编源文件经过 A51 汇编器编译生成目标文件（.OBJ）和列表文件（.LST）。

目标文件可由链接/定位器 BL51 创建生成库文件，也可以与库文件链接并定位生成绝对目标文件（.ABS）和存储器映射文件（.M51）。

绝对目标文件由 OH51 转换成标准的十六进制（HEX）文件，以供 Keil 软件中仿真器仿真，也可以直接写入单片机程序存储器中，使单片机运行。

（1）目标文件。目标文件就是单片机机器码语言，是汇编器经过两次扫描形成的。第一次扫描汇编器建立符号表并定位指令位置。第二次扫描汇编器将助记符转换成操作码，并对操作数求值后输出目标文件。由于目标文件是二进制文件，因此不能用文本编辑器查看。

（2）列表文件。列表文件也是在汇编器中生成的，该文件是文本文件，可以用各种文本编辑器查看，文件中包含程序列表和符号列表。其中程序列表包括每一行指令的定位、操作码、行号和助记符；符号列表包括符号名、符号类型取值和属性。

在符号表中，B（Bit）表示位存储类型，C（Code）表示代码存储类型，D（Data）为数据存储类型，I（IData）表示间接数据存储类型。ADDR 表示符号是地址，NUMB 表示符号是数值，SEG 表示符号是字段。跟随地址后的字母 A 表示绝对地址或者不可以重定位地址，跟随地址后的字母 R 表示地址是可重定位的。

（3）存储器映射文件。该文件记录了链接/定位器 LX51 输出的一些信息，主要有：

1）每个页面包含页顺序号、日期和链接/定位器版本。

2）链接/定位器的启动命令行。

3）输入文件模块名。

4）存储器映射图，包括起始和终止地址、容量、分类、定位类型与段名。

5）符号表，包括存储类型、定位地址与文本符号名。

6）程序容量。

7）警告与错误信息。

（4）十六进制文件格式。写入单片机存储器的文件一般是 Intel HEX 文件格式（.HEX），由二进制—十六进制文件转换程序 OH51 生成。一个 Intel HEX 文件的一行称为一个记录，由十六进制字符组成，两个字符表示一个字节的值，Intel HEX 文件通常由若干个记录组成，每个记录的格式如下：

```
; 11 aaaa tt dd…dd cc
```

其中，分号 ";" 是记录开始标志，Intel HEX 文件的每一行都是以分号 ";" 开头；11 是记录长度，用来表示该记录的数据字节数；aaaa 是装入地址，是该记录中第一个数据字节的 16 位地址值，也是该记录在 FLASH 中的起始绝对地址；tt 表示记录类型，如 00 表示数据记录，01 表示文件结束（EOF）；dd…dd 是记录的字节值，每个记录都有 11 个字节的数值；cc 是校验和，将 cc 值与记录中所有字节（包括记录长度 11）内容相加，结果应该为 0。所有记录类型为 00 型，只有最后一行的记录类型为 01，内容为 00000001FF。

例如，数据记录行：

```
: 10000000C2A012000DD2A012000D0200007D087FD8
: 0A001000FA7EFADEFEDFFADDF622CA
: 00000001FF
```

第 1 行：10 是数据字节数，16 个字节；0000 是数据地址，00 表示是数据；C2A0～087F 是数据；D8 是校验和。

最后一行是结束行：00 表示数据字节数为 0；0000 是数据地址，在此无意义；01 表示结束行；FF 是校验和。

3.6　程序的基本结构及设计

程序的基本结构主要有顺序结构、分支结构、循环结构、子程序结构及查表程序 5 种。本节将重点介绍这几种基本结构，并举例说明程序设计的基本方法。另外，还介绍了其他常见汇编程序的设计及实例。

3.6.1　顺序结构程序设计

顺序程序是最简单的程序结构，也称直线程序。在顺序程序中既无分支、循环，也不调用子程序，程序是按顺序一条一条地执行指令。编写这类程序时要注意正确选用指令，以提高程序的执行效率。

【例 3-35】 已知一个补码形式的 16 位二进制数（低 8 位在 NUM 单元，高 8 位在 NUM＋1 单元），试编写求该 16 位二进制数原码的绝对值的程序。

解　先对 NUM 单元中低 8 位取反加 1，再把由此产生的进位位加到 NUM＋1 单元内容的反码上，最后去掉它的最高位（符号位）。

解

```
        ORG    0000H
        ALMP   START
        ORG    0300H
NUM     DATA   20H
START:  MOV    R0, ＃NUM      ; R0←NUM
        MOV    A, @R0         ; 低 8 位送 A
        CPL    A
        ADD    A, ＃01H       ; A 中内容变补，进位位留 Cy
        MOV    @R0, A         ; 存数
        INC    R0
        MOV    A, @R0         ; 高 8 位送 A
        CPL    A              ; 高 8 位取反
        ADDC   A, ＃00H       ; 加进位位
        ANL    A, ＃7FH       ; 去符号位
        MOV    @R0, A         ; 存数
        SJMP   $              ; 程序执行完，"原地踏步"
        END
```

3.6.2　分支结构程序设计

在程序设计中，常需要计算机对某种情况进行判断和比较，根据判别的真假、比较的结果来执行不同的程序段，做出不同的处理，这时程序的执行存在不同的流向，这种结构的程序称为分支程序。

分支程序是通过条件转移指令实现的，在 MCS-51 指令系统中，通过条件判断实现分支程序转移的指令有 JZ、JNZ、CJNE 和 DJNZ 等。此外，还有以位状态作为条件进行程序分支的指令，如 JC、JNC、JB、JNB 和 JBC 等。使用这些指令，可以完成以 0、1，正、负，以及相等、不相等作为各种条件判断依据的程序转移。

分支程序设计的关键在于准确掌握指令的操作结果对标志的影响和正确地使用条件转移指令，使程序能够正确的转移。

【例 3-36】 已知 30H 单元中有一变量 X，要求编写按下面的函数表达式给 Y 赋值的程序，并将结果存入 31H 单元。

$$Y = \begin{cases} X+1 & (X>0) \\ 0 \\ -1 & (X<0) \end{cases}$$

解　该函数表达式有 3 条路径需要选择，故采用分支程序设计，程序的设计流程图如图 3-13 所示，其程序如下：

```
        ORG    0000H
        SJMP   START
        ORG    1000H
START:  MOV    A, 30H
        JZ     M2          ; X = 0 转 M2 处理
        JNB    ACC.7, M1   ; X＞0 转 M1 处理
        MOV    A, ＃0FFH    ; X＜0 则 Y = － 1
        SJMP   M2
M1:     ADD    A, ＃01H     ; X＞0, Y = X + 1
M2:     MOV    31H, A      ; 存结果
        SJMP   $           ; 等待
        END
```

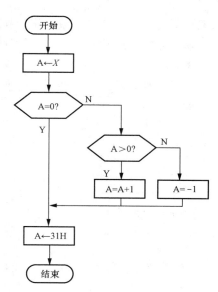

图 3-13　分支程序设计流程图

3.6.3　循环结构程序设计

1. 循环程序的组成结构

程序运行时，有时需要连续重复执行某段程序，这时可以使用循环程序。循环程序是最常见的程序组织方式。循环程序的结构一般包括下面几个部分。

（1）置循环初值（循环初始化）。对于循环过程中所使用的工作单元，在循环开始时应置初值。例如，给循环计数器设置计数初值，累加器 A 清零，以及设置地址指针、长度等。这是循环程序中的一个重要部分，不注意则很容易出错。

（2）循环体（循环工作部分）。重复执行的程序段部分可分为循环工作部分和循环控制部分。循环控制部分每循环一次，检查结束条件，当满足条件时，就停止循环，往下继续执行其他程序。

（3）修改控制变量（循环控制）。在循环程序中，必须给出循环结束条件。常见的是计数循环，当循环了一定次数后，停止循环。一般用一个工作寄存器 Rn 作为循环计数器，对该计数器赋初值作为循环次数，每循环一次，计数器的值减 1，即修改循环控制变量，当计数器的值减为 0 时，停止循环。

（4）循环结束。循环控制部分根据循环结束条件，判断是否结束循环。这部分程序用于存放执行循环程序所得的结果以及恢复各工作单元的初值。可采用 DJNZ 指令来自动修改循环控制变量并能结束循环。

2. 循环程序的编程方式

循环程序有两种编程方式：一种是先处理后判断，如图 3-14（a）所示；另一种是先判断后处理，如图 3-14（b）所示。

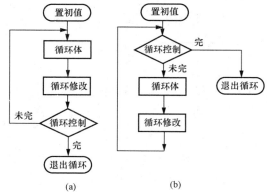

图 3-14　循环程序结构图

（a）先处理后判断；（b）先判断后处理

【例 3-37】已知内部 RAM 的 BLOCK 单元开始有一无符号数据块，块长在 LEN 单元中。

试编写程序求数据块中各数的累加和，并存入 SUM 单元。

解　通常采用两种方案进行设计，以方便对两种循环结构进行比较和了解，现给出两种设计方案。

（1）先判断后处理，程序框图如图 3-15（a）所示参考程序如下：

```
            ORG    0000H
            SJMP   START
            ORG    1000H
LEN     DATA   20H
SUM     DATA   21H
BLOCK   DATA   22H
START:  CLR    A              ; A清零
            MOV    R2, LEN        ; 块长送 R2
            MOV    R1, #BLOCK     ; 块起始地址送 R1
            INC    R2             ; R2←块长 + 1
            SJMP   BHECK
LOOP:   ADD    A, @R1         ; A←A + (R1)
            INC    R1             ; 修改数据块指针 R1
CHECK:  DJNZ   R2, LOOP       ; 若未完，则转 LOOP
            MOV    SUM, A         ; 存累加和
            SJMP   $              ; 等待
            END
```

（2）先处理后判断，程序框图如图 3-15（b）所示参考程序如下：

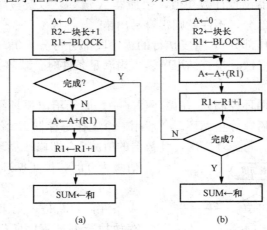

图 3-15　程序框图

（a）先判断后处理；（b）先处理后判断

```
            ORG    0000H
            SJMP   START
            ORG    1000H
LEN     DATA   20H
SUM     DATA   21H
BLOCK   DATA   22H
```

```
START:  CLR    A              ; A 清 0
        MOV    R2, LEN        ; 块长送 R2
        MOV    R1, ♯BLOCK     ; 数据起始地址送 R1
NEXT:   ADD    A, @R1         ; A←A+（R1）
        INC    R1             ; 修改数据指针
        DJNZ   R2, NEXT       ; 若未完，则转 NEXT
        MOV    SUM, A         ; 存累加和
        SJMP   $              ; 等待
        END
```

上述两个程序的区别：若块长≠0，两个程序的执行结果相同；若块长＝0，由于先处理后判断程序至少有一次执行循环体内的程序，因此先处理后判断程序的执行结果是错误的。

3. 循环程序的结构形式

循环程序按其结构形式分有单循环与多重循环。

（1）单循环程序。循环体内部不包括其他循环的程序称为单循环程序。

【例 3-38】已知片内 RAM 30H～3FH 单元中存放了 16 个二进制无符号数，编制程序求它们的累加和，并将其和数存放在 R4、R5 中。

解　每次求和的过程相同，可以用循环程序实现。16 个二进制无符号数求和，循环程序的循环次数应为 16 次（存放在 R2 中），它们的和放在 R4、R5 中（R4 存高 8 位，R5 存低 8 位）。

另外，由于 MCS-51 指令系统中只有单字节加法指令，因此多字节相加时，必须从低位字节开始分字节进行运算。除最低字节可以使用 ADD 指令之外，其他字节相加时要把低字节的进位考虑进去，因此应使用 ADDC 指令。

程序如下：

```
        ORG  1000H
START:  MOV  R0, ♯30H
        MOV  R2, ♯10H     ; 设置循环次数（16）
        MOV  R4, ♯00H     ; 和高位单元 R4 清 0
        MOV  R5, ♯00H     ; 和低位单元 R5 清 0
LOOP:   MOV  A, R5        ; 和低 8 位的内容送 A
        ADD  A, @R0       ; 将@R0 与 R5 的内容相加并产生进位 Cy
        MOV  R5, A        ; 低 8 位的结果送 R5
        CLR  A            ; A 清 0
        ADDC A, R4        ; 将 R4 的内容和 Cy 相加
        MOV  R4, A        ; 高 8 位的结果送 R4
        INC  R0           ; 地址递增（加 1）
        DJNZ R2, LOOP     ; 若循环次数减 1 不为 0，则转到 LOOP 处循环，
                          ; 否则，循环结束
        SJMP $            ; 等待
        END
```

（2）多重循环程序。若循环中还有循环，则称为多重循环，也叫循环嵌套。最简单的多重循环为由 DJNZ 指令构成的软件延时程序。

【例 3-39】设 8051 单片机的晶振是 12MHz（机器周期为 $1\mu s$），试设计延时为 50ms 的延

时程序。

解 延时程序与 MCS-51 指令执行时间（机器周期数）和晶振频率 f_{osc} 有直接关系。当 $f_{osc}=12MHz$ 时，机器周期为 $1\mu s$，执行一条 DJNZ 指令需要 2 个机器周期，时间为 $2\mu s$。$1ms=1000\mu s$，$50ms=50000\mu s$，$50000\mu s\div 2\mu s>255$，因此单重循环程序无法实现，可采用双重循环的方法编写 50ms 延时程序。

程序如下：

```
        ORG   1000H
DELAY:  MOV   R7，♯200      ;设置外循环次数（此条指令需要 1 个机器周期）
DLY1:   MOV   R6，♯123      ;设置内循环次数
DLY2:   DJNZ  R6，DLY2      ;（R6）－1＝0，则顺序执行，否则转回 DLY2 继续循环，
                            ;（此条指令需要 2 个机器周期）延时时间为 2μs×123＝246μs
        NOP                 ;延时时间为 1μs（1 周期）
        DJNZ  R7，DLY1      ;（R7）－1＝0，则顺序执行，否则转回 DLY1 继续循环，
                            ;延时时间为（246＋2＋1＋1）×200＋2＋1＝50.003ms
        RET                 ;子程序结束
        END
```

【例 3-40】 若将 ［例 3-38］ 中延时时间改为 100ms，试设计延时程序。

解 由于使用单循环程序最多只能延时 $513\mu s$，所以与 ［例 3-38］ 相同，要延时 100ms 必须使用双重循环程序来实现。

程序如下：

```
        ORG   1000H
DEL100: MOV   R2，♯NUM1     ;置外循环计数器初值为 NUM1（1 周期）
LOOP1:  MOV   R3，♯NUM2     ;置内循环计数器初值为 NUM2（1 周期）
LOOP2:  DJNZ  R3，LOOP2     ;判断内循环是否结束（2 周期）
        DJNZ  R2，LOOP1     ;判断外循环是否结束（2 周期）
        RET                 ;子程序结束（2 周期）
        END
```

设内循环的延时（总执行时间）为 $500\mu s$，可以计算出 NUM1、NUM2 的值。因为内循环程序总共有 $1+2\times NUM2$ 个字节，也就是说，在内循环中，每条指令相加的机器周期数总和为（1 周期＋2 周期）；设定的内循环次数为 NUM2；每个机器周期所用的时间为 $1/12MHz\times 12=1\mu s$，从而可得出执行时间为 $(1+2\times NUM2)\times 1\mu s=500\mu s$，所以 NUM2＝250（计算值为 249.5）。需要注意的是这里存在计算误差，当 NUM2 取 250 时，实际执行时间是 $501\mu s$。

同理，要求外循环的执行时间是 100ms，则 $1+(501+2)\times NUM1=100\ 000(\mu s)$，所以 NUM1＝199，此时实际延时时间为 $[1+(501+2)\times 199]\times 1\mu s=100.098ms$。

若需要更长延时，可采用多重循环。1s 延时可用 3 重循环，而用 7 重循环的延时可长达几年。

注意：应用软件延时的程序不允许有中断，否则将严重影响延时时间（定时）的准确性。

（3）设计循环程序时应注意的问题。

1）循环程序是一个有始有终的整体，它的执行是有条件的，所以要避免从循环体外直接转到循环体内部。

2）多重循环程序是从外层向内层一层一层进入，循环结束时是由内层到外层一层一层退

出的。在多重循环中，只允许外重循环嵌套内重循环。不允许循环相互交叉，也不允许从循环程序的外部跳入循环程序的内部。

3）编写循环程序时，首先要确定程序结构，处理好逻辑关系。一般情况下，一个循环体的设计可以从第一次执行情况入手，先画出重复执行的程序框图，然后再加上循环控制和置循环初值部分，使其成为一个完整的循环程序。

4）循环体是循环程序中重复执行的部分，应仔细推敲，合理安排，应从改进算法、选择合适的指令入手对其进行优化，以达到缩短程序执行时间的目的。

3.6.4　查表程序设计

在计算 x^2 或 $\sin x$ 时，用指令编写计算程序，不但程序十分复杂，而且单片机所需的计算时间也比较长，对于实时控制系统，是不能满足需要的。因此，在实际的单片机应用中，为了简化程序，缩短数值计算的时间长度和提高程序的执行效率，常采用查表法来代替数值运算法。也就是说，本来可以通过计算才能解决的问题也可以采用查表的方法解决，而且要简便得多。在单片机工作前首先把全部答案存在单片机的 ROM 中，而工作时，程序只用直接查表方法取出变量对应的结果即可。查表程序主要用于代码转换、代码（数码）显示、打印字符的转换、实时值的查表计算和按命令号实现转移等场合。

查表法的关键是如何根据已知变量方便地找到问题的答案。因此必须安排好这些答案的存放地址：一是表格的起始地址（或称基地址）；二是某一答案在表中的序号（或称索引值）。答案的存放地址等于基地址加上偏移量，而偏移量等于每一个答案所占的字节数乘以其索引值。可以根据存储区域的使用情况，将答案存放在一段空着的存储单元即可。这些存储单元的第一个地址即为基地址。而索引值，则应该和变量有直接的对应关系。

采用 MCS-51 汇编语言进行查表尤为方便，它有两条专门的查表指令。

```
MOVC A,    @A + DPTR
MOVC A,    @A + PC
```

在 MOVC 指令中可用 DPTR 或 PC 作为基址寄存器。当用 DPTR 时，查表的步骤分为三步：首先把表的首地址进入 DPTR，再把答案的索引值进入 A 中，再通过对 A 的运算，得到偏移量，然后执行"MOVC A，@A+DPTR"指令。

【例 3-41】 已知 R0 低 4 位有一个十六进制数（0～F 中的一个），试编写程序，把它转换成相应 ASCII 码，结果仍保存在 R0 中。

解　下面给出两种编程方案：一种是计算求解；一种是查表求解。

（1）计算求解法，由 ASCII 码字符表可知 0～9 的 ASCII 码为 30H～39H，A～F 的 ASCII 码为 41H～46H。因此，若 R0≤9，则 R0 内容只需加 30H；若 R0＞9，则 R0 需加 37H。相应程序如下：

```
        ORG  0000H
        AJMP START
        ORG  100H
START:  MOV  A, R0      ; 取转换值到 A
        ANL  A, #0FH    ; 屏蔽高 4 位
        CJNE A, #10, N1 ; A 和 10 比较
N1:     JNC  N2         ; 若 A＞9，则转 N2
        ADD  A, #30H    ; 若 A＜10，则 A←A + 30H
        SJMP DONE       ; 转 DONE
```

```
N2:     ADD  A, #37H      ; A←A + 37H
DONE:   MOV  R0, A        ; 存结果
        SJMP  $
        END
```

（2）查表求解法，查表求解时，两条查表指令均可实现所需的功能。现以 PC 作基址寄存器为例，程序如下：

```
        ORG   0000H
        SJMP  START
        ORG   1000H
STAR:   MOV  A, R0        ; 取转换值到 A
        ANL  A, #0FH      ; 屏蔽高 4 位
        ADD  A, #03H      ; 地址调整
        MOVC  A, @A + PC  ; 查表
        MOV R0, A         ; 存结果
        SJMP  $
TAB:    DB '0', '1', '2', '3', '4'
        DB '5', '6', '7', '8', '9'
        DB 'A', 'B', 'C', 'D', 'E', 'F'
        END
```

【例 3-42】 利用查表法编写 $Y = X^2$ （$X = 0, 1, 2, \cdots, 9$）的程序。

解 设变量 X 的值存放在内存 30H 单元中，Y 的值存放在内存 31H 单元中，平方表存放在首地址为 TABLE 的程序存储器中。

方法一 采用 MOVC A，@A＋DPTR 指令实现查表程序，其设计方法如下：

（1）在程序存储器中建立相应的函数表（自变量为 X）。

（2）计算出这个表中所有的函数值 Y，将这群函数值按顺序存放在起始（基）地址为 TABLE 的程序存储器中。

（3）将表格首地址 TABLE 送入 DPTR，X 送入 A，采用查表指令 MOVC A，@ A＋DPTR 完成查表，在累加器 A 中即可得到与 X 相对应的 Y 值。

查表过程如图 3-16 所示。

程序如下：

```
        ORG 1000H
START:  MOV  A, 30H       ; 将查表的变量 X 送入 A
        MOV  DPTR, #TABLE ; 将查表的 16 位基地址 TABLE 送 DPTR
        MOVC  A, @A + DPTR ; 将查表结果 Y 送 A
        MOV  31H, A       ; Y 值最后放入 31H 中
TABLE:  DB  0, 1, 4, 9, 16
        DB  25, 36, 49, 64, 81
        END
```

方法二 采用 MOVC A，@A＋PC 指令实现查表程序，其设计方法如下：

当使用 PC 作为基址寄存器时，由于 PC 本身是一个程序计数器，与指令的存放地址有关，查表时其操作有所不同。

（1）在程序存储器中建立相应的函数表（自变量为 X）。

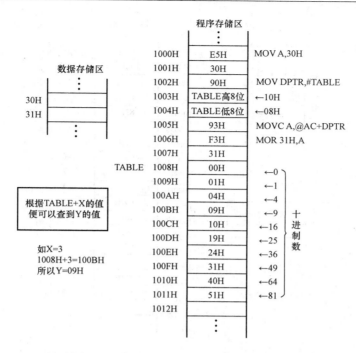

图 3-16　［图 3-42］方法一查表过程示意图

（2）计算出这个表中所有的函数值 Y，将这群函数值按顺序存放在起始（基）地址为 TABLE 的程序存储器中。

（3）将 X 送入 A，使用 ADD A，♯data 指令对累加器 A 的内容进行修正，偏移量 data 由公式 data＝函数数据表首地址－PC－1 确定，即 data 值等于查表指令和函数表之间的字节数。

（4）采用查表指令 MOVC A，@A＋PC 完成查表，在累加器 A 即可以得到与 X 相对应的 Y 值中。

查表过程如图 3-17 所示。

程序如下：

```
        ORG  1000H
START: MOV  A, 30H      ；将查表的变量 X 送入 A
       ADD  A, ♯02H     ；定位修正
       MOVC  A, @A + PC  ；将查表结果 Y 送入 A
       MOV  31H, A      ；Y 值最后放入 31H 中
TABLE: DB  0, 1, 4, 9, 16
       DB 25, 36, 49, 64, 81
       END
```

3.6.5　子程序设计

在实际工作中，经常会遇到在一个程序中有许多相同的运算或操作，如多字节的加、减、乘、除、代码转换，延时程序，代码处理等。如果每次遇到这些操作，都从头编起，会使程序繁琐、浪费程序存储空间。因此在实际应用中，经常把这样多次使用的程序段，从程序中独立出来，单独编成一个程序，当需要时，程序可去调用这些独立的程序段。这种独立的、有一定功能的程序段称为子程序，调用子程序的源程序则称为主程序。子程序执行完后返回主程序的

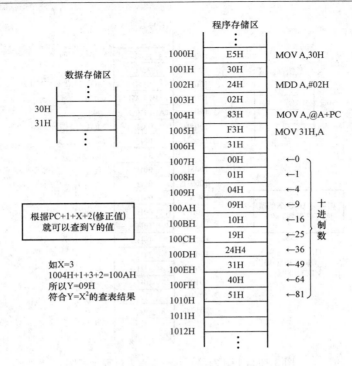

图 3-17 ［例 3-42］方法二查表过程示意图

过程称为子程序返回。子程序可以调用其他子程序，称作子程序嵌套。

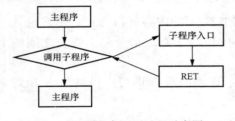

图 3-18 子程序调用过程示意图

子程序在结构上与主程序的结构没有根本的区别，子程序也可以由简单结构、分支结构或循环结构构成。不同的是子程序在操作的过程中需要由其他程序来调用，执行完以后又需要将执行流程返回到调用该子程序的程序中。子程序的调用过程示意图如图 3-18 所示。

在工程上，几乎所有实用程序都是由许多子程序构成的。许多子程序常常可以构成子程序库，集中存放在某一存储空间，任凭主程序随时调用。因此，采用子程序能使整个程序结构简单，缩短程序设计时间，减少对存储空间的占用。

总之，子程序是一种能完成某一特定任务的程序段，其资源可被所有调用程序共享，因此子程序在结构上应具有通用性和独立性，在编写子程序时应注意解决好以下问题。

（1）子程序的入口地址前必须有标号，标号应以子程序任务定名，以便一目了然。例如，延时程序常以 DELAY 作为标号。

（2）主程序调用子程序是通过主程序中的调用指令实现的，在 51 单片机的指令系统中，有两条调用子程序的指令（ACALL、LCALL）以及一条返回主程序的指令（RET）。子程序返回主程序时，子程序最后一定要有一条返回指令。

（3）注意保护现场与恢复现场。在执行子程序时，可能要使用累加器或某些工作寄存器，而在调用子程序之前，这些寄存器中可能存放着主程序的中间结果，但由调用程序转入子程序执行时，往往会破坏主程序或调用程序中有关寄存器（如工作寄存器和累加器等）的内容，也很可能会破坏程序状态字 PSW 中的标志位，使在子程序返回后出错。因此，必须将这些单元内容保存起来，即保护现场。对于 PSW、A、B 等可通过压栈指令进栈保护。工作寄存器 Rn

采用选择不同工作寄存器组的方式来达到保护的目的。一般主程序选用工作寄存器组 0，而子程序选用工作寄存器的其他组。当子程序执行完即将返回主程序之前，再将这些内容取出，送回原来的寄存器，这一过程称为恢复现场。当然每个具体的子程序是不是需要现场保护，哪些参数应当保护，还应视实际情况确定。

（4）子程序参数可以分为入口和出口两类参数。入口参数是指子程序需要的原始参数，由调用它的主程序通过约定的工作寄存器 R0～R7、特殊功能寄存器 SFR、内存单元或堆栈等预先传送给子程序使用；出口参数是由子程序根据入口参数执行程序后获得的结果参数，应由子程序通过约定的工作寄存器 R0～R7、特殊功能寄存器 SFR、内存单元或堆栈等传递给主程序使用。

（5）采用适当的方法在主程序和子程序之间正确传送参数。由于子程序使用的原始数据是由主程序提供的，而子程序处理数据的结果要送回主程序，提供给主程序使用。所以在主程序和子程序设计时要注意参数传递的方式。通常有用寄存器传送参数、用存储单元传送参数和用堆栈传送参数 3 种方式。

【例 3-43】将累加器 A 中的 8 位二进制数转换为压缩 BCD 码送 20H 21H 单元。试编写程序，把 8 位二进制数（0～255）转换成 3 位 BCD 码，个位、十位送 21H 单元，百位送 20H 单元。将 A 中的二进制数除以 100、10 所得商分别为百位数、十位数，余数为个位数。

解　根据题意，相应的程序如下：

```
BINBCD: MOV B, #100
        DIV AB              ; 除 100 确定百位数
        MOV 20H, A
        MOV A, #10
        XCH A, B            ; A 为除 100 的余数，B 为 10
        DIV  A, B           ; A 除以 10，A 为 10 位数，余数为个位
        SWAP A
        ADD A, B            ; 压缩 BCD 码在 A 中
        MOV 21H, A          ; 压缩 BCD 码送 21H
        RET
```

【例 3-44】试根据下面的题意编写程序，将 4 位十进制数转换为二进制数。

设单字节 BCD 码依次存放于内部 RAM 50H～53H 单元，转换的二进制数存放于 R4 R3 中（R4 为高字节）。

4 位 BCD 码为 a_3　a_2　a_1　a_0，Y 为相应的 16 位二进制数，则：

$$Y = a_3 \times 10^3 + a_2 \times 10^2 + a_1 \times 10^1 + a_0$$
$$= ((a_3 \times 10) + a_2) \times 10 + a_1) \times 10 + a_0$$

解　根据上面的算式，括号内的数可用加法循环来做，循环次数为指数的幂（即 BCD 位数减 1），相应程序流程图如图 3-19 所示。

程序如下：

```
        ORG 0800H
BCDB: PUSH PSW              ; 保护现场
```

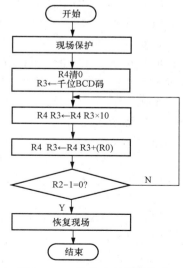

图 3-19　4 位十进制数转换为
二进制数的流程图

```
            PUSH A
            PUSH B
            MOV R0, ＃50H        ; BCD 码首址送 R0
            MOV R2, ＃03H
            MOV R4, ＃00H
            MOV A, @R0
            MOV R3, A           ; 千位 BCD 码送 R3
    LOOP:   MOV  A, R3          ; R3 送入 A
            MOV B, ＃10
            MUL AB              ; A×10 送入 BA
            MOV R3, A
            MOV A, ＃10
            XCH A, B
            XCH A, R4           ; B 中内容暂存 R4
            MUL AB
            ADD A, R4           ; 完成 R4 R3×10 送入 AR3
            XCH A, R3           ; 送入 R3A
            INC R0
            ADD A, @R0
            XCH A, R3
            ADDC A, ＃00H
            MOV R4, A           ; 完成 R4 R3←R4 R3 + （R0）
            DJNZ R2, LOOP       ; 若未完，转 LOOP
            POP B               ; 恢复现场
            POP A
            POP PSW
            RET                 ; 返回
```

【例 3-45】 试编制程序实现 $c = a^2 + b^2$，（a、b 均为 1 位十进制数）。

解 计算某数的平方可采用查表的方法实现，并编写成子程序。只要两次调用子程序，并求和即可得出运算结果。设 a、b 分别存放于片内 RAM 的 30H、31H 两个单元中，结果 c 存放于片内 RAM 的 40H 单元。程序流程图如图 3-20 所示。

主程序如下：

```
            ORG 1000H
    SR:     MOV A, 30H         ; 将 30H 中的内容 a 送入 A
            ACALL SQR          ; 转求平方子程序 SQR 处执行
            MOV R1, A          ; 将 a² 结果送入 R1
            MOV A, 31H         ; 将 31H 中的内容 b 送入 A
            ACALL SQR          ; 转求平方子程序 SQR 处执行
            ADD A, R1          ; a² + b² 结果送入 A
            MOV  40H, A        ; 结果送入 40H 单元中
            SJMP  $            ; 等待
    SQR:    INC  A
```

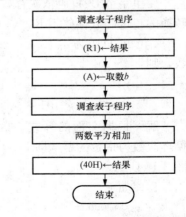

图 3-20 〔例 3-45〕程序流程图

```
MOVC  A，@A＋PC   ；求平方子程序（采用查平方表的方法）
RET
TABLE：DB  0，1，4，9，16
DB  25，36，49，64，81
END
```

3.6.6　其他常见程序

1. 数据传送程序设计

【例 3-46】有两个双字节无符号数，分别存放在 R3、R4、R5、R6 中，高字节在前，低字节在后，试编写程序，把两数相加，和分别存放在 20H、21H、22H 单元中。

解　求和的方法与笔算类似，先加低位后加高位。

其程序如下：

```
ORG  4000H
CLR  C            ；清 C
MOV  A，R4        ；把被加数的低位放在 A 中
ADD  A，R6        ；将加数和被加数的低位相加
MOV  22H，A       ；把结果的低位存入 22H 单元
MOV  A，R3        ；把被加数的高位放在 A 中
ADDC A，R5        ；将加数和被加数的高位相加并加低位和进位
MOV  21H，A       ；把结果的高位存入 21H 单元
MOV  A，＃00H     ；清 A
ADDC A，＃00H     ；加进位
MOV  20H，A       ；存和的进位
END
```

2. 算术运算程序设计

（1）加减法运算。

1）不带符号的多个单字节数加法。例如，有多个单字节数，依次存放在外部 RAM 21H 开始的连续单元中，要求把计算结果存放在 R1 和 R2 中（假定相加的和为二字节数），其中 R1 为高位，R2 为低位。

程序如下：

```
        MOV  R0，＃21H   ；设置数据指针
        MOV  R3，＃N     ；字节个数
        MOV  R1，＃00    ；和的高位清 0
        MOV  R2，＃00H   ；和的低位清 0
LOOP：  MOVX A，@R0      ；取一个和数
        ADD  A，R2       ；单字节数相加
        MOV R2，A        ；和的低位送 R2
        JNC  LOOP1
        INC R1           ；有进位则和的高位加 1
LOOP1： INC  R0          ；指向下一单元
        DJNZ R3,LOOP
```

2）不带符号的两个多字节数减法。设有两个 N 字节无符号数分别存放在内部 RAM 的单元中，低字节在前，高字节在后，分别由 R0 指定被减数单元地址，由 R1 指定减数单元地址，

其差存放在原被减数单元中。

程序如下：

```
        CLR  C              ;清进位位
        MOV   R2,♯N         ;设定字节数
LOOP:   MOVX  A,@R0         ;从低位取被减的一个字节
        SUBB  A,@R1         ;两数相减
        MOV   @R0,A         ;存字节相减的差
        INC   R0
        INC   R1
        DJNZ  R2,LOOP       ;两数相减完否
        JC    QAZ           ;最高字节有借位转溢出处理
        RET
```

3）带符号数加减运算。对于符号数的减法运算，只要将减数的符号位取反，即可把减法运算按加法运算原则来处理。

对于符号数的加法运算，先要进行两数符号的判定。如果两数符号相同，应进行两数相加，并以被加数符号为结果符号。

图 3-21　程序执行流程图

如果两数符号不同，应进行两数相减。如果相减的差数为正，则该差数即为最后结果，并以被减数符号为结果符号；如果相减的差数为负，则应将其差数取补，并把被减数的符号取反作为结果符号。

【例 3-47】 若 a、b、c 三个数分别存放在存储器 40H、41H、42H 三个单元中，试编写 $Y= a+b-c$ 的程序。

解　根据题意要求，可先做 $a+b$ 的运算，然后再做 $(a+b)-c$ 的运算，计算结果送入存储器 Y 的单元中，由算法分析先画出程序执行的流程图，如图 3-21 所示。编写 $Y= a+b-c$ 的源程序如下：

```
        ORG    1000H
START:  MOV    A,40H
        ADD    A,41H
        CLR    C
        SUBB   A,42H
        MOV    43H,A
        END
```

（2）乘法运算。由于乘法指令（MUL AB）是对单字节的，因此单字节数的乘法运算使用一条指令就可直接完成，多字节数的乘法则必须通过程序实现。

【例 3-48】 进行两个双字节无符号数的乘法运算，被乘数和乘数分别存放于内部 RAM 的 R2、R3 单元和 R6、R7 单元中（其中 R2 和 R6 分别为高位字节），相乘结果（积）依次存放在 R4、R5、R6、R7 单元中。

解　因为乘数和被乘数均为双个字节，因此需要进行 4 次乘法运算，得到 4 个部分积，假定部分积的高字节以"H"标志，部分积的低字节以"L"标志。此外，不要忘记对部分积相加产生的进位的处理。结合下列程序把乘法运算的实现过程用示意图表示出来，如图 3-22 所示。

乘法程序如下：

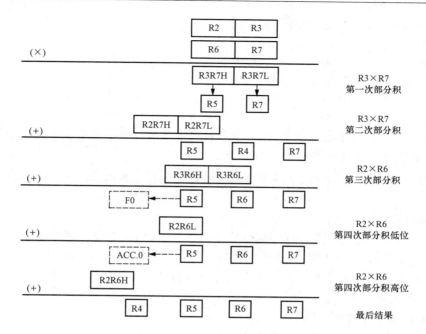

图 3-22　两个双字节无符号数乘法示意图

```
DBMUL:  MOV A, R3
        MOV B, R7
        MUL AB           ; R3 × R7（得第一次部分积）
        XCH A, R7        ; 原 R7 内容送入 A, R7←R3R7L（在 R7 中得到乘积的第四字节）
        MOV R5, B        ; R5←R3R7H
        MOV B, R2
        MUL AB           ; R2 × R7（得第二次部分积）
        ADD A, R5        ; R2R7L + R3R7H
        MOV R4, A        ; R4←和
        CLR A
        ADDC A, B        ; R2R7H +（R2R7L + R5 时产生的进位）
        MOV R5, A        ; R5←和
        MOV A, R6
        MOV B, R3
        MUL AB           ; R3 × R6（得第三次部分积）
        ADD A, R4        ; R3R6L + R4
        XCH A, R6        ; A←R6, R6←R3R6L + R4（在 R6 中得到积的第三字节）
        ADDC A, R5       ; R3R6H + R5 +（R3R6L + R4 时产生的进位）
        MOV R5, A        ; R5←和
        MOV F0, C        ; F0←进位
        MOV A, R2
        MUL AB           ; R2 × R6（得第四次部分积）
        ADD A, R5        ; R2R6L +（R3R6H + R5 时产生的进位）
        MOV R5, A        ; 在 R5 中得到乘积的第二字节
        CLR A
```

```
            MOV   ACC.0, C        ；累加器最高位←进位
            MOV   C, F0
            ADDC A, B             ；R2R6H + F0 + ACC.0
            MOV   R4, A           ；在 R4 中得到乘积的第一字节
            RET
            XCH A, B              ；A←R3 R6H, B←R6
```

（3）除法运算。除法指令（DIV AB）也是对单字节的，单字节数的除法运算可直接使用该指令完成，而多字节数据的除法需编程实现。

【例 3-49】 按"移位相减"这一基本方法，通过编写程序实现两个双字节无符号数的除法运算。

相关数据的单元分配如下：

R6 R7——执行前存被除数，程序执行后存商数（其中 R7 为高位字节）；

R5 R4——存除数（其中 R5 为高位字节）；

R3 R2——存放每次相除的余数，程序执行后即为最终余数；

3AH——溢出标志单元；

R1——循环次数计数器（16 次）。

为阅读程序方便，再说明以下几个问题：

1）除法运算需要对被除数和除数进行判定，若被除数为 0，而除数不为 0，则商为 0；若除数为 0，则除法无法进行，置标志单元 3AH 为"0"。

2）除法运算是按位进行的，每一位是一个循环，一个循环都要做三件事，即被除数左移一位、余数减除数、根据是否够减使商位得"1"或"0"。对于双字节被除数，如果循环进行了 16 次，则除法就完成了。

3）移位是除法运算的重要操作，最简单的方法是把被除数向余数单元左移，然后把被除数移位后腾出来的低位存放商数。这样，除法完成后，被除数已全部移到余数单元并逐次被减得到余数，而被除数单元却为商数所代替。

4）除法结束后，可根据需要对余数进行四舍五入。为简单起见，这里把它省略了。

解 双字节数除法程序如下：

```
            MOV   3AH, ＃00H      ；清溢出标志单元
            MOV   A, R5
            JNZ   ZERO           ；除数不为 0 转
            MOV   A, R4
            JZ    OVER           ；除数为 0 转设置溢出标志
ZERO:  MOV A, R7
            JNZ   START          ；被除数高字节不为 0 开始除法运算
            MOV   A, R6
            JNZ   START          ；被除数低字节不为 0 开始除法运算
            RET                  ；被除数为 0 则结束
START: CLR  A                   ；开始除法运算
            MOV   R2, A          ；余数单元清 0
            MOV   R3, A
            MOV   R1, ＃10H
LOOP:  CLR  C                   ；进行一位除法运算
```

```
        MOV   A, R6
        RLC   A                ; 被除数左移一位
        MOV   R6, A
        MOV   A, R7
        RLC   A
        MOV   R7, A
        MOV   A, R2            ; 移出的被除数高位移入余数单元
        RLC   A
        MOV R2, A
        MOV   A, R3
        RLC A
        MOV   R3, A
        MOV   A, R2            ; 余数减除数
        SUBB  A, R4            ; 低位先减
        JC    NEXT             ; 不够减转移
        MOV R0, A
        MOV   A, R3
        SUBB  A, R5            ; 再减高位
        JC    NEXT             ; 不够减转移
        INC   R6               ; 够减商为 1
        MOV   R3, A            ; 相减结果送回余数单元
        MOV   A, R0
        MOV R2, A
NEXT:   DJNZ  R1, LOOP         ; 不够 16 次返回
        ⋮                      ; 四舍五入处理（省略）
OVER:   MOV   3AH, 0FFH        ; 置溢出标志
        RET
```

3. 数制转换程序设计

数制转换常采用子程序调用方法进行，即把具体的转换功能由子程序完成，而由主程序来做组织数据和安排结果等工作。

（1）十六进制数转换为 ASCII 码。

【例 3-50】在内部 RAM 的 hex 单元中存有 2 位十六进制数，试将其转换为 ASCII 码，并存放于 asc 和 asc＋1 两个单元中。

解　程序设计如下：

```
ORG 0000H
SJMP  MAIN
ORG   1000H
```

主程序（MAIN）：

```
MAIN: PUSH  hex       ; 入口参数十六进制数进栈（压栈）
      ACALL HASC       ; 调用转换子程序求 ASCII 码
      POP   asc        ; 第一位转换结果送 asc 单元（出口参数存入 asc）
      MOV   A, hex     ; 再取原十六进制数（十六进制数送 A）
      SWAP  A          ; 高低半字节交换（高位十六进制数送低 4 位）
```

87

```
        PUSH  ACC          ；交换后的十六进制数进栈（入口参数压栈）
        ACALL HASC         ；调用子程序求 ASCII 码
        POP   asc + 1      ；第二位转换结果送 asc + 1 单元（出口参数）
        SJMP  $            ；等待
```

子程序（HASC）：

```
  HASC：DEC  SP            ；跨过断点保护内容
        DEC  SP            ；入口参数地址送 SP
        POP  ACC           ；弹出转换数据（入口参数送 A）
        ANLA，♯0FH         ；屏蔽高位（取出入口参数低 4 位）
        ADD  A，♯07H       ；修改变址寄存器内容（地址调整）
        MOVC A，@A + PC    ；查表（得相应 ASCII 码）
        PUSH ACC           ；查表结果进栈（出口参数压栈）
        INC  SP            ；修改堆栈指针回到断点保护内容
        INC SP             ；SP 指向断点地址高 8 位
        RET                ；返回主程序
 ASCTAB：DB "0, 1, 2, 3, 4, 5, 6, 7"          ；ASCII 码表
        DB "8, 9, A, B, C, D, E, F"
        END
```

这是一个很典型的程序，阅读本程序时应注意以下两个问题：

1）本程序的一个特点就是堆栈的使用，在本程序中两种使用堆栈的方法都涉及了，一种是通过堆栈传送数据，被转换的数据在主程序中进栈（或称压栈）而在子程序中出栈，最后再把转换结果返回主程序；另一种使用方法是系统自动的，即调用子程序要用堆栈来保护断点。由于是被转换的数据在主程序中先进栈，而断点地址是在调用子程序时才进栈，因此在子程序中要取出转换数据，就得修改堆栈指针 SP，以指向该数据。

2）在 ASCII 码表中，以字符串形式列出十六进制数，但在汇编时是以 ASCII 码形式写入存储单元的，因此读出来的是被转换数据的 ASCII 码，再压入堆栈返回主程序。

（2）ASCII 码转换为十六进制数。

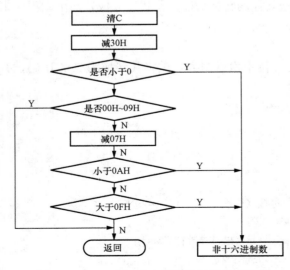

【例 3-51】 把外部 RAM 30H～3FH 单元中的 ASCII 码依次转换为十六进制数，并存入内部 RAM 60H～67H 单元中。

解 把转换的 ASCII 码减 30H，若小于 0 则为非十六进制数；若为 0～9，即为转换结果；若大于等于 0AH，应再减 7。减 7 后，若小于 0AH，则为非十六进制数；若为 0AH～0FH，即为转换结果；若大于 0FH，还是非十六进制数。转换流程如图 3-23 所示。

因为一个字节可装两个转换后得到的十六进制数，即两次转换才能拼装为一个字节。为了避免程序中重复出现转换程序段，因此通常采用子程序结构，把转换操作编写为子程序，主程序流程如图 3-24 所示。

图 3-23　ASCII 码→十六进制数转换程序流程

解　主程序（MAIN）如下：

```
MAIN: MOV   R0, #30H      ; 设置 ASCII 码地址指针
      MOV   R1, #60H      ; 设置十六进制数地址指针
      MOV   R7, #08H      ; 需拼装的十六进制数字节个数
AB:   ACALL TRAN          ; 调用转换子程序
      SWAP  A             ; A 高低 4 位交换
      MOVX  @R1, A        ; 存放外部 RAM
      INC   R0
      ACALL TRAN          ; 调用转换子程序
      XCHD  A, @R1        ; 十六进制数拼装
      INC   R0
      INC   R1
      DJNZ  R7, AB        ; 继续
HALT: AJMP  HALT
```

子程序（TRAN）如下：

```
TRAN: CLR   C            ; 清进位位
      MOVX  A, @R0       ; 取 ASCII 码
      SUBB  A, #30H      ; 减 30H
      CJNE  A, #0AH, BB
      AJMP  BC
BB:   JC    DONE
BC:   SUBB  A, #07H      ; 大于或等于 0AH，再减 07H
DONE: RET                ; 返回
```

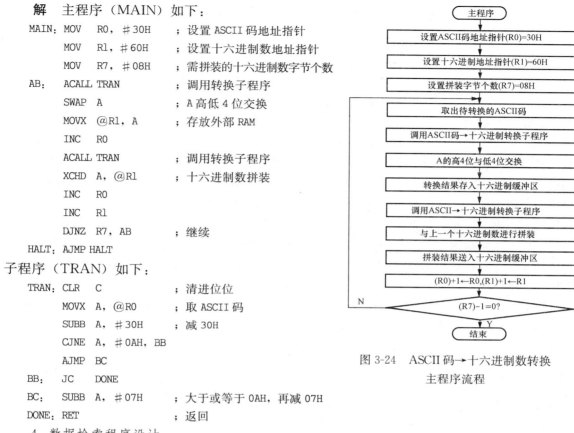

图 3-24　ASCII 码→十六进制数转换主程序流程

4．数据检索程序设计

数据检索是在数据区中查找关键字的操作，有两种数据检索方法，即顺序检索和对分检索，下面分别介绍。

（1）顺序检索。所谓顺序检索就是把关键字与数据区中的数据从前向后逐个比较，判断是否相等。

【例 3-52】 假定数据区首地址是内部 RAM 20H，数据区长度为 8，关键字放在 2BH 单元，把检索成功的数据序号放在 2CH 单元中。

检索开始时应把 2CH 单元初始化为 00H。程序运行结束后，如 2CH 单元的内容仍为 00H，则表示没有检索到关键字，否则即为检索成功，2CH 单元的内容即为关键字在数据区中的序号（从 1 开始）。

解　程序设计如下：

```
      MOV   R0, #20H      ; 数据区首地址
      MOV   R7, #08H      ; 数据区长度
      MOV   2CH, #00H
      MOV   R2, #00H
      MOV   2BH, #KEY     ; 关键字送 2BH 单元
NEXT: INC   R2
      MOV   2AH, @R0      ; 数据区取数
      CLR   C
      MOV   A, 2BH
```

```
        SUBB  A,    @R0     ; 与关键字比较
        JZ    ENDP
        INC   R0
        DJNZ  R7，NEXT       ; 继续
        MOV   R2，#00H
ENDP：   MOV   2CH，R2        ; 送检索是否成功标志
HERE：   AJMP  HERE          ; 结束
```

（2）对分检索。对分检索的前提是数据已排好序，以便于按对分原则取数进行关键字比较，具体过程是：取数组中间位置的数与关键字比较，如果相等，则检索成功；如果取数大于关键字，则下次对分检索的范围是从数据区起点到本次取数；如果取数小于关键字，则下次对分检索的范围是从本次取数到数据区终点。依次类推，逐次缩小检索范围，直到最后。

对分检索可以减少检索次数，大大提高了检索速度。但对分检索是一种递归算法，具体实现时首先要确定检索范围，范围的起点是 0，而终点是把最后一个数的序号加 1，这样才能使最后一个数也处在有效的检索范围内，因为在程序中对分序号是通过起点与终点相加，然后除 2 取整而得到的。

【例 3-53】 假定检索数据区在内部 RAM 中，首地址为 data，其数据为无符号数，并按升序排序。工作单元定义如下：

2AH——存放检索范围的起点。

2BH——存放检索关键字。

R0——先指向数据区首地址，检索开始后，则为对分读数地址。

R2——检索成功标志，如检索成功，则数据序号放入其中，否则置于 0FFH 状态。

R3——检索次数计数器。

R4——存放检索到的数据。

R7——存放检索范围的终点。

解 对分检索程序如下：

```
        MOV   2AH，#00H      ; 检索范围起点
        MOV   R7，#DVL       ; 检索范围终点
        MOV   2BH，#KEY      ; 关键字
        MOV   R3，#01H       ; 检索次数初值
LOOP1： MOV   R0，DATA       ; 数据区首址
        MOV   A,    2AH
        ADD   A,    R7       ; 起点加终点
        CLR   C
        RRC   A              ; 除 2 取整
        MOV   R2，A           ; 存放取数的序号
        CLR   C
        SUBB  A,    2AH      ; 判断是否到范围边缘
        JZ    LOOP3          ; 是边缘则转
        MOV   A,    R2
        ADD   A,    R0       ; 形成取数地址
        MOV   R0，A
        MOV   A,    @R0      ; 取数
        MOV   R4，A           ; 取数放 R4 中
```

```
        CLR     C
        SUBB    A，  2BH          ；与关键字比较
        JZ      LOOP5            ；相等则检索成功
        JNC     LOOP2            ；取数大，则转
        MOV     2AH，R2          ；取数小，修改检索范围起点
        INC     R3               ；检索次数加 1
        SJMP    LOOP1            ；继续
LOOD2： MOV     A，R2            ；取数大，修改检索范围终点
        MOV     R7，   A
        INC     R3
        SJMP    LOOP1            ；继续
LOOP3： MOV     R0，DATA         ；达到边缘，比较数据是否为关键字
        MOV     A，   @R0
        CJNE    A，2BH，LOOP4
        MOV     R4，A            ；是关键字
        SJMP    LOOP5
LOOP4： MOV     A，♯FFH          ；不是，送检索不成功标志
        MOV     R2，A
LOOP5： SJMP    LOOP5            ；结束
```

5. 数据极值查找程序

极值查找是在给定的数据区中挑出最大值或最小值。

【例3-54】在内部 RAM 20H 单元开始存放 8 个数，如图 3-25（a）所示，试编程找出其中

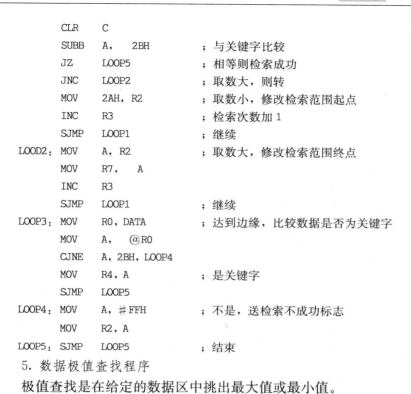

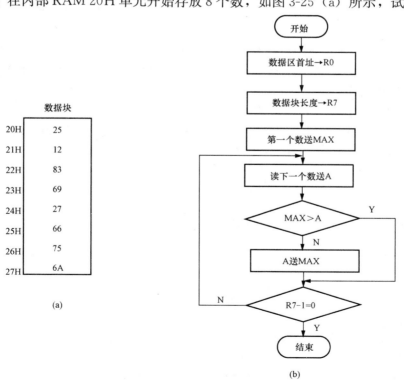

图 3-25　数据极值查找程序流程图

（a）数据块；（b）查找程序流程图

最大的数。

解 在数据中寻找最大值的方法较多，现以比较交换法为例加以介绍。比较交换过程中，指定一 MAX 单元，先使第一个数存入 MAX 单元，然后把它和数据块中每个数逐一比较，大的数存放在 MAX 单元，直到数据块中每个数都比较完，此时 MAX 单元中得到最大数，查找程序流程图如图 3-25（b）所示。

```
          ORG 0300H
          MAX DATA 30H
          MOV R0，#20H        ; 数据首址送 R0
          MOV R7，#08H        ; 数据长度送 R7
          MOV MAX，@R0        ; 读第一个数
          DEC R7
LOOP：INC R0
          MOV A，@R0          ; 读下一个数
          CJNE A，MAX，CHK     ; 数值比较
CHK：JC   LOOP1              ; MAX 大转换
          MOV MAX，A          ; 大数送 MAX
LOOP1：DJNZ R7，LOOP          ; 继续循环
          SJMP $              ; 停止
```

6. 数据排序程序设计（冒泡法）

数据排序是将数据块中的数据升序或降序排列。

【例 3-55】 数据同［例 3-54］相同，试将片内 RAM 20H～27H 中的数据按从小到大升序排列。

数据升序排列常采用冒泡法，冒泡法是一种相邻数互换的排序方法，同上例查找极大值的方法一样，一次冒泡即找到数据块极大值放到数据块最后，再一次冒泡次大数排在倒数第二位置，多次冒泡实现升序排列。冒泡升序排列程序流程图如图 3-26 所示。

解 设 R7 为比较次数计数器，初始值为 07H，F0 为冒泡过程中是否有数据交换的状态标志，F0 为 0 表示无互换发生，排序完成，F0 为 1 表示有互换发生，须继续排序。

```
SORT：MOV R0，#20H          ; 数据首址送 R0
          MOV R7，#07H          ; 各次冒泡比较次数
          CLR F0               ; 交换标志清 0
LOOP：MOV A，@R0             ; 取前数
          MOV 2BH，A            ; 存前数
          INC R0               ; 修改地址指针（R0＋1）
          MOV 2AH，@R0          ; 取后数
          CLR  C               ; Cy 清 0
          CJNE A，2AH，JAOH
          SJMP NEXT
JAOH：SUBB A，@R0            ; 前数减后数
          JC   NEXT            ; 前数小于后数不交换
          MOV @R0，2BH          ; 二数交换位置（前、后内容交换）
          DEC R0
          MOV @R0，2AH          ; 二数交换位置
```

```
        INC R0              ；修改地址指针（R0＋1）
        SETB F0             ；置互换标志
NEXT：DJNZ R7，LOOP         ；返回，进行下一次比较
        JB   F0，SORT       ；返回，进行下一轮冒泡
        SJMP $
```

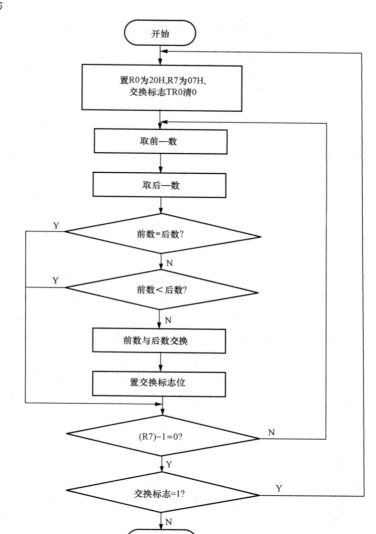

图 3-26　冒泡升序排列程序流程图

第 4 章

C 语言及 C51 程序设计

4.1 C 语言概述

4.1.1 C 语言的发展过程

C 语言问世于 1969 年至 1973 年间，1978 年美国电话电报公司（AT&T）贝尔实验室正式发表了 C 语言，同时 B. W. Kernighan 和 D. M. Ritchie 两人一起撰写了著名的《The C Programming Language》，通常简称为《K&R》或《白皮书》。但是，在《白皮书》中并没有对标准 C 语言做一个完整的定义，直到 1983 年，C 语言标准才由美国国家标准化学会在"白皮书"的基础上制定，将其称为 ANSI C。目前，C 语言已经成为一种通用计算机程序设计语言，而使用 C 语言实现单片机编程也是单片机系统开发的发展方向，目前已广泛用于单片机系统开发。

以单片机为核心的开发应用系统，主要工作包括两部分：一部分是针对系统的具体要求设计相关的硬件电路；另一部分是在硬件设计好后，快速地进行软件设计和系统调试，MCS-51 的编程语言常用的有两种，一种是汇编语言，另一种是 C 语言。汇编语言的机器代码生成效率高，但可读性不强，复杂一点的程序就更难读懂，而 C 语言在大多数情况下其机器代码生成效率和汇编语言相当，但可读性和可移植性远远超过汇编语言，而且 C 语言还可以嵌入汇编语言来解决高时效性的代码编写问题。对于开发周期来说，中大型的软件编写用 C 语言的开发周期通常小于汇编语言很多。早期人们大多使用 MCS-51 汇编语言进行软件设计，对于应用系统相对简单，程序量不大的系统，人们常使用 MCS-51 汇编语言进行软件设计。随着 MCS-51 单片机应用的普及，各开发公司相继推出了基于 C 语言模式的 C51 编程开发环境。

4.1.2 C 语言及 C51 语言的特点

C 语言是一种结构化语言。首先，它层次清晰，便于按模块化方式组织程序，易于调试和维护，语言简洁、紧凑，使用方便、灵活。其次，它具有丰富的运算符和数据类型，便于实现各类复杂的数据结构。第三，可以直接访问内存地址，能进行位（bit）操作的特点，使其能够胜任开发操作系统的工作。第四，由于 C 语言可以对硬件进行编程操作，因此它既有高级语言的功能，也有低级语言的优势。不仅适用于系统软件的开发，同时也适用于应用软件的开发。另外，C 语言还具有效率高、可移植性强等特点。例如，原来使用汇编语言编写的程序，由于别人写的程序不宜被读懂，在一段时间后再去做升级和维护就会感觉非常不便，但在使用和维护 C 语言写的程序时，就不会遇到这样的困扰，这时 C 语言的优势就大大体现出来了。

C 语言是一种使用非常方便的高级语言，将 C 语言应用到 51 单片机上，称为单片机 C 语言，简称 C51。单片机 C 语言除了遵循一般 C 语言的规则外，还有其自身的特点，在特定的硬件结构上又有所扩展（如专门针对 MCS-51 单片机的存储类型等）。C 语言程序本身不依赖于机器硬件系统，基本上不做修改就可将程序从不同的单片机中移植过来。C51 提供了很多数学函数并支持浮点运算，开发效率高，程序的可读性和可维护性较好。而且 C51 还可以嵌入汇编语言来解决高时效性的代码编写问题。使用 C 语言时会用到 C 编译器，C 编译器可将写好的 C 程序编译为机器码，这样单片机才能执行编写好的程序。常用的 C51 软件系统支持许多不同公司的 MCS-51 架构的芯片，它集编辑、编译、仿真等于一体，它的界面和常用微软 VC++ 的界面相似，界面友好，易学易用，在调试程序、软件仿真方面也有很强大的功能。

4.1.3　C 源程序的结构特点及编译

1. C 源程序的结构特点

用下面两个典型的程序例子来说明 C 语言在组成结构上的特点。同时，也可以从这两个由简到难的程序例子中，了解组成一个 C 源程序的基本部分和书写格式。

【例 4-1】最简单的 C 源程序中的主程序（主函数）举例。

解
```
main ()
{
    printf（"朋友，您好！\n"）;
}
```

main 是主函数的函数名，表示这是一个主函数。每一个 C 程序都必须有，而且只能有一个主函数（main 函数）。函数调用语句，即 printf 函数，其功能是在显示器上显示要输出的内容。printf 函数是一个由系统定义好的标准函数，在程序中可以直接调用。

【例 4-2】输入两个整数，输出其中较小的。

解
```
int min (int a, int b);                    /*函数说明*/
main ()
{                                          /*主函数*/
    int x, y, z;                           /*变量说明*/
    printf（"input two numbers：\n"）;
    scanf（"%d %d", &x, &y）;               /*输入变量 x 和 y 的值*/
    z = min (x, y);                        /*调用 min 函数*/
    printf（"min num = %d", z）;            /*"输出"*/
}
    int min (int a, int b)                 /*定义 min 函数*/
    if (a<b) return a; else return b;      /*把结果返回主调函数*/
}
```

[例 4-2] 程序的功能是由用户输入两个整数，程序执行后输出其中较小的数。本程序由两个函数组成，一个主函数和一个 min 函数。函数之间是并列的关系。在主函数中可以调用其他函数。min 函数的功能是比较两个数，然后把较小的数返回给主函数。min 函数是一个用户自定义函数。因此在主函数中要给出说明（程序的第一行）。由此可见，在程序的说明部分中，不仅可以有变量的说明，还可以有函数的说明。在例程中，可以看到程序每行后面有用/*和*/括起来的内容，即注释部分，程序在编译时，不会执行这部分内容。

[例 4-2] 程序执行的过程是，首先出现让用户输入两个数的提示信息，scanf 函数的作用是将这两个数送入变量 x 和 y 中，然后调用 min 函数，并把 x 和 y 的值传送给 min 函数的形式参数 a 和 b。min 函数中的语句用来比较变量 a 和 b 数值的大小，把小的那个数返回给主函数的变量 z，最后再显示输出 z 的值。

C 语言的特点如下：

（1）一个 C 语言源程序可以由一个或多个源文件组成。

（2）每个源文件可以由一个或多个函数组成。

（3）一个源程序不论由多少个文件组成，都有一个且只能有一个 main 函数，即主函数。

（4）源程序中可以有预处理命令（include 命令仅为其中的一种），预处理命令通常应放在源文件或源程序的最前面。

（5）每一个说明，每一个语句都必须以分号结尾。但预处理命令、函数头和花括号"｝"之后不能加分号。

（6）标识符和关键字之间必须至少加一个空格以示间隔。若已有明显的间隔符，也可不再加空格来间隔。

2. C 程序的编译、链接和运行

C 程序的上机练习是以 Turbo C 软件为环境基础进行程序编译的，对相关内容做如下介绍。

（1）C 程序的设计过程。一个 C 语言程序要能够最终实现既定的功能，需要经历以下几个基本环节。

1）编辑：使用 C 语言编写程序代码，创建源文件。

2）编译：在 C 程序编译过程中，可以查出程序中的语法错误。编译器将程序转换为机器代码后即可生成目标程序（.obj）。

3）链接：C 程序是模块化的设计程序，一个 C 程序可能由多个程序设计者分工合作编写，最后需要将库函数以及其他目标程序链接为一个整体，生成可执行文件（.exe）。

4）运行：运行源文件经过编译链接后生成可执行文件（.exe），即可获得正确的结果。

（2）Turbo C。Turbo C 是 Borland 公司开发的 C 程序开发平台，具有良好的用户界面和丰富的库函数，功能强大，可以完成对 C 语言程序的编辑、编译、链接、调试以及运行等工作。与其他开发平台相比，Turbo C 软件小、安装方便、界面友好、速度快、效率高、功能完善。一般可使用 Turbo C 2.0 进行 C 程序开发。

（3）使用 Turbo C 开发 C 语言程序的一般方法和步骤。

1）启动 Turbo C。启动 Turbo C 后，将打开 Turbo C 集成开发环境，进入图形用户界面。

2）编辑源文件。在编辑（Edit）状态下可以根据需要输入或修改源程序。使用【Edit】菜单中的命令对源文件进行编辑，如果源程序已经存在，则可以通过【File】菜单下的【Load】命令将其调入 Turbo C 环境再进行编辑。

3）编译源程序。编辑好一个源程序后，使用【Compile】菜单中的命令对源程序进行编译，得到一个后缀为 .obj 的目标程序。一般情况下，一个程序需要经过多次编辑和修改才能通过编译。

4）链接源程序。生成目标文件后，再通过【Compile】菜单中的【Link EXE file】命令对程序进行链接操作，生成一个后缀为 .exe 的可执行文件。如果链接过程中发现错误，应返回编辑修改。

5）运行程序。经过编辑、编译和链接后，产生一个可执行的文件（后缀为 .exe）。使用【Run】菜单中的命令，执行已编译和链接好的目标文件，得到程序的运行结果。按 Alt＋F5 键可以看到运行结果。

4.1.4　C51 程序与汇编程序的差异

C51 是支持 51 内核单片机的 C 语言，在 Keil 软件的支持下，C51 源程序可以编译、连接成能下载到单片机中的十六进制 HEX 文件。

1．优缺点

对于 51 单片机来说，C51 程序与汇编语言程序相比具有如下优点：

（1）不要求了解单片机的指令系统，仅需要了解 51 单片机的存储器结构。

（2）寄存器的分配、不同存储器的寻址及数据类型等细节可由编译器管理完成。

（3）将单片机实现的任务分别用程序模块实现，程序有规范的结构（程序结构化），可分为不同的函数，使程序层次分明，便于使用、维护与调试。

（4）具有将可变的选择与特殊操作组合在一起的能力，改善了程序的可读性。

（5）关键字及运算函数可用近似人的思维过程方式使用，提供数学函数并支持浮点运算。

（6）采用 C 语言编程，以行为方式描述单片机实现的任务，编程及程序调试时间显著缩短，开发效率高。

（7）提供的库包含许多标准子程序，具有较强的数据处理能力。

（8）可移植性好，已经编制的程序可以容易地用于其他程序的开发，因为它具有方便的模块化编程技术。

（9）C 语言程序本身不依赖于机器硬件系统，基本上不做修改就可根据单片机的不同较快地移植过来。

其缺点是实时性比汇编语言差，因为编写汇编时可以清楚地知道执行每一条指令需要的机器周期，而 C51 语句与执行时间没有确切关系。

一般来说，C51 程序代码量较汇编程序代码量大，但随着 C 编译器编译效率的提高和存储器容量的增加，代码量大已经不是问题。

2．使用助记符

与汇编程序一样，采用 C51 语言编程需要了解如何初始化单片机中众多特殊功能的寄存器，因为这些寄存器是控制硬件功能的，所以需要了解单片机内部各个模块的工作原理，这也是初学单片机遇到的最大困难。

C51 程序中，也采用助记符代表寄存器地址，助记符与寄存器地址之间的对应关系保存在"头文件"中，由于每种单片机的助记符、助记符对应的寄存器地址不相同，因此每种单片机都有自己的头文件。为方便记忆，助记符常与手册中给出的特殊寄存器名相同。例如，对于 AT89S51 单片机，就有头文件"AT89X51.H"，其内容为特殊功能寄存器的定义。

在头文件的支持下，写 C51 程序时可以直接用助记符代替地址，容易记忆，并增加可读性。

3．存储类型

在编写汇编语言程序时，用户根据实际情况选择变量的存储器类型，并根据存储器类型使用不同的存取指令。在 C51 中也需要相同的处理，就是在定义变量时，用存储器类型指明该变量的存储位置。C51 中变量的存储器类型与 51 单片机存储空间的对应关系如下。

data：直接存取 51 单片机内部 RAM（128B 空间）。

idata：以 MOV @Rn 间接存取 52 单片机内部 RAM（256B 空间）。

bdata：以位寻址方式存取单片机内部数据 RAM 中的位寻址区（16B）。

xdata：以 MOVX @DPTR 存取外部扩展 RAM（64KB 空间）。

pdata：以 MOVX　@Rn 分页存取外部扩展 RAM（256B，外部扩展 RAM 的第一个页面）。

code：以 MOVC　@A＋DPTR 指令存取 Flash 存储器（64KB 空间）。

在 C51 中定义变量时，可以定义变量的存储器类型，例如：

```
unsigned char code sm [] = {0xC0, 0xF9, 0xA4, 0xB0, 0x99, 0x92, 0x82, 0xF8, 0x80, 0x90, 0x88,
                            0x83, 0xc6, 0xA1, 0x86, 0x8e};
                                    //将数组 sm 放在 51 单片机的程序存储器中
signed int data nul;                //将有符号整数变量 data 放在 51 单片机的内部直接寻址 RAM 中
unsigned char xdata adnul;          //将无符号字符型变量 adnul 放在外部扩展存储器中
unsigned int xdata TABLE [128];     //将数组 TABLE 保存在 xdata 区
```

若在定义变量时，没有指明存储器类型，则 Keil 编译器将按照设置的编译模式安排变量的位置。

4. 需要启动文件

在 51 单片机中运行用户所编制的 C51 程序，在执行 main () 程序时，需要先运行启动程序 startup.a51，该汇编程序的工作是把 idata、xdata、pdata 存储区清零，初始化堆栈，还要执行 init.a51 程序初始化非零变量。

5. Keil 软件编译 C51 程序

由 Keil 软件中的文本编辑器编辑完成 C51 程序（.c），经 C51 编译器编译后，生成浮动目标文件（.obj）和列表文件（.1st）；在库文件的支持下，经 L51 链接器后，得到绝对定位目标文件（.hex）。

Keil 软件开发 C51 的过程与开发汇编程序的过程基本相同，但需要注意如下两点：

（1）在使用 Keil 软件时，汇编程序不需要启动程序 startup.a51，而 C51 程序需要该启动程序；

（2）C51 程序文件的扩展名是 .c，而汇编程序文件的扩展名是 .asm。

4.1.5　C 语言的字符集

字符是组成 C 语言最基本的元素。字母、数字、空格、标点和特殊字符组成 C 语言字符集。在字符常量、字符串常量和注释中还可以使用汉字或其他可表示的图形符号。

（1）字母：小写字母 a～z 共 26 个；大写字母 A～Z 共 26 个。

（2）数字：0～9 共 10 个。

（3）空白符：空格符、制表符、换行符等统称为空白符。空白符只在字符常量和字符串常量中起作用；在其他地方出现时，只起间隔作用。编译程序对它们忽略不计。因此在程序中是否使用空白符，不影响程序的编译，但在程序中适当的地方使用空白符，可以增加程序的清晰性和可读性。

（4）标点和特殊字符。

4.1.6　C 语言词汇

在 C 语言中使用的词汇分为 6 类：标识符、关键字、运算符、分隔符、常量和注释符等。

1. 标识符

在程序中使用的变量名、函数名和标号等统称为标识符。除库函数的函数名由系统定义外，其余都由用户自定义。C 语言规定，标识符只能是由字母（A～Z，a～z）、数字（0～9）、下划线（__）组成的字符串，并且其第一个字符必须是字母或下划线。

以下标识符是合法的：

a，BOOKS，abc5

以下标识符是非法的：

4s　以数字开头

S♯T 出现非法字符♯

在使用标识符时还应注意以下几点：

（1）由于 C 语言编译器版本不同，因此标识符的长度也会有所不同。例如，有些版本中规定标识符前 8 位有效。

（2）在标识符中，大小写是有严格区分的。例如，Delay 和 DELAY 就是两个不同的标识符。

（3）定义标识符时，取的名字应尽量有直观的意义，以便于阅读理解，做到"顾名思义"。

2. 关键字

关键字是在 C 语言系统中具有特定意义的字符串，通常也称为保留字。用户定义的标识符名字不能与关键字相同。C 语言的关键字分为以下几类：

（1）类型说明符。用来定义变量、函数或其他数据结构的类型，如例程中用到的 int. double 等。

（2）语句定义符。用来表示一个语句的功能意义，如"if else"就是条件语句的语句定义符。

（3）预处理命令字。表示预处理命令的关键字，如例程中用到的♯include、♯define（注意：预处理命令不是 C 语言本身的组成部分）。

C 语言中的 32 个关键字见表 4-1。在 C 语言关键字的基础上，根据 51 单片机的特点，C51 扩展了 13 个关键字见表 4-2。

表 4-1　　　　　　　　　　　　　　ANSI C 标准的关键字

关键字	用　途	说　明
auto	存储种类说明	用以说明局部变量，该关键字为默认值
break	程序语句	退出最内层循环
case	程序语句	switch 语句中的选择项
char	数据类型说明	单字节整型数或字符型数据
const	存储类型说明	在程序执行过程中不可更改的常量值
continue	程序语句	转向下一次循环
default	程序语句	switch 语句中的失败选择项
do	程序语句	构成 do…while 循环结构
double	数据类型说明	双精度浮点数
else	程序语句	构成 if…else 选择结构
enum	数据类型说明	枚举
extern	存储种类说明	在其他程序模块中说明了的全局变量
flost	数据类型说明	单精度浮点数
for	程序语句	构成 for 循环结构
goto	程序语句	构成 goto 转移结构
if	程序语句	构成 if…else 选择结构
int	数据类型说明	基本整型数
long	数据类型说明	长整型数

关键字	用　途	说　明
register	存储种类说明	使用 CPU 内部寄存器的变量
return	程序语句	函数返回
short	数据类型说明	短整型数
signed	数据类型说明	有符号数，二进制数据的最高位为符号位
sizeof	运算符	计算表达式或数据类型的字节数
static	存储种类说明	静态变量
struct	数据类型说明	结构类型数据
switch	程序语句	构成 switch 选择结构
typedef	数据类型说明	重新进行数据类型定义
union	数据类型说明	联合类型数据
unsigned	数据类型说明	无符号数数据
void	数据类型说明	无类型数据
volatile	数据类型说明	该变量在程序执行中可被隐含地改变
while	程序语句	构成 while 和 do…while 循环结构

表 4-2　　　　　　　　　　　　C51 编译器扩展的关键字

关键字	用　途	说　明
bit	位变量声明	声明一个位变量或位类型的函数
sbit	位变量声明	声明一个可位寻址变量
sfr	特殊功能寄存器声明	声明一个特殊功能寄存器
sfr16	特殊功能寄存器声明	声明一个 16 位的特殊功能寄存器
data	存储器类型说明	直接寻址的内部数据存储器
bdata	存储器类型说明	可位寻址的内部数据存储器
idata	存储器类型说明	间接寻址的内部数据存储器
pdata	存储器类型说明	分页寻址的外部数据存储器
xdata	存储器类型说明	外部数据存储器
code	存储器类型说明	程序存储器
interrupt	中断函数说明	定义一个中断函数
reentrant	再入函数说明	定义一个再入函数
using	寄存器组定义	定义芯片的工作寄存器

3. 运算符

C 语言中含有丰富的运算符。运算符是告诉编译程序执行特定算术或逻辑操作的符号。C 语言有三大运算符，即算术、关系与逻辑、位操作。另外，C 语言还有一些用于完成特殊任务的特殊运算符。

4. 分隔符

C 语言中的分隔符有逗号和空格两种。逗号主要用于数据类型说明和函数参数表中，分隔各个变量，而空格多用于语句各单词之间，作间隔符。

5. 常量

C 语言中使用的常量可分为数字常量、字符常量、字符串常量、符号常量、转义字符等几种。

6. 注释符

C 语言的注释符是从以"/ ＊"开头到以"＊ /"结尾的内容，在"/ ＊"和"＊ /"之间的内容即为注释。在编译程序时，不对这些注释内容做任何处理。注释可出现在程序中的任何位置，起到向用户提示或解释程序意义的作用，同时也为编写及调试、维护程序工作提供了便利。另外，如果使用的是 Keil C51 开发软件，程序的注释部分也可用"//"符，对注释内容进行屏蔽，这种写法只能注释一行，当换行时，则必须在新一行上再写入一个"//"符。

4.2　数据类型、运算符与表达式

4.2.1　C 语言及 C51 的数据类型

计算机中的程序，离不开数据这个单元，它是计算机操作的对象，数据的不同格式叫做数据类型，而数据结构则是按一定数据类型进行的一些组合和构架。

在 C 语言中，数据类型分为基本类型、构造类型、指针类型和空类型 4 大类，如图 4-1 所示。4 种数据类型的特点如下：

（1）基本类型。它的数据不可以再进行分解。

（2）构造类型。根据已定义的一个或多个数据类型用构造的方法来定义的数据类型。也就是说，一个构造类型的值可以由若干个"成员"或"元素"组成。其"成员"可以是一个基本类型或构造类型。在 C 语言中，构造类型有数组型、结构体类型、共同体（或称共用体，也可称联合）类型。C51 中的构造类型包括数组、指针、结构、共用、枚举，它们是对基本数据类型的扩展。

（3）指针类型。指针是一个特殊的变量，它里面存储的数值被解释成为内存里的一个地址，也是 C 语言的精华所在。虽然指针变量的值类似于整型量，但从其数据类型意义来看，它们是两种完全不同的类型，所以不能混为一谈。

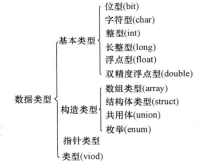

图 4-1　数据类型分类

（4）空类型。函数在被调用完成后，通常会返回一个函数值。函数值有一定的数据类型，应在函数定义及函数说明中加以说明。例如，在［例 4-2］中给出的 min 函数定义中，函数头为"int min（int a，int b）;"，其中"int"表示 min 函数的返回值为整型数据类型。但是，经常会碰到一些函数，调用后并不需要向调用者返回函数值（函数执行完后不返回任何数据），将这种函数定义为"空类型"，其类型说明符为 void。如将"int min（int a，int b）;"改为"void min（int a，int b）;"即可。

1. 常量与变量

对于基本数据类型量，根据变量值在程序执行过程中是否发生变化，又可分为常量和变量两种。在程序执行过程中，其值不发生改变的量称为常量，其值可变的量称为变量。每个变量都会有个名字，并在内存中占据一定的存储单元，所占存储单元的数量根据数据类型的不同而不同。在程序中，常量是可以不经说明直接引用的，而变量则必须先定义后使用。

(1) 常量和符号常量。常量与变量相对应，在程序执行的过程中，其值不能发生改变的量称为常量。常量与变量不同，可以有不同的数据类型。例如，1、3、5 为整型常量，6.9、-1.85 为实型常量，'a'、'd' 为字符常量。常量可以用一个标识符来说明。

符号常量在使用之前必须先定义，一般形式为：

#define　标识符　常量

其中 #define 是一条编译预处理命令（预处理命令都以"#"开头），称为宏定义命令，它的功能是把该标识符定义为其后的常量值。定义之后，凡在程序中出现该标识符的地方均用之前定义好的常量来代替，习惯上用大写字母来表示符号常量的标识符，用小写字母表示变量标识符，以示区别。

【例 4-3】常量和符号在程序中的定义和使用。

解　#define PI 3.14
```
main ()
{
    float r, s;
     r = 5.3;
    s = PI * r * r;
    printf ("半径为 R 的圆面积为 %f", s);
}
```

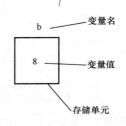

图 4-2　变量与存储单元

程序的第一句话"#define PI 3.14"定义了一个符号常量 PI，它的值为圆周率 3.14。因此在后面的程序代码中，凡是出现 PI 的地方，都代表 3.14 这个数。

使用符号常量的优点是：意义清楚，见名知意，修改参数非常方便，如果程序中很多地方都用到这个变量，而数值又需要经常做改动时，这时使用符号常量就可以做到一改全改，一次改成。

(2) 变量。在程序运行中，其值可以改变的量称为变量。一个变量只有一个名字，在内存中占据一定的存储单元，如图 4-2 所示。变量必须先定义再使用，一般放在函数体的开头部分，全局变量放在函数体外面。

1）变量的定义。在 C 语言中，定义变量需要 4 方面的内容：

a. 变量的数据类型，如 int、char 等。

b. 变量的作用范围，与变量声明的位置有关。

c. 变量的存储种类，就是变量的存储方法，不同的存储方法，影响变量的存在时间。

e. 变量的存储器类型，就是确定变量存储在哪类存储器中。

2）变量的定义格式。C51 定义一个变量的格式如下：

[存储类型说明符] 类型说明符 [修饰符] 标识符 [=初值]，标识符 [=初值] …；

说明：

a. 类型说明符与标识符必须存在。

b. 算术运算尽可能使用无符号数。

c. 浮点数只有 32 位。

e. 对比 C 语言，C51 增加了 bit、sfr、sfr16 和 sbit 类型说明符。

f. 存储类型说明符为自动（auto）变量、外部（extem）变量、静态（static）变量和寄存器（register）变量。

a) auto 变量。在变量前加存储种类说明符号 auto，则该变量为自动变量。在函数体内部定义的变量，如果没有存储类型说明，都是自动变量。自动变量的作用范围在定义它的函数体内部。自动变量在动态存储器中分配单元，调用函数时，自动建立该变量存储单元，函数返回时，该变量存储单元自动放弃。

b) static 变量。使用存储种类说明符号 static 定义的变量称为静态变量，在函数体外定义的静态全局变量与在函数体内部定义的静态局部变量，都占用存储单元不释放，直到程序结束。也就是在函数返回时存储器中仍保留该变量位置，使其值具有连续性，静态局部变量的默认初值为 0。例如，在定时器中断函数中，可以定义一个保存中断次数的静态变量，当中断函数返回时，仍然保留该变量的值，使中断次数得以叠加。

静态全局变量的有效范围从定义位置到程序结束，而且只有在定义它的程序模块文件中有效（这一点与全局变量有区别），其他文件不能改变其内容。静态全局变量的默认值是 0。

静态局部变量句有如下特点：只在定义它的函数中有效，在整个运行期间都不释放；只在编译时赋一次初值，以后再也不赋初值。如果程序中没有赋初值，则编译时自动赋初值 0。

c) extem 变量。使用存储类型说明符号 extem 声明的变量为外部变量，凡是在所有函数之前，在函数外部定义的变量都是外部变量，定义时可以没有说明符号 extern，但是一个函数体内说明一个已经定义过的外部变量时，则必须有说明符号 extern。

一个外部变量被定义后，就为它分配了固定的内存空间，外部变量的生存期是整个程序执行时间，一直占用存储单元，因此外部变量是全局变量。函数使用的外部变量时，只需要在一个函数中定义，在使用该变量的函数中用 extern 说明就可以使用了。

若一个源文件中要引用其他源文件中定义的全局变量，则需要在文件的开头用关键字 extern 声明引进的变量，如 extern int x；则说明 x 是其他文件中已经定义的全局变量。

例如，一个程序中包含两个源文件，源文件 a 包含主函数，声明了源文件 b 中的函数，定义了变量 ext1；若源文件 b 中也用到变量 ext1，则应该在源文件 b 中用 extern 声明变量 extl。

d) register 变量。C 语言允许使用频率高的变量定义寄存器变量，这样的变量前需要加存储类型符号 register，其实这只是给编译器一个建议，原因是寄存器数量有限，需要编译器根据实际情况决定。

g. 修饰符。修饰符用于变量的修饰。

常量修饰符 const：表示所修饰的变量或指针变量是常量，不能改变（只读），优点是使被修饰量带有常量属性。

易失性修饰符 volatile：表示被修饰的变量或指针变量可被多种原因修改。用到这个变量时必须每次都小心地重新读取这个变量的值，而不是使用保存在寄存器里的备份。

C51 还增加了存储器类型修饰符。

data 修饰变量时，C51 编译器将其定位在片内 128B 的数据存储器中。例如：

unsigned int data x， y， z；

将 x、y 和 z 三变量放在片内 128B 数据存储器中。这里关键字 data 可以省略。对 data 区的寻址是最快的，所以应该把使用频率高的变量放在 data 区。

data 修饰变量的例子：

unsigned char data sys ＝0；

unsigned int data unit［2］；

char data inp［16］；

bdata 修饰变量时，C51 编译器将其定位在片内数据存储器中的位寻址区。例如：

unsigned char bdata i，   j，   k；

将 i、j 和 k 三变量放在片内数据存储器中的位寻址区，一旦放在位寻址区，则变量 i、j、k 可以在一个字节范围内位寻址。

idata 修饰变量时，C51 编译器将其定位在片内 256B 的数据存储器中。例如：

unsigned int idata l，m，n；

将 l、m 和 n 三变量放在片内数据 256B 存储器中。由于 52 单片机具有 256B 的存储器，因此可以用 idata 定义存储类型。

若使用外部扩展数据存储器，则应该使用 pdata 和 xdata 来定义变量的存储类型。例如：

unsigned int pdata a，b，c；

将变量 a、b 和 c 放在外部数据存储器的前 256B 存储区中。

若使用外部扩展数据 64KB 存储器，则应该使用 xdata 来定义变量的存储类型。例如：

unsigned int xdata n，o，p；

将变量 n、o 和 p 放在外部 64KB 数据存储器中。

code 修饰变量时，C51 编译器将其定位在片内或片外 Flash 存储器中。例如：

unsigned int code a＝100；

将变量 a 放在代码存储器中，该变量只能读不能写，常用来保存表格。

如果省略存储空间修饰符，C51 编译器则会按存储模式 SMALL，COMPACT 或 LARGE 所规定的默认存储类型去指定变量的存储区域。存储模式说明如下：

SMALL 存储模式：把变量和堆栈都放在 51 单片机片内 RAM（128 字）中，默认数据类型是 data，这使得程序访问数据非常快。但 SMALL 存储模式的地址空间受限，只能编写小型程序。

COMPACT 存储模式：把变量和数据定位在 51 单片机的片外存储区前 256B，默认的存储类型是 pdata，通过寄存器 R0 和 R1（@R0/R1）间接寻址，堆栈在片内存储器中。

LARGE 存储模式：把变量都定位在 51 单片机系统的外部 64KB 数据存储器中，默认存储类型是 xdata，要求用 DPTR 数据指针访问数据。

例如，声明 unsigned char m；则在 SMALL 模式中，m 被定位在片内 RAM 中（data）；在 COMPACT 存储模式下，m 被定位在片外分页区中（idata）；在 LARGE 存储模式下，m 被定位在外数据存储器中（xdata）。

需要说明的是 C51 中，经常将修饰符放在类型说明符之前。

h. 没有前导符"＊"的标识符是变量，有前导符"＊"的标识符为指针。

i. 变量的初始化根据程序需要确定。

3）定义特殊功能寄存器有关的变量。定义特殊功能寄存器有关变量的关键字 sfr、sfr16、sbit，它们是 C51 特有的。

在头文件"AT89X51.H"中，已给出了 51 单片机寄存器地址、位寻址寄存器的位地址助记符与地址之间的关系。例如，P0 端口各引脚的助记符与其地址之间的关系如下：

```
/＊ P0 Bit Registers ＊/
sbit P0 _ 0 = 0x80;
sbit P0 _ 1 = 0x81;
sbit P0 _ 2 = 0x82;
```

```
sbit P0 _ 3 = 0x83;
sbit P0 _ 4 = 0x84;
sbit P0 _ 5 = 0x85;
sbit P0 _ 6 = 0x86;
sbit P0 _ 7 = 0x87;
```

2. 整型数据

（1）整型常量的表示方法。整型常量就是整型的常数。在 C 语言中，整型常量可分为八进制、十进制和十六进制 3 种。

1）十进制数：没有前缀，用数码 0～9 来表示。

如 378、－101、55 535、1956 就是合法的十进制整型常数：

在程序中是根据前缀来区分各种进制数的。因此在书写常数时不要把前缀弄错导致结果不正确。

2）八进制数：必须以 0 开头，即以 0 作为八进制数的前缀，用数码 0～7 来表示。八进制数通常是无符号数。

以下各数是合法的八进制整型常数：

016（相当于十进制数 14）、0110（相当于十进制数 72）、0 177 776（相当于十进制数 65 534）；

以下各数不是合法的八进制整型常数：

156（无前缀 0）、0182（包含了非八进制数字）、－0170（不应该有负号）。

3）十六进制数：以 0X 或 0x 开头，其数码取值为 0～9，A～F 或 a～f。

以下各数是合法的十六进制整型常数：

0x2B（相当于十进制 43）、0xB0（相当于十进制 176）、0xFFFF（相当于十进制 65 535）；

以下各数不是合法的十六进制整型常数：

7B（无前缀 0x）、0x5H（含有非十六进制数码）。

（2）整型变量。

1）整型变量的分类。整型变量分为基本型和无符号型。

基本型：类型说明符为 int，在内存中（整型长度）占 2 个字节，用于存放 1 个双字节数据。

无符号型：类型说明符为 unsigned。

有符号整型数（ signed int）和无符号整型数（unsigned int）默认为 signed int。

signed int 表示的数值范围是－32 768～＋32 767。字节中最高位表示数据的符号，"0"表示正数，"1"表示负数。unsigned int 表示的数值范围是 0～65 535。

在 C51 中，short 与不加 short 的数据类型相同。

unsigned int 数据在 65 535 时加 1，结果是 0。signed int 数据在 32 767 时加 1，结果是－32 768。

无符号型又可为 unsigned int 或 unsigned。

无符号类型变量所占的内存空间字节数与相应的有符号类型变量相同。但由于省去了符号位，故不能表示负数，因此表示正数的数值范围有所扩大。

有符号整型变量：最大表示 32 767，相对应的二进制数是 0111111111111111。

无符号整型变量：最大表示 65 535，相对应的二进制数是 1111111111111111。

Keil uVision2 C51 编译器所支持的数据类型见表 4-3。

表 4-3　　　　　　　　　　Keil uVision2 C51 编译器所支持的数据类型

分类	数据类型	长度（bit）	长度（Byte）	值　域
字符（char）	unsigned char	8	1	0～255
	signed char	8	1	−128～+127
整型（int）	unsigned int	16	2	0～65 535
	signed int	16	2	−32 768～+32 767
长整型（long）	unsigned long	32	4	0～4 294 967 295
	signed long	32	4	−2 147 483 648～+2 147 483 647
实型（浮点型）	float	32	4	±1.176E−38～±3.40E+38（6 位数字）
	double	64	8	±1.176E−38～±3.40E+38（10 位数字）
一般指针类型	*	24	1～3 字节	存储空间 0～65 535（变量的地址）
位型	bit	1	位	0 或 1
特殊寄存器	sfr	8	单字节	0～255
16 位特殊寄存器	sfr16	16	双字节	0～65 535
可位寻址型	sbit	1	位	0 或 1

2）整型变量的定义。整型变量定义的一般形式为：

类型说明符　变量名标识符，变量名标识符，…；

例如：

int a，b，c；（a，b，c 为整型变量）

unsigned int x，y；（x，y 为无符号整型变量）

定义变量时，允许在一个类型说明符后，同时定义多个相同类型的变量。这时，各变量名之间用逗号间隔，类型说明符与变量名之间至少用一个空格间隔。

【例 4-4】 整型变量的定义与使用。

解　main（）

```
{
    int a，b；
    unsigned c；
    a＝1；b＝−4；
    c＝a＋b；
    printf（"a＝%d，b＝%d，c＝%d\n"，a，b，c）；
}
```

3. 实型数据

（1）实型常量的表示方法。在 C 语言中，实型数也称为浮点型。它有两种表示形式，即十进制数形式和指数形式。

1）十进制数形式，由数码 0～9 和小数点组成。

例如：0.0、24.0、5.189、0.93、90.0、6000.、−227.815 0

等均为合法的实数。在这个数中是必须存在小数点的。

2）指数形式，在十进制数的基础上，加阶码标志"e"或"E"和阶码（只能为整数，可以带正负号）组成。

其一般形式为：

a E n（a 为十进制数，n 为十进制整数）

表示的数值为 $a \times 10^n$。

例如：

3.1E4（等于 3.1×10^4）

1.6E－2（等于 1.6×10^{-2}）

0.8E7（等于 0.8×10^7）

－1.14E－2（等于 -1.14×10^{-2}）

以下不是合法的实数：

357（无小数点）

E6（阶码标志 E 之前无数字）

－1（无阶码标志）

51.－E3（负号位置不对）

2.9E（无阶码）

标准 C 语言允许浮点数尾部加后缀，"f" 或 "F" 即表示该数为浮点数，如 315f 和 315. 是等价的。

【例 4-5】通过以下程序例子可以看到其显示输出值都是一样的。

解
```
main ()
{
printf ("%f\n", 356.);
printf ("%f\n", 356);
printf ("%f\n", 356f);
}
```

（2）实型变量。实型变量主要分为单精度（float 型）和双精度（double 型）。

在 C 编译器中单精度型占 4 个字节（32 位）内存空间，其数值范围为 3.4E－38～3.4E＋38，只能提供 7 位有效数字。双精度型占 8 个字节（64 位）内存空间，其数值范围为 1.7E－308～1.7E＋308，提供 16 位有效数字，见表 4-4。

表 4-4　　　　　　　　　　　　　　　　float 与 double 类型数据

类型说明符	比特数（字节数）	有效数字	数的范围
float	32（4）	6～7	$10^{-37} \sim 10^{38}$
double	64（8）	15～16	$10^{-307} \sim 10^{308}$

关于实型变量定义的方法与整型相同。

例如：

float x，y；（x，y 为单精度实型量）

double a，b，c；（a，b，c 为双精度实型量）

4．字符型数据

字符型数据分为字符常量和字符变量。

（1）字符常量。用单引号括起来的一个字符，称为字符常量。

例如：'y'、'f'、'－'、'＋'、'/'，这些都是合法字符常量。

在使用字符常量时，需要注意以下几点：

1）字符常量只能用单引号括起来，用双引号或其他括号，将出现错误提示。

2）字符常量只能是单个字符，不能出现多个字符。

3）字符可以是字符集中的任意字符，但如果将数字定义为字符型常量后，它就不能参加数值运算了，如'8和8，仔细看一下是不同的，前者是字符常量，不能参与运算，而后者才是一个整型数据。

（2）转义字符。在 C 语言中，转义字符是一种特殊的字符常量。它是以反斜线"＼"开头的字符序列。不同的转义字符具有不同的特定含义，因此称它为转义字符。例如，经常在例题中看到的 printf 函数中用到的"＼n"就是一个转义字符，其意义是"回车换行"。转义字符主要用来表示那些用一般字符不便于表示的语句代码。表 4-5 列出了 C 语言常用的转义字符及含义。

表 4-5 　　　　　　　　　　　　C 语言常用的转义字符及含义

转义字符	转义字符的含义	ASCII 代码（十六/十进制数）
＼o	空字符（NULL）	0x0H/0
＼n	换行符（LF）	0xAH/10
＼t	横向列表（HT）	0x9H/9
＼b	退格符（BS）	0x8H/8
＼r	回车符（CR）	0xDH/13
＼f	换页符（FF）	0xCH/12
＼＼	反斜线符"＼"	0x5CH/92
＼'	单引号符	0x27H/39
＼"	双引号符	0x22H/34
＼a	报警符（BEL）	0x7H/7
＼ddd	1～3 位八进制数所代表的字符	
＼xhh	1～2 位十六进制数所代表的字符	

可以说，C 语言字符集中的任何一个字符均可用转义字符来表示，表 4-3 中的"＼ddd"和"＼xhh"起的正是这个作用。ddd 和 xhh 分别为八进制 ASCII 码和十六进制 ASCII 码。例如，"＼102"表示字母 B，"＼103"表示字母 C，"＼XOA"表示换行等。

【例 4-6】转义字符的使用方法。

解　main（）
```
{
    int a, b, c;
    x = 5; y = 6; z = 7;
    printf（"xyz＼tde＼rf＼n"）;
    printf（"hijk＼tL＼bM＼n"）;
}
```
想一想，这个程序的输出结果是怎么样的。

（3）字符变量。字符变量用来存储单个字符。

字符变量的类型说明符是 char。其定义方法与上面所讲的数据类型定义方法一样。

例如：

char a，b；

char 数据类型的长度是一个字节，通常用于定义处理字符数据的变量或常量。unsigned char 与 signed char 数据类型的区别是有无符号位，如果直接使用 char 类型，其默认值为 signed char 类型。因为 unsigned char 类型一个字节所有的 8 位均表示数值，而 signed char 类型用字节中的最高位来表示数据的正负，"0"表示其为正数，"1"表示其为负数，所以 unsigned char 类型可以表达的数值范围是 0～255，而 signed char 类型可以表达的数值范围是 −128～+127。

（4）字符串常量。字符串常量是由一对双引号括起的字符序列。例如："CHINA"，"C program"，"＄1.3"等都是合法的字符串常量。

字符串常量与字符常量之间的不同之处，总结为以下几点：

1）字符常量使用单引号括起来，而字符串常量使用双引号括起来。

2）字符常量只能是单个字符，而字符串常量却可以是一个或多个字符。

3）可以把一个字符常量赋予一个字符变量，但反过来把一个字符串常量赋予一个字符变量是不行的。在 C 语言中是没有相应的字符串变量的。

4）字符常量在内存中占一个字节的空间。字符串常量在内存中所占字节的大小等于字符串的字节数加 1，这是一个字符串结束的标志位。在 C 语言中，用字符 '＼0' 作为字符串的结束标志，'＼0' 的 ASCII 码值为 0。

例如，字符串 "C program" 在内存中所占字节的情况如下：

c		p	r	o	g	r	a	m	＼0

'＼0' 为字符串 "C program" 结束的标志位。

字符常量 'b' 和字符串常量 "b"，从表面上来看，虽然都只有一个字符，但在内存中的存储情况却是不同的。

'b' 在内存中占一个字节，其存储情况为：

b

"b" 在内存中占二个字节，其存储情况为：

b	＼0

5. 变量赋初值

在程序中，常常需要给变量赋一个初始值。C 语言可以在做变量定义的同时，给变量赋上初值，称为变量的初始化操作，也可以在后面的语句中再给变量赋上值。

变量初始化赋初值的一般形式为：

类型说明符 变量 1＝值 1，变量 2＝值 2，变量 3＝值 3……；

例如：

int b＝8；

int c，e＝l；

double a＝8.2，b＝6f，c＝0.575；

char chl ＝ 'A'，ch2 ＝ 'B'；

与其他高级编程语言不同，C 语言在变量定义中不允许出现多个 "＝" 赋值符号，如 a＝

b＝c＝3 是非法的。

【例 4-7】 某 C 程序中，给变量赋初值的应用。

解　main ()
```
{
    int aa = 3, bb, cc = 52
bb = aa + cc;
printf ( "aa = %d, bb = %d, cc = %d \ n", aa, bb, cc);
}
```

6. 指针型

指针（＊）本身就是一个变量，在这个变量中存放指向另一个数据的地址。这个指针变量要占据一定的内存单元，对不同的存储器其长度也不尽相同，在 C51 中它的长度一般为 1～3 个字节。

7. 位型

位型（bit）是 C51 的扩充数据类型，利用它可定义一个位变量，但不能定义位指针，也不能定义位数组。它的值是一个二进制位，不是 0 就是 1。例如：

bit num＝0;　　//定义一个初始值为 0 的位变量

类似一些高级语言中的布尔类型中的 True 和 False。与 51 单片机有关的位操作必须定位在片内 RAM 中的位寻址空间。

8. 特殊功能寄存器

特殊功能寄存器（sfr）也是一种扩充数据类型，占用 1 个内存单元，值域为 0～255。利用它可以访问 51 单片机内部的所有特殊功能寄存器。例如，sfr P1＝0x90，这一语句定义 P1 标识符代表单片机 P1 端口寄存器（地址 0x90），一旦定义了 P1，则在后面的语句中可以用 P1＝0xFFH（对 P1 端口的所有引脚置高电平）之类的语句来操作特殊功能寄存器。

用法：sfr 特殊功能寄存器名＝地址常数;

例如：

```
sfr P0 = 0x80;        //定义 P0 I/O 口，其地址 80H
sfr  P1 = 0x90;       //定义 P1 I/O 口，其地址 90H
sfr P2 = 0xA0;        //定义 P2 I/O 口，其地址 A0H
sfr P3 = 0xB0;        //定义 P3 I/O 口，其地址 B0H
sfr SCON = 0x98;      //定义 SCON 的地址
```

sfr 关键字后面是一个要定义的变量名字（助记符），可任意选取，但要符合标识符的命名规则，名字最好有含义，如 P1 端口可以用 P1 命名，等号后面必须是常数（地址值），不允许有带运算符的表达式，而且要求常数必须在特殊功能寄存器的地址范围内（80H～FFH）。

9. 16 位特殊功能寄存器

16 位特殊功能寄存器（sfr16），sfr16 占用 2 个内存单元，值域为 0～65 535。sfr16 和 sfr 一样用于操作特殊功能寄存器，所不同的是用于操作占两个字节的寄存器。

格式：sfr16 特殊功能寄存器名（助记符）＝特殊功能寄存器地址常数;

sfr16 用来定义 16 位特殊功能寄存器，这时等号后面只写它的低位地址，因为假设高位地址位于物理低位地址之上。需要注意的是这种定义方法不能用于定时器 0 和 1 的定义。sfr16 常在新的 51 内核产品中定义 16 位特殊寄存器时使用。

10. 可寻址位

可寻址位（sbit），sbit 是 C51 的一种扩充数据类型，利用它可以访问芯片内部 RAM 中的可寻址位或特殊功能寄存器中的可寻址位。格式如下：

（1）格式 1：sbit 位变量名＝位地址；

例如：

```
sbit P1_1 = 0x91；//相当于把特殊寄存器地址空间位寻址区的绝对地址 0x91
                  //赋给位变量 P1_1
```

同关键字 sfr 一样，sbit 的位地址必须位于地址 80H～FFH。

（2）格式 2：sbit 位变量名＝特殊功能寄存器名^位位置；

这里位的位置范围为 0～7。

例如 1：

```
sft   P1 = 0x90;        //首先定义字节变量 P1
sbit P1_1 = P1^1;       //然后再指定位变量 P1_1 在字节变量 P1 中的位置 1
```

例如 2：

```
sfr PSW = 0xD0;         //首先定义字节变量 PSW
sbit OV = PSW^2;        //然后再指定位变量 OV 在字节变量 PSW 中的位置 2
```

（3）格式 3：sbit 位变量名＝字节地址^位位置；

例如：

```
sbit P1_l = 0x90^1;
```

格式 3 与格式 2 是一样的，只是格式 3 把字节的地址直接用常数表示。

还可以将位寻址变量的存储类型定义为 bdata。例如：

```
unsigned char bdata ib；//在可位寻址区定义 unsigned char 类型的变量 ib
int bdata ab [2]；      //在可位寻址区定义数组 ab [2]
sbit ib7 = ib^7        //用关键字 sbit 定义位变量来独立访问可寻址位对象的其中一位
sbit  ab12 = ab [1] ^12；
```

这里操作符"^"后面数的最大值取决于指定的基址类型，char 为 0～7，int 为 0～15，long 为 0～31。

关于数据类型的说明：上述的数据类型中，只有 bit 与 unsigned char 两种数据类型可以直接转换成机器指令，所以 C 语言中使用的其他数据类型，虽然语句上很简单，但都需 C51 编译器用一系列机器指令处理这些数据类型。特别是浮点数，其处理更加复杂，将明显增加程序的长度与执行时间。所以应该避免使用复杂的数据类型。在编制 C51 程序时，应该尽可能使用无符号字符变量及位变量。

11. 格式化输入/输出函数

scanf（）和 printf（）函数的作用是向终端（或系统默认指定的输出设备）输出若干个任意类型的数据，而且格式多样。

格式化输入/输出函数 scanf（）和 printf（）是标准输入/输出函数中用途最广泛的函数。

（1）格式输出函数 printf（）。

printf（）函数的一般格式为：

```
printf（格式控制，输出表列）；
```

例如：

```
printf（"%d,%c\n"，a，ch）；
```

1）格式控制是用双引号引起来的字符串，也称转换控制字符串，它包含如下 3 种信息。

a. 格式说明：由引导符"％"和格式字符组成，如％d,％f,％c 等。它总是由"％"开始，其作用是将输出的数据转换为指定的格式输出。

b. 普通字符：即需要输出的字符，它一般为提示信息，可原样输出。例如，"printf（"a＝％d，c＝％f \ n"，a，c);"中的"a＝，c＝"即为 1 个提示符可原样输出，它是为了便于阅读程序而加入的。

c. 转义字符：输出一些操作行为，如换行、跳格等。

2）输出表列是需要输出的一些数据，可以是变量或表达式表列，其项数必须与控制参数中的格式转换控制符个数相同，格式如下：

假设变量 a 的值为 500，则上述语句的输出结果为：a＝500。

3）d 格式符用来输出十进制整数，有以下几种用法：

a.％d：按整型数据的实际长度输出。

b.％md 或％-md：m 为指定的输出字段的宽度，为 1 个正整数。若实际数据的位数小于 m，则左端补空格；若大于 m，则按实际位数输出。当 m 前有"-"号时，表示按 m 指定宽度左对齐，右端补空格。例如：

printf（"％3d,％3d,％-3d \ n"，a，b，a）;

设 a＝3，b＝4567，则输出结果为

□□ 3，4567，3 □□（"□"代表空格）。

c.％ld：输出长整型数据，且长整型数据必须用该转换控制形式输出。％mld 输出指定宽度的长整型数据。例如：

long a = 135729，b = 124394;

printf（"％ld,％8ld"，a，b）;

运行结果为 135 729，□ □ 124 394。

4）c 格式符用来输出 1 个字符。例如：

charc = 'h';

printf（"％c"，c）;

将会输出字符 'h'。

对于整数，只要它的值在 0～255 范围内，也可以用字符形式输出。当然，1 个字符数据也可以转换成相应的整型数据（ASCII 值）输出。％mc 输出指定宽度的字符型数据。

例如：

char c = 'h';

printf（"％3c"，c）;

运行结果为☐☐h。

5）s 格式符用来输出 1 个字符串。例如：

printf（"%s","BOY"）;

输出为 BOY。

6）f 格式符用来输出实数（包括单、双精度），以小数形式输出，有以下几种用法：

a. %f：使整数部分全部输出，小数部分取 6 位，它不指定字段宽度，由系统自动指定。

b. %m.nf：指定输出的数据共占 m 列，小数点占一列，其中有 n 位小数。如果数值长度小于 m，则左端补空格。

c. %-m.nf 与%m.nf 基本相同，只是输出的数值向左端靠，右端补空格。

（2）格式输入函数 scanf（）

scanf（）函数可以用来输入任何类型的多个数据。

1）一般形式 scanf（）函数的一般形式为：

scanf（格式控制，地址表列）

"格式控制"的含义同 printf（）函数。"地址表列"是由若干个地址组成的表列，可以是变量的地址和字符串的首地址。

2）格式控制符。

a. d 格式符用来输入十进制整数。

例如：

scanf（"%d,%d",&a,&b）;

　若输入：

123,456

是合法的。

scanf（"%d:%d",&a,&b）;

　若输入：

123:456

是合法的。

scanf（"i=%d",&a）;

　若输入：

i=123

是合法的。

从以上例子可以看出，如果转换控制说明中有转换控制之外的字符，则输入时要在与此相对应的部分输入与此相同的字符。下面介绍的其他格式符也有类似的情况。

对于"scanf（"%d %d",&a,&b）;"在输入数据时，则可以用空格键、Ente 键或 Tab 键作为两个数据之间的分隔符。

b. c 格式符用来输入单个字符。

c. s 格式符用来输入字符串，并将字符串送到 1 个字符数组中。在输入时，以非空白字符开始，以第 1 个空白字符结束。字符串以串结束标志"\0"作为其最后 1 个字符，系统在字符串常量的末尾自动加一个"\0"作为结束标志，例如，"abcdefg"共有 7 个字符，但在内存中占 8 个字节，最后 1 个字节存放"\0"，该字符串在内存中的存放如下所示：

a	b	c	d	e	f	g	\0

d. f 格式符用来输入实数，可以用小数形式或指数形式输入。

e. e 格式符、g 格式符与 f 格式符作用相同，e、f 和 g 可以互相替换。

12. 数据类型的混合运算

变量的数据类型是可以转换的。转换方式有两种，一种是类型的自动转换，另一种是强制类型转换。

（1）类型的自动转换。当程序中不同数据类型的变量混合运算时，类型的自动转换由编译器自动完成。类型的自动转换遵循以下转换规则：

1）若参与运算的数据类型不一样，则先转换成同一数据类型，再进行运算。

2）转换以保证精度不降低的原则进行。

3）所有的浮点运算都是转换成双精度进行的，即使表达式中仅含 float 单精度的数据运算量，也应先转换成 double 型，再做运算处理。

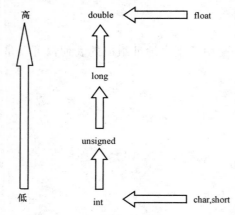

图 4-3　数据类型的自动转换规则

4）在赋值运算中，当赋值号两边的数据类型不同时，赋值号右边的数据类型将转换成左边的数据类型。如果右边的数据类型长度大于左边的数据类型长度，那它将丢失一部分数据，丢失的部分遵循四舍五入的原则，因此降低了精度。图 4-3 表示了数据类型的自动转换规则。

当整型 int 和字符数据 char（或短整型 short）同时进行运算时，则系统先将 char（short）转为 int 型数据；当 float 与 double 型共同存在时，则先将 float 转为 double 型数据；当 int、unsigned、long、double 类型的数据同时存在时，则其转换高低关系为 int→unsigned→long→double；如果 int 与 long 共存，则必须将 int 转换为 long 类型数据后，再进行运算。在这里还需说明一下，Keil 软件不支持 double。

通常，当运算对象类型不同时，位数少的数据类型转成位数多的数据类型后再实现运算，因为这样运算结果精度较高。

如果赋值时发生自动转换，则赋值号右侧的数据类型将转换成左侧变量的数据类型。例如，整数赋给字符型，则高 8 位消失。浮点数赋给整数，则小数部分消失。

又如，变量 x 是整型，赋值操作 x＝3.56 后，x 的值是 3，舍掉了小数部分。

只有 char、int、long 和 float 类型可以进行自动转换。一些转换规律如下：

（int）＝（float），舍弃实数的小数部分。

（float）＝（int），数值不变。

（int）＝（char），字符数据占整型变量的低 8 位，要进行符号扩展，正字符型高 8 位全为 0，负字符型高 8 位全为 1。

（char）＝（long）或（int），只保留低 8 位。

（long）＝（int），要进行符号扩展，正整型高 16 位补零，负整型高 16 位补 1。

（int）＝（long），只保留长整型低 16 位。

（long）＝（unsigned int），数值不变。

（unsigned 变量）＝（signed 数据（长度相同）），数据不发生变化。

【例 4-8】某应用中，求面积的 C 程序举例。

解　main ()
```
{
    float PI = 3.1415;
    int s;
    int r = 6;
    s = r * r * PI;
    printf ("面积：s = %d \ n", s);
}
```

在［例 4-8］中，变量 PI 为实型，s 和 r 为整型。当程序运行到 s=r*r*PI 语句时，变量 r 和变量 PI 都将转换成 double 型数据，其计算结果也为 double 类型。但因为 s 为整型变量，根据自动类型转换原则，其最终结果应该为整型，如出现小数数值，则舍去了小数部分，所以程序的执行结果，其面积 s=113（而不是 113.22）。

（2）类型的强制转换。类型的自动转换是系统自动进行的，不需要用户干预，但有时自动类型转换不能实现设计者希望的转换结果，这时可以使用类型的强制转换方法。

类型的强制转换是通过类型转换运算符来实现的。用圆括号把要转换的数据类型括起来，并放在要转换的变量前面，就能将其转换成括号内的数据类型，这种方法就是强制类型转换，其一般形式为：

（类型名）　（表达式）

它的功能是把表达式的运算结果的值强制转换成类型名所表示的数据类型。

例如：

```
(int)    a;           //将 a 转换为整型
(int)    (7.2/2);     //将 7.2/2 的结果转换为整型，结果为 3
(float)  (a + b);     //将 a+b 的结果转换为浮点数，a+b 的括号不能省，
                      //否则是将 a 转换为浮点数后和 b 相加
(int) (x + y)         //将 x+y 的值转换成整型；
(float) (5 % 3)       //将 5%3 的值转换成 float 型。
```

在使用强制转换时应注意以下两点：

1）当变量为多个时，类型名和表达式都必须加上括号（单个变量可以不加括号），如把（int）（x+y）写成（int）x+y，则意义为把 x 转换成 int 型后再与 y 相加；而（int）（x+y）的意义是把 x 和 y 相加，其相加后的结果再转换成 int 数据类型。

2）强制类型转换，不改变原来变量的类型，只是得到一个所需类型的中间变量，如 1）中的变量 x 和 y，其本身的数据类型和值并没有发生变化。

【例 4-9】类型的强制转换举例一。

解　main ()
```
{
    float f = 1.39;
    printf ("(int) f = %d, f = %f \ n", (int) f, f);
}
```

从以上程序执行结果可以看出，float 型变量 f 虽然在 printf 函数中强制类型转为 int 型，但它只在运算中起作用，而且是临时的，变量 f 其本身的类型并不改变。因此，（int）f 的值为 1（截去了小数部分数字），而 f 的值仍为 1.39。

类型的强制转换举例二。

```
#include<stdio. h>
void main ()
  {
   int a = 200, b = 250;
   long C;
   c = a * b;
   printf ("%ld\n", c);
  }
```

本例说明：

(1) 程序运行结果为−15 536。

(2) 该程序没有得出正确的结果 50 000。检查程序，没有发现语法错误和逻辑错误。仔细分析可知 a 和 b 都为整型，其乘积为整型。由前面的介绍可知，整型数据的取值范围为−32 678～32 678，而 a 与 b 之积为 50 000，显然超出了这一范围。在内存中，超出的一部分将被"溢出"。要解决这个问题，只需将程序第 6 行改为"c＝（long）a * b;"即可。

13. 单片机 C 语言程序设计

【例 4-10】写一个单片机 C 语言程序，区别 unsigned char 和 unsigned int 用于延时的不同效果，说明其长度是不同的，并学习其用法。实验中用 D1 点亮表明正在用 unsigned int 数值延时，用 D2 点亮表明正在用 unsigned char 数值延时。单片机实验电路原理图如图 4-4 所示。

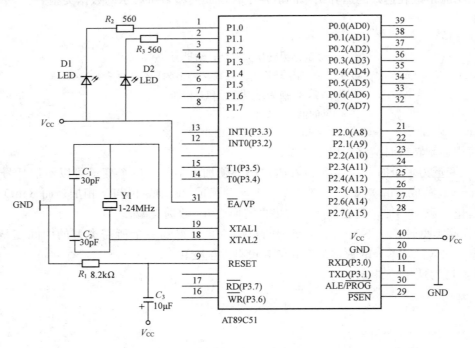

图 4-4　单片机实验电路原理图

解　实验 C 语言程序如下：

```
#include <AT89X51. h>        //预处理命令
void main (void)             //主函数名
{
```

```
unsigned int a;                              //定义变量 a 为 unsigned int 类型
unsigned char b;                             //定义变量 b 为 unsigned char 类型
do
  {                                          //do while 组成循环
    for (a = 0; a＜65535; a＋＋)
    P1 _ 0 = 0;                              //65535 次设 P1.0 端口为低电平，点亮 LED
    P1 _ 0 = 1;                              //设 P1.0 端口为高电平，熄灭 LED
    for (a = 0; a＜30000; a＋＋);            //空循环
    for (b = 0; b＜255; b＋＋)
    P1 _ 1 = 0;                              //255 次设 P1.1 端口为低电平，点亮 LED
    P1 _ 1 = 1;                              //设 P1.1 端口为高电平，熄灭 LED
    for (a = 0; a＜30000; a＋＋);            //空循环
  }
    while (1);
}
```

执行编译烧写，上电运行就可以看到，D1 点亮的时间要比 D2 点亮的时间长。应注意当一个变量被定义为特定的数据类型时，在程序中使用该变量时，不应使它的值超过数据类型的值域。如本例中的变量 b 不能赋超出 0～255 的值，如 for（b＝0；b＜255；b＋＋）改为 for（b＝0；b＜256；b＋＋），编译是可以通过的，但运行时就会有问题出现，就是说 b 的值必须小于 256，所以无法跳出循环执行下一句 P1 _ 1＝1，从而造成死循环。同样，a 的值不应该超出 0～65 535 的范围。

【例 4-11】这是一个用单片机电路实现跑马灯（或称为流水灯）的例子，P1 口的全部引脚分别驱动一个 LED 发光管。八路跑马灯电路原理图如图 4-5 所示。

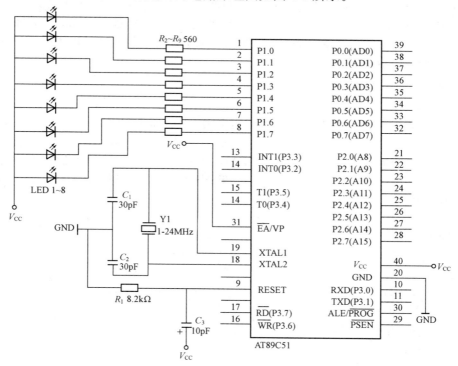

图 4-5　八路跑马灯电路原理图

117

解 程序如下：

```
# include <AT89X51. H>          //预处理文件里面定义了特殊寄存器的名称，如 P1 端口定义为 P1
void main(void)
{
    //定义花样数据
    const unsigned cbar design[32] = {0xFF, 0xFE, 0xFD, 0xFB, 0xF7, 0xEF, 0xDF, 0xBF, 0x7F,
    0x7F, 0xBF, 0xDF, 0xEF, 0xF7, 0xFB, 0xFD, 0xFE, 0xFF,
    0xFF, 0xFE, 0xFC, 0xF8 , 0xFO, 0xEO , 0xCO, 0x80, 0x0,
    0xE7, 0xDB, 0xBD, 0x7E, 0xFF};
    unsigned int a;               //定义循环用的变量
    unsigned char b;              //在 C51 编程中因内存有限，尽可能注意变量类型的使用，
                                  //尽可能使用少字节的类型，在大型的程序中很受用
    do
    {
        for (b = 0; b<32; b++)
        {
            for(a = 0; a<30000; a++);    //延时一段时间
            P1 = design[b];              //读已定义的花样数据并写花样数据到 P1 端口
        }
    } while(1);
}
```

程序中的花样数据可以自行定义，因为这里的 LED 在 AT89C51 的 P1 引脚为低电平才会点亮，所以在 P1 端口的各引脚写数据 0，则对应连接的 LED 才会被点亮，P1 端口的 8 个引脚刚好对应 P1 端口特殊寄存器的 8 个二进位，如向 P1 端口定义数据 0xFE，转成二进制就是 11111110，最低位 DO 为 0，这里 P1.0 引脚输出低电平，LED1 被点亮。如此类推，可以轻松算出想要做的效果。不妨尝试编译烧写，效果就出来了，显示的速度可以根据需要调整延时 a 的值，不要超过变量类型的值域便可。

【例 4-12】 编写八路跑马灯的另一种程序。

解 程序如下：

```
 sfr P1 = 0x90;                //这里没有使用预定义文件
sbit P1 _ 0 = P1^0;            //而是自己定义特殊寄存器
sbit P1 _ 7 = 0x90^7;          //之前使用的预定义文件其实就是这个作用
sbit P1 _ 1 = 0x91;            //这里分别定义 P1 端口和 P1.0, P1.1, P1.7 引脚
void  main( void)
{
    unsigned int a;            //定义 a 为 int 变量
    unsigned char b;           //定义 b 为 char 变量
  do{
        for (a = 0; a<50000; a++)
            P1 _ 0 = 0;        //点亮 P1 _ 0
        for (a = 0; a<50000; a++)
            P1 _ 7 = 0;        //点亮 P1 _ 7
        for (b = 0; b<255; b++)
```

```
        {
        for (a = 0; a<10000; a + +)
          P1 = b;                          //用 b 的值来做跑马灯的花样
        }
          P1 = 255;                        //熄灭 P1 上的 LED
        for (b = 0; b<255; b + +)
        {
        for (a = 0; a<10000; a + +)   // P1 _ 1 闪烁
          P1 _ 1 = 0;
        for (a = 0; a<10000; a + +)
          P1 _ 1 = 1;
        }
      } while(1);
}
```

4.2.2　算术运算符和算术表达式

C 语言中运算符和表达式数量之多，在高级语言中是少见的。正是丰富的运算符和表达式使 C 语言功能十分完善。这也是 C 语言的主要特点之一。

C 语言的运算符不仅具有不同的优先级，而且还具有另一个特点，那就是它的结合性。在表达式中，各运算量参与运算的先后顺序不仅要遵守运算符优先级别的规定，还要受到运算符结合性的制约，以便确定是自左向右进行运算还是自右向左进行运算。这种结合性在其他高级语言的运算符中是没有的，因此也在一定程度上增加了 C 语言的复杂性。

1. C 语言运算符简介

C 语言的运算符分为以下几类：

（1）算术运算符：用于各类数值运算，包括加（＋）、减（－）、乘（＊）、除（/）、求余（或称模运算，％）、自增（＋＋）、自减（－－）共 7 种。

（2）关系运算符：用于比较运算，包括大于（＞）、小于（＜）、等于（＝＝）、大于等于（＞＝）、小于等于（＜＝）和不等于（！＝）6 种。

（3）逻辑运算符：用于逻辑运算，包括与（＆＆）、或（‖）、非（！）3 种。

（4）位操作运算符：参与运算的量，按二进制位进行运算，包括位与（＆）、位或（｜）、位非（～）、位异或（＾）、左移（＜＜）、右移（＞＞）6 种。

（5）赋值运算符：用于赋值运算，分为简单赋值（＝）、复合算术赋值（＋＝，－＝，＊＝，/＝，％＝）和复合位运算赋值（＆＝，｜＝，＾＝，＞＞＝，＜＜＝）3 类共 21 种。

（6）条件运算符：这是一个三目运算符，用于条件求值（?:）。

（7）逗号运算符：用于把若干表达式组合成一个表达式（,）。

（8）指针运算符：用于取内容（＊）和取地址（＆）两种运算。

（9）求字节数运算符：用于计算数据类型所占的字节数（ sizeof）。

（10）特殊运算符：有括号（）、下标［］、成员（→　，　.）等几种。

2. 算术运算符和算术表达式

（1）基本的算术运算符。

1）加法运算符"＋"，如 a＋b。

2）减法运算符和负数值符号"－"，如 a－b 或－5。

3）乘法运算符"＊"，如 a＊b。

4）除法运算符"/"，如 a/b。

5）求余运算符（模运算符）"％"，如 11％3＝2，即 11 除以 3 后，余数为 2。

【例 4-13】 某 C 程序中，求余运算举例。

解 main()

  {

    printf("％d＼n"，110％3);

  }

本例输出 110 除以 3 所得的余数 2。

（2）算术表达式和运算符的优先级和结合性。算术表达式是用算术运算符和括号将运算对象连接起来的符合 C 语言语法的式子，其运算对象包括常量、变量、函数等。表达式求值运算按运算符的优先级和结合性来进行。

以下是算术表达式的例子：

a＋c;

a＋b/d ＊ c;

a＊(b－c)＋(d＋e)/f;

a－ b/c －8.5 ＋'d ';

1）运算符的优先级。

所谓优先级，即当一个运算对象两边都有运算符时，执行运算的先后顺序。如优先级高的，则先进行运算。C 语言中，运算符的运算优先级共分为 15 个等级，1 级最高，15 级最低。在表达式中，优先级较高的在优先级较低的前进行运算。而当一个运算对象两侧的运算符优先级相同时，那就得按运算符的结合性规定进行处理。

2）运算符的结合性。

所谓结合性，即当一个运算对象两边的运算符出现相同优先级情况下的运算顺序。C 语言中所有运算符的结合性分为两种，左结合性（自左向右）和右结合性（自右向左）。算术运算符的结合性是自左至右，即先左后右。

例如，a－b＊c 表达式，乘法的优先级要高于加减法，因此先进行 b＊c 的运算，然后再将其积加上 a。

（a－b）＊（c＋d）＋e 该表达式比上面的表达式稍微复杂点，因为括号在算术运算符中的优先级是最高的，故应先做括号内的运算，即完成(a－b)和(c＋d)内的运算，再将两个计算结果进行相乘，最后再加上 e。算术运算符的结合性是自左向右的，也称"左结合性"。而自右至左的结合方向称为"右结合性"。最常见的右结合性运算符是赋值运算符。例如，a＝b＝c，则应先执行 b＝c 再执行 a＝ （b＝c） 运算。在编写程序的过程中，应注意区别，以避免理解错误。

（3）强制类型转换运算符。一般形式为：

（类型名） （表达式）

它的功能是把表达式的运算结果的值强制转换成类型名所表示的数据类型（在前面的内容中已经讲过）。

例如：

（float） a   把 a 转换为实型数据。

（int）（x＋y）把 x＋y 的结果转换为整型数据。

（4）自增、自减运算符。＋＋增量运算符，其功能是使变量的值自增 1；－－减量运算符，其功能是使变量的值自减 1。

这两个运算符是 C 语言中所特有的，使用非常方便，其作用就是对变量做加 1 或减 1 操作。要注意的是变量在符号前或后，其含义都是不同的。

i＋＋表示 i 参与运算后，i 的值再自增 1；i－－表示 i 参与运算后，i 的值再自减 1。

＋＋i 和 i＋＋的作用都相当于 i＝i＋1，但＋＋i 和 i＋的不同之处在于＋＋i 先执行 i＝i＋1，再使用 i 的值；而 i＋＋则是先使用 i 的值，再执行 i＝i＋1。

例如，若 i 的值原来为 6，则 K＝＋＋i 表示 K 的值为 7，i 的值也为 7；K＝i＋＋表示 K 的值为 6，但 i 的值为 7。

若 i 的值为 3，表达式 k＝（＋＋i）＋（＋＋i）＋（＋＋i）的值应该为 18，因为＋＋i 最先执行，先对表达式进行扫描，进行 3 次自加（＋＋i），则此时 i＝6，之后表达式应该为 k＝6＋6＋6＝18，所以，得出 18 这个数字。若表达式改为 k＝（i＋＋）＋（i＋＋）＋（i＋＋），其最终的 k 值应该是 9，而 i 最终为 6，在这个表达式中，先对 i 进行 3 次相加，再执行 3 次 i 的自加。

【例 4-14】 某 C 程序中，自增、自减运算符的应用举例。

解　main（）

```
{
    int i＝10;
    printf（"%d\n", ＋＋i）;
    printf（"%d\n", －－i）;
    printf（"%d\n", i＋＋）;
    printf（"%d\n", i－－）;
    printf（"%d\n", －i＋＋）;
    printf（"%d\n", －i－－）;
}
```

i 的初值为 10，第 2 行 i 加 1 后输出为 11；第 3 行减 1 后输出为 10；第 4 行输出 i 为 10 之后再本身加 1（此时 i 为 11）；第 5 行输出 i 为 11 之后再本身减 1（此时 i 为 10）；第 6 行输出 －10 之后再加 1（此时 i 为 11），第 7 行输出－11 之后再减 1（此时 i 为 10）。

3. 赋值运算符和赋值表达式

（1）赋值运算符。赋值运算符"＝"的作用就是将一个数据赋给一个变量。一般形式为：

变量 ＝ 表达式

例如：

c＝a＋b

w＝sin(x)＋cos(y)

赋值表达式的作用是将表达式的计算结果的值赋给"＝"左边的变量。由于赋值运算符具有右结合性，因此如果 x＝y＝z＝20，可理解为 x＝（y＝（z＝20））。

（2）复合的赋值运算符。赋值运算符"＝"与其他运算符的复合运算符。C 语言中共有 2 类 11 种复合赋值运算符，即复合算术运算（＋＝，－＝，＊＝，/＝,％＝）；复合位运算（＜＜＝，＞＞＝，－＝，｜＝，～＝，^＝）。

复合运算的意义如下：

a+ = b　　　相当于 a = a + b

a - = b　　　相当于 a = a - b

a * = b　　　相当于 a = a * b

a/ = b　　　相当于 a = a/b

a% = b　　　相当于 a = a%b

a<< = b　　　相当于 a = a<<b

a>> = b　　　相当于 a = a>>b

复合赋值符的写法非常有利于编译处理，能提高编译效率并产生高质量的目标代码。

4. 逗号运算符和逗号表达式

在 C 语言中，还提供了一种特殊的运算符，它就是逗号运算符","。用逗号运算符将两个表达式连接起来组成的表达式，称为逗号表达式。一般形式为：

表达式 1，表达式 2，表达式 3，……表达式 n

逗号表达式的求解过程：从左到右计算出各个表达式的值，而整个逗号运算表达式的值等于最右边那一个表达式的值，就是"表达式 n"的值。在大部分情况下，使用逗号表达式的目的只是为了分别得到各个表达式的值，并不一定要得到使用整个逗号表达式的值。另外还要注意，并不是程序中任何位置上出现的逗号都可以认为是逗号运算符。例如，函数中的参数，同数据类型变量的定义中的逗号只起间隔作用，并不是逗号运算符。

【例 4-15】逗号运算符和逗号表达式应用举例。

解　程序如下：

```
main()
{
  int a = 1, b = 2, c = 3, x, y;
  y = (x = a + b)，(b + c);
  printf("y = % d, x = % d", y, x);
}
```

在［例 4-15］中，y 等于整个逗号表达式的值，也就是（b+c）的值，x 是第一个表达式的值。对于逗号表达式，在使用过程中还应注意以下两点：

（1）逗号表达式可以进行嵌套使用。

例如：

表达式 1，（表达式 2，表达式 3）

可以把（表达式 2，表达式 3）看成是一个逗号表达式。

（2）程序中使用逗号表达式，通常是要分别求逗号表达式内各表达式的值，但并不一定求得整个逗号表达式的值。

4.2.3　关系运算符和表达式

在程序中，经常会比较两个变量的大小关系，以便对程序的不同功能做出选择，把比较两个数据量的运算符称为关系运算符。

1. 关系运算符及其优先级

C 语言中的关系运算符有

小于（<）、小于或等于（<=）、大于（>）、大于或等于（>=）、等于（==）、不等于（! =）。

关系运算符的意义看上去非常直观，即使用户从来没用 C 语言写过程序，对前面 4 个关系运算符也应该是非常熟悉的，"＝＝"在 VB 或 PASCAL 等语言中是用"＝"，"！＝"则是用"not"。关系运算符都是双目运算符，要求有两个操作数，其结合性均为左结合。关系运算符的优先级低于算术运算符，高于赋值运算符。在 6 个关系运算符中，＜、＜＝、＞、＞＝的优先级相同，高于＝＝和！＝，＝＝和！＝的优先级相同。

2. 关系表达式

当两个表达式用关系运算符连接起来时，将其称为关系表达式。关系表达式通常用来判别某个条件是否满足。要注意的是用关系运算符的运算结果只有"1"和"0"两种，也就是逻辑的"真"与"假"，当结果为"1"（或称结果为"真"），则表示指定的条件满足，不满足时的结果为"0"（或称结果为"假"）。关系表达式的一般形式为：

表达式　关系运算符　表达式

例如，a＋b＞c 和 a＞12，都是合法的关系表达式。由于表达式也可以是关系表达式，因此表达式允许出现嵌套的情况，如 a＜(b＜c)和 x！＝(y＝＝z)。

【例 4-16】关系表达式应用举例。

解　程序如下：

```
main()
{
    char C = 'k';
    int i = 2, j = 4, k = 6;
    float x = 2e+6, y = 0.65;
    printf("%d,%d\n", 'a'+5<c, -1-2*j>=k+1);
    printf("%d,%d\n", 1<j<5, x-5.25<=x+y);
    printf("%d,%d\n", i+j+k= =-2*j, k= =j= =i+5);
}
```

本例打印出了各种关系运算符的值。在 printf 语句中，字符变量是以它相应的 ASCII 码值参与运算的，对于含多个关系运算符的表达式，如语句中出现"k==j==i+5"的情况，则 C 编译器会根据运算符的左结合性，先执行 k==j，该式不成立，其值为"0"，再执行 0==i+5，因为 i=2，所以等式也不成立，故表达式值最终的值为"0"。

【例 4-17】某单片机 C 语言程序，输入两个数，判断两数之间的大小关系。

解　程序如下：

```
#include <AT89X51.H>
#include <stdio.h>
void main(void)
{
    int x, y;
    SCON = 0x50;                              //串口方式1，允许接收 TMOD = 0x20；定时器1定
                                             //  时方式2
    TH1 = 0xE8;                              //11.0592MHz 1200 波特率 TL1 = 0xE8
    TI = 1;
    TR1 = 1;                                 //启动定时器
    while(1)
    {
    printf("请输入两个整型数字，x 和 y\n");     //显示
```

```
        scanf("％d％d", &x, &y);                    //输入
        if (x<y)
            printf("x<y\n");                        //当 x 小于 y 时
        else                                        //当 x 不小于 y 时再作判断
            {
            if(x＝＝y)
                printf("x＝y\n");                    //当 x 等于 y 时
            else
                printf("x>y\n");                     //当 x 大于 y 时
            }
        }
}
```

4.2.4　逻辑运算符和表达式

1. 逻辑运算符及其优先级

关系运算符所能反映的是两个表达式之间的大小关系，而逻辑运算符则是求条件式的逻辑值，用逻辑运算符将关系表达式或逻辑量连接起来就是逻辑表达式了。其实在前面部分已经说过，"关系运算符的运算结果只有'0'和'1'，也就是逻辑的真和假"，换句话说也就是逻辑量，而逻辑运算符就用于对逻辑量运算的表达。

C 语言常用的三种逻辑运算符：与运算（&&）、或运算（（‖））、非运算（!）。

与运算符"&&"和或运算符"‖"均为双目运算符，要求有两个操作数，具有左结合特性。非运算符"!"为单目运算符，只要求有一个操作数，具有右结合特性。逻辑运算符和其他运算符优先级的关系见表 4-6。"&&"和"‖"低于关系运算符，"!"高于算术运算符。

表 4-6　　　　　　　　　　　　运算符之间的优先级关系

运算种类	优先级	运算种类	优先级
!（非）	最高	逻辑"与"和逻辑"或"	
算术运算符		赋值运算符	最低
关系运算符			

同样逻辑运算符也有优先级别，从高到低排列，依次是!（逻辑非）→&&（逻辑与）→‖（逻辑或），其中逻辑非的优先级最高，逻辑或的优先级最低。

按照运算符的优先级可以得出：a>b && x<y 等价于（a>b)&&(x<y)；! b==c‖d<e 等价于（(! b)==c)‖(d<e)；a+b>c && x+y<z 等价于（(a+b)>c)&&((x+y)<z)。

2. 逻辑运算的值

逻辑运算结果的值分为"真"和"假"两种，用"1"和"0"来表示。求值规则如下：

（1）与运算（&&）：参与运算的两个量都为真时，结果才为真，否则为假。可记为："与"随"假"，只有都为"真"才得"真"。

例如，3>0 && 7>2，因为 3>0 为真，7>2 也为真，两边同时满足真，所以它们相"与"的结果也为真。

（2）或运算（‖）：参与运算的两个量只要有一个为真时，结果就为真。两个量都为假时，结果为假。可记为："或"随"真"，只有都为"假"才得"假"。

例如，4＞0‖5＞8，虽然 5＞8 为假，但因为 5＞0 为真，所以其最终结果也就为真。

（3）非运算（!）：参与运算量为真时，结果为假；参与运算量为假时，结果为真。

例如，!（5＞0），其的结果应该为假。

虽然 C 语言在进行逻辑运算时，以 1 代表真，0 代表假，但是否意味着真就是 1，假就是 0 呢？其实在 C 语言中并不是这样的，C 语言规定，0 代表假，而以非 0 值代表真，在学习过程中应注意区别。

例如，由于 1 和 9 均非 0，因此 1&&9 的值为真，即为 1。又如，9‖0 的值为真，即为 1。

3. 逻辑表达式

逻辑表达式的一般形式为：

表达式1　逻辑运算符　表达式2

与关系表达式类似，逻辑表达式同样也可以出现嵌套的情况。

例如，(x&&y)&&z，根据逻辑运算符的左结合性，其等价于 x&&y&&z。

逻辑表达式的值就是式子中所有逻辑运算的最后结果的值，用 1 和 0 分别代表真和假。

逻辑"与"，就是当条件式 1 与条件式 2 都为真时，结果为真（非 0 值），否则为假（0 值）。也就是说编译器会先对条件式 1 进行判断，如果为真（非 0 值），则继续对条件式 2 进行判断，当结果为真时，逻辑运算的结果为真（值为 1），如果结果为假时，逻辑运算的结果为假（0 值）。如果条件式 1 的逻辑值为假时（"与"随"假"），那就不用再判断条件式 2 了，而直接给出运算结果为假，即值为 0。

逻辑"或"，是指只要两个运算条件中有一个为真时（"或"随"真"），运算结果就为真，只有当条件式都为假时，逻辑运算结果才为假。

逻辑"非"，则是把逻辑运算结果值取反，也就是说如果两个条件式的运算值为真，进行逻辑"非"运算后则结果变为假，条件式运算值为假时，那么最后逻辑结果为真。

【例 4-18】某单片机 C 语言程序，如有"! True‖False&&True"，按逻辑运算的优先级来分析则得到 True 代表真，False 代表假。

```
! True‖False&&True
False‖False&&True          //! True 先运算得 False
False‖False                //False && True 运算得 False
False                      //最终 False‖False 得 False
```

解　下面用 C 语言程序表达：

```
# include ＜AT89X51. H＞
# include ＜stdio. h＞
void main(void)
{
    unsigned char True = 1;     //定义真为 1
    unsigned char False = 0;    //定义假为 0
    SCON = 0x50;                //串口方式 1，允许接收 TMOD = 0x20；定时器 T1 定时方式 2
    THl = 0xE8;                 //11.0592MHz 1200 波特率 TLl = 0xE8
    TI = 1;
    TRl = 1;                    //启动定时器
    if (! True‖False && True)
```

```
        printf("True\n");      //当结果为真时
else
        printf("False\n");      //结果为假时
```

4.2.5 其他运算符

1. 位运算符

经过了前面的介绍，了解到各种运算是以字节为基本单位的，但是很多系统程序中通常要求在位（bit）一级进行运算或处理。C语言能直接对硬件进行操作，因此涉及了位的概念，该功能使得C语言也能像汇编语言一样来编写系统程序。

C语言支持二进制位操作，位操作是对字节或位进行测试、设置或移位的操作，这里字节或位均是针对标准C语言中的字符型和整型类型而言的，非整型数据不能用于位操作。位运算符见表4-7。

表 4-7   **位运算符**

位运算符	含　义	位运算符	含　义
&	按位与	~	位取反
|	按位或	<<	左移位
^	按位异或	>>	右移位

（1）按位与"&"运算符。参加运算的两个数据按位进行与运算，相应的二进制位都是1，则结果为1，否则为0。例如，10&13=8，就是二进制1010按位与1101，结果是1000。

（2）按位或"|"运算符。参加运算的两个数据按位进行或运算，其中只要有一位为1，运算后该位仍为1。例如，10|13=15，就是二进制1010按位或1101，结果是1111。

（3）按位异或"^"运算符。参加运算的两个数据按位进行异或运算，并且遵循相同为0，相异为1的原则。例如，10^13=7，就是二进制1010按位异或1101，结果是0111。

用户可以利用这个特性做一些数据的处理。例如，对一段文字进行加密，把它跟一个关键字进行异或处理，需要解密时，只须用同一个关键字再做一次异或处理，就可以使其恢复原样。

（4）按位取反"~"运算符。该运算符适合于单操作数运算，用来对二进制数按位取反。例如，$\sim0x0a=0xf5$，就是二进制0000 1010按位取反，结果是1111 0101。

（5）位左移"<<"运算符。左移运算符"<<"是双目运算符。其功能是将二进制数左移若干位，左边移出得数（超出的高位）舍弃，右边（低位）补0。例如，b=a<<2，a左移2位后，其值赋给b，如果a为$10_{(10)}$，结果$b=40_{(10)}$，其实就是二进制数$00001010_{(2)}$，左移2位等于$00101000_{(2)}$。

（6）位右移">>"运算符。右移运算符">>"是双目运算符。将二进制数右移若干位，右边移出的数舍弃，无符号数左边补0，有符号数左边补与符号位相同的数，一般为正数补0，负数补1。例如，b=a>>2，a右移2位后，其值赋给b，设$a=10_{(10)}$，结果$b=2_{(10)}$，就是二进制数$00001010_{(2)}$右移2位，结果为$00000010_{(2)}$。

在位运算中还需要注意以下两点：

1）位运算符与"="的复合运算符相当于将位运算完成后，再赋值。

2）在C语言中，一般是通过读—修改—写的方法实现单个位操作：

a. 可以与"0"相与,实现位清 0。例如,将 m 变量的 bit0 位清 0,则可以写为 m=m&0xfe。

b. 可以与"1"相或,实现位置 1。例如,将 m 变量的 bit0 位置 1,则可以写为 m=m|0x01。

c. 可以与"1"异或,实现位取反。例如,将 m 变量的 bit0 位取反,则可以写为 m=m^0x01。

还可以按照如下的方法实现置位与清除 bit3 的操作。

程序如下:

```
#define BIT3(0x1<<3)
static int a;
void set _ bit3 (void)
{
    a | = BIT3;           //置位
}
void clear _ bit3 (void)
{
    a & = ~BIT3;          //清除
}
```

2. "?"与":"运算符

C 语言提供了一个可代替 if-else 结构的运算符"?"与":",这个运算符是三元的(在后面的内容中还会进一步介绍),其一般形式为:

表达式 1? 表达式 2:表达式 3;

运算符"?"的作用是在计算表达式 1 之后,如果表达式 1 为真,则计算表达式 2,并将结果作为整个表达式的数值;如果表达式 1 的值是假,则计算表达式 3,以它的结果作为整个表达式的值。例如:

```
y = (a>b)? 3: 5;
```

如果 a>b 的值为假,则赋给 y 的数值是 5,这相当于下面的 if-else 语句:

```
If (a>b)
    y = 3;
else
    y = 5;
```

4.3　C 程序基本结构及分支与循环控制

4.3.1　C 程序的基本结构及 if 语句

1. C 程序设计的三种基本结构

C 语言作为一种结构化的语言,是以模块为基本单位的,不允许出现交叉程序流程的存在,使用结构化的程序设计方法,使得程序结构清晰,易于维护和阅读。结构化程序由若干模块组成,每个模块中包含若干个基本结构,而每个基本结构中可以有若干条语句。

C 语言有三种基本结构,分别是顺序结构、选择结构和循环结构。

(1)顺序结构及其基本流程。顺序结构是最简单、最基本的程序结构。程序由低地址向高地址顺序执行指令代码。如图 4-6 所示，程序先执行 A 操作，再执行 B 操作，两者是顺序执行的关系。

（2）选择结构及其基本流程。选择结构使计算机拥有了判断的能力，或者说是决策的能力。如图 4-7 所示，如果条件判断为真，即条件满足，就执行 A，否则就执行 B。

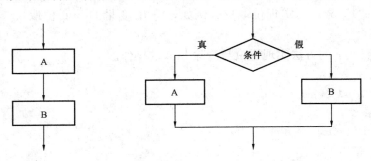

图 4-6　顺序结构流程图　　　　图 4-7　选择结构流程图

（3）循环结构。循环结构有两种形式，即当型循环结构和直到型循环结构。

当型循环结构，如图 4-8 所示。当条件成立时，反复执行 A，直到条件不满足为止。

直到型循环结构，如图 4-9 所示。先执行 A 操作，再进行判断，若为假，再执行 A，如此反复，直到条件为真为止。

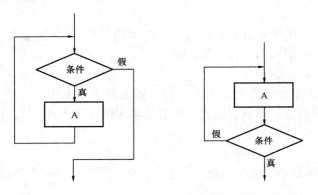

图 4-8　当型循环结构　　　　图 4-9　直到型循环结构

2. if 语句

C 语言的条件语句与其他语言一样，"如果……就……"或是"如果……就……否则……"，也就是当条件符合时就执行语句。条件语句又被称为分支语句，它根据给定的条件进行判断，以决定执行某个分支程序段。也可称为判断语句，其关键字由 if 构成，这在众多的高级语言中基本相同。C 语言提供了 3 种形式的条件语句。

（1）第一种形式为 if 语句。一般形式为：

if（表达式）语句

其中的表达式就是判断条件，如果是真就执行后面的语句，否则就不执行（跳过语句，然后执行后续语句或直接退出程序）。其执行过程如图 4-10 所示。

【例 4-19】if（表达式）语句的应用举例。

解　程序如下：

```
main()
```

```
{
    int a, b, max;
    printf("\n请输入两个数:");
    scanf("%d %d", &a, &b);
    max = a;
    if (max<b) max = b;
    printf("最大的一个数为 = %d", max);
}
```

这是一个简单的用 if 语句来判断两个数哪个比较大的程序。输入两个数 a 和 b，把 a 先赋予变量 max，再用 if 语句判别 max 和 b 的大小，如 max 小于 b，则把 b 赋予 max。所以 max 中放的总是大的那个数，最后将其值输出。

（2）第二种形式为 if-else 语句。一般形式为：

if(表达式)
　　语句 1；
else
　　语句 2；

如果表达式的值为真，则执行语句 1，否则执行语句 2。其执行过程如图 4-11 所示。

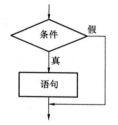

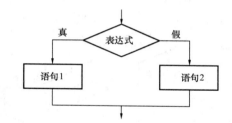

图 4-10　第一种 if 语句执行过程　　　　图 4-11　第二种 if 语句执行过程

【例 4-20】某 C 程序中，if-else 语句的应用举例。

解　程序如下：

```
main()
{
    int a, b, c;
    printf("请输入两个数");
    scanf("%d%d", &a, &b);
    if(a = = b)
    {
        c = 1;
    else
        c = 2;
    }
    printf("c = %d", c);
}
```

在该程序中，输入两个整数，用 if-else 语句判别，当 a 等于 b 时，c=1；否则 c=2，通过 printf 语句输出变量 c 的值。

（3）第三种形式为 if-else-if 语句。前面两种形式的 if 语句一般都用于两个分支的情况。当有多个分支选择时，可采用第三种形式，即 if-else-if 语句，其一般形式为：

```
if(表达式1)
     语句1;
else if(表达式2)
     语句2;
else if(表达式3)
     语句3;
else if(表达式m)
     语句m;
else
     语句n;
```

先判断表达式 1 的值，如果为真，则执行语句 1，如果表达式 1 的值为假，则再判断表达式 2 的值，如果表达式 2 的值为真，则执行语句 2，否则继续判断表达式 3 的值，就这样依次判断表达式的值，当出现某个值为真时，则执行其后面对应的语句，语句执行完后跳到整个 if 语句之外继续执行程序代码。如果所有的表达式都为假，那么执行语句 n，即最后一个 else 后面的语句，然后再继续执行后面的程序代码。if-else-if 语句的执行过程如图 4-12 所示。

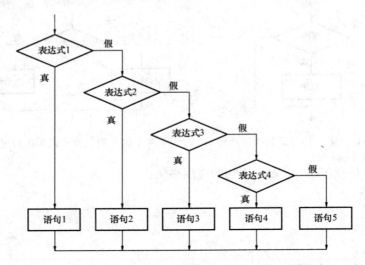

图 4-12　第三种 if 语句执行过程

【例 4-21】某 C 程序中，if-else-if 语句的应用举例。

解　程序如下：

```
# include"stdio. h"
main()
{
    char c ;
    printf("输入一个字符:");
    c = getchar();
    if(c<32)
        printf("这是一个控制字符 \ n");
    else if(c> = '0'&& c< = '9')
```

```
        printf("这是一个数字 \ n");
    else if(c> = 'A'&& c< = 'z')
        printf("这是一个大写字母 \ n");
    else if(c> = 'a'&& c< = 'z')
        printf("这是一个小写字母 \ n");
    else
        printf("这是其他类型的字符 \ n");
}
```

该程序的功能是判断键盘输入字符的类型。其原理是根据输入字符的 ASCII 码值来判别字符类型。这是一个多分支选择问题的典型应用，用 if-else-if 语句来实现，判断输入的字符 ASCII 码所在的范围，分别给出不同的输出提示信息。例如，输入一个 "7"，则程序会输出 "这是一个数字"。

（4）使用 if 语句应注意的问题。

1）三种形式的 if 语句中，在 if 关键字之后均为表达式，它除了是常见的关系表达式或逻辑表达式外，也允许是其他类型的数据，如整型、实型、字符等。例如，if(a>100)语句；if(a)语句；if(1)语句。这几种写法都是合法的，只要括号里的表达式非 0，就会执行后面的语句，否则不执行。

2）与 Basic 语言不同的是，在 if 语句中，条件判断语句必须用括号将表达式括起来，而且在语句后面必须加分号。

3）所有的 if 语句中，if 后面跟着的语句应为单条语句，如果想在满足条件分支时执行多条语句，则必须把这若干条语句用 "{}" 括起来，这种语句称为复合语句。C 语言中，每一条语句末尾需要加上 "；"，在复合语句中，需要注意的是，分号应加在 "}" 内，而不能加在 "}" 外面。

例如：

```
if(x>y)
{
    a+ +;
    printf("x>y");
}
else
{
    a- -;
    printf("x< = y");
}
```

在这段程序中，如果 x>y，变量 a 自加 1，打印输出 "x>y"；如果 x<0 或 x=0，变量 a 自减 1，打印输出 "x<=y"。

C 语言及 C51 语句中有许多的括号，例如，{}、[]、()。这对于刚学习 C 语言的人来说，或许会很容易搞混。在 VB 等一些语言中同一个（）号会有不同的作用，但是在 C 语言中它们的分工是比较明确的。{} 号用于将若干条语句组合在一起形成一种功能块，这种由若干条语句组合而成的语句称为复合语句。复合语句之间用 {} 分隔，而它内部的各条语句还需要以分号 "；" 结束。复合语句是允许嵌套的，也就是说，在 {} 中的 {} 也是复合语句。复合语句在程序中运行时，{} 中的各行单语句是依次按顺序执行的。C 语言中可以将复合语句视为一条单语句，也就是说在语法上等同于一条单语句。对于一个函数而言，函数体就是一个复合语句，因此复合语句中不单可以用可执行语句组成，还可以用变量定义语句组成。应注意的是在复合语句中所定义的变量，称为局部变量。所谓局部变量就是指它的有效范围只在复合语句中，而函数也算是复合语句，所以函数内定义的变量有效范围也只在函数内部。[ ] 号是用于数组的。( ) 号是用于写条件判断语句的。

3. if 语句的嵌套

在 if 语句里面，再写 if 语句，就是 if 语句嵌套。其一般表现形式如下：

```
if(表达式)
    if 语句;
```

或者为

```
if(表达式)
    if 语句;
else
    if 语句;
```

嵌套部分的 if 语句可能是简单的 if 类型，也有可能是 if-else 类型，甚至是复杂的很多层的 if-else-if 类型。这个时候需要特别注意它们的层次关系，以及 if 和 else 的配对关系，要养成良好的程序编写习惯，层次分明，不仅易于阅读，而且可以避免出错。

例如：

```
if(表达式 1)
if(表达式 2)
    语句 1;
else
    语句 2;
```

上面这段程序，其中的 else 究竟是和哪个 if 配对的呢？或许会理解成 else 是与第二个 if 配对的。或者也可以理解成 else 是与第一个 if 配对的。

那么 else 究竟是和哪个 if 配对的呢？为了避免这种二义性，C 语言规定 else 语句总是与它前面最近的 if 相配对，因此对上述例子第一种情况理解是正确的。

【例 4-22】比较两个数的大小关系。

解　程序如下：

```
main()
{
    int x, y;
    printf("请输入两个数字:");
    scanf("%d %d", &x, &y);
    if(x! = y)
    if(x>y)
        printf("第一个数字比第二个数字大 \ n");
    else
        printf("第一个数字比第二个数字小 \ n");
    else
        printf("第一个数字等于第二个数字 \ n");
}
```

该程序比较了两个数的大小关系，并通过使用 if 语句的嵌套，判断它们的三种关系：或大，或小，或等于。

【例 4-23】 计算函数。

解　程序如下：

```
          y = 1   x>0
          y = 0   x = 0
          y = -1   x<0
main()
{
     float x, y;
     printf("请输入两个数：");
     scanf("% f", &x);
     if(x> = 0)
          if (x>0)
               y = 1;
          else
               y = 0;
     else
               y = -1;
     printf("y = f \ n", y);
}
```

该程序使用了 if 嵌套语句来实现多个条件分支，从而完成函数的计算。可以看出，如果分支太多的话会使程序看起来比较混乱，所以一般如果超过 3 个以上的分支，则更多的是使用另一个语句，即 switch 语句。

4.3.2　条件运算符和条件表达式

前面学习了 if 语句，但是如果在条件语句中，只执行单个赋值语句时，常可使用条件表达式来实现。其一般格式为：

表达式 1?　表达式 2：　表达式 3

当逻辑表达式 1 的值为真（非 0 值）时，整个表达式的值为表达式 2 的值；当逻辑表达式 1 的值为假（值为 0）时，整个表达式的值为表达式 3 的值。应注意的是条件表达式中逻辑表达式的类型可以与表达式 2 和表达式 3 的类型不一样。

其中的"?"和"："符号是三目（三元）运算符，它要求有三个操作对象，所以被称为三目运算符，也是 C 语言中唯一的三目运算符。

例如：

```
if(x>y)
     max = X;
else
     max = y;
```

可用条件表达式简写为：

```
max = (x>y)? x: y;
```

其意义与上面这段 if 语句一样，很明显代码比上一段程序要少很多，编译的效率相对来说也高一些，但有与复合赋值表达式一样的缺点，就是可读性相对较差。在实际应用时要根据自己习惯来使用。

使用条件表达式时，还应注意以下几点：

（1）条件运算符的运算优先级低于关系运算符和算术运算符，但高于赋值符。因此"max＝（x＞y）? x：y"可以去掉括号而等价为"max＝x＞y? x：y"。

（2）条件运算符"?"和"："是一个整体，即一个运算符，不能将其分开单独使用。

（3）条件运算符的结合方向是自右向左的。例如，"a＜b? a：c＜d? c：d"

可等价为" a＜b? a：（c＜d? c：d）"。

这种类似于 if 语句的嵌套使用，也就是条件表达式嵌套的情形，即其中的表达式 3 可以又是一个条件表达式。

【例 4-24】输入一个字符，判别它是否为大写字母，如果是，将其转换为小写，否则不转换。然后输出最后得到的字符。

解 程序如下：

```
main()
{
    char ch;
    scanf("%c", &ch);
    ch=(ch>='A'&& ch<='Z')?   (ch+ 32): ch;
    printf("%c", ch);
}
```

4.3.3　switch 语句

前面已经提到了 switch 语句，如果程序有过多的分支时，一般采用 switch 语句，可以使程序结构清晰。其一般形式为：

```
switch(表达式)
{
    case 常量表达式 1：语句 1；break;
    case 常量表达式 2：语句 2；break;
    …
    case 常量表达式 n：语句 n；break;
    default     ：语句 n+1；
}
```

计算 switch 后面表达式的值，并将其作为条件与 case 后面的各个常量表达式的值相比，如果相等则执行 case 后面的语句，再执行 break（间断语句）语句，跳出 switch 语句结构；如果 case 后面没有和条件相等的值则执行 default 后的语句。如果没有符合的条件时，不做任何处理，可以不写 default 语句，default 语句只是程序不满足所有 case 语句条件情况下的一个默认情况执行语句。

【例 4-25】利用 switch 语句，计算当前的月份。

解 程序如下：

```
main()
{
    int month;
    printf("请输入当前的月份:");
    scanf("%d", &month);
    switch(a)
```

```
    {
        case 1：printf("一月 \ n")；
        case 2：printf("二月 \ n")；
        case 3：printf("三月 \ n")；
        case 4：printf("四月 \ n")；
        case 5：printf("五月 \ n")；
        case 6：printf("六月 \ n")；
        case 7：printf("七月 \ n")；
        case 8：printf("八月 \ n")；
        case 9：printf("九月 \ n")；
        case 10：printf("十月 \ n")；
        case 11：printf("十一月 \ n")；
        case 12：printf("十二月 \ n")；
        default：printf("错误的月份数！ \ n")；
    }
}
```

该程序使用了 switch 语句，可以看出这个程序拥有 13 个分支，如果使用 if 语句会显得非常混乱，但是使用了 switch 语句，就非常清晰明了。但是当输入"3"之后，却执行了 case3 以及以后的所有语句，输出了"三月"及以后的所有单词，这是 switch 语句的一个特点。在 switch 语句中，"case 常量表达式"只相当于一个语句标号，表达式的值和某标号相等则转向该标号执行，但不能在执行完该标号的语句后自动跳出整个 switch 语句，所以出现了继续执行所有后面 case 语句的情况。这与前面介绍的 if 语句完全不同，应特别注意。为了避免上述情况，C 语言还提供了一种 break 语句，专门用于跳出 switch 语句，break 语句只有关键字 break，没有参数。在后面还将详细介绍。修改［例 4-25］的程序，在每一个 case 语句之后增加 break 语句，使每一次执行之后均可跳出 switch 语句，从而避免输出不应有的结果。

【例 4-26】输入月份，打印 2013 年某月有几天。

解　程序如下：

```
# include <stdio. h>
main()
{
    int month；
    int day；
    printf("please input the month number：")；
    scanf("% d", &month)；
    switch (month)
    {
        case 1：
        case 3：
        case 5：
        case 7：
        case 8：
        case 10：
```

```
       case 12：day = 31；
          break；
       case 4：
       case 6：
       case 9：
       case 11：day = 30；
          break；
       case 2：day = 29；
          break：
       default：day = - 1；
     ｝
     if day = - 1
        printf(“Invalid month input！ \ n”);
     else
        printf(“2013. % d has % d days \ n”, month, day);
  ｝
```

使用 switch 语句时应注意以下几点：

（1）在 case 后的各常量表达式的值都应该是不一样的，否则会出现错误。

（2）在 case 后，允许出现多条语句，可以不用｛｝括起来。

（3）各 case 和 default 语句位置的先后顺序可以改变，不会影响程序执行结果。

（4）default 子句可以省略不写。

【例 4-27】计算器程序，用户输入运算数和四则运算符，输出计算结果。

解 程序如下：

```
main( )
｛
    float a, b;
    char c;
    printf(“input expression：a + ( - , * , /)b \ n”);
    scanf(“% f % c % f”, &a, &c, &b);
    switch(c)
    ｛
      case‘ + ’： printf(“% f \ n”, a + b); break;
      case‘ - ’：printf(“% f \ n”, a - b); break;
      case‘ * ’： printf(“% f \ n”, a * b); break;
      case‘/’： printf(“% f \ n”, a/b); break;
      default：printf(“input error \ n”);
    ｝
｝
```

【例 4-28】某 51 单片机电路中，用连接在 P3 端口低 4 位引脚的按键控制连接 P2 端口连接的 LED 灯。

解 程序如下：

```
P3 | = 0xff;
key = P3;                        //将 P3 端口引脚的电平读入变量 key
```

```
switch(key)                                //多分支语句
{
    case 0xfe：P2 = 0xfe; break;          //如果 key = 0xfe, 则 P2.0 引脚连接的 LED 灯亮
    case   0xfd: P2 = 0xfd; break;
    case   0xfb: P2 = 0xfb; break;
    case   0xf7: P2 = 0xf7; break;
    default:     P2 = 0xff;               //如果没有按键按下, 则 P2 端口连接的 LED 灯灭
}
```

4.3.4　循环控制

在工程设计中, 有很多问题都用到循环控制。例如, 一个频率为 12MHz 的 51 单片机应用电路中, 要求实现 1ms 的延时, 则需要执行 1000 次空语句才可以达到延时的目的（当然也可以使用定时器来做）, 如果用手工写 1000 条空语句那是非常麻烦的事情, 其次就是要占用很多的存储空间。这 1000 条空语句是一样的语句需重复执行 1000 次, 因此可用循环语句去写, 这样不但使程序结构简洁, 查看代码显示直观, 而且还大大提高了编译效率。

C 语句中的循环语句有：

（1）goto 语句和 if 语句构成循环；

（2）while 语句；

（3）do-while 语句；

（4）for 语句。

1. goto 话句和 if 语句构成循环

goto 语句是无条件转换语句, 在很多高级语言里都有, 比如 BASIC 语言。它的一般形式为：

goto　语句标号：

其中的 "语句标号" 用标识符来表示, 它的命名规则与变量名一样, 即由字母、数字和下划线组成, 第一个字符必须为字母或下划线。这个标识符加 "："出现在程序的某一行, 执行到 goto 语句后, 程序就会跳转到该标号处并执行其后的语句。标识符必须与 goto 语句在同一个函数里, 否则无效。通常将 goto 语句与 if 语句一起用, 即当满足什么条件的时候就跳转到某处语句。

但是, goto 语句会使程序层次不清, 不易读懂, 所以编写程序时很少使用（建议不用）。

【**例 4-29**】某 C 程序中, goto 语句的应用举例。

解　程序如下：

```
void main()
{
    int a;
      a = 0;
    loop: a + + ;
         if(a = = 100) goto end:
         goto loop:
  end:;
}
```

在该程序中, 使用了 goto 语句, 并且配合使用 if 语句, 从而形成了循环的效果。使用标识符 "loop:", 表示循环的开始, "end:" 标识符表示程序的结束。不过这样的用法并不太常见,

goto 语句用的最多的是用它来跳出多重循环，但是它只可以从内层循环跳到外层循环，不能从外层循环跳到内层循环。过多的使用 goto 语句会使程序结构不清晰，过多的跳转又会使程序变得像汇编语言的风格，而失去了 C 语言程序模块化的优点，所以编程中一般不会使用。

2. while 语句

while 在英语里面的意思是"当……的时候"，因此 while 语句常用来实现当型循环结构，就是当条件满足的时候，执行后面的语句，它的一般形式为：

while（表达式）语句

其中的表达式为循环条件，语句为循环体。判断表达式是否为真（非 0），则执行后面的语句，执行一次完成之后再次回到 while 后面的表达式，进行判断，如果为真，则重复执行语句，否则跳出循环。当条件一开始就为假时，则 while 后面的循环体一次都不会被执行就会退出整个循环。

While 语句执行过程如图 4-13 所示。

【例 4-30】用 while 语句求 $\sum\limits_{n=1}^{100} n$。

用流程图和 N-S 结构流程图表示算法，如图 4-14 所示。

解 程序如下：

```
main()
{
    int i, sum = 0;
    i = 1;
    while(i< = 100)
    {
        sum = sum + i;
        i + + ;
    }
    printf("% d \ n", sum);
}
```

执行结果：sum＝5050。

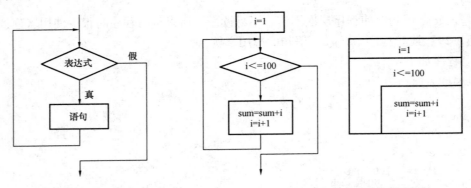

图 4-13 while 语句执行过程   图 4-14 流程图及 N-S 结构流程图

这个程序实现了 1 到 100 的累加，在编写程序时需注意以下几点：

（1）如果在第一次进入循环时，while 后圆括号内表达式的值为 0，循环一次也不执行。在本程序中，如果 i 的初值大于 100，将使表达式 i≤=100 的值为 0，循环体也不执行。

（2）在循环体中一定要有使循环趋向结束的操作，以上循环体内的语句"i++"；使 i 不断增 1，当 i＞100 时，循环结束。如果没有"i++;"这一语句，则 i 的值始终不变，循环将无限进行，进入死循环。

（3）在循环体中，语句的先后位置必须符合逻辑，否则将会影响运算结果。例如，若将上例中的 while 循环体改写成：

```
while(i< = 100)
{
    i + + ;
        sum = sum + i;
}
```

程序运行后，执行结果：sum = 5150。因为在程序运行过程中，少加了第一项的值 1，而多加了最后一项的值 101。

（4）没有循环体的无限循环的 while 语句为"while(1);"。

【例 4-31】 某 51 单片机 C 语言程序中，程序将显示从 1 到 10 的累加和，修改一下 while 中的条件看看结果会如何，从而体会一下 while 的使用方法。

解
```
# include <AT89X51.H>
# include <stdio. h>
void main(void)
{
    unsigned int I = 1;
    unsigned int SUM = 0;                  //设初值
    SCON = 0x50;                           //串口方式 1，允许接收
    TMOD = 0x20;                           //定时器 T1 定时方式 2
    TCON = 0x40;                           //设定时器 T1 开始计数
    TH1 = 0xE8;                            //11. 0592MHz 1200 波特率
    TLl = 0xE8;
    TI = 1;
    TR1 = 1;                               //启动定时器
    while(I< = 10)
      {
        SUM = I + SUM;                     //累加
        printf("% d SUM = % d \ n", I, SUM);  //显示
        I + + ;
      }
    while(1);     //这句是为了不让程序完后，程序指针继续向下造成程序"跑飞"
}
```

运行结果：SUM=55。

3. do-while 语句

do-while 语句可以说是 while 语句的补充。while 是先判断条件是否成立再执行循环体，而 do-while 则是先执行循环体，再根据条件判断是否要退出循环（直到型循环结构）。

do-while 语句的一般形式为：

```
do
```

　　　　语句

while(表达式);

在使用 do-while 语句时，应注意以下几点：

（1）do 是 C 语言的关键字，必须要与 while 联用。

（2）do-while 循环是由 do 开始，到 while 结束。但是应注意 while（表达式）后面的";"不能丢，它表示整个循环语句的结束。

（3）while 后面的表达式是表示循环结束的条件，若为真则继续执行循环语句，否则结束循环。

其执行过程的流程图和 N-S 图如图 4-15 所示。

【例 4-32】 求 1 到 100 的累加和。

　　解　程序如下：

```
main()
    {
        int i, sum = 0;
        i = 1;
        do
        {
            sum = sum + i;
            i + + ;
        }
        while(i< = 100);                /* 或者采用 i<101 */
        printf(" % d \ n", sum);
    }
```

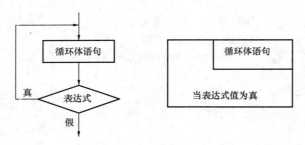

图 4-15　do-while 语句执行过程的流程图和 N-S 图

从这个程序例中可以看出，对于同一个问题可以用 while 语句处理，也可以用 do-while 处理。它们之间可以互相转换。它们之间的主要区别是：while 循环的控制，出现在循环体之前，只有当 while 后表达式的值为非零时，才可能执行循环体；在 do-while 构成的循环中，总是先执行一次循环体，然后再求表达式的值，因此无论表达式的值是零还是非零，循环体至少执行一次。

和 while 循环一样，在 do-while 循环体中，一定要有能使 while 后表达式的值变为零的操作，否则循环将会无限制地进行下去。

【例 4-33】 while 和 do-while 循环比较。

　　解　（1）while 循环程序如下：

```
main()
{
int sum = 0, i;
    scanf(" % d", &i);
    while(i< = 20)
    {
        sum = sum + i;
```

```
        i++;
    }
  printf("sum = %d", sum);
}
```

（2）do-while 循环程序如下：

```
main()
{
    int sum = 0, i;
    scanf("%d", &i);
  do
    {
        sum = sum + i;
        i++;
    }
  while(i<=20);
  printf("sum = %d", sum);
}
```

4. for 语句

C 语言中的 for 语句使用非常灵活，它可以完全替代其他循环语句，不仅可以用于循环次数已定的情况下，而且还可以用于次数不定的情况。它的一般形式为：

　　for（初值设定表达式；循环条件表达式；条件更新表达式）语句

它的执行过程如下：

（1）先执行初值设置表达式。

（2）求循环条件表达式的值，若它的值为真（非 0），则执行 for 语句中指定的内嵌语句，然后执行下面第（3）步；若值为假（为 0），则结束循环，转到第（5）步。

（3）执行条件更新表达式，这个表达式用来改变循环的条件，也是循环次数的控制。

（4）转回上面第（2）步继续执行。

（5）循环结束，执行 for 语句后面的语句。

该过程也可以用图 4-16 来表示。

例如：

　　　　for(i=1; i<=100; i++) sum += i;

这段 for 语句实现了 1 到 100 个自然数的累加。先给变量 i 赋初值 1，判断 i 是否小于或等于 100，如果为真，则执行语句 sum += i（sum = sum + i），i 自增 1。然后再重新判断，直到条件为假，即 i>100 时，循环结束。

相当于 while 语句：

```
  i=1;
while(i<=100)
  {
      sum = sum + i;
```

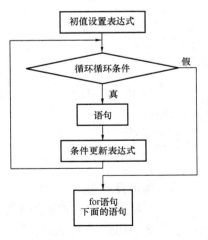

图 4-16　for 语句执行过程

```
        i++;
    }
```

使用 for 语句时应注意以下几点：

（1）省略了循环条件表达式，如果程序中不做相应的处理，则将变成死循环。

例如：

```
for(j=1;; j++) sum = sum + j;
```

（2）如果不写条件更新表达式，则不对循环变量进行操作，这时可在语句体中加入修改循环变量的语句。

例如：

```
for(j=1; j<=100;)
{
    sum=sum+j;
    j++;
}
```

（3）不写初值设置表达式和条件更新表达式。

例如：

```
for(; j<=100;)
{
sum=sum+j;
    j++;
}
```

相当于：

```
while(j<=100)
{
    sum = sum+j;
    j++;
}
```

（4）for 语句中的 3 个表达式可以全部省略不写，即条件永远为真，形成死循环。

例如：

```
for(;;)语句
```

相当于：

```
while(1); 语句
```

（5）初值设置表达式可以是设置循环变量初值的表达式，也可以是其他表达式。

（6）初值设置表达式和条件更新表达式可以是一个简单的表达式，也可以是好几个表达式，它们之间用逗号分隔。

例如：

```
for(j=0, i=1; i<=50; i++) j=j+i;
```

或者：

```
for(i=0, j=100; i<=50; i++, j--)k=i+j;
```

（7）循环条件表达式一般是关系表达式或逻辑表达式，但也可以是数值或字符的表达式，只要其最终的值为非零，即逻辑"真"，那么就执行循环体。

【例 4-34】请用 for 循环来编写修改 ［例 4-31］的 C 语言程序。

解

```
# include <AT89X51. H>
# include <stdio. h>
void main(void)
{
    unsigned int I;
    unsigned int SUM = 0;                    //设置初值
    SCON = 0x50;                             //串口方式 1,允许接收
    TMOD = 0x20;                             //定时器 T1 定时方式 2
    TCON = 0x40;                             //设定定时器 T1 开始计数
    TH1 = 0xE8;                              //11.0592MHz 1200 波特率
    TL1 = 0xE8;
    DI = 1;
    TR1 = 1;                                 //启动定时器
    for(I = 1; I< = 10; I + +)               //这里可以设初始值,所以变量定义时可以不设
    {
        SUM = I + SUM;                       //累加
        printf("%d SUM = %d \ n", I, SUM);   //显示
    }
    while(l);
}
```

5. 循环的嵌套

所谓循环的嵌套,就是指循环体里面包含了另一个完整的循环。与其他嵌套一样,要求层次清楚,不能出现交叉情况。

【例 4-35】 求 1~5000 以内的完全数。如果一个数恰好等于它的因子(除开自身)和,则称该数为完全数。例如,6 的因子为 1、2、3,而且 1+2+3=6,因此 6 是完全数。

解

```
main()
{
    int i, j, s;
    for(i = 1; i< = 5000; i + +)
    { s = 0;
      for(j = 1; j<i; j + +)
        if(i % j = = 0)
          s + = j;
      if(i = = s)
        printf("%6d \ n", s);
    }
}
```

这个程序使用了两层的 for 循环嵌套。其中外层循环变量为 i,控制数据的取值范围;内层循环变量为 j,内层循环的循环体只有一条语句用于求对应每一个 i 所有的因子和(s)(当 i 能被 j 整除时,j 就是 i 的一个因子)。当 i=s 时就输出该数。

以上几种循环语句,虽然格式不同,但它们有着共同的特点,都是用于循环结构的程序设计。在程序设计过程中,都具有如下 3 条内容:

(1) 循环体的设计。

（2）循环条件的设计。

（3）循环入口的初始化工作。

这 3 个条件都是缺一不可的，并且是一环扣一环的。循环体中需要安排哪些语句，要从分析具体问题入手，前后呼应，合乎逻辑，并且能确保循环能够终止，而且结论正确。

while、do-while 语句循环条件的改变，需程序员在循环体中有意安排某些语句，而 for 语句却不必。

while、do-while 循环适用于未知循环次数的场合，而 for 循环适用于已知循环次数的场合。应根据具体情况选择具体的循环。

凡是能用 for 循环的场合，都能用 while、do-while 循环实现，反过来未必能实现。

6. break 和 continue 语句

（1）break 语句。在之前的 switch 语句学习当中，已经接触了 break 语句。当 break 语句用于 do-while、for、while 循环语句中时，可使程序终止循环，跳出循环体而执行后面的语句。通常 break 语句与 if 语句一起使用，当满足条件时便跳出循环。

【例 4-36】计算半径 r＝1 到 r＝10 时的圆面积，直到面积 area 大于 100 为止。

解　#define PI 3.14159

```
main()
{
    float r, area;
    for(r = 1; r< = 10; r+ +)
    {
        area = PI * r * r;
        if (area>100) break;
        printf(" % f", area);
    }
}
```

在该程序中，当 area>100 时，使用 break 跳出循环，从而达到了程序目的。

（2）continue 语句。continue 语句也是用来中断的语句，但是它与 break 语句不同，break 是用来跳出整个循环，而 continue 语句是跳出本次循环，也就是说出现在 continue 下面的语句将不再执行，直接进入下一次循环。

break 与 continue 的区别，如图 4-17 所示。程序编写如下：

1) while（表达式 1）

```
{……
    if(表达式 2)break;
    ……
}
```

2) while（表达式 1）

```
{……
    if(表达式 2)continue;
    ……
}
```

【例 4-37】编写程序求整数 1～10 中所有奇数的和。

解　#include<stdio.h>

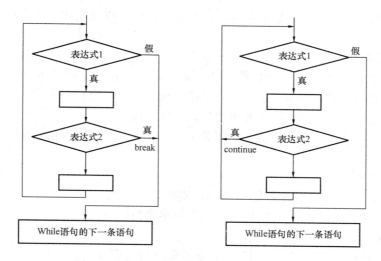

图 4-17　break 和 continue 语句执行过程比较

```
void main()
{
    int  k = 0, s = 0, n;
    for(n = 0; n<= 10; n+ +)
     {
       if(s%2 = = 0)  continue;
       s = s + n;
     }
    printf("s = %d\n", s);
}
```

在该程序中，当 n 为偶数时，条件 "s%2==0" 满足（变量 s 对 2 取模为 0 时，则为 n 能整除 2），执行 continue 语句从而跳过语句 "s=s+n;"；当 n 为奇数时，条件 "s%2==0" 不满足，则不执行 continue 语句，执行语句 "s=s+n;" 实现数据累加，这样就可以保证只累加奇数而忽略偶数。

通过对［例 4-36］、［例 4-37］程序的学习和对比，可以得出以下结论：程序执行到 continue 语句后只终止本次循环，程序会继续进行下一次循环，整个循环并不一定会终止。而程序执行到 break 语句后将无条件地结束整个循环，程序转向循环结构后的下一条语句。

4.4　编译预处理

预处理是指在进行编译的第一遍扫描之前所做的工作，它由预处理程序负责完成，如包含命令♯include、宏定义命令♯define 等。在源程序中这些命令都放在函数之外，而且一般都放在源文件的前面，称它们为预处理部分。当对一个源文件进行编译时，系统将自动引用预处理程序对源程序中的预处理部分进行处理，处理完毕后再进行编译工作。预处理命令不是 C 语言本身的组成部分，所以在使用时以 "♯" 开头，以示与 C 语言的区别。

C 语言提供了多种预处理功能，如宏定义、文件包含、条件编译等。合理使用预处理功能编写的程序便于阅读、修改、移植和调试，也有利于模块化程序设计。本节将介绍几种常用的预处理功能。

4.4.1 宏定义

宏是指用一个标识符来表示一个字符串。宏名是指被定义为宏的标识符。在编译预处理时，对程序中所有的宏名，都用宏定义中的字符串去代替，称为宏代换。

宏定义由宏定义命令完成；宏代换由预处理程序完成。

在 C 语言中，宏定义有两种形式，即不带参数的宏定义和带参数的宏定义。

1. 不带参数的宏定义

定义的一般形式为：

#define　标识符　字符串（或理解为：#define 替换名称 原内容）

该宏定义的作用是出现标识符的地方均用字符串来替代。

如：#define PI 3.14

作用：用标识符（称为宏名）"PI" 代替字符串（称为宏体）"3.14"。

又如：#define uint unsigned int

作用：用标识符（替换名称）"uint" 代替原内容 "unsigned int"。如在写程序时，只要进行了 #define uint unsigned int 宏定义，则可将 unsigned int i，j；写成 uint i，j；使书写简化。

宏展开：用定义的字符串去替换标识符，然后再对替换处理后的源程序进行编译。在预编译时，将源程序中出现的宏名 PI 替换为字符串 "3.14"，这一替换过程即为宏展开。

#define：宏定义命令。

#undef：终止宏定义命令。

【例 4-38】不带参数的宏定义应用举例。

解
```
#define PI 3.14
main()
{
    floatl，s，r，v；
    printf("input radius:");
    scanf("%f"，&r);              /*输入圆的半径*/
    l = 2.0*PI*r;                 /*圆周长*/
    s = PI*r*r;                   /*圆面积*/
    v = 4.0/3.0*PI*r*r*r;         /*球体积*/
    printf("l=%10.4f\ns=%10.4f\nv=%10.4f\n"，l，s，v);
}
```

注意事项：

（1）宏定义必须以 #define 开头，行末没有分号；

（2）#define 命令一般出现在函数外部；

（3）每一个 #define 只能定义一个宏，且只占一行；

（4）宏定义中的宏体只是一串字符，没有值和类型的含义，编译系统只对程序中出现的宏名用定义中的宏体做简单替换，而不做语法检查，且不分配内存空间；

（5）宏体为空时，宏名被定义为字符常量 0。

宏定义的说明：

（1）宏名一般用大写字母表示（变量名一般用小写字母）。

（2）使用宏可以提高程序的可读性和可移植性。如上述程序中，多处需要使用 π 值，用宏名既便于修改又意义明确。

（3）宏定义是用宏名代替字符串，宏展开时仅做简单替换，不检查语法。语法检查在编译时进行。

（4）宏定义不是 C 语句，后面不能有分号。如果加入分号，则连分号一起替换。

例如：

♯define PI 3.14；

area = PI * r * r；

宏替换之后成为：

area = 3.14；* r * r；

因此，在编译时会出现语法错误。

（5）一般来说，通常把 ♯define 命令放在一个文件的开头，使其在本文件全部有效。

（6）♯undef 为宏定义终止命令，可结束先前定义的宏名。

例如：

♯define G 9.8

main()

　　{

……

}

♯undef G　　　　　　 / * 取消 G 的意义/ *

f1()

　　……

（7）宏定义中可以引用已定义的宏名。

例如：

♯define R 3.0

♯define PI 3.14

♯deinfe L 2 * PI * R

♯define S PI * R * R

main()

{

　　printf(“L = % f \ n S = % f \ n”, L, S);

}

（8）程序中用双引号引起来的字符串，即使与宏名相同，也不替换，如（7）的 printf 语句中，双引号里面的 L 和 S 不被替换。

2. 带参数的宏定义

定义的一般形式为：

♯define　宏名(参数 1，参数 2 ……) 字符串（或表示为：♯define　宏名(参数表)　宏体）

其含义是做相应的参数替换，带参数的宏在展开时，不是进行简单的字符串替换，而是进行参数替换，其用法与函数相似。

例如：

♯define M(x, y, z)　x * y + z　　　　　　　 / * 定义宏 M(x, y, z) * /

```
void main()
{.
    int a = 1, b = 2, c = 3;
    printf("%d\n", M(a, b, c));          /*输出结果*/
}
```

在执行以上程序段时，对 M（a，b，c）的处理是先用"x＊y＋z"替换掉 M(x，y，z)，再用参数 a，b，c 来替换 x，y，z。因此替换后表达式为 1×2＋3＝5。

说明：

（1）带参数的宏展开时，用实参字符串替换形参字符串，注意可能发生的错误。比较好的办法是宏定义的形参加括号，见表 4-8。

表 4-8　　　　　　　　　　　　　　　　宏定义展开

宏定义	语句	展开后
♯define S(r) PI＊r＊r	area＝S(a＋b);	area＝PI＊a＋b＊a＋b;
♯define S(r) PI＊(r)＊(r)	area＝S(a＋b);	area＝PI＊(a＋b)＊(a＋b);

（2）宏定义时，宏名与参数表间不能有空格。例如：

$$♯define\ S□(r)\ PI＊r＊r(□表示空格)$$

带参数的宏定义与函数的区别，见表 4-9。

表 4-9　　　　　　　　　　　　　　带参数的宏定义与函数的区别

	函数	宏
信息传递	实参的值或地址传送给形参	用实参的字符串替换形参
处理时刻及内存分配	程序运行时处理，分配临时内存单元	宏展开在预编译时处理，不存在分配内存问题
参数类型	实参和形参类型一致，如不一致，编译器进行类型转换	字符串替换，不存在参数类型问题
返回值	可以有一个返回值	可以有多个返回值
对源程序的影响	无影响	宏展开后使程序加长
时间占用	占用程序运行时间	占用编译时间

【例 4-39】返回多个值的宏定义。

解　♯define PI 3.14
　　♯define CIRCLE(R, L, S, V) L＝2＊PI＊R; S＝PI＊R＊R; V＝4/3＊PI＊R＊R＊R
　　main()
　　{
　　　　float r, l, s, v;　　　　　/*定义：半径、圆周长、圆面积、球体积*/
　　　　scanf("%f", &r);
　　　　CIRCLE(r, l, s, v);
　　　　printf("r＝%6.2f, l＝%6.2f, s＝%6.2f, v＝%6.2f\n", r, l, s, v);
　　}

【例 4-40】输出格式定义为宏。

解　♯define PR printf

```
#define NL "\n"
#define A "%d"
#define L1 A NL
#define L2 A A NL
#define L3 A A A NL
#define L4 A A A A NL
#define S "%s"
main()
{
    int a, b, c, d;
    char string[] = "BOY";
    a = 1; b = 2; C = 3; d = 4;
    PR(L1, a);
    PR(L2, a, b);
    PR(L3, a, b, c);
    PR(L4, a, b, c, d);
    PR(S, string);
}
```

4.4.2　文件包含

文件包含是指将一个源文件的全部内容包含到另一个源文件中去，成为另一个源文件中的一部分。文件包含预处理命令的一般格式为：

#include　＜文件名＞　　或

#include　"文件名"

以上两种格式的区别在于：前者，用＜＞括起文件名的文件包含命令，系统只在指定存放头文件的目录下（include 子目录下）查找该文件。后者，用双引号""的包含命令，系统首先在源文件所在目录下查找该文件，即搜索当前工作文件夹（用户自己建立的项目文件夹），若没有找到文件，再到指定存放头文件的目录下查找该文件，即搜索尖括号情况下的文件夹。这里所说的"头文件"，因为#include 命令所指定的被包含文件常放在文件的开头，习惯上称被包含文件为头文件，并常以后缀.h 作为其文件的扩展名，例如，51 单片机的头文件：

#include ＜reg51.h＞

52 单片机的头文件：

#include ＜reg52.h＞

以后凡是编写 51 内核单片机程序时，在源代码的第一行可直接包含该头文件。

"文件包含"命令是非常有用的，当一些共同的常量、数据等资料被用于多个程序时，可以把这些共同的东西写在以.h 作为扩展名的头文件中。如果有一个程序需要用到这些常量或数据时，可用文件包含命令把它们包含进来，这样就省去了重复定义的麻烦。

例如：文件 file.c：

#include ＜stdio.h＞

#define PI　3.14

#define　AREA(r)　(PI*(r)*(r))

#define PR printf

#define　D "%f"

为了省去重复定义的麻烦，以下的程序要用到以上内容，就可用文件包含命令把它们包含进来，形成一个新的源程序：

```
#include "c: \ tc \ file.c"
main()
{
    float  r = 5, s;
    s = AREA(5);
    PR(D, s);
}
```

注意：一个包含命令只能包含一个文件，若要包含 n 个文件，则需要 n 个包含命令。

4.4.3　条件编译

条件编译，就是在满足一定的条件下对源程序的各部分有选择地进行编译。一般情况下，源程序中所有的行都要进行编译，但是有时候只希望对其中的一部分进行编译，这种条件编译对提高 C 源程序的通用性有好处。

条件编译命令可以分为以下几种：

1. #ifdef

命令形式为：

```
#ifdef  标识符
    程序段 1
#else
    程序段 2
#endif
```

其中，若标识符曾用 #define 命令定义过，#else 部分可以没有，只编译程序段 1。否则，应编译程序段 2。

在调试程序时，常常需要输出一些信息，但在调试后又不需要再输出，可以在源程序中插入以下的条件编译：

```
#define DEBUG
#ifdef DEBUG
printf("a= %d, b= %d, c= %d \ n", a, b, c);
#endif
```

程序调试完成后，如果不再需要显示 a、b、c 的值，则只需要去掉 DEBUG 标识符的定义。

当然，可以直接使用 printf（）语句显示调试信息，在程序调试完成后去掉 printf（）语句，也可以达到目的。但如果程序中有很多处需要调试观察，增、删语句既麻烦又容易出错，而使用条件编译则相当清晰、方便。

2. #ifndef

命令形式为：

```
#ifndef  标识符
    程序段 1
#else
    程序段 2
#endif
```

将 ifdef 改为 ifndef，其作用是：若标识符未被定义则编译程序段 1，否则编译程序段 2。这种形式正好与前面的 ♯ifdef 形式相反。

3. ♯if

命令形式为：

```
♯if 表达式
    程序段 1
♯else
    程序段 2
♯endif
```

它的作用是：当表达式为真（非零）时则编译程序段 1，否则编译程序段 2。可以事先给定一定的条件，使程序在不同的条件下执行不同功能。

【例 4-41】指定一串由字母组成的字符串，使用条件编译，使字母全改为大写输出。

解

```
♯define LETTER 1
main()
{
    char str[20] = "I am a boy", c;
    int i;
    i = 0;
    while((c = str[i])! = '\0')
    {
        i++;
        ♯if LETTER
        f(c> = 'a'&& c< = 'z')
        c = c - 32;
         ♯else
        if(c> = 'A'&& c< = 'Z')
        c = c + 32;
        ♯endif
        printf("%c", c);
    }
}
```

运行结果为：I AM A BOY。

若改为小写字母输出，则将程序的第一行改为：♯define LETTER 0。

【例 4-42】利用条件编译，定义最大数为 100 的 C 程序。

解

```
♯define MAX 100
main()
{
    inti = 10; float x = 25.8;
    ♯if MAX>99
    printf("%d\n", i);
    ♯else
    printf("%f\n", x);
    ♯endif
```

```
        printf("%d,%f\n", i, x);
    }
```

运行结果为 10

10，25.800000

若将 MAX 定义为 80，执行 printf（"%f\n"，x);

运行结果为 25.800000

10，25.800000

4.4.4　用 typedef 重定义数据类型

类型定义可以把已有的类型标识符定义成新的类型标识符，定义后，新的类型标识符可以作为原标识符使用，相当于给老的类型标识符改了一个名字。

格式：typedef 原类型名　新类型名；

例如：

```
    typedef int integer;              //用 integer 代替 int
  typedef float real;
    typedef unsigned int    UINT;
    typedef unsigned long ULONG;
    typedef unsigned char BYTE;
```

定义后，则可以用新类型名定义变量：

```
    integer i, j;                   //定义整型变量 i, j
  real kk;
```

typedef 只能声明各种类型名，目的是增加一种已有数据类型的数据类型新名称。与♯define 的区别是在编译之前进行预处理时，♯define 实现的是字符串替换。

4.5　数　组　与　函　数

具有相同类型和名称的变量的集合，称为数组。其中的变量称为数组的元素，每个数组元素都有一个编号，叫做下标，可以用一个统一的数组名和下标来唯一地确定数组中的元素。数组元素的个数称为数组的长度。在 C 语言中，数组属于构造数据类型。一个数组可以分解为多个数组元素，这些数组元素可以是各种基本数据类型或是构造类型。根据数组元素的类型不同，数组可以分为数值数组、字符数组、指针数组、结构数组等各种类型。

对于一个较大、较复杂的问题，通常将其分为若干个模块，每一个模块用来实现一个功能。C 语言中的函数就是用来实现模块化程序设计的工具，相当于其他高级语言中的子程序和过程。

4.5.1　一维数组的定义和引用

1. 一维数组的定义方式

所谓数组，现举例子说明：这就好像学校操场上的队列，每一个年级代表一个数据类型，每一个班级为一个数组，每一个学生就是数组中的一个元素。数组中的每个数据都可以用唯一的下标来确定其所在位置，下标可以是一维或多维的。比如在学校的方队中要找一个学生，这个学生在 I 年级 H 班 X 组 Y 号，那么就可以把这个学生看作在 I 类型的 H 数组中（X，Y）下标位置。数组和普通变量一样，要求先定义再使用。

一维数组的定义方式为：

类型说明符 数组名［常量表达式］；

类型说明符是指数组中各数据单元的类型，一个数组里的数据单元只能是同一数据类型。

数组名是整个数组的标识，命名方法与变量命名方法是一样的。在编译时系统会根据数组大小和类型为变量分配空间，数组名可以说就是所分配空间首地址的标识。常量表达式表示数组的长度和维数，必须用 [ ] 括起来，方括号里的数不能是变量只能是常量。

例如：

```
int m[10];              //说明整型数组 m，有 10 个元素
float a[15]，b[15];     //说明实型数组 a 和实型数组 b，各有 15 个元素
char str[20];           //说明字符数组 str，有 20 个元素
```

在 C 语言中，数组的下标是从 0 开始的，而不像有些编程语言那样是从 1 开始，如 int a [10]，它的下标就是从 a[0] 到 a[9]，如引用单个元素就是数组名加下标．如 a[1] 就是引用 a 数组中的第 2 个元素，如果错用了 a[10] 就会出现错误。还有一点要注意的就是在程序中只有字符型的数组可以一次引用整个数组，其他类型则需要逐个引用数组中的元素，不能一次引用整个数组。

对于数组的使用应该注意以下几点：

（1）对于同一个数组，其所有元素的数据类型都是相同的，其类型都是根据数组被定义时的数据类型决定。

（2）在取数组名时要注意不能与其他变量名同名。例如：

```
main()
{
    float a;
    int a[10];
    ……
}
```

出现与其他变量名同名，这样的定义是错误的。

（3）[ ] 中常量表达式表示数组元素的个数，如 a[10] 表示数组 a 有 10 个元素。10 个元素分别为 a[0]，a[1]，a[2]，a[3]，a[4]，a[5]，a[6]，a[7]，a[8]，a[9]。

（4）[ ] 中的表达式可以是符号常数或常量表达式，但不可以是变量。

例如：

```
#define AA 10
main()
{
    float a[2 + 11]，b[20 + AA];
    ……
}
```

这样的写法是合法的。

但是下面的写法是错误的。

```
main()
{
    int b = 10;
    int a[b];
    ……
}
```

（5）C 语言允许在同一个类型说明中，说明多个数组和多个变量。

例如：

```
int a, b, c, d, m[20], n[30];
```

2. 一维数组元素的引用

一个数组被定义后，数组中的各个元素就共用一个数组名（即该数组变量名），在此以它们的下标来区别各个元素。对数组的操作归根到底就是对数组元素的操作。

数组元素的表现形式为：

数组名[下标]

其中，下标只能为整型常量或整型表达式，如为小数时，C编译将自动取整。

例如：

```
a[10]
a[i + j]
a[j + +]
```

这些都是合法的数组元素。

数组元素也被称为下标变量，必须先定义再使用下标变量。下标的值不允许超越所定义的下标下界和上界。

例如，一个数组有 20 个元素，将其各元素值逐个输出，程序如下：

```
for(i = 0; i<20; i + +)
    printf("%d", a[i]);
```

如改成"printf（"%d"，a）；"的写法，则会出错，因为 C 语言中不能用一个语句输出整个数组，只能逐个输出。

3. 一维数组的初始化

数组定义后，数组元素的值是随机的，可以用以下 3 种方法为数组元素赋值：

（1）用赋值语句给数组元素赋值。

（2）用输入函数从键盘或数据文件中读取数据并赋给数组元素。

（3）初始化数组，即在定义数组的同时，为数组元素赋值。

前两种方法占用程序执行时间较多，是在程序的运行阶段实行的，每运行一次程序，相关的语句都必须执行一遍。最后一种方法对于静态存储的数组是在程序编译阶段完成赋初值的，只要程序编译成功，运行程序时不再执行相关的语句，因此减少了程序运行时间。另外，前两种方法对没有赋值的数组元素来说，数组元素的值是不确定的。第三种方法中系统对没有赋初值的数组元素，自动赋予一个确定值（整型或实型数组元素赋数值 0，字符型数组元素赋字符常量 '\0'）。

初始化赋值的一般形式为：

类型说明符 数组名[常量表达式] = {初值，初值……初值}；

其中在 {} 中的各个数据为各数组元素的初值，各值之间用逗号分隔。

例如，显示十进制数字 0～9 的共阳数码管段译码数组：

```
unsigned char  seg[10] = {0xC0, 0xF9, 0xA4, 0xB0, 0x99, 0x92, 0x82, 0xF8, 0x80, 0x90};
```

该数组有 10 个元素，相当于第一个元素 seg [0] =0xC0，第 2 个元素 seg [1] =0xF9 等。

对数组元素的初始化可以用以下方法实现：

（1）在定义数组时对数组元素赋初值。例如：

```
int a[5] = {0, 1, 2, 3, 4};
```

（2）可以只对一部分元素赋值。例如：

```
int a[5] = {0, 1, 2};
```

（3）对全部元素赋初值时，可以不指定数组长度。例如：

```
int a[5] = {0, 1, 2, 3, 4};
```

也可以写成：

```
int a[] = {0, 1, 2, 3, 4};
```

4. 一维数组的查表功能

数组的一个非常有用的功能之一就是查表。在许多单片机控制系统应用中，使用查表法不但比采用复杂的数学方法有效，而且执行起来速度更快，所用代码较少。表可以事先计算好后装入程序存储器中。

例如，以下程序可以将摄氏温度转换成华氏温度：

```
unsigned char code temperature[] = {32, 34, 36, 37, 39, 41}; //数组
unsigned char chang(unsigned char val)
{
    return temperature [val]                              //返回华氏温度值
}
main()
{
    X = chang(5);                                        //得到与 5℃ 相应的华氏温度值
}
```

在程序的开始处，定义了一个无符号字符型数组 temperature[]，并对其进行初始化，将摄氏温度 0、1、2、3、4、5 对应的华氏温度 32、34、36、37、39、41 赋予数组 temperature[]，类型代码 code 指定编译器将此表定位在程序存储器中。

在主程序 main（）中调用函数 chang（unsigned char val），从 temperature［］数组中查表获取相应的温度转换值。"x＝ chang（5）;"执行后，x 的结果为与 5℃ 相对应的华氏温度 41℉。

5. 一维数组程序举例

在程序执行过程中，对数组做动态赋值。

【例 4-43】输入 10 个数到数组 a 中，找出最大值。

解

```
main()
{
    int i, max, a[10];
    printf("input 10 numbers: \n");
    for(i= 0; i<10; i+ +)
        scanf("% d", &a[i]);
    max = a[0];
    for(i=1; i<10; i+ +)
        if(a[i]>max) max=a[i];
    printf("maxmum = % d\n", max);
}
```

在本程序的第一个 for 语句中使用 scanf 函数逐个输入 10 个数到数组 a 中，然后把 a［0］赋值给 max。在第二个 for 语句中，从 a［1］到 a［9］逐个与 max 中的内容比较，若比 max 的值大，则把该下标变量送入 max 中，因此 max 总是已比较过的下标变量中的最大值。比较

结束，输出 max 的值。

【例 4-44】 某 C 程序中，元素的排序主程序。

解

```
main()
{
    int i, j, p, q, s, a[10];
    printf(" \ n input 10 numbers： \ n");
    for(i= 0; i<10; i+ +)
        scanf("% d", &a[i]);
    for(i=0; i<10; i+ +)
    {
        p = i; q = a[i];
        for(j= i+ l; j<10; j+ +)
        if(q<a[j])
        {
            p = j; q = a[j];
        }
        if(i! = p)
        {
            s = a[i];
            a[i] = a[p];
            a[p] = s;
        }
        printf("% d", a[i]);
    }
}
```

本例程序中用了两个并列的 for 循环语句，在第二个 for 语句中又嵌套了一个循环语句。第一个 for 语句用于输入 10 个元素的初值。第二个 for 语句用于排序。本程序的排序采用逐个比较的方法进行。在 i 次循环时，把第一个元素的下标 i 赋予 p，而把该下标变量值 a [i] 赋予 q。然后进入小循环，从 a[i+1]起到最后一个元素止逐个与 a[i]作比较，有比 a[i]大者则将其下标送 p，元素值送 q。一次循环结束后，p 即为最大元素的下标，q 则为该元素值。若此时 i≠p，说明 p 和 q 值均已不是进入小循环之前所赋的值，则交换 a[i]和 a[p]的值。此时 a[i]为已排序完毕的元素。输出该值之后转入下一次循环，并对 i+1 以后各个元素排序。

4.5.2 二维数组的定义和引用

1. 二维数组的定义

前面介绍了一维数组，它只有一个下标，其数组元素称为单下标变量。但在实际应用中，仅仅使用一维数组，很多事物均无法恰当地被表示。比如一个班级 45 个学员，把他们编成1～45 号。但现在有两个班级要管理怎么办？每个班级都各有各的编号，假设一班的学生编号是 1～45；二班的学生也是 1～45。现在两个班的学生编号要混在一起输入计算机系统，从 1 号编到 90 号，显然不是很合适，也很难进行有效的管理。在实际问题中有很多量是二维的或多维的，为了解决这个问题，C 语言允许构造多维数组。多维数组元素有多个下标，以标识它在数组中的位置。在这里，主要介绍二维数组，类似的还有三维、四维等，原理都是一样的。

二维数组定义的一般形式：

类型说明符 数组名[常量表达式 1][常量表达式 2]；

其中，常量表达式 1 表示第一维大小，常量表达式 2 表示第二维大小。

例如：

int a[3][4]；

说明了一个 3 行 4 列的数组，数组名为 a，其下标变量的类型为整型。该数组的数组元素共有 3×4 个，即：

a[0][0]，a[0][1]，a[0][2]，a[0][3]

a[1][0]，a[1][1]，a[1][2]，a[1][3]

a[2][0]，a[2][2]，a[2][2]，a[2][3]

由于数组 a 为 int 类型，int 类型数据占两个字节的内存空间，所以数组中每个元素均占有两个字节。

2. 二维数组元素的引用

二维数组的表达形式为：

数组名[下标 1][下标 2]

其中，下标应为整型常量或整型表达式。

例如：

a[7][8]

表示 a 数组有 7 行 8 列元素。

这里的下标变量和一维数组定义时的元素个数有些相似，但两者具有不同的含义。数组定义时方括号中给出的是某一维的长度，即长度的最大值；而数组元素中的下标变量是该元素在数组中的位置标识。应注意的是，前者只能是常量，后者可以是常量、变量或表达式。

【例 4-45】一个年级有 4 个班，有 3 门课考试的平均成绩。求全年级分科的平均成绩和总平均成绩。

解　可设一个二维数组 a[4][3]存放 4 个班 3 门课的成绩。再设一个一维数组 v[3]存放所求得的各分科平均成绩，设变量 average 为全年级总平均成绩。成绩分布表见表 4-10，编程如下：

表 4-10　　　　　　　　　　　成绩分布表

科目	一班	二班	三班	四班
语文	80	70	75	85
数学	75	65	80	87
英语	92	71	70	90

```
main()
{
    int i, j, s = 0, average, v[3], a[4][3];
    printf("input score \ n");
    for(i = 0; i<3; i+ +)
    {
        for(j = 0; j<4; j+ +)
        {
            scanf("% d", &a[j][i]);
```

```
            s = s + a[j][i];
          }
        v[i] = s/4;
        s = 0;
    }
    average = (v[0] + v[1] + v[2])/3;
    printf("语文：%d\n数学：%d\n英语：%d\n", v[0], v[1], v[2]);
    printf("平均分：%d\n", average);
}
```

该程序中首先用了一个双重循环。在内循环中依次读入某一门课程的各个班级的平均成绩，如第一次循环时，读入每个班的语文平均成绩，同时把所有班的语文成绩累加起来，退出内循环后再把该累加成绩除以 4 送入 v[i] 之中，这就是该门课程的平均成绩。因为总共统计 3 门课程，所以外循环共循环 3 次，分别求出 3 门课各自的平均成绩并存放在 v 数组之中。退出外循环之后，把 v[0]，v[1]，v[2] 相加除以 3 即得到各科总平均成绩。最后按题意输出全年级总平均成绩。

3. 二维数组的初始化

二维数组初始化可以在数组定义时，为各下标变量赋以初值。

例如，对数组 a[4][3] 按如下的方式赋值，其最终效果都是一样的。

（1）按分段进行赋值为：

int a[4][3] = {{80, 75, 92}, {70, 65, 71}, {75, 80, 70}, {85, 87, 90}};

（2）按连续进行赋值为：

int a[4][3] = {80, 75, 92, 70, 65, 71, 75, 80, 70, 85, 87, 90};

对于二维数组初始化赋值还应注意以下几点：

（1）可以只对部分元素赋初值，未赋初值的元素自动取 0。

例如：

int a[2][2] = {{5}, {7}};

是对第一行第一列和第二行第一列元素赋值，其他元素为 0。语句执行后各元素的值为：

5 0 0

7 0 0

int a[3][3] = {{1, 2}, {0, 5, 9}, {3}};

赋值后的元素值为：

1 2 0

0 5 9

3 0 0

（2）如要对所有数组元素赋初值，那么定义时，第一维的长度可以不写。

例如：

int a[3][3] = {9, 8, 7, 6, 5, 4, 3, 2, 1};

可以改为：

int a[][3] = {9, 8, 7, 6, 5, 4, 3, 2, 1};

4.5.3　字符数组

字符数组用来存放字符的数组。

1. 字符数组的定义

在前面的例子当中，使用的数据是整型的，所以数组是一个整型数组。也可以将数组定义为其他类型，如浮点型（float）、布尔型（bool）或字符型（char）均可以有相关的数组。例如：

int age[] = {30, 32, 59, 78};

float money[] = {500.50, 7000, 6500.75};

bool married[] = {false, true};

char name[] = {'M', 'i', 'k', 'e'};

最后一行定义了一个字符数组，用来存储一个英文人名：Mike。

字符数组也可以是二维或多维数组。

例如：

char c[4][3];

即为二维字符数组。

2. 字符数组的初始化

与整型数组一样，字符数组也可以在定义时做初始化赋值。

例如：

char c[8] = {'p', 'r', 'o', 'g', 'r', 'a', 'm'};

赋值后各元素的值：c[0]的值为'p'，c[1]的值为'r'，c[2]的值为'o'，c[3]的值为'g'，c[4]的值为'r'，c[5]的值为'a'，c[6]的值为'm'。

当对全体元素赋初值时也可以省去长度说明。c[7]为'\0'，作为字符串结束的标志。

例如：

char c[] = {'p', 'r', 'o', 'g', 'r', 'a', 'm'};

这时 C 数组的长度自动定为 9。

3. 字符数组的引用

字符数组的引用实例如［例 4-46］所示。

【例 4-46】某 C 程序中，字符数组的引用程序。

解
```
main()
{
    int i, j;
    char a[][5] = {{'C', 'h', 'i', 'n', 'a',}, {'J', 'a', 'p', 'a', 'n'}};
    for(i = 0; 1<= 1; i++)
    {
        for(j = 0; j<= 4; j++)
          printf("%c", a[i][j]);
        printf("\n");
    }
}
```

在该程序中二维字符数组 a 在初始化时将全部元素赋以初值，因此一维下标的长度可以不写，然后通过循环语句将各字符一一输出。

4. 字符串和字符串结束标志

在 C 语言中通常用一个字符数组来存放一个字符串。前面也曾提及字符串总是以'\0'作为串的结束标记。由此，在把一个字符串存入数组时，也把结束符'\0'存入了数组，以此作为该字符串结束的标志。

除了定义字符数组时初始化各元素值外，还可以用字符串的形式来进行赋值。

例如：

char c[] = {'p', ' r', 'o', 'g', 'r', 'a', 'm'};

可写为：

char c[] = {"program"};   或 char c[] = "program";

用字符串方式赋值比用字符逐个赋值要多占一个字节，用于存放字符串结束标志 '\0'。上面的数组 c 在内存中的实际存放情况为：

p	r	o	g	r	a	m	\0

'\0' 是程序在编译时，由编译器自动加上的。由于有了 '\0' 标志，所以在用字符串赋初值时一般无须指定数组的长度，而由系统自行处理。

4.5.4　函数

C 语言系统本身提供了极为丰富的库函数，同时还允许用户自定义函数。用户可以把自己的程序写成一个一个相对独立的函数，需要用时即可调用。换句话说，C 语言其实就是函数的集合，由于采用了函数结构的写法，使得 C 语言的程序结构清晰，同时有利于程序的阅读和维护。

一个 C 及 C51 程序由一个或多个源程序文件组成，一个源程序文件由一个或多个函数组成。函数一般分为主函数 main（）和普通函数（或称子函数）。普通函数又分为标准库函数和用户自定义函数。所谓标准库函数，就是编译软件所提供的函数，使用这些函数，需要在 C 程序中包含库函数文件。用户自定义函数，就是用户自己根据需要编写的函数，这些函数又可分为无参数函数、有参数函数和空函数（无语句，用于功能扩充）。

C 程序总是从 main 主函数开始执行，除主函数和中断函数不能调用外，其他函数都可以调用。根据是否传递参数，函数又分为无参函数和有参函数。

C 语言就是函数定义和调用的语言。程序中只有一个主函数，在主函数中调用其他函数（子函数）。一般来说主函数不断循环执行，因此也不断地调用其他函数。这里所谓的其他函数，就是完成不同功能的函数，如系统初始化、扫描键盘、输出显示、算法运算等函数。

1. 函数定义的一般形式

（1）无参函数的定义形式。

类型标识符　函数名（ ）
{
　　声明部分
　　函数体语句
}

其中，类型标识符指明了函数返回值的类型。函数名由用户自己定义，后面是空括号，表示没有函数参数，即表示无参函数，但是空括号不可以省略。花括号中的内容被称为函数体。应注意在函数体中声明（类型说明）的各种对象，只能在函数体 { } 内有效。一般情况下，无参函数没有返回值，因此可以将函数的类型标识符写成"void"。

例如：

void print（ ）　　　　　　　　　　　　//无参函数
{

```
    printf("I am a student. \ n");
}
```

从这个例子中可以看出，print 为函数名，它是一个无参函数，并且它没有返回值。当它被调用时，它的功能就是输出"I am a student."字符串。

又如：

```
void  Delay_lms()                    //延时 1s 程序，void 是类型标识符，Delay_lms 是函数名
{
    uint i, j;                        //函数体内部用到的变量的类型说明
    for(i = 1000; i>0; i--)           //函数体语句
        for(j = 115; j>0; j--);       //此处分号不可少
}
```

这里，Delay_lms()函数是一个无参函数。当这个函数被调用时，延时 1s 时间。函数前面的类型标识符 void 表示这个函数执行完后不带回任何数据。

（2）有参函数的定义形式。

```
类型标识符   函数名(形式参数表)
{
    类型说明(或称声明部分)
    函数体语句
}
```

有参函数与无参函数的主要区别在于有参函数多了形式参数表，在该表中列出的参数称为形式参数（简称形参）。它们可以是各种类型的数据，分别需要类型声明（说明），各参数之间用逗号","间隔。函数被调用时，主调函数通过实际参数（简称实参）传递给这些形式参数实际的值。

【例 4-47】 某 51 单片机控制 P0 端口 8 只 LED 灯以间隔 0.5s 亮灭闪烁的 C 程序。

解 源程序如下：

```
#include<reg51.h>
void Delay_ms(unsigned int xms)      //被调函数定义(声明子函数)，xms 是形式参数
{
    unsigned int i, j;               //子函数体的声明部分
    for(i = xms; i>0; i--)           //子函数体语句 i = xms，即延时 xms，xms 由实际
                                     //参数传入一个值
        for(j = 110; j>0; j--);      //此处分号不可少
}
void main()                          //主函数
{
    while(1)                         //大循环
    {
        P0 = 0xff;                   //P0 端口全部为"1"输出高电平
        Delay_ms(500);               //主调函数(调用延时子函数)，延时 500ms
        P0 = 0;                      //P0 端口全部为"0"输出低电平
        Delay_ms(500);               //主调函数(调用延时子函数)，延时 500ms
    }
}
```

161

Delay_ms(unsigned int xms)函数括号中的变量 xms 是这个函数的形式参数，其类型为 unsigned int。当这个函数被调用时，主调函数 Delay_ms(500)将实际参数 500 传递给形式参数 xms 从而达到延时 0.5s 的效果。Delay_ms 函数前面的 void 表示这个函数执行完后不带回任何数据。

2. 函数的参数和函数的值

形参只出现在函数定义中，可以在该函数体中使用，不可以在函数体外使用；实参只出现在主调函数中，在调用函数时，把实参的值传递给被调函数的形参，从而实现主调函数向被调函数的数据传递。

函数的形参和实参具有以下几个特点：

（1）形参只有在调用的时候才被临时分配内存单元，在调用结束后，则释放它所占有的内存空间。因此，形参只在函数内部有效。

（2）实参可以是常量、变量、表达式、函数返回值等，例如，max(3，5)；mul(a，b)；mul(a，a+b)。无论是什么类型的数据都必须有一个最终的值，在进行函数调用时，它必须有确定的值，从而把这些值传递给形参，而表达式是无法放入形参内存的。

（3）实参和形参的数据类型必须一致，否则程序在编译时会出错。

（4）只能将实参的值传递给形参，反过来则不可以。

【例 4-48】 分析下段 C 程序。

解
```
main()
{
    int num;
    printf("input a number \ n");
    scanf("% d", &num);
    m(num);
    printf("% d \ n", num);
}
int m(int n)
{
    int i;
    n = n * n;
    printf("% d \ n", n);
}
```

[例 4-48]，定义了一个 m 函数，该函数的功能是求 n 的平方值。在主函数中，输入 num 的值，然后调用 m 函数，num 作为实参，将值传递给形参 n。应注意，形参和实参的名字可以一样，但是它们两个是完全独立的个体。在函数 m 中，形参 n 的值被改变，即 n=n*n；同时，函数体中的 printf 语句将 n 的值打印出来。当函数 m 返回主函数后，主函数中的 printf 语句又将 num 值打印出来。此时，这里的值和刚才函数 m 中打印值一样，但应注意，在 C 语言中，形参不能改变实参变量的值，因此主函数中的 printf 语句所打印的 num 值仍为最前面输入的值。

3. 函数的返回值

函数的返回值，指的是函数被调用后，返回主调函数的一个值。例如：定义一个有参函数，求两个数中较大的那个数，程序可以写成：

```
int max(int a, int b)                    //有参函数
{
    if(a>b) return a;
    else return b;
}
```

在该程序中，将 max 函数的返回类型定义为 int 型，a 和 b 为函数的形参，并且都声明为 int 类型。当 max 被调用时，主调函数将通过实参将实际的值传给形参 a 和 b。函数体中的 if 语句用来判断，如果 a>b，使用 return 语句返回 a 值，否则返回 b 值。

该程序中的 max 函数，如果（假设有两个实参值）调用 max（2，5），则返回值为 5，若为 max（7，3），则返回值为 7。返回函数值时，应注意以下几点：

（1）使用 return 语句返回函数值。return 语句的一般形式为：

return 表达式；

或者为：

return(表达式)；

其中，"表达式" 为函数返回主调函数的值，注意必须和函数的类型标识符一致。

（2）如果在函数定义时没有写明类型标识符，则默认为 int 整型。

（3）如果函数不需要返回值，函数类型标识符则可以写为 void，表示该函数没有返回值。

【例 4-49】 编写一个函数计算两个数的乘积。

解
```
#include<stdio.h>
int mul(int x, int y);                /* 函数的声明 */
void  main()
{
    int a, b, c;
    printf ("input a, b, c: \n");
    scanf( "%d %d", &a, &b);
    c = mul(a, b);                    /* 调用函数，此处的参数 a 和 b 为实参 */
    printf( "c = %d", c);
}
int mul(int x, int y)                 /* 定义函数，此处的参数 x 和 y 为形参 */
{
    int z;
    z = x * y;
    return(z);                        /* 返回 z 值 */
}
```

说明：

（1）在主函数的函数调用语句 "c＝mul(a，b)；" 中，a、b 为实参。在 mul() 函数的定义语句 "int mul(int x，int y)" 中，x、y 为形参。实参的个数为两个，形参的个数也为两个；实参的类型为整型（主函数中已定义），形参的类型也为整型（在 mul()函数定义时已指定）。

（2）运行程序后，当执行到语句 "c＝mul(a，b)；" 时需要调用 mul()函数，主函数将变

量 a 的值单向传给 mul()函数中的形参 x，这样形参 x 就获得与实参变量 a 相同的值；同样，主函数还将变量 b 的值单向传给 mul()函数中的形参 y，使形参 y 获得与实参变量 b 相同的值。

（3）当两个形参变量 x 和 y 获得值后，在函数体内使用这两个值完成相应的计算，如果函数具有返回值，将计算后的结果返回给主调函数。

4. 函数的调用

（1）函数调用的一般形式。在讲函数的调用之前，先回顾一下函数的定义，以免混淆两者之间的差异。

函数的定义为：

类型标识符　函数名(形参表列)

{

　　函数体

}

而函数调用的一般形式为：

函数名(实参表列);

两者的区别有如下几点：

1）函数的定义中有"类型标识符"而函数的调用中没有。

2）函数的定义中的参数为"形参"，而函数的调用中的参数为"实参"。实参表可以是任何类型的数据，可以是常量、变量及表达式。各参数之间用","分隔。

3）函数的定义后没有";"，而函数的调用中有";"（函数作为实参除外）。

（2）函数调用的方式。C 语言的函数可以相互调用，但在调用函数前，必须对函数的类型进行说明，就算是标准库函数也不例外。标准库函数的说明会按功能分别写在不同的头文件中，使用时只要在文件最前面用 ♯include 预处理语句引入相应的头文件即可。例如，前面经常使用的 printf 函数，其说明就是放在文件名为 stdio. h 的头文件中。调用就是指一个函数体中引用另一个已定义的函数来实现所需要的功能，这时函数体称为主调用函数（或者说，调用另外一个函数的函数称为主调函数），函数体中所引用的函数称为被调用函数（或者说，被一个函数调用的函数称为被调函数）。一个函数体中可以调用数个其他的函数，这些被调用的函数同样也可以调用其他函数，函数也可以自己调用自己。在 C 语言中，只有一个函数是不可以被其他函数调用的，那就是 main 主函数。

可以由以下几种方式调用函数。

1）函数作为语句。例如："printf("%d"，m);"即直接写上函数名加上分号。

把函数作为一个语句，函数无返回值，只是完成某种操作。如果没有参数，可以用空括号。例如：

Init();　　　　　　　　　//调初始化函数

Keyscan();　　　　　　　//调键盘扫描函数

2）函数作为表达式中的一个运算对象。例如：

m = max(x，y)是一个赋值表达式，把函数 max 的返回值赋予变量 m。

又如：

sum = c + add(a，b);　　　/* 全加和等于进位加上本位加法和，这里 add(a，b)是

　　　　　　　　　　　　本位加法函数 */

3）函数作为参数。被调用的函数作为另外一个函数的参数，例如："printf（"%d"，max

(x，y))；"即将函数作为另一个函数调用时的实际参数。该语句的作用是将 max 函数的返回值作为 printf 函数的实参。

又如：

```
sub = SUB(c, add(a, b));          //将 add 函数的返回值作为 SUB 函数的参数
```

4）函数可以嵌套调用。函数的嵌套调用方法是一个函数调用另一个函数，而被调用的函数又调用第 3 个函数。

5）函数的递归调用。在调用一个函数的过程中，又直接或间接地调用该函数本身，称为函数的递归调用。只有重入函数才可以递归调用。

6）用函数指针变量调用函数。每一个函数都占据一段存储空间，若用指针变量指向其起始地址，则可以通过该指针变量访问该函数。

指向函数的指针变量格式为：

函数返回值类型标识符（＊指针变量名）（函数形参表）

若指针变量名为 p，函数的定义为 long func（int n），则 long（＊p）（int n）表示定义了一个指向函数的指针变量，用来保存函数入口地址。

指针变量获得函数地址的语句中，只需要给出函数名就可以。例如，若函数名为 func，则 p＝（void ＊）func。

一旦函数指针变量已经指向了函数，则在调用函数时，就可用（＊p）（实参表）代替函数名和实参表。

7）数组作为函数参数。若主函数中定义了赋有初值的一个 10 元素数组 s[10]，而函数 m 的形式参数为数组，则主函数调用函数 m 时，数组 s[10]可以作为实际参数传递到函数，这就是数组作为函数参数。

当用数组作为函数参数时，需要调用函数与被调用函数中分别定义数组，而且实参数组与形参数组的类型应该相同，但大小可以不一致。

5. 对被调用函数的声明（说明）

函数在被调用之前，需要在主调函数中对其进行类型说明，类似于变量使用前需要进行定义声明一样。这样做的目的是为了使编译系统能知道被调函数返回值的类型，以便在主调函数中对返回值做相应的处理。

其一般形式为：

类型说明符　被调函数名（类型形参 1，类型形参 2……）；

或者：

类型说明符　被调函数名（类型，类型……）；

括号内给出了形参的类型和形参名，或只给出形参类型。这样做的目的是便于编译系统进行检错，以防止可能出现的错误。

例如：主调函数对 max 函数的说明为：

```
int max(int x, int y);
```

或者：

```
int max(int, int);
```

并不是所有的函数在主调函数中都需要进行说明，以下几种情况可以省去主调函数中对被调函数的函数说明：

（1）如果函数的返回值类型为字符型或整型，则可以不用说明。当遇到字符型时，C 编译

系统会自动将其转换成整型处理。

（2）函数定义之前，在主函数外部已对其进行了说明，则不需要在后面的主调函数中再对其进行说明。例如：

```
float area(float x, float y);
char name(char n);
main()
{
    ……
    area(x, y);              //在主函数外部已进行了说明，无需再进行说明
    name(n);                //在主函数外部已进行了说明，无需再进行说明
}
float area(float a, float b)
{
    ……
}
char name(char m)
{
    ……
}
```

（3）如果被调函数定义的位置出现在主调函数之前，这时也可以不对被调函数进行说明，可直接调用。因为 C51 编译器在编译主调函数之前，已经预先知道已定义了被调用函数的类型，并自动加以处理。但是，这种函数调用方式存在的问题的是，当程序中编写的函数较多时，若被调函数位置放置不正确，则容易引起编译错误。

（4）对系统库函数的调用则无需再加说明，但必须使用 #include 命令，把函数相应的头文件包含于源文件前部，将所用的函数信息包括到程序中来。例如：

```
# include  <stdio. h>      //将标准输入、输出头文件(在函数库中)包含到程序中来
# include  <math. h>       //将函数库中专用数学库的函数包含到程序中来
```

这样，程序编译时，系统就会自动将函数库中的有关函数调入到程序中去，编译出完整的程序代码。

在编写 C 程序时，如果被调函数出现在主调函数之后，在调用被调函数前，应对被调函数进行声明。例如：

```
#include<reg51. h>
void main()                          //主函数
{
    void Delay _ ms(unsigned int xms);   //被调函数声明，xms 是形式参数
    while(l)
    {
    P0 = 0xff;
    Delay _ ms(1000);                //主调函数
    P0 = 0;
    Delay _ ms(1000);                //主调函数
    }
}
```

```
void Delay _ ms(unsigned int xms)          //函数定义(子函数),xms 是形式参数
{
    unsigned int i, j;
    for(i = xms; i>0; 1 - - )               //i = xms,即延时 xms,xms 由实际参数传入一个值
        for(j = 110; j>0; j - -);           //此处分号不可少
}
```

6. 函数的嵌套调用

函数的嵌套调用与其他语言的子程序嵌套调用的情况类似。在执行被调用函数时,被调用函数又调用了其他函数。函数的嵌套调用如图 4-18 所示。

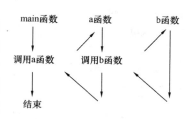

图 4-18　函数的嵌套调用

图 4-18 表示了双层函数嵌套调用的情况:main 函数调用 a 函数时,在执行 a 函数过程中,a 函数调用了 b 函数,b 函数执行完毕后再返回 a 函数的转出点继续执行剩余代码,a 函数执行完毕后再返回到 main 函数的转出点继续执行剩余代码。

【例 4-50】 函数的嵌套调用。

解　main()

```
main()
{
    a();                                     /*在主函数中调用 a()函数*/
}
a()
{
    b();                                     /*在 a()函数中调用 b()函数*/
    printf("路灯节电试验程序! \ n");
}
b()
{
    printf(" * * * * * * * * * * * * * * * \ n");
}
```

程序执行结果为:

```
* * * * * * * * * * * * * * *
路灯节电试验程序!
```

7. 函数的递归调用

一个函数在它的函数体内,直接或间接地调用它自身,则称为函数的递归调用。C 语言是允许递归调用的。在递归调用中,函数即是主调函数,又是被调函数,反复调用自身,每调用一次就进入新的一层。但是为了避免无休止地调用自身的情况,因此一定要在递归函数中设置一个终止调用的手段。常用的办法是使用条件判断语句,一旦条件满足后就终止递归调用,一层一层地返回。

例如:

```
int a(int x)
{
    int y;
    z = a(y);
```

167

```
        return z;
    }
```

可以看出，这是一个递归调用程序，a 函数在函数体中调用了自身，但是也不难发现，这是一个死循环函数，程序将陷入无休止的递归调用过程，因此将这个程序加入一些判断语句，重新编写如下：

```
int a(int n, int x)
{
    int y;
    if(n>0)
        z = a(n-1, y);
    else
        return z;
}
```

现在，在程序中加入了一个变量 n，这个变量就是用来控制递归调用的。当 n>0 时，函数继续调用自身，一旦 n≤0 则终止递归调用，然后逐层返回。

【例 4-51】 计算 x 的 n 次方（x 和 n 均为正整数）。

解
```
    main()
    {
        int a, y;
        scanf("%d,%d", &a, &y);
        printf("%d * * %d = %d\n", a, y, power(a, y));
    }
    power(int x, int n)
    {
        int p;
        if(n>0)
        p = power(x, n-1) * x;
        else
        p = 1;
        return(p);
    }
```

在［例 4-51］中，power 函数通过 power(x，n-1)直接调用它自身，通过变量 n 来控制程序调用的次数，从而实现 x 的 n 次方计算。

递归调用的优点是使程序看上去简洁明了，可以使一些原本复杂的程序简化，但是由于每次调用一个函数时都需要存储空间来保存调用"现场"，以便后面返回，并且递归调用往往涉及同一个函数的反复调用，所以它要占用很大的存储空间，特别是在递归调用次数较多的情况下，将导致程序运行速度较慢。

8. 数组作为函数参数

已知可用任何类型的变量来作为函数的参数，数组同样也可以作为函数参数。用数组作函数参数有两种形式，一种是把数组元素作为实参使用；另一种是把数组名作为函数的形参或实参使用。

（1）数组元素作函数实参。这种形式与普通变量一样，因此它作为函数实参时的使用方法与普通变量是相同的，在调用函数时，把作为实参的数组元素的值传送给形参，实现单向的值传送。

【**例 4-52**】写一个函数，统计字符串中字母的个数。

解
```
int isalp(char c)
{
    if(c>='a'&& c<='z'|| c>='A'&& c<='z')
    return(l);
    else return(0);
}
main()
{
    int i, num = 0;
    char str[255];
    printf("Input a string:");
    gets(str);
    for(i = 0; str[i]! ='\0'; i++)
    if(isalp(str[i])) num++;              /*数组元素的值作为实参传递给形参*/
    puts(str);
    printf("num = %d\n", num);
    getch();
}
```

在［例 4-52］中，首先定义一个整型函数 isalp（），并说明其形参 c 为字符型变量，在其函数体中根据 if 语句判断输出相应的结果。在 main 函数中用一个 gets 语句输入字符给 str，然后通过循环语句调用 isalp 函数，将其返回值用来统计字符串口字母的个数。进一步说明如下：

1）用数组元素作实参时，只要求数组类型与函数的形参类型一致即可，并不要求函数的形参也是下标变量。换句话说，对数组元素的处理是按普通变量来对待的。

2）当普通变量或下标变量作为函数参数时，形参变量和实参变量是由编译系统分配的两个不同的内存单元。在函数调用时发生的值传送，是把实参变量的值赋予形参变量。

（2）数组名作为函数参数。用数组名与用数组元素作为函数实参的不同如下：

1）用数组元素作函数参数时的处理是按普通变量来对待的，但用数组名作函数参数时，则要求形参和相对应的实参都必须是类型相同的数组，都必须有明确的数组说明。当形参、实参二者不一致时，即会发生错误。

2）当普通变量或数组元素作为函数参数时，变量是由编译器分配的两个不同的内存单元。在函数调用时，实参变量的值将赋予形参变量。在用数组名作为函数参数时，不是进行值的传送，并不是把实参数组的每一个元素的值都赋予形参数组的各个元素。因为实际上形参数组并不存在，编译器不会为形参数组分配内存。看到这里，或许读者会问，那么数据到底如何传送的呢？前面曾介绍过，数组名就是数组的首地址。数组名作为函数参数时，其实是将地址进行了传送，即将实参数组的首地址赋予形参数组名。因此，形参数组和实参数组实就是同一个数组，它们共同占用一段内存空间。

从图 4-19 中，可以直观地看出它们之间的关系。设 a 为整型数组，其起始地址为 2000，由此开始连续若干内存空间被 a 占用，b 为形参数组。当函数被调用时，进行地址传送，把实参数组 a 的首地址传送给形参数组名 b，于是 b 的首地址便为 2000。因此 a、b 两数组共占 2000 为首地址的一段连续内存单元。从图中还可以看出 a 和 b 下标相同的元素实际上也占相同的两个内存单元（整型数组每个元素占 2 个字节）。如 a[1]和 b[1]都占用 2002 和 2003 单元，当然 a[1]等于 b[1]。依次类推则有 a[i]等于 b[i]。

图 4-19　数组元素分布

【例 4-53】有一个一维数组 score，内放 10 个学生的成绩，求平均成绩。

解

```
float average( float array[10])
    {
        int i;
        float aver, sum = array[0];
        for(i = 1; i<10; i++)
        sum = sum + array[i];
        aver = sum/10;
        return( aver);
    }
void main(void)
    {
        float score[10], aver;
        int i;
        printf("input 10 scores: \ n");
        for(i=0; i<10; i++)
        scanf(" % f", &score[i]);
        printf(" \ n");
        aver = average(score);
        printf("average score is % 5.2f", aver);
    }
```

运行情况如下：

input 10 scores：

56 78 98.5 76 87 99 67.5 100 75 97✓

average score is 83.40

3）变量作函数参数时，传送的值是单向的，即只能从实参传向形参，而不能从形参传回实参。形参的初值与实参相同，如果程序中形参的值发生了改变，但实参值仍保持不变。而当用数组名作函数参数时就不一样了，由于形参和实参共享一组内存空间，因此当形参数组发生变化时，实参数组也随之变化。

9. C51 的内部函数

C51 提供的本征函数经过编译后直接插入代码当前行，具有访问函数效率高的特点。

（1）本征函数 intrins. h。

＿crol＿（unsigned c，unsigned b）将字符 c 左移 b 位。

＿cror＿（unsigned c，unsigned b）将字符 c 右移 b 位。

＿irol＿（int i，unsigned b）将整数 i 左移 b 位。

＿iror＿（int i，unsigned b）将整数 i 右移 b 位。

＿lrol＿（long l，unsigned b）将整数 l 左移 b 位。

＿lror＿（long l，unsigned b）将整数 l 右移 b 位。

＿nop＿　插入 NOP，延时一个机器周期。

＿testbit＿（bit）相当于 JBC 指令，测试该位变量并同时清除该位，只能测试可直接寻址的位变量，该函数返回 b 的值。

＿chkfloat＿　检测浮点数状态。

＿nop()＿是 void 型的，而＿crol＿等函数是值传递的，程序中应该使用赋值语句 temp＝＿crol＿（terup，1）。

【例 4-54】 某单片机电路的 C 程序中，利用 C51 自带的库函数＿crol＿（），实现 500ms 间隔的流水灯的程序。

```
解    # include ＜reg52. h＞          //52 单片机头文件
      # include ＜intrins. h＞         //包含＿crol＿函数所在的头文件
      # define uint unsigned int      //宏定义
      # define uchar unsigned char
      void delayms(uint);            //声明子函数
      uchar zy;                      //定义一个变量，用来给 P1 端口赋值
      void main()                    //主函数
      {
          aa = 0xfe;                 //赋初值 11111110
          while(1)                   //大循环
          {
              P1 = aa;               //先点亮第一个发光管
              delayms(500);          //延时 500ms，即 0.5s
              zy = _crol_(zy, 1);    //将 zy 循环左移 1 位后再赋给 zy
          }
      }
      void delayms(uint xms)          //延时子函数
      {
          nint i, j;
          for(i = xms; i＞0; i－－)    //i = xms 即延时约 xms  ms
              for(j = 110; j＞0; j－－);
      }
```

该例中的"zy＝＿crol＿（zy，1）；"语句，因为＿crol＿是一个带返回值的函数，本句在执行时，先执行等号右边的表达式，即将 zy 这个变量循环左移一位，然后将结果再重新赋给 zy 变量，如 zy 初值为 0xfe，二进制为 1111 1110，执行此函数时，将它循环左移一位后变为 1111 1101，即 0xfd，然后再将 0xfd 重新赋给 zy 变量，当 while(1) 中的最后一条语句执行之后，将返回到 while(1) 中的第一语句重新执行，此时 zy 的值变成为 0xfd。

（2）绝对地址存取库函数 absacc. h。利用 3 字节通用指针作为抽象指针，为各个存储空间提供绝对地址访问技术。在程序中，用"♯include＜absacc. h＞"即可使用其中定义的宏来访问绝对地址，包括函数 CBYTE、XBYTE、PWORD、DBYTE、CWORD、XWORD、PBYTE、DWORD。

1）以字节（char）为存取对象：

```
#define CBYTE  ((unsigned char *)  0x50000L)      //code 空间
#define DBYTE  ((unsigned char *)  0x40000L)      //data 空间
#define PBYTE ((unsigned char *)  0x30000L)       //cdata 空间
#define XBYTE ((unsigned char *)  0x20000L)       //xdata 空间
```

2）以字（int）为存取对象：

```
#define CWORD  ((unsigned int *)  0x50000L)       //code 空间
#define DWORD  ((unsigned int *)  0x40000L)       //data 空间
#define PWORD  ((unsigned int *)  0x30000L)       //cdata 空间
#define XWORD  ((unsigned int *)  0x20000L)       //xdata 空间
```

3）绝对对象存取举例：

```
val = CBYTE[0x0002];      //从程序存储器地址 0002 中读出内容
val = DBYTE[0x0002];      //从 data 存储器地址 0002 中读出数据
DBYTE[0x0002] = 5;        //向 data 存储器地址 0002 中写入数据
```

4.5.5　局部变量和全局变量

一个变量在定义了之后，并不能在程序的任何地方都可以使用这个变量，因为任何一个变量都有它的管辖范围（作用域），只有在变量的作用域内才能使用这个变量。在 C 语言中，如果按作用域分，变量可分为局部变量和全局变量。

1. 局部变量

在一个函数内部定义的变量称为局部变量，其作用域在本函数范围内，即局部变量只能在定义它的函数内部使用，而不能在其他函数内部使用。例如：

```
float a(int n)
{
    int x, y;
}
```

变量 n、x、y 只在函数 a 中有效。

```
main()
{
    int m, n;
}
```

变量 m、n 在 main 函数内部有效。

说明如下：

（1）main 函数作为主函数，也是一个函数，它内部定义的变量也只能在 main 函数内部使用，而不能在其他函数内部使用 main 函数内部定义的变量。

（2）不同的函数中可以使用相同的变量名，但它们是不同的变量。函数在执行时，系统要为它分配一块单独的内存。所以虽然变量名是相同的，但系统看到它们定义在不同的函数中，就认为它们是不同的变量。这样可以在函数内部，根据需要设置任何的变量名。如果不是这样，那么在一个函数内部定义了一个变量名后，在其他函数内部就不能再使用相同的变量名了。

（3）形参也属于局部变量，作用范围在定义它的函数内部。所以在定义形参和函数体内的变量时肯定是不能重名的。

（4）在复合语句内部也可以定义变量，这些变量的作用域只在本复合语句内。只在需要的时候再定义变量，这样做可以提高内存的利用率。例如：

```
f(int m)
{
    int n;
    {
        int s; s = m + n;        //变量 s 只在此复合语句内起作用
    }
}
```

【例 4-55】分析下段 C 程序。

解　
```
main()
{
    int i = 5, j = 5, k;
      k = i + j;
    {
        int k = 12;
        printf(" % d \ n", k);
    }
    printf(" % d \ n", k);
}
```

在［例 4-55］中，main 函数定义了 i、j、k 三个变量，其中变量 k 未赋初值。而在复合语句内又定义了一个变量 k，并赋初值为 12。注意这两个 k 是两个变量。在复合语句外程序部分，由 main 函数中定义的 k 起作用，而在复合语句内则由在复合语句内定义的 k 起作用。因此程序第 4 行的 k 为 main 所定义，其值应为 10。第 7 行输出的 k 值，因为它在复合语句内，由复合语句内定义的 k 起作用，其初值为 12，所以输出值为 12；第 9 行输出 k 值，因为在复合语句之外，输出的 k 应为 main 所定义的 k，所以 k 值由第 4 行已获得，即 10，故输出也为 10。

2. 全局变量

全局变量也称外部变量，是在函数外部定义的变量。它不属于哪一个函数，而属于一个源程序文件。全局变量可以为源程序文件中其他函数所共用，其有效范围从定义变量的位置开始到本源程序文件结束。

例如：

```
int a, b;              //外部变量 a, b
void f1()              //函数 f1
{
    ……
}
float x, y;            //外部变量 x, y
int f2()               //函数 f2
```

```
    {
        ……
    }
    main()                    //主函数
    {
        ……
    }
```

从［例4-55］中不难看出，a、b、x、y都是在函数外部定义的外部变量，所以是全局变量。但是x、y定义在f1函数的后面，f1函数内没有对x、y的说明语句，所以x、y在f1函数内是无法使用的。a、b定义在源程序首行，因此在f1、f2、main函数中无需加入说明语句。

【例4-58】外部变量与局部变量同名时的情况。

解
```
    int a = 5, b = 7;               /* a，b为外部变量 */
    max(int a, int b)               /* a，b为外部变量 */
    {
        int c;
        c = a>b? a: b;
        return(c);
    }
    main()
    {
        int a = 10;
        printf("%d\n", max(a, b));
    }
```
运行结果：10

通过对全局变量的分析，应用全局变量时，应掌握如下原则：

（1）设全局变量的作用是为了增加函数间数据联系的渠道。

（2）建议非必要情况不使用全局变量，因为：①全局变量在程序的全部执行过程中都占用存储单元，而不是仅在需要时才开辟存储单元；②它使函数的通用性降低了；③使用全局变量过多，会降低程序的清晰性，往往难以清楚地判断出每个瞬时各个外部变量的值。

（3）如果在同一个源程序文件中，外部变量与局部变量同名，则在局部变量的作用范围内，外部变量被"屏蔽"，它不起作用。

4.5.6　变量的存储种类

变量的存储种类有4种：自动（auto）变量、外部（extern）变量、静态（static）变量和寄存器（register）变量。

1. 自动变量

在定义变量时，如果未写变量的存储种类，则默认状态下为自动变量，自动变量由系统为其自动分配存储空间。例如：
```
    unsigned char a;          //a是一个无符号字符型自动变量
    unsigned int b;           //b是一个无符号整型自动变量
```

为了书写方便，经常使用简化形式来定义变量的数据类型，其方法是在源程序的开头使用#difine语句。例如：

```
#define uchar unsigned char
#define uint unsigned int
```

经以上宏定义后，在后面就可以用 uchar、uint 定义变量了。例如：

uchar a;　　//a 是一个无符号字符型自动变量

uint b;　　//b 是一个无符号整型自动变量

2. 静态变量

若变量前加有 static，则该变量为静态变量。例如：

static　unsigned char a;,　　//a 是一个无符号字符型静态变量

静态变量既可在函数外定义，也可在函数内定义，一般情况下，在函数内部进行定义，这种静态变量称为静态局部变量。

静态局部变量的值在函数调用结束后不消失而保留原值，即占用的存储单元不释放，在下一次调用函数时，该变量的值是上次已有的值。这一点与自动变量不同，自动变量在调用结束后其值消失，即占用的存储单元将被释放。

另外，在定义变量时，如果不赋初值，则对于静态局部变量来说，编译时自动赋初值 0（对数值型变量）或空字符（对字符变量）；而对于自动变量来说，如果不赋初值，它的值是一个不确定的值。这是由于每次函数调用结束后自动变量的存储单元已释放，下次调用时又重新分配新的存储单元，而分配的单元中的值是不确定的。

3. 外部变量

如果一个程序包括两个文件，两个文件都要用到同一个变量（例如 a），不能分别在两个文件中各自定义一个变量 a，否则在进行程序编译连接时会出现"重复定义"的错误。正确的做法是：在第一个文件中定义全局变量 a，在第二个文件中用 extern 对全局变量 a 进行"外部声明"。这样，在编译连接时，系统就会知道 a 是一个已在别处定义的外部全局变量，在本文件中就可以合法地引用变量 a 了。具体定义如下：

第一个文件对变量 a 的定义：

unsigned char a;　　//a 是一个无符号字符型变量，注意要在函数外部定义，即定义成全局变量

第二个文件对变量 a 的定义：

extern a;　　//a 在另一个文件中已进行定义

另外需要说明的是，在 C51 中，除了外部变量外，还有外部函数。如果有一个函数前面有关键字 extern，表示此函数是在其他文件中定义过的外部函数。

4. 寄存器变量

如果有一些变量使用频繁，为了提高执行效率，可以将变量放在 CPU 的寄存器中，需要时从寄存器中取出，不必再从内存中去存取。由于对寄存器的存取速度远高于对内存的存取速度，因此这样做可提高执行效率。这种变量叫做寄存器变量，用关键字 register 进行声明。

4.6　指　　针

指针是 C 语言中一个非常重要的概念，也是 C 语言的一个重要特色。指针的概念比较复杂，但使用比较灵活，每一个学习和使用 C 语言的人，都应当深入学习和掌握指针，没有掌握指针就没有掌握 C 语言的精华。计算机或单片机在执行程序时，$60\% \sim 70\%$ 的时间都在寻找地址，因此引入指针变量可以直接对内存中的不同数据进行快速处理。

指针为函数间各类数据（特别是复杂数据类型的数据）在函数之间的传递提供了简洁便利的方法，可以使程序更加简洁、紧凑、高效。因此，只有正确、灵活地使用指针，才能够编写出简洁明快、功能强大、质量高的程序。

4.6.1 指针的基本概念

计算机最基本的功能之一就是具有记忆功能，计算机记忆数据的基本方法是将其转换为二进制后存放在存储器中。

存储器由数量很大的一个个存储单元组成，为了便于管理，必须给每个单元编号，该编号通常由十六进制数表示，称为地址码，简称地址。它类似于一座宾馆内每个房间的门号。C 程序中的变量都存储在具有确定地址的存储单元中。

指针的本质就是地址，指针变量是一种专门用来在存储器中存储地址的特殊变量。在前面的章节中，已提到访问某个数据其实质是先找到存放这个数据的存储单元（地址），然后再找到这个地址中所存储的数据。指针就是先使指针变量指向某个变量的地址，然后通过对指针的操作实现对这个变量的操作。这种操作尤其是针对数组、结构体等复杂数据类型时非常简便。

1. 指针的含义

变量的指针就是变量的地址。为操作指针，常将指针用变量表示，所以指针又称为指针变量，是用于存放其他变量的地址。指针变量包含的是内存地址，而该地址便是另一个变量在内存中存储的位置。指针本身也是一种变量，和其他变量一样，要占有一定数量的存储空间，用来存放指针值（即指针变量的地址）。简言之，变量的指针就是变量的地址，存放变量地址的变量称为指针变量，简称指针。

程序对变量进行存取操作，实际上就是对某个地址的存储单元进行操作。这种直接按变量的地址存取变量值的方式称为"直接存取"方式。

当一个变量的地址被存放到一个指针变量中后，称该指针变量指向了该变量。当一个指针变量指向一个变量后，在对该变量进行访问时，可以首先从相应的指针变量中取出变量的地址，然后在该地址对应的存储单元中进行数据读写，从而实现数据的间接访问。

下面结合图 4-20 进一步说明指针变量的含义。在讲解之前，先做一下声明：因为单片机内存的存储空间是连续的，内存中的地址号也是连续的，并且用二进制数来表示，但是为了直观，这里用十进制数进行描述。另外，在实际编程中，只需在程序中指出变量名即可，无须知道每个变量在内存中的具体地址，每个变量与具体地址的联系由 C51 编译器来完成。图 4-20 中的地址编号是假设的。

在图 4-20 中，假设程序中定义了一个整型变量 a，其值为 10，并且 C51 编译器将地址为 1000 和 1001 的 2 字节内存单元分配给了变量 a。现在，再定义一个变量 ap（指针变量），它也有自己的地址（2010）。若将变量 a 的内存地址（1000）存放到变量 ap 中，这时要访问变量 a 所代表的存储单元，可以先找到变量 ap 的地址（2010），从中取出 a 的地址（1000），然后再去访问以 1000 为首地址的存储单元。这种通过变量 ap 间接得到变量 a 的地址，然后再存取变量 a 值的方式称为"间接存取"方式，ap 称为指向变量 a 的指针变量。

应注意，使用指针进行间接访问的，必须弄清变量的指针和指针变量这两个概念。

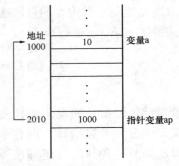

图 4-20　指针变量的应用示意图

变量的指针：变量的指针就是变量的地址，对于上面提到的变量 a 而言，其指针就是 1000。

指针变量：若有一个变量存放的是另一个变量的地址，则该变量就是指针变量，上面提到的 ap 就是一个指针变量，因为 ap 中（即 2010 地址单元）存放着变量 a 的地址 1000。

2. 指针的作用

对变量来说，变量名是数据的名字，变量的值是数据。

对存储单元来说，存储单元地址是该单元的编号，是该存储单元的地址；存储单元的内容是存储单元内的数据。变量名与存储单元的地址对应，变量的值与存储单元内的数据对应。

在汇编语言中，可以给变量直接指定地址。例如，"x EQU 55H"指定变量 x 的地址为 55H。在 C 语言中，定义变量 x 的语句为"unsigned char x"，没有指定变量在存储器中的地址，其具体地址需要编译器和链接器确定。若在程序中需要知道 x 变量的具体地址，还要对该地址实现算术操作，则不仅需要得到该地址，而且要将该地址赋予一个变量。指针就是为了实现直接对变量地址操作而引入的概念。

C 语言及 C51 语言中引入指针类型变量，不仅简单地实现了类似于机器间址操作的指令，更重要的是使用指针可以实现程序设计中利用其他数据类型很难实现甚至无法实现的工作。指针的作用主要体现在以下几点：

（1）可以使程序实现简洁化，使代码更为紧凑和高效化，提高了程序的效率；

（2）便于函数修改其调用的参数，为函数之间提供简洁而便利的参数传递方法；

（3）可以实现动态分配存储空间；

（4）可以使程序员浏览整个内存空间从而能够改变内存中的数据。

任何事物都具有两面性，指针的优点虽然很多，但对指针的操作又是一项颇具"危险性"的工作。不正确地使用指针可能会将数据错误地写到别的存储单元，覆盖不应该覆盖的值，造成严重的数据损失，甚至可能使整个软件系统不能正常工作。由此可见，在使用指针时，必须深刻领会其设计要领。

4.6.2　指针变量和指针运算符

1. 指针变量的定义

指针变量是存放地址的变量，和其他变量一样，必须在使用之前，对其进行说明。也就是说，必须先定义后使用。

指针定义格式的一般形式为：

类型说明符　* 指针变量名；

对指针定义做以下说明：

（1）指针类型是指指针所指向变量中存放数据的类型。

（2）指针变量名是指针的名字，它遵循标识符的命名规则。

（3）"*"符号可以靠近定义中任何一个部分，甚至也可以独立地放在中间，在这里"*"主要起标识作用，用于说明定义的变量为指针变量。

例如：

int * ap;　　　　　　/* 定义一个指向整型变量的指针变量 ap，或解释为指针变量 ap 是指向 int 类型变量的指针。指针变量 ap 存放的是地址，变量 * ap 存放的是数值 */

char * str;　　　　　/* 指针变量 str 是指向 char 类型变量的指针 */

float * f1;　　　　　/* 指针变量 f1 是指向 float 类型变量的指针 */

static int * point_2;/* 指针变量 point_2 是指向 int 类型变量的指针，并且该指针本身的存储类型

```
                     是静态变量 */
int * pf_1();            /* pf_1()是一个函数,该函数返回指向 int 类型变量的指针 */
int( * pf_2)();          /* pf_2 是指向一个函数的指针,该函数返回 int 类型变量 */
```

应注意,指针变量的值表达的是某个数据对象的地址,只允许取正的整数值,然而,不能因此将它与整数类型变量相混淆。

2. 指针运算符

指针变量中只能存放地址,其最基本的运算符是"&"和"*"。

(1) 取地址运算符"&"。在 C 程序设计中,一个变量在内存中存放时具有确定的地址,但是对于程序设计者来说,具体地址是多少并不重要。使用取地址运算符"&"可以获得一个变量在内存中的地址。它只能用于一个具体的变量或数组元素,不可用于表达式。

例如:

```
int n, * p_1;
n = 500;
p_1 = &n;
```

这段程序是将整型变量 n 的地址赋值给指针变量 p_1。

(2) 指针运算符"*",或称"间接访问"运算符。在指针变量的前面添加"*"运算符可以获得该指针所指向变量的值,因此将"*"运算符也称为取内容运算符。

例如:

```
int m, n, * p_2;         /* 定义变量和指针变量 */
m = 500;                 /* 变量 m 的初始化 */
p_2 = &m;                /* 指针的定向 */
n = * p_2;               /* 将指针所指向变量的值赋给变量 n */
```

这段程序是将整型变量 m 的地址赋值给指针变量 p_2,然后通过使用"* p_2"间接取变量 m 的值,将其赋值给 n,其作用与 m=n 是一样的,但是运用了指针变量。

"&"与"*"运算符互为逆运算,"&"与"*"可相互抵消。例如,对指针变量 p_3(存放的是地址)指向的目标变量 * p_3(存放的是数值)实行取址运算 &(* p_3),其结果就是 p_3;对变量 a 的地址实行取值运算 * (&a),其结果就是 a。应注意,a 与 * p_3 同级别可写成 a= * p_3 或 * p_3=a,p_3 与 &a 同级别可写成 p_3=&a,但是决不可以写成 &a=p_3,也不能写成 p_3=a。

3. 指针的初始化和赋值运算

对指针变量赋地址,即指针的初始化。指针的初始化往往与指针的定义说明同时完成,它的一般格式为:

```
类型说明符    *指针变量名 = 初始地址值;
```

例如:

```
char cl;
char * cp = &cl;
```

注意:

(1) 任何一个指针在使用之前,必须加以定义说明,必须经过初始化,未经过初始化的指针变量禁止使用。

(2) 在说明语句中初始化,也是把初始地址值赋给指针变量,只有在说明语句中,才允许这样写,而在赋值语句中,变量的地址只能赋给指针变量本身。

（3）指针变量初始化时，变量应在前面说明过，这样才可以使用"& 变量名"作为指针变量的初始值，否则编译时将会出错。

（4）必须以同类型数据的地址来进行指针初始化，即赋值运算操作仅限制在同类之间才可以实现。

【例 4-57】 指针变量的引用。

解
```
main()
{
    int x = 100
    int * p _ l = &x, * p _ 2;        / * p _ l 指向 x * /
    p _ 2 = p _ 1;                    / * p - 2 指向 x * /
    printf("% d \ n", * p _ 2);
}
```
执行结果：100

【例 4-58】 指针变量的运算。

解
```
main()
{
    char c = 'A';                    / * 变量 c 的初始值为'A' * /
    char * charp = &c;               / * 变量 c 的地址作为指针变量 charp 的初始值 * /
    printf("% c % c \ n", c, * charp);
    c = 'B';                         / * 变量 c 赋值为'B' * /
     printf("% c % c \ n", c, * charp);
    * charp = 'a';                   / * 将指针变量 charp 所指向地址的内容改为'a' * /
    printf("% c % c \ n", c, * charp);
}
```
执行结果应显示：

AA

BB

Aa

4．sizeof 运算符

使用 sizeof 运算符可以准确地得到在当前所使用的系统中某一数据类型所占字节数，它的格式为：

sizeof(类型说明符)

其运算值为该类型变量所占字节数，用输出语句可方便地打印出有关信息，例如：

printf("% d \ n", sizeof(int));

printf("% d \ n", sizeof(float));

printf("% d \ n", sizeof(char));

5．指针的算术运算

所谓指针的算术运算，就是指按地址计算规则进行。由于地址计算与相应数据类型所占字节数有关，所以指针的算术运算应考虑指针所指向的数据类型。指针的算术运算只有如下四种。

（1）指针自增 1 运算符"++"和指针自减 1 运算符"−−"。指针的自增 1 运算是指指针向后移动一个数据的位置，所谓一个数据的位置就是指一数据类型所占的字节数，即指向的地址为原来地址＋sizeof（类型说明符）。

例如：

int a，＊p；

p＝&a；

p＋＋；

这段程序的结果是，指针变量 p 指向了变量 a 的地址＋sizeof（a）的位置。

（2）指针变量的加运算符"＋"和指针变量的减运算符"一"。指针变量 p 加（＋）正整数 n，表示指针向后移过 n 个数据类型，使该指针所指向的地址变为原指向的地址＋sizeof（类型说明符）＊n。指针变量减（一）正整数 n，表示指针往前移回 n 个数据，使该指针所指向的地址变为原指向的地址－sizeof（类型说明符）＊n。

6. 指针的关系运算

指针也可以进行关系运算，只有指向同一种数据类型的指针，才有可能进行各种关系运算。指针的关系运算符包括＝＝、！＝、<、<＝、>、>＝。例如：

p1＝＝p2　　　 /＊若成立，则表示 p1 和 p2 指向同一数组元素＊/

p2＞p1　　　 /＊若成立，则表示 p2 处于高地址位置＊/

p2＜p1　　　 /＊若成立，则表示 p2 处于低地址位置＊/

指针的关系运算实际是指对两个指针所指向的地址进行比较。两个不同类型的指针进行比较是没有意义的，与常量、变量比较也没有意义。但是有一种情况是例外的，指针常常与常量 0 进行比较，用来判断是否为空指针。例如，有一个指针 p，可以使用 p＝＝0 或 p！＝0 来判断其是否为空指针。

7. 空运算

对指针变量赋空值和不赋值是不同的。指针变量未赋值时，可以是任意值，但不能使用，否则将造成意外错误。而指针变量赋空值 NULL 后，则可以使用，只是它不指向具体的变量而已。例如：

#define NULL 0

int ＊p＝NULL；

8. 使用指针编程的常见错误

（1）使用未初始化的指针变量。例如：

main()

{

  int a，＊p1；

  a＝0；

  ＊p1＝a；　　　　　　　　 /＊指针变量 p1 未初始化＊/

  ……

}

（2）指针变量所指向的数据类型与其定义的类型不符。例如：

main()

{

  float x，y；

  short int ＊p2；

  p2＝&x；　　　　　　　　 /＊变量 x 与指针变量 p2 数据类型不符＊/

  y＝＊p2；　　　　　　　　 /＊变量 y 与指针变量 p2 数据类型不符＊/

```
      ......
}
```

（3）指针的错误赋值。例如：

```
main()
{
    int x, * p3;
    x = 10;
    p3 = x;                         /* 错误的赋值方式 */
    ......
}
```

（4）用局部变量的地址去初始化静态的指针变量。例如：

```
int glo _ a;
func()
{
    int loc _ 1, loc _ 2;
    static int * glo _ p = &glo _ a;
    static int * loc _ p = &loc _ 1;      /* 用局部变量 loc _ 1 的地址去初始化静态的指针 loc _ p */
    int * p = &loc _ 2;
    ......
}
```

4.6.3　指针与函数参数

指针在函数调用中，可以作为参数，以此来改变主调函数中的变量值。一般的变量作函数参数时，其值的传递都是单向的，但是指针作参数时却不是，看以下两个实际的例子。

【例 4-59】 x 和 y 的值互换。

解
```
      swapl(x, y)
      int x, y;                 /* 局部变量不能带出函数 */
      {
          int temp;
          temp = x;
          x = y;
          y = temp;
      }
      main()
      {
          int a, b;
          a = 10;
          b = 20;
          swapl(a, b);
          printf("a = d % d b =  % d \ n", a, b);
      }
      执行结果：
      a = 10 b = 20
```

从该程序中可以看出，被调函数不能影响主调函数中变量的值。虽然 swapl（）函数中，

x 和 y 的值互相交换了，但 x 和 y 是局部变量，主函数对 swapl（a，b）的调用是"传值"调用，x 与 y 的交换结果，不能影响调用者中的变量 a 和 b，因此变量 a 与 b 的值并未交换。

现在换一种方式，用指针作为函数参数。

【例 4-60】x 和 y 值互换。

解
```
swap2(px, py)
int * px, * py;                          /* 地址变量 */
    {
        int temp;
        temp = * px;
        * px = * py;
        * py = temp;                     /* 返回后地址变量释放 */
    }
    main()
    {
        int a, b;
a = 10;
b = 20;
swap2 (&a, &b);                          /* 传地址 */
printf ( "a= % d b= % d \ n", a, b);     /* 得到交换的值 */
}
```

执行结果：

a = 20 b = 10

从该程序中可以看出，使用了指针作为函数的参数，a 与 b 的地址，即 &a 与 &b 并未交换，但是它们的值已经交换了。

4.6.4 指针、数组和字符串指针

1. 指针和数组

用指针和用数组名访问内存的方式几乎完全一样，但是又有着微妙而重要的差别，即指针是地址变量，数组名则是固定的某个地址，是常量。

若定义一个数组"int a[10]；"，那么这个数组 a 则在内存中占有从一个基地址开始的一块足够大的连续的空间，用来容下 a[0]，a[1]，…，a[9]。基地址（或称为首地址）是 a[0]存放的地址，其他依下标顺序排列。若定义一个指针"int * p；p＝a；"，则表示"p＝&a[0]；"，即 p 指向 a[0]，p＋1 指向 a[1]，p＋2 指向 a[2]，以此类推。

说明：在 C 语言中，数组名本身也是指向 0 号元素的地址常量。因此，p＝&a[0]可写成 P＝a，a 作常量指针，它指向 a[0]。p＝a＋i 与 p＝&a[i]等价，故数组名可作指针用，它指向 0 号元素。p＋i 指向 a[i]，a＋i 也指向 a[i]，这样 a[i]与 *（p＋i）或 *（a＋i）可看成是等价的，可互相替代使用。

注意：由于 a 只是数组名，是地址常量，而不是指针变量，所以可以写成 p＝a，但不能写成 a＝p，可以用 p++，但不能用 a++。

2. 字符串指针

char 类型的数据是用来处理字符串的，而数组又可用相应数据类型的指针来处理，所以可以用 char 型指针来处理字符串。通常把 char 型指针称为字符串指针或字符指针。

【例 4-61】 strlen（）是使用字符串指针来计算字符串长度的函数。

解　strlen(s)

　　char ∗ S;

　　{

　　　int n;

　　　for(n = 0；∗ s! = '\ 0'；s + +)

　　　n + +

　　　return(n);

　　}

　　main( )

　　{

　　　static char str[] = {"Program"};

　　　printf("% c \ n", ∗ str);

　　　printf("% d \ n", strlen(str));

　　　printf("% c \ n", ∗(str + 1));

　　}

　　执行结果:

　　P

　　7

　　r

　　定义字符指针可以直接用字符串来作为初始值，来实现初始化，可以将程序中的 "char str [] = { "Program"};" 改写成:

　　char ∗ str = "Program";

　　或者:

　　char ∗ str;

　　str = "Program";

　　应注意，这样的赋值并不是将字符串复制到指针中，只是使字符指针指向字符串的首地址。但对于数组，例如:

　　char str[10];

　　str = "Program";

这样写是不对的，str 是数组名，而不是指针，只能按字符数组初始化操作，即:

　　static char str[] = {"Program"};

当字符串常量作为参数（实参）传递给函数时，实际传递的是指向该字符串的指针，并未进行字符串复制。

【例 4-62】 向字符指针赋字符串。

解　main( )

　　{

　　　char s1 = "Hello!";　　　　　　　　　　　/ ∗ 相当于 s1 数组 ∗ /

　　　char ∗ p;

　　　while(∗ s! = '\ 0')

　　　printf(" % c", ∗ s + +);

　　　printf(" \ n");

　　　p = "Good bye!";　　　　　　　　　　　　/ ∗ 指针指向字符串 ∗ /

183

```
        while( * p!  = ' \ 0')
            printf( " % c", * p+ + );
            printf( " \ n");
    }
```

执行结果：

Hello!

Good bye!

在该例中字符串是逐个字符输出的，也可以字符指针为变量，以字符串形式输出，例如：

printf（ "%s", s);

或

printf（ "%s", p);

【例 4-63】 以字符指针为参数来调用串比较函数 strcomp（）。

解
```
        strcomp(s,  t)
        char * s, * t;                              /*形式参数为字符指针*/
        {
            for(;  * s= = * t;  s+ + ,  t+ + )
            if( * s= = ' \ 0')
            return(0);
            return( * s- * t);                      /*字符串相同返回零值*/
        }
        main()
        {
            static char s1[] = {"Program"};
            char * s2 = "Hello!";
            printf( " % d \ n", strcomp( s1,  s2));
            printf( " % d \ n", strcomp("Hello", s2));
        }
```

strcomp（）函数的形参 s 和 t 初值已由实参传递过来，所以 for 语句的第一个表达式可以省略不写。

用指针处理字符串的复制，比用数组处理更精练，例如：

```
strcpy( s,  t)
char * s, * t;
{
    while( * s+ +  =  * t+ +);
}
```

如果用数组处理则要复杂些，例如：

```
strcpy(s,  t)
char s[],  t[];
{
    int i;
    i = 0;
    while((s[i] = t[i])!  = ' \ 0')
    i+ + ;
```

```
}
```

直接演化出指针处理，例如：

```
strcpy(s, t)
char * s, * t;
{
    while((* s = * t)! = '\ 0')
    {
        s + +;
        t + +;
    }
}
```

第一段程序是第三段程序的进一步简化，而且不必进行与 '\ 0' 的比较。

4.6.5　指针数组

1. 指针数组的定义和说明

同一类型的指针变量的集合，称为指针数组。换句话说，一个数组里面的元素是指针变量，则称为指针数组。这些指针变量都为相同的存储类型，并且指向的目标数据类型也是相同的。

指针数组的一般表示格式为：

类型说明符　　* 指针数组名[元素个数];

例如：

float * p _ 1 [10];

p _ 1 [10] 是一个指针数组，含有 10 个指针，并指向 float 型的数据。

2. 指针数组的初始化

指针数组的初始化可以与定义说明同时进行。与一般数组一样，只有全局的或静态的指针数组才可进行初始化。另外，不能用局部变量的地址去初始化静态指针。

【例 4-64】指针数组。

解
```
main()
{
    static int b[2][3] = {{1, 2, 3}, {4, 5, 6}};
    static int * pb[] = {b[0], b[1]};        / * 指针数组指向行首 * /
    int i, j;
    for(i = 0; i<2; i + +)
    {
        for(j = 0; j<3; j + +)
            printf("b[ % d][ % d] = % d", i, j, * (pb[i] + j));
        printf("\ n")
    }
}
```

执行结果：

b[0][0] = 1　b[0][1] = 2 b[0][2] = 3

b[1][0] = 4 b[1][1] = 5 b[1][2] = 6

在这个例子中，将一个二维数组 b[2][3] 分解成两个一维数组。它们的首地址分别为 b[0]

和 b[1]，也可以理解为第一行的首地址和第二行的首地址，并赋给指针 pb[0] 和 pb[1]。

3. 字符指针数组

字符指针可以用来处理一个字符串，字符指针数组则可以用来处理多个字符串。

【例 4-65】 用字符指针数组处理多个字符串。

解　main()

```
{
    void sort();
    void print();
    static char * name[] = {"Follow me", "BASIC", "Great Wall", "FORTRAN", "Computer design"}
                                            /* 指针数组指向各字符串 */
    int n = 5;
    sort(name, n);
    print(name, n);
}
void sort(name, n)
char * name[]; int n;
{
    char * temp;
    int i, j, k;
    for(i = 0; i + + ; i<n)
    {
        k = i;
        for(j = i + 1; j + + ; j<n)                /* 指向各字符串的比较 */
        if (name[j]<name[i]) k = j;
        if(k! = i)
        {temp = name[i]; name[i] = name[k]; name[k] = temp;}
    }
}
void print(name, n)
char * name[]; int n;
{
    int i;
    for(i = 0; i printf("% s \ n", name[i]);        /* 按排好指定的顺序，指向输出字符串 */
}
```

运行结果为：

BASIC

Computer design

FORTRAN

Follow me

Great Wall

4.6.6　多级指针

所谓多级指针，指的就是指针的指针，也就出现了多级间址访问的现象。多级指针也称指针链，一般很少有超过二级的指针，过多的级数会使程序维护困难，而且也容易出错。因此，常用的多级指针也只是二级指针，它的一般格式为：

  类型说明符　＊＊指针变量名；

  例如：

  int ＊ ＊p；

  static char ＊ ＊charp；

【例 4-66】 二级指针的应用。

解　main( )

```
    {
        int x, * p, * * q;
        x = 10;
        p = &x;
        q = &p;
        printf(" % d \ n", * * q);
    }
```

在实际使用中，二级指针常用来处理字符指针数组。

【例 4-67】 二级指针处理字符指针数组。

解　♯ include

```
    main( )
    {
        char * * pp;
        static char * di[] = {"worker", "down", "left"}    /* 字符指针数组指向字符串 */
        pp = di;                                           /* 二级指针 pp 指向字符指针数组 di */
        while( * * pp! = NULL)
        printf(" % s \ n", * pp + + );
    }
```

执行结果：

worker

down

left

【例 4-68】 指针数组指向整型数组。

解　main( )

```
    {
        static a[5] = {1, 3, 5, 7, 9};                        /* 整型数组 */
        static int * nuIn[5] = (&a[0], &a[1], &a[2], &a[3], &a[4]);    /* 指针数组 */
        int * * p , i;
        p = num;                                             /* 指向指针数组 */
        for(i = 0; i<5; i + + )
          {
            printf(" % d \ t", * * p); p + + ;
          }
    }
```

运行结果：

1 3 5 7 9

4.6.7 返回指针的函数

一个函数被调用后，可以返回各种类型的数据，同样也可以返回指针数据，即地址。

【例 4-69】有若干学生，每个学生 4 门课，要求输入学生序号后，能输出该学生的全部成绩。

解

```
main()
{
    static float score[][4] = {{60, 70, 80, 90,}, {56, 89, 67, 88}, {34, 78, 90, 66}};
    float * search();                                /*说明函数返回指针*/
    float * p;
    int i, m;
    printf("enter the number of student:");
    scanf("%d", &m);
    printf("The scores of No. %d are: \n", m);
    p = search(score, m);      /*得到该位同学的行首地址，指向列*/
    for(i = 0; i<4; i++)
    printf("%5.2f \t", *(p+i));
}
float * search(pointer, n)
float( * pointer)[4];
int n;
{
    float * pt;
        pt = *(pointer + n);     /*指向列*/
         return(pt);
}
```

运行结果：

enter the number of student: 1↙

The score of No. 1 are:

56.00 89.00 67.00 88.00

4.6.8 函数指针

1. 函数指针的定义和说明

函数与数组拥有类似的特性，即可以用函数名表示函数的存储首地址，即执行该函数的入口地址。指向函数入口地址的指针，称为函数指针。函数指针定义说明的格式如下：

数据类型说明(* 函数指针名)( );

例如：

int(* fp)( );

2. 函数指针的作用

如上例中的 fp 函数指针，运用实现访问目标的运算符"＊"，即（＊func）（），它的作用是使程序控制转移到指针所指向的地址去执行该函数。所以，函数指针所指向的是程序代码区，而不是数据区。这与一般数据指针变量有原则上的区别，一般数据指针指向数据区。

4.6.9 C51 中的指针

C51 编译器支持两种类型的指针：一般指针和基于存储器的指针。

1. 一般指针

一般指针就是前面已介绍的相关内容。例如：

```
char * p;                    //字符型一般指针
int * ap;                    //整型一般指针
```

一般指针在内存中占用 3 个字节，其中第一个字节存放存储器类型的编码，第二和第三字节分别存放高位和低位地址的偏移量，如下：

地址	0	1	2
内容	存储器类型编码	偏移量高位	偏移量低位

其中，存储器类型编码如下：

存储器类型	idata/data/dbata	xdata	pdata	code
编码值	0x00	0x01	0xfe	0xff

以 xdata 类型的 0x1234 地址作为指针可以表示如下：

地址	0	1	2
内容	0x01	0x12	0x34

一般指针可用于存取任何变量而不必考虑变量在 51 单片机存储空间中的位置。因此，很多 C51 库的程序都使用一般指针。函数可通过使用一般指针存取位于任何存储空间的数据。但是，一般指针产生的代码的执行速度较慢。

另外，也可以使用存储类型说明符为这些一般指针指定具体的存放位置。例如：

```
char * x data p;             //一般指针存在 xdata
int * data ap;               //一般指针存在 data
```

上面例子中的变量可以存放在 51 单片机的任何一个存储区内，而指针分别存储在 xdata、data 空间内。

2. 基于存储器的指针

基于存储器的指针在声明中包括存储类型说明，表示指针指向特定的存储区。例如：

```
charx data * xp;             //定义了在 xdata 存储器中指向 char 类型变量的指针，该指针长度为 2 个字节
char data * str;             //str 指向 data 区中 char 型数据，或者说指针指向 data 中的字符串
int xdata * ap               //指针指向 xdata 中的整型数
int code * bp;               //指针指向 code 中整型数
```

由于基于存储器的指针以存储器类型为参量，在编译期间即可确定存储类型，因此不必像一般指针那样需要一个存储类型字节。基于存储器的指针在存储时，idata * 、data * 、bdata * 和 pdata * 占用 1 个字节，code * 和 xdata * 占用 2 个字节。

由于基于存储器的指针所指对象的存储空间位置在编译期间即可确定存储类型，因此基于存储器的指针所产生的代码执行速度快。编译器可以用此信息优化存储器访问。如果系统优先考虑运行速度，那么设计中就要尽可能地用基于存储器的指针代替一般指针。

像一般指针一样，也可为基于存储器的指针指定存放的位置。其做法是在指针声明前面加上存储类型说明符。例如：

```
char data * xdata p;         //声明指针存放在 xdata 空间内并指向 data char 变量
int xdata * data ap;         //声明指针存放在 data 空间内并指向 xdata int 变量
```

```
int code * idata bp;                    //声明指针存放在 idata 空间内并指向 code int 变量
```

【例 4-70】51 单片机 C 程序，指针使用选段。

解   #include <reg52.h>
      void main(void)
      {
      //定义一些随机数据，数据存放在片内 code 区中
      unsigned char code date[] = { 0xFF, 0xFE, 0xFD, 0xFB, 0xF7, 0xEF, 0xDF, 0xBF, 0x7F, 0x7F, 0xBF,
      0xDF, 0xEF, 0xF7, 0xFB, 0xFD, 0xFE, 0xFF, 0xFF, 0xFE, 0xFC, 0xF8, 0xF0, 0xE0, 0xC0, 0x80,
      0x0, 0xE7,
      0xDB, 0xBD, 0x7E, 0xFF};
      unsigned int a;   //定义循环用的变量
      unsigned char b;
      unsigned char code * finger;   //定义基于 code 区的指针
        do
        {
            finger = &date[0];   //取得数组第一个单元的地址
            for(b = 0; b < 32; b++)
        {
            for(a = 0; a < 30000; a++);   //延时一段时间
            P1 = * finger;   //从指针指向的地址取数据到 P1 端口
            finger++;   //指针加一
        }
        }
        while(1);
      }
```

### 4.6.10 绝对地址的访问

可以采用以下两种方法访问存储器的绝对地址。

1. 绝对宏

在程序中，用 "#include absacc.h" 即可使用其中定义的宏来访问绝对地址，包括 CBYTE（code 区）、XBYTE（xdata 区）、DBYTE（data 区）、PBYTE（分页寻址 xdata 区），具体使用参考头文件 absacc.h 中的内容。例如：

```
#define  XBYTE((char *)0x10000L)
    XBYTE[0x8000] = 0x41;           //将常数值 0x41 写入地址为 0x8000 的外部数据存储器
```

这里，XBYTE 被定义为（char *）0x10000L。其中，0x10000L 是一个一般指针，将其分成 3 个字节：0x01、0x00、0x00。可以看到，第 1 字节 0x01 表示存储器类型为 xdata 型，而地址则是 0x0000。这样，XBYTE 成为指向 xdata 零地址的指针，而 XBYTE［0x8000］则是外部数据存储器 0x8000 绝对地址。

2. _ at _ 关键字

在 C51 程序中，使用关键字 _ at _ 就可以将变量存放到指定的绝对存储器位置，一般形式如下：

变量类型［存储类型］变量名 _ at _ 常量

其中，存储类型表示变量的存储空间，若声明中省略该项，则使用默认的存储空间。_ at
```

_后的常量用于定位变量的绝对地址，绝对地址必须是位于物理空间范围内，C51 编译器会检查非法的地址指定。例如：

```
unsigned char xdata dis _ buff[16] _ at _ 0x6020;  //定位外部 RAM，将 dis _ buff[16]定位在 0x6020
                                                    //开始的 16 字节
```

4.7　结构体、共同体和枚举

4.7.1　定义结构体和结构体变量

1. 结构体的定义及其一般格式

数组是将相同类型的元素组成单个逻辑整体的一种数据类型；而结构则是将相互关联的不同类型元素（数据）组成单个逻辑整体（组合在一起）的一种数据类型。例如，要保存一组采样值，如时间（月、日、时、分）、压力、温度、流量等，应该首先定义结构数据类型，然后再定义结构数据类型的变量。结构体是 C 语言中一种强有力的，且特殊的数据类型，也是很重要的概念之一。

结构体定义的一般格式为：

```
struct   结构体名
{
    类型说明符 1   成员变量名 1;
    类型说明符 2   成员变量名 2;
    ……
    类型说明符 n   成员变量名 n;
}[结构变量列表];
```

例如，日期是由年、月、日组成的：

```
struct date
{
    int year;
    int month;
    int day;
};                        //注意：该处的“;”不能省略
```

这里定义了一个名为 data 的结构，用于表达日期的资料，可以看出，年、月、日是日期的组成部分，可以把它们当成一个整体来看待，它们是该结构体的成员。结构体的成员可以是各种不同的数据类型。例如：

```
struct person
{
    int age;
    char name[10];
};
```

上面两例定义了两个结构的数据，data 和 person。可以用这些已经定义好的结构名来定义其他相同性质的结构。例如：

```
struct date today, yesterday;      /* 定义了其他两个相同的结构体 today, yesterday */
struct person man, woman;          /* 定义了其他两个相同的结构体 man, woman */
```

也可以将上述例子写成：

```
struct date
{
    int year;
    int month;
    int day;
} today, yesterday;
```

或者：

```
struct
{
    int year;
    int month;
    int day;
} today, yesterday;
```

或者：

```
struct
{
    int year;
    int month;
    int day;
} date today, yesterday;
```

这三种方式都是合法的，但是第三种写法的风格比较好。

2. 结构的存取

结构变量成员可作为单独变量来处理，也就是说，可以直接访问结构中的一个成员变量，通过对成员变量的存取来实现对结构变量的存取。

引用结构类型变量时应该注意：

（1）结构不能作为一个整体参加赋值、存取与运算，也不能作为函数的参数或函数的返回值。

可用"&"运算符取得地址后，引用结构变量；或是对变量的成员分别引用，引用格式如下：

结构变量名 . 成员变量名

这里"."是成员运算符。

（2）结构类型变量的成员可以像普通变量一样实现各种运算。

（3）Keil C 编译器为结构提供了连续的存储空间。指向结构的指针，可以访问结构的成员。结构指针引用结构成员的格式为：结构指针→结构成员。

【例 4-71】 显示输入的年、月、日。

解 main()

```
{
    struct date                    /* 定义了结构类型 */
    {
        int month;
        int day;
        int year;
```

```
    };
    struct date today;                              /*结构体变量 today */
    printf("Enter todays date(年，月，日)\n");
    scanf("%d,%d,%d", &today.year, &today.month, &today.day);
    printf("todays date is %d/ %d %ld\n", today.year, today.month, today.day);
}
```

执行后可以显示出所输入的年、月、日。

4.7.2　结构数组

同一类结构变量的集合也可以构成结构数组。例如：

```
    struct person
    {
        int age;
        char name[10];
    };
    static person persons[10];
```

这段程序定义了 10 个结构变量所组成的数组。

【**例 4-72**】输入候选人名单，并对每个人计票，统计输出每个人的得票结果。

解
```
    struct person                                   /*全局结构类型，定义结构体 person */
    {
        char name[20];                              /*定义结构体成员变量 */
        int count;
    }leader[3]={"Li", 0, "Zhang", 0, "Sun", 0};     /*定义结构体变量并初始化 */
    main()
    {
        int i, j;
        char leader_name[20];
        for(i=1; i<=10; i++)
          { scanf("%s", leader_name); /*初始化字符数组 leader_name，输入人名 */
                for(j=0; j<3; j++)
                if (strcmp(leader_name, leader[j].name)==0)
                leader[j].count++;    /*判断选民输入的候选人是谁，并为被选中的候选人加上一票 */
          }
        printf("\n");
        for (i=0; i<3; i++)
        printf("%s:%d\n", leader[i].name, leader[i].count); /*输出候选人和候选人
                                                            所得的票数 */
    }
```

语句"if (strcmp(leader_name, leader[j].name)==0)"表示 leader_name 字符数组与 leader[j].name 字符数组中的字符串是否一致，如果一致，则执行后面的语句。strcmp(str1, str2)是一个比较两个字符串的函数，如果 str1<str2 则返回负数；str1=str2 返回 0；str1>str2 返回 1。

4.7.3　结构与函数

1. 向函数传递结构变量成员

结构变量成员也可以像普通变量一样，将值传递给函数。例如：

```
struct person
{
    int age;
    char name[10];
}worker;
```

这个结构中的任何一个成员变量均可以作为函数的参数，如：

```
f_1( worker. age);
f_2( worker. name);
```

2. 向函数传递完整的结构

不仅可以向函数传递结构变量成员，也可以向函数传递完整的结构。在传递完整的结构时，应注意以下几点：

（1）按传值方式传递整个结构。这种方式和普通变量一样，但是与数组不同，在函数内所引起结构参数中某个值的变化，只影响函数调用时所产生的结构备份，不影响原来的结构。

（2）结构定义也是分为局部定义和全局定义的。定义在所有函数外部的结构，则称为全局结构；定义在函数内部的结构，则称为局部结构。和普通变量一样，全局结构和局部结构被引用的范围不同。

【例 4-73】局部定义的结构。

解
```
    main()
    {
        struct                          /*局部定义*/
        {
            int a, b;
            char ch;
        }arg;
        arg. a = 100;
        fl(arg);
        printf("a = %d\n", arg. a);
    }

    fl(parm)
    struct                              /*形参说明定义*/
    {
        int x, y;
        char ch;
    }parm;
    {                                   /*函数体*/
        printf("x1 = %d\n", parm. x);
        parm. x = 30;
        printf("x2 = %d\n", parm. x);
        return;
    }
    执行结果：
    x1 = 100
    x2 = 30
```

```
                            a = 100
```

【例 4-74】 全局定义的结构。

解　　struct st　　　　　　　　　　　/ * 全局定义 * /
　　　　　{
　　　　　　　int a, b;
　　　　　　　char ch;
　　　　　};
　　　　　main()
　　　　　{
　　　　　　　struct st arg;
　　　　　　　arg. a = 1000;
　　　　　　　fl(arg);
　　　　　}
　　　　fl(parm)　　　　　　　　　　　　/ * 定义函数数据库 * /
　　　　struct st parm;　　　　　　　　　/ * 形参说明 * /
　　　　{
　　　　　　printf("% d \ n", parm. a);
　　　　　　return;
　　　　}

在该程序中，结构类型 st 是全局定义的，在各个函数中都可引用。

4.7.4　结构的初始化

在进行结构说明时，在行尾加上分号，随后在花括号中按结构定义的各成员的顺序给以各自的初始值。例如：

```
        struct date
        {
            int month;
            int day;
            int year;
        };                              //注意：行尾需加上分号
        static struct date today = {11, 19, 2013};
```

注意：局部结构变量不能进行初始化。

4.7.5　共同体（union）

1. 共同体的定义说明及其一般格式

不同数据类型的数据可以共用同一个存储区，这是 C 语言中又一种构造类型的数据类型，称为共同体或共用体；由于 union 的字面翻译为"联合"，故也称为联合（体）。其定义说明的一般格式如下：

union 共同体名
{
类型说明符 1　成员 1;
类型说明符 2　成员 2;
……
类型说明符 n　成员 n;
}变量名;

用法说明：

（1）"union"是共同体的标识符名，是关键字。

（2）"共同体名"可有可无。

（3）各个成员的数据类型可以不同，各个成员既可是简单的变量，又可是数组、指针等复杂变量。

（4）同结构体类似，变量名是指定义的共同体变量的名称。

例如：

```
union value              //定义共同体 value
{
    char c;              //定义共同体成员变量
    int i;
    float f;
}v;                      //定义共同体变量
```

与结构体相似，这里定义了一个新的数据类型 union value，并定义了一个变量名为 v。它有 3 个成员，它们共同占用一段内存空间。共同体类型与结构体类型的主要区别在于它们在内存中存储形式的差异。

对于结构体来说，它的存储空间的大小等于其中各个成员所占内存大小之和；而共同体里的所有成员共同使用一段存储空间，它是按占用字节数最多的元素来分配空间的，而且在同一时刻只有一个成员有效。对于上面的共同体，其所占存储空间为成员 f 所占的内存大小（4 字节）。

2. 共同体变量的（存取）引用和赋值

共同体变量的引用和赋值在表示方法上，类似于结构成员的引用，其一般形式如下：

共同体类型变量名 . 成员变量名

可以参照结构体进行有关的操作，但应注意如下几点：

（1）共同体在定义时，只能对第 1 个成员进行初始化。

（2）共同体中各成员的首地址相同。

（3）对共同体中最近一次操作的变量才起作用，因为各成员共用一段内存空间，前几次的操作已被最近的一次操作所覆盖。

【例 4-75】分析程序运行的结果。

解　#include<stdio.h>
```
union myun                              /*定义共同体 myun*/
{
    struct                              /*定义共同体成员变量*/
    {
        int  x, y, Z;
    }u;
    int k;
}a;                                     /*定义共同体变量 a*/
void main()
{
    a.u.x=4;                            /*初始化共同体 a*/
    a.U.y=5;
```

```
       a. U. Z = 6；
       a. k = 0；
    printf("% d \ n", a. u. x)；          / * 输出结果 * /
    }
```

说明：

（1）共同体中的成员可以是任何一种数据类型，本例中共同体的 1 个成员是结构体，因为它是该共同体结构中占用存储空间最大的成员，因此该共同体的空间为该结构体的占用空间（6 字节）。

（2）程序最后输出的"a. u. x"的值为 0，但在整个程序中好像除了对它赋过初值后就没有再对它进行操作，但为什么又得不到它的初始值 4 呢？那是因为共同体的性质之一就是在同一时刻只有 1 个元素有效，因此"a. u. x"的值是离输出语句最近一次操作后的值，在本例中即"a. k＝0"，所以输出时的值为 0。

（3）程序运行结果为 0。

【例 4-76】某 51 单片机 C 程序中，编写使 16 位定时器计数值既可按字节存取，又可按字存取的程序。

解　# include " AT89X51. H"

```
union tdata                          //定义共同体
{  unsigned  int  w；                 //共同体成员 w
   struct
   {  unsigned char hi；              //共同体中定义了结构成员
   unsigned char lo；
   } b；                             //定义了结构变量 b
} count1；                           //定义了共同体变量 count1
unsigned int count2；                //定义了无符号整数变量 count2
count1. b. hi = TH1；                //将计数器高字节存入共同体中的结构成员 hi
count1. b. lo = TL1；                //将计数器高字节存入共同体中的结构成员 lo
count2 = count1. w；                 //将共同体成员 w 的值赋予变量 count2
```

4.7.6　枚举

枚举数据类型是有名的一些整数常量的集合，具有枚举数据类型的变量可在这些整数常量之间取值。

枚举类型的定义格式为：

　　　　enum　枚举名　〔枚举符号列表〕；

枚举变量定义格式为：

　　　　enum　枚举名　变量名列表

在枚举列表中，每项枚举符号代表一个整数值，在默认情况下，第 1 项枚举符号取值为 0，第 2 项枚举符号取值为 1…，…。还可以通过初始化确定各项枚举符号的取值。例如：

```
enum motor
{  run = 3，
   stop = 5，
   start = 7
}；                                  //定义枚举数据类型
enum motor state；                   //定义枚举变量
```

在定义了枚举变量后，有如下分支程序：

```
switch (state)
{
    case run：｛ 其他语句；｝ break；
    case stop：｛ 其他语句；｝ break；
    case start：｛ 其他语句；｝ break；
}
```

4.8　单片机 C51 程序的结构形式

单片机 C51 程序的设计，其程序的结构形式分为一般单源文件单片机程序结构和多源文件的单片机程序结构。本节将对它们的结构形式做如下简要介绍。

4.8.1　程序的模块化设计

当编写一个比较复杂的程序时，常常把这个复杂的程序分解为若干个功能函数或称为任务函数（子程序）。分解后的每个功能函数一般只完成一项简单的功能，然后由主函数（主程序）调用各功能函数或各功能函数之间相互调用，从而完成一项比较复杂的工作。我们称这样的程序设计方法为模块化设计方法。

采用模块化设计方法编写程序，各模块（主函数、功能函数）相对独立，功能单一，结构清晰，降低了程序设计的复杂性，避免程序开发的重复劳动，另外也易于维护和功能扩充，十分方便移植。因此，单片机程序员必须掌握这种高效的设计方法。

例如，某单片机程序是由主函数、显示函数、延时函数及定时器 T0 中断函数组成的。

这里需特别说明的是，应注意中断函数不受主函数或其他功能函数的控制，它是一个自动运行的程序，也就是说，当定时时间到时（如定时器 T0 中断服务程序设定为 50 ms），主函数停止运行，自动执行定进器 T0 中断函数内的程序，中断函数程序执行完毕后，再返回到主函数的断点处继续执行。

4.8.2　一般单源文件单片机程序结构

1. 硬件模块初始化

设置硬件资源使之满足程序要求，如设置定时器初始计数值等。硬件模块初始化语句。可以直接写在主函数中，也可以写成初始化函数，由主函数调用。

2. 主函数与循环体

每个程序必须有一个主函数，主函数格式如下：

类型说明符　main(参数表)

类型说明符一般为 void。

参数表：()、(void) 表示没有参数。一般情况下，主函数无返回值。

主函数中一般有一个 while 循环体。在循环体中执行的是程序要实现的具体任务，如输入检测、输出控制、算法、人机界面等。这些任务可以直接写在主程序里，也可以写成函数的形式，由主程序进行调用。

C51 程序实现的功能由主函数、任务函数组成，主函数和任务函数是由 C 语句组成。C 语言单片机程序设计就是把大任务分解为小的、独立的和功能单一的函数，使程序易编制、可读性好、易于维护和移植。

在实际的单片机单源文件程序设计中，一般程序结构有如下三种设计形式。

（1）程序结构 1。

```
头文件 ……              //包含库函数，如 #include <reg52.h>
宏定义 ……              //数据类型符号定义，如 #define uint unsigned int
全局变量定义……          //包括变量、端口、数组(如 LED 段码表)等定义
任务函数 1              //子函数
    {
        函数体 1        //类型说明即变量定义(声明部分)和执行语句部分
    }
任务函数 2
    {
        函数体 2
    }
    ……
任务函数 n
    {
    函数体 n
    }
main()                 //主函数
{
    局部变量定义部分      //类型(数据)说明部分
    硬件初始化部分
    while(1)
        {
            调用任务函数 1
            调用任务函数 2
            ……
            调用任务函数 n
        }
}
```

程序结构 1 的函数直接写在主函数之前，硬件部分初始化直接写在主程序中。该结构简单，用于硬件模块少、任务函数也少的程序中，适用于单片机内部资源的编程或简单小型项目的开发。

（2）程序结构 2。

```
头文件 ……              //包含库函数，如 #include <reg52.h>
宏定义 ……              //数据类型符号定义，如 #define uint unsigned int
全局变量定义……          //包括变量、端口、数组(如 LED 段码表)等定义
任务函数 1 声明          //任务(子)函数原型声明
任务函数 2 声明
……
任务函数 n 声明
main()                 //主函数
{
```

```
    局部变量定义部分
    硬件初始化部分
    while(1)
    {
        调用任务函数1
        调用任务函数2
        ……
        调用任务函数n
    }
}
任务函数1
{
    函数体1              //类型说明即变量定义(声明部分)和执行语句部分
}
任务函数2
    { 函数体2 }
    ……
任务函数n
    { 函数体n }
```

程序结构2中，主函数前只有函数原型声明，函数定义在主函数之后，硬件初始化仍然在主程序中，这种结构用于硬件模块少、任务函数多的程序中。

（3）程序结构3。

```
头文件 ……              //包含库函数，如＃include ＜reg52.h＞
宏定义 ……              //数据类型符号定义，如＃define uint unsigned int
全局变量定义……          //包括变量、端口、数组(如 LED 段码表)等定义
/＊函数原型声明＊/
模块1初始化函数声明；      //如：void Oscillator_Init() //振荡器初始化函数
模块2初始化函数声明；      //如：void Port_IO_Init()  //端口初始化函数
……
模块n初始化函数声明；
任务函数1声明；           //任务(子)函数原型声明
任务函数2声明；
……
任务函数n声明；
main()                  //主函数
{
    局部变量定义部分
    调用模块1初始化函数；   //如：Oscillator_Init() //振荡器初始化
    调用模块2初始化函数；   //如：Port_IO_Init()  //端口初始化
    ……
    调用模块n初始化函数；
    while(1)
    {
        调用任务函数1；     //调用子函数
```

 调用任务函数 2；
 ……
 调用任务函数 n；
 }
模块 1 初始化函数
 { 模块 1 函数体 }
模块 2 初始化函数
 { 模块 2 函数体 }
模块 n 初始化函数
 { 模块 n 函数体}
任务函数 1
 { 函数体 1 }   //包括声明部分和执行语句部分
任务函数 2
 { 函数体 2 }
……
任务函数 n
 { 函数体 n }

程序结构 3 中，在主函数前声明硬件模块初始化函数与任务函数，在主函数后定义硬件模块初始化函数与任务函数，这种结构用于硬件模块多、任务函数多的程序中，适合中型项目的开发。

对于初学者，主要是入门单片机 C 程序，因此建议编制最简单的单源文件 C 程序，而且硬件模块初始化部分放在主程序中，将学习的目的集中在单片机内部模块的使用上。单源文件程序具有结构简单、容易寻找语法错误的优点。

4.8.3 多源文件的单片机程序结构

大型项目的程序开发，经常采用多源文件结构。例如，某项目的所有文件如下所示。

```
/*****主文件：主函数 C 文件*****/
 # include"AT89X51.h"
 # include "delays.h"              //声明头文件
 # include "led_on.h"             //声明头文件
 void main()
 {
     led_on();                    //调用函数
     delays();                    //调用函数
 }
     //注意：在项目的文件管理中，所有.c 与.h 文件都应该在一个文件夹中
/*****LED 灯闪烁函数：实现 led_on 函数的 C 文件*****/
 # include "AT89X51.h"            //包含 51 单片机的头文件
 # include "led_on.h"            //自身包含自身的头文件
 sbit led = P0^0;                 //端口定义
 void led_on()
 {
     led = ~led;
 }
```

```
/＊＊＊声明函数、全局变量等的同名头文件 led_on.h＊＊＊/
    #ifndef LED_ON_H                    //用于消除重复定义
    #define LED_ON_H
    void led_on();                      //声明函数
    #endif
/＊＊＊延时函数：实现 delays 函数的 C 文件＊＊＊/
    #include "delays.h"
    void delays()
    {
      unsigned int m, n;
      for(m=1000; m>0; m－－)
          for(n=20; n>0; n－－);
    }
/＊＊＊声明函数、全局变量等的同名头文件 delays.h＊＊＊/
    #ifndef _DELAYS_H_
    #define _DELAYS_H_
    void delays();                      //声明函数
    #endif
```

.c 文件与.h 文件共同组成模块,.h 文件是模块接口的声明。每个.c 文件中都包含一个或几个 C 函数,这些函数实现具体的产品功能。对应每个.c 文件有一个同名头文件(.h 文件),该.h 文件中声明.c 文件中的全部 C 函数(可以省略 extern 修饰,以及 C 函数中用 extern 修饰的外部变量)以及宏定义、结构体、数据类型、常量定义等。

在.h 文件中声明其他文件定义的函数则应该加 extern 修饰。还要确保.h 文件中声明内容与.c 文件中的定义内容相对应。

在.c 文件中,常包含与自己同名的头文件(.h 文件),目的是当.c 文件中的函数调用自己文件中的函数时,省去声明函数原型的麻烦。

在调用其他文件中的函数时,应该首先声明调用的函数所在.c 文件对应的.h 文件。如果头文件名为 my_include.h,则该文件格式为:

```
    #ifndef MY_INCLUDE_H             //为避免重复定义头文件增加的条件编译语句
    #define MY_INCLUDE_H
    <这里是头文件的内容>
    #endif
```

通常条件编译语句一般格式为:

```
    #IFNDEF  _HEAD_                  //如果没有定义头文件
    #DEFINE  _HEAD_                  //则定义头文件
```

例如,头文件为 abc_de_f.h,则有如下语句:

```
    #ifndef  _ABC_DE_F_H_
    #define  _ABC_DE_F_H_
```

具体头文件名格式取决于编译器,有些编译器不需要头文件名则前后加下划线。通常,在多源文件的 C 程序中,给每个.c 文件建立一个.h 文件,在其中声明所有.c 文件定义的全部函数(可以省略 extern 修饰)和全部内部变量,确保用 extern 修饰,确保.c 文件中有对应的变量定义,确保.c 文件的变量定义之前有 #include "filename.h"。

或者说函数、变量定义在 .c 文件里（在 .c 文件里实际分配存储空间），而其他的模块需要引用这些函数、变量时，可生成一个同名 .h 文件，用 extem 前缀来声明这些函数和变量，之后调用函数只要包含这些 .h 文件就可以了。

外部变量的定义与声明举例：

```
/ * * * f1.c * * /
    ♯ include "f1.h"          //在模块 1 中包含模块 1 的 f1.h 文件
    int a = 5;                //在模块 1 的 .c 文件中定义 int a
/ * * * f1.h * * /
    extern int a;             //在模块 1 的 f1.h 文件中声明 int a
/ * * * f2.c * * /
    ♯ include "f1.h"          //在模块 2 中包含模块 1 的 f1.h 文件，相当于
                              //声明了 extern int a;

/ * * * f3.c * * /
    ♯ include "f1.h"          //在模块 3 中包含模块 1 的 f1.h 文件，相当于
                              //声明了 extern int a;
```

## 第 5 章

51 单片机的中断、定时与串行通信

5.1 51 单片机的中断系统

中断系统是为了使计算机具有实时处理功能，能对外界发生的异常事件作出及时的处理而设置的，中断技术是计算机的重要技术之一。计算机引入中断技术以后，一方面可以实时处理控制现场瞬时发生的事件，提高计算机处理故障的能力；另一方面，可以解决 CPU 和外部设备之间的速度匹配问题，提高 CPU 的效率。计算机自从有了中断，其工作更加灵活、效率更高。本节将介绍中断的概念，并以 51 单片机的中断系统为例介绍中断的处理过程及应用。

5.1.1 中断的概念及中断源

1. 中断技术的概念

首先举一个中断现象发生的例子，如果你正在吃饭，这时电话铃响了，你会暂时停止吃饭，去接电话，电话讲完后，再继续吃饭。在这个过程中，来电话就是一个中断事件，铃响是一个中断信号，提醒你必须中断目前的工作而去处理一个紧急事件，但去处理这个紧急事件时，你的饭和餐具保持原样以备接完电话后继续吃饭，这就是中断的现场保护。

生活中很多事件可以引起中断，如有人按了门铃、电话铃响了、闹钟响了等的事件。

类似的情况单片机中也存在，51 单片机中只有一个中央处理器 CPU，面临着运行程序、处理数据等多项任务，就像生活中只有你一个人，吃饭或工作的时候要接电话、要接待来客等，只能采用暂时停下一个任务去处理另一个任务的中断方法。所以中断技术是单一 CPU 处理多项任务的一种技术手段，实质上就是一种资源共享技术。

当单片机的 CPU 在执行程序的过程中，若外部发生了某一事件（如恒温室里温度超出要求），请求 CPU 马上处理。CPU 会暂时中断当前的工作，转入处理所发生的事件（如控制相应装置工作，使温度达到规定要求），处理完以后，再返回到原来被中断的地方，继续原来的工作，这样的过程称为中断。实现这种功能的部件称为中断系统。

中断之后所执行的处理程序通常称为中断服务程序，原来运行的程序称为主程序。主程序被断开的位置（地址）称为断点。引起中断的原因，或能发出中断申请的来源，称为中断源。中断源要求服务的请求称为中断请求或中断申请。

调用中断服务程序的过程有些类似于调用子程序。两者主要区别在于调用子程序指令在程序中是事先安排好的；而何时调用中断服务程序事先却无法确知，因为中断的发生是由外部设备决定的，程序中无法事先安排调用指令，因而调用中断服务程序的过程是由硬件自动完成的。

2. 中断源

在中断系统中，将引起中断请求的设备或事件的来源，一般统称为中断源。中断源有多种，下面介绍几种最常见的中断源。

（1）输入、输出设备中断源。一般计算机的输入、输出设备，如键盘、磁盘驱动器、打印机等，可通过接口电路向 CPU 申请中断。

（2）故障源。故障源是产生故障信息的来源，把它作为中断源，可使 CPU 能够以中断方式对已发生的故障进行及时处理。

计算机故障源有内部和外部之分。如除法中除数为零的情况为 CPU 内部故障源，电源掉电情况为外部故障源。在电源掉电时可以接入备用的电池供电，以保存存储器中的信息。当电压因掉电降到一定值时，则发出中断申请，由计算机的中断系统完成替换备用电源的控制。

（3）实时中断源。在实时控制中，常常将被控参数、信息作为实时中断源。例如，电压、电流、温度等超越上限或下限时，以及继电器、开关闭合断开时，都可以作为中断源申请中断。

（4）定时/计数脉冲中断源。定时/计数脉冲中断源，也有内部和外部之分。内部定时/计数中断是由单片机内部的定时/计数器溢出时自动产生的；外部定时/计数中断是由外部定时脉冲通过 CPU 的中断请求输入线或定时/计数器的输入线引起的。

对于每个中断源，要求其发出的中断请求信号符合 CPU 响应中断的条件，例如，电平的高低、持续的时间、脉冲的幅度等。

5.1.2　中断系统的一般功能

为了满足各种情况下的中断要求，中断系统一般应具有如下功能。

1. 实现中断及返回

当某一个中断源发出中断申请时，CPU 能决定是否响应这个中断请求（当 CPU 在执行更急、更重要的工作时，可以暂不响应中断）。若允许响应这个中断请求，CPU 必须在现行的指令执行完后，把断点处的 PC 值（即下一条应执行的指令地址）压入堆栈保存起来，称为保护断点，这是由硬件自动完成的。同时，用户在编程时要注意把有关的寄存器内容和状态标志位压入堆栈保存起来，这称为保护现场。保护断点和现场之后即可执行中断服务程序，执行完毕，需恢复原保留的寄存器的内容和标志位的状态，这称为恢复现场，并执行返回指令"RETI"，这个过程通过用户编程来实现。"RETI"指令的功能为恢复 PC 值（称为恢复断点），使 CPU 返回断点，继续执行主程序，这个过程如图 5-1 所示。

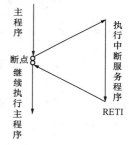

图 5-1　中断流程图

2. 实现优先权排队

通常，在系统中有多个中断源，有时会出现两个或更多个中断源同时提出中断请求的情况。这就要求计算机既能区分各个中断源的请求，又能确定首先为哪一个中断源服务。为了解决这一问题，通常给各中断源规定了优先级别，称为优先权。当两个或两个以上的中断源同时提出中断请求时，计算机首先为优先权最高的中断源服务，服务结束后再响应级别较低的中断源。计算机按中断源级别高低逐次响应的过程称优先权排队。这个过程可以通过硬件电路来实现，也可以通过程序查询来实现。

3. 实现中断嵌套

当 CPU 响应某一中断的请求而进行中断处理时，若有优先权级别更高的中断源发出中断申请，CPU 则中断正在进行的中断服务程序，并保留这个程序的断点（类似于子程序嵌套），响应高级中断；在高级中断处理完以后，再继续执行被中断的中断服务程序，这个过程称中断嵌套，其流程如图 5-2 所示。如果发出新的中断申请的中断源的优先权级别与正在处理的中断源同级或更低时，CPU 暂时不响应这个中断申请，直至正在处理的中断服务程序执行完以后

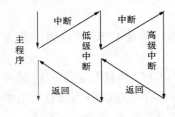

图 5-2　中断嵌套流程

才去处理新的中断申请。

4. 实现中断的撤除

在响应中断申请以后，返回主程序之前，中断请求应该撤除，否则中断申请依然存在，这将影响其他中断申请的响应。中断的撤除与返回指令并不是一回事，有的中断系统在响应任何中断申请之后，都能撤除该中断的申请标志。但 51 单片机的中断系统只能对一部分中断申请在响应后自动撤除，使用中应注意。

5.1.3　中断系统结构及控制

51 单片机的中断系统结构框图如图 5-3 所示，与中断有关的特殊功能寄存器有 4 个，分别为中断源寄存器即专用寄存器 TCON 和 SCON 的相关位、中断允许控制寄存器 IE 和中断优先级控制寄存器 IP。51 系列的单片机有 5 个中断源，可提供两个中断优先级，即可实现二级中断嵌套。5 个中断源的排列顺序由中断优先级控制寄存器 IP 和顺序查询逻辑电路图中的硬件查询共同决定。5 个中断源对应 5 个固定的中断入口地址，亦称矢量地址。

下面分别对 51 单片机的中断源及专用寄存器等进行介绍。

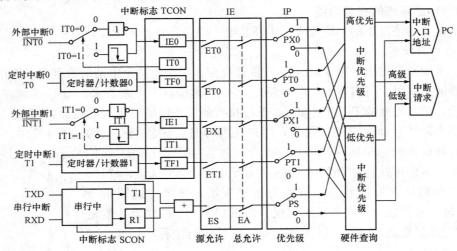

图 5-3　51 单片机中断系统的结构框图

1. 中断源及中断入口

51 单片机的中断源可分为 3 类：外部中断、定时中断和串行口中断。有 5 个中断请求源，其中有 2 个外部输入中断源 $\overline{INT0}$（P3.2）和 $\overline{INT1}$（P3.3）；2 个片内定时器 T0 和 T1 的溢出中断源 TF0（TCON.5）和 TF1（TCON.7）；1 个片内串行口发送和接收中断源 TI（SCON.1）和 RI（SCON.0）。下面结合图 5-3 中断系统结构框图，分类加以介绍。

（1）外部中断类。外部中断是由外部原因引起的，即外部中断 0（$\overline{INT0}$）和外部中断 1（$\overline{INT1}$）。

$\overline{INT0}$——外部中断 0 请求信号，由 P3.2 引脚输入。由 IT0（TCON.0）决定中断请求信号是低电平有效还是下降沿有效。一旦输入信号有效，即向 CPU 申请中断，并且使 IE0＝1。

$\overline{INT1}$——外部中断 1 请求信号，由 P3.3 引脚输入。由 IT1（TCON.2）决定中断请求信号是低电平有效还是下降沿有效。一旦输入信号有效，即向 CPU 申请中断，并且使 IE1＝1。

（2）定时中断类。定时中断是为满足定时或计数溢出处理的需要而设置的。当定时/计数器中的计数结构发生计数溢出时，即表明定时时间到或计数值已满。这时以计数溢出信号作为中断请求，去置位一个溢出标志位，这种中断请求是在单片机芯片内部发生的，无需在芯片上设置引入端。但在计数方式时，中断源可以由单片机芯片外部引脚 P3.4 和 P3.5 引入。

TF0——定时器 T0 溢出中断请求。当定时器 T0 产生溢出时，其中断请求标志 TF0＝1，请求中断处理。

TF1——定时器 T1 溢出中断请求。当定时器 T1 产生溢出时，其中断请求标志 TF1＝1，请求中断处理。

（3）串行口中断类。串行口中断是为串行数据的传送需要而设置的。串行中断请求也是在单片机芯片内部发生的，但当串行口作为接收端时，必须有一完整的串行帧数据从 RI 端引入芯片才可能引发中断。

RI 或 TI——串行中断请求。当接收或发送完一串行帧数据时，使内部串行口中断请求标志 RI 或 TI＝1，并请求中断。

当某中断源的中断申请被 CPU 响应之后，CPU 便将此中断源的入口地址装入程序计数器 PC，中断服务程序即从此地址开始执行。此地址称为中断入口，亦称为中断矢量。在 51 单片机中各中断源以及与之对应的中断服务程序入口地址见表 5-1。

表 5-1　　　　　　　　　　　中断源中断服务程序入口地址

中断编号	中断源	中断服务程序入口地址
0	外部中断 0（$\overline{INT0}$）	0003H
1	定时/计数器 T0 中断	000BH
2	外部中断（$\overline{INT1}$）	0013H
3	定时/计数器 T1 中断	001BH
4	串行口中断 TXD/RXD	0023H

2. 51 单片机的中断请求

在中断请求被响应前，中断请求标志分别由特殊功能寄存器 TCON 和 SCON 的相应位锁存。

（1）定时器控制寄存器 TCON 的中断请求标志位。TCON 为定时/计数器的控制寄存器，TCON 被分成两部分，高 4 位用于定时/计数器的中断控制，低 4 位用于外部中断的控制。也就是说，除了可以控制定时器/计数器 T0 和 T1 的溢出和中断外，还可以控制外部中断$\overline{INT0}$和$\overline{INT1}$的触发方式和锁存外部中断请求标志。寄存器地址为 88H，位地址为 8FH～88H。TCON 控制寄存器格式和各位含义如下：

位	D7	D6	D5	D4	D3	D2	D1	D0
位名称	TF1	TR1	TF0	TR0	IE1	IT1	IE0	IT0
位地址	8FH	8EH	8DH	8CH	8BH	8AH	89H	88H

TF1、TF0（位 7 和位 5）——T1（T0）溢出中断标志。T1（T0）被启动计数后，从初值开始加 1 计数，直至计满溢出后，由硬件使 TF1（T0）＝1，向 CPU 请求中断，此标志一直保持到 CPU 响应中断后，才由硬件自动清零。也可用软件查询该标志，并由软件清零。

IE1（位 3）——$\overline{INT1}$外部中断 1 的中断请求标志位。当 CPU 检测到外部中断引脚 P3.3 上存在有效的中断请求信号时，硬件自动将 IE1 置 1（IE1＝1）；当 CPU 响应此中断时，硬件自动使 IE1 位清 0。

IT1（位 2）——$\overline{INT1}$外部中断 1 触发方式控制位。

当 IT1＝0，外部中断 1 为电平触发方式，低电平有效。在这种方式下，CPU 在每个机器周期的 S5 P2 期间对$\overline{INT1}$（ P3.3）引脚采样，若采样得到低电平，则认为有中断申请，随即使 IE1 ＝1；若采样得到高电平，则认为无中断申请或中断申请已撤除，随即清除 IE1 标志。在电平触发方式中，CPU 响应中断后不能自动清除 IE1 标志，也不能由软件清除 IE1 标志，所以在中断返回前必须撤消$\overline{INT1}$引脚上的低电平，否则将再次响应中断，造成错误。

若 IT1 ＝1，外部中断 1 控制为边沿触发方式。CPU 在每个机器周期的 S5 P2 期间采样引脚。若在连续两个机器周期采先高电平后低电平，则使 IE1＝1，此标志一直保持到 CPU 响应中断时，才由硬件自动清除。在边沿触发方式中，为保证 CPU 在两个机器周期内检测到先高后低的负跳变，输入高低电平的持续时间至少要保持 12 个时钟周期。

IE0（位 1）——$\overline{INT0}$外部中断 0 标志。其操作功能与 IE1 类同。

IT0（位 0）——外部中断 0 触发方式控制位。其操作功能与 IT1 类同。

TCON 中还有 2 位 TR0（位 4）和 TR1（位 6），在介绍定时/计数器时再做介绍。

（2）串行口控制寄存器 SCON 的中断请求标志位。串行口控制寄存器 SCON，其低 2 位 TI 和 RI 是锁存串口的发送中断和接收中断标志。其格式和各位含义如下：

SCON						99H	98H
(98H)	SMOD					TI	RI

TI 是串行口发送中断请求标志位。CPU 将一个字节数据写入发送缓冲器 SBUF 后启动发送，每发送完一个串行帧，硬件置位 TI。但 CPU 响应中断后，并不能自动清除，标志必须由软件清除。

RI 是串行口接收中断请求标志位。当串行口允许接收时，每接收完一个串行帧，硬件置位 RI。同样，CPU 响应中断后不会自动清除 RI，标志必须由软件清除。

51 单片机系统复位后，TCON 和 SCON 中各位均被清零，应用中应注意各位的初始状态。

3. 中断允许控制

51 单片机中，专用寄存器 IE 为中断允许寄存器，通过向 IE 写入中断控制字，控制 CPU 对中断的开放或屏蔽，以及每个中断源是否允许中断。其格式和各位含义如下：

IE	AFH			ACH	ABH	AAH	A9H	A8H
(A8H)	EA			ES	ET1	EX1	ET0	EX0

EA——CPU 中断总允许位。EA ＝1，CPU 开放中断，每个中断源是被允许还是被禁止，分别由各自的允许位确定；EA ＝0，CPU 屏蔽所有的中断请求，称关中断。

ES——串行口中断允许位。ES ＝1，允许串行口中断；ES ＝0，禁止串行口中断。

ET1——T1 中断允许位。ET1 ＝1，允许 T1 中断；ET1 ＝0，禁止 T1 中断。

EX1——外部中断 1 允许位。EX1 ＝1，允许外部中断 1 中断；EX1 ＝0，禁止外部中断 1 中断。

ET0——T0 中断允许位。ET0＝1，允许 T0 中断；ET0 ＝0，禁止 T0 中断。

EX0——外部中断 0 允许位。EX0 ＝1，允许外部中断 0 中断；EX0 ＝0，禁止外部中断 0

中断。

系统复位后，IE 中各中断允许位均被清零，即禁止所有中断。

4. 中断优先级

当一个单片机系统出现多个中断源同时向它提出中断申请时，为使 CPU 能够根据中断源的情况，按照轻重缓急的次序响应中断。系统设计人员必须给每个中断源，安排一个中断响应的优先顺序。中断源的这种优先顺序称为中断优先权级别，简称中断优先级。

51 单片机中断优先级的安排是由专用寄存器 IP 统一管理。它具有两个中断优先级，由软件设置每个中断源为高优先级中断或低优先级中断，并可实现两级中断嵌套。

高优先级中断源可以中断正在执行的低优先级中断服务程序，除非在执行低优先级中断服务程序时设置了 CPU 关中断或禁止某些高优先级中断源的中断。同级或低优先级的中断源不能中断正在执行的中断服务程序。在 51 中断系统内部有两个（用户不能访问的）优先级状态触发器，它们分别指示出 CPU 是否在执行高优先级或低优先级中断服务程序，从而决定是否屏蔽所有的中断申请。

专用寄存器 IP 为中断优先级寄存器，锁存各中断源优先级的控制位，用户可由软件进行设定。其格式和各位的含义如下：

IP (B8H)				BCH	BBH	BAH	B9H	B8H
				PS	PT1	PX1	PT0	PX0

PS——串行口中断优先级控制位。PS=1，设定串行口为高优先级中断；PS=0，设定串行口为低优先级中断。

PT1——T1 中断优先级控制位。PT1=1，设定定时器 T1 为高优先级中断；PT1=0，设定定时器 T1 为低优先级中断。

PX1——外部中断 1 中断优先级控制位。PX1=1，设定外部中断 1 为高优先级中断；PX1=0，设定外部中断 1 为低优先级中断。

PT0——T0 中断优先级控制位。PT0=1，设定定时器 T0 为高优先级中断；PT0=0，设定定时器 T0 为低优先级中断。

PX0——外部中断 0 中断优先级控制位。PX0=1，设定外部中断 0 为高优先级中断；PX0=0，设定中部中断 0 为低优先级中断。

当系统复位后，IP 低 5 位全部清零，将所有中断源设置为低优先级中断。

如果几个同一优先级的中断源同时向 CPU 申请中断，CPU 通过内部硬件查询逻辑按自然优先级顺序确定应该响应哪个中断请求。其自然优先级由硬件形成，排列次序如下：

中断源	自然优先级
外部中断 0	最高级
定时器 T0 中断	↓
外部中断 0	
定时器 T1 中断	
串行口中断	最低级

当重新设置优先级时，则顺序查询逻辑电路将会相应改变排队顺序。例如，给中断优先级寄存器 IP 中设置的优先级控制字为 11H，则 PS 和 PX0 均为高优先级中断。当这两个中断源

同时发出中断申请时，CPU 将先响应自然优先级高的 PX0 的中断申请，而后响应自然优先级低的 PS 的中断申请。

5. 中断响应的时间

CPU 不是在任何情况下对中断请求都予以响应。此外，不同的情况对中断响应的时间也不同。下面以外部中断为例，说明中断响应的时间。

在每个机器周期的 S5P2，即第五个状态的第二相（第二个时钟周期）期间，$\overline{\text{INT0}}$ 和 $\overline{\text{INT1}}$ 端的电平被锁存在 TCON 的 IE0 和 IE1 位，CPU 在下一个机器周期才会查询这些值。如果满足中断响应条件，下一条要执行的指令将是一条硬件长调用指令"LCALL"，使程序转入中断矢量入口。调用本身要用 2 个机器周期。这样，从外部中断请求有效到开始执行中断服务程序的第一条指令，至少需要 3 个机器周期，这是最短的响应时间。

如果遇到中断受阻的情况，中断响应时间会更长一些。例如，当一个同级或更高级的中断服务正在进行时，则附加的等待时间取决于正在进行的中断服务程序；如果正在执行的一条指令还没有进行到最后一个机器周期，附加的等待时间为 1～3 个机器周期（因为一条指令的最长执行时间为 4 个机器周期）；如果正在执行的是"RETI"指令或是访问 IE 或 IP 的指令，则附加的等待时间在 5 个机器周期内。

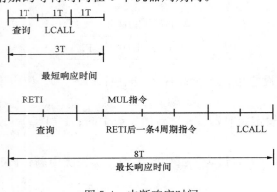

图 5-4　中断响应时间

若系统中只有一个中断源，则响应时间为 3～8 个机器周期，如图 5-4 所示。如果有两个以上中断源同时申请中断，则响应时间将更长。一般情况下，中断响应时间无需考虑，只有在精确定时控制的场合才需要考虑此问题。

6. 中断请求的撤除

CPU 响应某中断请求后，在中断返回前，应该撤消该中断请求，否则会引起另一次中断。

（1）对于定时器 T0 或 T1 溢出中断，CPU 在响应中断后，就用硬件清除了有关的中断请求标志 TF0 或 TF1，即中断请求是自动撤除的，无须采取其他措施。

（2）对于边沿激活的外部中断 $\overline{\text{INT0}}$ 和 $\overline{\text{INT1}}$，CPU 在响应中断后，也是用硬件自动清除有关的中断请求标志 IE0 或 IE1，也无须采取其他措施。

（3）对于串行口中断，CPU 响应中断后，没有用硬件清除 TI 和 RI，故这些中断标志不能自动撤除，用户应在串行中断服务程序中用软件清除 TI 或 RI。

（4）对外部中断 $\overline{\text{INT0}}$ 或 $\overline{\text{INT1}}$，若采用电平触发方式，CPU 响应中断时，虽也是用硬件自动清除相应中断请求标志 IE0 或 IE1，但必须在响应中断后立即撤除 $\overline{\text{INT0}}$ 或 $\overline{\text{INT1}}$ 引脚上的低电平，若引脚的低电平信号继续保持，中断请求标志 IE0 或 IE1 则无法清零，就会再次进入中断。

因为在硬件上 CPU 不能控制 $\overline{\text{INT0}}$ 和 $\overline{\text{INT1}}$ 脚的信号，所以这个问题要通过硬件，再配合软件来解决。图 5-5 是撤除电平激活的中断的可行方案之一。外部中断请求信号不直接加在

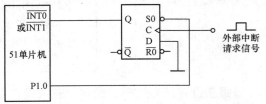

图 5-5　撤除外部中断请求的电路

$\overline{INT0}$或$\overline{INT1}$上，而是加在 D 触发器的 CLK 端。由于 D 端接地，当外部中断请求的正脉冲信号出现在 CLK 端时，$\overline{INT0}$或$\overline{INT1}$为低，发出中断请求。用 P1.0 接在触发器的 S 端作为应答线，当 CPU 响应中断后可使用如下两条指令：

```
ANL   P1,  ＃0FEH
ORL   P1,  ＃01H
```

执行第一条指令使 P1.0 输出为"0"，其持续时间为 2 个机器周期，足以使 D 触发器置位，从而撤除中断请求。执行第二条指令使 P1.0 变为"1"，否则 D 触发器的 S 端始终有效，$\overline{INT0}$端始终为"1"，无法再次申请中断。

5.1.4　中断处理过程

一个完整的中断处理的基本过程包括中断请求、中断响应、中断处理（服务）以及中断返回 4 个阶段。51 单片机的中断处理流程图如图 5-6 所示。

不同的计算机由于中断系统的硬件结构不完全相同，因而中断响应的方式有所不同。在此，仅以 51 单片机为例来介绍中断处理的过程。

1. 中断请求

中断请求是中断源（或者通过接口电路）向 CPU 发出请求中断的信号，要求 CPU 中断原来执行的程序，转去为它服务。一般单片机有多条中断请求线，当中断源有服务要求时，可通过中断请求线，向 CPU 发出信号，请求 CPU 中断。中断请求信号可以是电平信号，也可以是脉冲信号。中断请求信号应该一直保持到 CPU 做出反应时为止。

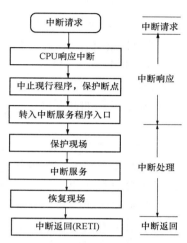

图 5-6　中断处理流程图

2. 中断响应

中断响应是在满足 CPU 的中断响应条件之后，CPU 对中断源中断请求的回答。在这一阶段，CPU 要完成中断服务以前的所有准备工作，包括保护断点和把程序转向中断服务程序的入口地址（通常称为矢量地址）。

计算机运行时，并不是任何时刻都会去响应中断请求，而是在满足中断响应条件之后才会响应。

（1）CPU 的中断响应条件。CPU 响应中断的条件主要有以下几点：

1）有中断源发出中断申请；

2）中断总允许位 EA ＝1，即 CPU 允许所有中断源申请中断；

3）申请中断的中断源的中断允许位为 1，即此中断源可以向 CPU 申请中断。

以上是 CPU 响应中断的基本条件。若满足，CPU 会响应中断，但如果有下列任何一种情况，中断响应都会受到阻断。

1）CPU 正在执行一个同级或高一级的中断服务程序；

2）当前的机器周期不是正在执行的指令的最后一个周期，即正在执行的指令完成前，任何中断请求都得不到响应；

3）正在执行的指令是返回（ RETI）指令或是对专用寄存器 IE、IP 进行读/写的指令，此时，在执行 RETI 或读写 IE 或 IP 之后，不会马上响应中断请求。

若存在上述任何一种情况，则不会马上响应中断，而把该中断请求锁存在各自的中断标志位中，在下一个机器周期再按顺序查询。

在每个机器周期的 S5 P2，即第 5 个状态的第二相（第二个时钟周期）期间，CPU 对各中断源采样，并设置相应的中断标志位。CPU 在下一个机器周期 S6 期间按优先级顺序查询各中断标志，如查询到某个中断标志为 1，将在下一个机器周期 S1 期间按优先级进行中断处理。中断查询在每个机器周期中重复执行，如果中断响应的基本条件已满足，但由于存在中断阻断的情况而未被及时响应，待上述封锁中断的条件撤消之后，由于中断标志还存在，仍会响应。

（2）中断响应过程。如果中断响应条件满足，且不存在中断阻断的情况，则 CPU 响应中断。此时，中断系统通过硬件生成的长调用指令"LCALL"，自动把断点地址压入堆栈保护（但不保护状态寄存器 PSW 和其他寄存器的内容），然后将对应的中断入口地址装入程序计数器 PC 使程序转向该中断入口地址，并执行中断服务程序。51 单片机的中断入口地址和中断输入引脚是一一对应的，从哪个中断输入引脚进入的中断请求，它的中断服务程序入口地址一定是某个固定值。如从 $\overline{INT0}$（ P3.2）引脚进入的中断请求，转向的中断入口地址是 0003H 单元。

3. 中断处理

中断处理（又称中断服务）程序从入口地址开始执行，直到返回指令"RETI"为止，这个过程称为中断处理。此过程一般包括保护现场、处理中断源的请求、恢复现场 3 部分内容。因为一般主程序和中断服务程序都可能会用到累加器、PSW 寄存器和一些其他寄存器。CPU 在进入中断服务程序后，用到上述寄存器时就会破坏它原来存在寄存器中的内容，一旦中断返回，将会造成主程序的混乱。因而，在进入中断服务程序后，一般要先保护现场，然后再执行中断服务程序，在返回主程序前，要恢复现场。

在 C 语言程序中，由于 C 语言程序会自动保护现场，在使用中不用对现场进行人为保护和恢复。

4. 中断返回

中断返回是指执行完中断服务程序后，程序返回到断点（即原来程序执行时被断开的位置），继续执行原来的程序。中断返回由专门的中断返回指令"RETI"实现，该指令的功能是把断点地址取出，送回到程序计数器 PC 中。另外，它还通知中断系统已完成中断处理，将清除优先级状态触发器。特别要注意不能用子程序返回指令"RET"代替中断返回指令"RETI"。

5.1.5 中断应用程序举例

中断程序一般包括中断控制程序（即中断初始化程序）和中断服务程序两部分。

1. 中断初始化程序

51 单片机有 5 个中断源，即外部中断请求 $\overline{INT0}$、$\overline{INT1}$，定时/计数器溢出中断请求 IF0、IF1 和串行接口中断请求 TI/RI。这 5 个中断源由 4 个特殊功能寄存器 TCON、SCON、IE 和 IP 进行管理和控制。从软件的角度来看，中断控制程序实质上是对这几个寄存器的管理和控制。只要这些寄存器的相应位按照要求进行了状态预置，CPU 就会按要求对中断源进行管理和控制。

中断控制程序（即中断初始化程序）一般不独立编写，而是包含在主程序中，根据需要进行编写。中断初始化程序需完成以下操作：

（1）开中断；

（2）某一中断源中断请求的允许与禁止（屏蔽）；

（3）确定各中断源的优先级别；

（4）若是外部中断请求，则要设定触发方式是电平触发还是边沿触发。

【例 5-1】 假设规定外部中断 0 为电平触发方式，高优先级，试写出有关的初始化程序。

解 可用两种方法完成。

方法 1：用位操作指令完成。

```
SETB    EA          ；开中断允许总控制位
SETB    EX0         ；外中断 0 开中断
SETB    PX0         ；外中断 0 高优先级
CLR     IT0         ；电平触发
```

方法 2：用其他指令也可完成同样功能。

```
MOV     IE, ♯81H    ；10000001，同时置位 EA 和 EX0
ORL     IP, ♯01H    ；置位 PX0
ANL     TCON, ♯0FEH；使 IT0 为 0
```

这两种方法都可以完成题目规定的要求。一般情况下，用方法 1 简单些。因为在编制中断初始化程序时，只需知道控制位的名称就可以了，不必记住其在寄存器中的确切位置。

2. 中断服务程序

中断服务程序是一种为中断源的特定情况要求服务的独立程序段，以中断返回指令"RE-TI"结束，中断服务完后返回到原来被中断的地方（即断点），继续执行原来的程序。

在 51 单片机程序存储器中设置了 5 个固定的单元作为中断服务程序的入口，即 0003H、000BH、0013H、001BH 及 0023H 单元。

其中，0003H 单元是外部中断 $\overline{INT0}$ 的中断服务程序入口。当 CPU 响应外部中断 $\overline{INT0}$ 的中断请求后，则转向 0003H 单元执行中断服务程序。但是由于 0003H 附近的一些单元具有专门用途，因此一般将中断服务程序存放在程序存储器的其他部位，而在 0003H 单元安排一条无条件转移指令。这样，当 CPU 响应外部 $\overline{INT0}$ 的请求后，则执行 0003H 单元的无条件转移指令，转向实际中断服务程序的入口。

000BH 单元是内部定时/计数器 T0 的中断服务程序入口，其作用与 0003H 类似。一般在此处仅安排一条转向定时/计数器 T0 中断服务程序入口的无条件转移指令。当 CPU 响应定时/计数器 T0 的中断请求后，则执行 000BH 单元的无条件转移指令，转向实际定时/计数器 T0 的中断服务程序入口。

00BH 单元是外部中断 $\overline{INT1}$ 的中断服务程序入口，001BH 单元是内部定时/计数器 T1 的中断服务程序入口，0023H 单元是串行口的中断服务程序入口，操作过程与上述类似。

中断服务程序和子程序一样，在调用和返回时，也有一个保护断点和现场的问题。

在中断响应过程中，断点的保护主要由硬件电路自动实现。它将断点压入堆栈，再将中断 1 服务程序的入口地址送入程序计数器 PC，使程序转向中断服务程序，即为中断源的请求服务。

中断时，现场保护由中断服务程序来完成。因此在编写汇编中断服务程序时必须考虑保护现场的问题。在 51 单片机中，现场一般包括累加器 A、工作寄存器 R0～R7 以及程序状态字 PSW 等。保护的方法与子程序相同。

在编写汇编中断服务程序时还应注意以下三点：

（1）各中断源入口地址之间只相隔 8 个字节。中断服务程序放在此处，一般容量是不够的。常用的方法是在中断入口地址单元处，存放一条无条件转移指令，如"LJMP Address"，使程序跳转到用户安排的中断服务程序起始地址去。这样可使中断服务程序灵活地安排在64KB 程序存储器的任何地方。

（2）在执行当前中断程序时，为了禁止更高优先级中断源的中断请求，可先用软件关闭CPU 中断，或屏蔽更高级中断源的中断，在中断返回前再开放被关闭或被屏蔽的中断。

（3）在多级中断情况下，保护现场和恢复现场时，为了不使现场数据受到破坏或者造成混乱，一般规定此时 CPU 不再响应外界的中断请求。因此，在编写中断服务程序时，应在保护现场之前关掉中断，在恢复现场之后打开中断。如果在中断处理时允许有更高级的中断打断它，则在保护现场之后开中断，恢复现场之前关中断。

在设计中断服务程序时，是按中断源的要求，根据中断处理所要完成的任务来进行的。由于在中断服务程序中，不可避免的要使用有关的寄存器。因此，CPU 在中断之前要保护这些相关的寄存器的内容，即保护现场。而在中断返回时又要使它们恢复原来的内容，即要恢复现场。保护现场和恢复现场一般采用 PUSH 和 POP 指令来实现。PUSH 和 POP 指令一般成对出现，以保证寄存器的内容不会改变。要注意堆栈操作的"先进后出，后进先出"的原则。下面来看一个在中断服务程序中，经常用到的保护现场和恢复现场的实例。

【例 5-2】设在主程序中用到了寄存器 PSW、ACC、B、DPTR，而在执行中断服务程序时用到这些寄存器。因此，在中断服务程序里要保护 PSW、ACC、B、DPTR 的内容，避免其中的内容遭到破坏。

解 程序如下：

```
SERVICE: PUSH   PSW        ; 保护程序状态字
         PUSH   ACC        ; 保护累加器 A
         PUSH   B          ; 保护寄存器 B
         PUSH   DPL        ; 保护数据指针低字节
         PUSH   DPH        ; 保护数据指针高字节
         ……               ; 中断处理
         POP    DPH        ; 恢复现场，即恢复各寄存器的内容
         POP    DPL
         POP    B
         POP    ACC
         POP    PSW
         RETI
```

5.1.6 扩展外部中断源

51 单片机中只有 $\overline{INT0}$ 和 $\overline{INT1}$ 两个外部中断源，在实际应用中显然是不够的，为使更多的外部设备与单片机联机工作，外中断源个数必须加以扩展。51 单片机常采用定时器或查询法来扩展外部中断源，还有一些专用的扩展外部中断源的接口芯片，如 8259 等。

1. 利用定时器扩展外部中断源

51 单片机片内有 2 个定时/计数器（52 单片机有 3 个），若定时/计数器不用于定时或计数时，可将它作为外部中断源，但定时器/计数器所能扩展的外部中断源数目仅有 1～2 个。

定时/计数器在计数工作方式下，记录从外部引入脉冲的数目，当计数器达到满量程时（即全为 1），如果再来一个计数脉冲，将发生溢出中断。利用定时器的这个特点，来实现扩展

外部中断源。将定时/计数器设定为计数器工作方式 2，初始值 TH0（TH1）设为满量程 FFH，扩展外部中断源接外部计数脉冲引入端，并将扩展中断服务子程序按所用定时/计数器的中断矢量地址存放。当连接在外部计数脉冲引入端（P3.4 或 P3.5）上的外部中断请求输入线发生负跳变时，TL0（TL1）加 1 计数产生溢出使中断标志位置 1，并向 CPU 发出中断请求，CPU 响应中断转向扩展外部中断源的中断服务子程序。此时 TH0（TH1）的内容 FFH 送 TL0（TL1），定时器恢复初值，为下一个中断请求做准备。显然，引脚 P3.4 或 P3.5 每输入一个负跳变信号，就能使中断标志位置 1，向 CPU 请求中断，这就相当于一个边沿触发的外中断输入。

利用定时器 T0 扩展中断源，其初始化汇编程序如下：

```
MOV     TMOD, #06H      ;设 T0 为计数器工作方式 2
MOV     TL0, #0FFH      ;置计数初值
MOV     TH0, #0FFH
SETB    EA              ;CPU 开中断
SETB    ET0             ;计数器 T0 允许中断
SETB    TR0             ;启动计数器 T0
```

2. 查询法扩展外部中断源

如果系统有多个外部中断源，可以用查询法来扩展。采用查询法扩展外部中断源需要必要的硬件和查询程序。

【例 5-3】图 5-7 是中断加查询扩展外部中断源电路，它也是一个多个故障指示电路，电路中 P1.0～P1.3 为外部中断源的输入信号位，P1.4～P1.7 为输出信号，用来驱动 LED 显示。电路工作中，当系统无故障时，4 个故障源输入端 X1～X4 全为低电平，显示灯全灭；当某部分出现故障，其对应的输入由低电平变为高电平，引起 51 单片机中断，中断服务程序的任务是判定故障源，并用对应的发光二极管 LED1～LED4 进行指示。试编写出相应的汇编程序。

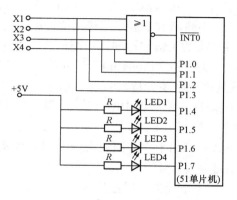

图 5-7　中断加查询扩展的外部中断电路

解　汇编程序如下：

```
            ORG     0000H           ;程序由地址 0 开始执行，即 PC = 0000H
            AJMP    MAIN            ;系统上电，转主程序
            ORG     0003H           ;外部中断 1(INT0)入口地址
            AJMP    SERVICE         ;转中断服务程序
MAIN:       ORL     P1, #0FFH       ;灯全灭，准备读入
            SETB    IT0             ;选择边沿触发方式
            SETB    EX0             ;允许INT0中断
            SETB    EA              ;CPU 开中断
            AJMP    $               ;等待中断
SERVICE:    JNB     P1.3, N1        ;若 X1 无故障转(查询中断源，若 P1.3 = 0，则转至 N1)
            CLR     P1.4            ;若 X1 有故障，LED1 亮(即 P1.3 = 1，则 P1.4 = 0，LED1 点亮)
N1:         JNB     P1.2, N2        ;若 X2 无故障转(查询中断源，若 P1.2 = 0，则转至 N2)
            CLR     P1.5            ;若 X2 有故障，LED2 亮(即 P1.2 = 1，则 P1.5 = 0，LED2 点亮)
N2:         JNB     P1.1, N3        ;若 X3 无故障转
```

```
              CLR      P1.6          ;若 X3 有故障，LED3 亮
      N3:     INB      P1.0, N4      ;若 X4 无故障转
              CLR      P1.7          ;若 X4 有故障，LED4 亮
      N4:     RETI                   ;中断返回
```

这个程序主要分为主程序和中断服务程序两部分。主程序主要完成初始化的工作，中断服务程序主要检测故障源是否发生，如果发生某故障源，则将相应的指示灯点亮。在此主程序和中断服务程序中，不存在使用寄存器之间的干涉问题。因此，在中断服务程序中不用保护现场和恢复现场。

5.1.7　C51 中断函数的写法

C51 编译器支持在 C 语言源程序中直接编写 51 单片机的中断服务程序，比汇编编写中断程序方便许多。使用 C51 编写中断服务程序，实际上就是编写中断函数。为了能在 C 语言中直接编写中断服务函数，C51 编译器对函数的定义有所扩展，增加了一个扩展关键字"interrupt"。关键字"interrupt"是函数定义时的一个选项，加上这个选项即可将函数定义成中断服务函数。中断函数定义语法如下：

vcid　函数名（）［interrupt n］［using m］

中断函数不能返回任何值，因此最前面用 void，后面紧跟函数名。名称没有限制，但不应与 C51 的关键字相同，中断函数不带任何参数，因此函数名后面的小括号内为空。

关键字"interrupt"后面的 n 对应中断源的编号，n 的取值范围为 0～31，编译器从 8n+3 处产生中断矢量。51 单片机中 n 的取值范围为 0～4（见表 5-1），分别对应 51 单片机的外部中断 T0、定时器中断 T0、外部中断 T1、定时器中断 T1 和串口中断。

例如，取中断号 n 为 2，编译器从 8n+3 处产生中断矢量（入口地址），即 $8 \times 2 + 3 = 19$，该数对应的十六进制数为 0013H。也就是说，选用外部中断 T1（$\overline{INT1}$）的中断服务程序入口地址是 0013H。

51 单片机可以在片内 RAM 中使用 4 个不同的工作寄存器组，每个寄存器组中包含 8 个工作寄存器（R0～R7）。C51 编译器扩展了一个关键字"using"，专门用来选择 51 单片机中不同的工作寄存器组。"using"后面的 m 是一个 0～3 的常整数，分别选中 4 个不同的工作寄存器组。在定义中断函数时，"using"是一个选项，如果不用该选项，则由编译器自动选择一个寄存器组作绝对寄存器组访问。例如：

void intersvr0（）interrupt0　using1　　//定义外部中断 0，使用第一组寄存器

【例 5-4】图 5-8 是进行外部中断 0 和外部中断 1 实验的硬件原理电路图，通电后，P0 口的 8 只 LEID 灯全亮，按下 P3.2 引脚上的按键 K1（模拟外部中断 0）时，P0 口外接的 LED 灯循环左移 8 位后恢复为全亮；按下 P3.3 引脚上的按键 K2（模拟外部中断 1）时，P0 口外接的 LED 灯循环右移 8 位后恢复为全亮。试编写出相应的 C 程序。

解　根据上述要求，设计的 C 语言源程序如下：

```
#include<reg51.h>
#include<intrins.h>
#define uint unsigned int
#define uchar unsigned char
/* * * * * * * * *延时函数* * * * * * * * */
void Delay_ms(uint xms)                //延时程序，xms 是形式参数
{
```

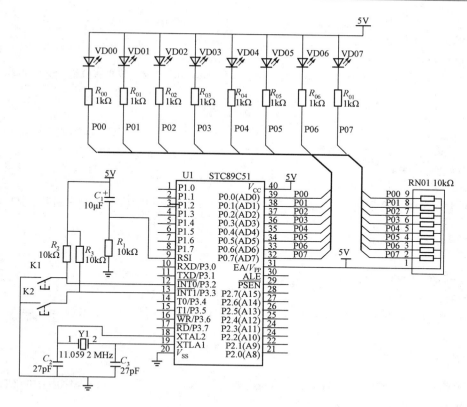

图 5-8　外部中断硬件原理图

```
    uint i, j;
    for(i = xms; i>0; i− −)              //i = xms，即延时 xms，xms 由实际参数传入一个值
        for(j = 115; j>0; j− −);         //注意此处分号不可少
}
/* * * * * * * * *主函数* * * * * * * * */
void main()
{
    P0 = 0;
    EA = 1;                              //开总中断，中断初始化
    EX0 = 1;                             //开外中断 0
    EX1 = 1;                             //开外中断 1
    IT0 = 0;                             //外中断 0 低电平触发方式
    IT1 = 0;                             //外中断 1 低电平触发方式
    while(1);                            //等待
}
/* * * * * * * * *外中断 0 函数* * * * * * * * */
void int0() interrupt 0
{
    uchar led_data = 0xfe;               //给 led_data 赋初值 0xfe，点亮最右侧第一个 LED 灯
    uchar  i;
    for(i = 0; 1<8; i+ +)
```

```
{
    P0 = led_data;
    Delay_ms(500);
    led_data = _crol_(led_data, 1);   //将 led_data 循环左移 1 位再赋值给 led_data
    }
    P0 = 0;                           //LED 灯全亮
}
/* * * * * * * * *外中断 1 函数 * * * * * * * * */
void int1() interrupt 2
{
    uchar led_data = 0x7f;           //给 led_data 赋初值 0x7f，点亮最左侧第一个 LED 灯
    uchar i;
    for(i = 0; i<8; i++)
    {
        P0 = led_data;
        Delay_ms(500);
        led_data = _cror_(led_data, 1);   //将 led_data 循环左移 1 位再赋值给 led_data
    }
    P0 = 0;                           //LED 灯全亮
}
```

以上源程序中，为实现中断而设计的有关程序称为中断程序。中断程序由中断初始化程序和中断函数两部分组成。

1. 中断初始化程序

中断初始化程序也称中断控制程序。设置中断初始化程序的目的是，让 CPU 在执行主程序的过程中能够响应中断。主函数中的 EA＝1、EX0＝1、EX1＝1、IT0＝0、IT1＝0 为中断初始化程序。中断初始化程序主要包括开总中断、开外中断、选择外中断的触发方式，另外，还包括对中断优先级进行设置等。

2. 中断函数

源程序中的 int0（）、int1（）为外中断 O 和外中断 1 的中断函数。当按下 K1 键后，可进入外中断函数 0，在外中断函数 0 中，可实现流水灯的左移位；当按下 K2 键后，可进入外中断函数 1，在外中断函数 1 中，可实现流水灯的右移位。

5.2 51 单片机的定时/计数器

5.2.1 定时/计数器的功能概述

定时/计数器是单片机系统一个重要的部件，可以用来实现定时控制和测量频率、转速、脉宽和信号发生等。此外，定时/计数器还可以作为串行通信中的波特率发生器。在 51 单片机中采用加法计数器，先设置计数器的初值，然后对计数脉冲每次加 1，加到计数器溢出为止，这就是加法计数器。

51 单片机可提供两个 16 位的定时/计数器，即 T0 和 T1，它们均可作定时器或计数器使用，为单片机提供计数或定时功能。

对于定时/计数器来说，不管是独立的定时器芯片还是单片机内集成定时器，一般都具有

以下共性：

（1）定时/计数器有多种工作模式，可以是定时模式，也可以是计数模式。

（2）定时/计数器的计数值是可变的，但计数的最大值是有限的，取决于计数器的位数。计数的最大长度限定了定时器的最大值。

（3）当到达设定的定时或计数值时发出中断请求，以便实现定时控制。

51 单片机中的定时/计数器有两种工作模式，即计数器工作模式和定时器工作模式。当工作在计数模式时，计数器记录的是外界发生的事件；当工作在定时模式时，定时器由单片机内部提供的一个非常稳定的计数源进行定时。这两种工作模式并没有本质的区别，归根到底就是一个计数器，只是计数脉冲的来源不同而已。在日常生活中也常用到定时的概念，如将时钟定时到 1min，那么秒钟计时到 60 后就到了 1min 的定时。单片机内部工作原理也与此类似。

（1）计数器工作模式。当计数源来自 CPU I/O 引脚的外部信号时，称为计数模式。计数功能是对外来脉冲进行计数。51 单片机芯片有 T0（P3.4）和 T1（P3.5）两个输入引脚，分别是这两个计数器的计数输入端。每当计数器的计数输入引脚的脉冲发生负跳变时，计数器加 1。

（2）定时器工作模式。当计数源来自相对稳定的系统时钟信号时称为定时模式。这个计数源是由单片机的晶振经过 12 分频以后获得的一个脉冲源。设单片机的晶振是 12MHz，则它提供给计数器的脉冲时间间隔是 1μs。定时器计数脉冲的时间间隔与晶振有关。

51 单片机的定时/计数器有 4 种工作方式（或称为工作模式），即方式 0、方式 1、方式 2、方式 3，其控制字均在相应的特殊功能寄存器中，通过对其特殊功能寄存器的编程，用户可以方便地选择定时/计数器的 2 种工作模式和 4 种工作方式（如是定时还是计数；硬件启动还是软件启动；计数长度，即作为 16 位计数器使用还是作为 8 位计数器使用；溢出后是重装初值还是从 0 开始计数等）。

在了解了 51 单片机内定时/计数器的基本功能后，下面具体介绍 51 单片机内定时/计数器的结构、功能、工作方式、初始化，有关的特殊功能寄存器、状态字、控制字的含义，以及工作模式和工作方式的选择等。

5.2.2　定时/计数器的组成结构

51 单片机定时/计数器的结构框图如图 4-2 所示。

定时器 0（或称为定时器 T0）由计数器 TL0（低 8 位）和 TH0（高 8 位）构成，定时器

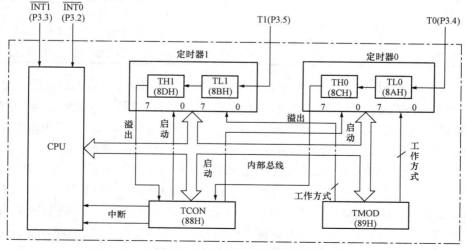

图 5-9　定时/计数器结构框图

1（或称为定时器 T1）由计数器 TL1（低 8 位）和 TH1（高 8 位）构成。特殊功能寄存器 TMOD 控制定时器的工作方式和工作模式，特殊功能寄存器 TCON 控制其运行，TCON 还包含 T0 和 T1 的溢出标志。也就是说，在特殊功能寄存器 TMOD 中都有一个控制位，它可以选择 T0 及 T1 为定时器工作方式还是计数器工作方式。TCON 用于控制定时器 0 和 1 的启动和停止计数，同时管理定时器 0 和 1 的溢出标志。为使定时器满足程序需要，程序开始时需要对 TL0、TH0、TL1 和 TH1 进行初始化编程，以确定定时器的工作方式和控制 T0 和 T1 的计数。系统复位时，寄存器的所有位都清零。

定时器总是加 1 计数，计数终值为 255（8 位）或 65535（16 位），但计数初值是用户可以设置的。例如，16 位计数器方式，若计数器初值设置为 15536（0x3CBO）则计数值为 49999，也就是计数 49999 个时钟，计数值为 65535，再加 1 个脉冲时，计数器为 0，这时定时器溢出，请求中断。若每个脉冲周期为 $1\mu s$，则总定时时间为 50ms。

1. 工作方式控制寄存器 TMOD

定时器的方式控制寄存器 TMOD 的结构格式和每个位的符号名称、功能如图 5-10 所示（地址为 89H，复位值为 0000 0000）。

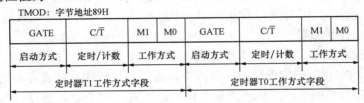

图 5-10　方式寄存器 TMOD 的格式及各位含义

TMOD 只能进行字节操作而不能进行位操作，字节地址是 89H。高 4 位控制定时器 T1 的方式，低 4 位控制定时器 T0 的方式。复位时 TMOD 所有位均为零。

（1）M1M0 工作方式选择位意义见表 5-2。

表 5-2　　　　　　　　　　　　工作方式选择位意义

M1　M0	工作方式	功能说明
0　0	方式 0	13 位定时/计数器
0　1	方式 1	16 位定时/计数器
1　0	方式 2	自动置初值的 8 位定时/计数器
1　1	方式 3	定时器 T0 分成 2 个 8 位定时/计数器，定时器 T1 停止计数

（2）$C/\overline{T}$：功能选择位。$C/\overline{T}=0$ 时，为定时器方式；$C/\overline{T}=1$ 时，为计数器方式。

$C/\overline{T}=0$ 时，定时器 1 时钟脉冲来自经过 12 分频的晶体振荡器，因此定时器 1 时钟周期与机器周期相同。定时器 1 的计数值乘以时钟周期就是时间。所以 $C/\overline{T}=0$ 时为定时工作模式。$C/\overline{T}=1$ 时，定时器 T1 时钟脉冲来自外引脚 P3.5（T1），在外引脚的下降沿，定时器 T1 计数，允许的最大计数频率为晶体频率的 1/24。所以 $C/\overline{T}=1$ 时为定时器 T1 的计数工作模式。

（3）GATE：门控制，决定定时器开启与关闭的控制权。若 GATE＝0，定时器 T1 时钟不受外部中断引脚控制，由软件设定 TR0、TR1 控制定时器的启停；若 GATE＝1，由外部中断引脚 $\overline{INT0}$（P3.2）和 $\overline{INT1}$（P3.3）的输入电平分别控制 T0 和 T1 的启停。

（4）位 3～0：控制定时器 T0，与高 4 位的意义基本相同。

TMOD 寄存器的格式及各位的功能要点示意图如图 5-11 所示。

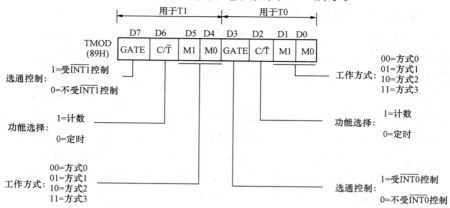

图 5-11　TMOD 寄存器的格式及各位功能要点示意图

注：1. GATE＝1，T0、T1 的启动由 $\overline{INTi}$ 引脚和 TRi 位共同控制。只有 INTi 引脚为高电平时，TRi 置 "1" 才能启动定时/计数器（i＝0 或 1）。

　　2. GATE＝0，T0、T1 由软件设置 TRi 来控制启动。TRi＝1，启动；TRi＝0，停止（i＝0 或 1）。

2. 定时/计数器控制寄存器 TCON

TCON 用于控制定时/计数器的启、停、溢出标志和外部中断信号触发方式。TCON 的字节地址是 88H，可以进行位寻址（复位值为 0000 0000），其中与中断有关的各位（位 3～0）前面已经介绍。定时/计数器控制寄存器 TCON 的格式和各位功能要点示意图如图 5-12 所示。

（1）TF1：定时/计数器 T1 溢出标志。当 T1 允许计数时，T1 从初值开始加 1 计数，至最高位产生溢出时，TF 置 "1"，即 TF1＝1 表示计数器溢出又表示向 CPU 申请中断。CPU 响应中断进入中断服务程序后，该位由硬件自动对 TF1 清 "0"。TF1 也可作为程序查询的标志位，在查询方式下由软件清。当 TF1＝0 时，说明定时器 T1 未发生溢出。

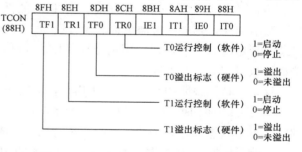

图 5-12　定时/计数器控制寄存器 TCON 的格式及各位功能要点示意图

（2）TR1：定时/计数器 Tl 运行控制位，由软件置 "1" 或清 "0" 来启动或关闭定时器。TR1＝1 时，允许定时器 Tl 计数。TR1＝0 时，禁止定时器 T1 计数。

若 GATE＝0，则当 TR1＝0 时，关闭定器 T1；当 TR1＝1 时，启动定时器 T1。

若 GATE＝1，则当 TR1＝0 或 $\overline{INT1}$＝0 时，关闭定时器 T1；当 TR1＝1 且 $\overline{INT1}$＝1 时，启动定时器 T1。

（3）TF0：定时/计数器 T0 溢出标志位。其意义于 TF1 相似。TF0＝1 时，说明定时器 T0 发生溢出，向 CPU 申请中断，该位在响应中断后，自动清 "0"。TF0＝0 时，说明定时器 T0 未发生溢出。

（4）TR0：定时/计数器 T0 运行控制位，其功能操作情况与 TR1 相同。由软件置 "1" 或清 "0" 来启动或关闭定时器。TR0＝1 时，允许定时器 T0 计数。TR0＝0 时，禁止定时器 T0

计数。

5.2.3 定时/计数器的工作方式

在 TMOD 控制寄存器中可知，对 M0、M1 的不同设置可选择 4 种不同工作方式（或称工作模式），由于定时/计数器 T1 与定时/计数器 T0 工作方式的工作原理完全相同，因此下面以定时/计数器 T0 为例分别对这 4 种工作方式进行介绍。

1. 工作方式 0

定时/计数器的工作方式 0 逻辑电路结构如图 5-13 所示。工作方式 0 是 13 位计数结构的工作方式，其计数器由 TH 的全部 8 位和 TL 的低 5 位构成，TL 的高 3 位没有使用。当 C/$\overline{T}$ ＝0 时，多路开关 S1 接通振荡脉冲的 12 分频输出，13 位计数器依次进行计数。这就是定时工作方式。当 C/$\overline{T}$＝1 时，多路开关接通计数引脚 T0，外部计数脉冲由引脚 T0 输入。当计数脉冲发生负跳变时，计数器加 1，这就是常说的计数工作方式。

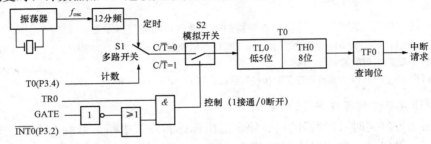

图 5-13　工作方式 0 逻辑电路结构图

不管是定时方式还是计数方式，当 TL0 的低 5 位计数溢出时，向 TH0 进位，而全部 13 位计数溢出时，则向计数溢出标志位 TF0 进位。在满足中断条件时，向 CPU 申请中断，若需继续进行定时或计数，则应用指令对 TL0、TH0 重新置数，否则下一次计数将会从 0 开始，造成计数或定时时间不准确。

这里要特别说明的是，T0 能否启动，取决于 TR0、GATE 和引脚 $\overline{INT0}$ 的状态。

当 GATE＝0 时，GATE 信号封锁了"或"门，使引脚 $\overline{INT0}$ 信号无效，而"或"门输出端的高电平状态却打开了"与"门。这时如果 TR0＝1，则"与"门输出为 1，模拟开关 S2 接通，定时/计数器 T0 工作；如果 TR0＝0，则断开模拟开关，定时/计数器 T0 不能工作。

当 GATE＝1，同时 TR0＝1 时，模拟开关是否接通由 $\overline{INT0}$ 控制。当 $\overline{INT0}$＝1 时，"与"门输出高电平，模拟开关接通，定时/计数器 T0 工作；当 $\overline{INT0}$＝0 时，"与"门输出低电平，模拟开关断开，定时/计数器 T0 停止工作。这种情况可用于测量外信号的脉冲宽度。

如上所述，TF0 是定时/计数器的溢出状态标志，溢出时由硬件置位，TF0 溢出中断被CPU 响应时，转入中断时硬件清"0"，TF0 也可由程序查询和清"0"。

2. 工作方式 1

当 M1M0＝01 时，定时/计数器处于工作方式 1。此时，定时/计数器的逻辑电路结构如图5-14 所示。

方式 0 和方式 1 的区别仅在于计数器的位数不同，方式 0 为 13 位，而方式 1 则为 16 位，由 TH0 作为高 8 位，TL0 作为低 8 位。它比工作方式 0 有更宽的计数范围，因此在实际应用中，工作方式 1 可以代替工作方式 0。有关控制状态字（GATA、C/$\overline{T}$、TF0、TR0）与工作方式 0 相同。

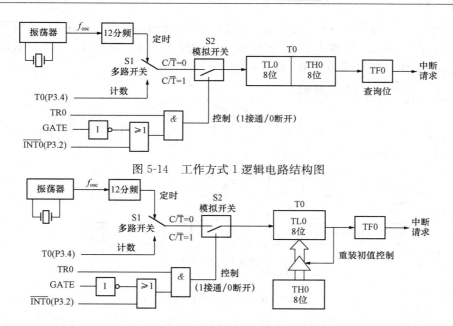

图 5-14　工作方式 1 逻辑电路结构图

图 5-15　工作方式 2 逻辑电路结构图

3. 工作方式 2

当 M1M0＝10 时，定时/计数器处于工作方式 2。此时，定时/计数器 T0 的逻辑电路结构如图 5-15 所示。

工作方式 0 和工作方式 1 的最大特点是计数溢出后，计数器为全 0，因而循环定时或循环计数应用时存在反复设置初值的问题，这给程序设计带来许多不便，同时还会影响计时精度。工作方式 2 就是针对这个问题而设置的，它具有自动重装载功能，即自动加载计数初值，所以也可称为自动重加载工作方式。在这种工作方式中，16 位计数器分为两部分，即以 TL0 为计数器，以 TH0 作为预置寄存器，初始化时把计数初值分别加载至 TL0 和 TH0 中，当计数溢出时，不再像方式 0 和方式 1 那样由"人工重复加载"，由软件重新赋值，而是由预置寄存器 TH 以硬件方法自动给计数器 TL0 重新加载。

程序初始化时，给 TL0 和 TH0 同时赋以初值，当 TL0 计数溢出时，置位 TF0 的同时把预置寄存器 TH0 中的初值加载给 TL0，TL0 重新计数。如此反复，由软件加载变为硬件加载，这不但省去了用户程序中的重装指令，而且还有利于提高定时精度。

但这种方式也有其不利的一面，就是其计数结构只有 8 位，计数值有限，最大只能到 255。所以，这种工作方式很适合那些重复计数的应用场合。例如，可以通过这样的计数方式产生中断，从而产生一个固定频率的脉冲。也可以当作串行数据通信的波特率发送器使用。

4. 工作方式 3

当 M1M0＝11 时，定时/计数器处于工作方式 3。此时，定时/计数器的逻辑电路结构如图 5-16 所示。工作方式 3 的作用比较特殊，只适用于定时器 T0。如果将定时器 T1 置为工作方式 3，则它将停止计数，其效果与置 TR1＝0 相同，即关闭定时器 T1。

在工作方式 3 下，定时/计数器 T0 被拆成两个独立的 8 位计数器 TL0 和 TH0。

在图 5-16 中，上方的 8 位计数器 TL0 使用原定时器 T0 的控制位 C/$\overline{T}$、GATE、TR0 和 $\overline{INT0}$。TL0 既可用于计数，又可用于定时，其功能和操作与前面介绍的工作方式 0 或工作方式 1 完全相同。

在图 5-16 中，下方的 TH0 只能作为简单的定时器使用。而且由于定时/计数器 0 的控制位已被 TL0 独占，因此只好借用定时/计数器 T1 的控制位 TR1 和 TF1，即以计数溢出去置位 TF1，而定时的启动和停止则由 TR1 的状态控制。

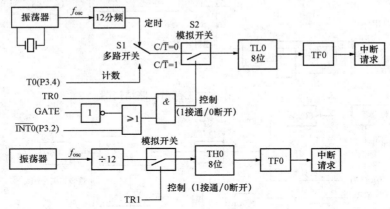

图 5-16　工作方式 3 逻辑电路结构

由于 TL0 既能作为定时器使用，也能作为计数器使用，而 TH0 只能作为定时器使用，不能作为计数器使用，因此在工作方式 3 下，定时/计数器 T0 可以构成两个定时器，或一个定时器及一个计数器。

需要说明的是，如果定时/计数器 T0 已工作在工作方式 3 下，则定时/计数器 T1 只能工作在工作方式 0、工作方式 1 或工作方式 2 下，因为它的运行控制位 TR1 及计数溢出标志位 TF1 已被定时/计数器 T0 借用。

通常情况下，定时/计数器 T1 一般作为串行口的波特率发生器使用，以确定串行通信的速率，因为已没有计数溢出标志位 TF1 可供使用，因此只能把计数溢出直接送给串行口。当作为波特率发生器使用时，只需设置好工作方式，便可自动运行。若要停止工作，只需送入一个把它设置为工作方式 3 的方式控制字就可以了。因为定时/计数器 T1 不能在工作方式 3 下使用，如果硬把它设置为工作方式 3，则停止工作。

5.2.4　定时/计数器的应用

1. 定时/计数器的初始化

51 单片机的定时/计数器的工作方式和工作过程是可编程的，因此在使用定时/计数器时，首先要通过软件对它进行初始化。定时/计数器的初始化过程如下：

（1）根据要求给方式寄存器 TMOD 送一个方式控制字（赋值），以设置定时器响应的工作方式（确定工作方式）。

例：MOV TMOD，#01H　；令 T0 为定时器方式 1

（2）根据需要确定定时的时间或计数的初值。定时/计数器的初值决定着定时时间和计数长度，初始化时直接将初值写入 TH0、TL0 或 TH1、TL1。定时/计数器是在初值的基础上加 1 计数，并能在计数器从全 1 变为全 0 时自动产生溢出中断请求。

（3）根据需要开放定时器中断。对中断允许寄存器 IE、中断优先级寄存器 IP 赋值。

（4）启动定时器。给定时器控制寄存器 TCON 送命令字使 TR0、TR1 置 1，定时器即按设定好的工作方式和初值开始定时或计数。

2. 定时/计数器初值的计算

51 单片机定时/计数器初值计算公式为：

$$X_C(初值)=[2^N-t(定时时间)]/T(机器周期)$$

式中：

（1）2^N 是计数器的模值，模值中的 N 与工作方式有关。工作方式 0：$N=13$，定时、计数范围为 1～8192 次；工作方式 1：$N=16$，定时、计数范围为 1～65536 次；工作方式 2 和 3：$N=8$，定时、计数范围为 1～256 次。

（2）机器周期 $T=12/f_{osc}$，f_{osc} 为系统电路中晶体元件的标称值。

（3）由公式 $X_C=(2^N-t)/T$ 可得：定时/计数器的定时时间 t 为 $t=(2^N-X_C)T$；定时/计数器的最大定时时间 t_{max} 为 $t_{max}=2^N T$。

【例 5-5】已知晶振 f_{osc} 为 12MHz 时，求定时时间为 0.2 ms 时，定时/计数器 T0 在工作方式 0、1、2、3 下的定时初值。

解　根据已知数据可得：机器周期 $=12/f_{osc}=12/12=1$（μs），0.2ms$=200\mu s$。

根据公式：初值 $=(2^N-$定时时间$)/$机器周期，可求得 T0 四种工作方式的定时初值为：

（1）工作方式 0。

$$(2^{13}-200)/1=8192-200=7992D=1F38H$$

十六进制 1F38 转换成二进制为 1F38H$=0001\ 1111\ 0011\ 1000\ B$，则低 5 位（11000B）送 TL0 为 18H，高 8 位（11111001）送 TH0 为 F9H。

（2）工作方式 1。

$$(2^{16}-200)/1=65536-200=65336D=FF38H$$

那么，TH0$=$FFH，TL0$=$38H。

（3）工作方式 2。

$$(2^8-200)/1=256-200=56D=38H$$

那么，TH0$=$38H，TL0$=$38H。

（4）工作方式 3。工作方式 3 与工作方式 2 的初值一样，为 TH0$=$TL0$=$38H。

上面的计数初值在计算时比较麻烦，如果使用"51 初值设定"软件，计算计数初值则十分方便。该软件运行界面如图 5-17 所示。只要选择好定时器方式、晶振频率和定时时间，单击"确定"按钮，即可计算出计数初值。

3. 应用举例

定时/计数器的用途广泛，下面列举一些应用实例，通过分析这些例子掌握定时/计数器的编程方法。在所讨论的例子中，采用中断和软件查询两种方法来处理定时器溢出中断。

图 5-17　51 初值设定软件运行界面

【例 5-6】设单片机晶振频率 $f_{osc}=$12MHz，选用 T1 方式 0 产生 1ms 定时，在 P1.0 引脚上输出周期为 2ms 的方波，试编程实现。

解　根据题意，只要使 P1.0 每隔 1ms 取反一次即可得到 2ms 的方波。设计步骤如下：

（1）确定方式寄存器 TMOD。设定 T1 为定时器方式 0，T0 为任意方式，但 T0 不能使其进入方式 3，一般设定为方式 0，故 TMOD$=$00000000B$=$00H。

（2）计算产生定时 1ms 的初值。

机器周期 $T=12/f_{osc}=12/12=1(\mu s)$

定时时间 $t=1$ms$=1000(\mu s)$

$$X_C(初值)=2^N-t(定时时间)/T(机器周期)$$
$$=(2^{13}-1000)/1=(8192-1000)/1$$
$$=7192D=1C18H=0001\ 1100\ 0001\ 1000\ B$$

则低 5 位（11000B）送 TL1＝18H，高 8 位（11100000）送 TH1＝E0H。

（3）程序清单。

程序一：查询方式

```
        MOV   TMOD, ＃00H        ；置 T1 为定时器方式 0
        MOV   TL1, ＃18H         ；置初值
        MOV   TH1, ＃0E0H
        SETB  TR1               ；启动定时器 1
LOOP:   JBC   TF1, NEXT         ；查询定时时间到否
        AJMP  LOOP
NEXT:   MOV   TL1, ＃18H         ；重置计数初值
        MOV   TH1, ＃0E0H
        CPL   P1.0              ；输出取反
        AJMP  LOOP              ；重复循环
```

利用 CPU 不断查询溢出中断标志 TF1 的状态，判断定时时间是否已到。但是，此方法会占用 CPU 的工作时间，若需要利用定时器定时提高 CPU 效率时，可采用下面的编程方式。

程序二：中断方式

主程序

```
    MAIN: MOV   TMOD, ＃00H
          MOV   TL1, ＃18H
          MOV   TH1, ＃0E0H
          SETB  EA               ；CPU 开中断
          SETB  ET1              ；T1 中断允许
          SETB  TR1              ；启动 T1
       $: SJMP  $                ；等待中断
```

中断服务子程序

```
          ORG   001BH            ；T0 中断入口
          AJMP  CTCO             ；转中断服务子程序
          ……
    CTCO: MOV   TL1. ＃18H
          MOV   TH1, ＃0E0H
          CPL   P1.0
          RETI                   ；中断返回
```

该例也可用定时器方式 1 实现。若改用 T0 方式 1 完成 1ms 的定时，只需将程序中方式寄存器 TMOD 和初值修改即可。TMOD＝01H，初值 X_C 为 X_C＝65536－1000＝64536D＝EC18H，则 TL0＝18H，TH0＝0ECH。

程序清单：

```
    MAIN: MOV   TMOD, ＃01H
          MOV   TL0, ＃18H
          MOV   TH0, ＃0ECH
```

```
        SETB EA
        SETB ET0
        SETB TR0
$：SJMP $
        ORG   000BH
        AJMP CTC1
CTC1：MOV   TL0，＃18H
        MOV   TH0，＃0ECH
        CTL P1.0
        RETI
```

【例 5-7】 如图 5-18 所示的硬件电路中，发光二极管 LED 和 51 单片机的 P1.0 脚相连，当 P1.0 脚是高电平时，LED 灯不亮；当 P1.0 脚是低电平时，LED 灯亮。设单片机系统时钟频率为 12 MHz，要求在 P1.0 的 LED 每 60ms 闪烁一次，试编程用定时器来实现发光二极管 LED 的闪烁功能。

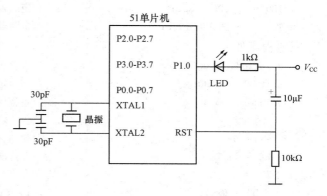

图 5-18　硬件电路原理图

解　设计步骤：

（1）确定方式寄存器 TMOD。采用定时器 T0 的工作方式 1，则 TMOD ＝00000001B＝01H。

（2）计算产生定时 60ms 的初值。

机器周期 $T＝12/f_{osc}＝12/12＝1$ （μs）

定时时间 $t＝60\text{ms}＝60000\mu\text{s}$

$$
\begin{aligned}
X_C(初值)＝&(2^N-t)/T \\
＝&(2^{16}-60\,000)/1＝(65\,536-60\,000)/1 \\
＝&5536D＝15A0H＝0001\,0101\,1010\,0000\,\text{B}
\end{aligned}
$$

则低 8 位（10100000B）送 TL0＝A0H，高 8 位（00010101）送 TH0＝15H。

（3）程序设计。

1）利用查询方式实现的汇编语言源程序。

```
        ORG 0000H
        AJMP START              ；转入主程序
        ORG 0030H
START：MOV SP，＃60H            ；设置堆栈指针
        MOV P1，＃0FFH           ；关发光二极管 LED
        MOV TMOD，＃01H          ；定时/计数器 T0 工作于方式 1
        MOV TH0，＃15H           ；设置定时器初值
        MOV TH0，＃0A0H
        SETB TR0                ；启动定时/计数器 T0
LOOP：JBC TF0，NEXT            ；如果 TF0＝1，则清 TF0 并转 NEXT 处
        AJMP LOOP               ；否则跳转到 LOOP 处运行
```

```
NEXT: CPL P1.0                    ;若 LED 原来灭，P1.0 取反后为亮
                                  ;若 LED 原来灭，P1.0 取反后为亮
      MOV TH0，♯15H               ;重置定时/计数器 T0 的初值
      MOV TL0，0A0H
      AJMP LOOP                   ;返回等待
      END
```

2) 利用中断方式实现的 C 语言源程序。

程序设计方法一：在 C 语言中对定时器初始化还可以用更简单的方法，即直接用减初始值的方法，本例中定时时间为 60ms，在语句中可以写成：

```
THO = - 60000/256;               //定时器 T0 的高 4 位赋值
TLO = - 60000 % 256;             //定时器 T0 的低 4 位赋值
```

完整程序如下：

```
♯include <reg51. h>              //包含头文件
sbit LED = P1^0;                 //端口定义
void main(void)                  //主程序入口
{
    P1 = 0xff;                   //初始化端口
    EA = 1;                      //允许所有中断
    ET0 = 1;                     //允许 T0 中断
    TMOD = 0x01;                 //T0 方式 1 计时 60ms
    TH0 = - 60000/256;           //定时器 T0 的高 4 位赋值
    TL0 = - 60000 % 256;         //定时器 T0 的低 4 位赋值
    TR0 = 1;                     //开中断，启动定时器
    while(1);
}
void intservl(void) interrupt l using 1   //定时中断服务程序入口
{
    TH0 = - 60000/256;           //定时器 T0 的高 4 位赋值
    TL0 = - 60000 % 256;         //定时器 T0 的低 4 位赋值
    LED = ! LED;
}
```

程序设计方法二：在本例中，设定的定时时间为 60ms，若将定时时间改为 1s（1000ms＝1000 000μs），使 P1.0 输出口每隔 1s 取反一次。由于新设定的定时时间（1s）这个值已超过了方式 1 所提供的最大定时值（$t_{max}=2^N T=65536$），已无法再用上面的方法进行编程。因此，必须采用另外的方法加以解决，其方法是：首先，让定时器 T0 工作在方式 1，定时时间为 50ms；然后，另设一个静态变量 count，初始值为 0，每隔 50ms 定时时间到，产生溢出中断，在中断函数中使 count 计数器加 1，当计数器 count 加到 20 时，可获得 1s 的定时。用这种方法所编写的 C 源程序清单如下：

```
♯include<reg51. h>
♯define uchar unsigned char
void main()                      //主程序入口
{
    TMOD = 0x01;                 //设定时器 T0 为工作方式 1
```

228

```
    TH0 = 0x3C; TL0 = 0xB0;              //定时时间为 50 ms 的计数初值
    TR0 = 1;                             //启动定时器 T0
    EA = 1; ET0 = 1;                     //开总中断和定时器 T0 中断
    while(1);                            //等待
}
void timer0() interrupt 1 using 0        //定时器 T0 中断服务程序入口
{
static uchar count = 0;                  //定义静态变量 count 及初始值
count + + ;                              //计数值加 1
 if(count = = 20)                        //若 count 为 20,则说明 1s 到(20×50ms = 1000ms)
{
    count = 0;                           //count 清零
    P1 = ~P1;                            //P1 口取反
}
    TH0 = 0x3C;  TL0 = 0xB0;             //重装 50ms 定时初值
}
```

应该注意的是，在中断函数中，count 一定要设置成静态变量。这样，反复进入和退出中断过程中，count 的值不会被重新分配存储单元，而一直使用目前单元，以便起到连续计数的作用。

3）采用查询方式设计的 C 源程序。

```
#include<reg51. h>
#define uint unsigned int
void delay _ ms(uint xms)                //延时程序入口，xms 是形式参数
{
  while(xms! = 0)                        //执行 xms 次循环
  {
      TMOD = 0x01;                       //设置定时器 T0 为工作方式 1
      TR0 = 1;                           //启动定时器 T0
      TH0 = 0xfc; TL0 = 0x18;            //定时时间为 1ms 的计数初值
      while(TF0! = 1);                   //计时时间不到，等待；计时时间到，TF0 = 1
      TF0 = 0;                           //计时时间到，将 TF0 清零
      xms - - ;                          //循环次数减 1
  }
    TR0 = 0;                             //关闭定时器 T0
}
void main()                              //主程序入口
{
    for(;;)
      {
          P1 = 0x00;                     //P1 口 LED 点亮
          delay _ ms(60);                //延时 60ms
          P1 = 0xff;                     //P1 口 LED 熄灭
          delay _ ms(60);                //延时 60ms
```

```
        }
    }
```

该程序中，设置了一个定时延时函数。在延时函数中，延时时间为形参 xms 的值与定时时间（1ms）的乘积。通过传递不同的参数，可获得不同的延时时间，因此，该延时函数具有一定的通用性。

另外，在程序中，TF0 是定时/计数器 0 的溢出标记位，当产生溢出后，该 TF0 由 0 变 1，所以查询该位就可以知道定时时间是否已到。该位为 1 后，不会自动清零，必须用软件将标记位清零；否则，在下一次查询时，即便时间未到，该位仍是 1，会出现错误的执行结果。

5.3　51 单片机的串行通信

随着单片机的发展，单片机应用已从单机通信转向多机通信或联网通信，需要实现多机之间的数据交换功能。本节将介绍单片机串行通信的基本知识及单片机串行口的结构、特点、工作方式，并简单介绍单片机双机、多机通信技术以及 PC 机与单片机的通信实例。

5.3.1　串行通信的基本知识

单片机与外界进行信息交换的过程称为通信。根据 CPU 与外围设备之间连线结构和数据传送方式的不同，可将通信分为并行通信和串行通信两种基本方式。图 5-19 为 51 单片机的两种通信连接方式示意图，其中图 5-19（a）是并行通信，图 5-19（b）是串行通信。

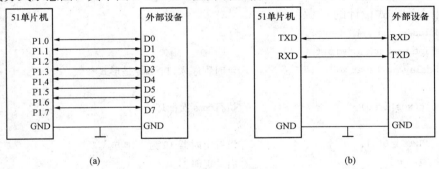

图 5-19　51 单片机的并行通信与串行通信连接方式
（a）并行通信的连接方式；（b）串行通信的连接方式

并行通信是将组成数据的各位同时传送，每个数据位使用单独的一条导线，通过并行口（如 P1 口等）来实现。如图 5-19（a）所示为 51 单片机与外部设备之间 8 位数据并行通信的连接方式。在并行通信中，数据传输线的根数与传输的数据位数相等，各数据位同时传送，传输数据速度快，效率高。但有多少数据位就需多少根数据线，传送成本高，干扰大，可靠性差，一般只适合于短距离数据传输（如计算机和外围设备之间的通信，CPU、存储器模块和设备控制器之间的通信等）。

串行通信的特点是数据传送按位顺序进行传送，串行通信通过串行口来实现。在全双工的串行通信中，仅需一根发送线和一根接收线，图 5-19（b）为 51 单片机与外部设备之间串行通信的连接方式，串行通信可大大节省传输线路的成本，但数据传输速度慢。因此，串行通信适合于远距离通信。串行数据传送的距离可以从几米到几千公里。

串行通信又分为异步通信和同步通信两种方式。在单片机应用系统中，主要使用异步通信方式。

1. 通信方式

（1）同步通信。同步通信是一种连续传送数据流的串行通信方式。在同步传送方式中，数据块开始处有 1～2 个同步字符（SYN），其典型数据传送格式如图 5-20 所示。

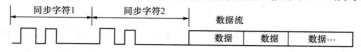

图 5-20　同步通信的数据传送格式

在同步通信中，由同步时钟来实现发送和接收的同步。在发送时要插入 1～2 个同步字符（SYN），接收端在检测到同步字符后，便开始接收串行数据位。数据流由一个个数据组成，称为数据块（Data Block）。每一个数据可选 5～8 个数据位和一个奇偶校验位。此外对整个数据流还可进行奇偶校验或循环冗余校验。

同步通信可以提高传送速率，适合高速、批量数据传送场合，但在硬件上需要有插入同步字符或相应的检测部件。

（2）异步通信。在异步通信中，数据通常是以字符为单位组成字符帧传送的。字符帧由发送端一帧一帧地发送，每一帧数据均是低位在前，高位在后，通过传输线被接收端一帧一帧地接收。发送端和接收端可以由各自独立的时钟来控制数据的发送和接收，这两个时钟彼此独立，互不同步。

在异步通信中，接收端是依靠字符帧格式来判断发送端是何时开始发送，何时结束发送的。字符帧格式是异步通信的一个重要指标。

字符帧（Character Frame）也叫数据帧，由起始位、数据位、奇偶校验位和停止位等 4 部分组成，如图 5-21 所示。

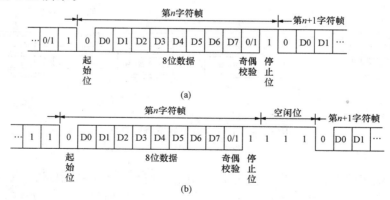

图 5-21　异步通信的字符帧格式

（a）无空闲位字符帧；（b）有空闲位字符帧

1）起始位位于字符帧开头，只占一位，为逻辑"0"低电平，用于向接收设备表示发送端开始发送一帧信息。

2）数据位紧跟起始位之后，用户根据情况可取 5 位、6 位、7 位或 8 位，低位在前高位在后。

3）奇偶校验位位于数据位之后，仅占一位，用来表征串行通信中采用奇校验还是偶校验，由用户决定。

4）停止位位于字符帧最后，为逻辑"1"高电平。通常可取 1 位、1.5 位或 2 位，用于向接收端表示一帧字符信息已经发送完，也为发送下一帧做准备。

在串行通信中，两相邻字符帧之间可以没有空闲位，也可以有若干空闲位，这由用户来决定。图 5-20（b）表示有 3 个空闲位的字符帧格式。

2. 波特率

异步通信的另一个重要指标为波特率。波特率是指每秒传送二进制数码的位数，也称比特数，单位为 bit/s（波特），即位/秒。每秒传送一个数据位就是 1 波特，即 1 波特＝1 位/秒。

波特率用于表征数据传输的速度，波特率越高，数据传输速度越快。反之，波特率越低，数据传输速度越慢。但波特率和字符的实际传输速率不同，字符的实际传输速率是每秒内所传字符帧的帧数，和字符帧格式有关。

假设数据传输速率是 240 字符/s，而每个字符格式包含 10 个代码位（1 个起始位、1 个停止位、8 个数据位）。这时，传送的波特率为 10bit/字符×240 字符/s＝2400bit/s。

通常，异步通信速度较慢，一般是 50～9600bit/s。

异步通信的优点是不需要传送同步时钟，字符帧长度不受限制，故设备简单。缺点是字符帧中因包含起始位和停止位而降低了有效数据的传输速率。

3. 串行通信操作模式

在异步方式和同步方式中，串行通信都具有多种操作模式，常用于数据通信的传输方式有单工、半双工、全双工和多工方式，如图 5-22 所示。

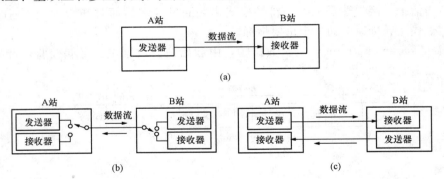

图 5-22　串行通信中数据通信方式
(a) 单工方式；(b) 半双工方式；(c) 全双工方式

（1）单工方式。单工方式的数据传送是单向的，通信双方中一方固定为发送端，另一方则固定为接收端。单工形式的串行通信，只需要一条数据线，如图 5-22（a）所示。例如，计算机与打印机之间的串行通信就是单工方式，因为只能有计算机向打印机传送数据，而不可能有相反方向的数据传送。

（2）半双工方式。半双工方式的数据传送也是双向的。但任何时刻只能由其中的一方发送数据，另一方接收数据，实际应用中采用某种协议实现收/发开关转换。因此半双工形式既可以使用一条数据线，也可以使用两条数据线，如图 5-22（b）所示。

（3）全双工方式。全双工方式的数据传送是双向的，且可以同时发送和接收数据，通信双方都具有收发器，因此全双工形式的串行通信需要两条数据线，如图 5-22（c）所示。但一般全双工传输方式的线路和设备较复杂。

（4）多工方式。以上三种传输方式都是用同一线路传输一种频率信号，为了充分利用线路资源，可通过使用多路复用器或多路集线器，采用频分、时分或码分复用技术，实现同一线路上的资源共享功能，这种方式称为多工传输方式。

4. 通信数据的差错检测和校正

通信的关键不仅是能够传输数据，更重要的是能准确传送、检错并纠错。检错有三种基本方法，即奇偶校验、校验和、循环冗余码校验。纠错方法主要有两种，即海明码校验和交叉奇偶校验。

（1）海明码校验。在所有字符上附加冗余码，即可检出并纠单错。对于一个字节包含 8 位的情况，需要在字节上附加 $\log_2 8 + 1$ 位作为海明位。这意味着 8 位数据，需要 12 位字，4 个附加位就是奇偶位，分别属于 8 个原始位的不同分组。

$$
\begin{array}{lll}
b_0 & b_3 & b_6 \rightarrow h_2 \\
b_1 & b_4 & b_3 \rightarrow h_2 \\
b_2 & b_5 & \rightarrow ：行奇偶校验 \\
\downarrow & \downarrow & \\
b_0 & h_1 & \downarrow ：列奇偶校验
\end{array}
$$

$b_0\,b_1\,b_2\,b_3\,b_4\,b_5\,b_6\,b_7$　字节

$h_0\,h_1\,h_2\,h_3$　海明位

如果纠错电路发现所产生的 h_0 位与读出的 h_0 位不同，而其他的都正确，则表明 b_2 反了；如果 h_1 和 h_3 是错的，则表明 b_6 反了。所以可以纠单错，检双错。

（2）交叉奇偶校验。将海明码概念扩展到数据块，可以穿过一个字节块应用奇偶校验以及对每一个字节应用奇偶校验，以找出单错。分组如下：

$$
\begin{array}{llllll}
& h_0 & b_0 & h_0 & \cdots & b_0 & 10 \\
& b_1 & b_2 & h_1 & \cdots & b_1 & 11 \quad 穿过块的奇偶校验（n个字节的同一位的奇偶校验位）\\
9位；& ； & ； & & ； & ； \\
& b_7 & b_7 & b_7 & \cdots & b_7 & 17 \\
& P_0 & P_1 & P_2 & \cdots & P_n & 18
\end{array}
$$

　　　　　　数据块

沿块向下的奇偶校验（每个字节

　　自身的奇偶校验位）

如果位 11 和 P_1 是错的，则表明第 2 字节的 b_1 反了。

（3）奇偶校验。这种校验方法是，发送时在每一个字符的最高位之后都附加一个奇偶校验位。这个校验位可为"1"或"0"，以保证整个字符（包括校验位）为"1"的位数为偶数（偶校验）或奇数（奇校验）。接收时，按照发送方所规定的同样的奇偶性，对接收到的每一个字符进行校验，若二者不一致，则说明出现了差错。

奇偶校验是一个字符校验一次，是针对单个字符进行的校验。奇偶校验只能提供最低级的错误检测，尤其是能检测到影响了奇数个位的错误，通常只用在异步通信中。

（4）校验和（代码和校验）。校验和方法是针对数据块进行的校验方法。在数据发送时，发送方对块中数据简单求和，产生一单字节校验字符（校验和）附加到数据块结尾。接收方对接收到的数据算术求和后，所得的结果与接收到的校验和比较，如果两者不同，即表示接收有错。

需要指出，校验和不能检测出排序错。也就是说，即使数据块是随机、无序地发送，产生

的校验和仍然相同。

（5）循环冗余码 CRC（循环冗余校验）。CRC 校验是一个数据块校验一次，同步串行通信中几乎都使用 CRC 校验。例如，对磁盘的读/写、存储器的完整性校验等。

5. 异步串行通信的信号形式

异步串行通信的信号形式在近程通信和远程通信上有所不同。以计算机系统为例，下面按近、远程两种情况分别加以说明。

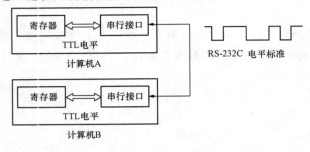

图 5-23　两台计算机近程串行通信

（1）近程串行通信。近程串行通信又称本地通信。近程通信采用数字信号直接传送形式，它在传送过程中不改变原数据代码的波形和频率。这种数据传送方式称为基带传送方式。图 5-23 就是两台计算机近程串行通信的连接和代码波形图。由图可知，计算机内部的数据信号是 TTL 电平标准，而通信线上的数据信号却是 RS-232C 电平标准。然而尽管电平标准不同，但数据信号的波形和频率并没有改变。近程通信只需用传输线把两端的接口电路直接连起来即可实现，既方便又经济。

（2）远程串行通信。在远程串行通信中，应使用专用的通信电缆，如使用电话线作为传输线，如图 5-24 所示。

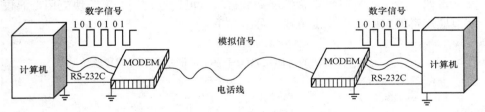

图 5-24　串行通信中的调制与解调

远距离直接传送数字信号，信号会发生畸变，为此要把数字信号转变为模拟信号再进行传送，通常使用频率调制法，即以不同频率的载波信号代表数字信号的两种不同电平状态，这种数据传送方式称为频带传送方式。

为此在串行通信的发送端应该有调制器，以便把电平信号调制为频率信号；而在接收端则应有解调器，以便把频率信号解调为电平信号。远程串行通信多采用双工方式，即通信双方都具有发送和接收功能。因此在远程串行通信线路的两端都应设置调制器和解调器，并且把二者合在一起称为调制解调器（modem）。

6. 异步接口电路

串行接口电路的种类和型号很多。能够完成异步通信的硬件电路称为 UART （ Universal Asychronous Receiver/Transmitter），即通用异步接收器/发送器；能够完成同步通信的硬件电路称为 USRT（Universal Sychronous Receiver/Transmitter）；既能够完成异步又能同步通信的硬件电路称为 USART（Universal Sychronous Asychronous Receiver/Transmitter）。

从本质上说，所有的串行接口电路都是以并行数据形式与 CPU 接口，以串行数据形式与外部逻辑接口。它们的基本功能都是从外部逻辑接收串行数据，转换成并行数据后传送给

CPU，或从 CPU 接收并行数据，转换成串行数据后输出到外部逻辑。

所谓数据转换是指数据的串并行转换。因为计算机和单片机内核中使用的数据都是并行数据，因此在发送端，要把并行数据转换为串行数据；而在接收端，却要把接收到的串行数据转换为并行数据。

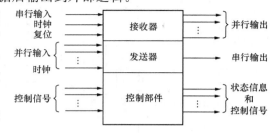

图 5-25　典型 UART 基本组成

为了实现数据的转换，应使用串行接口芯片。这种接口芯片也称为通用异步接收发送器（UART），典型 UART 的基本组成如图 5-25 所示。

UART 的三个基本组成部分是接收器、发送器和控制器。尽管 UART 芯片的型号不同，但它们的基本组成和主要功能却大致相同。UART 的主要功能如下：

（1）数据的串行化/反串行化。所谓串行化处理就是把并行数据变换为串行数据。所谓反串行化就是把串行数据变换为并行数据。在 UART 中，完成数据串行化的电路属发送器，而实现数据反串行化处理的电路则属接收器。

（2）格式信息的插入和滤除。格式信息是指异步通信格式中的起始位、奇偶位和停止位等。在串行化过程中，按格式要求把格式信息插入，和数据位一起构成串行数据位串，然后进行串行数据传送。在反串行化过程中，则把格式信息滤除而保留数据位。

（3）错误检验。错误检验的目的在于检验数据通信过程是否正确。在串行通信中可能出现的错误包括奇偶错和帧错等。

对于微型计算机，为了进行串行数据通信，则需要使用 UART，同时还需要有相应的软件配合。

5.3.2　串行口及其通信功能

对单片机来说，为了进行串行数据通信，同样也需要有相应的串行接口电路。只不过这个接口电路不是单独的芯片，而是集成在单片机芯片的内部，成为单片机芯片的一个组成部分。51 单片机内部有一个可编程的全双工的串行通信口，它可用作异步通信方式（UART），与串行传输信息的外部设备相连接，或用于通过标准异步通信协议进行全双工的 51 单片机多机系统，也可以通过同步方式，使用 TTL 或 CMOS 移位寄存器来扩充 I/O 口。

51 单片机的片内串行口是一个全双工的异步串行通信接口，也就是说，51 单片机内置了一个可编程的全双工串行通信口部件 UART，可以同时发送和接收数据，它主要由串行接收/发送缓冲器 SBUF、输入移位寄存器、接收控制器、发送控制器和门电路等部分组成，其串行口的结构如图 5-26 所示。

串行通信接口 UART 的发送、接收缓冲器使用同一特殊功能寄存器 SBUF，SBUF 是串行口的缓冲寄存器。它是一个可寻址的专用寄存器，其中包括发送寄存器和接收寄存器，以便能以全双工方式进行通信。这两个寄存器具有相同名字的地址空间（字节地址都是 99H）。其发送和接收数据是彼此独立的，可同时进行，但不会出现冲突，因为一个只能被 CPU 读出数据，一个只能被 CPU 写入数据。串行发送时，只能向发送缓冲器 SBUF 写入数据，不能读出。串行接收时，接收缓冲器只能从 SBUF 读出数据，不能写入。也就是说，发送缓冲器只能写入数据不可以读出数据，接收缓冲器只可以读出数据不可以写入数据。

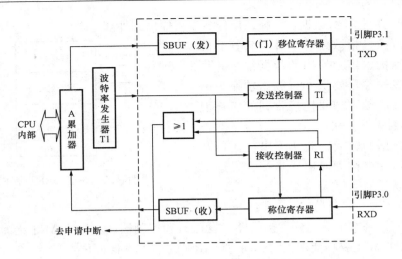

图 5-26　51 单片机内部串行口结构示意图

51 单片机通过引脚 RXD（P3.0，串行数据接收端）和引脚 TXD（P3.1，串行数据发送端）与外界进行通信。这个通信口既可以用于网络通信，亦可实现串行异步通信，还可以构成同步移位寄存器来使用。如果在串行口的输入/输出引脚上加上电平转换器，就可方便地构成标准的 RS-232 接口。

串行发送与接收的速率与移位时钟同步。用定时器 T1 作为串行通信的波特率发生器，T1 溢出率经分频后作为串行发送或接收的移位脉冲。移位脉冲的速率即是波特率。

串行口的发送和接收都是通过特殊功能寄存器 SBUF 进行读或写的。当向 SBUF 发"写"命令时（执行指令"MOV SBUF，A"），即向发送缓冲器 SBUF 装载数据并开始由 TXD 端子向外发送一帧数据，发送完后便使发送中断标志 T1＝1。

在满足串行口接收标志位 RI（SCON.0）＝0 的条件下，置允许接收位 REN（SCON.4）＝1 就会接收到一帧数据进入移位寄存器，并装载到接收缓冲器 SBUF 中，同时使 RI＝1。当发"读" SBUF 命令时（执行指令"MOV A，SBUF"），便从接收缓冲器 SBUF 中取出数据，通过 51 单片机内部总线送至 CPU。

5.3.3　串行口控制寄存器

与串行通信有关的控制寄存器有串行控制寄存器 SCON、电源控制寄存器 PCON 和中断允许控制寄存器 IE。

1. 串行控制寄存器 SCON

SCON 是一个特殊功能寄存器，用以设定串行口的工作方式、接收/发送控制以及设置状态标志。其格式及含义如图 5-27 所示。

（1）SM0、SM1：串行口工作方式（或称为工作模式）选择位。表 5-3 为 SM0、SM1 控制位功能描述，可选择 4 种工作方式，其中 f_{osc} 为晶振频率。

表 5-3　　　　　　　　　　　　　　串行通信接口工作方式

SM0 SM1	工作方式	功能说明
00	方式 0 （扩展 I/O 口方式）	同步移位寄存器输入/输出方式（仅用于扩展 I/O 引脚，不能用于串行通信），此时 SM2 必须为 0；波特率固定为 $f_{osc}/12$
01	方式 1 （常用）	8 位 UART（即 8 位异步串行通信方式）；当 SM2＝1 时，接收条件（RI＝1）是必须收到停止位；波特率可变，由定时器控制

SM0 SM1	工作方式	功能说明
10	方式 2 （不常用）	9 位 UART（即 9 位异步串行通信方式）；当 SM2＝1 时，接收条件（RI＝1）是第 9 位（RB8）数据必须为 1；波特率固定为 $f_{osc}/64$ 或 $f_{osc}/32$
11	方式 3 （常用）	9 位 UART（即 9 位异步串行通信方式）；当 SM2＝1 时，接收条件（RI＝1）是第 9 位（RB8）数据必须为 1；波特率可变，由定时器控制

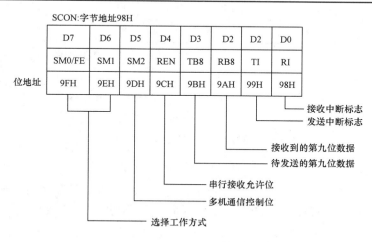

图 5-27　SCON 的格式及含义

（2）SM2：多机通信控制位。允许方式 2 或方式 3 的多机通信控制位，仅用于接收时。对于方式 2 或方式 3，若 SM2＝1，则只有当接收到的第 9 位数据（RB8）为 1 时，才将接收到的前 8 位数据送入 SBUF，并置位 RI 产生中断请求；否则，将接收到的前 8 位数据丢弃。而当 SM2＝0 时，则不论第 9 位数据为 0 还是 1，都将前 8 位数据装入 SBUF 中，并产生中断请求。对于方式 0，SM2 必须为 0。

（3）REN：接收允许控制位。REN 位用于对串行数据的接收进行控制，该位由软件置位或复位。REN＝0 时，禁止接收；REN＝1 时，允许接收。

（4）TB8：发送数据位。在方式 2 和方式 3 下，TB8 是要发送的第 9 位数据。可用作数据的奇偶校验位。在多机通信中，以 TB8 位的状态表示主机发送的是地址还是数据，TB8＝0 为数据，TB8＝1 为地址。该位由软件置位或复位。

（5）RB8：接受数据位。在方式 2 或方式 3 下，RB8 存放接收到的第 9 位数据，作为奇偶校验位或地址帧/数据帧的标志。在方式 1 时，若 SM2＝0，则 RB8 是接收到的停止位。在方式 0 时，不使用 RB8。

（6）TI：发送中断标志位。在方式 0 下，发送完第 8 位数据后，该位由硬件置位。在其他方式下，于发送停止位之前，由硬件置位。因此当 TI＝1 时，表示帧发送结束，其状态既可供软件查询使用，也可向 CPU 请求中断。在中断服务程序中，必须用软件将其清零，取消此中断请求。

（7）RI：接收中断标志位。在方式 0 下，接收完第 8 位数据后，该位由硬件置位。在其他方式下，当接收到停止位时，该位由硬件置位。因此当 RI＝1 时，表示帧接收结束。其状态既可供软件查询使用，也可以向 CPU 请求中断。在中断服务程序中，由软件将其清零。

当 51 单片机复位时，SCON 中的各位也复位为 0，所以在通信开始前，必须由软件来设定 SCON 中的内容。

2. 电源控制寄存器 PCON

PCON 是为了在 CHMOS 型单片机上实现电源控制而设置的专用寄存器，字节地址为 87H，不可位寻址，其格式及含义如图 5-28 所示。

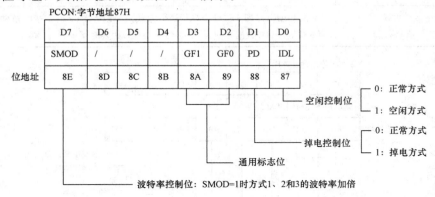

图 5-28　PCON 的格式及含义

SMOD 是串行口波特率控制位。在计算串行方式 1、2、3 的波特率时，该位可由指令置 1 或清零。若 SMOD＝0，波特率不加倍；若 SMOD＝1，则使串行口波特率加倍。当单片机复位时，SMOD＝0。

PCON 中的其余各位与串行口无关，它是为 CHMOS 型单片机的电源控制而设置的，用来作功率控制。所谓功率控制，主要是指在要求低功耗的场合下（例如，某个设备如果 5min 没有操作便自动进入待机模式），为了节能，使单片机进入掉电或空闲模式。该寄存器中实际与这个功能相关的位只有 2 个，即 PD 和 IDL，即掉电控制位和空闲模式位。GF1 和 GF0 是通用的标志位。图 5-27 中未注明的位 PCON.6、PCON.5、PCON.4 无定义。

3. 中断允许控制寄存器 IE

这个寄存器在中断系统中已介绍过，此处由于串行数据通信的需要再一次列出。

IE （A8H）	AFH			ACH	ABH	AAH	A9H	A8H
	EA			ES	ET1	EX1	ET0	EX0

其中，ES 为串行中断允许位。ES＝0 时，禁止串行中断；ES＝1 允许串行中断。

5.3.4　串行口的工作方式

51 单片机串行口的工作主要受串行口控制寄存器 SCON 的控制，同时和电源控制寄存器 PCON 有些关系。SCON 寄存器用来控制串行口的工作方式，还有一些其他的控制作用。51 单片机串行口有以下 4 种工作方式。

方式 0：移位寄存器输入/输出方式。串行数据通过 RXD 线输入或输出，而 TXD 线专用于输出时钟脉冲给外部移位寄存器。方式 0 可用来同步输出或接收 8 位数据（最低位首先输出），波特率是固定的。

方式 1：10 位异步接收/发送方式。一帧数据包括 1 位起始位（0），8 位数据位和 1 位停止位（1），串行接口电路在发送时能自动插入起始位和停止位；在接收时，停止位进入特殊功能寄存器 SCON 的 RB8 位。方式 1 的传送波特率是可变的，可通过改变内部定时器 T1 的定时值来改变波特率。

方式 2：11 位异步接收/发送方式。除了 1 位起始位、8 位数据位和 1 位停止位之外，还可以插入第 9 位数据位，且波特率是固定的。

方式 3：同方式 2，只是波特率可变。

1. 串行通信方式 0

在方式 0 状态下，串行口为同步移位寄存器方式。常用于串行口外接移位寄存器以实现 I/O 接口的扩展，也可以外接串行同步输入输出设备。串行数据由 RXD（P3.0）端输入或输出，同步移位脉冲由 TXD（P3.1）端送出。发送、接收的是 8 位数据，低位在先。移位操作的波特率是固定的，是单片机时钟频率的十二分之一，如时钟频率以 f_{osc} 表示，则

$$波特率 = f_{osc}/12$$

按此波特率也就是一个机器周期进行一次移位，如 $f_{osc}=6\text{MHz}$，则波特率为 500kbit/s，即 $2\mu s$ 移位一次。如 $f_{osc}=12\text{MHz}$，则波特率为 1Mbit/s，即 $1\mu s$ 移位一次。

（1）数据发送过程。当一个数据写入串行口发送缓冲器 SBUF 时，串行口将 8 位数据以 $f_{osc}/12$ 的波特率从 RXD 端输出（低位在前），发送完置中断标志 TI=1，请求中断。在下次发送数据之前，必须由软件清 TI 为 0。具体接线示意图如图 5-29 所示。其 中，74LS164（也 可 用 CD4094、74HC595）为串入并出移位寄存器。

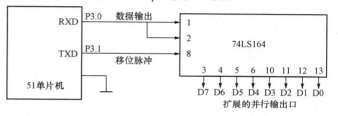

图 5-29　串行口方式 0 扩展并行输出接线示意图

（2）数据接收过程。在满足 REN＝1 和 RI＝0 的条件下，串行口即开始从 RXD 端以 $f_{osc}/12$ 的波特率输入数据（低位在前），当接收完 8 位数据后，置中断标志 RI 为 1，请求中断。在下次接收数据之前，必须由软件清 RI 为 0。具体接线示意图如图 5-30 所示。

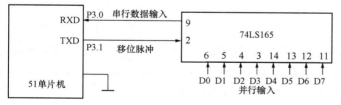

图 5-30　串行口方式 0 扩展并行输入口接线示意图

图 5-30 中 74LS165（也可用 CD4014、74HC597）为并入串出移位寄存器。串行控制寄存器 SCON 中的 TB8 和 RB8 在方式 0 中未用。值得注意的是，每当发送或接收完 8 位数据后，硬件会自动置 TI 或 RI 为 1，CPU 响应 TI 或 RI 中断后，必须由用户用软件清零。方式 0 时，SM2 必须为 0。

2. 串行通信方式 1

在方式 1 下，串行口为波特率可调的 10 位通用异步接口 UART（通用异步接收/发送器）。发送或接收一帧信息，包括 1 位起始位（0），8 位数据位和 1 位停止位（1）。其帧格式如图 5-31 所示。

图 5-31　10 位的帧格式

（1）数据发送过程。发送时，数据从 TXD 端输出，当数据写入发送缓冲器 SBUF 后，启动发送器发送。当发送完一帧数据后，置中断标志 TI 为 1。方式 1 所传送的波特率取决于定时器 1 的溢出率和 PCON 中的 SMOD 位。

（2）数据接收过程。接收时，由 REN 置 1，允许接收，串行口采样 RXD，当采样由 1 至 0 跳变时，确认是起始位（0），开始接收一帧数据。当 RI＝0，且停止位为 1 或 SM2＝0 时，停止位进入 RB8 位，同时置中断标志 RI＝1；否则信息将丢失。所以，方式 1 接收时，应先用软件清除 RI 或 SM2 标志。

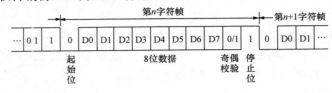

图 5-32　11 位帧格式

3. 串行通信方式 2

在方式 2 下，串行口为 11 位 UART（通用异步接收/发送器），传送波特率与 SMOD 有关。发送或接收一帧数据包括 1 位起始位（0），8 位数据位，1 位可编程位（用于奇偶校验）和 1 位停止位（1）。其帧格式如图 5-32 所示。

（1）数据发送过程。发送时，先根据通信协议由软件设置 TB8，然后用指令将要发送的数据写入 SBUF，启动发送器。写 SBUF 的指令，除了将 8 位数据送入 SBUF 外，同时还将 TB8 装入发送移位寄存器的第 9 位，并通知发送控制器进行一次发送。一帧信息即从 TXD 发送，在送完一帧信息后，TI 被自动置 1，在发送下一帧信息之前，TI 必须由中断服务程序或查询程序清零。

（2）数据接收过程。当 REN ＝1 时，允许串行口接收数据。数据由 RXD 端输入，接收 11 位的信息。当接收器采样到 RXD 端的负跳变，并判断起始位有效后，开始接收一帧信息。当接收器接收到第 9 位数据后，若同时满足以下两个条件：RI＝0 和 SM2＝0 或接收到的第 9 位数据为 1，则接收数据有效，8 位数据送入 SBUF，第 9 位送入 RB8，并置 RI＝1。若不满足上述两个条件，则信息丢失。

4. 串行通信方式 3

方式 3 是 11 位为一帧的串行通信方式，其通信过程与方式 2 完全相同，所不同的仅在于波特率。方式 2 的波特率只有固定的两种，方式 3 的波特率则可由用户根据需要设定，其设定方法与方式 1 相同，即通过设置定时器 T1 的初值来设置波特率。

5. 波特率的设定

在串行通信中，收发双方的数据传送率（波特率）要有一定的约定。在 51 单片机串行口的 4 种工作方式中，方式 0 和方式 2 的波特率是固定的，而方式 1 和方式 3 的波特率是可变的，由定时器 T1 的溢出率控制。各种方式的波特率如下：

（1）串行工作方式 0 的波特率。串口工作在方式 0 时，前面已讲过，波特率为固定值，等于单片机时钟频率除以 12，即

$$波特率＝f_{osc}/12$$

f_{osc} 是时钟频率，也就是石英晶体的振荡频率。该模式可以看成是简单的 SPI 接口通信。

（2）串行工作方式 2 的波特率。串行口工作在方式 2 的波特率由时钟频率 f_{osc} 和 SMOD（PCON.7）位状态所决定（SMOD 为 PCON 寄存器的第 7 位，称为波特率的倍增位）。其对应公式为

$$波特率＝（2^{SMOD}×f_{osc}）/64$$

当 SMOD=0 时，所选波特率为 $f_{osc}/64$；若 SMOD=1 时，则波特率为 $f_{osc}/32$。

（3）串行工作方式 1 和工作方式 3 的波特率。这两种方式的波特率由定时器 T1 的溢出率和 SMOD 决定，其对应公式为

$$波特率=(2^{SMOD}/32)\times定时器\ T1\ 溢出率$$

式中，定时器 T1 的溢出率是单位时间内定时器 T1 的溢出次数。如果定时器 T1 工作在方式 2 并设初值为 X_C，则计数溢出周期为

$$\frac{12}{f_{osc}}\times(256-X_C)$$

由于溢出率为溢出周期的倒数，则溢出率为

$$定时器\ T1\ 溢出率=f_{osc}/[12\times(256-X_C)]$$

所以

$$波特率=(2^{SMOD}/32)\times\{f_{osc}/(12\times[256-X_C])\}$$

当定时器 T1 用于串口波特率的设置时，常工作在方式 2，定时器之所以选择方式 2，是因为方式 2 具有自动重装初值的功能，可避免通过程序反复装入初值所引起的定时误差，使波特率更加稳定。

实际使用时，总是先确定波特率，再计算定时器 T1 的计数初值，然后进行定时器的初始化。根据上述波特率计算公式，可以得到装载值（计数初值）X_C 的计算公式为

$$X_C=256-(2^{SMOD}\times f_{osc})/(波特率\times32\times12)=256-(2^{SMOD}\times f_{osc})/(384\times波特率)$$

例如：设两机通信的波特率为 9600，单片机振荡频率 $f_{osc}=11.059\ 2MHz$，串行口工作在方式 1，用定时器 T1 作波特率发生器，工作在方式 2。

若 SMOD=1，则定时器 T1 的计数初值 X_C 为

$$X_C=256-(2^1\times11.0592\times10^6)/(384\times9600)=256-6=FAH(0xFA)$$

若 SMOD=0，则定时器 T1 的计数初值 X_C 为

$$X_C=256-(2^0\times11.0592\times10^6)/(384\times9600)=256-3=FDH(0xFD)$$

串行口的波特率发生器就是利用定时器提供一个时间基准。定时器计数溢出后只需要做一件事情就是重新装入初值，再开始计数，而且中间不要任何延迟。因为 51 单片机定时/计数器的方式 2 就是自动重装初值的 8 位定时/计数器模式，所以用它做波特率发生器最适合了。当时钟频率选用 11.0592MHz 时，容易获得标准的波特率，所以很多单片机系统选用这个晶振频率。定时器 T1 在工作方式 2 时的常用波特率及初值见表 5-4。

表 5-4　定时器 T1 在方式 2 时的常用波特率和初值

常用波特率（bit/s）	f_{osc}（MHz）	SMOD	TH1 初值
19 200	11.059 2	1	FDH
9600	11.059 2	0	FDH
4800	11.059 2	0	FAH
2400	11.059 2	0	F4H
1200	11.059 2	0	E8H

另外，上述计算波特率计数初值的方法比较麻烦，如果使用 51 波特率初值计算软件，则计算十分方便，该软件运行界面如图 5-33 所示。只要选择好定时器方式、晶振频率、波特率和 SMOD 后，单击"确定"按钮，即可计算出计数

图 5-33　51 波特率初值
计算软件运行界面

初值。

5.3.5 串行口的应用

（1）方式 0 应用编程。串行口在方式 0 下主要作为 8 位同步寄存器使用，波特率为 $f_{osc}/12$，数据从 P3.0 输入或输出，同步移位脉冲由 P3.1 输出，这种方式常用做扩展 I/O 口。

【例 5-8】 基于 CD4094 串入并出移位寄存器利用单片机串行口扩展 I/O 口，实现与 CD4094 并行输出连接的 8 个 LED 发光二极管循环点亮、熄灭，试应用串行口方式 0 进行编程。

解 串行口方式 0 的 I/O 口扩展电路如图 5-34 所示。程序流程图如图 5-35 所示。

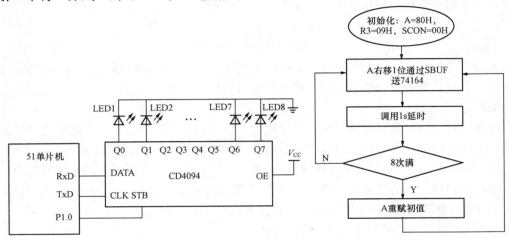

图 5-34　CD4094 驱动 LED 硬件连接图　　　　图 5-35　程序流程图

程序如下：

```
        ORG   0000H
        AJMP Main
        ORG  0100H
Main:  CLR P1.0                ; CD4094 清 0
        NOP                     ; 空指令
        NOP                     ; 空指令
        SETB  P1.0              ; 撤除清 0 信号
        MOV   R3，＃09H          ; 置灯的循环次数
        MOV   A，＃00H           ; A 清 0
        SETB CY                 ; CY 置 1
        MOV   SCON，＃00H        ; 设置串行口方式 0
XXT:   RRC   A                 ; A 带进位右移一位
        MOV SBUF，A             ; 将 A 的内容送 SBUF 启动一次发射
        JNB TI，$               ; SBUF 的 8 位数据是否全送 CD4094，若没送完则等待
        CLR TI                  ; 若发送完毕则清发送中断标志位
        LCALL delay1s           ; 调用 1s 延迟程序
        DJNZ  R3，XXT           ; 循环 8 次（顺序 8 位点亮）否？没有则转 XXT
        AJMP main               ; 循环点亮 8 位后重新下一次大循环
Delay1s: MOV TMOD，＃01H        ; 利用 T0 产生 50ms 的定时循环 20 次
```

```
        MOV R7, #20                  ; 循环 20 次数
        LOOP1: MOV TL0, #00H         ; T0 置 50ms 初值
        MOV TH0, #04CH
        SETB TR0                     ; 启动 T0
LOOP2:  JNB TF0, LOOP2               ; 查询中断标志(查询定时时间是否到)
        CLR TF0                      ; 清 T0 溢出标志位
        DJNZ R7, LOOP1               ; 控制循环
        RET                          ; 子程序返回
        END                          ; 结束
```

（2）双机通信。单片机之间的通信，除了采用相同的波特率，通信双方还必须遵循同一协议，其中简单的通信协议可以自己设计，并按设计的协议编写通信程序。

【例 5-9】由 51 单片机构成的双机通信系统如图 5-36 所示。甲机将内部 RAM 的 30H～3FH 中的 16 个无符号随机数通过串行口发送到乙机，乙机将接收到的甲机发送过来的数据存放在 RAM 的 30H～3FH 单元，要求采用累加校验。设单片机的晶振频率为 11.0592MHz，波特率为 9600bit/s，采用串口方式 1，试编写程序。

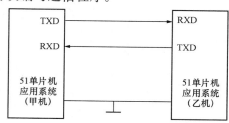

图 5-36　51 单片机构成的双机通信系统

解　现分析通信双方约定如下：

设甲机是发送方，乙机是接收方，当甲机发送时，先发送一个信号，设为"E1"联络信号，乙机收到后回答一个"E2"应答信号，表示同意接收。当甲机收到应答信号"E2"后，开始发送数据，每发送一个字节数据都要计算"校验和"，假定数据块长度为 16 个字节，起始地址为 40H，一个数据块发送完毕后立即发送"校验和"。乙机接收数据并转存到数据缓冲区，起始地址为 40H，每接收到一个字节数据都要计算一次"校验和"，当收到一个数据块后再接收甲机发来的"校验和"，并将它与乙机求出的校验和进行比较。若两"校验和"相等，说明接收正确，乙机回答 00H；若两者不相等，说明接收不正确，乙机回答 0FFH，请求重发。甲机接收到 00H 后结束发送，若收到 0FFH，则重新发送数据一次。双方约定采用串行口方式 1 进行通信，一帧信息由 1 个起始位、8 个数据位、1 个停止位共 10 位组成，波特率为 2400bit/s，T1 工作在定时器方式 2，单片机系统晶振频率选用 11.0592MHz，查表 5-4 可得，定时器 T1 在工作方式 2 时的初值为 TH1＝TL1＝0F4H，PCON 寄存器的 SMOD 位为 0。双机通信程序流程图如图 5-37 所示。

程序如下：

（1）发送程序清单。

```
            ORG 1000H
ASTART: CLR EA
        MOV TMOD, #20H          ; 定时器 T1 工作于方式 2(波特率设计)
        MOV TH1, #0F4H          ; 装载定时器初值, 波特率为 2400bit/s
        MOV TL1, #0F4H
        MOV PCON, #00H          ; 波特率不加倍
        SETB TR1               ; 启动定时器 T1
        MOV SCON, #50H          ; 串行口工作于方式 1, 允许接收(串口初始化)
```

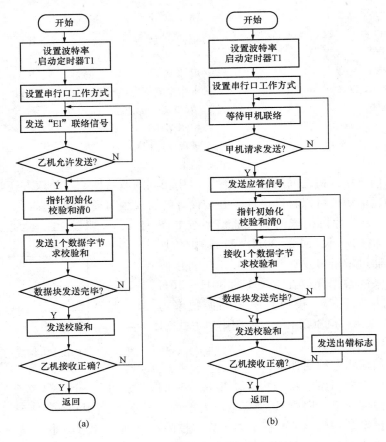

图 5-37 双机通信程序流程图

(a) 发送程序流程图;(b) 接收程序流程图

```
ALOOP1: MOV SBUF，#0E1H        ;发送联络信号(发呼叫信号"E1")
        JNB TI，$              ;等待一帧发送完毕
        CLR TI                ;允许再发送
        JNB RI，$             ;等待乙机的应答信号
        CLR RI                ;允许再接收
        MOV A，SBUF           ;乙机应答后，读至 A
        XRL A，#0E2H          ;判断乙机是否准备完毕
        JNZ ALOOP1            ;乙机未准备好，继续联络(继续呼叫)
ALOOP2: MOV R0，#40H          ;乙机准备好，设定数据块地址指针初值
        MOV R7，#10H          ;设定数据块长度初值
        MOV R6，#00H          ;清校验和单元
ALOOP3: MOV SBUF，@R0         ;发送一个数据字节
        MOV A，R6             ;检验字送累加器 A
        ADD A，@R0            ;求校验和
        MOV R6，A             ;保存校验和
        INC R0                ;地址单元加 1
        JNB TI，$             ;等待发送完
        CLR TI                ;清发送标志位
```

```
        DJNZ R7，ALOOP3          ; 整个数据块是否发送完毕
        MOV SBUF，R6            ; 发送校验和给乙机
        JNB TI，$              ; 等待发送完
        CLR TI                ; 清发送标志位
        JNB RT，$             ; 等待乙机的应答信号
        CLR RI                ; 清接受标志
        MOV A，SBUF            ; 乙机应答，读至 A
        JNZ ALOOP2            ; 乙机应答"错误"，转重新发送
        RET                  ; 乙机应答"正确"，返回
        END
```

（2）接收程序清单。

```
        ORG  1000H
BSTART: CLR EA
        MOV TMOD，#20H          ; 设置定时器 T1 方式 2
        MOV TH1，#0F4H          ; 设置定时器 T1 初值
        MOV TLl，#0F4H
        MOV PCON.#00H          ; 波特率不加倍
        SETB TR1              ; 启动定时器 T1(标志位初始化置 1)
        MOV SCON，#50H          ; 设定串口工作方式 1，且准备接收(允许接收)
BLOOP1: JNB RI，$             ; 等待甲机的联络信号
        CLR RI                ; 清接收标志位
        MOV A，SBUF            ; 收到甲机的信号
        XRL A，#0E1H           ; 判断是否为甲机联络信号
        JNZ  BLOOP1           ; 不是甲机联络信号，再等待
        MOV SBUF，# 0E2H        ; 是甲机联络信号，发应答信号
        JNZ TI，$             ; 等待发送完毕
        CLR TI                ; 清发送标志位
        MOV R0，#40H           ; 设定数据块地址指针初值
        MOV R7，#10H           ; 设定数据块长度初值
        MOV R6，#00H           ; 清校验和单元
BLOOP2: JNZ RI，$             ; 等待接收信息
        CLR RI                ; 清接收标志位
        MOX A，SBUF            ; 读取接收缓冲区内容
        MOX @R0，A             ; 接收数据转储
        INC R0                ; 存储单元加 1
        ADD A，R6             ; 求校验和
        MOV R6，A             ; 校验和存入 R6
        DJNZ R7，BLOOP2        ; 判断数据块是否接收完毕
        JNB RT，$             ; 完毕，接收甲机发来的校验和
        CLR RI                ; 清接收标志位
        MOV A，SBUF            ; 发送
        XRL A，R6             ; 比较校验和
        JZ  EDN1             ; 校验和相等，跳至发正确标志
        MOV SBUF，#0FFH         ; 校验和不相等，发错误标志
```

```
        JNB TI, $              ;转重新接收
        CLR TI                 ;清发送标志位
EDN1:   MOV SBUF, #00H         ;缓冲区清0
        RET                    ;子程序返回
        END
```

（3）多机通信。在实际应用系统中，经常需要多个单片机芯片之间协调工作，即多机通信。主从式多机通信是多机通信中应用最广泛的一种，也是最简单的一种。利用51单片机串行口可实现多机通信。串行口用于多机通信时必须使用具有主从通信功能的方式2或方式3。所谓主从式多机通信，即在数个单片机中，只有一个是主机，其余都是从机。主机发出的信息只能传送到所有从机或指定的从机，而从机发出的信息只能被主机接收，各从机之间不可以直接通信，各从机之间的通信必须通过主机进行。在由51单片机组成的主从式多机通信系统中，主机只有一台，从机最多有256台。由51单片机构成的主从式多机通信系统如图5-38所示。

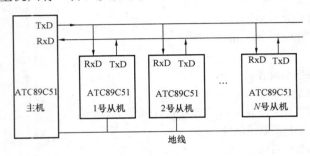

图5-38 由51单片机构成的主从式多机通信系统

在主从式多机通信系统中，主机和从机只能工作在方式2或方式3。主机发出的信息有两类，一类是地址信息（用于确定与主机通信的从机地址，特征是串行发送的第9位数据TB8为1），一类是数据信息（特征是串行发送的第9位TB8为0）。即在多机通信系统中，方式2、方式3只有8位数据，第9位（即TB8）是地址/数据标志位。

主从式多机通信过程中，主机的SM2位必须为0，以确保主机能够接收从机发送的地址信息（第9位为1）和数据信息（第9位为0）。对从机来说，要利用SCON寄存器的SM2位的控制功能，接收时，若RI＝0，则只要SM2＝1，总能实现接收；若SM2＝0时，则发送的第9位数据TB8必须为0接收才能进行。因此，对从机来说，在接收地址时，应使SM2＝1，以便接收主机发出的地址帧信息，当发现主机送出的地址与本机地址相同时，即认为主机要与自己通信，一经确认，从机应使SM2＝0，以便接收主机随后送出的数据信息，并把本站地址发回主机作为应答。

主从式多机通信过程如下：

（1）使所有从机的SM2位置1，以便接收主机发来的地址。

（2）主机发出二帧地址信息，其中包括8位需要与之通信的从机地址，第9位（TB8）为1，然后进入接收状态，接收从机应答信号（即相应从机的地址信息）。

（3）所有从机接收到主机发出的地址帧后，将该地址与本机地址相比较，当接收到的地址信息与本机地址相符时，表示主机要与本机通信，本机被选中。被选中的从机将本机地址信息发回给主机，然后执行"CLR SM2"指令，使SM2＝0；当接收到的地址信息与本机不符时，表示未被选中，未被选中的从机应仍保持SM2＝1的状态，对主机随后发来的数据信息不予理睬，直至发送新的地址帧。

（4）主机收到从机的应答信号后，给已被寻址的从机发送控制指令和数据（数据帧的第9位为0）。

（5）从机正确接收主机发来的数据后，发送应答信号给主机，将SM1置位（SM1＝1），

主机与从机通信过程结束。

与双机通信一样，单片机的多机通信中，主机和从机之间的通信必须采用同一个通信协议，设计者根据需要设计或选择合适的通信协议，并按照协议的规定编写主机和从机的通信程序。

5.3.6　C51 串口通信的写法及应用

1. 基本语句格式

在 C 语言中可以很方便地对串口进行初始化。如在 11.059 2 MHz 晶振下，设置串行口用 9.6k（9600）的传输率进行传输，工作于工作方式 3，用 C 语言可进行如下设置：

```
TMOD = 0X20;                //定时器工作方式 2，初值自动装入
SCON = 0XD8;                //串行工作方式 3
TL1 = 0XFD;                 //定时器初值低位
TH1 = 0XFD;                 //定时器初值高位
PCON = 0X00;               //波特率不增倍
TR1 = 1;                    //启动定时器 T1
```

例如，利用单片机串行口将收到的数据返回送出的 C51 程序如下。

```
#include"reg51. h"        //包含头文件
void Init _ Com(void)      //串口初始化程序(串口初始化函数)
{
   TMOD = 0x20;            //定时器 T1 工作方式 2
   SCON = 0x50;            //串口工作方式 1
   TH1 = 0xFd;             //定时初值，9600 波特率
   TL1 = 0xFd;
   PCON = 0x00;            //SMOD = 0 波特率不增倍
   TR1 = 1;                //启动定时器 T1
}
voidmain()                 //主程序入口(主函数)
{
   unsigned char dat;      //定义变量
   Init _ Com();           //调用串口初始化程序(调串行口初始化函数)
   while(1)                //循环
   {
      if(RI)               //判断是否收到数据
      {
         dat = SBUF;       //接收数据
         RI = 0;           //清标志位
         SBUF = dat;       //发送数据
      }
   }
}
```

2. 应用 51 单片机串口方式 0 驱动 74LS164 的 C51 程序举例

利用几个 74LS164（或 CD4014）串级相连，扩展多个并行口（但这种应用有时受速度上限制），图 5-39 就是采用多个移位寄存器串级连接的应用实例。

（1）器件功能简介。51 单片机工作在串口方式 0，向串入并出移位寄存器 74LS164 发送

数据，特点是只用 P3.0（RXD）引脚和 P3.1（TXD）引脚两根线，就可以输出多字节数据。74LS164 驱动共阳极 LED 数码管的显示电路如图 5-39 所示。

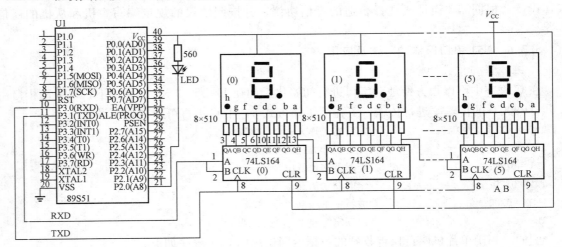

图 5-39　采用 74LS164 的 LED 数码管显示电路

图 5-39 中的 74LS164 是串入并出移位寄存器，该芯片的引脚 9（CLR）是清零端，低电平有效，可以将 8 位输出都清除为 0，不需要清零功能时接高电平；引脚 1（A）和引脚 2（B）是串行信号输入端，两者之间是"与"关系，一般连接在一起作为一个输入端使用；引脚 8（CLK），是同步脉冲输入端；在同步脉冲的上升沿，输入端 A&B 的信号被移位到芯片的低位，并随着时钟 CLK 上升沿的不断到来，数据从芯片的低位向高位移动，经过 8 个上升沿，将外部的 8 个数据移动到芯片中。若再有时钟脉冲，数据将从最高位引脚 13 移出，因此可以将多个 74LS164 串联，就是所有的 74LS164 采用同一时钟，数据从前一个 74LS164 的高位引脚（13）输出到下一个 74LS164 的输入端 A&B（引脚 1 和 2）。

74LS164 具有很好的灌电流负载能力，因此可以直接驱动共阳极数码管。

单片机工作在串行方式 0（同步模式），即单片机的 TXD（引脚 11）输出 CLK，RXD（引脚 10）输出数据。CLK 时钟频率（波特率）＝石英晶体频率/12。如石英晶体频率为 12MHz，则 CLK 时钟频率为 12MHz/12＝1MHz。

51 单片机串口输出是先低位后高位的顺序，因此 0～9 数字的 7 段译码值低位，先移动到 74LS164 中，若用 7 段译码值 11111001 使共阳数码管显示 1，则对应的数码管段顺序为 hgfedcba，因此数码管的 hgfedcba 段应该分别连接 74LS164 的 QA、QB、QC、QD、QE、QF、QG、QH 引脚。

（2）串行输出数据（查询方式）。采用查询方式向 74LS164 送两位串行数据（0～9 数字），并显示在 74LS164 引脚连接的共阳数码管上。该程序中：n 是循环变量，同时也是向 74LS164 发送的数据；k 是延时循环变量；P3.0 连接到 74LS164 的时钟端 CLK；P3.1 连接到 74LS164 的数据输入端 A 和 B；程序中数组 table［］是共阳数码管的 0～9 数字的段码编码。

C51 源程序如下：

```
＃include"AT89X51.h"
unsigned int codetable[] = {0xC0, 0xF9, 0xA4, 0xB0, 0x99, 0x92, 0x82, 0xF8, 0x80, 0x90};
                        //共阳极数码管译码数组
void main()
```

```
    {
      unsigned int n, k;
      SCON = 0;                          //设置串口工作在方式 0
      EA = 0;                            //禁止中断，采用查询方式发送
      while(1)
      {
        for(n = 0; n<2; n++)             //发送两位数据
        {
          TI = 0;                        //清发送完毕标志位
          SBUF = table[n];               //发送 n 的七段译码
          while(! TI);                   //等待发送完毕
          for(k = 0; k<20000; k++);      //延时后再次发送下一个数
        }
        for (k = 0; k<50000; k++);       //延时后，下一次发送
      }
    }
```

（3）串行输出数据（中断方式）。采用中断方式向 74LS164 送两位串行数据（0～9 数字），并显示在 74LS164 引脚连接的共阳数码管上。C51 源程序如下：

```
    #include "AT89X51.h"
    unsigned int code table[] = {0xC0, 0xF9, 0xA4, 0xB0, 0x99, 0x92, 0x82, 0xF8, 0x80, 0x90};
    unsigned int n;         //位数计数变量
    unsigned int k;         //延时循环变量
    void main()
    {
      SCON = 0;             //设置串口工作在方式 0
      ES = 1;               //允许串口中断
      EA = 1;               //允许中断
      TI = 1;               //启动串行发送
      while(1);             //无限循环
    }
    void serial _ IT(void)    interrupt 4   //串口中断
    {
      for (k = 0; k<35000; k++);     //为容易观察数据变化，特延时一段时间
      TI = 0;                        //清除发送中断标志位
      SBUF = table[n];               //发送数据
      while(! TI);                   //等待发送完毕
      n++;                           //发送下一个数据
      if(n> = 10)                    //如果发送了 10 个数据
      n = 0;                         //返回第 1 个数据
      P2 _ 0 = ! P2 _ 0;             //每中断一次，与 P2.0 引脚连接的 LED 灯就交替亮灭一次
    }
```

5.3.7　串行通信接口

通过前面的学习可知，51 单片机有一个全双工的串行通信口，所以单片机和计算机之间

可以方便地进行串口通信。串行通信时要满足一定的条件，如计算机的串口是 RS-232 电平的，而单片机的串口是 TTL 电平的，则两者之间必须有一个电平转换电路。

RS-232C（也可简写为 RS232）和 RS-485（也可简写为 RS485）是串行异步通信中应用最广泛的两个接口标准。采用标准接口后，能很方便地将各种计算机、外部设备、单片机等有机地连接起来，进行串行通信。

1. RS-232C 接口

RS-232C 是使用最早、应用最多的一种异步串行通信总线标准。它是美国电子工业协会（EIA）1962 年公布，1969 年最后修订而成的。其中，RS 表示推荐标准，232 是该标准的标识号，C 表示最后一次修订。

RS-232C 主要用来定义计算机系统的一些数据终端设备（DTE）和数据电路终端设备（DCE）之间的电气性能。

例如，CRT、打印机与 CPU 的通信大都采用 RS-232C 接口，51 单片机与 PC 机的通信也采用这种类型的接口。由于 51 单片机本身有一个全双工的串行接口，因此该系列单片机用 RS-232C 串行接口总线非常方便。

RS-232C 串行接口属单端信号传输，存在共地噪声和不能抑制共模干扰等问题，因此通信距离较短，设备之间的通信最大传输距离不大于 15m，传输速率最大为 20kbit/s。

（1）RS-232C 信息格式标准。RS-232C 采用串行格式，如图 5-40 所示。

该标准规定：信息的开始为起始位，信息的结束为停止位；信息本身可以是 5、6、7、8 位再加一位奇偶校验位。如果两个信息之间无信息，则写 1，表示空。

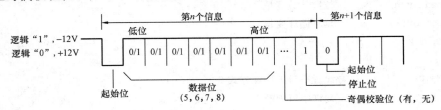

图 5-40　RS-232C 信息格式

（2）RS-232C 电平转换器。

1）MAX232 芯片实现 RS-232C 电平与 TTL 电平转换。RS-232C 是在 TTL 电路之前研制的，它规定了自己的电气标准，采用负逻辑，即逻辑"0"表示＋5～＋15V，逻辑"1"表示 －15～－5V。而单片机遵循 TTL 标准，逻辑高电平是 5V，逻辑低电平是 0V。因此，RS-232C 不能和 TTL 电平直接相连，使用时必须进行电平转换，否则会烧坏 TTL 的电路，实际应用时必须注意。常用的电平转换集成电路是传输线驱动器 MC1488 和传输线接收器 MC1489。

MC1488 内部有三个与非门和一个反相器，供电电压为 ±12V，输入为 TTL 电平，输出为 RS-232C 电平。MC1489 内部有 4 个反相器，供电电压为 ±5V，输入为 RS-232C 电平，输出为 TTL 电平。

另一种是目前常用的电平转换集成电路 MAX232。MAX232 芯片是 MAXIM 公司生产的、包含两路接收器和驱动器的 IC 芯片，外部引脚和内部电路如图 5-41（a）所示。

在图 5-41（a）中，上半部分电容，C1、C2、C3、C4 及 V＋、V－是电源变换电路部分。在实际应用中，器件对电源噪声很敏感，因此 V_{CC} 必须要对地加去耦电容 C5，其值为 $0.1\mu F$。

按芯片手册中的介绍，电容 C1、C2、C3、C4 应取 $1.0\mu F/16V$ 的电解电容，经大量实验及实际应用，这 4 个电容都可以选用 $0.1\mu F$ 的非极性瓷片电容代替 $1.0\mu F/16V$ 的电解电容，在具体设计电路时，这 4 个电容要尽量靠近 MAX232 芯片，以提高抗干扰能力。

在图 5-41（a）中，下半部分为发送和接收部分。实际应用中，T1IN、T2IN 可直接连接 TTL/CMOS 电平的 51 单片机串行发送端 TXD；R1OUT、R2OUT 可直接连接 TTL/CMOS 电平的 51 单片机的串行接收端 RXD；T1OUT、T2OUT 可直接连接 PC 机的 RS-232C 串行口的接收端 RXD；R1IN、R2IN 可直接连接 PC 机的 RS-232C 串行口的发送端 TXD。

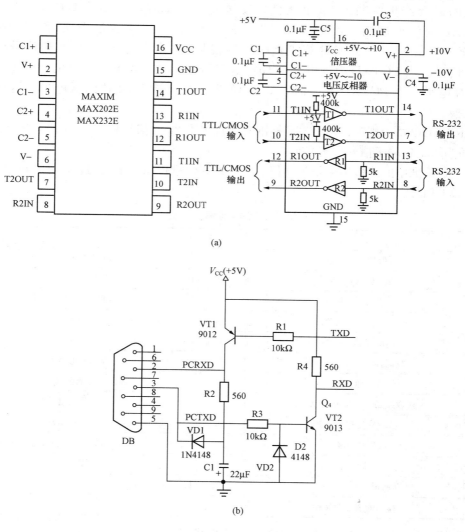

图 5-41　RS-232C 电平与 TTL 电平转换

（a）MAX232 的外部引脚及内部电路；（b）分立元件实现 RS-232 电平与 TTL 电平转换电路

若需从 MAX232 芯片中两路发送、接收中任选一路作为接口，要注意其发送、接收的引脚要对应。如使 T1IN 连接单片机的发送端 TXD，则 PC 机的 RS-232C 接收端 RXD 一定要对应接 T1OUT 引脚。同时，R1OUT 连接单片机的 RXD 引脚，PC 机的 RS-232C 发送端 TXD 对应接 R1IN 引脚。

2）分立元件实现 RS-232C 电平与 TTL 电平转换。集成芯片内部都是由最基本电子元件电阻、电容、二极管、三极管等组成的，为了方便用户使用，制造商把这些具有一定功能的分立元件封装到一个芯片内，这样就制成了现在使用的各种芯片。

MAX232 将 TTL 电平从 0V 和 5V 转换到 5～15V 或 −15～−5V，因此也可用分立元件来完成。这里介绍一个较为实用的电路，如图 5-41（b）所示是用分立元件实现 RS-232C 电平与 TTL 电平转换的电路。其基本工作原理是：首先 TTL 电平 TXD 发送数据时，若发送低电平 0，这时 VT1 导通，PCRXD 由空闲时的低电平变为高电平（如 PC 用中断接收的话会产生中断），满足条件。发送高电平 1 时，TXD 为高电平，VT1 截止，由于 PCRXD 内部为高阻，而 PCTXD 平时为 −15～−5V，通过 VD1 和 R2 将其拉低 PCRXD 至 −15～−5V，此时计算机接收到的就是 1。再反过来，PC 发送信号，由单片机来接收信号。当 PCTXD 为低电平 −15～−5V 时，VT2 截止，单片机端的 RXD 被 R4 拉到 5V 高电平；当 PCTXD 变高时，VT2 导通，RXD 被 VT2 拉到低电平，这样便实现了双向转换。

（3）RS-232C 总线规定。RS-232C 标准总线规定了 21 个信号和 25 个引脚，采用标准的 D 型 25 芯插头座。各端子信号的定义见表 5-5。

RS-232C 标准中的许多信号是为通信业务联系或信息控制而定义的，在计算机串行通信中主要使用如下信号。

表 5-5　　　　　　　　　　　　　　　RS-232C 端子信号的定义

端子	定　义	端子	定　义
1	保护地（PG）	14	辅助通道发送数据
2	发送数据（TXD）	15	发送时钟（TXC）
3	接收数据（RXD）	16	辅助通道接收数据
4	请求发送（RTS）	17	接收时钟（RXC）
5	清除发送（CTS）	18	未定义
6	数据准备就绪（DSR）	19	辅助通道请求发送
7	信号地（SG）	20	数据终端准备就绪（DTR）
8	接收线路信号检测（DCD）	21	信号质量检测
9	接收线路建立检测	22	音响指示
10	线路建立检测	23	数据信号速度选择
11	未定义	24	发送时钟
12	辅助通道接收线信号检测	25	未定义
13	辅助通道清除发送		

1）数据传送信号：发送数据（TXD）；接收信号（RXD）。

2）调制解调器控制信号：请求发送（RTS）；清除发送（CTS）；数据通信设备准备就绪（DSR）；数据终端设备准备就绪（DTR）。

3）定位信号：接收时钟（RXC）；发送时钟（TXC）。

4）信号地和保护地。

除信号定义外，RS-232C 标准的其他规定如下。

1）RS-232C 是一种电压型总线标准，以不同极性的电压表示逻辑值：− 25～− 3V 表示逻辑 1；+3～+25V 表示逻辑"0"。

2）标准数据传送速率有 50、75、110、150、300、600、1200、2400、4800、9600、19 200bit。

3）采用标准的 25 芯插头座（DB-25）进行连接，该插头座也称为 RS-232C 连接器。

2. RS-485 接口

RS-232C 接口标准几十年来虽然得到了极为广泛的应用，但随着通信要求的不断提高，特别是在工业检测及控制系统中，在要求通信距离为几十米到上千米时，由于传送距离比较远，干扰噪声大，RS-232 标准在很多方面已经不能满足实际通信应用的要求。因此，美国电子工业协会（EIA）相继公布了 RS-449、RS-423、RS-422、RS-485 等替代标准，其中 RS-485 串行总线标准接口应用最为广泛。RS-485 采用平衡发送和差分接收，因此具有抑制共模干扰的能力，与 RS-485 接口配套的接口芯片为 MAX485。

RS-485 总线对 RS-422 标准作了改进，使其功能进一步增强。为了进一步推广 RS-422 的平衡差分传输技术，美国电子工业协会于 1983 年在 RS-422 的基础上制定了 RS-485 标准，增加了多点、双向通信能力。

RS-485 接口主要特点如下：

（1）传输方式为差分方式。

（2）传输介质采用双绞线等。

（3）最大通信距离为 1200m。

（4）共模电压最大值为 +12V，最小值为 -7V，差分输入范围为 -7～+12V。

（5）接收器输入灵敏度为 ±200mV。

（6）接收器输入阻抗不小于 12kΩ。

（7）标准节点数为 32。

与 RS-422 一样，可以将多个 RS-485 接口设备连接到同一条总线上，并且连接更加简单。这些相互连接的 RS-485 接口的物理地位完全平等，在逻辑上取一个为主设备，其他为从设备。在通信时，同样采用主设备呼叫，从设备应答的方式。

它们的不同之处：RS-485 在发送端增加了使能控制；RS-485 发送器的驱动能力进一步提高，同一总线上的节点数目可以达到 32/64/128/256 个。

5.3.8　PC 机与单片机的通信

1. PC 机与 RS-232C 接口电路

在 PC 机系统内都装有异步通信适配器，利用它可以实现异步串行通信。该适配器的核心元件是可编程的 Intel 8250 芯片，它使 PC 机有能力与其他具有标准的 RS-232C 接口的计算机或设备进行通信。而 51 单片机本身具有一个全双工的串行口，因此只要配以电平转换的驱动电路、隔离电路就可组成一个简单可行的通信接口。同样，PC 机和单片机之间的通信也分为双机通信和多机通信。

PC 机和单片机最简单的连接是零调制三线经济型，这是进行全双工通信所必需的最少线路。因为 MCS-51 单片机输入、输出电平为 TTL 电平，而 PC 机配置的是 RS-232C 标准接口，二者的电气规范不同，所以要加电平转换电路。常用的有 MC1488、MC1489 和 MAX232，图 5-42 给出了采用 MAX232 芯片的 PC 机和单片机串行通信接口电路，与 PC 机相连采用九芯标准插孔。其引脚排列实物如图 5-43 所示，引脚信号功能见表 5-6。

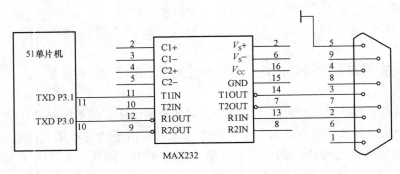

图 5-42 PC 机与单片机串行通信接口电路

图 5-43 RS-232 接口（九芯母插孔）实物图

表 5-6 九芯串口引脚功能

脚号	信号名称	方向	信号功能
1	DCD	PC 机←单片机	PC 机收到远程信号（未用）
2	RXD	PC 机←单片机	PC 机接收数据
3	TXD	PC 机→单片机	PC 机发送数据
4	DTR	PC 机→单片机	PC 机准备就绪（未用）
5	GND		信号地
6	DSR	PC 机←单片机	单片机准备就绪（未用）
7	RTS	PC 机→单片机	PC 机请求接收数据（未用）
8	CTS	PC 机←单片机	双方已切换到接收状态（未用）
9	RI	PC 机←单片机	通知 PC 机，线路正常（未用）

图 5-44 RS-232/RS-485 转换接口实物图

2.PC 机与 RS-485 接口电路

一般情况下，PC 机上大都设有 RS-232 接口而没有 RS-485 接口，因此当 PC 机 RS-232 串口与单片机系统中的 RS-485 接口连接时，需要购买 RS-232/RS-485 转换接口，其实物如图 5-44 所示。

图 5-45 给出了采用 MAX485 芯片的 PC 机和单片机串行通信接口电路，485 串口具有传输速率高和传输距离长等优点，是工业多机通信中应用最为广泛的接口。

使用 RS-485 接口进行串行通信时，一台 PC 机既可以接一台单片机，也可以同时接多台单片机，其连接如图 5-46 所示。

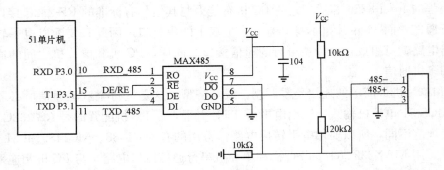

图 5-45 RS-485 接口电路

根据采用的接口芯片不同，RS-485 接口可工作于半双工或全双工等不同的工作状态。当采用 MAX481/483/485/487、SN75176/75276 等接口芯片时，RS-485 接口工作于半双工状态，如图 5-47（a）所示。当采用 MAX489/491、SN75179/75180 等接口芯片时，RS-485 接口工作于全双工状态，如图 5-47（b）所示。

RS-485 接口采用的是差分传输方式，具有一定的抗共模干扰的能力，允许使用比 RS-232 更高的波特率且传输的距离更远（一般大于 1km 以上）。另外，采用 RS-485 接口，一台 PC 机可接多台单片机，因此 RS-485 接口在工业控制中得到了广泛的应用。

有了接口电路，还需要配合相应的通信软件才能实现 PC 机与单片机的串行通信。通信软件编程包括单片机通信程序编程和 PC 机通信程序编程。单片机通信程序编程方法前面已经介绍过了，PC 机通信程序编程方法可以用汇编语言编写，也可以用其他高级语言，例如 VC、VB 来编写。

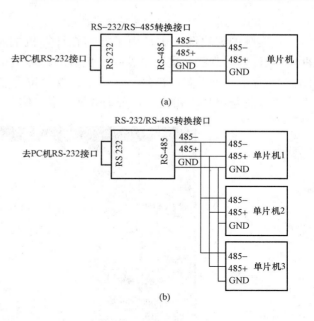

图 5-46　PC 机通过 RS-485 接口与单片机连接

（a）PC 机通过 RS-232/RS-485 转换接口与一台单片机连接；
（b）PC 机通过 RS-232/RS-485 转换接口与多台单片机连接

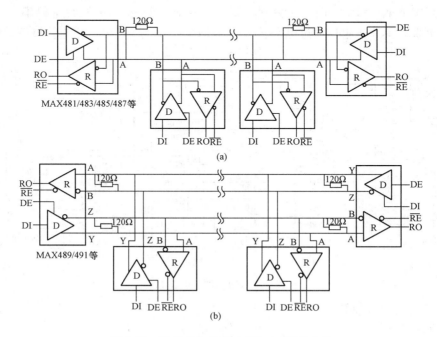

图 5-47　半双工和全双工 RS-485 通信电路

（a）半双工 RS-485 通信电路；（b）全双工 RS-485 通信电路

3. 单片机串口与 PC 机通信举例

在实际的编程调试中，为了能够在计算机端看到单片机发出的数据，可借助一个 Windows 软件进行观察，这里推荐一个免费的计算机串口调试软件——串口调试助手。此软件如图 5-48 所示，可设置串口号、波特率、校验位等参数，非常实用。在实际应用中一定要保证上位机设置与单片机相统一，否则数据将会出错。

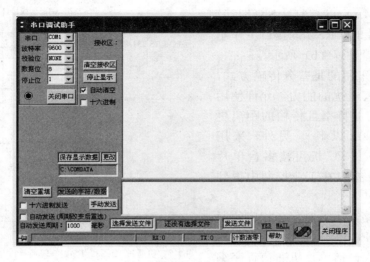

图 5-48　串口调试助手软件界面图

【例 5-10】串行通信的硬件原理图如图 5-49 所示。单片机采用串行通信模式 1（8 位），定时器 T1 采用模式 2 产生波特率，晶体频率 11.059 2MHz，9600 波特率；主机 PC 上运行的串口助手向单片机发送数据，单片机接收主机的数据，然后将数据传送到 P0 口，并传回给主机串口助手。当按下 K1＝P1.4 时，单片机发送字"www.risegc.com"给主机串口助手，并在接收区显示出来。单片机串口通过电平转换芯片 MAX232 与 PC 串口相连。该例源程序如下。

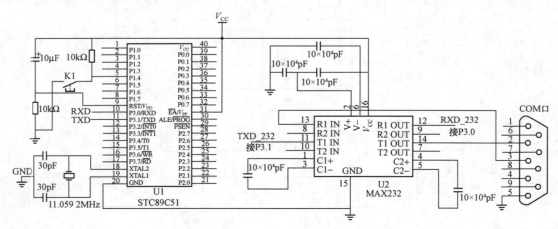

图 5-49　串行通信硬件电路原理图

1. 串行口方式的汇编程序

```
K1      EQU P1.4                    ；定义按键端口
；变量定义
KEY _ S  EQU 50H                    ；当前的按键状态
```

```
KEY _ V　EQU 51H                         ;上次的按键状态
       ORG    0000H
       LJMP   MAIN
MAIN:
       MOV TMOD,＃20H                     ;定时器 T1 工作于 8 位自动重载模式 2，用于产生波特率
       MOV TH1,＃0FDH
       MOV TL1,＃0FDH                     ;波特率 9600
       MOV SCON,＃50H                     ;设定串行口工作方式
       ANL PCON,＃0EFH                    ;波特率不倍增
       SETB  TR1                         ;启动定时器 T1
       MOV IE,＃0                         ;禁止任何中断
       MOV KEY _ V,＃01H
MAIN _ RX:
       JNB RI, MAIN _ KEY                ;是否有数据到来
       CLR RI
       MOV A, SBUF                       ;暂存接收到的数据
       MOV P0, A                         ;数据传送到 P0 口
       LCALL SEND _ CHAR                 ;回传接收到的数据
MAIN _ KEY:
       LCALL SCAN _ KEY                  ;扫描按键
       JZ MAIN _ RX
       LCALL DELAY _ 15MS                ;延时去抖动
       LCALL SCAN _ KEY
       JZ MAIN _ RX
       MOV KEY _ V, KEY _ S              ;保存键值
       LCALL PROC _ KEY                  ;键处理
       SJMP MAIN _ RX
; = = = = = = = = = = = = = = = = = = = = = = = = = = = = = = = = = = =
SCAN _ KEY;
; 扫描按键,（扫描按键 K1）
; 传入参数:无
; 返回值:　无
            CLR   A
            MOV   C, K1
            MOV ACC. 0, C
            MOV KEY _ S, A
            XRL A, KEY _ V                ;检查按键状态是否改变
            RET
; = = = = = = = = = = = = = = = = = = = = = = = = = = = = = = = = = = =
PROC _ KEY:
; 按键处理子程序——发送字符串到 PC
; 传入参数:KEY _ V——按键值
; 返回值:无
            JB K1, END _ PROC _ KEY   ;K1 未按下时，直接返回
```

```
                MOV DPTR，＃TAB＿WWW        ；字串表格地址
SEND＿STRING：
                CLR A
                MOVC A，＠A＋DPTR
                JZ   END＿PROC＿KEY        ；查到 00H 时，表示字串结束
                ACALL SEND＿CHAR
                INC DPTR                  ；下一字符
                SJMP SEND＿STRING
END＿PROC＿KEY：
                RET
; = = = = = = = = = = = = = = = = = = = = = = = = = = = = = = = = = = = =
SEND＿CHAR：
; 传送一个字符
; 传入参数：ACC（要发送的数据）
; 返回值：无
                MOV  SBUF，A
                JNB  TI，$                ；等特数据传送
                CLR  TI                   ；清除数据传送标志位
                RET
; = = = = = = = = = = = = = = = = = = = = = = = = = = = = = = = = = = = =
; 扫描按键，（在此实例中仅扫描按键 K1）
; 传入参数：无
; 返回值： 无
DELAY＿15MS：
                MOV  R7，＃15
DELAY15MS＿1：
                MOV  R6，＃0E8H
DELAY15MS＿2：
                NOP
                NOP
                DJNZ  R6，DELAY15MS＿2
                DJNZ  R7，DELAY15MS＿1
                RET
TAB＿WWW：
                DB "www．risegc．com"
                DB 0AH，0DH               ；换行/回车
                DB  00H
                END
```

2. 串行口方式的 C 语言程序

```
# include ＜reg51．h＞                  //包含 51 单片机寄存器定义的头文件
# include ＜intrins．h＞                //C51 函数库
unsigned char key＿s，key＿v，tmp；       //声明变量（全局变量定义）
char code str[] ="www．risegc．com"；   //定义字符串数组（初始化）
void send＿str()；                     //函数原型声明，传送字符串函数
```

```
bit scan _ key();                       //扫描按键函数
void proc _ key();                      //键处理函数
void delayms(unsigned char ms);         //延时函数
void send _ char(unsigned char txd);    //传送一个字符函数
sbit K1 = P1^4;                         //位定义 K1 为 P1. 4
main()                                  //主函数(主程序)
{
    TMOD = 0x20;                        //定时器 T1 工作于 8 位自动重载模式,用于产生波特率
    TH1 = 0xFD;                         //波特率 9600
    TL1 = 0xFD;
    SCON = 0x50;                        //设定串行口工作方式
    PCON & = 0xef;                      //波特率不倍增
    TR1 = 1;                            //启动定时器 T1
    IE = 0x00;                          //禁止任何中断
    while(1)                            //无限循环(进入主程序的 while 循环)
    {
        if(scan _ key())               //扫描按键
        {
            delayms(10);               //调用延时函数,延时去抖动
            if(scan _ key())           //再次扫描
            {
                key _ v = key _ s;     //保存键值
                proc _ key();          //调用键处理函数
            }
        }
        if(RI)                         //是否有数据到来
        {
            RI = 0;
            tmp = SBUF;                //暂存接收到的数据
            P0 = tmp;                  //数据传送到 P0 口
            send _ char(tmp);         //调用传送一个字符子程序,回传接收到的数据
        }
    }
}
bit scan _ key()                        //扫描按键子程序(子函数)
{
    key _ s = 0x00;
    key _ s | = K1;
    return(key _ s^key _ v);
}
void proc _ key()                       //键处理子程序
{
    if((key _ v & 0x01) = = 0)          //K1 按下
    {
```

```
    send_str();                        //调用传送字符串函数，传送字串 www.risegc.com
  }
}
void send_char(unsigned char txd)       //传送一个字符的子程序
{
  SBUF = txd;
  while(! TI);                          //等待数据传送
  TI = 0;                              //清除数据传送标志位
}
void send_str()                         //传送字符串的子程序
{
  unsigned char i = 0;
  while(str[i]! = '\0')
  {
    SBUF = str[i];
    while(! TI);                        //等待数据传送
    TI = 0;                            //清除数据传送标志位
    i++;                               //下一个字符
  }
}
void delayms(unsigned char ms)          //延时子程序
{
  unsigned char i;
  while(ms - -)
  {
    for(i = 0; i < 120; i++);
  }
}
```

如图 5-50 所示是串口调试助手软件与［例 5-10］程序通信的界面情况。

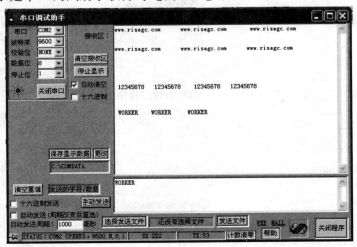

图 5-50　串口调试助手与［例 5-10］程序通信界面

当按下 K1 时，单片机发送字"www. risegc. com"给主机串口调试助手，并在接收区显示出来。另外，在界面下端的发送区用键盘键入数字"12345678"，单击界面的【手动发送】按钮，则会在接收区中显示出"12345678"。同理，键盘键入字符"WORKER"，单击界面的【手动发送】按钮，则会在接收区中显示出"WORKER"。这说明串口调试助手发送的数据，51 单片机收到后，向串口调试助手转发该数据，并在显示区将数据显示出来。

【例 5-11】在图 5-49 所示的电路中，把 P0 口接入 8 只 LED 发光二极管（LED 应串入 1kΩ 电阻，同时还应接入 10kΩ 的上拉电阻）。利用串口调试助手，PC 机通过 RS-232 接口向单片机先发送数据，并存储在单片机 RAM 存储器中。同时，单片机将每次接收到的数据通过 P0 口 LED 灯显示出来，并将接收到的数据再返回到 PC 机。若数据出错，则 LED 灯全亮，同时，向 PC 机返回数据 bb。要求通信波特率为 9600，进行奇偶校验。

解 该例采用查询方式进行编程，C 源程序如下：

```
#include <reg51.h>
#define uchar unsigned char
uchar data Buf = 0;              //定义数据缓冲区
/* * * * * * * *串行口初始化函数 * * * * * * * * */
void  series_init()
{
  SCON = 0xd0;                   //串口工作方式 3，允许接收
  TMOD = 0x20;                   //定时器 T1 工作方式 2
  TH1 = 0xfd;                    //定时初值
  TL1 = 0xfd;
  PCON &= 0x00;                  //SMOD = 0
  TR1 = 1;                       //开启定时器 T1
}
/* * * * * * * * *主函数 * * * * * * * * */
void  main()
{
  series_init();                //调串行口初始化函数
  while(1)
  {
    while(! RI);                 //等待接收中断
    RI = 0;                      //清接收中断
    Buf = SBUF;                  //将接收到的数据保存到 Buf 中
    ACC = Buf; //将接收的数据送累加器 ACC，加入此语句后，会使 PSW 寄存器中的 P 位发生变化
    if(((RB8 = = 1)&&(P = = 0)) | | ((RB8 = = 0)&&(P = = 1)))
  {
      TB8 = RB8;
      SBUF = Buf;                //将接收的数据发送回 PC 机
      while(! TI);               //等待发送中断
      TI = 0;                    //若发送完毕，则将 TI 清零
      P0 = Buf;                  //将接收的数据送 P0 口显示
  }
    else
```

```
        {
            TB8 = RB8;
            SBUF = 0xbb;
            while(! TI);                    //等待发送
            TI = 0;                         //若发送完毕，则将 TI 清零
            P0 = 0x00;
        }
    }
}
```

在［例 5-11］中，奇偶校验是对数据传输正确性的一种校验方法。在数据传输时附加一位奇校验位或偶校验位，用来表示传输的数据中 1 的个数是奇数还是偶数。例如，PC 机把数据 1100 1111 传输给单片机，数据中含 6 个 1，为偶数。如果采用奇校验，则奇校验位为 1，这样数位中 1 的个数加上奇校验位 1 的个数总数为奇数。在单片机端，将接收到的奇偶校验位 1 放在 SCON 寄存器的 RB8（接收数据的第 9 位数据），同时计算接收数据 1100 1111 的奇偶性（检测 PSW 寄存器的奇偶校验位 P 的值为 1，说明数据为奇数；奇偶校验位 P 的值为 0，说明数据为偶数）。若 P 与 RB8 的值不相同，则说明接收正确；若 P 与 RB8 的值相同，则说明接收数据不正确。

如果在 PC 机端采用偶校验，当传输数据 1100 1111 时，偶校验位为 0，这样数位中 1 的个数加上偶校验位 1 的个数总数为偶数。在单片机端，将接收到的奇偶校验位 0 放在 SCON 寄存器的 RB8（接收数据的第 9 位数据），同时计算接收数据 1100 1110 的奇偶性（检测 PSW 寄存器的奇偶校验位 P 的值为 1，说明数据为奇数；奇偶校验位 P 的值为 0，说明数据为偶数）。若 P 与 RB8 的值相同，则说明接收正确；若 P 与 RB8 的值不同，则说明接收数据不正确。

由于要进行奇校验，因此应使用单片机串口方式 2 或方式 3，在［例 5-11］中，使用了串口方式 3，因为串口方式 3 波特率可变，可方便地对波特率进行设置。

需要说明的是，源程序中加入了"ACC＝Buf;"语句，这条语句非常重要，若不加此语句，则达不到奇偶校验的目的。因为 PSW 寄存器的 P 位只受累加器 ACC 的数据影响，而不受 SBUF 寄存器中数据的影响。

使用串口调试助手时，软件运行后，将串口设置为 COM2（或 COM1），波特率设置为 9600，校验位选 ODD（奇校验），数据位选 8，停止位选 1，勾选"16 进制接收"和"16 进制发送"复选框，单击【打开串口】按钮。设置完成后，在发送框口中输入 16 进制数，单击【手动发送】按钮，硬件电路中的 8 只 LED 灯会随着 PC 发送数据的不同而发生变化。例如，PC 机发送数据 01 时，第 1 只 LED 灯灭，其余全亮；PC 机发送数据 02 时，第 2 只 LED 灯灭，其余全亮；同时，在串口调试助手接收区中，会显示单片机返回来的数据。

【例 5-12】 如图 5-51 所示是 PC 机通过 RS-485 和单片机通信的电路原理示意图。该电路实现的功能是：利用串口调试助手软件，PC 机通过 RS-485 接口向单片机先发送数据 55，控制单片机 P0 口 LED 灯亮，P3.7 引脚的蜂鸣器响 0.5 s，同时单片机向 PC 机返回数据 aa，表示已接收到；当 PC 机向单片机发送数据 ff 时，控制单片机 P0 口 LED 熄灭，P3.7 引脚的蜂鸣器响 0.5s，同时再向 PC 机返回一个数据 bb。要求通信波特率为 9600，不进行奇偶校验。

解 C 源程序如下：

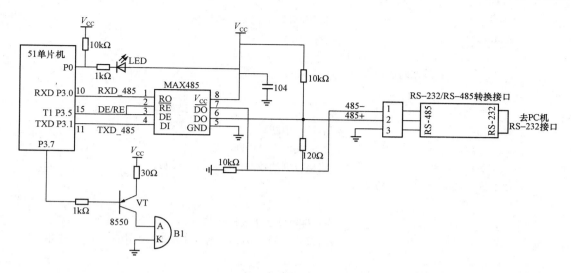

图 5-51 PC 机通过 RS-485 和单片机通信电路原理示意图

```c
#include <reg51.h>
#define ucbar unsigned char
#define uint unsigned int
sbit ROS1_485 = P3^5;
sbit BEEP = P3^7;
uchar ReceiveBuf;                    //定义接收缓冲区
uchar SendBuf[] = {0xaa, 0xbb};      //将发送的数组放在数组 SendBuf[]中
/* * * * * * * * * 延时函数 * * * * * * * */
void Delay_ms(uint xms)              //延时程序，xms 是形式参数
{
  uint i, j;
  for(i = xms; i>0; i--)             //i = xms，即延时 XIUS，xms 由实际参数传入一个值
  for(j = 115; j>0; j--);
}
/* * * * * * * * *串行口初始化函数 * * * * * * * */
void series_init()
{
SCON = 0x50;                         //串口工作方式 1，允许接收
TMOD = 0x20;                         //定时器 T1 工作方式 2
TH1 = 0xfd; TL1 = 0xfd;              //定时初值
PCON &= 0x00;                        //SMOD = 0
TR1 = 1;                             //开启定时器 T1
EA = 1, ES = 1;                      //开总中断和串行中断
}
/* * * * * * * * * 主函数 * * * * * * * * */
void main()
{
  series init();                     //调串行口初始化函数
```

```
        ROS1 _ 485 = 0;                    //将 MAX485 置于接收状态
        while(1);                          //等待中断
    }
/* * * * * * * * 串行中断函数 * * * * * * * */
void series() interrupt 4
{
    RI = 0;                                //清接收中断
    ES = 0;                                //暂时关闭串口中断
    ReceiveBuf = SBUF;                     //将接收到的数据保存到 ReceiveBuf 中
    if(ReceiveBuf = = 0x55)
    {
        ROS1 _ 485 = 1;                    //将 MAX485 置于发送状态
        SBUF = SendBuf[0];                 //若接收到的是 0x55,则将 SendBuf[0]中的 0xaa 发送出去
        while(! TI);                       //等待发送
        TI = 0;                            //若发送完毕,则将 TI 清零
        ROS1 _ 485 = 0;                    //再将 MAX485 置于接收状态
        P0 = 0x00;
        BEEP = 0;
        Delay _ ms(500);
        BEEP = 1;
    }
    if(ReceiveBuf = = 0xff)
    {
        ROS1 _ 485 = 1;                    //将 MAX485 置于发送状态
        SBUF = SendBuf[1];                 //若接收到的是 0xff,则将 SendBuf[1]中的 0xbb 发送出去
        While(! TI);                       //等待发送
        TI = 0;                            //若发送完毕,则将 TI 清零
        ROS1 _ 485 = 0;                    //再将 MAX485 置于接收状态
        P0 = 0xff;
        BEEP = 0;
        Delay _ ms(500);
        BEEP = 1;
    }
    ES = 1;                                //打开串口中断
}
```

在［例 5-12］中,采用的是 RS-485 半双工接口,接口芯片 MAX485 的第 2、3 引脚为接收和发送控制端,由单片机的 P3.5 引脚(程序中定义为 ROS1 _ 485)控制。当 ROS1 _ 485 为低电平时,RS-485 接口处于接收状态;当 ROS1 _ 485 为高电平时,RS-485 接口处于发送状态。因此,在单片机接收时,需要使用语句"ROS1 _ 485＝0;";在单片机发送时,需要使用语句"ROS1 _ 485＝1;"。数据的接收与发送采用中断函数完成。在中断函数中,首先对接收到的数据进行判断;若接收的是 0x55,则返回给 PC 机数据 0xaa;若接收的是 0xff,则返回给 PC 机数据 0xbb。

利用串口调试助手软件,将串口设置为 COM1 (或 COM2),波特率设置为 9600,校验位

选 NONE，数据位选 8，停止位选 1，勾选"16 进制接收""16 进制发送"复选框，单击"打开串口"按钮。设置完成后，在发送框口中输入 55，单击"手动发送"按钮，P0 口上的 LED 灯点亮，同时串口调试助手的接收窗口中将会收到单片机回复的 aa。再在发送窗口中输入 ff，单击"手动发送"按钮，P0 口上的 LED 灯熄灭，同时串口调试助手的接收窗口中将会收到单片机回复的 bb。

　　需要说明的是，在［例 5-12］中，单片机无论是接收到的数据，还是发送给 PC 机的数据，都是 16 进制数，而不是字符或字符串。因此，PC 机在发送和接收时，也要采用 16 进制的形式，否则，若数据格式不统一，就不会看到想要的结果。

　　在本节中，简要介绍了 PC 机与单片机通信的基本知识和几个实例。实际上，通过编写 PC 机端的上位机 VB 程序，可以实现更多的功能。另外，一台 PC 机还可以控制多台单片机进行工作，即所谓的"多机通信"，这些知识在实际开发中具有非常重要的意义。有关这部分的详细内容，第 11 章将进一步进行介绍。

51 单片机系统扩展

通常情况下，51 单片机在简单的应用场合，其最小应用系统（一片 MCU）就能满足用户的要求；但由于单片机的内部程序存储器、数据存储器的容量、I/O 接口的数量等资源有限，在很多情况下，构成一个工业测控系统时，考虑到传感器接口、伺服控制接口以及人机对话接口等的需要，最小应用系统常常不能满足用户要求，因此必须在片外扩展相应的外围芯片，这就是系统扩展。本章将详细讨论 51 单片机的外部程序存储器（ROM）、外部数据存储器（RAM）、并行 I/O 接口的扩展技术以及常用的串行存储器。

6.1　51 单片机系统扩展总线及存储器的类型

6.1.1　最小应用系统及外部扩展性能

51 单片机的系统扩展主要包括程序存储器扩展、数据存储器扩展、I/O 口扩展、中断系统扩展及其他特殊功能扩展等。在进行各种扩展时必须了解最小应用系统、扩展总线的结构及扩展能力。

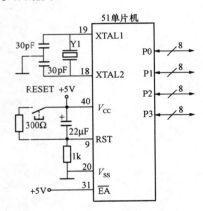

图 6-1　51 单片机最小应用系统

1. 最小应用系统

所谓最小应用系统是指能维持单片机运行的最简单配置系统。51 单片机除 8031 以外，片内都有 ROM/EPROM，构成最小应用系统时，只要将单片机接上时钟电路和复位电路即可，如图 6-1 所示。应用时注意以下几点：

（1）由于不需要外扩程序存储器，EA 接电源（高电平）。P0、P1、P2、P3 口均可作 I/O 口用。

（2）内部程序存储器容量有限，另外 8051 片内为 ROM，用户应用软件依靠厂家用半导体掩膜技术置入，因此一般在批量生产的应用系统中才得以应用。

最小应用系统体积小、结构简单、功耗低、成本低，在简单的应用系统中应用广泛。但在构成典型的测、控系统时，最小应用系统往往不能满足要求，须利用单片机的总线连接相应的外围芯片以满足实际系统的要求。

2. 扩展系统总线结构

51 单片机都是通过片外引脚进行系统扩展的，其外部扩展性能由其片外总线结构形式决定。因此，在讲述单片机的系统扩展前，需要弄清其片外总线结构形式和扩展能力。

为了满足系统扩展要求，51 单片机的片外引脚可以构成图 6-2 所示的三总线结构，即地址总线（AB）、数据总线（DB）和控制总线（CB）。所有的外部芯片都是通过这三组总线进行扩展的。

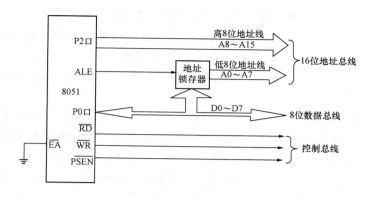

图 6-2　单片机的片外三总线结构

（1）地址总线（AB）。地址总线宽度为 16 位，因此可寻址范围为 $2^{16}=64KB$。

地址总线由 P0 口提供外部存储器低 8 位地址（A0～A7），由 P2 口提供外部存储器高 8 位地址（A8～A15）。由于 P0 口还要作数据总线口，因此它只能分时地用作地址线。而且 P0 口输出的低 8 位地址必须用锁存器锁存。锁存器的锁存信号为引脚 ALE 输出的控制信号，在 ALE 的下降沿将 P0 口输出的地址锁存。

P2 口具有输出锁存功能，故不需外加锁存器。P0、P2 口在系统扩展中用作地址线后，不能再作为一般 I/O 口使用。

（2）数据总线（DB）。数据总线由 P0 口提供（D0～D7），其宽度为 8 位，该口为三态双向口，是应用系统中使用最为频繁的通道。单片机所有需要与外部交换的数据、指令、信息，除少数可直接通过 P1 口传送外，大部分都经过 P0 口传送。

数据总线可连接到多个外围芯片上，但在同一时间内只能有一个有效的数据传送通道，至于哪个芯片的数据通道有效，则由地址线控制的各个芯片的片选线来选择。

（3）控制总线（CB）。控制总线包括片外系统扩展用线和片外信号对单片机的控制线。

系统扩展用控制线有 $\overline{WR}$、$\overline{RD}$、$\overline{PSEN}$、ALE、$\overline{EA}$。

$\overline{WR}$、$\overline{RD}$——用于片外数据存储器（RAM）的读写控制。当执行片外数据存储器操作指令 MOVX 时，这两个信号自动生效。

$\overline{PSEN}$——用于片外程序存储器（EPROM）的读选通控制。

ALE——用于锁存 P0 口输出的低 8 位地址的控制线。通常，ALE 在 P0 口输出地址期间用其下降沿控制锁存器锁存地址数据。

$\overline{EA}$——用于选择片内或片外程序存储器。当 $\overline{EA}=0$ 时，只访问片外程序存储器，而不管片内有无程序存储器。因此，在扩展并使用外部程序存储器时，必须将 EA 接地。

3. 扩展能力

根据地址总线宽度，51 单片机在片外可扩展的存储器最大容量为 64KB，地址范围为 0000H～FFFFH。

（1）片外数据存储器与程序存储器的地址范围都为 64KB，地址也可重复，它们由单片机不同的指令和控制信号区分。读片外程序存储器的指令为 MOVC，读写片外数据存储器的指令为 MOVX；读片外程序存储器的控制信号为 $\overline{PSEN}$，读写片外数据存储器的控制信号为 $\overline{WR}$ 和 $\overline{RD}$。

（2）片外数据存储器与片内数据存储器的地址可重复，但操作指令不同。对片内数据存储器读写的指令为 MOV，对片外数据存储器读写的指令为 MOVX。

（3）片外程序存储器与片内程序存储器采用相同的操作指令，依靠硬件来选择：当 $\overline{EA}=0$ 时，不论片内有无程序存储器，片外程序存储器的地址都可以从 0000H 开始；当 $\overline{EA}=1$ 时，则前 4KB 的地址（0000H～0FFFH）为片内程序存储器所有，片外扩展的程序存储器的地址只能从 1000H 开始设置。

（4）为配置外围设备而需要扩展的 I/O 接口，如 A/D、D/A 等，与片外数据存储器统一编址，因此不必为这些接口另外提供单独的地址线，但这样会占去大量的 RAM 地址。

6.1.2 半导体存储器的类型

由于半导体存储器具有速度高、体积小、集成度高、可靠性高、使用灵活、成本低等一系列优点，所以在扩展单片机系统时，一般都使用半导体存储器。半导体存储器的种类较多，常见的半导体存储器类型分类如下。

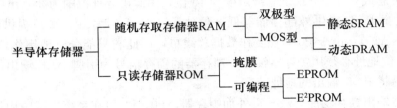

1. 只读存储器 ROM

只读存储器 ROM 也称为程序存储器。ROM 在程序运行时只能读出，不能写入，故称为只读存储器，由于 ROM 是用来存放程序代码和存放程序中所用的常数，故又被称为程序存储器，ROM 的最大特点是掉电时信息不会丢失。

只读（程序）存储器除有 ROM、EPROM、E^2PROM、Flash ROM 之分外，还有并行和串行之分。并行程序存储器的数据输入/输出是通过并行总线进行的，其特点是读/写速度快，容量较大，读/写方法简单，但价格相对较高；串行程序存储器的数据输入/输出是通过串行总线进行的，具有体积小、接口简单、数据保存可靠、可在线改写、功耗低等特点。常用的串行存储器有 24C××、93C×× 等系列，串行存储器的相关内容将在本章的最后一节中详细讨论。下面首先介绍并行程序存储器。

（1）掩膜 ROM。掩膜 ROM 的写入是由产品生产厂家通过掩膜工艺把程序代码固化进去的，一旦出厂，它的内容就不可改变。8051 芯片的内部有 4KB 的掩膜 ROM，使用 8051 时，用户必须委托生产厂家在制造芯片时将程序一次性写入。

（2）EPROM。EPROM 是紫外线可擦除电可编程的半导体只读存储器，用专门的编程器写入代码，信息一旦写入，停电时可长期保存。当不需要这些数据时，可用紫外光照射擦除，擦除后可重新写入新的数据。典型的并行程序存储器 EPROM 产品有 Intel 公司的 2716（2KB）、2732（4KB）、2764（8KB）、27128（16KB）、27256（32KB）、27512（64KB）等。芯片型号中的容量值是芯片尾数（后两位或三位数）除以 8。因为 $2^{10}=1024B=1KB$，也就是说 1KB 的存储器有 10 根地址线寻址；2KB 的存储器就有 11 根地址线；4KB 的存储器就有 12 根地址线；8KB 的存储器就有 13 根地址线……依次类推可知不同容量存储器芯片的地址线位数，以便于使用。它们均为 8 位存储器，因此有 8 条数据线。EPROM 的主要操作方式有：

1）编程方式，是指把程序代码写入到 EPROM 中；

2）编程校验方式是指编程结束后读出 EPROM 中的内容，检验编程操作的正确性；

3）读出方式是指 CPU 从 EPROM 中读取指令或常数；

4）维持方式，当处于维持方式时，数据端呈高阻；

5）编程禁止方式，在对多片 EPROM 并行编程时，需用这种方式进行控制。

如图 6-3 所示是 EPROM27128 端子排列图，共有 28 个端子。图中 A13～A0 是地址线，D7～D0 是数据线，$\overline{CE}$ 是片选信号线，PGM 是编程脉冲输入线，$\overline{OE}$ 是读选通信号线，V_{CC} 是主电源线，V_{pp} 是编程电源输入线，GND 是地线。27128 的工作方式控制见表 6-1。

表 6-1　　　　　　　　　　　　　　**EPROM 27128 的工作方式**

方式　　　　　　　端子	$\overline{CE}$	$\overline{OE}$	PGM	V_{pp}	V_{CC}	D0～D7
读出	V_{IL}	V_{IL}	V_{IH}	V_{CC}	V_{CC}	数据输出
编程禁止	V_{IL}	任意	任意	V_{pp}	V_{CC}	高阻
维持	V_{IL}	任意	任意	V_{CC}	V_{CC}	高阻
编程	V_{IL}	V_{IL}	V_{IL}	V_{pp}	V_{CC}	数据输入
编程校验	V_{IL}	V_{IL}	V_{IH}	V_{pp}	V_{cc}	数据输出

注　V_{pp} 的大小随型号不同而变化。

（3）E^2PROM。E^2PROM（或写成 EEPROM）是一种电擦除电改写的可在线编程的半导体只读存储器，＋5V 单电源供电下就可进行编程，而且对编程脉冲宽度没有特殊要求，不需要专门的编程器和擦除器，是一种特殊的可读可写存储器。它既具有 RAM 在联机操作中可读可写的特点，又有 ROM 在掉电后能保存信息的优点，在智能仪表、控制装置、分布式监控系统子站以及开发装置中得到了广泛应用。目前，E^2PROM 产品在常温下能保存数据 10 年以上，擦除/写入的次数能达到 10 万次。

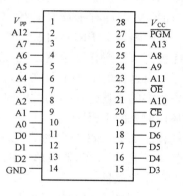

图 6-3　EPROM 27128 端子排列图

常用的 E^2PROM 有 Intel 公司的 2817A（2KB）、2864A（8KB）；Atmel 公司的 AT28C16（2K）、AT28C64（4K）、AT28C256（32K）、AT28C010（128K）、AT28C040（512K）等。图 6-4 是 E^2PROM 2864A 的端子排列图，其共有 28 个端子。E^2PROM 有读、写、维持三种工作方式，其控制见表 6-2。

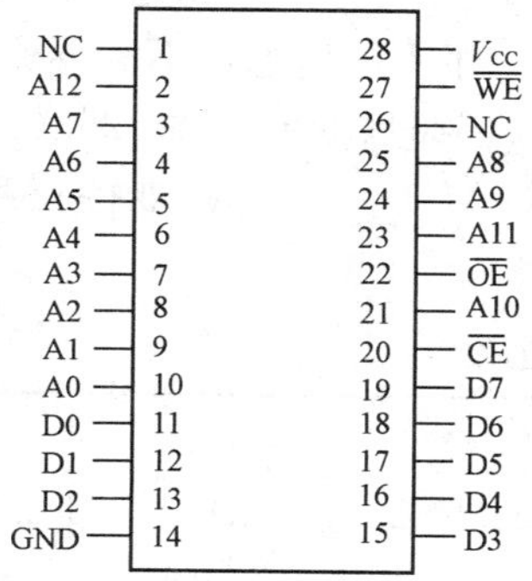

A12～A0	地址线
D7～D0	双向数据线
$\overline{WE}$	写入使能线
$\overline{OE}$	读出使能线
$\overline{CE}$	片选线
NC	空脚

图 6-4　E^2PROM 2864A 端子排列图

表 6-2　　　　　　　　　　　　　　**E² PROM 2864A 的工作方式**

方式 　　　　　 端子	$\overline{CE}$	$\overline{OE}$	$\overline{WE}$	D0～D7
读	V_{IL}	V_{IL}	V_{IH}	数据输出
写	V_{IL}	V_{IH}	负脉冲	数据输入
维持	V_{IH}	任意	任意	高阻

（4）快闪存储器（Flash Memory）。快闪存储器，又叫 PEROM（Programmable and Erasable Read Only Memory），即一种可在线编程擦除写入的只读存储器件。通常作为程序存储器使用。快闪存储器的主要性能指标如下：

（1）最大读取时间 150ns。

（2）页编程时间 10ms。

（3）擦写寿命 10 000 次。

（4）数据保存时间 10 年。

（5）功耗低，待机电流 $300\mu A$，工作电流 50mA。

PEROM 与 E² PROM 相比，它的读写速度更快，使用更加方便。快闪存储器虽然属于 ROM 型存储器，但使用时它相当于 RAM 的功能，随时可以擦除和重新写入信息。在性能上 PEROM 器件有不及 E² PROM 器件的地方，它的擦写寿命没有 E² PROM 长（100 000 次），写入时间不及 E² PROM 快（页写 5ms），最主要的是，PEROM 器件不能进行字节写的操作，只能进行页写操作，也就是说，要改写一个字节内容，需将该字节所在的页内存储单元都改写。尽管有这样的一些不及之处，但价格的低廉是 PEROM 器件广为流行的最大推力，取得了越来越多的市场份额。与此同时，许多单片机的生产厂家还把 PEROM 器件集成到单片机内部，替代原先的 EPROM，可以实现单片机程序的在线改写，大大方便了单片机的程序改写和固化过程。如 Atmel 公司的 AT89 系列单片机，Winbond 公司的 W77、W78 系列单片机，Philips 公司的 P89、P87 系列单片机，SST 公司的 ST89C、ST89F 单片机等，都用 PEROM 作为片内程序存储器。

2. 随机存取存储器 RAM

随机存取存储器用来存储现场采集的数据、运算的中间结果等，在程序的运行过程中能随机地进行读写操作。它的优点是读、写方便，速度较快，使用灵活。缺点是停电后所存储的数据就会丢失。

（1）静态 RAM(SRAM)。MOS 型静态 RAM 内部的存储单元是 MOS 双稳态触发器，一个触发器存储一位二进制信息。SRAM 能可靠地保存所存信息，不需要刷新，只要电源不断电，信息就不会丢失。常用 SRAM 有 6116(2KB)、6264(8KB)、62 256(32KB)等，图 6-5 是 RAM 6264 的端子排列图，共有 28 个端子。SRAM 有读、写、维持三种工作方式，RAM 6264 工作方式控制见表 6-3。

表 6-3　　　　　　　　　　　　　　**RAM 6264 的工作方式**

方式 　　　　　 端子	$\overline{CE}$	$\overline{OE}$	$\overline{WE}$	D0～D7
读	V_{IL}	V_{IL}	V_{IH}	数据输出
写	V_{IL}	V_{IH}	V_{IL}	数据输入
维持	V_{IH}	任意	任意	高阻

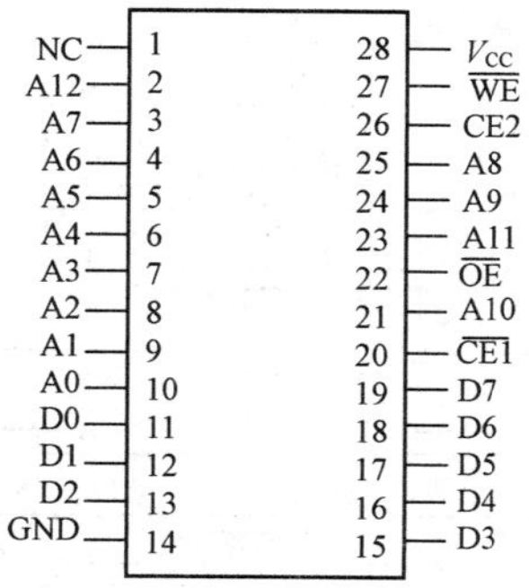

A12～A0	地址线
D7～D0	双向数据线
$\overline{WE}$	写入使能线
$\overline{OE}$	读出使能线
$\overline{CE1}$	片选线1
CE2	片选线2

图 6-5　RAM 6264 端子排列图

（2）动态 RAM（DRAM）。MOS 型动态 RAM 利用 MOS 管的栅极和源极之间的电容来保存信息，由于电容上电荷会泄漏，因此工作时需要每隔一定的时间刷新一次，即给栅源极间的电容充电。这样，使用 DRAM 就需要附加刷新电路和相应的控制逻辑电路。DRAM 相比于 SRAM 具有集成度高、功耗小、价格低等优点，主要应用于存储容量大的微机系统。

6.2　程序存储器的扩展

在 51 单片机中，8051/8751 内部有 4KB 的程序存储器，8052 片内有 8KB 的程序存储器。在实际应用过程中，当片内程序存储器的容量不能满足要求时，用户可以扩展外部程序存储器，尤其是早期的片内无驻留程序存储器的 8031 单片机，必须在外部扩展程序存储器才能构成完整的系统。

6.2.1　访问片外程序存储器的操作过程

51 单片机的存储器分为程序存储器（ROM）和数据存储器（RAM），有三个独立的字节地址空间：片内外统一编址的 64KB 的 ROM、256B 的片内 RAM 和 64KB 的片外 RAM，CPU 访问不同存储空间的指令及操作过程是不一样的。

51 单片机对片外程序存储器的访问有两种情况：一是从 PC 所指向的某一地址处取出指令开始执行，转移指令及其他与 PC 有关的指令，专用于完成这一功能；二是读存储在程序存储器上的表格数据或常数，用于这一操作的汇编指令有两条：“MOVC A，@A＋DPTR”和“MOVC A，@A＋ PC”。

从外部程序存储器读取数据用到的控制信号有 ALE 和$\overline{PSEN}$。还要用到 P0 口和 P2 口，P0 口分时作低 8 位地址线和数据总线，P2 口作高 8 位地址线。由于 P0 口是分时复用的，所示必须在 P0 口接锁存器来锁存低 8 位地址信号。访问外部 ROM 的操作过程如图 6-6 所示。

在图 6-6 中，从 S1P2 到 S4P1 是一次读取的过程。在 S1P2 时刻，P0 口先送出外部 ROM 的低 8 位地址 A7～A0，外部锁存器接受并锁存低 8 位地址，ALE 作为外部锁存器的锁存信号，P2 口送出的高 8 位地址 A15～A8 在读取期间一直有效，无需锁存。从 S3P1 开始，$\overline{PSEN}$有效，它作为外部 ROM 的使能信号，A15～A8 选中 ROM 的相应单元，该单元中的内容通过 P0 口读入 CPU。从 S4P2 后开始下一次读取操作。

6.2.2　EPROM 的扩展

使用 27128 构成的 EPROM 并行程序存储器扩展电路如图 6-7 所示。

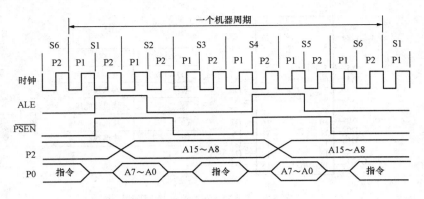

图 6-6　访问外部 ROM 的操作过程

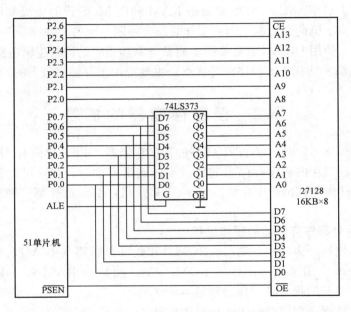

图 6-7　使用 27128 构成的 EPROM 并行程序存储器扩展电路

电路中，74LS373 为 8 位 3 态输出锁存器，它内含 8 个 D 触发器，输入为 D0～D7，输出为 Q0～Q7，$\overline{OE}$ 为输出使能端，G 为脉冲输入端。

当输出允许 $\overline{OE}$ 端加以低电平或负脉冲时，三态门处于导通状态，允许数据信息反映到输出端 Q0～Q7 上；当 $\overline{OE}$ 端为高电平时，输出三态门断开。如不需要三态，只要将 $\overline{OE}$ 端接地，即成为两态输出。

G 为锁存脉冲输入端（触发端）。当 G 端为高电平时，加在并行输入端 D0～D3 数据就立即送入内部寄存器中；当 G 为低电平时，内部寄存器保持内容不变，输出 Q0～Q3 的状态与输入端 D0～D3 端数据无关。

(1) 地址线的连接。27128 芯片是 16KB×8 位并行存储器。它有 14 根地址线 A13～A0，这 14 根地址线分别与 51 单片机的 P0 口和 P2.0～P2.5 连接（27128 的高 6 位地址线 A13～A8 与 51 单片机的 P2.0～P2.5 相连接，低 8 位地址线 A0～A7 经锁存器 74LS373 与 51 单片机的 P0.7～P0.0 相连接）。当 51 单片机通过 P0 口、P2 口给 27128 地址总线上发送地址信息时。可分别选中 27128 片内 16KB 存储空间中任何一个单元。

（2）数据线的连接。27128 芯片的数据线有 8 条，分别是 D0～D7，它们直接与单片机芯片的 P0 口的（P0.0～P0.7）8 位口线相连。

（3）控制线的连接。27128 的输出允许端 $\overline{OE}$ 与 51 单片机的 $\overline{PSEN}$ 相连，即 $\overline{OE}$ 端由 51 单片机的 $\overline{PSEN}$ 控制实现程序存储器读操作。

27128 的 $\overline{CE}$ 为片选信号输入端，与 51 单片机的 P2.6 连接，该片选信号决定了 27128 芯片的 16KB 存储器在整个扩展程序存储器 64KB 空间中的位置。

（4）地址空间的分配。51 单片机共有 16 条地址线，最大可以扩展 64KB，地址范围为 0000H～0FFFFH。而每一块存储器芯片的容量不一定都能达到 64KB×8 位。例如，27128 只有 14 条地址线（A13～A0），其寻址范围为××00 0000 0000 0000～××11 1111 1111 1111。

决定存储器芯片地址范围的因素有两个：一是片选端 $\overline{CE}$ 的连接方法；一是存储器芯片的地址线与 51 单片机地址线的连接。在确定地址范围时，必须保证片选端 $\overline{CE}$ 为低电平（一般情况下，$\overline{CE}$ 可接地，当有多片 EPROM 时，$\overline{CE}$ 不能接地）。由于存储器 27128 的片选端 $\overline{CE}$ 与 P2.6 连接。因此，程序存储器的寻址范围为×000 0000 0000 0000～×011 1111 1111 1111，其中，×表示 P2.7 地址线悬空，不与存储器相连，即与存储器无关，取 1 或 0 都可以，如果取 0，存储器地址空间为 0000H～3FFFH；如果取 1，存储器地址空间为 8000H～0BFFFH。

可见由于有地址线悬空，结果对一个芯片确定的存储单元来说，可能有两个地址。为了防止这种情况出现，要为一个芯片指定一个唯一的空间，以便使用方便。

6.2.3　E^2PROM 的扩展

图 6-8 给出了 51 单片机与 E^2PROM 并行存储器 2864A 的一种连接方法。图中将 $\overline{PSEN}$ 和 $\overline{RD}$ 相与后作为 E^2PROM 的读选通信号，这样无论是读还是写，都可用 MOVX 指令进行操作。2864A 的地址线 A12～A0 分别接 51 单片机的 P2.4～P2.0 和 P0.7～P0.0（其中低 8 位通过锁

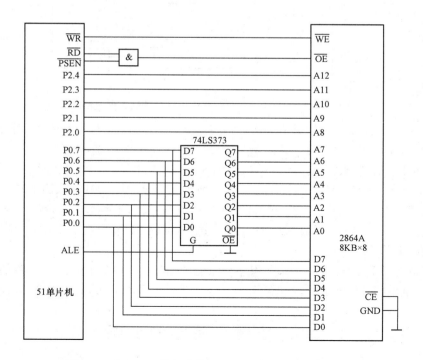

图 6-8　E^2PROM 并行存储器 2864A 和 51 单片机的连接图

存器相连），$\overline{CE}$接地，8KB 的存储单元地址范围是 0000H～1FFFH。

6.2.4 超大容量并行程序存储器扩展

以上介绍的并行存储器容量都在 64KB 以内，当扩展存储器容量要求大于 64KB 时，可使用目前应用比较广泛的 E^2PROM 并行存储器 W27C020 和 Flash ROM 并行存储器 W29C020，它们的容量超大，均为 256KB（18 根地址线，$2^{18}=262\ 144B=256KB$），因此可以存储较多的数据（如汉字字库的点阵数据，约 255KB）。由 W27C020 构成的并行程序存储器扩展电路如图 6-9 所示。

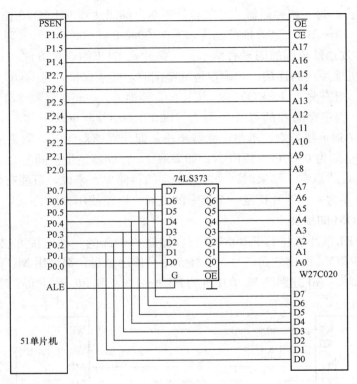

图 6-9　由 W27C020 构成的并行程序存储器扩展电路

W27C020 的容量为 256KB，共有 18 条地址线（A0～A17），已超出 51 单片机的正常寻址范围（64 KB）。用 51 单片机的 P1.4 接 W27C020 的 A16，P1.5 接 W27C020 的 A17，这样将 W27C020 的 256KB 分为 4 个页：P1.4＝0、P1.5＝0 时选中第 0 页，地址范围为 00000H～0FFFFH；P1.4＝0、P1.5＝1 时选中第 1 页，地址范围为 10 000H～1FFFFH；P1.4＝1、P1.5＝0 时选中第 2 页，地址范围为 20 000H～2FFFFH；P1.4＝1、P1.5＝1 时选中第 3 页，地址范围为 30 000H～3FFFFH。W27C020 的片选端$\overline{CE}$接 51 单片机的 P1.6，只有当该脚为低电平时才能选中芯片。

另外，需说明一下，W27C020 作为程序存储器使用时，其$\overline{OE}$端与 51 单片机的$\overline{PSEN}$端相连。若 W27C020 的$\overline{OE}$端与 51 单片机的$\overline{RD}$端相连，则 W27C020 可作为 RAM 使用。

6.3　数据存储器的扩展

普通的 51 单片机内部有 128/256 字节的 RAM，对于大多数应用场合，内部 RAM 已足够使用。但是在数据采集和处理成批数据的系统中（如 MP3 等数据采集系统等），仅靠片内的数据存储器往往不能满足要求，这时就需要扩展外部数据存储器。在单片机应用系统中，扩展外部 RAM 一般使用 SRAM（静态随机存储器）。常见型号有 6116（2K×8）、6264（8K×8）、62 256（32K×8）等。

　　扩展片外数据存储器的地址线也是由 P0 口和 P2 口提供的，因此最大寻址范围为 64KB（0000H～FFFFH）。可见，外部数存储器与程序存储器的地址是重叠编址的（地址空间相同），因此两者的地址总线和数据总线可完全并联使用，但数据存储器的读和写分别由 $\overline{WR}$ 和 $\overline{RD}$ 控制，而程序存储器的读操作由 $\overline{PSEN}$ 控制，故不会发生总线冲突。

6.3.1　访问片外数据存储器的操作过程

　　访问片外 RAM 的指令是 MOVX 指令，有读和写两种操作，操作过程基本上是相同的。读（写）外部数据存储器中的数据用到的控制信号有 ALE 和 $\overline{RD}$（$\overline{WR}$）。与扩展外部 ROM 一样，仍然要用到 P0 口和 P2 口，P0 口分时作低 8 位地址线和数据总线，P2 口作高 8 位地址线。访问外部 RAM 的读操作过程如图 6-10 所示。

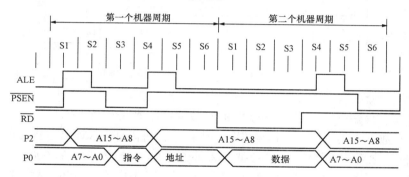

图 6-10　访问外部 RAM 的读操作过程

　　MOVX 指令是单字节双周期指令，第一个周期从 S1P2 到 S4P1 进行的是取指操作，与读外部 ROM 的过程一样。从第一个周期的 S5P1 开始 P0 口送出外部 RAM 的低 8 位地址 A7～A0，ALE 信号将其锁存在外部锁存器中，P2 口送出高 8 位地址 A15～A8。从第二个周期的 S1P1 开始，$\overline{RD}$ 有效，用它作为外部 RAM 的使能信号，选通 RAM 芯片，通过 P0 口将选中的 RAM 单元中的内容读入 CPU。

6.3.2　RAM 的扩展

　　用一片 6264 静态 RAM 扩展片外 8KB 数据存储器的电路原理图如图 6-11 所示。

　　1. 外部总线的连接

　　（1）地址线的连接：P0（P0.7～P0.0）口通过锁存器 74LS373 连接 RAM 6264 数据存储器的 A7～A0，P2（P2.4～P2.0）口接 A12～A8。

　　（2）数据线的连接：RAM 6264 芯片的 8 位数据线 D0～D7 直接与 P0 口的 8 位口线相连。

　　（3）控制线的连接：片选信号端 $\overline{CE}$ 连接 51 单片机的 P2.7（当 P2.7＝0 时，选中存储器芯片，这种用单片机的地址线直接作为外部芯片片选信号的方法，称为线选法。如果外部扩展芯片较多时，线选法则不再合适，这时可采用地址译码法），读允许线 $\overline{OE}$ 连接 51 单片机的读控制信号 $\overline{RD}$，写允许线 $\overline{WE}$ 连接单片机的写控制信号 $\overline{WR}$。

　　外部数据存储器（8KB）的地址是 0000H～1FFFH。

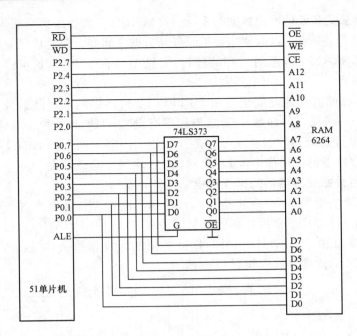

图 6-11　数据存储器 RAM 6264 扩展电路

2. RAM 数据的读/写

下面利用 C51 程序举一个例子，说明读/写数据存储器 6264 的方法。

【例 6-1】 某数据采集系统，具体要求是，先向单片机内部 RAM 一段连接的空间写入16～31 的 16 个数据，然后，再将这 16 个数据写入外部数据存储器 6264 的 0000H～000FH 这 16 个单元中，最后，再将 6264 这 16 个单元的数据读出，送到单片机内部 RAM 中，如图 6-11 所示。

解　具体 C 源程序如下：

```
# include <reg51. h>
# define uchar unsigned char
# define uint unsigned int
uchar data ram51_1[16], ram51_2[16];        //单片机内部 RAM
uchar xdata ram6264[16];                     //6264 的存储单元
uchar code table[16] = {16, 17, 18, 19, 20, 21, 22, 23, 24, 25, 26, 27, 28, 29, 30, 31};  //写入的数据
main()
{
  uchar  i;
  for(i = 0; i<16; i++)
  {
    ram51_1[i] = table[i];                   //将数据写入内部 RAM
  }
  for(i = 0; i<16; i++)
  {
    ram6264[i] = ram51_1[i];                 //将内部 RAM 数据写入外部 6264
```

```
    }
    for(i = 0; i<16; i++)
    {
      ram51_2[i]= ram6264[i];        //将外部 RAM 数据写入内部 RAM 的另一连续单元
    }
}
```

6.3.3　快闪存储器的扩展

Intel 和 AMD 公司是目前世界上快闪存储器（Flash Memory）的主要制造商，典型的产品有 256K、512K、1M 和 2M 容量的芯片，并有多种封装形式。如图 6-12 所示是 AMD 公司的 28F256（32K×8）端子图，双列直插式 32 端子封装。各引线的功能如下：

A14～A0：带锁存功能的内存地址线，在 $\overline{WE}$ 的下降沿锁存器锁存地址 A7～A0。

D7～D0：双向数据线，写入数据时有锁存功能。

$\overline{CE}$：片选使能线，低电平有效。

$\overline{OE}$：读操作控制线，低电平有效。

$\overline{WE}$：写操作控制线，低电平有效。

V_{pp}：擦除和编程电源，CPU 向其内部指令寄存器写入数据时，V_{pp} 必须是 +12V，V_{pp} 是低电平时，存储单元的内容不能改变。

V_{CC}：工作电源，+5V。

GND：接地线。

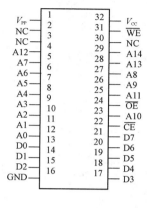

图 6-12　28F256 端子图

CPU 对 28F256 的操作有读出数据、写入数据、写入校验、擦除、擦除校验和复位 6 种操作。每一种操作的完成都需要两条 MOVX 指令，第一条指令是向 28F256 的内部指令寄存器写入一个控制字，确定存储阵列的功能，需要注意的是这个寄存器并不占用地址。第二条指令使芯片进行操作。28F 系列 Flash Memory 操作命令见表 6-4，×是 28F256 任一有效的存储单元地址。下面以 28F256 为例介绍 Flash Memory 扩展的一般方法。

表 6-4　28F 系列的操作命令

操作	第一条 CPU 指令			第二条 CPU 指令		
	指令类型	地址	数据	指令类型	地址	数据
读出数据	写	×	00FFH	读	操作单元地址	读出的数据
写入数据	写	×	40H	写	操作单元地址	要写入的数据
写入校验	写	×	0C0H	读	×	被校验单元的数据
擦除	写	×	20H	写	×	20H
擦除校验	写	被校验单元地址	0A0H	读	×	被校验单元的数据
复位	写	×	0FFH	写	×	0FFH

（1）硬件电路图 6-13 是扩展 28F256 的电路原理图。28F256 的 A14～A0 分别接 8051 的 P2.6～P2.0 和 P0.7～P0.0，P2.7 接 $\overline{CE}$ 实现片选，32KB 存储单元的地址范围是 0000H～7FFFH，它占用片外数据存储器地址空间。在图 6-13 中，用 P3.5 控制 V_{pp} 电源是否接通，当

P3.5 为 0 时，通过继电器 RLY 的常闭触电使 $V_{pp}=+12V$。在对 28F256 进行写入、擦除等操作时 V_{pp} 必须接 +12V 电源，而当 28F256 处于复位状态时，P3.5 置 1，可断开 V_{pp} 电源。

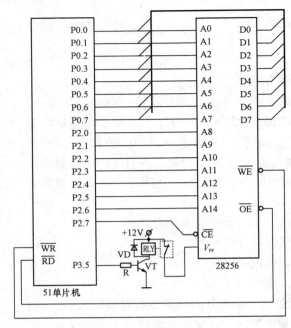

图 6-13　51 单片机与 28F256 的接口电路

（2）读出操作，CPU 从 28F256 某一存储单元（设地址为 DATA）中读出数据分两步进行：第一步是 CPU 先向 28F256 写入一个读操作命令字；第二步再从指定的单元中读出数据。相应的汇编指令如下：

```
MOV   DPTR, #DATA      ; 置数据指针
MOV   A, #00H          ; 命令字送 A
MOVX  @DPTR, A         ; 写入读操作命令字
MOVX  A, @DPTR         ; 读出 DATA 单元中的数据
```

（3）写入操作，在进行写操作时，V_{pp} 必须接 +12V 电源。对 Flash Memory 写入数据后，要校验数据是否正确，如不正确，则要重新写入。一般来说，重新写入的次数是不确定的，用户在程序中对写入一个数据的重写次数应该加以限制，否则可能会导致程序无法退出写入状态。另外，由于写入操作需要一定的时间才能完成，因此在写入操作和写入校验操作之间应有相应的时间间隔。

【例 6-2】一个数据采集系统，8051 单片机通过 P1 口连续采集 50H 个数据并存放在 28F256 从 0000H 开始的区域中，电路原理如图 6-13 所示，在数据保存过程中如果出错，则停止传送数据并置 Cy 为 1。

　　解　汇编语言源程序如下：

```
       ORG   0000H
       AJMP  START
       ORG   0100H
START: CLR   P3.5              ; V_pp 接通 +12V 电源
       MOV   R0, #50H
```

```
        MOV    DPTR, #0000H      ; 地址初值送给 DPTR
LOOP1：MOV    R1, #10
        MOV    B, P1              ; P1 口数据送给 B
LOOP2：MOV    A, #40H
        MOVX   @DPTR. A           ; 操作命令字 40H 送指令寄存器
        MOV    A, B
        MOVX   @DPTR, A           ; 将采集到的数据写入存储器
        CALL   DELAY1             ; 延时，等待完成写入操作
        MOV    A, #0C0H
        MOVX   @DPTR, A           ; 操作命令字 0C0H 送指令寄存器
        CALL   DELAY2             ; 延时，等待完成操作
        MOVX   A, @DPTR           ; 读出写入的数据
        XRL    A, B               ; 判断写入的数据是否正确
        JNZ    LOOP3              ; 不正确转移
        INC    DPTR               ; 调整指针，以便写入下一个数据
        DJNZ   R0, LOOP1          ; 判断是否写完 50H 个数据
        CLR    A                  ; 清 A
        MOVX   @DPTR, A           ; 所有数据写完后，28F256 复位
        CLR    C
        SJMP   STOP
LOOP3：DJNZ   R1, LOOP2          ; 重写一个数据
        SETB   C                  ; 置写入操作出错标志
STOP：SETB   P3.5               ; RLY 吸合，断开 V_pp 的电源
        END
```

程序中，R0 是传送数据个数计数器，初值是 50H，R1 是智能写入次数控制计数器，[例 6-2] 中初值是 10，即一个数据最多可重写 10 次，若仍然不能正确写入则不再写入后面的数据，并置出错标志 Cy 为 1。由于 Flash Memory 完成每一种操作均需要一段时间，在这段时间里 CPU 只能等待，因而程序中有两处调用延时子程序，使 CPU 处于等待状态。

（4）擦除操作，28F256 只能整片地进行擦除操作，有些型号的产品将存储空间分成若干个块，用户可以用软件一块一块地擦除。擦除操作与写入操作一样，也需要多步才能完成，并且 28F 系列产品在擦除之前需将所有单元写成 00H。图 6-14 是擦除一片 28F256 的操作流程图。

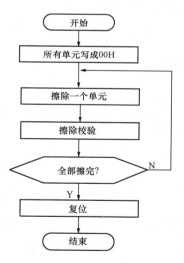

图 6-14　擦除一片 28F256 的操作流程图

6.4　并行 I/O 接口扩展

51 单片机有 4 个 8 位的 I/O 口，即 P0、P1、P2 和 P3 口，这 4 个口都可以作为双向并行 I/O 口使用。但在实际应用系统中，P0 和 P2 口常用来扩展外部总线，P3 口的某些位又常用它的第二功能，因此能提供给用户使用的 I/O 线并不多，只有 P1 口和 P3 口的某些位可用。在比较复杂的系统中需要进行并行 I/O 接口的扩展。

51 单片机并行 I/O 扩展接口和外部 RAM 是统一编址的，两者加在一起可用的地址空间是 64KB，CPU 可以像访问外部 RAM 那样，用 MOVX 指令对扩展 I/O 口进行输入/输出操作。

6.4.1 并行 I/O 接口的简单扩展

并行 I/O 简单扩展常用的扩展器件主要有 TTL、CMOS 电路的三态门、锁存器等，如 74LS377、74LS245。其中，74LS377 是一种 8D 锁存器，其端子排列及功能如图 6-15 所示。当 $\overline{E}$ 为低电平且 CLK 正跳变时，D7～D0 端的数据被锁存到 8D 触发器中。

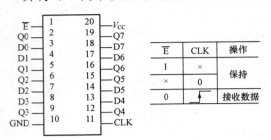

图 6-15　74LS377 的端子及功能

在图 6-16 中，用两片 74LS377 扩展并行输出接口，2 个芯片的片选使用的是线选法。当 P2.6 为 0 时选中的是 74LS377(IC1)，当 P2.7 为 0 时选中的是 74LS377(IC2)。所以，74LS377 (IC1)的地址是 0BFFFH，74LS377(IC2)的地址是 7FFFH。

CPU 执行下面的指令，可将累加器 A 的内容从 74LS377(IC1)输出。

```
OUT:    MOV     DPTR,    ♯0BFFFH
        MOVX    @DPTR,   A
        RET
```

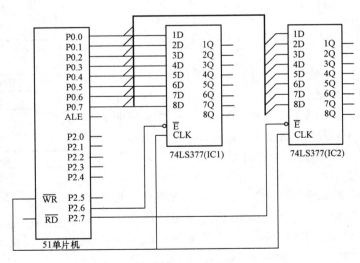

图 6-16　简单并行 I/O 端口的扩展

6.4.2 可编程并行 I/O 接口扩展

常用的可编程并行接口器件有 8255A 和 8155 等。8255A 是 Intel 公司生产的通用可编程 I/O 接口芯片，应用非常广泛。而 8155 内部有 256 字节的 RAM，可以同时扩展系统的 I/O 线和外部 RAM

1. 8255A 及其扩展技术

8255A 采用 40 线双列直插式封装，端子排列及各端子功能如图 6-17 所示。

8255A 共有三个并行 I/O 端口 PA、PB 和 PC，都可以通过编程确定为输入或输出方式，

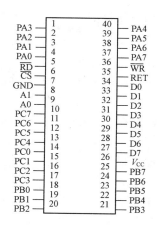

PA7～PA0	8位I/O口A
PB7～PB0	8位I/O口B
PC7～PC0	8位I/O口C
$\overline{CS}$	片选线
RET	复位信号线，高电平有效
$\overline{RD}$	读选通信号线
$\overline{WR}$	写选通信号线
A1～A0	端口地址线，用于选择内部端口
D7～D0	双向三态数据线
V_{CC}	电源，+5V

图 6-17　8255A 端子排列及各端子功能

三个端口的地址选择线是 A1～A0。端口寻址和操作方式见表 6-5。

表 6-5　　　　　　　　　　　　8255A 端口寻址和操作

$\overline{CS}$	$\overline{RD}$	$\overline{WR}$	A1　A0	操作方式	
0	0	1	0　0	读 PA	输入
0	0	1	0　1	读 PB	
0	0	1	1　0	读 PC	
0	1	0	0　0	写 PA	输出
0	1	0	0　1	写 PB	
0	1	0	1　0	写 PC	
1	×	×	×　×	高阻	禁止功能
0	1	1	×　×	高阻	
0	×	×	1　1	非法	

（1）8255A 工作方式。8255A 有三种工作方式，每一种方式的功能如下。

1）方式 0 是基本输入输出方式，这时 A、B、C 三个端口都可设置成输入或输出方式，但不能既做输入又做输出。其中 C 口可分高 4 位和低 4 位分别设置。这种方式适用于无条件传输数据的场合。

2）方式 1 是选通输入输出方式（应答 I/O 方式），A、B 口仍作为数据输入/输出口，而 C口的某些位作为 A、B 口与 CPU 的联络信号线。

3）方式 2 是双向数据传送方式，仅用于 A 口，这时 A 口成为双向三态数据总线口，C 口的某些线成为 A 口与 CPU 的联络线。在方式 2 下，B 口不能同时作为双向口，但它可工作在方式 0 或方式 1。

（2）8255A 控制字。8255A 有两个控制字，一个用于选择 8255A 的工作方式，另一个用于对 C 口进行位控制。

1）方式选择控制字。8255A 有一个 8 位的方式控制寄存器，它的内容决定了 8255A 的工作方式，CPU 可以用 MOVX 指令对它进行写入操作。方式控制字的格式如下。

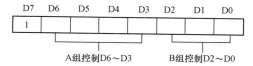

D7：方式控制字特征位，为 1；

D6D5：A 口方式选择，00 表示方式 0，01 表示方式 1，1×表示方式 1；

D4：A 口操作选择，0 表示输出，1 表示输入；

D3：C 口高 4 位操作选择，0 表示输出，1 表示输入；

D2：B 口方式选择，0 表示方式 0，1 表示方式 1；

D1：B 口操作选择，0 表示输出，1 表示输入；

D0：C 口低 4 位操作选择，0 表示输出，1 表示输入。

例如，当方式控制寄存器中的内容是 98H（10011000B）时，8255A 工作在方式 0，A 口和 C 口的高 4 位是输入线，B 口和 C 口的低 4 位是输出线。

2）C 口位操作控制字。8255A 的 C 口具有位操作功能，CPU 往 8255A 的控制口写一个位操作控制字，就可以把 C 口的某一位置 1 或清零。C 口位操作控制字的格式如下。

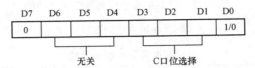

D7：C 口位操作控制字特征位，为 0。

D6D5D4：无关位（无效位）。

D3D2D1：C 口位选择（三位编码），若为 000 则选中 PC0，若为 001 则选中 PC1，若为 010 则选中 PC2，若为 011 则选中 PC3，若为 100 则选中 PC4，若为 101 则选中 PC5，若为 110 则选中 PC6，若为 111 则选中 PC7。

D0：将选中的位置 1 或清零。如 D0=1 时，将指定位置 1，D0=0 时，将指定位置 0。

8255A 的控制口只有一个寻址地址，CPU 写入的数据由 D7 位来决定它是方式控制字，还是 C 口位操作控制字。例如，设 8255A 的控制口地址是 2003H，执行下面的程序。

```
MOV    DPTR，#2003H
MOV    A，#09H
MOVX   @DPTR，A          ；写入一个位操作控制字 00001001
```

结果是将 C 口的 D3 位置为 1。

（3）8255A 应用示例。8255A 可以和 51 单片机的片外总线直接接口，如图 6-17 所示电路。图中，对 8255A 的片选是由 P2.7 实现的（线选法），8751 低 2 位地址线 P0.1～P0.0 经锁存器接 8255A 的端口选择线 A1～A0。所以 8255A 的 A 口、B 口、C 口、控制口的地址分别是 7FFCH、7FFDH、7FFEH、7FFFH。

【例 6-3】 在图 6-18 中，8255 的 PA 口接一组开关，PB 口接一组指示灯。要求用开关 S1～S3 分别控制指示灯 LED1～LED3，开关闭合时对应的灯亮，开关断开时，对应的灯灭。试编写出实现上述功能的汇编程序。

解 根据题意，8255A 工作在方式 0，A 口是输入，B 口是输出，方式控制字是 98H。汇编程序如下：

```
        ORG    0000H
        SJMP   START
        ORG    1000H            ；主程序
START:  ……
        CALL   CON
```

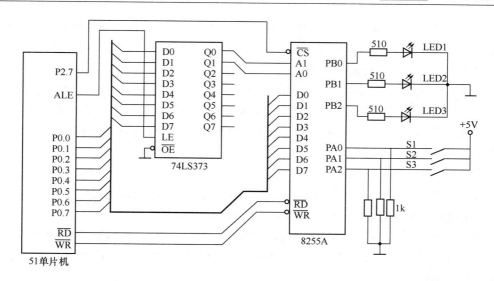

图 6-18　8255A 与 51 单片机的接口电路

```
          ……
          ORG    2000H                ；子程序
CON：  MOV    DPTR，#7FFFH
          MOV    A，#98H
          MOVX   @DPTR，A              ；写入方式控制字
          MOV    DPTR，#7FFCH
          MOVX   A，@DPTR              ；读 PA 口的内容
          MOV    DPTR，#7FFDH
          MOVX   @DPTR，A              ；输出 A 的内容到 PB 口
          RET
```

2. 8155 芯片介绍

Intel 8155 是一种多功能可编程外围接口芯片，片内有 3 个可编程 I/O 端口，一个可编程 14 位定时/计数器和 256 字节的 RAM，采用 40 线双列直插式封装，端子排列及功能如图 6-19 所示。引脚定义如下：

引脚	编号	编号	引脚
PC3	1	40	V_{cc}
PC4	2	39	PC2
TI	3	38	PC1
RET	4	37	PC0
PC5	5	36	PB7
TO	6	35	PB6
IO/$\overline{M}$	7	34	PB5
$\overline{CS}$	8	33	PB4
$\overline{RD}$	9	32	PB3
$\overline{WR}$	10	31	PB2
ALE	11	30	PB1
AD0	12	29	PB0
AD1	13	28	PA7
AD2	14	27	PA6
AD3	15	26	PA5
AD4	16	25	PA4
AD5	17	24	PA3
AD6	18	23	PA2
AD7	19	22	PA1
V_{ss}	20	21	PA0

信号	功能
AD7~AD0	地址/数据总线
PA7~PA0	A 口 I/O 线
PB7~PB0	B 口 I/O 线
PC5~PC0	C 口 I/O 线
IO/$\overline{M}$	端口/内部 RAM 选择线
$\overline{CS}$	片选信号线
ALE	地址锁存信号输入线
$\overline{RD}$	读选通信号线
$\overline{WR}$	写选通信号线
TI	计数脉冲输入线
TO	计数器信号输出线
RET	复位信号线，高电平有效
V_{cc}	电源，+5V

图 6-19　8155 端子排列及端子功能

AD7～AD0：地址/数据复用线，连接到 51 单片机。8155 内部具有地址锁存器，在 ALE 的下降沿可锁存 51 单片机的地址编码数据，因此无须外加 373 之类的锁存器件，AD7～AD0 可直接连 P0 口，接收编码地址和数据。

I/O 口线：外围设备 I/O 线，连接到外部 IC 芯片。PA7～PA0 和 PB7～PB0 分别是 A 口和 B 口 I/O 线，PC0～PC5 是 C 口 I/O 线；PC 口也可作为 A、B 口的控制联络线。

ALE：地址锁存信号，连接到 51 单片机的 ALE，锁存 P0 口的地址编码。因此，51 单片机和 8155 连接时无须 373 芯片。

$\overline{RD}$、$\overline{WR}$、$\overline{CS}$：读、写、片选线。

IO/$\overline{M}$：功能选择信号。用于区分 8155 的内部功能，由 51 单片机控制。该引脚＝1，选择 8155 的 I/O 功能和定时器功能；该引脚＝0，选择内部 RAM。

TI（TIMER IN）：计数时钟脉冲输入，1 个脉冲使 8155 的 14 位定时器当前值减 1。

TO（TIMER OUT）：计数器回 0（计数满或定时到）输出信号，输出波形由对计数器设定的工作方式所决定。

RET（RESET）：复位引脚。A、B、C 三个端口复位成输入方式。

（1）端口和 RAM 的寻址。51 单片机中的 CPU 对 8155 的操作分两种情况：一种是对内部 RAM 的读写作；另一种是对内部寄存器的读写操作。IO/$\overline{M}$是 RAM 或内部寄存器选择线，$\overline{RD}$、$\overline{WR}$是读、写操作控制线，CPU 对 8155 的操作控制见表 6-6。

表 6-6   8155 的操作控制

$\overline{CS}$	IO/$\overline{M}$	$\overline{RD}$	$\overline{WR}$	操作
0	0	1	0	读 RAM 单元
0	0	0	1	写 RAM 单元
0	1	1	0	读内部寄存器
0	1	0	1	写内部寄存器
1	×	×	×	不操作

8155 内部有 6 个可寻址的寄存器，由 AD2～AD0 对它们编址。当 IO/$\overline{M}$＝1 时，三个 I/O 端口和计数器的地址由 AD2～AD0 决定，当 IO/$\overline{M}$＝0 时，片内的 RAM 区地址由 AD7～AD0 决定。表 6-7 给出了内部各个寄存器的地址。

表 6-7   8155 内部寄存器的编址

AD7	AD6	AD5	AD4	AD3	AD2	AD1	AD0	选中的寄存器
×	×	×	×	×	0	0	0	命令/状态字寄存器
×	×	×	×	×	0	0	1	A 口寄存器
×	×	×	×	×	0	1	0	B 口寄存器
×	×	×	×	×	0	1	1	C 口寄存器
×	×	×	×	×	1	0	0	定时器低 8 位寄存器
×	×	×	×	×	1	0	1	定时器高 8 位寄存器

（2）命令字格式。命令字和状态字共用一个端口地址，当进行写操作时，写入的是命令字，当进行读操作时，读出的是状态字。命令字格式如下。

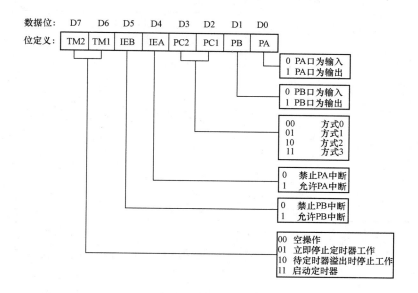

（3）工作方式。8155 有 4 种工作方式，由命令字中的 D3～D2 位进行选择。

1）方式 0。A 口和 B 口定义为基本 I/O 口，C 口为输入口。

2）方式 1。A 口和 B 口定义为基本 I/O 口，C 口为输出口。

3）方式 2。A 口定义为选通 I/O 口，B 口为基本 I/O 口；PC5～PC3 为输出口，PC2 为 A 口的选通信号，PC1 为 A 口缓冲器满的状态信号，PCO 为 A 口的中断信号。

4）方式 3。A 口和 B 口均定义为选通 I/O 口；PC2～PC0 为 A 口的控制和状态线，PC5～PC3 为 B 口的控制和状态线。

（4）状态字格式。8155 状态字格式如下。

D7	D6	D5	D4	D3	D2	D1	D0
×	TIMER	INTE$_B$	BF$_B$	INTR$_B$	INTE$_A$	BF$_A$	INTR$_A$

TIMER：定时器中断请求标志。

INTEB：B 口中断允许标志。

BFB：　　B 口缓冲器满标志。

INTRB：B 口中断请求标志。

INTEA：A 口中断允许标志。

BFA：　　A 口缓冲器满标志。

INTRA：A 口中断请求标志

（5）8155 芯片的使用方法。

1）8155 的 I/O 操作。当 $\overline{ES}=0$，IO/$\overline{M}=1$ 时，用命令控制字的 D3D2 的不同编码，可设置 8155 的三个端口的工作方式。A、B 端口可工作于基本 I/O 方式和选通 I/O 方式，C 口只能工作于基本 I/O 方式。在 A、B 端口工作于选通 I/O 方式时，C 口用来作为它们的联络线。工作方式及联络线定义见表 6-8。联络线含义如下：

表 6-8 　　　　　　　　　　　　　　8155 I/O 口工作方式及联络线定义

端口	D3 D2			
	00	11	01	10
	方式 0	方式 1	方式 2	方式 3
A 口	基本 I/O	基本 I/O	选通 I/O	选通 I/O
B 口	基本 I/O	基本 I/O	基本 I/O	选通 I/O
PC0	输入	输出	$INTR_A$	$INTR_A$
PC1	输入	输出	BF_A	BF_A
PC2	输入	输出	$\overline{STB}_A$	$\overline{STB}_A$
PC3	输入	输出	输出	$INTR_B$
PC4	输入	输出	输出	BF_B
PC5	输入	输出	输出	$\overline{STB}_B$

a. $INTR_{(AB)}$：中断请求，输出。高电平有效。当 A 口 B 口输出数据到外围设备或外围设备输入数据进入 A 口 B 口后，该信号有效，反相后可作为 51 单片机的中断请求。中断响应后信号自动撤销。

b. $BF_{(AB)}$：I/O 缓冲器满（空）信号，输出。高电平有效。提供给外围设备，作为应答信号。

c. $\overline{STB}_{(AB)}$：选通信号，输入。输入数据时为外围设备将数据送入 A 口 B 口的锁存信号，输出数据时为外围设备取走数据的应答信号。

2）8155 的 RAM 区操作。当 $\overline{CS}=0$，$IO/\overline{M}=0$ 时，可读写 8155 的 256 个 RAM 单元内容。寻址编码由 $\overline{CS}$、$IO/\overline{M}$ 和 AD0～AD7 引脚共同决定。使用 MOVX 指令读写。

3）8155 的计数器操作。8155 内部的 14 位减法计数器可对输入脉冲进行减法计数。外部脉冲从 8155 的 TI 引脚（3 脚）输入，计数器计满溢出后从 T0 引脚（6 脚）输出信号，信号的波形可编程设定。使用 8155 的计数器时，分两步进行：

a. 将输出方式和初始值写入计数器的低 8 位和高 8 位，这两个字节的格式见表 6-9。其中 M2 M1 用来设置定时/计数器的输出方式，也就设置是在 T0 引脚输出脉冲或方波的形式，见表 6-10 所示。

表 6-9 　　　　　　　　　　　　　　8155 计数器 2 字节格式

计数器高 8 位（A2A1A0＝101）		计数器低 8 位（A2A1A0＝100）
M2 M1	计数器高 8 位数值	计数器低 8 位数值

表 6-10 　　　　　　　　　　　　　　8155 计数器输出方式设置

M2 M1	输出方式	输出波形
00	一个计数周期输出单次方波	
01	连续方波	
10	计满回 0 输出单个脉冲	
11	连续脉冲	

b. 对命令口写控制字，启动或停止计数器工作。

（6）51 单片机和 8155 的连接。

数据线连接：8155 的 AD0～AD7 接 51 单片机的 P0 口；

地址线连接：8155 的 AD0～AD7 接 51 单片机的 P0 口无须经过锁存器；$\overline{CS}$ 和 IO/$\overline{M}$ 可接 P2 口高位地址线，也可接其他 I/O 口线；

控制线连接：8155 的 ALE、$\overline{WR}$、$\overline{RD}$ 接 51 单片机的对应控制线。

51 单片机和 8155 的连接示意如图 6-20 所示。

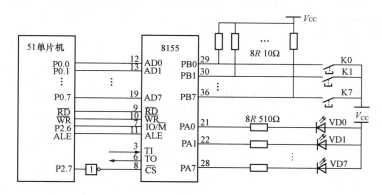

图 6-20　51 单片机和 8155 的连续示意图

由图可见，片选地址 P2.7＝1，IO/$\overline{M}$ 选择地址＝P2.6，各部分的地址（部分译码）是：

- 命令/状态寄存器 F000H
- A 口　　　　　　　F001H
- B 口　　　　　　　F002H
- C 口　　　　　　　F003H
- TIMER（定时器）低 8 位　F004H
- TIMER（定时器）高 8 位　F005H
- RAM 区　　　　　　B000H～B0FFH

【例 6-4】如图 6-19 所示，具体要求如下：

（1）A 口输出，B 口输入，读入 B 口的开关状态，然后通过 A 口输出到发光二极管显示。

（2）从 TI 引脚输入脉冲串，经 1000 分频后，由 T0 引脚输出脉冲串。

解　（1）设定计数器初值和计数器输出方式。初始值为 1000，16 进制数为 03E8H；计数器输出为连续方波，M2 M1＝01，则计数器高位＝43H，低位＝E8H。

（2）设定命令控制字。列表分析，命令控制字＝C1H。

定时器控制　启动	中断控制　禁止	工作方式 0	B 口输入	A 口输出
D7D6＝11	D5D4＝00	D3D2＝00	D1＝0	D0＝1

汇编源程序如下：

```
        PA     EQU    0F001H      ；A 口地址
        PB     EQU    0F002H      ；B 口地址
        PC     EQU    0F003H      ；C 口地址
        CM     Eou    0F000H      ；命令口地址
        TL     EQU    0F004H      ；计数器低字节地址
        TH     EQU    0F005H      ；计数器高字节地址
        ORG    0100H              ；程序开始地址
START:  MOV    A，#0E8H           ；计数器低字节开始值
        MOV    DPTR，#TL          ；计数器低字节地址
```

```
        MOVX   @DPTR, A              ; 写计数器低字节地址初始值
        MOV    A, ♯43H               ; 计数器高字节初始值
        MOV    DPTR, ♯TH             ; 计数器高字节地址
        MOVX   @DPTR, A              ; 写计数器低字节地址初始值
        MOV    A, ♯OCIH              ; 命令字
        MOV    DPTR, ♯CM             ; 命令口地址
        MOVX   @DPTR, A              ; 写命令字
 LOOP:  MOV    DPTR, ♯PB             ; B 口地址
        MOVX   A, @DPTR             ; B 口开关状态读入
        MOV    DPTR, ♯PA             ; A 口地址
        MOVX   @DPTR, A              ; B 口开关状态从 A 口输出
        ACALL  DELAY                 ; 延时
        AJMP   $
 DELAY: MOV    R6, ♯0                ; 延时子程序
 D1:    MOV    R7, ♯0
        DJNZ   R7, $
        DJNZ   R6, DI
        RET
        END
```

6.5 常用的串行存储器扩展

在很多电子设备中都需要随时存取数据作为历史记录或标志位。目前常用的串行存储器有 24C×× 系列和 93C×× 系列，前者是 I^2C 总线结构，后者是 SPI 总线结构，本节先介绍 I^2C 结构的 EEPROM（24C××）使用方法，后介绍 SPI 结构的 EEPROM（93C××）使用方法。

6.5.1 24C×× 系列串行存储器

目前，24C×× 串行 E^2PROM 有 24C01/02/04/08/16 以及 24C32/64/128/256 等几种。其存储容量分别为 1K 位（128×8 位，128 字节）、2K 位（256×8 位，256 字节）、4K 位（512×8 位，512 字节）、8K 位（1024×8 位，1KB）、16K 位（2048×8 位，2KB）、32K 位（4096×8 位，4KB）、64K 位（8192×8 位，8KB）、128K 位（16 384×8 位，16KB）、256K 位（32 768×8 位，32KB），这些芯片主要由 Atmel、Microchip、XICOR 等几家公司提供。

6.5.1.1 I^2C 总线概述

1. I^2C 总线介绍

I^2C（Inter Integrated Circuit Bus）总线（或称为 IIC 总线），即"内部集成电路总线"。I^2C 总线是 Philips 公司推出的一种双向二线制总线。目前，Philips 公司和其他集成电路制造商推出了很多基于 I^2C 总线的外围器件。I^2C 总线包括一条数据线（SDA）和一条时钟线（SCL）。协议允许总线接入多个器件，并支持多主工作。总线中的器件既可以作为主控器也可以作为被控器，既可以是发送器也可以是接收器。总线按照一定的通信协议进行数据交换。在每次数据交换开始，作为主控器的器件需要通过总线竞争获得主控权，并启动一次数据交换。系统中各个器件都具有唯一的地址，各器件之间通过寻址确定数据接收方。

2. I^2C 总线的系统结构

一个典型的 I^2C 总线标准的集成电路（IC）器件，其内部不仅有 I^2C 接口电路，还可将内

部各单元电路划分成若干相对独立的模块，它只有二根信号线，一根是双向的数据线 SDA，另一根是时钟线 SCL。CPU 可以通过指令对各功能模块进行控制。各种被控制电路均并联在这条总线上，但就像电话机一样只有拨通各自的号码才能工作，所以每个电路和模块都有唯一的地址。在信息的传输过程中，I^2C 总线上并接的每一模块电路既是主控器（或被控器），又是发送器（或接收器）。CPU 发出的控制信号分为地址码和控制量（数据）两部分，地址码用来选址，即接通需要控制的电路，确定控制的种类；控制量决定该调整的类别及需要调整的量。这样，各控制电路虽然挂在同一条总线上，却彼此独立，互不相关。I^2C 总线接口电路如图 6-21 所示。

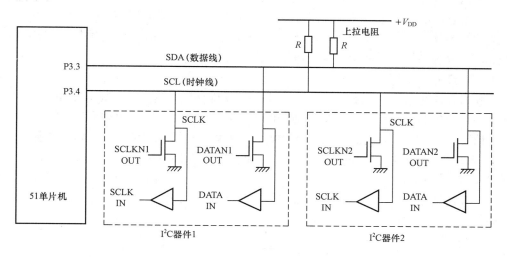

图 6-21　I^2C 总线接口电路图

I^2C 总线的器件分为主器件和从器件。主器件的功能是启动在总线上传送数据，并产生时钟脉冲，以允许与被寻址的器件进行数据传送。被寻址的器件，称为从器件。一般来讲，任何器件均可以成为从器件，只有单片机才能称为主器件。主、从器件对偶出现，工作在接收还是发送数据方式，由器件的功能和数据传送方向所决定。

I^2C 总线允许连接多个单片机，显然不能同时存在两个主器件，先控制总线的器件成为主器件，这就是总线竞争。在竞争过程中数据不会被破坏、丢失。数据只能在主、从器件中传送，结束后，主、从器件将释放总线，退出主、从器件角色。

3. I^2C 总线接口特性

传统的单片机串行接口的发送和接收一般都分别各用一条线，如 51 系列的 TXD 和 RXD，而 I^2C 总线则根据器件的功能通过软件程序使其工作于发送或接收方式。当某个器件向总线上发送信息时，它就是发送器（也叫主器件），而当其从总线上接收信息时，又成为接收器（也叫从器件）。主器件用于启动总线上传送数据并产生时钟以开放传送的器件，此时任何被寻址的器件均被认为是从器件。I^2C 总线的控制完全由挂在总线上的主器件送出的地址和数据决定，在总线上，既没有中心机也没有优先级。

总线上主和从（即发送和接收）的关系取决于此时数据传送的方向。SDA 和 SCL 都是双向线路，都通过一个电流源或上拉电阻连接到电源端。连接总线器件的输出级必须是集电极或漏极开路，以具有线"与"功能，当总线空闲时，两根线都是高电平。I^2C 总线上数据的传输速率在标准模式下可达 100kbit/s，在快速模式下可达 400kbit/s，在高速模式下可达 3.4Mbit/s。

连接到总线的接口数量只由总线电容是 400pF 的限制决定。

6.5.1.2 I²C 总线器件工作原理及时序

1. I²C 总线的时钟信号

在 I²C 总线上传送信息时的时钟同步信号是由挂接在 SCL 时钟线上的所有器件的逻辑"与"完成的。SCL 线上由高电平到低电平的跳变将影响到这些器件，一旦某个器件的时钟信号变为低电平，将使 SCL 线上所有器件开始并保护低电平周期。此时，低电平周期短的器件的时钟由低至高的跳变并不影响 SCL 线的状态，这些器件将进入高电平等待的状态。当所有器件的时钟信号都变为高电平时，低电平周期结束，SCL 线被释放返回高电平，即所有的器件都同时开始它们的高电平周期。其后，第一个结束高电平周期的器件又将 SCL 线拉成低电平。这样就在 SCL 线上产生一个同步时钟。可见，时钟低电平时间由时钟低电平周期最长的器件决定，而时钟高电平时间由时钟高电平周期最短的器件决定。

2. I²C 总线的传输协议与数据传送

（1）起始和停止条件。在数据传送过程中，必须确认数据传送的开始和结束。在 I²C 总线技术规范中，开始和结束信号（也称启动和停止信号）的定义如图 6-22 所示。

开始信号：当 SCL 线为高电平时，SDA 线由高电平向低电平跳变，开始传送数据。

结束信号：当 SCL 线为高电平时，SDA 线从低电平向高电平跳变，结束传送数据。

开始和结束信号都由主器件产生。在开始信号以后，总线即被认为处于忙状态，其他器件不能再产生开始信号。主器件在结束信号以后退出主器件角色，经过一段时间后，总线被认为是空闲的。

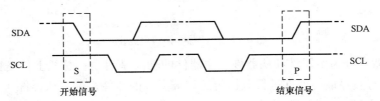

图 6-22 I²C 总线启动和停止时序图

（2）数据格式。I²C 总线数据传送采用时钟脉冲逐位串行传送方式，在 SCL 线的低电平期间，SDA 线上高、低电平能变化，在高电平期间，SDA 线上数据必须保护稳定，以便接收器采样接收，传送时序如图 6-23 所示。

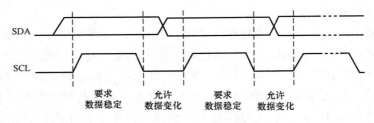

图 6-23 I²C 总线数据传送时序图

I²C 总线发送器送到 SDA 线上的每个字节必须为 8 位长，传送时高位在前，低位在后。与之对应，主器件在 SCL 线上产生 8 个脉冲；第 9 个脉冲低电平期间，发送器释放 SDA 线，接收器把 SDA 线拉低，以给出一个接收确认位；第 9 个脉冲高电平期间，发送器收到这个确认位然后开始下一字节的传送，下一个字节的第一个脉冲低电平期间接收器释放 SDA。每个字节需要 9 个脉冲，每次传送的字节数是不受限制的。

在 I^2C 总线开始信号后，送出的第一字节数据是用来选择从器件地址的，其中前 7 位为地址码，第 8 位为方向位（R/W）。方向位为"0"表示发送，即主器件把信息写到所选择的从器件中；方向位为"1"表示主器件将从从器件读信息。格式如下：

1	0	1	0	A2	A1	A0	R/W

注意：前 4 位固定为 1010。

开始信号后，系统中的各个器件将自己的地址与主器件送到总线上的地址进行比较，如果与主器件发送到总线上的地址一致，则该器件即为被主器件寻址的器件，其接收信息还是发送信息则由第 8 位（R/W）决定。发送完第一个字节后再开始发送数据信号。

（3）响应。数据传输必须带响应。相关的响应时钟脉冲由主机产生，当主器件发送完一字节的数据后，接着发出对应于 SCL 线上的一个时钟（ACK）认可位，此时钟内主器件释放 SDA 线，一字节传送结束，而从器件的响应信号将 SDA 线拉成低电平，使 SDA 在该时钟的高电平期间为稳定的低电平。从器件的响应信号结束后，SDA 线返回高电平，进入下一个传送周期。

通常被寻址的接收器在接收到的每个字节后必须产生一个响应。当从机不能响应从机地址时，从机必须使数据线保持高电平，主机然后产生一个停止条件终止传输或者产生重复起始条件开始新的传输。如果从机接收器响应了从机地址，但是在传输了一段时间后不能接收更多数据字节，主机必须再一次终止传输。这种情况用从机在第一个字节后没有产生响应来表示。从机使数据线保持高电平，主机产生一个停止或重复起始条件。I^2C 总线上进行一次完整的数据传送过程如图 6-24 所示。

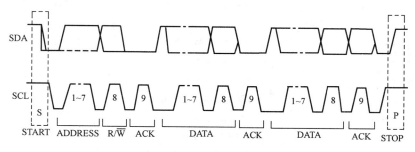

图 6-24 I^2C 总线上进行一次数据传送过程

I^2C 总线还具有广播呼叫地址，用于寻址总线上所有器件。若一个器件不需要广播呼叫寻址中所提供的任何数据，则可以忽略该地址不作响应。如果该器件需要广播呼叫寻址中按需提供的数据，则应对地址作出响应，其表现为一个接收器。

6.5.1.3 24C××存储器的应用实例

下面以目前在单片机系统中常用的带 I^2C 接口的 E^2PROM 芯片 24C01/02/04 为例，介绍 I^2C 器件的基本应用。

1. AT24C01（24C01/02/04）芯片简介

以 AT24C01 为例，它是美国 ATMEL 公司的低功耗 CMOS 串行 E^2PROM，它内含 256×8 位存储空间，具有工作电压宽（2.5～5.5V）、擦写次数多（大于 10 000 次）、写入速度快（小于 10ms）等特点。AT24C01 中带有片内寻址寄存器。每写入或读出一个数据字节后，该

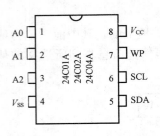

图 6-25　AT24C××封装图

地址寄存器自动加 1，以实现对下一个存储单元的操作。所有字节都以单一操作方式读取。为降低总的写入时间，一次操作可写入多达 8 字节的数据。如图 6-25 所示为 AT24C01（或 AT24C02、AT24C04）的封装图。各引脚功能如下：

SCL：串行时钟，在该引脚的上升沿时，系统将数据输入到每个 E^2 PROM 器件，在下降沿时输出。

SDA：串行数据，该引脚为开漏极驱动，可双向传送数据。

A0~A2：器件/页面寻址，为器件地址输入端。

WP：硬件写保护，当该引脚为高电平时禁止写入，为低电平时可正常读/写数据。

V_{CC}：电源，一般输入+5 V 电压。

V_{SS}：接地。

2. AT24C01（或 AT24C02、AT24C04）驱动程序的设计

为方便编写程序，可将驱动 AT24C01 的程序（I^2C 总线驱动程序）专门制作成一个软件包，该驱动程序文件名命名为"I2C_drive.h"，编写的 I2C_drive.h 驱动程序 C 源程序代码如下：

```
#include <reg51.h>
#include <intrins.h>
#define uchar unsigned char
#define uint unsigned int
sbit   SDA = P3^4;                    //串行数据
sbit   SCL = P3^3;                    //串行时钟
bit    ack;                          //ack = 1，发送正常，ack = 0，表示接收器无应答
/ * * * * * * * 函数声明 * * * * * * * * * /
void  delayNOP();                    //短延时函数声明
void  I2C_start();                   //启动信号函数声明
void  I2C_stop();                    //停止信号函数声明
void  I2C_init();                    //I2C 总线初始化函数声明
void  I2C_Ack();                     //应答信号函数声明
void  I2C_NAck();                    //非应答信号函数声明
uchar RecByte();                     //接收(读)一字节数据函数声明
uchar SendByte(uchar write_data);    //发送(写)一字节数据函数声明
uchar  read_nbyte (uchar SLA, uchar SUBA, uchar * pdat, uchar n);  //接收(读)n字节数据函数声明
uchar  write_nbyte(uchar SLA, uchar SUBA, uchar * pdat, uchar n);  //发送(写)n字节数据函数声明
/ * * * * * * * * 4μs 延时函数 * * * * * * * * /
void  delayNOP()
{
    _nop_(); _nop_();
    _nop_(); _nop_();
}
/ * * * * * * * 启动信号函数 * * * * * * * * /
void I2C_start()
{
```

```
    SDA = 1;
    SCL = 1;
    delayNOP();
    SDA = 0;
    delayNOP();
    SCL = 0;                           //准备发送或接收数据
}
/ * * * * * * * *停止信号函数 * * * * * * * * /
void I2C _ stop()
{
    SDA = 0;
    SCL = 1;
    delayNOP();
    SDA = 1;                           //发送 I2C 总线结束信号
    delayNOP();
    SCL = 0;
}
/ * * * * * * * * I²C 总线初始化函数 * * * * * * * * /
void  I2C _ init()
{
    SCL = 0;
    I2C _ stop();
}
/ * * * * * * * *发送应答函数 * * * * * * * * /
void  I2C _ Ack()
{
    SDA = 0;
    SCL = 1;
    delayNOP();
    SCL = 0;
    SDA = 1;
}
/ * * * * * * * * *发送非应答函数 * * * * * * * * /
void  I2C _ NAck()
{
    SDA = 1;
    SCL = 1;
    delayNOP();
    SCL = 0;
    SDA = 0;
}
/ * * * * * * * * 从 I²C 总线芯片接收(读)一字节数据函数 * * * * * * * * /
uchar RecByte()
{
```

```
    uchar i, read_data;
    read_data = 0x00;
    SDA = 1;                        //置数据线为输入方式
    for(i = 0; i < 8; i++)
    {
      SCL = 1;
      read_data <<= 1;
      read_data | = SDA;
      delayNOP();
      SCL = 0;
      delayNOP();
    }
    SCL = 0;
    delayNOP();
    return(read_data);
}
/*********向 I²C 总线芯片发送(写)一字节数据函数*********/
uchar SendByte(uchar write_data)
{
    uchar i;
    for(i = 0; i < 8; i++)      //循环移入 8 个位
    {
      SDA = (bit)(write_data & 0x80);
          _nop_();
          _nop_();
        SCL = 1;
        delayNOP();
        SCL = 0;
      write_data <<= 1;
    }
    delayNOP();
    SDA = 1;                        //释放总线，准备读取应答
    SCL = 1;
    delayNOP();
    if(SDA == 1) ack = 0;           //ack = 0，表示非应答
    else    ack = 1;
    SCL = 0;
    delayNOP();
    return ack;                     //返回应答位
}
/*********发送(写)多字节数据函数*********/
uchar  write_nbyte(uchar SLA, uchar SUBA, uchar * pdat, uchar n)
{
    uchar  s;
```

```
    I2C _ start();
    SendByte(SLA);                      //发送器件地址
    if(ack = = 0) return(0);
    SendByte(SUBA);                     //发送器件子地址
    if(ack = = 0) return(0);

    for(s = 0; s<n; s + +)
    {
      SendByte( * pdat);                //发送数据
      if(ack = = 0) return(0);
      pdat + +;
    }
    I2C _ stop();                       //结束总线
    return(1);
}
/ * * * * * * * *接收(读)多字节数据函数 * * * * * * * * /
uchar   read _ nbyte (uchar SLA, uchar SUBA, uchar * pdat, uchar n)
{
    uchar   s;
    I2C _ start();
    SendByte(SLA);                      //发送器件读地址
    if(ack = = 0) return(0);
    SendByte(SUBA);                     //发送器件子地址
    if(ack = = 0) return(0);
    I2C _ start();
    SendByte(SLA + 1);                  //发送器件写地址
    if(ack = = 0) return(0);
    for(s = 0; s<n; s + +)
    {
      * pdat = RecByte();               //接收数据
      I2C _ Ack();                      //发送应答位
      pdat + +;
    }
    I2C _ NAck();                       //发送非应答
    I2C _ stop();                       //结束总线
    return(1);
}
```

3. 应用举例

下面以一个实用的电子密码锁产品为例,介绍 24C01/02/04 存储器芯片在该产品电路中的具体应用。

密码锁已经是现代生活中经常用到的工具之一,广泛应用于保险柜、房门、保密室、宾馆、车库等。用电子密码锁代替传统的机械式密码锁,克服了机械式密码锁密码量少,安全性能差的缺点。特别是使用单片机控制的智能型电子密码锁,不但功能齐全,而且具有更高的安全性和可靠性。电子密码锁的种类较多，这里仅以一种常规性能的产品为例给予分析介绍。

（1）电子密码锁的功能介绍。

1）共 6 位密码，每位的取值范围为 0～9。

2）可以自行设定和修改密码。

3）密码通过矩阵按键输入，按每个密码键时都有声音提示。输入密码时，为了不被其他人看到真实的密码，LCD 显示屏只显示"＊＊＊＊＊＊"。

4）开机后，LCD 显示屏显示开机画面。此时，按下键盘上的 A 键，2s 以后显示密码输入信息，等待用户输入密码。若输入密码正确，电磁锁线圈获电，锁杆动作锁被打开。LCD 上显示出密码正确的信息，蜂鸣器响 1 声，按 E 键，再次回到开机界面。

5）在输入密码正确的情况下，按键盘上的 B 键，可进入密码修改界面，允许用户修改密码。密码修改成功后，按 E 键，则退出密码修改界面，回到开机画面。

6）密码有 3 次输入机会，若输入 3 次后密码仍不正确，蜂鸣器响 3 声，LCD 显示出错信息，不允许用户继续输入，此时按 E 键，可回到开机画面。

（2）电子密码锁硬件电路。电子密码锁的基本原理是：从矩阵键盘输入一组密码，单片机把该密码和设置密码比较，若输入的密码正确，则控制电磁锁动作，将电磁铁抽回，从而将锁打开；若输入的密码不正确，则要求重新输入，并记录错误次数，如果出现 3 次错误，则被强制锁定并报警。

电子密码锁的硬件电路如图 6-26 所示。电路的主要组成如下：

1）单片机电路。单片机电路以 U1（STC89C51）为核心构成，由于 P0 口是一个 8 位漏极开路的双向 I/O 口，因此，外接了上拉电阻排 RN01。

2）矩阵键盘电路。矩阵按键为 4×4 共 16 只按键，其中行线接在单片机的 P1.4～P1.7，列线接在单片机的 P1.0～P1.3。

3）电磁锁电路。电磁锁电路由驱动三极管 VT2、电磁锁 KA 等组成。当单片机的 P3.6 输出低电平时，VT2 导通，其集电极为高电平，电磁锁 KA 线圈得电，电磁铁抽回，锁被打开。

4）蜂鸣器电路。蜂鸣器电路由 VT1、B1 等组成，由单片机的 P3.7 控制。当 P3.7 输出低电平时，VT1 导通，蜂鸣器发声；当 P3.7 输出高电平时，VT1 截止，蜂鸣器不发声；当 P3.7 输出不同频率的信号时，蜂鸣器会发出不同的叫声。

5）E^2PROM 存储器 AT24C02。E^2PROM 存储器 AT24C02 为 I^2C 总线控制器件，其串行时钟 SCL 端和串行数据端 SDA 分别接在单片机的 P3.3 和 P3.4。

6）1602 LCD 显示电路。显示电路采用 1602 字符型 LCD，用来显示有关信息。1602 LCD 共 16 只引脚，其中，DB0～DB7 为数据端，接单片机的 P0.0～P0.7；RS、R/W、E 为控制端，分别接单片机的 P2.0、P2.1、P2.2。

7）供电电源电路。由整流二极管 VD2～VD5、滤波电容 C4～C7、集成稳压块 LW7805 组成系统的供电电源。

（3）电子密码锁的程序软件。电子密码锁的程序分为主程序和定时器 T0 中断服务程序。主程序负责矩阵键盘扫描、键值输入、密码比较和开锁或报警处理。定时器 T0 中断服务程序主要是产生 2s 的定时。

根据程序功能，主程序主要分为以下几部分：

1）键盘扫描程序。键盘扫描程序主要是判断矩阵按键是否按下，按下的是哪一个键，并

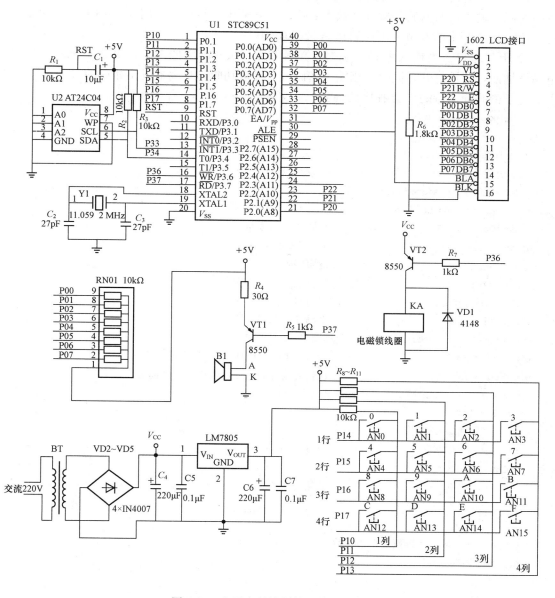

图 6-26　电子密码锁硬件电路原理图

求出按键的键值。

2) LCD 显示程序。LCD 显示程序主要负责把要显示的数字或字母显示出来。由于显示的画面和内容较多，需要对不同的画面和显示内容进行定义。使用时，只需定位好显示行和显示列位置，调用不同的显示信息即可。

3) 密码输入与比较程序。输入密码前，要先将正确的密码从 E^2PROM 存储器 AT24C02 中读出，并存放在一个具有 6 个元素的数组中(code_buf[6])。6 位密码由矩阵按键输入，输入的密码存储在另一个数组中(incode_buf[6])。输入完 6 位密码后，将输入的密码数据 incode_buf[6]和正确的密码数据 code_buf[6]进行比较，若全部 6 位密码均相等，显示密码正确信息；若输入的密码不完全正确，则进行第 2 次输入；若输入 3 次仍不正确，则报错。

4）密码修改程序。密码修改程序用来设置新密码。当输入的开锁密码正确后，可重新设置新密码。输入的新密码先暂存在数组 code_buf[6]中，然后，调用写 E²PROM 存储器程序，将 code_buf[6]中的 6 位密码存储在 AT24C02 中。

5）开锁程序。当输入密码正确时，单片机从 P3.6 输出低电平，电磁锁 KA 线圈获电，电磁铁抽回，锁被打开，同时，当输入密码或开锁成功时，蜂鸣器发出相应的提示音。

电子密码锁运行的 C 源程序（密码锁.c 文件）如下：

```
#include <reg51.h>
#include <string.h>
#include "I2C_drive.h"          //I2C 总线驱动程序
#include "LCD_drive.h"          //LCD 驱动程序
#define uchar unsigned char
#define uint unsigned int
uchar code_buf[6];              //存储器密码缓冲区
uchar incode_buf[6];            //输入密码缓冲区
uchar key;                      //键顺序码
uchar temp;                     //暂存
sbit BP = P3^7;                 //蜂鸣器
sbit KA = P3^6;                 //密码锁继电器
uchar count_5ms, sec;           //5ms 和 1s 计数器
bit flag_2s = 0;                //2s 标志位，2s 时间到，该位置 1
bit flag_comp = 0;              //比较对错标志位，比较正确，该标志位置 1
/* * * * * * * *蜂鸣器响一声函数* * * * * * * * */
void beep()
{
    BP = 0;                     //蜂鸣器响
    Delay_ms(100);
    BP = 1;                     //关闭蜂鸣器
    Delay_ms(100);
}
/* * * * * * * * *矩阵按键扫描函数* * * * * * * * */
void MatrixKey()
{
    P1 = 0xff;
    P1 = 0xef;                  //置第 1 行 P1.4 为低电平，开始扫描第 1 行
    temp = P1;                  //读 P1 口按键
    temp = temp & 0x0f;         //判断低 4 位是否有 0，即判断列线(P1.0～P1.3)是否有 0
    if (temp! = 0x0f)           //若 temp 不等于 0x0f，说明有键按下
    {
        Delay_ms(10);           //延时 10ms 去抖
        temp = P1;              //再读取 P1 口按键
        temp = temp & 0x0f;     //再判断列线(P1.0～P1.3)是否有 0
        if (temp! = 0x0f)       //若 temp 不等于 0x0f，说明确实有键按下
        {
```

```
    temp = P1;                    //读取 P1 口按键，开始判断键值
    switch(temp)
    {
      case 0xee：key = 0；break；
      case 0xed：key = 1；break；
      case 0xeb：key = 2；break；
      case 0xe7：key = 3；break；
    }
    temp = P1;                    //将读取的键值送 temp
    beep();                       //蜂鸣器响一声
    temp = temp & 0x0f;           //取出列线值(P1.0～P1.3)
    while(temp! = 0x0f)           //若 temp 不等于 0x0f，说明按键还没有释放，继续等待
    {
      temp = P1;                  //若按键释放，再读取 P1 口
      temp = temp & 0x0f;         //判断列线(P1.0～P1.3)是否有 0
    }
  }
}
P1 = 0xff;
P1 = 0xdf;                        //置第 2 行 P1.5 为低电平，开始扫描第 2 行
temp = P1;
temp = temp & 0x0f;
if (temp! = 0x0f)
{
  Delay _ ms(10);
  temp = P1;
  temp = temp & 0x0f;
  if (temp! = 0x0f)
  {
    temp = P1;
    switch(temp)
    {
      case 0xde：key = 4；break；
      case 0xdd：key = 5；break；
      case 0xdb：key = 6；break；
      case 0xd7：key = 7；break；
    }
    temp = P1;
    beep();
    temp = temp & 0x0f;
    while(temp! = 0x0f)
    {
      temp = P1;
      temp = temp & 0x0f;
```

```
      }
    }
  }
P1 = 0xff;
P1 = 0xbf;                          //置第 3 行 P1.6 为低电平，开始扫描第 3 行
temp = P1;
temp = temp & 0x0f;
if (temp! = 0x0f)
{
  Delay _ ms(10);
  temp = P1;
  temp = temp & 0x0f;
  if (temp! = 0x0f)
  {
    temp = P1;
    switch(temp)
    {
      case 0xbe：key = 8；break;
      case 0xbd：key = 9；break;
      case 0xbb：key = 10；break;
      case 0xb7：key = 11；break;
    }
    temp = P1；
    beep();
    temp = temp & 0x0f;
    while(temp! = 0x0f)
    {
      temp = P1；
        temp = temp & 0x0f;
    }
  }
}
P1 = 0xff;
P1 = 0x7f;                          //置第 4 行 P1.7 为低电平，开始扫描第 4 行
temp = P1;
temp = temp & 0x0f;
if (temp! = 0x0f)
{
  Delay _ ms(10);
  temp = P1;
  temp = temp & 0x0f;
  if (temp! = 0x0f)
  {
    temp = P1;
```

```
        switch(temp)
        {
           case 0x7e：key = 12；break；
           case 0x7d：key = 13；break；
           case 0x7b：key = 14；break；
           case 0x77：key = 15；break；
        }
        temp = P1；
        beep();
        temp = temp & 0x0f；
        while(temp! = 0x0f)
        {
           temp = P1；
           temp = temp & 0x0f；
        }
      }
   }
}
/* * * * * * * *LCD 开机界面信息 * * * * * * * */
uchar code line1 _ data[] = {"  KEY   LOCK    "};        //定义第 1 行显示的字符
uchar code line2 _ data[] = {" MADE IN CHINA  "};        //定义第 2 行显示的字符
/* * * * * * * *输入密码界面信息 * * * * * * * */
uchar code in _ line1[] = {"  PLEASE INPUT  "};           //定义第 1 行显示的字符
uchar code in _ line2[] = {" PASSWORD： - - - - - - "};    //定义第 2 行显示的字符
/* * * * * * * *密码输入正确信息 * * * * * * * */
uchar code inok _ line1[] = {" INPUT PASSWORD "};         //定义第 1 行显示的字符
uchar code inok _ line2[] = {"   INOPUT OK    "};         //定义第 2 行显示的字符
/* * * * * * * *密码输入错误信息 * * * * * * * */
uchar code inerr _ line1[] = {" INPUT PASSWORD "};        //定义第 1 行显示的字符
uchar code inerr _ line2[] = {"   INPUT ERR    "};        //定义第 2 行显示的字符
/* * * * * * * *密码设置界面信息 * * * * * * * */
uchar code modify _ line1[] = {" MODIFY PASSWORD "};      //定义第 1 行显示的字符
uchar code modify _ line2[] = {" PASSWORD： - - - - - - "}; //定义第 2 行显示的字符
/* * * * * * * *密码设置正确信息 * * * * * * * */
uchar code setok _ line1[] = {" MODIFY PASSWORD "};       //定义第 1 行显示的字符
uchar code setok _ line2[] = {"   MODIFY OK    "};        //定义第 2 行显示的字符
/* * * * * * * *LCD 开机界面显示函数 * * * * * * * */
void StartDisp()
{
   uchar i；
   lcd _ clr();                        //调清屏函数
   lcd _ wcmd(0x00 | 0x80);            //设置显示位置为第 1 行第 0 列
   i = 0；
   while(line1 _ data[i] ! = '\ 0')    //若没有到达第 1 行字符串尾部
```

```
    {
        lcd _ wdat(line1 _ data[i]);              //显示第 1 行字符
        i + + ;                                   //指向下一字符
    }
    lcd _ wcmd(0x40 | 0x80);                      //设置显示位置为第 2 行第 0 列
    i = 0;
    while(line2 _ data[i] ! = '\0')               //若没有到达第 2 行字符串尾部
    {
        lcd _ wdat(line2 _ data[i]);              //显示第 2 行字符
        i + + ;                                   //指向下一字符
    }
}
/* * * * * * * * 密码输入界面显示函数 * * * * * * * * */
void CodeInDisp()
{
    uchar i;
    lcd _ clr();                                  //调清屏函数
    lcd _ wcmd(0x00 | 0x80);                      //设置显示位置为第 1 行第 0 列
    i = 0;
    while(in _ line1[i] ! = '\0')                 //若没有到达第 1 行字符串尾部
    {
        lcd _ wdat(in _ line1[i]);                //显示第 1 行字符
        i + + ;                                   //指向下一字符
    }
    lcd _ wcmd(0x40 | 0x80);                      //设置显示位置为第 2 行第 0 列
    i = 0;
    while(in _ line2[i] ! = '\0')                 //若没有到达第 2 行字符串尾部
    {
        lcd _ wdat(in _ line2[i]);                //显示第 2 行字符
        i + + ;                                   //指向下一字符
    }
}
/* * * * * * * * 密码输入错误显示函数 * * * * * * * * */
void CodeInErr()
{
    uchar i;
    lcd _ clr();                                  //调清屏函数
    lcd _ wcmd(0x00 | 0x80);                      //设置显示位置为第 1 行第 0 列
    i = 0;
    while(inerr _ line1[i] ! = '\0')              //若没有到达第 1 行字符串尾部
    {
        lcd _ wdat(inerr _ line1[i]);             //显示第 1 行字符
        i + + ;                                   //指向下一字符
    }
```

```
    lcd_wcmd(0x40 | 0x80);                //设置显示位置为第2行第0列
    i = 0;
    while(inerr_line2[i] ! = '\0')         //若没有到达第2行字符串尾部
    {
        lcd_wdat(inerr_line2[i]);           //显示第2行字符
        i++;                                //指向下一字符
    }
}
/* * * * * * * * 密码输入正确显示函数 * * * * * * * * */
void CodeInOk()
{
    uchar i;
    lcd_clr();                            //调清屏函数
    lcd_wcmd(0x00 | 0x80);                //设置显示位置为第1行第0列
    i = 0;
    while(inok_line1[i] ! = '\0')          //若没有到达第1行字符串尾部
    {
        lcd_wdat(inok_line1[i]);            //显示第1行字符
        i++;                                //指向下一字符
    }
    lcd_wcmd(0x40 | 0x80);                //设置显示位置为第2行第0列
    i = 0;
    while(inok_line2[i] ! = '\0')          //若没有到达第2行字符串尾部
    {
        lcd_wdat(inok_line2[i]);            //显示第2行字符
        i++;                                //指向下一字符
    }
}
/* * * * * * * * 密码设置界面显示函数 * * * * * * * * */
void CodeSetDisp()
{
    uchar i;
    lcd_clr();                            //调清屏函数
    lcd_wcmd(0x00 | 0x80);                //设置显示位置为第1行第0列
    i = 0;
    while(modify_line1[i] ! = '\0')        //若没有到达第1行字符串尾部
    {
        lcd_wdat(modify_line1[i]);          //显示第1行字符
        i++;                                //指向下一字符
    }
    lcd_wcmd(0x40 | 0x80);                //设置显示位置为第2行第0列
    i = 0;
    while(modify_line2[i] ! = '\0')        //若没有到达第2行字符串尾部
    {
```

```
        lcd _ wdat(modify _ line2[i]);          //显示第 2 行字符
        i+ + ;                                  //指向下一字符
    }
}
/* * * * * * * * 密码设置正确显示函数 * * * * * * * * */
void CodeSetOk()
{
    uchar i;
    lcd _ clr();                                //调清屏函数
    lcd _ wcmd(0x00 | 0x80);                    //设置显示位置为第 1 行第 0 列
    i = 0;
    while(setok _ line1[i] ! = '\0')            //若没有到达第 1 行字符串尾部
    {
        lcd _ wdat(setok _ line1[i]);           //显示第 1 行字符
        i+ + ;                                  //指向下一字符
    }
    lcd _ wcmd(0x40 | 0x80);                    //设置显示位置为第 2 行第 0 列
    i = 0;
    while(setok _ line2[i] ! = '\0')            //若没有到达第 2 行字符串尾部
    {
        lcd _ wdat(setok _ line2[i]);           //显示第 2 行字符
        i+ + ;                                  //指向下一字符
    }
}
/* * * * * * * * 密码输入函数 * * * * * * * * */
void PassIn()
{
    static   uchar lcd _ x = 0;                 //显示指针，注意是静态局部变量
    static   uchar count = 0;                   //密码计数器，注意是静态局部变量
    static uchar code _ n = 0;                  //密码次数
    PASSWORD: lcd _ clr();                      //调清屏函数
    CodeInDisp();                               //密码输入画面函数
    do{
        P1 = 0xf0;
        if(P1! = 0xf0)                          //若有按键按下
        {
            MatrixKey();                        //调矩阵按键扫描函数
            P1 = 0xf0;
            while(P1! = 0xf0);                  //等待按键松开
            if((key> = 0)&&(key< = 9))//若按下是的 0~9 键(即密码只能是数字，字母键 A~F 无效)
            {
                incode _ buf[count] = key;      //将键值存入数组
                lcd _ wcmd((0x49 + lcd _ x) | 0x80);    //设置显示位置为第 2 行第 9 + lcd _ x 列
                lcd _ wdat(0x2a);               //显示为" * "，0x2a 是" * "的 LCD 显示码
```

```
            count + + ;                    //输入下一位密码
            lcd _ x + + ;                  //指向 LCD 的下一位置
          }
        }
      }while(count<6);                     //密码设置为 6 位
      if(count> = 6){count = 0; lcd _ x = 0;}
      if(memcmp(incode _ buf, code _ buf, 6) = = 0)   //若两个数组相等，则返回值为 0，
                                                      //注意这里不能用 strcmp 函数进行比较
      {
        CodeInOk();                        //若输入的密码正确，则显示输入正确的信息
        beep(); beep(); beep();            //输入正确后，蜂鸣器响三声
        flag _ comp = 1;                   //密码比较标志位置 1
        code _ n = 0;                      //密码计数器清 0
        KA = 0;                            //开锁
      }
      else if(memcmp(incode _ buf, code _ buf，6)! = 0)//若输入的密码不正确
      {
        code _ n + + ;                     //密码计数器加 1
        if(code _ n> = 3)                  //有三次输入的机会
        {
          CodeInErr();        //若三次输入均错误，显示密码错误信息
          flag _ comp = 0;    //密码比较标志位清 0
          code _ n = 0;       //密码计数器清 0
        }
        else goto PASSWORD;    //若还有机会输入密码，则跳转到标号 PASSWORD 处继续输入
      }
    }
}
/* * * * * * * * *密码设置函数* * * * * * * * */
void PassSet()
{
  static uchar   lcd _ x = 0;      //显示指针，注意是静态局部变量
  static uchar count = 0;          //密码计数器，注意是静态局部变量
  lcd _ clr();                     //调清屏函数
  CodeSetDisp();                   //密码设置画面函数
  do{
      P1 = 0xf0;
      if(P1! = 0xf0)               //若有按键按下
      {
        MatrixKey();               //调矩阵按键扫描函数
        P1 = 0xf0;
        while(P1! = 0xf0);         //等待按键松开
        if((key> = 0)&&(key< = 9))//若按下是的 0～9 键（即密码只能是数字，字母键 A～F 无效）
        {
          code _ buf[count] = key;             //将键值存入数组 code _ buf[]中
```

```
                lcd _ wcmd((0x49 + lcd _ x) | 0x80);      //设置显示位置为第 2 行第 9 + lcd _ x 列
                lcd _ wdat(code _ buf[count] + 0x30);     //将输入的密码通过 LCD 显示出来
                count + + ;                               //输入下一位密码
                lcd _ x + + ;                             //指向 LCD 的下一位置
            }
        }
    }while(count<6);                                     //密码设置为 6 位
    if(count> = 6){count = 0; lcd _ x = 0;}
    beep(); beep(); beep();                              //输入完毕后，蜂鸣器响三声
    write _ nbyte(0xa0, 0x00, code _ buf, 6);            //将数组 code _ buf[]中的 6 位密码写入 24cxx 从 00
                                                         //开始的单元中
    lcd _ clr();                                         //调清屏函数
    CodeSetOk();                                         //密码设置正确画面函数
}
/ * * * * * * * * 主函数 * * * * * * * * /
void main()
{
    TMOD = 0x01;                //定时器 T0 方式 1
    TH0 = 0xee; TL0 = 0x00;     //5ms 定时初值
    EA = 1; ET0 = 1;            //开总中断，开定时器 T0 中断
    Delay _ ms(10);
    lcd _ init();               //调 LCD 初始化函数
    I2C _ init();               //调 I2C 总线初始化函数(在 I2C 总线驱动程序软件包中)
START: KA = 1;                  //上锁(密码锁线圈断电)
    lcd _ clr();
    StartDisp();                              //开机界面显示函数
    read _ nbyte (0xa0, 0x00, code _ buf, 6); //从 24Cxx 的 0x00 开始的单元中读出 6 个密码
                                              //存入 code _ buf[]数组中
    P1 = 0xf0;
    while(P1 = = 0xf0);         //等待按键按下
SCAN: MatrixKey();             //调矩阵按键扫描函数
    if(key! = 0x0a)goto SCAN;  //若按下的不是 A 键，跳转到标号 SCAN 处继续扫描
    TR0 = 1;                   //启动定时器 T0
    Delay _ ms(500);           //延时 500ms
    beep();                    //蜂鸣器响一声
    if(flag _ 2s = = 1)flag _ 2s = 0;  //若 2s 到，则将 2s 标志位清 0
    else goto SCAN;            //若 2s 未到，则跳转到标号 SCAN 处继续扫描
    PassIn();                  //调密码输入函数
    while(1)
    {
        if(flag _ comp = = 1)       //若输入的密码正确
        {
            MatrixKey();            //扫描按键
            if(key = = 0x0b)        //在密码正确的情况下若按下了 B 键
```

```
      {
        PassSet();                        //若按下的是 B 键，调密码设置函数
        MatrixKey();                      //扫描按键
        if(key = = 0x0e)goto START;       //若按下了 E 键，则跳转到标志 START 处重新开始
      }
      if(key = = 0x0e)goto START;         //若按下了 E 键，则跳转到标志 START 处重新开始
    }
    if(flag _ comp = = 0)               //若输入的密码不正确
    {
      MatrixKey();                        //扫描按键
      if(key = = 0x0e)goto START;         //若按下的是 E 键，跳转到标号 START 处重新开始
    }
  }
}
/ * * * * * * * *定时器 T0 中断函数 * * * * * * * * /
void timer0() interrupt 1
{
  TH0 = 0xee；TL0 = 0x00;              //重装 5ms 定时初值
  count _ 5ms + + ;                     //5ms 计数值加 1
  if(count _ 5ms = = 200)               //若 count _ 5ms 为 200，说明 1s 到(200×0ms = 1000ms)
  {
    count _ 5ms = 0;                     //count _ 5ms 清 0
    sec + + ;                            //秒计数器加 1
  }
  if(sec = = 2)
  {
    flag _ 2s = 1;                       //若 2s 到，将 2s 标志位置 1
    TR0 = 0;                             //关断定时器 T0
  }
}
```

6) AT24C02 读/写的工具软件。AT24C02 读/写工具软件是作为后台管理软件使用的，主要有两种应用场合：一是首先往 AT24C02 写入密码（如首先预设密码为 123456）；二是忘记密码时，可使用此读/写工具软件重新读出原密码，当然也可以重写 24C04，更新新密码。AT24C02 读/写工具软件的 C 源程序（设置密码 . c 文件）如下：

```
# include <reg51. h>
# include " I2C _ drive. h"              //包含 I2C 总线驱动程序软件包
# include " LCD _ drive. h"              //包含 I2C 总线驱动程序软件包
# define uchar unsigned char
# define uint unsigned int
uchar code _ buf[6] = {1, 2, 3, 4, 5, 6};//密码缓冲区，用来存储 6 位密码
uchar   key;                             //键顺序码
uchar   temp;                            //暂存
sbit BP = P3~7;                          //蜂鸣器
```

```
/* * * * * * * * * *蜂鸣器响一声函数* * * * * * * */
void  beep()
{
  BP = 0;                              //蜂鸣器响
  Delay_ms(100);
  BP = 1;                              //关闭蜂鸣器
  Delay_ms(100);
}
/* * * * * * * * *矩阵按键扫描函数* * * * * * * */
void  MatrixKey()
{
  P1 = 0xff;
  P1 = 0xef;                           //置第1行P1.4为低电平，开始扫描第1行
  temp = P1;                           //读P1口按键
  temp = temp & 0x0f;                  //判断低4位是否有0，即判断列线(P1.0~P1.3)是否有0
  if (temp! = 0x0f)                    //若temp不等于0x0f，说明有键按下
  {
    Delay_ms(10);                      //延时10ms去抖
    temp = P1;                         //再读取P1口按键
    temp = temp & 0x0f;                //再判断列线(P1.0~P1.3)是否有0
    if (temp! = 0x0f)                  //若temp不等于0x0f，说明确实有键按下
    {
      temp = P1;                       //读取P1口按键，开始判断键值
      switch(temp)
      {
        case 0xee: key = 0; break;
        case 0xed: key = 1; break;
        case 0xeb: key = 2; break;
        case 0xe7: key = 3; break;
      }
      temp = P1;           //将读取的键值送temp
      beep();              //蜂鸣器响一声
      temp = temp & 0x0f;  //取出列线值(P1.0~P1.3)
      while(temp! = 0x0f)  //若temp不等于0x0f，说明按键还没有释放，继续等待
      {
        temp = P1;           //若按键释放，再读取P1口
        temp = temp & 0x0f;  //判断列线(P1.0~P1.3)是否有0
      }
    }
  }
  P1 = 0xff;
  P1 = 0xdf;                           //置第2行P1.5为低电平，开始扫描第2行
  temp = P1;
  temp = temp & 0x0f;
```

```
if (temp！ = 0x0f)
{
  Delay _ ms(10);
  temp = P1;
  temp = temp & 0x0f;
  if (temp！ = 0x0f)
  {
    temp = P1;
    switch(temp)
    {
      case 0xde：key = 4；break；
      case 0xdd：key = 5；break；
      case 0xdb：key = 6；break；
      case 0xd7：key = 7；break；
    }
    temp = P1;
    beep();
    temp = temp & 0x0f;
    while(temp！ = 0x0f)
    {
      temp = P1;
      temp = temp & 0x0f;
    }
  }
}
P1 = 0xff;
P1 = 0xbf;                    //置第 3 行 P1.6 为低电平，开始扫描第 3 行
temp = P1;
temp = temp & 0x0f;
if (temp！ = 0x0f)
{
  Delay _ ms(10);
  temp = P1;
  temp = temp & 0x0f;
  if (temp！ = 0x0f)
  {
    temp = P1;
    switch(temp)
    {
      case 0xbe：key = 8；break；
      case 0xbd：key = 9；break；
      case 0xbb：key = 10；break；
      case 0xb7：key = 11；break；
    }
```

```
      temp = P1;
      beep();
      temp = temp & 0x0f;
      while(temp!  = 0x0f)
      {
         temp = P1;
         temp = temp & 0x0f;
      }
   }
}
P1 = 0xff;
P1 = 0x7f;                    //置第 4 行 P1.7 为低电平，开始扫描第 4 行
temp = P1;
temp = temp & 0x0f;
if (temp!  = 0x0f)
{
   Delay _ ms(10);
   temp = P1;
   temp = temp & 0x0f;
   if (temp!  = 0x0f)
   {
      temp = P1;
      switch(temp)
      {
         case 0x7e: key = 12; break;
         case 0x7d: key = 13; break;
         case 0x7b: key = 14; break;
         case 0x77: key = 15; break;
      }
      temp = P1;
      beep();
      temp = temp & 0x0f;
      while(temp!  = 0x0f)
      {
         temp = P1;
         temp = temp & 0x0f;
      }
   }
 }
}
/* * * * * * * * *开机界面 * * * * * * * * */
uchar code line1 _ data[] = {"  WRITE & READ  "};        //定义第 1 行显示的字符
uchar code line2 _ data[] = {" - - - PASSWORD - - -  "};  //定义第 2 行显示的字符
/* * * * * * * * * *写密码界面 * * * * * * * * */
```

```
uchar code W _ line1 _ data[] = {"  WRITE   CODE   ";       //定义第 1 行显示的字符
uchar code W _ line2 _ data[] = {"NUM: - - - - -   ";   //定义第 2 行显示的字符
/ * * * * * * * *读密码界面 * * * * * * * * /
uchar code R _ line1 _ data[] = {"  READ   CODE   ";       //定义第 1 行显示的字符
uchar code R _ line2 _ data[] = {"NUM: - - - - -   ";    //定义第 2 行显示的字符
/ * * * * * * * *密码输入函数 * * * * * * * * /
void CodeIn()
{
  staticu char   lcd _ x = 0;        //显示指针,注意是静态局部变量
  staticu char count = 0;            //密码计数器,注意是静态局部变量
  do{
      P1 = 0xf0;
      if(P1! = 0xf0)                //若有按键按下
      {
        MatrixKey();                //调矩阵按键扫描函数
        if((key> = 0)&&(key< = 9))//若按下是的 0~9 键(即密码只能是数字,字母键 A~F 无效)
        {
          code _ buf[count] = key;
          lcd _ wcmd((0x44 + lcd _ x) | 0x80);   //设置显示位置为第 2 行第 4 + lcd _ x 列
          lcd _ wdat(code _ buf[count] + 0x30);     //将密码通过 LCD 显示出来
          count + + ;                 //输入下一位密码
          lcd _ x + + ;               //指向 LCD 的下一位置
        }
      }
  }while(count<6);                    //密码设置为 6 位
  if(count> = 6){count = 0; lcd _ x = 0;}    //若 6 位密码输入完毕,则将密码计数器和显
                                             //示指针清 0
}
/ * * * * * * * *以下是写密码函数 * * * * * * * * /
void WriteCode()
{
  uchar i;
  lcd _ clr();                        //调清屏函数(在 LCD 驱动程序软件包中)
  lcd _ wcmd(0x00 | 0x80);            //设置显示位置为第 1 行第 0 列
  i = 0;
  while(W _ line1 _ data[i]! = '\ 0')   //若没有到达第 1 行字符串尾部
  {
    lcd _ wdat(W _ line1 _ data[i]);    //显示第 1 行字符
    i + + ;                           //指向下一字符
  }
  lcd _ wcmd(0x40 | 0x80);            //设置显示位置为第 2 行第 0 列
  i = 0;
  while(W _ line2 _ data[i]! = '\ 0')   //若没有到达第 2 行字符串尾部
  {
```

311

```
        lcd _ wdat(W _ line2 _ data[i]);              //显示第 2 行字符
    i + + ;                                           //指向下一字符
    }
    CodeIn();                                          //调密码输入函数
    write _ nbyte(0xa0，0x00，code _ buf，6);         //将数组 code _ buf[]中的 6 位密码写入 24cxx
                                                       //从 00 开始的单元中

}
```

/* * * * * * * * *读密码函数* * * * * * * * */

```
void ReadCode()
{
  uchar i, j;
  lcd _ clr();                                        //调清屏函数(在 LCD 驱动程序软件包中)
  lcd _ wcmd(0x00 | 0x80);                            //设置显示位置为第 1 行第 0 列
  i = 0;
  while(R _ line1 _ data[i] ! = '\ 0')               //若没有到达第 1 行字符串尾部
  {
    lcd _ wdat(R _ line1 _ data[i]);                  //显示第 1 行字符
    i + + ;                                           //指向下一字符
  }
  lcd _ wcmd(0x40 | 0x80);                            //设置显示位置为第 2 行第 0 列
  i = 0;
  while(R _ line2 _ data[i] ! = '\ 0')               //若没有到达第 2 行字符串尾部
  {
    lcd _ wdat(R _ line2 _ data[i]);                  //显示第 2 行字符
    i + + ;                                           //指向下一字符
  }
  read _ nbyte (0xa0 , 0x00, code _ buf, 6);         //从 24Cxx 的 0x00 开始的单元中读出 6 个密码存入
                                                       code _ buf[]数组中

  for(j = 0；j＜6；j + +)
  {
    lcd _ wcmd((0x44 + j) | 0x80);                    //设置显示位置为第 2 行第 4 + j 列
    lcd _ wdat(code _ buf[j] + 0x30);                 //显示输入的密码
  }
}
```

/* * * * * * * * *主函数* * * * * * * * */

```
void main()
{
      uchar i;
start: Delay _ ms(10);
      lcd _ init();                                   //调 LCD 初始化函数(在 LCD 驱动程序软件包中)
      I2C _ init();                                   //调 I2C 总线初始化函数(在 I2C 总线驱动程序软件包中)
      lcd _ wcmd(0x00 | 0x80);                        //设置显示位置为第 1 行第 0 列，显示开机画面
    i = 0;
    while(line1 _ data[i] ! = '\ 0')                 //若没有到达第 1 行字符串尾部
```

```
    {
        lcd _ wdat(line1 _ data[i]);      //显示第 1 行字符
        i + +;                            //指向下一字符
    }
    lcd _ wcmd(0x40 | 0x80);              //设置显示位置为第 2 行第 0 列
    i = 0;
    while(line2 _ data[i] ! = '\0')       //若没有到达第 2 行字符串尾部
    {
        lcd _ wdat(line2 _ data[i]);      //显示第 2 行字符
        i + +;                            //指向下一字符
    }
    while(1)
    {
        P1 = 0xf0;
        if(P1! = 0xf0)
        {
            MatrixKey();
            if(key = = 0x0c)WriteCode();  //若按下的是 C 键，调写密码函数
            if(key = = 0x0d)ReadCode();   //若按下的是 D 键，调读密码函数
            if(key = = 0x0e)goto start;   //若按下的是 E 键，跳转到 start，回到初始状态
        }
    }
}
```

（4）系统程序软件的使用。

1）用 AT24C02 读/写工具软件将密码写入 AT24C02。

a. 在 Keil C51 软件下，打开已编写好 ch6 _ 6 文件中的电子密码锁 C51 程序。

b. 单击【重新编译】按钮，对源程序"设置密码 . c"和"LCD _ drive. h、I2C _ drive. h"进行编译和链接，产生"设置密码 . hex"目标文件。

c. 编译成功后，将"设置密码 . hex"目标文件下载到单片机 STC89C51 中。

电子密码锁接通电源后，LCD 显示屏上显示出 AT24C02 读/写工具软件的开机界面，界面内容如下：

```
WRIT & READ
—PASSWORD—
```

d. 按下键盘中的"C"键，LCD 显示屏上显示设置 6 位密码界面，界面内容如下：

```
WRIT  CODE
NUM：——————
```

此时，输入 6 位密码，即可将设置的密码写入到 24C04 中。

e. 按键盘中的"E"键退出写状态，再按"D"键，LCD 显示屏上显示出刚才设置的 6 位密码，如下所示：

```
READ  CODE
NUM：1 2 3 4 5 6
```

到此为止，这个密码就是电子密码锁的初始密码（这里设置为 123456），使用者应牢记此密码。

2）下载电子密码锁运行程序。

a. 在 Keil C51 软件下，打开已编写好 ch6 _ 5 文件中的电子密码锁 C51 程序。

b. 单击【重新编译】按钮，对源程序"密码锁 . c"和"LCD _ drive. h"、" I2C _ drive. h"进行编译和链接，产生"密码锁 . hex"目标文件。

c. 编译成功后，将"密码锁 . hex"目标文件下载到单片机 STC89C51 中。

电子密码锁接通电源后，LCD 显示屏上显示出电子密码锁的开机画面，界面内容如下：

```
          KEY   LOCK
        MADE   IN   CHINA
```

d. 按键盘中的"A"键，2s 以后，进入密码输入界面，界面内容如下：

```
       PLEASE   INPUT
    PASSWORD：——————
```

若输入的密码不正确，将提示再次输入，若输入 3 次后仍不正确，LCD 显示屏上显示出输入错误的信息，如下所示。按键盘中的"E"键，可返回开机界面。

```
      INPUT   PASSWORD
        INPUT   ERR
```

输入密码 123456，密码正确，电磁锁动作（开锁），同时，LCD 显示屏上显示出输入正确的画面，如下所示。按键盘中的"E"键，可返回开机界面。

```
      INPUT   PASSWORD
        INPUT   OK
```

e. 在密码输入正确的情况下（显示出输入正确的界面），按键盘中的"B"键，进入新密码设置界面，界面内容如下：

```
      MODIFY   PASSWORD
    PASSWORD：——————
```

输入 6 位新密码，此时显示出修改密码正确界面，按键盘中的"E"键，可返回到开机界面。

需要说明的是，若更换了新密码，一定要记牢，若遗忘，则只能使用前面制作的"AT24C02 读/写工具软件"进行读/写。

在以上介绍的内容中，如矩阵键盘、LCD 显示屏、Keil C51 软件等有关内容将在后面的相关章节中进一步介绍。这里不再作详细讨论。

6.5.2 93C××系列串行存储器

前面介绍了 I²C 总线结构的存储器 AT24C×× 的应用，在一般的存储器件中 SPI 结构的存储器用得比较广泛，下面就 SPI 总线结构的存储器 93C×× 的相关内容做一介绍。

6.5.2.1 SPI 总线概述

1. SPI 总线介绍

串行外设接口（Serial Peripheral Interface，SPI）总线是原 Motorola 公司推出的一种同

步串行接口技术。SPI 总线系统是一种同步串行外设接口，允许 MCU 与各种外围设备以串行方式进行通信、数据交换。外围设备包括 FLASH RAM、A/D 转换器、网络控制器、MCU 等。SPI 是一种高速的、全双工、同步的通信总线，并且在芯片的引脚上只占用 4 根线，节约了芯片的引脚，同时为 PCB 的布局节省空间，提供方便。正是出于这种简单易用的特性，现在越来越多的芯片集成了这种通信协议。其工作模式有主模式和从模式两种。SPI 是一种允许一个主设备启动一个从设备的同步通信的协议，从而完成数据的交换。也就是说，SPI 是一种规定好的通信方式。这种通信方式的优点是占用端口较少，一般 4 根就够基本通信了（不算电源线），同时传输速度也很高。一般来说要求主设备要有 SPI 控制器（也可用模拟方式），就可以与基于 SPI 的芯片通信了。

2. SPI 总线系统结构

SPI 系统可直接与各个厂家生产的多种标准外围器件直接接口，一般使用 4 条线：串行时钟线（SCK）、主机输入/从机输出数据线 MISO（DO）、主机输出/从机输入数据线 MOSI（DI）和低电平有效的从机选择线 CS。MISO 和 MOSI 用于串行接收和发送数据，先为 MSB（高位），后为 LSB（低位）。在 SPI 设置为主机方式时，MISO 是主机数据输入线，MOSI 是主机数据输出线。SCK 用于提供时钟脉冲将数据一位位地传送。SPI 总线器件间传送数据框图如图 6-27 所示。

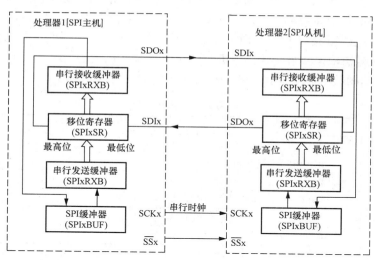

图 6-27　SPI 总线器件间传送数据框图

3. SPI 总线的接口特性

利用 SPI 总线可在软件的控制下构成各种系统，如 1 个主 MCU 和几个从 MCU、几个从 MCU 相互连接构成多主机系统（分布式系统）、1 个主 MCU 和 1 个或几个从 I/O 设备所构成的各种系统等。在大多数应用场合，可使用 1 个 MCU 作为主控机来控制数据，并向 1 个或几个从外围器件传送该数据。从器件只有在主机发命令时才能接收或发送数据。其数据的传输格式是高位（MSB）在前，低位（LSB）在后。

当一个主控机通过 SPI 与几种不同的串行 I/O 芯片相连时，必须使用每片的允许控制端，这可通过 MCU 的 I/O 端口输出线来实现。但应特别注意这些串行 I/O 芯片的输入/输出特性：首先是输入芯片的串行数据输出是否有三态控制端。平时未选中芯片时，输出端应处于高阻态。若没有三态控制端，则应外加三态门；否则 MCU 的 MISO 端只能连接 1 个输入芯片。其次是输出芯片的串行数据输入是否有允许控制端。因为只有在此芯片允许时，SCK脉冲才把串行数据移入该芯片；在禁止时，SCK 对芯片无影响。若没有允许控制端，则应在外围用门电路对 SCK 进行控制，然后再加到芯片的时钟输入端；当然，也可以只在 SPI 总线上连接 1 个芯片，而不再连接其他输入或输出芯片。

4. SPI 总线的数据传输

SPI 是一个环形总线结构，其时序其实很简单，主要是在 SCK 的控制下，两个双向移位寄存器进行数据交换。SPI 数据传输原理很简单，它需要至少 4 根线，事实上 3 根也可以。也是所有基于 SPI 的设备所共有的，它们是 SDI（数据输入）、SDO（数据输出）、SCK（时钟）、CS（片选）。其中 CS 控制芯片是否被选中，也就是说只有片选信号为预先规定的使能信号时（高电位或低电位），对此芯片的操作才有效。这就允许在同一总线上连接多个 SPI 设备成为可能。在 SPI 方式下，数据是一位一位地传输的。这就是 SCK 时钟线存在的原因，由 SCK 提供时钟脉冲，SDI 和 SDO 则基于此脉冲完成数据传输。数据输出通过 SDO 线，数据在时钟上沿或下沿时改变，在紧接着的下沿或上沿被读取。完成一位数据传输，输入也使用同样原理。这样，在至少 8 次时钟信号的改变（上沿和下沿为一次）后，就可以完成 8 位数据的传输。假设 8 位寄存器内装的是待发送的数据 10101010，上升沿发送、下降沿接收、高位先发送，那么第一个上升沿来的时候，数据将会是高位数据 SDO=1。下降沿到来的时候，SDI 上的电平将被存到寄存器中，那么这时寄存器一 0101010SDI，这样在 8 个时钟脉冲以后，两个寄存器的内容互相交换一次。这样就完成了一个 SPI 时序。下面举一个实例来说明其数据传送过程。

假设主机和从机初始化就绪，并且主机的 sbuff=0xaa，从机的 sbuff=0x55，下面将分步对 SPI 的 8 个时钟周期的数据情况演示一遍（表 6-11 中"上"表示上升沿，"下"表示下降沿）。

表 6-11　　　　　　　　　　　　脉冲与数据变化对应表

脉冲序号	主机缓存	从机缓存	SDI	SDO
0	10101010	01010101	0	0
1 上	0101010x	1010101x	0	1
1 下	01010100	10101011	0	1
2 上	1010100x	0101011x	1	0
2 下	10101001	01010110	1	0
3 上	0101001x	1010110x	0	1
3 下	01010010	10101101	0	1
4 上	1010010x	0101101x	1	0
4 下	10100101	01011010	1	0
5 上	0100101x	1011010x	0	1
5 下	01001010	10110101	0	1
6 上	1001010x	0110101x	1	0
6 下	10010101	01101010	1	0
7 上	0010101x	1101010x	0	1
7 下	00101010	11010101	0	1
8 上	0101010x	1010101x	1	0
8 下	01010101	10101010	1	0

这样就完成了两个寄存器 8 位的交换，SDI、SDO 是相对于主机而言的。其中 CS 引脚作为主机的时候，从机可以把它拉低被动选为从机；作为从机的时候，可以作为片选脚用。根据

以上分析，一个完整的传送周期是 16 位，即两个字节，因为，首先主机要发送命令过去，然后从机根据主机的命令准备数据，主机在下一个 8 位时钟周期才把数据读回来。这样的传输方式有一个优点，与普通的串行通信不同，普通的串行通信一次连续传送至少 8 位数据，而 SPI 允许数据一位一位地传送，甚至允许暂停，因为 SCK 时钟线由主控设备控制，当没有时钟跳变时，从设备不采集或传送数据。也就是说，主设备通过对 SCK 时钟线的控制可以完成对通信的控制。SPI 还是一个数据交换协议，因为 SPI 的数据输入和输出线独立，所以允许同时完成数据的输入和输出。

对于不带 SPI 串行总线接口的 51 单片机来说，可以使用软件来模拟 SPI 的操作，包括串行时钟、数据输入和数据输出，如可以定义三个普通 I/O 口用来模拟 SPI 器件的 SCK. MISO、MOSI。对于不同的串行接口外围芯片，它们的时钟时序是不同的。对于在 SCK 的上升沿输入（接收）数据和在下降沿输出（发送）数据的器件，一般应将其串行时钟输出口的初始状态设置为 1，而在允许接口后再置为 0。这样，MCU 在输出 1 位 SCK 时钟的同时，将使接口芯片串行左移，从而输出 1 位数据至单片机的模拟 MISO 线，此后再置 SCK 为 1，使单片机从模拟的 MOSI 线输出 1 位数据（先为高位）至串行接口芯片。至此，模拟 1 位数据输入/输出便宣告完成。此后再置 SCK 为 0，模拟下 1 位数据的输入输出……依此循环 8 次，即可完成 1 次通过 SPI 总线传输 8 位数据的操作。对于在 SCK 的下降沿输入数据和上升沿输出数据的器件，则应取串行时钟输出的初始状态为 0，即在接口芯片允许时，先置 SCK 为 1，以便外围接口芯片输出 1 位数据（MCU 接收 1 位数据），之后再置时钟为 0，使外围接口芯片接收 1 位数据（MCU 发送 1 位数据），从而完成 1 位数据的传送。

6.5.2.2　93C46 存储器的基本应用

下面就以目前单片机系统中广泛应用的 SPI 接口的数据存储器 93C46 为例，介绍 SPI 器件的基本应用。

1. 93C46 串行存储器简介

93C46 是 1K 位串行 EEPROM 储存器。每一个储存器都可以通过 DI/DO 引脚写入或读出。它的存储容量为 1 024 位，内部为 128×8 位或 64×16 位。93C46 为串行三线 SPI 操作芯片，在时钟时序的同步下接收数据口的指令。指令码为 9 位十进制码，具有 7 个指令：读、清除、写、写使能、写禁止、芯片清除与写入。该芯片擦写时间短，有擦写使能保护，可靠性高，擦写次数可达 100 万次。93C46 的引脚功能图如图 6-28 所示，其指令格式选择表见表 6-12。

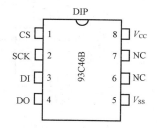

图 6-28　93C46 的引脚功能图
CS—芯片选择；SCK—时钟；DI—串行数据输入；DO—串行数据输出；V_{SS}—接地；NC—空脚（应用时不用接任何电路）；V_{CC}—电源

表 6-12　　　　　　　　　　　　93C46 串行 EEPROM 指令格式选择表

指令	起始位	操作数	地址		数据	
			64×16	128×8	64×16	128×8
读（READ）	1	10	A5～A0	A6～A0		
清除（ERASE）	1	11	A5～A0	A6～A0		
写（WRITE）	1	01	A5～A0	A6～A0	D15～D0	D7～D0
写使能（EWEN）	1	00	11XXXX	11XXXXX		
写禁止（EWDS）	1	00	00XXXX	00XXXXX		

续表

指令	起始位	操作数	地址		数据	
			64×16	128×8	64×16	128×8
芯片清除（ERAL）	1	00	10XXXX	10XXXXX		
芯片写入（WRAL）	1	00	01XXXX	01XXXXX	D15～D0	D7～D0

注：1. 读（READ）：当下达 10XXXXXX 指令后，地址（XXXXXXXX）的数据在 SCK＝1 时由 DO 输出。
　　2. 写（WRITE）：在写入数据前，必须先下达写使能（EWEN）指令，然后再下达 01XXXXXX 指令后，当 SCK ＝1 时，会把数据码写入指定地址（XXXXXXXX）；而 DO＝0 时，表示还在进行写操作，写入结束后 DO 会转为高电平。写入动作完成后，必须再下达写禁止（EWDS）命令。
　　3. 清除（ERASE）：下达清除指令 11XXXXXX 后会将地址（XXXXXXXX）的数据清除。
　　4. 写使能（EWEN）：下达 0011XXXX 指令后，才可以进行写（WRITE）操作。
　　5. 写禁止（EWDS）：下达 0000XXXX 指令后，才可重复进行写入（WRITE）操作。
　　6. 芯片清除（ERAL）：下达 0010XXXX 指令后，全部禁止。
　　7. 芯片写入（WRAL）：下达 0001XXXX 指令后，全部写入 0。

2. 应用实验

93C46 与单片机连接的硬件原理图如图 6-29 所示。

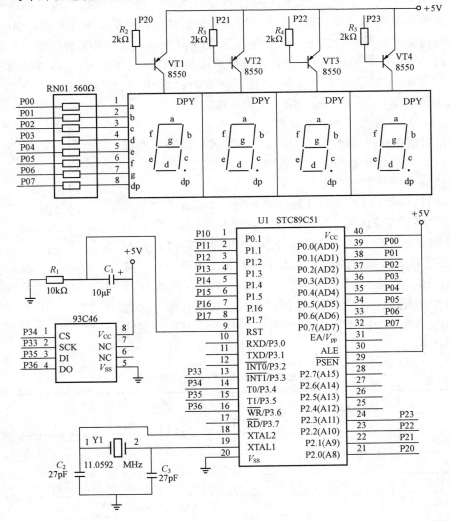

图 6-29　93C46 与单片机连接的硬件原理图

该电路主要用来完成对 93C46 存储器的读/写操作，并验证数据是否正确。

93C46 读/写实验的 C 源程序如下：

```
//＊＊＊＊＊＊＊＊＊＊93C46 测试程序＊＊＊＊＊＊＊＊＊＊＊＊＊//
＃include ＜reg51.h＞              //包含头文件
＃include ＜intrins.h＞           //包含头文件
/＊＊＊＊＊＊＊＊＊＊数据定义＊＊＊＊＊＊＊＊＊＊＊＊＊＊＊/
＃define OP_EWEN_H    0x00     // 00          write enable
＃define OP_EWEN_L    0x60     // 11X XXXX    write enable
＃define OP_WRITE_H   0x40     // 01 A6-A0    write data
＃define OP_READ_H    0x80     // 10 A6-A0    read data
＃define OP_ERASE_H   0xc0     // 11 A6-A0    erase a word
＃define OP_ERAL_H    0x00     // 00          erase all
＃define OP_ERAL_L    0x40     // 10X XXXX    erase all
＃define OP_WRAL_H    0x00     // 00          write all
＃define OP_WRAL_L    0x20     // 01X XXXX    write all
＃define uchar unsigned char
＃define uint  unsigned int
/＊＊＊＊＊＊＊＊＊＊＊＊端口定义＊＊＊＊＊＊＊＊＊＊＊＊＊＊/
sbit CS = P3^4;
sbit SK = P3^3;
sbit DI = P3^5;
sbit DO = P3^6;
/＊＊＊＊＊＊＊共阳 LED 段码表＊＊＊＊＊＊＊＊＊＊＊＊＊/
uchar code tab [] = {0xc0, 0xf9, 0xa4, 0xb0, 0x99, 0x92, 0x82, 0xf8, 0x80, 0x90};
/＊＊＊＊＊＊＊定义全局变量＊＊＊＊＊＊＊＊＊＊＊＊＊＊/
int readdata;                        //从 93C46 读出的数据
/＊＊＊＊＊＊数码管扫描延时函数＊＊＊＊＊＊＊＊＊/
void delay1 (void)
{
    int k;
    for (k = 0; k＜400; k++);
}
/＊＊＊＊＊＊＊读写延时函数＊＊＊＊＊＊＊＊＊＊＊＊/
void delayms (uchar ms)
{
  uchar i;
  while (ms--)
    {
     for (i = 0; i＜120; i++);
    }
}
/＊＊＊＊＊＊＊数码管显示函数＊＊＊＊＊＊＊＊＊/
void display (int k)
{
```

```
    P2 = 0xfe;
     P0 = tab [k/1000];
     delay1 ();
     P2 = 0xfd;
     P0 = tab [k%1000/100];
      delay1 ();
      P2 = 0xfb;
     P0 = tab [k%100/10];
     delay1 ();
     P2 = 0xf7;
     P0 = tab [k%10];
     delay1 ();
     P2 = 0xff;
}
/ * * * * * * * *写入指令和地址函数 * * * * * * * * * * * * * */
void inop (uchar op _ h, uchar op _ l)
{
    uchar i;
    SK = 0;                        // 开始位
    DI = 1;
   CS = 1;
   _ nop _ ();
   _ nop _ ();
   SK = 1;
   _ nop _ ();
      _ nop _ ();
     SK = 0;                       // 开始位结束
     DI = (bit) (op _ h & 0x80);   // 移入指令码高位
     SK = 1;
    op _ h << = 1;
   SK = 0;
   DI = (bit) (op _ h & 0x80);     // 移入指令码低位
   SK = 1;
      _ nop _ ();
     _ nop _ ();
      SK = 0;
   op _ l << = 1;                  // 移入余下的指令码或地址数据
   for (i = 0; i < 7; i + +)
      {
      DI = (bit) (op _ l & 0x80);   // 先移入高位
      SK = 1;
      op _ l << = 1;
      SK = 0;
      }
```

```
        DI = 1;
}
/ * * * * * * * * * * *写入数据函数 * * * * * * * * * * * * * /
void shin (uchar indata)
{
    uchar i;
    for (i = 0; i < 8; i + +)
        {
        DI = (bit) (indata & 0x80);    // 先移入高位
        SK = 1;
        indata << = 1;
        SK = 0;
        }
        DI = 1;
}
/ * * * * * * * * * * *写入数据使能函数 * * * * * * * * * * /
void ewen ()
{
        inop (OP _ EWEN _ H, OP _ EWEN _ L);
        CS = 0;
}
/ * * * * * * * * * * *数据清除函数 * * * * * * * * * * * * * /
void erase ()
{
    inop (OP _ ERAL _ H, OP _ ERAL _ L);
        delayms (30);
        CS = 0;
}
/ * * * * * * * * * *写入数据函数 * * * * * * * * * * * * * * /
void write (uchar addr, uchar indata)
{
        inop (OP _ WRITE _ H, addr);        //写入指令和地址
    shin (indata);                      //写入数据
    CS = 0;
    delayms (10);
}
/ * * * * * * * * * *读出数据函数 * * * * * * * * * * * * * * /
unsigned char shout (void)
{
    uchar i, out _ data;
    for (i = 0; i < 8; i + +)
        {
        SK = 1;
        out _ data << = 1;
```

```
        SK = 0；
        out_data | = (uchar) DO；
    }
        return (out_data)；
}
/＊＊＊＊＊＊＊＊＊读出某地址数据函数＊＊＊＊＊＊＊＊＊/
uchar read (uchar addr)

    uchar out_data；
    inop (OP_READ_H, addr)；
    out_data = shout ()；
    CS = 0；
    return out_data；
    }
/＊＊＊＊＊＊＊＊主程序＊＊＊＊＊＊＊＊＊/
void main (void)

    CS = 0；                      //初始化端口
    SK = 0；
  DI = 1；
  DO = 1；
  ewen ()；                       //使能写入操作
  erase ()；                      //擦除全部内容
  write (0x02, 0x55)；            //向 0x02 地址写入 0x55 (85)
  write (0x03, 0xAA)；            //向 0x03 地址写入 0xAA (170)
  while (1)
      {
      readdata = read (0x03)；    //读取其中一个地址内数据验证
      display (readdata)；        //显示数据
      }
}
```

本程序先分别向 0x02 和 0x03 两个地址写入 0x55 和 0xAA，然后读其中一个地址，并将读到的数据在 LED 显示屏上显示出来，从而验证是否正确。程序默认是读 0x02 地址内的数据，实验时也可以修改地址数据来读其他地址数据。

第 7 章

51 单片机的模拟与数字接口技术

在单片机应用系统中，接口技术是必不可少的重要组成部分，单片机的接口技术涉及的内容较多，如输入/输出设备中的显示器、键盘以及 A/D（模/数）和 D/A（数/模）转换器等外设，这些内容将在后面的相关章节中用到时再做介绍。本章将重点介绍接口技术中的一些基础知识、模拟量接口技术、模拟量输出电路以及光耦隔离输入技术和功率输出接口技术。

7.1 模 拟 量 接 口 技 术

51 单片机组成的应用系统，除了处理现场的开关量信号外，还要处理另一类的现场信号。这些信号不仅存在"有"和"无"的变化，更重要的是有数值大小的变化，有的还有正负方向的变化，如电压、电流、温度、压力、流量等信号，这些信号被称为模拟量信号。把被测模拟信号输入到单片机的过程叫模拟量输入，从单片机输出模拟信号到控制现场设备的过程叫模拟量输出。进入到单片机系统的模拟量被用来"检测、测量"现场设备的运行状况；单片机系统输出的模拟量用来"调节、控制"现场设备的运行过程。这些输入和输出的循环过程就形成并实现了单片机应用系统的闭环控制。在模拟量输入之前和模拟量输出后，要对这些信号进行必要的放大、整形等处理，这些都是 51 单片机应用系统中接口技术的基础内容。

7.1.1 单电源运放工作原理

1. 单电源电压跟随器

单电源电压跟随电路如图 7-1 所示。电压跟随器常用于输入信号源有高内阻，或者输出电阻小的场合，实现阻抗隔离。

该电路输入信号范围、输出电压范围因为单电源而受到限制。由于只有正电源，因此输入电压只能为 $0 \sim V_{DD}$ 的信号，而输出信号范围为 $(V_{GND} + V_1) \sim (V_{DD} - V_2)$，$V_1$ 为运放输出级下输出管压降，V_2 是运放输出级上输出管压降。通常对于双电源运放的 V_1 和 V_2 约为

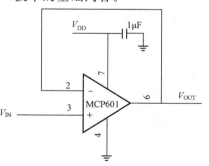

图 7-1　单电源电压跟随电路

1.5V；对于可以单电源使用的双电源运放 V_1 近似为几十毫伏，V_2 近似为 1.5V；对于单电源运放的 V_1 和 V_2 约为几十毫伏，单电源运放的 V_1 和 V_2 为几千毫伏的现象称为满摆幅运放，此时 V_1、V_2 的值在电源轨和地线轨之间。

该电路中的运放 MCP601/MCP602/MCP603/MCP604 是 CMOS 结构的满摆幅输出运放，供电电压为 $2.7 \sim 5.5V$，静态电流小于 $230\mu A$，线性输出范围为 $+100 \sim -100mV$。

在单电源电压跟随电路中，与电源连接的去耦电容很重要，可以使运放稳定工作，若运放的工作频率为 0 至几兆赫，可以选择电容值为 $1\mu F$；若工作频率更高，则可以减小电容值到 $0.1\mu F$。

2．具有增益的单电源电路

（1）单电源同相放大器。单电源同相放大电路如图 7-2 所示。该电路的输出电压为

$$V_{\text{OUT}} = (1 + R_2/R_1)V_{\text{IN}}$$

由于是单电源、同相输入，所以共模输入电压范围，就是输入信号的范围。考虑到该电路具有放大能力，所以 V_{IN} 应该小于 ［输出电压上限／（$1 + R_2/R_1$）］。

对于三极管输入级运放，为减少输入偏置电流的影响，通常 R_2 的数值小于 $10\text{k}\Omega$，R_1 由放大倍数确定。

图 7-3 是具有参考电压 V_{REF} 的单电源同相放大电路。该电路中 TLV2472 为 CMOS 结构的满摆幅输出运放，该电路的输出电压表达式为

$$V_{\text{OUT}} = (V_{\text{IN}} - V_{\text{REF}})\frac{R_2}{R_1}$$

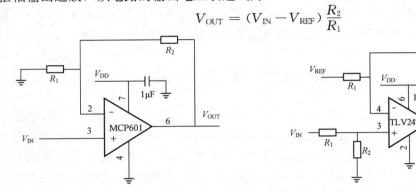

图 7-2　单电源同相放大电路　　　　图 7-3　具有参考电压的单电源同相放大电路

当 $V_{\text{REF}} = 0$ 时，若 $V_{\text{IN}} \leqslant 0$，则没有负电源，$V_{\text{OUT}}$ 接近于地线电平；若 $V_{\text{IN}} \geqslant 0$，则 $V_{\text{OUT}} = V_{\text{IN}}(R_2/R_1)$，电路为单电源同相放大电路。若 $V_{\text{DD}} = 5\text{V}$，$R_2 = R_1 = 100\text{k}\Omega$，$R_\text{L} = 10\text{k}\Omega$，则有如图 7-4 所示的传输特性。

TLV2471/TLV2472/TLV2473/TLV2474 是 TI 公司的满摆幅运放，采用 CMOS 结构，电源电压为 $2.7 \sim 6\text{V}$，输出电流 I_0 可达 $\pm 35\text{mA}$。若采用 5V 电源（$I_0 = 2.5\text{mA}$ 时），其输出电压 $V_{\text{OL}} = 0.07\text{V}$，$V_{\text{OH}} = 4.96\text{V}$。

（2）单电源反相放大器。具有参考电压 V_{REF} 的单电源反相放大电路如图 7-5 所示。该电路的输出方程为

$$V_{\text{OUT}} = -V_{\text{IN}}\frac{R_2}{R_1} + V_{\text{REF}}\left(1 + \frac{R_2}{R_1}\right)$$

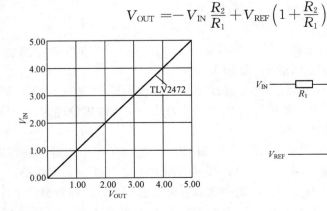

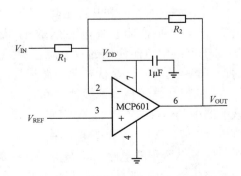

图 7-4　单电源同相放大电路的传输特性　　　　图 7-5　单电源反相放大电路

使用该电路时，应该注意单电源对电路的影响。例如 $R_2=10\text{k}\Omega$、$R_1=1\text{k}\Omega$、$V_{REF}=0\text{V}$ 时，输入电压 $V_{IN}=100\text{mV}$，输出应该为 -1V，但是实际输出不是 -1V，而是接近于 0V 的正电压。

该反相电路正常使用时，只能放大小于 0V 的信号；若要放大大于 0V 的输入信号，则需要设置 V_{REF} 电压。例如，若 $V_{REF}=225\text{mV}$，则可以使输出移位到 $225\text{mV}\ (1+R_2/R_1)=225\text{mV}\times11=2.475\text{V}$，这时，输入信号为 100mV，则输出信号为 $2.475\text{V}-1\text{V}=1.475\text{V}$。

单电源反相放大电路举例：图 7-6 所示的是具有参考电压的反相放大电路，该电路的输出电压为

$$V_{OUT}=(V_{REF}-V_{IN})\frac{R_2}{R_1}$$

若 $V_{REF}=V_{IN}$，相当于没有输入电压，输出电压为 0V。

若 $V_{REF}=0$，$V_{IN}<0$，则 $V_{OUT}=V_{IN}\ (R_2/R_1)$，电路呈现为反相放大器。

若 $V_{REF}=0$，$V_{IN}>0$，则输出电压 $V_{OUT}=0$，输出饱和在地线电平附近。

若 $V_{DD}=5\text{V}$，$V_{REF}=0$，且使 $R_1=R_2=100\text{k}\Omega$，$R_L=10\text{k}\Omega$，则有如图 7-7 所示的传输特性。

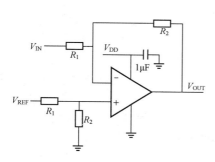

图 7-6　单电源反相放大电路举例

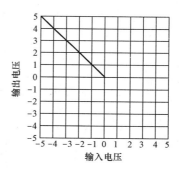

图 7-7　$V_{REF}=0$ 时的传输特性

若 $V_{REF}=V_{DD}$，则输出电压 $V_{OUT}=(V_{DD}-V_{IN})R_2/R_1$，这时当 V_{IN} 为负值时，V_{OUT} 超过 V_{DD}，所以，输出电压 V_{OUT} 饱和在正电源轨道；当 V_{IN} 为正值时，电路呈现为反相放大器。

若 $V_{REF}=V_{DD}=5\text{V}$，$R_1=R_2=100\text{k}\Omega$，$R_L=10\text{k}\Omega$，则有如图 7-8 所示的传输特性。从传输特性可以看出，可单电源使用的运放 LM358（或 LM324）和 TLC272 的输出电压范围受到了限制，在 0～3.7V 之间；双电源使用的运放 TL072 的输出电压范围也受到了限制，在 1.25～4.25V 之间，因此在大信号工作时将产生失真。而运放 TLV2472 具有满摆幅输出能力，所以其输出接近满摆幅。因此对于非满摆幅运放的使用，应该考虑输出摆幅的影响。

单电源反相放大电平移动电路举例：采用电压基准 TL431 芯片的电平移位电路如图 7-9 所示。该电路采用满摆幅运放 TLV2471，参考电压采用电

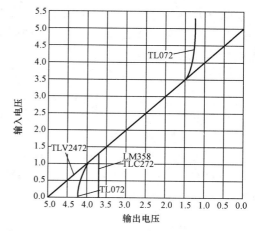

图 7-8　$V_{REF}=V_{DD}$ 时反相放大电路
的传输特性

压基准芯片 TL431 实现，因此具有更好的温度稳定性。由电路参数可得到该电路的输出电压为

$$V_{OUT} = (V_{REF} - V_{IN})\frac{R_2}{R_1} = 2.5V \pm 2V$$

（3）单电源差动放大器。单电源差动放大电路如图 7-10 所示。该电路的输出电压表达式为

$$V_{OUT} = V_{IN2}\frac{R_F + R_G}{R_G}\left(\frac{R_2}{R_1 + R_2}\right) + V_{REF}\frac{R_F + R_G}{R_G}\left(\frac{R_1}{R_1 + R_2}\right) - V_{IN1}\frac{R_F}{R_G}$$

若 $R_F = R_2$，$R_G = R_1$，则输出电压为

$$V_{OUT} = (V_{IN2} - V_{IN1})\frac{R_2}{R_1}V_{REF}$$

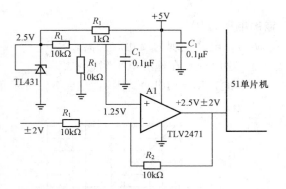 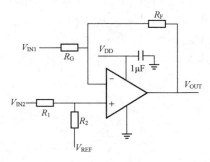

图 7-9　采用电压基准 TL431 的电平移位电路　　　　图 7-10　单电源差动放大电路

该电路放大输入信号之差，为保证计算的准确性，应该使信号源阻抗比 R_1、R_G 小很多，否则将引起信号损失，使运算不准确。该电路的增益可以大于或等于 1。若断开 R_1 电阻，则该电路输出为

$$V_{OUT} = -V_{IN1}\frac{R_F}{R_G} + V_{REF}\left(1 + \frac{R_F}{R_G}\right)$$

该电路中的偏置电压 V_{REF} 不仅可以移动输出电平，还可以校正运放失调。

3. 运放电路的直线方程设计法

联立方程。在线性放大范围内，运放电路的传递函数是一条直线方程：$y = \pm mx \pm b$。电路结构取决于 m 和 b 的符号，对不同的 m 和 b 的符号，可以得到 4 个方程，因此可以由 4 种不同结构的运放电路实现。

$$V_{OUT} = mV_{IN} + b \qquad\qquad V_{OUT} = mV_{IN} - b$$
$$V_{OUT} = -mV_{IN} + b \qquad\qquad V_{OUT} = -mV_{IN} - b$$

对于每个方程，若要解出 m 和 b，需要两个数据点。

例如，传感器输出的电压范围为 $0.1 \sim 0.2V$，而 AD 转换器需要的输入电压范围为 $1 \sim 4V$，则需要放大器将 $0.1 \sim 0.2V$ 的输入信号放大成 $1 \sim 4V$ 的输出信号。

因此有，$V_{OUT} = 1V$ 对应 $V_{IN} = 0.1V$，$V_{OUT} = 4V$ 对应 $V_{IN} = 0.2V$，也就是如下的两个方程：

$$1 = m \times 0.1 + b$$
$$4 = m \times 0.2 + b$$

联立求解，得到 $m = 30$，$b = -2$。所以运放电路实现的直线方程为 $V_{OUT} = 30V_{IN} - 2$。

下面分别给出 4 种方程与其相对应结构的电路。

（1）运放电路结构 A：$V_{\text{OUT}} = mV_{\text{IN}} + b$

该电路如图 7-11 所示。其输出电压表达式为

$$V_{\text{OUT}} = V_{\text{IN}} \cdot \frac{R_2}{R_1 + R_2} \cdot \frac{R_F + R_G}{R_G} + V_{\text{REF}} \cdot \frac{R_1}{R_1 + R_2} \cdot \frac{R_F + R_G}{R_G}$$

$$m = \frac{R_2}{R_1 + R_2} \cdot \frac{R_F + R_G}{R_G}$$

$$b = V_{\text{REF}} \cdot \frac{R_1}{R_1 + R_2} \cdot \frac{R_F + R_G}{R_G}$$

（2）运放电路结构 B：$V_{\text{OUT}} = mV_{\text{IN}} - b$

该电路如图 7-12 所示。输出电压表达式为

$$V_{\text{OUT}} = V_{\text{IN}} \cdot \frac{R_F + R_G + R_1 /\!/ R_2}{R_G + R_1 /\!/ R_2} - V_{\text{REF}} \cdot \frac{R_2}{R_1 + R_2} \cdot \frac{R_F}{R_G + R_1 /\!/ R_2}$$

$$m = \frac{R_F + R_G + R_1 /\!/ R_2}{R_G + R_1 /\!/ R_2} \qquad |b| = V_{\text{REF}} \cdot \frac{R_2}{R_1 + R_2} \cdot \frac{R_F}{R_G + R_1 /\!/ R_2}$$

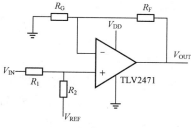 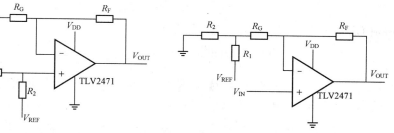

图 7-11　$V_{\text{OUT}} = mV_{\text{IN}} + b$ 的电路　　　图 7-12　$V_{\text{OUT}} = mV_{\text{IN}} - b$ 的电路

（3）运放电路结构 C：$V_{\text{OUT}} = -mV_{\text{IN}} + b$

该电路如图 7-13 所示。输出电压表达式为

$$V_{\text{OUT}} = -V_{\text{IN}} \cdot \frac{R_F}{R_G} + V_{\text{REF}} \cdot \frac{R_1}{R_1 + R_2} \cdot \frac{R_F + R_G}{R_G}$$

$$|m| = \frac{R_F}{R_G} \qquad\qquad b = V_{\text{REF}} \cdot \frac{R_1}{R_1 + R_2} \cdot \frac{R_F + R_G}{R_G}$$

（4）运放电路结构 D：$V_{\text{OUT}} = -mV_{\text{IN}} - b$

该电路如图 7-14 所示。输出电压表达式为

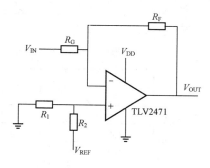 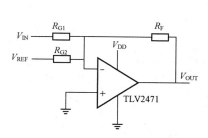

图 7-13　$V_{\text{OUT}} = -mV_{\text{IN}} + b$ 的电路　　　图 7-14　$V_{\text{OUT}} = -mV_{\text{IN}} - b$ 的电路

$$V_{OUT} = -V_{IN} \cdot \frac{R_F}{R_{G1}} - V_{REF} \cdot \frac{R_F}{R_{G2}}$$

$$|m| = \frac{R_F}{R_{G1}} \qquad |b| = V_{REF} \frac{R_F}{R_{G2}}$$

直线方程设计法举例：在输入信号 $V_{IN} = 0.01V$ 时，输出 $V_{OUT} = 1V$；在 $V_{IN} = 1V$ 时，输出 $V_{OUT} = 4.5V$，$V_{DD} = 5V$，使用 V_{DD} 作为参考电压。试设计该放大器。

将上述数据代入 $V_{OUT} = +mV_{IN} + b$，得到两个直线方程：

$$1 = m \times 0.01 + b$$
$$4.5 = m \times 1 + b$$

解得 $b = 0.9646$，$m = 3.535$。因此可用运放电路结构 A 的电路实现。

由 m 和 b 的表达式

$$m = \frac{R_2}{R_1 + R_2} \cdot \frac{R_F + R_G}{R_G} \qquad b = V_{REF} \cdot \frac{R_1}{R_1 + R_2} \cdot \frac{R_F + R_G}{R_G}$$

消去 $(R_F + R_G)/R_G$ 后，有

$$\frac{R_F + R_G}{R_G} = m \cdot \frac{R_1 + R_2}{R_2} = \frac{b}{V_{DD}} \cdot \frac{R_1 + R_2}{R_1}$$

代入 m 和 b 的值后，可以得到 R_1 和 R_2 之间的关系为

$$R_2 = \frac{3.535}{0.9646/5} \times R_1 = 18.316 R_1$$

如果使用电阻误差为 5% 的电阻，选择 $R_1 = 10k\Omega$，则 $R_2 = 183.16k\Omega$，最接近的阻值是 180kΩ，所以选择 $R_1 = 10k\Omega$，$R_2 = 180k\Omega$。得到 R_1 和 R_2 后，就可以由下式计算 R_F 和 R_G 的数值。

$$\frac{R_F + R_G}{R_G} = m \cdot \frac{R_1 + R_2}{R_2} = 3.535 \times \frac{180 + 10}{180} = 3.73$$

可以得到 $R_F = 2.73 R_G$

选择增益电阻 $R_G = 10k\Omega$，$R_F = 27k\Omega$。电阻选择完毕后，将数值代回 m 和 b 的方程中，可以得到输出电压的近似表达式为

$$V_{OUT} \approx 3.5 V_{IN} + 0.97$$

该设计中选择满摆幅运放 TLV2471。设计完成后的电路如图 7-15 所示，传输特性如图 7-16 所示。由传输特性可以看出，该电路输入与输出之间的关系是线性的。

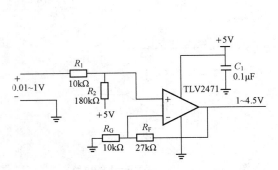

图 7-15　设计完成的放大电路

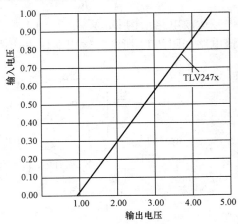

图 7-16　所设计电路的传输特性

7.1.2　测量模拟电压与电流的接口电路

1. 测量直流电压与电流

（1）测量直流电压。若 ADC 的参考电压为 5V，则对于 0～5V 的直流电压，可以直接通过低通滤波器输入 ADC。若输入 ADC 的输入电压高于 5V，则应该采用如图 7-17 所示的电阻分压方法获得适合 ADC 的输入电压。

为保证电压表测量电压时不影响被测量电路的状态，通常希望电压表的内阻高，所以分压电路也应该具有高的内阻，图 7-17 中分压器的内阻为 10MΩ。若 ADC 输入阻抗不是足够大，则应该在分压器与 ADC 之间增加由满摆幅运放组成的电压跟随器电路。

在测量高压时，由于 ADC 电路与输入电压没有隔离，因此 ADC 的电路板是带电的。

图 7-18 所示为由 TLV2252 运放组成的 0～500mV 直流信号放大电路，TLV2252 采用 CMOS 结构，电源电压为 2.7～8V 的满摆幅单电源运放，在 5V 电源电压时，输出电压范围为 0.2～4.88V（$I_{OH}=-150\mu A$，$I_{OL}=1mA$）。该运放可用 TLV2471、MCP601 等运放替代。

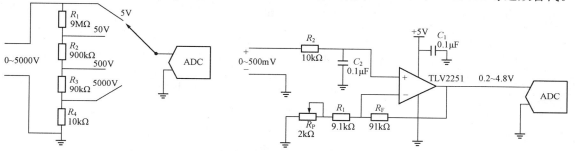

图 7-17　测量直流输入电压接线图　　　　图 7-18　0～500mV 直流电压放大电路

该电路的放大倍数为 $1+R_F/R_1=10$，因此可把 0～500mV 的信号放大到 ADC 需要的 0～5V 范围。由于运放输出限制，该电路在信号小于 20mV 或大于 480mV 时，不能得到有效放大。

若电路的放大倍数为 100，则可以将 0～50mV 的信号放大到 0～5V。

为使 0～500mV 的电压全范围得到有效放大，可以采用运放电路将 0～500mV 信号转换到 0.5～4.5V，避开放大器输出范围不够的缺点。输出电压与输入电压之间可写出方程：

$$0.5 = m \times 0 + b$$
$$4.5 = m \times 0.5 + b$$

解联立方程得到 $m=8$，$b=0.5V$。因此，放大器表达式为 $V_{OUT}=8V_{IN}+0.5V$。

若使 $R_F=R_2$，$R_G=R_1$，并选 $V_{REF}=0.5V$，$R_F=90.9k\Omega$，则根据下式：

$$V_{OUT} = V_{IN} \cdot \frac{R_2}{R_1+R_2} \cdot \frac{R_F+R_G}{R_G} + V_{REF} \cdot \frac{R_1}{R_1+R_2} \cdot \frac{R_F+R_G}{R_G}$$

$$m = \frac{R_2}{R_1+R_2} \cdot \frac{R_F+R_G}{R_G} \qquad b = V_{REF} \cdot \frac{R_1}{R_1+R_2} \cdot \frac{R_F+R_G}{R_G}$$

由 $m=R_2/R_1=R_F/R_G=8$，得到 $R_G=11.36k\Omega$。图 7-19 是可以实现 0～500mV 信号转换到 0.5～4.5V 的实际电路。

（2）测量直流电流。测量直流电流的方法是，可根据欧姆定律，用取样电阻把待测电流转换为相应的电压，再进行测量。为减少对被测量电路的影响，应该选取尽量小的取样电阻。

图 7-20 所示的是测量范围为 0～20A 直流电流的信号调整电路。该电路采用 0.1Ω 的取样

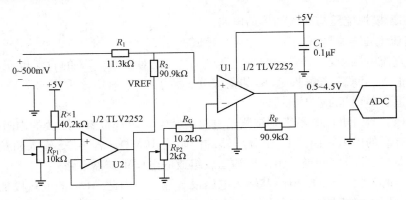

图 7-19　实现将 0～500mV 信号转换到 0.5～4.5V 的电路图

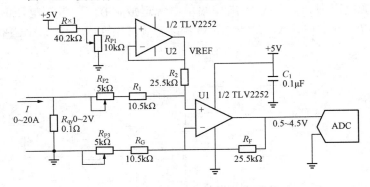

图 7-20　0～20A 直流电流信号调整电路

电阻将 0～20A 转换成 0～2V，然后输入放大电路，将 0～2V 的电压信号放大到 0.5～4.5V，这样就避开了单电源运放输出摆幅范围不能达到 0～5V 的缺点。

图中放大器采用一片双运放 TLV2252，其中一个放大器用于参考电压缓冲输出，另外一个作为差分放大。取 $R_F=R_2$，$R_G=R_1$，则该电路的输出电压为

$$V_{OUT} = (V_{IN2} - V_{IN1})\frac{R_2}{R_1} + V_{REF}$$

这里 V_{IN2} 是同相端信号，V_{IN1} 是反相端信号。

当输入信号为 0V 时，$V_{OUT}=V_{REF}=0.5V$；

当输入信号为 2V 时，$V_{OUT}=(R_2/R_1)2V+V_{REF}=4.5V$

若取 $V_{REF}=0.5V$，则有 $R_2/R_1=2$，可取 $R_1=12.7k\Omega$，得到 $R_2=25.4k\Omega$，取 $R_2=25.5k\Omega$。

图中电位器 R_{P1} 用于调节参考电压 V_{REF}，R_{P2} 用于调节输出 0.5V 点，R_{P3} 用于调节输出 4.5V 点。

（3）测量 4～20mA 电流。4～20mA 电流是变送器经常使用的输出信号，因为电流信号可以消除共模干扰。通常变送器采用两线传输，就是电源与信号共用两根线，供电电压为 24V，允许负载电阻范围为 0～750Ω。对于 0～5V 输入的 ADC，可以选择 250Ω 电阻将 4～20mA 电流转换成 1～5V 的电压信号。若 ADC 输入电阻小，则应该在 250Ω 电阻与 ADC 之间增加电压跟随器实现阻抗变换。4～20mA 电流转换为 1～5V 电压信号的接线如图 7-21 所示。

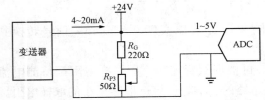

图 7-21　4～20mA 电流转换为 1～5V 电压信号的接线

2. 测量交流电压与电流

（1）测量交流电压。

1）整流滤波法。图 7-22 所示的是采用整流滤波法测量交流电压的电路图。当输入的交流电压 AC 为 0～400V 时，可采用图 7～22（a）有隔离变压器的整流滤波电路来测量交流电压。当输入的交流电压 AC 为 0～100V 时，可采用图 7-22（b）无隔离变压器的整流滤波电路来测量交流电压。图 7-22（a）和图 7-22（b）都是采用普通二极管整流滤波电路实现交流到直流的转换，优点是简单，缺点是误差大，因为二极管导通时有压

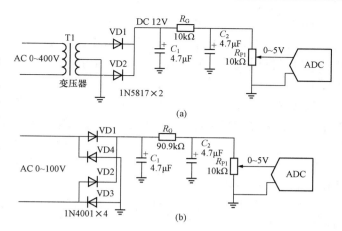

图 7-22　采用整流滤波法测量交流电压的电路图
（a）有隔离变压器的整流滤波电路；
（b）无隔离变压器的整流滤波电路

降，为减小误差，通常采用肖特基二极管。该电路常用于整定在某固定电压值，实现电压报警或保护动作。

校准时，需要在变压器输入端接需要校准的交流电压，调整电位器 R_{P1} 使 ADC 输出的电压值与万用表（4 位半或更高位数）的测量值相同。图 7-22（b）所示的电路，相比图 7-22（a）电路误差要小一些。

2）精密整流法。为消除二极管压降产生的误差，常采用精密（线性）整流电路实现交流—直流转换，具体电路如图 7-23 所示。

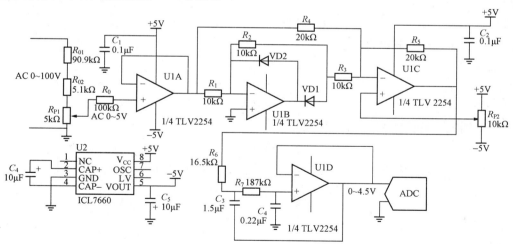

图 7-23　精密整流电路

该电路采用满摆幅四运放 TLV2254 实现。图中电阻 R_{01}、R_{02} 与电位器 R_{P1} 组成分压电路，将来自电压互感器 TV 的 0～100V 的交流电压分压后，输出有效值为 0～5V 的电压；经过 U1A 组成的电压跟随器后，再经过 U1B 和 U1C 组成的精密全波整流电路，输出平均值为 0～4.5V 的电压；该脉动直流经过 U1D 组成的有源滤波器后，输出 0～4.5V 的直流电压到 ADC 中。

图中 R_{P1} 用于调节增益，R_{P2} 用于调节零点。

该电路中运放正电源为 5V，负电源由电路 ICL7660 提供，ICL7660 是电源转换电路，可将+5V 电源转换成−5V 电压输出。在输出电压为−5V，输出电流 20mA 时的典型输出电阻为 55Ω。

3）瞬时采样法测量交流电压。瞬时采样法就是将交流电压直接输入 ADC，通过 ADC 多次采样后，通过计算获得有效电压的值。交流电压有效值公式为

$$V = \sqrt{\frac{1}{T} \int_0^T v^2 \, \mathrm{d}t}$$

式中：T 是周期；v 是瞬时值。

若以一个周期内有限个采样获得的电压瞬时值数字量来代替一个周期内连续变化的电压函数值，则得到

$$V \approx \sqrt{\frac{1}{T} \sum_{i=1}^{N} v_i^2 \Delta T_i}$$

式中：ΔT_i 为相邻两次采样的时间间隔；v_i 为每个时间间隔的电压采样瞬时值；N 为一个周期的采样点数。若相邻两采样的时间间隔相等，即 ΔT_i 为常数 ΔT，考虑到采样次数 $N=$（$T/\Delta T$）＋1，则得到根据一个正弦波周期各采样瞬时值及每周期采样点数计算电压信号有效值的公式

$$V \approx \sqrt{\frac{1}{N-1} \sum_{i=1}^{N} v_i^2}$$

实现上述算法的前提是将交流信号直接输入单片机的 ADC，但由于 ADC 只能输入大于 0V 的直流信号，因此需要电平移动电路将交流电转换成直流电输入 ADC。

对于 1V 有效值的电压信号，其峰值为 1.414V，考虑到输入电压可能为正常电压的 1.5 倍，因此需要将−2.3～＋2.3V 的电压转换为 0.2～4.8V 的电压。

由以上所述，电平转换电路的输出方程为

$$0.2 = m \times (-2.3) + b$$
$$4.8 = m \times 2.3 + b$$

解得 $b=2.5V$，$m=1$。

最后得到电平转换电路实现的表达式为

$$V_0 = V_{IN} + 2.5$$

该输出电压表达式可用电路结构 A（见 7.1.1 节）实现，电路如图 7-24 所示。取 $R_F=R_2$，R_G

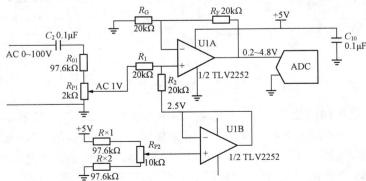

图 7-24　电平移动电路

$=R_1$，并取 $R_1=20\text{k}\Omega$，$V_{\text{REF}}=2.5\text{V}$，则由输出电压表达式：

$$V_{\text{OUT}} = V_{\text{IN}} \cdot \frac{R_2}{R_1+R_2} \cdot \frac{R_F+R_G}{R_G} + V_{\text{REF}} \cdot \frac{R_1}{R_1+R_2} \cdot \frac{R_F+R_G}{R_G}$$

得到
$$m = \frac{R_2}{R_1+R_2} \cdot \frac{R_F+R_G}{R_G} \qquad b = V_{\text{REF}} \cdot \frac{R_1}{R_1+R_2} \cdot \frac{R_F+R_G}{R_G}$$

可以计算出 $R_1=R_2=R_G=R_F=20\text{k}\Omega$。

该电路由电阻分压器、电平移动放大器和参考电源电路组成。电阻分压器将互感器 TV 输出的有效值为 100V 电压分压为 1V 电压输出，图中电位器 R_{P1} 用于精确调节分压比。1V 电压输入到运放 U1A 组成的同相放大电路，由于参考电压为 2.5V，因此转换为 2.5V±1.414V 的直流电压输出。为减小参考电源输出电阻，采用电阻分压输出 2.5V 后，再用运放 U1B 组成的电压跟随器输出。图中 R_{P2} 用于调节参考电压。

该电路的最大输出电压范围由运放的输出摆幅限制。

实现工频交流瞬时值采样，再通过有效值公式计算有效值的方法中，除了需要硬件实现输入信号的电平移位外，还需要单片机软件实现计算任务。通常需要在 20ms 的时间内采样 32 次、64 次或更多，将这些数值保存在整数数组中，先减去中值（2.5V）得到瞬时值，然后按照公式计算出有效值，将其保存在数组中；最后再将多个（8 个或 16 个等）有效值进行数字滤波处理后得到准确有效值。

若是在 20ms 范围内采样 32 次，则 0.625ms 实现一次转换就能够满足需求。

（2）测量交流电流。能够测量交流电压，也就可以测量交流电流，只要用电阻将交流电流互感器 TA 输出的 0～5A 电流信号转换成交流电压就可以了。

图 7-25 所示的就是将电流互感器输出 0～5A 电流转换成 0～1V 电压的电路图。

仪表互感器是单片机系统测量交流电压与电流的小型互感器，某型号仪表互感器参数如下。

1）仪表电流互感器：输入电流 30A，输出额定电流 30mA，采样电阻 100Ω，采样电压 3V，线性范围 ≥2.5 倍额定电流。

2）仪表电压互感器：额定输入电压（均方根值）220V，额定输出电压（均方根值）5V。

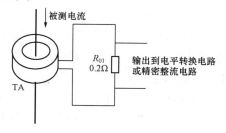

图 7-25 电流互感器输出
转换成电压的电路

7.1.3 温度测量接口技术

1. 热电阻

（1）铂金属热电阻。铂金属电阻精度高，稳定性好，具有一定的非线性，温度越高电阻变化率越小；最常用铂电阻按照 0℃时的电阻的值 R_0 分为 10Ω、100Ω 和 1000Ω 等几种，称为 Pt10、Pt100、Pt1000。

铂电阻阻值与温度 t 之间的关系呈非线性，即
$$R_t = R_0(1+at+\beta t^2) \quad (t\ 在\ 0\sim630℃之间)$$
式中：R_t 是铂热电阻的电阻值，Ω；R_0 是铂热电阻在 0℃ 时的电阻值，对于 Pt100，$R_0=100\Omega$；α 是一阶温度系数，$\alpha=3.912\times10^{-3}℃^{-1}$；$\beta$ 是二阶温度系数，$\beta=6.179\times10^{-7}℃^{-2}$。

铂热电阻 Pt100 的阻值与温度之间的关系称为分度表，分度表给出温度每变化 10℃ 对应的阻值。Pt100 的简化分度表见表 7-1。

表 7-1				Pt100 的简化分度表						
温度（℃）	−200	−100	0	100	200	300	400	500	600	650
电阻值（Ω）	18.52	60.26	100	138.51	175.86	212.05	247.09	280.98	313.71	329.64

通常流过 Pt100 的电流为 1mA，实际应用时测试电流不应超过允许值，当测试电流为 1mA 时，温升为 0.05℃；当测试电流为 5mA 时，温升为 2.2℃。

（2）热电阻信号调整电路。常采用常数电流流过热电阻的方法将温度引起的电阻变化转换成电压，因此需要恒流源，还需要高输入电阻的运放电路。

热电阻 Pt100 的信号调理电路如图 7-26 所示。该电路采用运放 LM258 组成恒流源，向 Pt100 提供 1mA 的电流，R_{P1} 用于精确调整电流为 1mA。

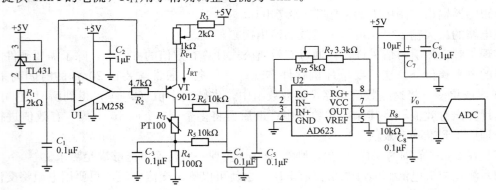

图 7-26　热电阻 Pt100 的信号调理电路

采用单电源工作的仪表放大器 AD623 放大热电阻两端的电压信号，在 −200℃ 时，热电阻为 18.5Ω；在 300℃ 时，热电阻为 212.05Ω，由于 AD623 放大倍数为 20 倍，因此 AD623 输出电压 V_0 的范围为 0.37～4.25V。电位器 R_{P2} 调整电压放大倍数。

AD623 是将 3 个运放集成到单芯片的满摆幅输出单电源仪表放大器，增益范围为 1～1000，输入电阻 2GΩ，具有非常好的失调参数。电源电压范围为 ±2.5～±6V 或 +2.7～+12V。该放大器具有参考电压引脚，可以连接参考电压实现输出电压的电平移动。

该放大器的放大倍数与增益电阻之间的关系为

$$V_{OUT} = (1 + 100\text{kΩ})/R_G \times (V_{IN+} - V_{IN-})$$

式中：R_G 是增益电阻，该电阻连接在 AD623 的 R_{G+} 与 R_{G-} 引脚。

2. 热敏电阻

热敏电阻是基于半导体的热变电阻，具有负温度系数的热敏电阻称为 NTC，而具有正温度系数的热敏电阻称为 PTC。

热敏电阻的基础是半导体对温度的依赖性，当温度升高时，电阻值减小，具有负温度系数；如果掺入的杂质多，使半导体具有金属的特性，则在某些温度范围内呈现正温度系数。

与金属热电阻相比较，热敏电阻的温度系数比金属大 10 倍以上甚至上百倍，因此灵敏度较高，常温下的电阻值范围宽，可在 0.1～100kΩ 之间选择；具有使用方便与易加工的优点。热敏电阻的测温范围一般为 −50～300℃。缺点是互换性较差，非线性严重。

KTY81-110 是具有正温度系数的热敏电阻温度传感器。该温度传感器采用 Philips 硅电阻元件制作，具有如下特点：

1）测量温度范围为−50～150℃。

2）温度系数 T_C 为 0.79%/K。

3）精度等级为 0.5%。

KTY81-110 在 25℃时的电阻（R_{25}）在 990～1010Ω 之间，在 1mA 工作电流时，温度与阻值之间的关系如图 7-27 所示。

热电阻 KTY81 的信号调整电路如图 7-28 所示。图中用 TLV2252 其中的一个运放作为电流源，产生稳定的 1mA 电流；用另一个 TLV2252 运放作为同相放大电路放大 KTY81 两端的电压信号。KTY81 在−50℃时的阻值为 500Ω，在 150℃时的阻值为 2.2kΩ，因此同相放大器的放大倍数只需要 2 倍就可以满足要求，输出电压 V_0 的范围为 1～4.4V。

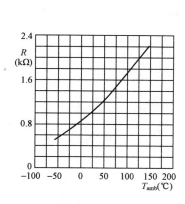

图 7-27　KTY81-110 电阻阻值
与温度之间的关系曲线

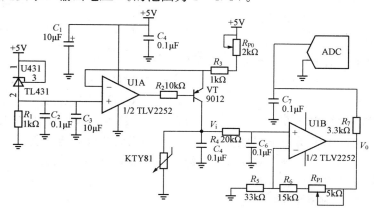

图 7-28　热电阻 KTY81 的信号调整电路

3. 集成温度传感器

集成温度传感器是利用制作集成电路的原理制作的单片的具有测温功能的集成电路。

（1）LM35。LM35 温度集成传感器的特点如下：

1）摄氏温度测量，线性系数为 10.0mV/℃。

2）测温范围为−55～150℃，在 25℃时，测温精度为 0.5℃。

3）电源电压为 4～20V，在 1mA 电流输出时，输出电阻为 0.1Ω。

该传感器的测温范围、电源电压的关系如图 7-29 所示。

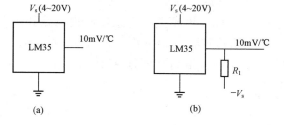

图 7-29　LM35 的测温范围与电流电压的关系
（a）测温范围 0～150℃；（b）测温范围−55～150℃

测温范围为−50～150℃的 LM35 信号调整电路如图 7-30 所示。对应温度−50～150℃，LM35 的地端与输出端 V_{OUT} 之间输出电压为−0.5～1.5V，经过差动放大器后，输出电压范围为 0.5～4.5V。

该电路的输出电压表达式为

$$V_{OUT} = V_{IN2} \cdot \frac{R_F + R_G}{R_G} \cdot \frac{R_2}{R_1 + R_2} + V_{REF} \cdot \frac{R_F + R_G}{R_G} \cdot \frac{R_1}{R_1 + R_2} - V_{IN1} \frac{R_F}{R_G}$$

若 $R_F = R_2$，$R_G = R_1$，则输出电压为

$$V_{OUT} = (V_{IN2} - V_{IN1})\frac{R_2}{R_1} + V_{REF}$$

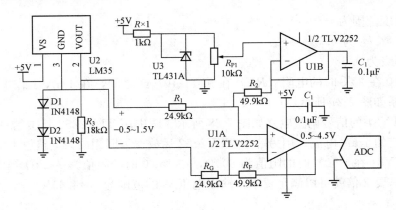

图 7-30　测温范围为−50～150℃的 LM35 信号调整电路

这里 $V_{IN2}-V_{IN1}=-0.5～1.5V$，则有

$$0.5=(R_2/R_1)\times(-0.5)+V_{REF}$$
$$4.5=(R_2/R_1)\times(1.5)+V_{REF}$$

可以解得 $R_2/R_1=2$，$V_{REF}=1.5V$，若取 $R_1=24.9k\Omega$，则有 $R_2=49.9k\Omega$。

图中 RP_1 用于调整参考电压，还用于调节放大器零点。

（2）AD590。AD590 集成温度传感器具有如下特点：

1）具有线性输出：$1\mu A/K$。

2）测温范围：−55～150℃。

3）只有两个电源电压引脚。电源电流就是传感器输出。

4）线性度：±0.3℃。

5）电源电压范围：+4～+30V。

6）该传感器在 25℃时，额定输出 298.2μA；在 25℃时，需要对传感器进行校准。

该传感器的典型应用电路如图 7-31 所示，其中电位器 R_P 用于在 25℃时，校准输出电压，一旦校准后，则每摄氏度变化 1mV。

AD590 集成温度传感器调理电路如图 7-32 所示。图中 AD590 在 25℃时输出 298.2mV，在−55℃时输出 218mV，在 150℃时输出 423mV。考虑到 TLV2252 的摆幅，调理电路在输入 218mV 时，输出 0.2V；在输入 423mV 时，输出 4.8V。因此运放输出电压表达式

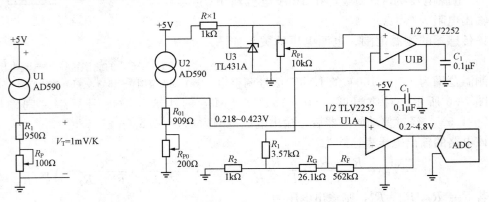

图 7-31　AD590 典型应用电路　　　图 7-32　AD590 集成温度传感器调整电路

$$0.2 = m \times (0.218) + b$$
$$4.8 = m \times (0.423) + b$$

由此解出 $m = 22.44$，$b = -4.69\text{V}$，输出电压表达式为 $V_{\text{OUT}} = 22.44 V_{\text{IN}} - 4.69$，因此可用电路结构 B（见 7.1.1 节）实现。电路结构 B 的电压表达式为

$$V_{\text{OUT}} = V_{\text{IN}} \cdot \frac{R_F + R_G + R_1 // R_2}{R_G + R_1 // R_2} - V_{\text{REF}} \cdot \frac{R_2}{R_1 + R_2} \cdot \frac{R_F}{R_G + R_1 // R_2}$$

其中

$$m = \frac{R_F + R_G + R_1 // R_2}{R_G + R_1 // R_2} \qquad |b| = V_{\text{REF}} \cdot \frac{R_2}{R_1 + R_2} \cdot \frac{R_F}{R_G + R_1 // R_2}$$

假设 $R_G \gg R_1 // R_2$，则有 $m = 22.44 - (R_F/R_G + 1)$，若取 $R_F = 562\text{k}\Omega$，则有 $R_G = 26.2\text{k}\Omega$。这里取 $R_G = 26.1\text{k}\Omega$。

根据假设 $R_G \gg R_1 // R_2$，有

$$b = |-4.69| = V_{\text{REF}}(R_F/R_G)[R_2/(R_1 + R_2)]$$

若选择 $V_{\text{REF}} = 1\text{V}$，由于 $R_F/R_G = 21.44$，得到 $b = 21.44\ [R_2/(R_1 + R_2)]$，若取 $R_2 = 1\text{k}\Omega$，由 $b/21.44 = 1/(1 + R_1)$，得到 $R_1 = 21.44/4.69 - 1 = 3.57\text{k}\Omega$。

4. 热电偶

(1) 热电偶简介。两种不同成分的导体（称为热电偶丝材或热电极）两端接合成回路，当接合点的温度不同时，在回路中就会产生电动势，这种现象称为热电效应，而这种电动势称为热电动势（热电势），也称为 Seebeck 电动势，这就是所谓的塞贝克效应。热电偶就是利用这种原理进行温度测量的，其中，直接用做测量介质温度的一端叫做工作端（称为测量端），另一端叫做冷端（称为补偿端或自由端）；冷端与显示仪表或配套仪表连接，显示仪表会显示出热电偶所产生的热电势。

根据热电势与温度的函数关系，制成热电偶分度表；分度表是冷端温度在 0℃ 的条件下得到的，不同的热电偶具有不同的分度表。

热电偶将热能转换为电能，用所产生的热电势测量温度，对于热电偶的热电势，应注意如下问题：

1) 热电偶所产生的热电势大小，与热电偶的长度和直径无关，只与热电偶材料的成分和两端的温差有关。

2) 当热电偶的两个热电偶丝材料成分确定后，热电偶热电势的大小，只与热电偶的温度差有关；若热电偶冷端的温度保持一定，则热电势仅是工作端温度的单值函数。

常用的热电偶材料测温范围见表 7-2。

表 7-2　　　　　　　　　　　　　　　　　**常用热电偶测温范围**

热电偶分类	热电偶电极材料		温度范围（℃）	热电势（mV）/温度（℃）
	正极	负极		
S	铂铑 10	纯铂	0～1300	$-7.89/-200\sim72.28/750$
R	铂铑 13	纯铂	0～1600	$0/0\sim18.84/1600$
B	铂铑 30	铂铑 6	500～1700	$1.24/500\sim12.4/1700$
K	镍铬	镍硅	-200～1200	$-5.89/-200\sim48.8/1200$
T	纯铜	铜镍	-200～+350	$-5.6/-200\sim17.82/350$
J	铁	铜镍	-200～1200	$-7.89/200\sim69.55/1200$
E	镍铬	铜镍	-200～800	$-8.82/-200\sim61.02/800$

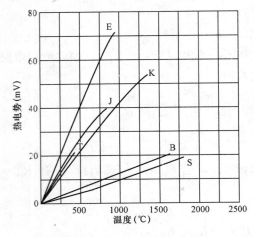

图 7-33 热电偶的热电势与温度的关系

几种热电偶的热电势与温度之间的关系如图 7-33 所示。可以看出,热电势与温度之间的关系都是非线性的,因此需要进行非线性修正。

(2) 热电偶冷端的温度补偿。由于热电偶的材料一般都比较贵重,在测温点到仪表的距离较远时,为了节省热电偶材料,降低成本,通常采用补偿导线把热电偶的冷端延伸到温度比较稳定的控制室内,连接到仪表端子上。这里热电偶补偿导线的作用只起延伸热电极,使热电偶的冷端移动到控制室的仪表端子上,它本身并不能消除冷端温度变化对测温的影响,不起补偿作用。因此,还需采用其他修正方法来补偿冷端温度 $t_0 \neq 0℃$ 时对测温的影响。

在使用热电偶补偿导线时必须注意型号相配,极性不能接错,补偿导线与热电偶连接端的温度不能超过 100℃。

(3) 热电偶信号调整电路。

1) 采用 LM35 的 K 型热电偶冷端补偿电路。K 型热电偶在 0℃时的热电势为 0mV,在 500℃时的热电势为 20.644mV。输出电压为 0.2~3.3V。因此放大器输出电压方程为

$$0.2 = m \times 0 + b$$
$$3.3 = m \times 20.644\text{mV} + b$$

得到 $b=0.2$,$m=150$,因此可由运放电路结构 A(见 7.1.1 节)实现。

由于 $$m = \frac{R_2}{R_1 + R_2} \cdot \frac{R_F + R_G}{R_G} \qquad b = V_{\text{REF}} \cdot \frac{R_1}{R_1 + R_2} \cdot \frac{R_F + R_G}{R_G}$$

若假设 $R_2 = R_F$,$R_1 = R_G$,则有 $m = 150 = R_F/R_G$,$b = 0.2 = V_{\text{REF}}$。

若取 $R_G = R_1 = 1\text{k}\Omega$,则 $R_F = R_2 = 150\text{k}\Omega$,$V_{\text{REF}} = 0.2\text{V}$。

采用 LM35 的 K 型热电偶冷端补偿电路如图 7-34 所示。因为 LM35 输出 10mV/℃,因此温度每变化 1℃,R_4 的压降增加 40μV。

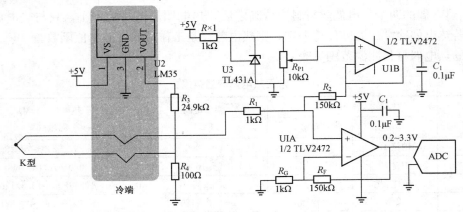

图 7-34 采用 LM35 的 K 型热电偶冷端补偿电路图

2) 基于 AD623 的热电偶调整电路。基于 AD623 的热电偶调整电路如图 7-35 所示。

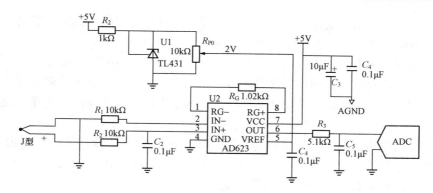

图 7-35　基于 AD623 的热电偶调整电路图

该电路采用 J 型热电偶，测温范围为 —200～+200℃，对应的热电势是 —7.890～10.777mV。AD623 组成电路的电压放大倍数为 99.04，因此 AD623 的输出电压范围为1.2～3.1V。

由于调整电路没有冷端补偿的功能，因此需要单独测量冷端温度的电路，通常用 LM35、AD590 组成的电路或数字输出温度传感器 DS18B20 构成。单片机软件设计中还需要设计测量热电偶冷端温度的程序，根据冷端温度转换的补偿热电势与热电偶测量的热电势共同确定实际测量温度。

7.1.4　应力测量接口技术

电阻式传感器是将被测量，如位移、形变、力、加速度、湿度、温度等物理量转换成电阻值变化的一种器件。主要有电阻应变式、压阻式、热电阻、热敏、气敏、湿敏等电阻式传感器件。

1. 电阻应变式传感器

（1）电阻应变片。电阻值受应力变化而变化的电阻称为电阻应变片。电阻应变片常用铜镍合金、康铜合金、镍铬合金等金属材料或硅、锗等半导体材料构成。

电阻应变片的结构如图 7-36（a）所示。把一根电阻丝机械地分布在一块有机材料制成的基底上，即成为一片应变片。其中栅格结构的金属或半导体丝状电阻在变形后，产生电阻值变化。图 7-36（b）所示的是将电阻应变片贴在悬臂金属梁上测力示意图。若悬臂梁弯曲，使应变片发生形变，则应变片的电阻变化可以反映悬臂梁的弯曲程度。

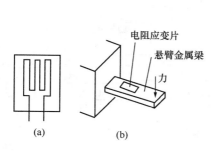

图 7-36　电阻应变片的结构图与悬臂梁测力示意图
（a）电阻应变片的结构图；（b）悬臂梁测力示意图

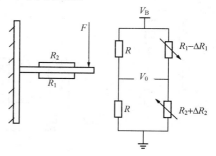

图 7-37　悬臂梁贴两片应变片的情况

电阻应变片具有金属的应力变化效应，即在外力作用下产生机械形变，从而使电阻值随之发生相应的变化，按照泊松定律，导体长度的变化导致其剖面变化，其阻抗变化与截面积变化近似成正比。电阻应变片主要有金属和半导体两类。

常用应变片的标称电阻值为：120、175、350、500、700、1000、1500Ω。

（2）弹性体。应变片通常用胶贴在弹性体上，弹性体是有特殊形状的钢结构件。弹性体的变形与应力之间是线性关系，可使粘贴在弹性体上的电阻应变片较线性地实现应变到电信号的转换。

（3）电桥检测电路。通常采用电桥将应变片电阻的阻值变化转换为电压输出。如图 7-37 所示为一个悬臂梁贴两片应变片的情况，当向下施加应力时，上侧的应变片 R_2 受到拉伸，电阻值增大，下侧的电阻 R_1 受到压缩，电阻值减小。

若该电桥电阻之间满足如下关系：

$$R_1 = R_2 = R_3 = R_4 = R, \Delta R_1 = \Delta R_2 = \Delta R$$

则电桥输出

$$V_0 = \frac{V_B}{2} \frac{\Delta R}{R}$$

电桥最大输出电压与激励电压之比称为灵敏度。例如激励电压为 10V，电桥输出为 10mV，则电桥灵敏度为 1mV/V。

（4）实际的测力传感器。实际中，经常将应变片、弹性体与电桥电路做成传感器产品，以满足称重等需求。例如，某称重传感器适用于安装在容器计量秤、料斗自动定量秤和车用配料秤中，主要技术指标如下：

额定负荷：2.8t；电源电压：6V；

灵敏度：1.5 mV/V；输出电阻：245±0.2Ω。

实际使用中，只需要向该传感器提供 6V 激励电压，在 2.8t 负荷时，该传感器输出满幅 9mV 的信号，由于该信号太小，不能直接输出到 ADC，还需要设计信号调整电路，将传感器输出信号放大到 ADC 需要的范围。

2. 应变电桥信号调理电路

（1）基于仪表放大器 AD623 传感器放大电路。图 7-38 显示的是 350Ω 电阻的电阻桥与 AD623 组成的传感器电路，该电路中供桥电源为 5V，电桥灵敏度为 10mV/V，AD623 的电源为 +5V，放大倍数 $G=66$，增益电阻 $R_G = 100\text{k}\Omega/(G-1) = 100\text{k}\Omega/65 = 1.538\text{k}\Omega$，选误差为 1‰电阻 1.54kΩ

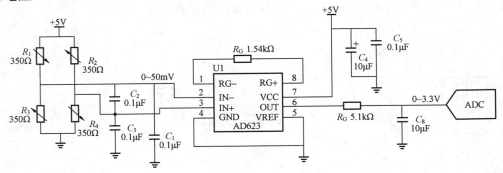

图 7-38　350Ω 电阻桥与 AD623 组成的传感器电路

AD623 的满幅输入电压为 0～50mV，输出为 0～3.3V。

（2）基于 3 运放仪表放大器 350Ω 的电桥电路。图 7-39 所示的是一个 3 运放应变电桥输出

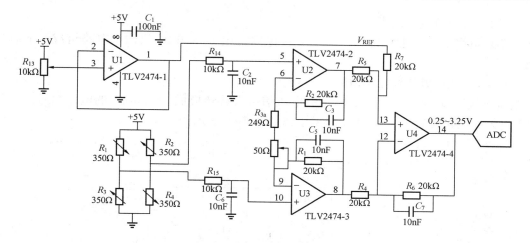

图 7-39　3 运放应变电桥输出信号调整电路

信号调整电路。该应变电桥测力范围为 0～7kPa，采用 5V 电源激励电桥。灵敏度为 4mV/V。采用 10 位 ADC，参考电压为 3.3V。

该电路选用单电源运放 TLV2474。对于 0～7kPa 的压力，电桥输出 0～20mV，取放大器输出范围为 0.25～3.25V。若采用 3 运放（TLV2474-2～TLV2474-4）仪表放大器，则输出电压表达式为

$$V_{\text{OUT}} = V_{\text{IN2}} \cdot \frac{2R_2 + R_3}{R_3} \cdot \frac{R_7}{R_5 + R_7} \cdot \frac{R_6 + R_4}{R_4} - V_{\text{IN1}} \cdot \frac{2R_1 + R_3}{R_3} \cdot \frac{R_6}{R_4} +$$

$$V_{\text{REF}} \cdot \frac{R_5}{R_5 + R_7} \cdot \frac{R_6 + R_4}{R_4}$$

若取 $R_7 = R_6 = R_5 = R_4$，$R_2 = R_1$，则有

$$V_{\text{OUT}} = (V_{\text{IN2}} - V_{\text{IN1}})\left(\frac{2R_1}{R_3} + 1\right) + V_{\text{REF}}$$

$$0.25\text{V} = 0\text{mV}(2R_1/R_3 + 1) + V_{\text{REF}}$$

$$3.25\text{V} = 20\text{mV}(2R_1/R_3 + 1) + V_{\text{REF}}$$

解得 $V_{\text{REF}} = 0.25\text{V}$，$2R_1/R_3 + 1 = 150$。

取 $R_1 = R_2 = R_6 = R_7 = R_5 = R_4 = 20.0\text{k}\Omega$，则 $R_3 = 266\Omega$。取固定电阻 $R_{3a} = 249\Omega$，取可调电阻 $R_{3b} = 50\Omega$。

放大器输入 $V_{\text{IN2}} - V_{\text{IN1}}$ 为 0～20mV，输出电压 $V_{\text{OUT}} = 0.25～3.25\text{V}$，3 运放的放大倍数为 150。

滤波：在电桥传输路径上串联低通滤波器，取电阻为 10kΩ，电容为 10nF，则截止频率为 1592Hz。另外每个运放的反馈电阻上并联 10nF 的电容，也可以起到低通滤波的作用。

7.2　模 拟 量 输 出 电 路

一般模拟量标准电压为 0～5V、1～5V、0～10V，标准电流为 4～20mA、1～5mA，而最常用的是 4～20mA 电流输出，因为电流信号可以长距离传输，因此几乎所有生产的变送器都

具有 4～20mA 电流输出能力。

在单片机组成的智能系统中，4～20mA 电路常由 DAC 和电流输出电路组成。下面举例介绍。

7.2.1 电压电流转换电路举例一

电压电流转换器可以将 DAC 输出的电压信号直接转换成 4～20mA 的电流信号。实际的 1～5V 输入电压转换为 4～20mA 电流的电路如图 7-40 所示。

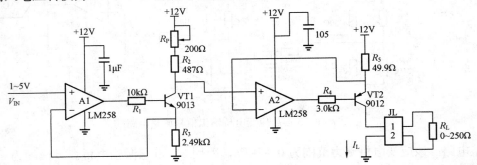

图 7-40 1～5V 输入电压转换为 4～20mA 电流的电路

该电路调试时，应该保证当输入电压 $V_{IN}=1V$ 时，流过 R_3 的电流为 0.4mA，流过 R_5 的电流为 4mA；当输入电压为 5V 时，流过 R_3 的电流为 2mA，流过 R_5 的电流为 20mA。

7.2.2 电压电流转换电路举例二

图 7-41 所示的电路将 1～5V 的输入电压信号转换成 4～20mA 的电流输出。在 12V 电源、$R_L<250\Omega$ 情况下，输入电压为 1～5V 时，输出电流为 4～20mA。

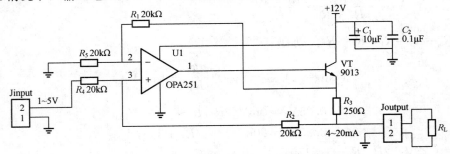

图 7-41 1～5V 的输入电压信号转为 4～20mA 的电路图

由图可知，当 $R_L=0$ 时，$I_{R3}=$ 输入电压$/R_3$，当 $R_L\neq0\Omega$ 时，R_L 两端电压同时作用于运放两输入端，大小相等，方向一致，因此电流 I_{R3} 与 R_L 无关。

该电路中的运放 OPA251，具有如下特点。

(1) 微功耗：静态电流为 $25\mu A$。

(2) 满摆幅输出：与电源、地线的电位差小于 50mV。

(3) 宽电压范围：单电源 $+2.7～36V$，双电源 $\pm1.35～\pm18V$。

(4) 低偏移电压：$\pm250\mu V$。

(5) 高共模抑制比：124dB。

(6) 高开路增益：128dB。

(7) 多封装：具有单、双、四芯片封装。

7.3　光耦隔离输入接口技术

7.3.1　常用光耦器件简介

光耦种类有很多，下面以光耦 4N25 为例介绍光耦参数。4N25 的引脚排列如图 7-42 所示。

(1) 电流传输比 $CTR = (I_C/I_F)\%$。在 $I_F = 10\text{mA}$ 时，电流传输比为 $20\% \sim 50\%$。

(2) 输入 LED 的压降为 $1.15 \sim 1.5\text{V}$，最大连续工作电流 60mA。

(3) 三极管截止电流 I_{CEO} 为 $1 \sim 50\text{nA}$，连续工作电流为 150mA。

(4) 在 $I_C = 2\text{mA}$ 时，集电极—发射极间饱和压降 $V_{CES} = 0.15 \sim 0.5\text{V}$。

7.3.2　单片机与光耦隔离输入电路

光耦隔离输入电路可以有效隔离共模干扰。图 7-43 所示为单片机系统中常用的光耦隔离输入电路。图中光耦左侧的电路中，具有独立电源 E、输入按钮（开关）与 LED 指示灯；光耦右侧的电路接有集电极电阻 R_2。当按钮接通时，LED 发光，使光耦中的三极管导通，51 单片机 I/O 为低电平；当按钮断开，LED 不发光，光耦中的三极管截止，51 单片机 I/O 为高电平。

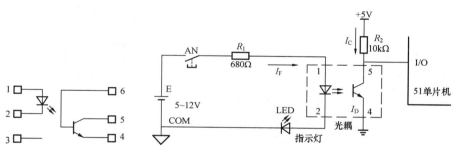

图 7-42　4N25 引脚排列　　　　　图 7-43　单片机系统中常用的光耦隔离输入电路

若选择图 7-43 中 $I_F = 2.5\text{mA}$，由 5V 电源电压以及 LED 的压降，可以得到串联电阻阻值近似为 680Ω。根据电流传输比 $CTR = (I_C/I_F)\%$，则最小 $I_C = I_F \times 20\% = 0.5\text{mA}$，若 $R_2 = 10\text{k}\Omega$，则电阻压降为 5V，可见光耦中的三极管可以可靠饱和。三极管截止后的电流（暗电流）为 $1 \sim 50\text{nA}$，可以算出暗电流时的电阻 R_2 压降为 $10\text{k}\Omega \times 50\text{nA} = 0.5\text{mV}$，因压降很小，所以可以保证三极管截止时，三极管集电极输出电压近似为 5V。

7.4　功率输出接口技术

7.4.1　继电器驱动电路

由于单片机引脚驱动能力不够大，因此常借助于三极管或场效应管驱动继电器。

1. 三极管驱动继电器电路

单片机采用三极管驱动继电器的电路如图 7-44 所示。图 7-44（a）是采用 PNP 型三极管的驱动电路，图 7-44（b）是采用 NPN 型三极管的驱动电路。为使继电器不出现误动作，电路中增加了电阻 R_2，该电阻可以在单片机初始化之前，保持三极管截止，继电器不动作。

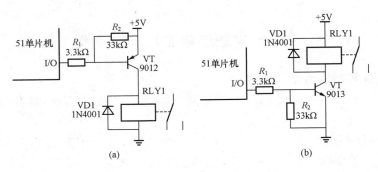

图 7-44　三极管驱动继电器的电路

（a）PNP 型；（b）NPN 型

2. MOS 功率管驱动继电器电路

图 7-45 所示的是采用 MOS 功率管驱动继电器的电路。由于 MOS 功率管功率比较大，因此图示电路也可以驱动电磁铁、电机等大电流电磁元件。图中 V_{load} 是继电器电源电压。

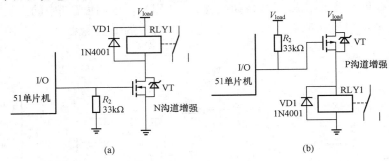

图 7-45　采用 MOS 功率管驱动继电器的电路

（a）N 沟道；（b）P 沟道

图 7-45（a）所示的是 N 沟道 MOS 功率管驱动继电器类负载的电路，该电路在单片机输出高电平时，MOS 管导通。

图 7-45（b）所示的是 P 沟道 MOS 功率管驱动继电器类负载的电路。该电路在单片机输出低电平时，MOS 管导通。

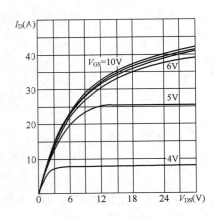

图 7-46　IRF640 的输出特性

3. MOS 管主要参数

下面举例说明功率 MOS 管主要参数。

（1）N 型功率 MOS 管 IRF640。

最大漏源电压 V_{DS}：200V；

最大栅源电压 V_{GS}：20V；

最大漏极电流 I_D：18A。

在 $V_{GS}=10V$，$I_D=9A$ 时，$R_{DS}=0.15\Omega$。

漏源电压对漏极电流 I_{DSS} 的输出特性如图 7-46 所示。

从输出特性可以看出，在 $V_{GS}=4V$，$V_{DS}=5V$ 时，I_D 可以达到 7A 左右。因此对于电流比较小的负载，只要 $V_{GS}=4V$，就可以有效驱动。但是如果需要达到 10A 左右的负载，则需要 5V 以上的 V_{GS} 电压，显然单片机不能提供，这就需要在单片机引脚外增加 OC 门或是 OD 门，提高 V_{GS} 电压。

（2）P 型功率 MOS 管 IRF9530。

最大漏源电压 V_{DS}：$-100V$；

最大栅源电压 V_{GS}：$-20V$；

最大漏极电流 I_D：$-14A$；

在 $V_{GS}=-10V$，$I_D=-8.4A$ 时，$R_{DS}=0.2\Omega$。

漏源电压 V_{DS} 对漏极电流 I_{DSS} 的输出特性如图 7-47 所示。

从 IRF9530 的输出特性可以看出，在 $V_{GS}=-4.5V$ 时，可以得到 1A 的漏极电流，因此对于小的漏极负载电流，可以采用单片机直接驱动。若需要大的漏极电流，则需要单片机引脚外增加 OC 门或是 OD 门，提高 V_{GS} 电压。

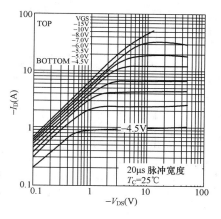

图 7-47　IRF9530 的输出特性

7.4.2　提高单片机驱动能力

若 51 单片机的驱动能力不够，可采用达林顿阵列 ULN2803 增加驱动能力。ULN2803 的引脚与内部结构如图 7-48 所示。每个达林顿单元结构如图 7-49 所示。

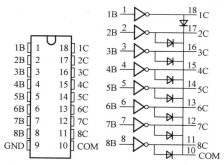

图 7-48　ULN2803 的引脚与内部结构

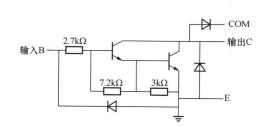

图 7-49　ULN2803 的达林顿单元结构

ULN2803 极限参数如下：最大输出端电压 $V_{CE}=50V$，最大输入电压 $V_{IN}=30V$；最大连续输出电流 $I_C=500mA$，最大连续输入电流 $I_{IN}=25mA$。

主要直流参数如下：

集电极-发射极间饱和压降 $V_{CE(sat)}$：$I_C=100mA$，$I_{IN}=250\mu A$ 时，典型值 0.9V，最大值 1.1V；$I_C=350mA$，$I_{IN}=500\mu A$ 时，典型值 1.3V，最大值 1.6V。

输入电流 $I_{IN(ON)}$：$V_{IN}=3.85V$ 时，典型 0.93mA，最大 1.35mA。

输入电压 $V_{IN(ON)}$：$V_{CE}=2V$，$I_C=200mA$ 时，最大值 2.4V；$I_C=300mA$ 时，最大值 3.0V。

ULN2803 驱动继电器的电路如图 7-50 所示。图中 V_{CC} 可以根据继电器需要选择，但不能超过 50V。

另外 ULN2803 内部有续流二极管，因此继电器线圈不用外接二极管了。

7.4.3　光耦直接输出电路

为避免输出端外电路的高电压干扰单片机工作，单片机的输出信号，也经常采用光耦隔离的方法输出数字信号。采用光耦 TLP521-2 的隔离输出电路如图 7-51 所示。

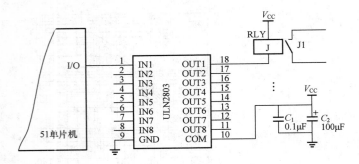

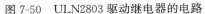

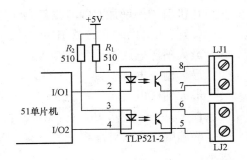

图 7-50　ULN2803 驱动继电器的电路　　　图 7-51　采用光耦 TLP521-2 的
隔离输出电路

　　图中单片机两个 I/O 引脚被 TLP521-2 光耦隔离输出，图中只给出了光耦输出引脚连接器，没有外接电路。该电路可以将单片机的 PWM 脉冲信号引出，驱动功率器件控制电机、电磁铁等电磁装置，也可以将数字信号引出驱动继电器、晶闸管等功率器件。

　　TLP521-2 光耦的参数如下：

　　(1) 极限参数。发光二极管最大正向电流 $I_F=50\text{mA}$，反向耐压：$V_R=5\text{V}$，三极管集电极-发射极间电压 $V_{CEO}=55\text{V}$，集电极电流 $I_C=50\text{mA}$。

　　(2) 建议工作条件。电源电压 $V_{CC}=5\sim24\text{V}$，发光二极管正向电流 $I_F=16\sim20\text{mA}$，三极管集电极电流 $I_C=1\sim10\text{mA}$。

　　(3) 静态参数。

　　当 $I_F=10\text{mA}$ 时，发光二极管正向电压 $V_F=1\sim1.3\text{V}$，典型值为 1.15V。

　　当 $V_{CE}=24\text{V}$ 时，三极管暗电流 $I_{CEO}=10\sim100\text{nA}$。

　　当 $I_F=5\text{mA}$，$V_{CE}=5\text{V}$ 时，电流传输比 $CTR=I_C/I_F=(100\sim600)\%$。

　　当 $I_C=2.4\text{mA}$，$I_F=8\text{mA}$ 时，三极管饱和电压 $V_{CE(sat)}$ 最大值为 0.4V。

　　按照图示参数可知发光二极管 $I_F\approx6\text{mA}$，若取最小电流传输比为 1，则流过三极管集电极的电流为 $I_F\times CTR=6\text{mA}$。

7.4.4　单片机驱动双向晶闸管电路

1. 过零型驱动电路

　　单片机过零型晶闸管驱动电路如图 7-52 所示。这种情况，相当于单片机控制一个交流功率开关，控制负载得电与失电，特别是开关的接通时间在交流电过零瞬间，因此对电网冲击小，电磁波辐射小。

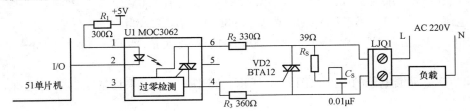

图 7-52　单片机过零型晶闸管驱动电路

　　图中 MOC3062 是过零型光隔离晶闸管驱动电路，该电路可驱动 12A 电流的双向晶闸管BTA12，或是其他大功率双向晶闸管。

　　该电路用于单片机驱动具有交流 220V 电压的电阻性负载，单片机侧的电阻 R_1 计算如下：
$$R_1 = (5 - V_{\text{OL}} - V_{\text{F}})/I_{\text{FT}} \approx 3\text{V}/10\text{mA} = 300\Omega$$
式中：V_{OL} 是单片机输出低电平；V_{F} 是 MOC3062 的 LED 管压降；I_{FT} 是触发 MOC3062 的电流。

　　电阻 R_2 用于限制 MOC3062 的输出电流 I_{TSM}，计算公式如下：
$$R_2 = V_{\text{peak}}/I_{\text{TSM}} = (220\sqrt{2})\text{V}/1\text{A} = 311\Omega$$
式中：V_{peak} 是交流电源电压的峰值；I_{TSM} 是峰值重复浪涌电流。

　　电阻 R_3 用于抗干扰，阻值在 $100\sim500\Omega$ 之间选择。

　　电容 C_{S} 用于限制电压的上升速率 $\text{d}V/\text{d}t$，电阻 R_{S} 用于限制 C_{S} 上的浪涌电流，通常 C_{S} 与 R_{S} 组成的网络又称为缓冲器。由于负载参数的不确定，因此常用试验的方法确定 C_{S} 与 R_{S} 值。

　　（1）MOC3062 的主要极限参数。LED 二极管正向电流 $I_{\text{F}}=60\text{mA}$，反向耐压 $V_{\text{R}}=6\text{V}$。

　　接收器部分断态耐压 $V_{\text{DRM}}=600\text{V}$，峰值重复浪涌电流 $I_{\text{TSM}}=1\text{A}$（$100\mu\text{s}$ 时，最大功率达到 120W）。

　　（2）MOC3062 的一般电特性。

　　LED 管部分：在 $I_{\text{F}}=30\text{mA}$ 时，压降 $V_{\text{F}}=1.3\sim1.5\text{V}$。

　　接收器部分：在 $V_{\text{DRM}}=600\text{V}$，$I_{\text{F}}$ 为 0 时，峰值阻断电流 $I_{\text{DM}}=10\sim500\text{nA}$。

　　传输特性：MOC3062 的 LED 触发电流 I_{FT} 为 10mA，MOC3063 为 5mA；在 $I_{\text{TM}}=100\text{mA}$ 时，峰值通态电压 $V_{\text{TM}}=1.8\sim3\text{V}$；保持电流 $I_{\text{H}}=500\mu\text{A}$。

　　（3）晶闸管 BTA12 的参数。RMS 通态均方根电流 $I_{\text{T(RMS)}}$：12A（允许流过 BTA12 的额定电流）。

　　断态重复峰值正向/反向电压 $V_{\text{DRM}}/V_{\text{RRM}}$：600/800V（该参数是 BTA12 的耐压）。

　　门极触发电流 I_{GT}：TW/SW/CW/BW＝5/15/35/50mA（取决于型号后缀）。

　　门极触发电压 V_{GT}：1.3V。

　　维持电流 I_{H}：TW/SW/CW/BW＝10/15/35/50mA（取决于型号后缀）。

　　通态不重复浪涌电流 I_{TSM}：120A（50Hz，$t=20\text{ms}$）。

　　2. 移相型驱动电路

　　单片机驱动移相型驱动器的电阻型负载电路如图 7-53 所示。移相型驱动器可以在单片机控制驱动器的瞬间使驱动器 MOC3022 触发双向晶闸管 BTA12，因此可以按照单片机发出的控制信号控制双向晶闸管的导通角。图中 R_1 与 R_2 的计算与上节所述相同。

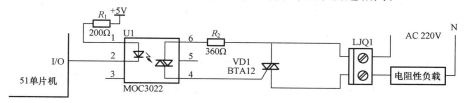

图 7-53　单片机驱动移相型晶闸管驱动器的电阻型负载电路

　　图 7-54 所示的是具有电感型负载时的电路。图中 R_3 与 C_1 是 MOC3022 的缓冲电路，R_{S} 与 C_{S} 是双向晶闸管 BTA12 的缓冲电路，它们的参数为 MOC3022 数据手册提供的典型数值。

　　过零检测电路用于向单片机提供过零时刻，从过零时刻开始，单片机按照计算出的触发时间，初始化并启动定时器，在定时器产生中断后，发出触发 MOC3022 的低电平信号，触发双

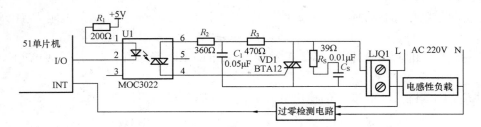

图 7-54　单片机驱动移相型晶闸管驱动器的电感型负载电路

向晶闸管 BTA12 导通，使负载得电。

（1）MOC3022 的主要极限参数。

LED 管部分：连续正向电流 $I_F=60$mA，反向耐压 $V_R=3$V。

接收器部分：断态耐压 $V_{DRM}=400$V，峰值重复浪涌电流 $I_{TSM}=1$A（1ms 时，最大功率达到 120W）。

（2）MOC3022 的一般电特性。

LED 管部分：在 $I_F=10$mA 时，压降 $V_F=1.15\sim1.5$V。

接收器部分：在 $V_{DRM}=600$V、$I_F=0$ 时，峰值阻断电流 $I_{DM}=10\sim100$nA。

在 $I_{TM}=100$mA，$I_F=0$ 时，峰值通态电压 $V_{TM}=1.8\sim3$V。

传输特性：LED 触发电流 I_{FT}：MOC3021 为 15mA，MOC3022 为 10mA，MOC3023 为 5mA。保持电流 $I_H=100\mu$A。

图 7-55 所示的是常用的交流电过零检测电路。图中 220V 交流电经过变压器隔离降压后，经过全波桥式整流电路产生脉动直流信号。脉动直流信号经过二极管 VD5 后经过滤波电路产生 6V 以上的直流电加在 9013 三极管集电极。当脉动直流加在 9013 的基极，且电压低于 V_{be} 时，9013 截止，TLP521 中的发光二极管不发光，输出电压 V_o 为高电平。因此在交流电过零点附近，V_o 输出高电平脉冲。

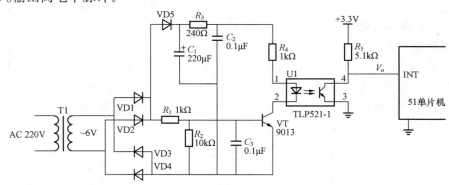

图 7-55　交流电过零检测电路

第 8 章

变频器节电运行参数显示调节装置的设计

目前，变频器或称变频驱动器的应用十分广泛。它是机电一体化设备，是各种加工、传送、流体和制冷机械等进行调速节电所必需的装备。随着变频器价格的降低和单片机嵌入式控制技术的提高，变频器用于加工、传送机械中可使机械设备的工作质量和弹性提高，变频器用于空调、冰箱的制冷系统可以顺应工况达到节电、节能降噪的效果。使用变频器加嵌入式控制，是在各种离心泵、风机、压缩机跟随变化的工况中，随时将转速调节到自身特性曲线高效率点运行，大量节能节电的必由之路。

在工业中，加工或传送机械使用变频器的唯一目的就是调节各部分驱动电动机的转速，以便对不同的加工对象都能达到理想的效果。虽然此项功能只操作变频器的面板按键或旋钮就能轻易实现，但是对于大型机械或生产线上的多台安装在各配电盘不同角落的多个变频器来说，单独调节就得爬高钻洞，很难同时进行协调调节，给操作带来不便。虽然不少牌号变频器的显示和模拟调节模块可以拔下，用专用电缆连接延伸到操作处，但距离最长不过十几米，并且连接插件在受震后瞬间的接触不良会导致变频器的保护性停机，影响机械设备的正常运行，使生产效率降低，严重时还会造成物料堆挤损坏机构。

针对上述问题，给出的解决方案是集中控制和显示。众所周知，绝大多数变频器都配有RS-485 串行总线接口，可以输入操作命令和读出实时运行参数，由于 RS-485 总线具有多机通信功能，因此，只要用一台变频器节电运行参数显示调节装置就能够集中实时显示和调节控制多台变频器的运行参数。

8.1 相关器件介绍

8.1.1 键盘接口

在 51 单片机应用系统中，键盘是常用的人机接口输入部件。组成键盘的基本单元是按键，按键是通过手指的按压操作，使触点闭合，按压力消失时断开；闭合和断开的状态转化为二进制电平，可作为判断按键是否按下的依据。若干个按键的有序排列组成了键盘。将键盘和 51单片机以某种方式连接，操作人员通过键盘输入命令，即可实现人机对话和对系统的控制。

图 8-1 是按键或称按钮的实物外形。一般的按键从实物来看，是一个四端口器件，但其实它是一个二端口器件。在按下按键之前，两个触点之间是不导通的，按下的时候就导通，通过外部电路的不同接法，就可以使其中一个端口在按下和不按下的时候产生电平变化，而单片机正是通过检测到这种变化来完成对按键输入信息的获取。

在应用系统中，按照 MCU 对键盘的识别方式，

图 8-1　按钮实物图

349

把键盘分为"编码键盘"和"非编码键盘"两种。前者用硬件逻辑方式对按键编码，后者通过软件对按键编码，即通过软件来命名和识别按键。编码键盘占用硬件资源多，接口复杂，成本高；非编码键盘软件编写工作量较多，但硬件接口简单、节省资源，是 MCU 应用系统普遍采用的方式。

一般来说，键盘接口技术所要实现的功能是：

（1）及时检测并判断键盘中是否有键按下。

（2）确认按下的按键，即在若干个按键中找到是哪个键被按下。

（3）根据被按下的键值，转入相应键的处理程序。对于操作者来说，按键的按下方式可分为两种，一种是"按下-释放型"，即从按下到松开按键算是一次有效按键；另一种是"连击型"，即按下后若保持一段时间，则随着时间的延长可视为是多次按下该键，例如用于时间设定的按键。对于前者的处理，单片机先判断该键按下，然后再等待其释放，或只需判断有按下发生，即可算作一次按键；对于后者，在判断该键按下后，通常使设定的定时器开始计时，定时时间到则视为按键次数增加一次，累计计数，直到该键释放。

（4）同时，还要排除按键按下过程中信号抖动的干扰。

应用系统中键盘和单片机的连接方式，可分为独立式键盘和矩阵式键盘两种。前者适合键盘的按键数目较少的情况，后者适用于按键数目较多的场合。

1. 独立式键盘和 51 单片机的连接

所谓独立式键盘，是各按键相互独立，每一个按键"独自"占用 51 单片机的一个 I/O 口位。这种方式连接简单、编程方便，在键盘的按键数量较少（比如不大于 8）的情况下，选择此方式是合适的。图 8-2 显示了独立式键盘的两种连接方式。

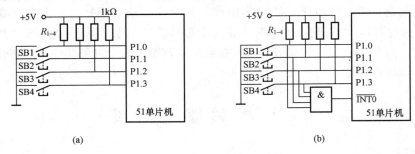

图 8-2　独立式键盘查询和中断两种连接方式

（a）查询；（b）中断

其工作原理如下：

（1）判断是否有按键按下并确认按键。图 8-2 中的四只按键（动合触点）分别接到了 P1 的 4 个 I/O 端口位，无键按下时，I/O 线为高电平，该 I/O 位的读入数据为"1"，有键按下时，对应的 I/O 线变为低电平，该 I/O 端口位的读入数据为"0"。通过对 I/O 位状态的检测，可判断是否有按键被压下。检测可用查询的方式，如图 8-2（a）所示；也可用中断的方式，如图 8-2（b）所示。查询方式可按位依次读取 I/O 的状态，直接确认按键；"中断"方式则是有键按下后先进入中断服务程序，在中断服务程序中再依次读取 I/O 位的状态来确认按键。需要说明的是，采用中断方式，可最大程度保证检测的实时性，即 51 单片机系统对按键的反应迅速及时；而在实时性要求不高的条件下，采用查询方式则能节省硬件和减少软件工作。

（2）消除抖动。抖动是按键按下过程中产生的一种伴随现象。由于按键的弹性，触点在被按压时会在闭合与断开位置之间来回变换，从而影响对断开与闭合的判断。在一次完整的按下—松开按键的过程中，抖动发生在前沿和后沿部分，每次持续时间 5～10ms。消除抖动的有效办法是软件延时，即在判断有键按下后延时 10ms 左右再读该键状态，以确认按下；在判断该键松开后也做延时以确认松开。

（3）确认按下键，并进行按下键处理。图 8-2 中采用中断方式的按键确认和处理汇编子程序 ch8_1 如下。

```
/ * * * * * * * * * 确认按键并处理子程序 * * * * * * * * * * /
        ORG    0003H           ; 中断 0 入口地址
        LJMP   KEYPRE          ; 转移至键盘服务中断程序
KETPRE: LCALL  DELAY10MS        ; 调用延时 10ms 子程序，略
        MOV    P1, ＃0FH        ; 欲读先写
        JNB    P1.0, PROP10     ; 判位 0 仍按下，转移至按键 0 处理程序
        JNB    P1.1, PROP11     ; 判位 1 仍按下，转移至按键 1 处理程序
        JNB    P1.2, PROP12     ; 判位 2 仍按下，转移至按键 2 处理程序
        JNB    P1.3, PROP13     ; 判位 3 仍按下，转移至按键 3 处理程序
        RETI                   ; 中断返回
PROP10: ……                    ; 按键 0 处理程序
        RETI                   ; 中断返回
PROP11: ……                    ; 按键 1 处理程序
        RETI                   ; 中断返回
PROP12: ……                    ; 按键 2 处理程序
        RETI                   ; 中断返回
PROP13: ……                    ; 按键 3 处理程序
        RETI                   ; 中断返回
        END
```

2. 矩阵式键盘和 51 单片机的连接

在按键数目较多时，需要采用矩阵式键盘。矩阵式键盘把按键按照行列矩阵的方式排列，将 I/O 口线的一部分作为行线，另一部分作为列线。按键设置在行线和列线的交叉点上。矩阵式键盘的按键数量用行线 N 乘以列线 M，例如 4 行、4 列键盘的按键数是 $4 \times 4 = 16$ 个。与独立式键盘相比，矩阵式键盘在按键较多时，可以节省 I/O 口线。如图 8-3 所示为 4×4 矩阵键盘。图中由 4 条行线和 4 条列线构成了矩阵。端口 P1 高 4 位（P1.7～P1.4）接列线，列线通过上拉电阻接 V_{CC}（＋5V）；低 4 位（P1.3～P1.0）接行线。16 只键安放在矩阵行列线的交叉点上，每只键的一端接行线，另一端接列线，组成了矩阵式键盘。按下键

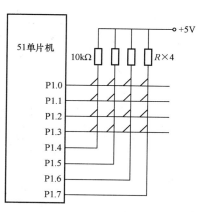

图 8-3　4×4 矩阵式键盘

的确认由该键对应的"行线值"和"列线值"的组合来决定。行线值和列线值组成了该键的"编码值"。

按键确认原理是（设有一只键被按下）：

（1）向 P1 口的低 4 位输出"0"，高 4 位输出"1"，则 P1＝1111 0000B。

（2）读高 4 位（列线）；若此时有键按下，则 P1 口高 4 位不等于"1111"，将高 4 位的值

记下（读入累加器 A 中），即为"列线值"。若无键按下，列线全保持高电平状态。若有键按下，列线至少应有一条为低电平。

（3）再将 P1 口低 4 位从最低位开始依次输出"0"，其余 3 位为"1"，再读 P1 口高 4 位，直到列值不全为"1111"，则表明该行有键按下，记下此时低 4 位的值，即"行线值"。

（4）将"列线值"和"行线值"合并（进行"或"运算），即得到该按下键的"编码值"。

例如图 8-3，按键确认的流程图和子程序如下。

1）按键确认的流程如图 8-4 所示。

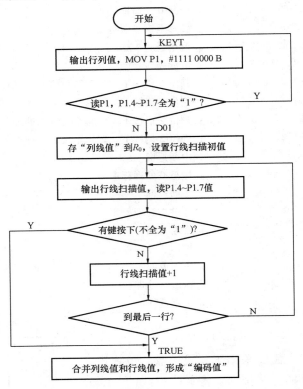

图 8-4　按键确认流程图

2）汇编语言程序 ch8＿2 如下：

```
; * * * * * * * * *矩阵式键盘按键确认子程序* * * * * * * * *
    ; P1 口低 4 位为行线，高 4 位为列线；按键的编码值存 A
        ORG    0000H
KEYT:   MOV    P1, ＃0F0H     ; 低 4 位"行线"输出 0，高 4"列线"位输出 1
        MOV    A, P1         ; 读键盘
        ANL    A, ＃0F0H     ; 屏蔽行线，取出列线值
        CJNE   A, ＃0F0H, D0  ; 列线不全为 1，有键按下，转至 D0
        SJMP   KEYT          ; 循环
D0:     LCALL  DELAY10MS     ; 延时 10ms，该子程序略，读者可自编写
        MOV    A, P1         ; 再读键盘
        ANL    A, ＃0F0H     ; 屏蔽行线，取出列线值
        CJNE   A, ＃0F0H, D01 ; 列线不全为 1，键持续按下，转至 D01
```

```
          SJMP    KEYT              ；是抖动，返回
DO1：     ANL     A，＃0F0H          ；保留列线值
          MOV     R0，A             ；存列线值
          MOV     A，＃0EEH          ；"行线"从最低位依次输出 0
LP：      MOV     B，A              ；暂存行线值
          MOV     P1，A             ；输出行线值
READ：    MOV     A，P1             ；读键盘
          ANL     A，＃0F0H          ；屏蔽行线，取出列线值
          CJNE    A，＃0F0H，TRUE    ；列线不全为 1，键确认，转至 TRUE
          MOV     A，B              ；暂存行线值
          RL      A                ；行线值左移 1 位至下一行
          CJNE    A，＃0F7H，LP       ；未到行值最后数，继续
TRUE：    ANL     A，＃0FH           ；取出行线值
          ORL     A，R0             ；"列线值" 或 "行线值" ＝ 键编码值
          RET
```

3）程序说明。

a. 子程序中的 DELAY10MS 为延时 10ms 子程序，设计者可根据情况延长或缩短时间。

b. 程序在初步判定有键按下后，进入 D0 句，先延时 10ms，若仍有键按下，判定前后按键时间是否超过 10ms，超过 10ms 则为下一条指令，否则认为是抖动信号。

c. 按下的键码值存于 A 中，其高 4 位是列线值，低 4 位是行线值。设计时可根据键码值转入相应的服务程序。

3. 串行扫描矩阵键盘和 51 单片机的连接

程序扫描工作方式是利用 CPU 在完成其他工作的空余时间，调用键盘扫描子程序，来响应键输入要求的。如图 8-5 所示，利用了一个 74HC164 移位寄存器芯片，就能将只由两个端口输出的串行扫描码的位数增加到 8 位，实现增加 4（8/2）倍的按键数量，节省 6 个输出口。

图 8-5 中，51 单片机的两个输出口，一个是串行输出扫描码，另一个是输出移位脉冲（每个

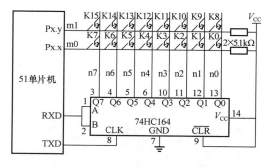

图 8-5　串行输出扫描矩阵键盘电路

上升沿将扫描码向 74HC164 中移入一位）。由于 51 单片机的串行口工作于方式 0 时，恰好就是这种时序，因此大部分采用串行输出扫描码的电路都使用串行口：RXD 串行输出数据（扫描码），TXD 则同步输出移位脉冲 CLK。当串口实在太忙时，也可以使用任意两个 I/O 口编程模仿串行口的输出。应注意若是使用串口输出时，移位脉冲的频率不要高于 1MHz，对应单片机的时钟频率为 12MHz（倍速型的芯片须换算），否则 74HC164 可能跟不上。

如果再串接一个 74××164，扫描码的位数就能增加到 16，可节省 14 个输出口。可见，节省输出口的代价是需要添加外部元器件，扫描程序也稍微复杂一些。从使用便利的角度来看，单片机的 I/O 口还是多一些为好。

至于一些专用键盘、显示器接口芯片如 8155、8255、8279 等，虽然可以简化软件的编写，但成本高，电路印刷板布线烦琐，出了问题也不好判断。因此，一般不轻易使用。

串行输出扫描码的矩阵键盘形式与并行输出相比并无多大差别，只是由于串行转并行器件

输出位数（输出口数量）的关系，一般列数可以达到 8，因而行数可以减少以节省单片机的查询口。由于是串行输出，所以最好启用串行口，工作于移位寄存器方式（方式 0），或是用任意两个 I/O 口软件仿真串口的工作时序。查询输入口为 Px.y 和 Px.y（根据实际所用 I/O 口，如 P3.3、P3.4，在程序开始之前用伪指令定义），其对应的快速查询有无键按下的汇编子程序将在后面的相关内容中给出。

8.1.2　显示器及其接口

在 51 单片机应用系统中，若把键盘视为人机对话的输入工具，那么显示器件就可看做是人机对话的输出器件，它显示人们最关心的系统运行的实时数据，是系统不可缺少的组成部分。常见的显示器件有两大类：发光二极管（light emitting diode，LED）器件和液晶显示器（liquid crystal display，LCD）器件。下面将重点介绍一下与本章有关的发光二极管显示器件的接口技术。

图 8-6 是 LED 7 段数码管的产品外形。LED 显示器件色彩鲜艳，可显示红、橙、黄、绿、蓝、白等多种色彩，还可以在同一只数码管上显示两种颜色（如红色和绿色）。数码管器件的组成形式有单管和多管，高度从几毫米到几百毫米。LED 的工作原理和控制同二极管，正向电压使 LED 导通并发光。

（1）LED 显示器工作原理。LED 显示器是由发光二极管按照一定规律排列而成的显示器件，用来显示 0～9、A、B、C、D、E、F 及小数点"."等字符。这种显示器有共阴极和共阳极两种组成形式，常用的八段 LED 显示器的内部结构和外端子排列如图 8-7 所示。

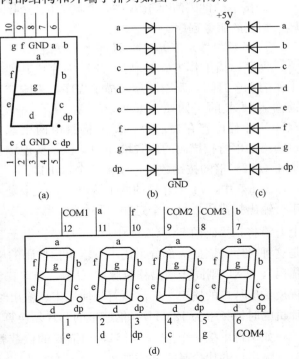

图 8-6　LED 数码管产品外形

图 8-7　LED 内部结构和端子
（a）单个 LED 数码管外端子排列示意图；（b）共阴极接线示意图；（c）共阳极接线示意图；（d）共阳极 LED 四个数码管外端子排列示意图

图 8-7（a）是外端子排列示意图。在共阴极八段 LED 结构中，如图 8-7（b）所示，所有发光二极管的阴极接在一起形成公共端（GND 或用 COM 表示），当某段发光二极管的阳极接高电平时，则发光二极管导通点亮，这样，若干个发光二极管点亮，就构成了一个字符。在图 8-7（c）中，共阳极八段 LED 是把所有的发光二极管的阳极接在一起形成公共端，使用时公共端接到＋5V，当某段发光二极管的阴极接低电平时，则该段二极管发光进行显示。二极管导通用"1"表示，其余用"0"表示，这些 1 和 0 按一定顺序排列起来，就组成一个 8 位二进制代码（在七段显示器中为 7 位），这就是所要显示字符的字型码。7 段 LED 显示器字型码见表 8-1。

表 8-1　　　　　　　　　　　　　　　　7 段 LED 显示器字型码

显示字符	g	f	e	d	c	b	a	字型码	
								共阴极	共阳极
0	0	1	1	1	1	1	1	3F	C0
1	0	0	0	0	1	1	0	06	F9
2	1	0	1	1	0	1	1	5B	A4
3	1	0	0	1	1	1	1	4F	B0
4	1	1	0	0	1	1	0	66	99
5	1	1	0	1	1	0	1	6D	92
6	1	1	1	1	1	0	1	7D	82
7	0	0	0	0	1	1	1	07	F8
8	1	1	1	1	1	1	1	7F	80
9	1	1	0	1	1	1	1	6F	90
A	1	1	1	0	1	1	1	77	88
B	1	1	1	1	1	0	0	7C	83
C	0	1	1	1	0	0	1	39	C6
D	1	0	1	1	1	1	0	5E	A1
E	1	1	1	1	0	0	1	79	86
F	1	1	1	0	0	0	1	71	8E

在图 8-7（d）中，采用一组共阳极 LED 数码管，其中共集成有 4 个 LED 数码管。图中，a、b、c、d、e、f、g、dp 是显示段位，COM1、COM2、COM3、COM4 是公共极，也称位控制端口。由于该数码管为共阳型，因此，当 COM1 接＋5V 电源时，第 1 个 LED 数码管工作；当 COM2 接＋5V 电源时，第 2 个 LED 数码管工作；当 COM3 接＋5V 电源时，第 3 个 LED 数码管工作；当 COM4 接＋5V 电源时，第 4 个 LED 数码管工作。

数码管是否正常，可方便地用数字万用表进行检测。以图 8-7（d）所示数码管为例，判断的方法是：用数字万用表的红表笔接第 12 引脚，黑表笔分别接 a（第 11 引脚）、b（第 7 引脚）、c（第 4 引脚）、d（第 2 引脚）、e（第 1 引脚）、f（第 10 引脚）、g（第 5 引脚）、dp（第 3 引脚），最左边的数码管的相应段位应点亮；同理，将数字万用表的红表笔分别接第 9 引脚、第 8 引脚、第 6 引脚，黑表笔接段位引脚，其他 3 只数码管的相应段位也应点亮。若检测中发现哪个段位不亮，则说明该段位损坏。

需要说明的是，LED 数码管的工作电流一般为 3～10mA。当电流超过 30mA 后，有可能把数码管烧坏（或使用寿命大大缩短）。因此，在某些电路中使用数码管时，应在每个显示段位引脚串联一只限流电阻，电阻大小一般为 $470\Omega\sim1k\Omega$。

（2）LED 显示器与单片机接口。在实际应用系统中，显示电路往往需要多片 LED 组成多位显示器，CPU 就需要驱动多位 LED，此时有静态显示和动态显示两种方式可供选择。

1）静态显示方式及接口电路。所谓静态显示就是当显示某一字符时，相应的发光二极管恒定地导通或截止。图 8-8 为单片机通过 8255 扩展 3 个 8 位并行口，用以控制 3 位 LED 的静态显示电路。由于 3 个并行口可分别输出不同字型码，故可同时显示 3 个不同字符。这种显示方式具有亮度高、显示稳定、控制方便等优点。但是每一位显示器都需要一个 8 位输出口控制，当显示的位数较多时，这种方式就不再适用。可采用图 8-9 所示的电路，用串行方式和LED 通信。

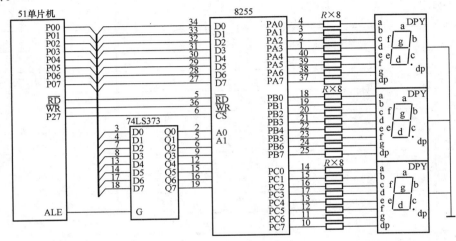

图 8-8　LED 静态显示接口电路

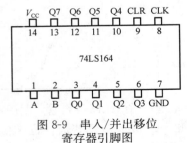

图 8-9　串入/并出移位
寄存器引脚图

图 8-9 所示的电路中，使用了 74LS164 芯片，这个芯片在第 5 章中已使用过，它是一个串行输入数据、并行输出数据的移位寄存器。引脚 A 和 B 是数据输入端，可将它们并联作为串行数据的输入，也可用其中的一个作为数据允许控制端。CLK（CP）是移位脉冲引脚，Q0～Q7 是并行数据输出端。在同步移位脉冲 CLK 的作用下，由 AB 引脚进入的数据逐位移入 Q0～Q7，先高位，后低位。CLR 是清 0 控制引脚，低电平时将 Q0～Q7 输出清 0。74LS164 的功能引脚如图 8-9 所示，其逻辑功能见表 8-2。

表 8-2　　　　　　　　　　　　　　　74LS164 芯片的逻辑功能

操作方式	输　　　入			输　　出	
	CLR	A	B	Q0	Q1～Q7
RESET	L	X	X	L	L～L
移　　位	H	L	L	L	Q0～Q6
	H	L	H	L	Q0～Q6
	H	H	L	L	Q0～Q6
	H	H	H	H	Q0～Q6

　　51 单片机通过 74LS164 控制 LED 数码管的连接示意如图 8-10 所示。该电路控制 8 只 LED 显示器，每只由一个 74LS164 驱动。由此可见，串行方式的静态显示，虽然可节省单片机的 I/O 端口资源，但无法省略每只 LED 的驱动芯片。图中 LED 为共阳极驱动，74LS164 低电平驱动电流 8mA。8 只 LED 显示管的排列顺序是：（7）号最高位，依次至（0）最低位。串行数据由最低位 74LS164（0）的 AB 脚进入，最低位 74LS164 的 Q7 进位到上一位 74LS164 的 AB 脚，依次到最高位 74LS164（7）的 AB。51 单片机向 74LS164 传送数据的顺序是：最高 LED 显示位的 MSB 到 LSB、次高 LED 显示位的 MSB 到 LSB、……最低 LED 显示位的 MSB 到 LSB。

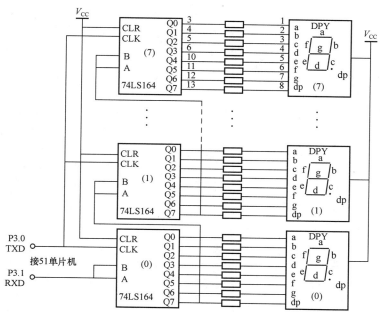

图 8-10　8 只 LED 数码管串行静态显示控制电路示意图

　　在图 8-10 中，若让 8 只 LED 数码管从第八位（7）到最后一为（0）显示"（灭）（灭）（灭）89C52"，汇编程序 ch8＿3 如下：

```
; ＊＊＊＊＊＊＊＊＊＊＊ 8 只串行静态 LED 显示程序 ＊＊＊＊＊＊＊＊＊＊＊
; 74LS164 串/并移位寄存器驱动，8 只 LED 从左至右显示"（灭）（灭）（灭）89C52"
        DIN   BIT   P3.1
        CLK   BIT   P3.0
              ORG   0000H
              LJMP  START
              ORG   0100H
START:  MOV   30H, ＃10H          ; 显示"灭"，即该位的数码管不亮
        MOV   31H, ＃10H          ; 显示"灭"
        MOV   32H, ＃10H          ; 显示"灭"
        MOV   33H, ＃8H           ; 显示"8"
        MOV   34H, ＃9H           ; 显示"9"
        MOV   35H, ＃0CH          ; 显示"C"
        MOV   36H, ＃5H           ; 显示"5"
```

```
              MOV      37H，＃2H                      ;显示"2"
    DISP：MOV      R0，＃30H                    ;显示区首地址
              MOV      R1，＃40H                    ;显示段首地址
              MOV      R2，＃8                        ;8 只 LED
    DP10：MOV      DPTR，＃SEGTAB            ;共阳极段码首地址
              MOV      A，@R0
              MOVC    A，@A＋DPTR                  ;取显示段码
              MOV      @R1，A                        ;存显示段码
              INC      R0
              INC      R1
              DJNZ    R2，DP10
              MOV      R0，＃40H                    ;显示段首地址
              MOV      R1，＃8
    P12：    MOV      R2，＃8
              MOV      A，@R0                        ;取出段码
    DP13：RLC      A
              MOV      DIN，C                        ;输出段码，从 MSB 位开始输出
              CLR      CLK                            ;移位 CP 脉冲
              SETB    CLK                            ;移位 CP 脉冲
              DJNZ    R2，DP13
              INC      R0
              DJNZ    R1，DP12
              SJMP    $
    SEGTAB：DB C0H，F9H，A4H，B0H，99H，92H      ;共阳极段码字形表
              DB 82H，F8H，80H，90H，88H，83H
              DB C6H，A1H，86H，8EH，FFH
              END
```

2）动态显示方式及接口电路。所谓动态显示，就是一位一位地轮流点亮（扫描）各位显示器，对于每一位显示器来说，每隔一定的时间导通一次。利用人眼视觉暂留的特点造成多位LED "同时" 显示不同字符的效果。上面介绍的静态显示方法的最大缺点是使用元件多、引线多、电路复杂，而动态显示使用的元件少、引线少、电路简单。仅从引线角度考虑，静态显示从显示器到控制电路的基本引线数为 "段数×位数"，而动态显示从显示器到控制电路的基本引线数为 "段数＋位数"。以 8 位显示为例，动态显示时的基本引线数为 7＋8＝15（无小数点）或 8＋8＝16（有小数点）；而静态显示的基本引线数为 7×8＝56（无小数点）或 8×8＝64（有小数点）。因此，静态显示的引线数大多会给实际安装、加工工艺带来困难。

在动态显示电路中，要把所有 LED 数码管的 8 个显示段位 a、b、c、d、e、f、g、dp 的各同名段端互相并接在一起，当单片机的 I/O 口够用时，可把它们直接接到单片机的段输出口上（本章中的变频器节电运行参数显示调节装置就是采用的这种接法）。为了防止各数码管同时显示相同的数字，各数码管的公共端 COM（GND）还要受到另一组信号控制，即把它们通过三极管或与非门集成电路接到单片机的位输出口上。当然，也可采用其他方法进行连接。

图 8-11 是单片机通过可编程 I/O 并行接口芯片 8155 与 4 位共阴极 LED 数码管采用动态显示方法的接口电路。图中，将每片 LED 的 8 位段码线并联，由一个 8 位并行口 PA（字段

口）控制，每片 LED 的公共端由另一个并行口 PB（字位口）控制。PB 口用于选择要点亮的 LED，PA 口输出显示字符的字符码。

显示的时候，先点亮第 3 位 LED，过一段时间，熄灭第 3 位，点亮第 2 位 LED，然后再依次点亮第 1 位和第 0 位 LED。具体驱动方法是：先通过字位口 PB 输出 08H，选中第 3 位 LED，同时 PA 口输出第 3 位要显示的字符码，点亮第 3 位 LED；延时 1～5ms，然后 PA 口输出 04H，PB 口输出第 2 位的字符码，点亮第 2 位 LED。以此类推，每位轮流显示。

在图 8-11 中，假设 8255PA 口的地址是 07FFH，PB 口的地址 0800H，在 51 单片机的内部 RAM 存储器中，设置了 4 个显示缓冲单元 60H～63H，分别存放第 0 位到第 3 位的显示内容，用动态显示方法驱动 4 位 LED 的汇编子程序 ch8_4 如下。

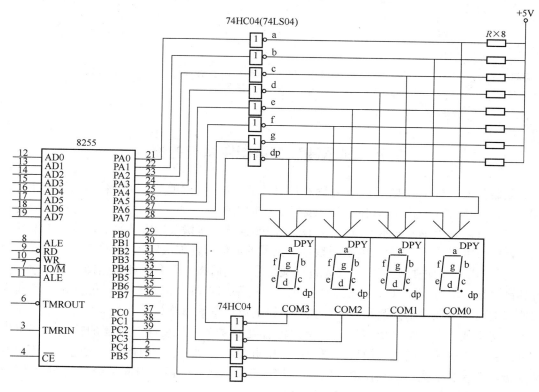

图 8-11 4 位 LED 动态接口电路

```
DISPLAY:  MOV   R0, #60H              ;显示缓冲区首地址→R0
          MOV   R1, #08H              ;位选码指向 8255 PB3
DISPLAY1: MOV   A, @R0                ;取出要显示的字符
          MOV   DPTR, #TABLE          ;指向字型码表首址
          MOVC  A, @A+DPTR            ;取出显示码
          MOV   DPTR, #07FFH
          MOVX  @DPTR, A              ;从 8255 A 口输出显示码
          MOV   A, R1                 ;位选码→A 口
          INC   DPTR                  ;8255 B 口地址→DPTR
          MOVX  @DPTR, A              ;从 8255B 口输出位选码
          ACALL TIM1                  ;延时 1ms
```

```
            MOV    A, R1
            JNB    ACC.0, DISPLAY2            ；若 4 位没显示完，则继续显示
            RET                                ；4 位全显示完，则返回
DISPLAY2：   INC    R0                         ；求下一个要显示字符的地址
            MOV    A, R1                      ；求下一个位选码
            RR     A
            MOV    R1, A
            AJMP   DISPLAY1
    TIM：    MOV    R3, 02H                    ；延时 1ms 子程序
    TM：     MOV    R4, 0FFH
            DJNZ   R4, TM
            DJNZ   R3, TIM
            RET
TABLE：     DB     3FH, 06H, 5BH, 4FH, 66H, 6DH   ；字型码表
            DB     7DH, 07H, 7FH, 6FH, 77H, 7CH
            DB     39H, 5EH, 79H, 71H
```

8.2 显示调节装置硬件系统的设计

变频器节电运行参数显示调节装置的硬件电路如图 8-12 所示。电路中，共使用了 5 组（每组 3 只）数码管，能够同时显示 5 台变频器的输出频率，如果接于 RS-485 总线上的变频器多于 5 台，可以采用轮流显示的方式。而对于向变频器发送修改运行参数的命令，则不受显示的限制，一般可以达到 63 台（由不同型号变频器的通信口性能决定）。先对各变频器设定地址号，之后要对哪一台进行调节，只要先输出地址号，然后接着发命令和数据即可。因此，多只按键的键盘是必不可少的（如果要提高档次，也可采用点阵液晶加触摸屏进行显示和输入）。变频器节电运行参数显示调节装置硬件主要电路的设计方案思路如下：

为了将安装于不同配电柜内和机体不同位置处的多个电机变频驱动器的输出频率集中显示，可以将各个变频器的显示模块拔出，用专用电缆汇聚到一起。但连接电缆过长，不仅会使亮度变暗，而且受干扰或振动使电缆两端插头瞬间接触不良，还会引起变频器的保护性停机、使所驱动的传送带停止、物料堵塞或卡住等事故。

为解决上述问题，首先需设计一个单片机数码显示电路，然后再设计一个键盘输入电路，两者合二为一，便可组成一个完整的变频器节电运行参数显示调节电路。

在显示电路中，使用带有 RS-485 总线通信功能的变频器，单片机数码显示电路依次发送读各个地址号变频器的命令，接收运行数据并实时显示。由于总体要求该显示装置能够同时显示 5 台变频器的启停状态和输出频率，并精确到 0.1Hz，因此必须使用 3 只×5 组共 15 只数码管显示 5 台变频器的输出频率。而每台变频器的运行或停止状态，则由对应的那组数码管的长亮或者不间断地闪烁来指示。

变频器输出频率的调节可以暂时沿用原来接长线拉出的电位器进行模拟调节，但考虑到变频器的所有命令和运行参数的输入设定和输出显示都可以通过 RS-485 通信实现，为以后升级的需要，可采用将串行口和片内计数器输入口都进行复用的技术，在 I/O 口较为紧张的情况下，可加装一片 74HC164 移位寄存器芯片，实现 16 键（使用中，可以空缺键）矩阵键盘的接

入，完成人机对话的功能。从而实现由一个远程的嵌入式键盘显示调节装置来显示和调控多台变频器的运行。

另外，采用动态扫描显示可以节省 I/O 口，但轮流显示的数码管数量太多，会降低数码管的亮度。因此分成每组 5 只分别由 P0、P1 和 P2 口驱动。小数点固定，由电源通过一个限流电阻直接接通点亮，节省下的 P0.7、P1.7 和 P2.7，再加上 P3.6 和 P3.7 共 5 个口，作为 3 组 15 个数码管 COM 端（COM1～COM5）并联成 5 个 COM 总端的驱动控制。

综上所述，在图 8-12 所示的变频器节电运行参数显示调节装置硬件电路中，远程显示变频驱动器节电输出频率和运转、停止状态的单片机通信数码显示部分的硬件电路如图 8-12（a）所示。在图 8-12（a）中，电路已充分利用了 AT89S51 的 I/O 口资源，使外部硬件减至非常少，只剩下 P3.2、P3.3、P3.4 口没有使用。根据实际要求，还应将该装置升级实现远程调节控制，接入矩阵键盘以实现人机对话的多种命令和数字的输入，剩下的这几个口似乎是不可能的事，但由于采用了 I/O 口复用技术，只加接了一片 74HC164 移位寄存器芯片，就解决了问题，其硬件电路如图 8-12（b）中的键盘电路所示。

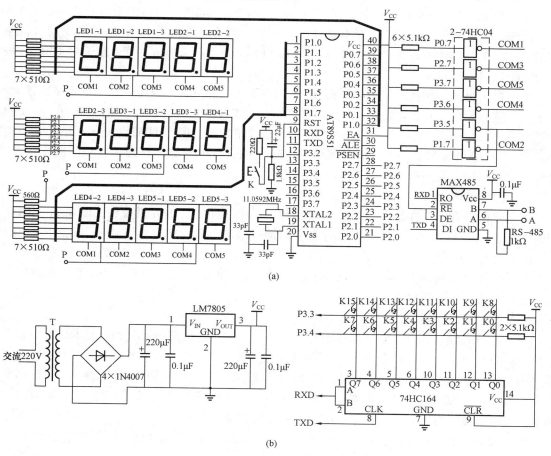

图 8-12　变频器节电运行参数显示调节装置硬件电路图
（a）节电频率和运行状态显示模块电路部分；（b）稳压电路及键盘电路部分

由此可见，变频器节电运行参数显示调节装置硬件电路的设计，充分挖掘使用了 51 单片机 AT89S51 的片内和 I/O 口资源，且有些引脚还采用了复用技术，从而将外部器件减到了最少，但仍能满足系统功能的需要。下面就相关的硬件电路分别叙述如下。

8.2.1　15 只 LED 数码管的驱动方式

1. 段驱动

为节省片外硬件，15 只 LED 数码管采用动态驱动。但如果各段并联到一起逐位驱动，每只数码管点亮熄灭的占空比就太小了，亮度会明显不够。即便是分为两组，也需要各段的限流电阻减小，才能有足够的亮度，而这样会加重单片机段驱动 I/O 口的下拉旁路的电流负荷，容易过热损坏。为此，将 LED 数码管分成了 3 组，每组就只有 5 只了，但必须耗用 3 组 I/O 口进行段驱动，带来的好处是每个 I/O 口电流的减小和亮度的增加。

2. 位驱动

3 组 LED 的位驱动则采用组间排序同位并联的方式，并联后仍然还是 5 位，可以节省单片机控制轮流切换的引脚。在任意时刻，都有 3 只相同排位的 LED 数码管同时发光。

虽然驱动分成了 3 组，但显示的数字却要分成 5 个独立段，分别对应 5 台变频器的参数。这个问题可利用软件解决：只要隔 5 段设定每组取数字节的基地址，再用指针 R0 轮流设定 0～4 的偏移量，就可以在连续排列的 15 个显示缓存字节中准确读出各组 I/O 口应输出的数值。

由于小数点的位置固定，因此不必耗用一个 I/O 口输出段码 0 或 1，这样段驱动口就能节省下 P0.7、P1.7 和 P2.7 三个口，加上 P3.6 和 P3.7 口，用来完成并联 3 组 5 位 LED 数码管的动态轮流切换控制。

由于是 3 组同时切换，任一时刻都有 3 只 LED 数码管点亮，因而位驱动电流是比较大的。对于 0.5 英寸的数码管，可以使用 2 只 74HC04（或 74HC05）并联焊接并联驱动，亮度能达到正常。也可以使用 74HC244、ULN2003A 等总线驱动器。但 74HC244 是同相输出，不能附带对 P3.5 口输出的控制，RS-485 收发器的发送使能进行电平倒相，会在复位瞬间发送使能，必要时可以再接一只三极管和两只电阻实现倒相。

3. 小数点的驱动

小数点的位置固定在每一段显示的 3 位数字的第 2 位上，因此只要将 LED1-2、LED2-2、LED3-2、LED4-4、LED5-4 数码管的小数点段通过限流电阻固定连接到 V_{CC} 即可。由于 LED4-4 是轮流动态显示的第一位，LED1-2 是第 2 位，LED3-2、LED5-4 和 LED2-2 分别是第 3、4 和 5 位，故任一时刻 5 个小数点只有一个被驱动点亮，电流恒定，因此 5 个小数点段可以并接到一起，只用一个限流电阻即可。

8.2.2　串行发送和接收

对于通信来说，各个变频器都属于子机，不会主动发送任何信息。当该显示调节装置严格按照通信协议发送出地址和命令之后，变频器会立即（有些型号可调节延时时间）回应发来所需要的信息。因此，通信方式是典型的半双工方式。由于需要频繁地变换 RS-485 收发器 SN75176 的收、发状态，所以需要单片机的一个 I/O 口（P3.5）进行控制。为了更可靠，采用下拉低电平使能发送，用 74HC04 剩余的一个反相器倒相输出。

由变频器通信口的特性所致，实践表明 RS-485 输出 A、B 端并联的电阻值不能太小。

8.2.3　按键输入电路

由于需要定义发送各种调节命令、输入或增减数字，因此系统应具有十几只按键才能满足使用。但 AT89S51 所剩的 I/O 口已是寥寥无几，只能使用串行输出扫描码键盘，加用一片 74HC164 将扫描码转换成 8 位并行，只用两个输入口就可以接 16 个按键。如图 8-12（b）中的键盘电路所示，这部分按键输入电路完全是独立的，该显示调节装置可由单纯的变频器远程显示模块电路扩展实现。

由于再没有足够的 I/O 口可用，故只能由串行口输出键盘扫描码了，这里必须使串口工作于方式 0（移位寄存器）。在没有调整变频器参数通信操作的大部分期间，串行口只是间断定时地发送读变频器输出频率的命令，接着很快就收到变频器传来的数据，以供显示刷新。因此可以适当延长轮流读各个变频器的间隙时间，关闭发送使能使 RS-485 总线不受影响，将串口重定义为方式 0 之后循环运行一定次数的键盘扫描查询程序，如果有键按下则转移执行，无键按下再改为方式 3（11 位/帧，波特率可变）。

由于有 74HC164 对输入、输出的隔离，因此在 RS-485 通信时串口的电平完全不会受按键是否按下的干扰。只有在执行按键查询子程序时，按下的按键才能因为读 P3.3 和 P3.4 口而被查询到。因此串行通信和按键扫描虽是共用串口，但分时操作互不影响。

8.3　软件设计与各个功能的协调实现

由于本系统具有 3 组 I/O 口段驱动、5 组数字的动态显示，而且位驱动口是离散的，串行多地址半双工通信与按键操作还是分时进行等特点，因此不仅要保证各部分的功能，而且需要相互协调，并限定各自所占时间片的长短。下面就该装置软件设计中的重点编程内容做如下分析介绍。

8.3.1　键盘扫描程序的结构与编程

1. 键盘扫描程序的组成及各部分的功能

按键的组合称为键盘，键盘是作为人机对话时数据和命令的输入。因此，键盘扫描程序是整个系统程序的重要组成部分。在编程中，由于按键的数量和排列结构差别很大，导致键盘扫描程序也是多种多样的。

按照标准化和模块化的编程思想，通过对按键扫描汇编程序功能的细致分析，归纳总结出它们的共性，都可以把任何一个键盘扫描的汇编程序划分成如下 4 个功能块。

第 1 功能块：扫描查询各个按键，无键按下转出，有键按下则取得按下键的绝对键号。

第 2 功能块：以绝对键号作为偏移量，散转进入执行该键号按键所定义功能的程序入口，其入口的数量即按键功能程序段（或子程序）的数量一般与按键的数量相等。

第 3 功能块：执行该按键所定义的功能程序段或子程序，完成操作。也可以先置位标志位，然后在主程序流程中按照重要性先后次序查询执行。

第 4 功能块：从任意一个按键功能程序段或子程序转出之后，进入到一个统一的查询延时子程序。

延时的目的是防止按键虽瞬间接触，但主程序流程已循环了很多次，按键也被查询多次，结果导致该按键功能的程序段或子程序被多次重复执行的错误。

通常延时时间取 200～300ms，延时结束之后返回主程序，至此这次按键所有对应的操作结束。并在延时中还应不断重复地查询按键，只是在此查询已不是为了取得绝对键号，而是看按下的键是否弹起。如果确认弹起，则立即返回主程序，不再等待延时结束，这样可以提高连续按键的反应速度。

除了第 1 功能块要对应实际的键盘电路和单片机的连接引脚之外，其他 3 个功能块的结构对于所有形式的键盘都是基本相同的。特别是第 2 和第 4 功能块，程序语句几乎相同。

（1）扫描取得绝对键号的子程序功能块。这第一功能块的程序结构也大致分成 4 个部分：

快速查询有无键按下、逐列（对应于各输出口）逐行（对应于各输入口）查询按下的键、逐列循环判断以及生成绝对键号。将此功能块写成统一格式的子程序 ch8_5 如下：

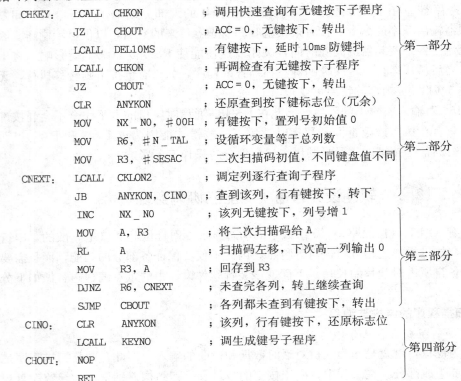

```
CHKEY:   LCALL  CHKON      ; 调用快速查询有无键按下子程序          ┐
         JZ     CHOUT      ; ACC = 0，无键按下，转出              │
         LCALL  DEL10MS    ; 有键按下，延时 10ms 防键抖           ├ 第一部分
         LCALL  CHKON      ; 再调检查有无键按下子程序             │
         JZ     CHOUT      ; ACC = 0，无键按下，转出              ┘

         CLR    ANYKON     ; 还原查到按下键标志位（冗余）          ┐
         MOV    NX_NO, #00H ; 有键按下，置列号初始值 0            │
         MOV    R6, #N_TAL ; 设循环变量等于总列数                ├ 第二部分
         MOV    R3, #SESAC ; 二次扫描码初值，不同键盘值不同       │
CNEXT:   LCALL  CKLON2     ; 调定列逐行查询子程序                 │
         JB     ANYKON, CINO ; 查到该列，行有键按下，转下         ┘

         INC    NX_NO      ; 该列无键按下，列号增 1              ┐
         MOV    A, R3      ; 将二次扫描码给 A                    │
         RL     A          ; 扫描码左移，下次高一列输出 0         ├ 第三部分
         MOV    R3, A      ; 回存到 R3                          │
         DJNZ   R6, CNEXT  ; 未查完各列，转上继续查询            │
         SJMP   CBOUT      ; 各列都未查到有键按下，转出          ┘

CINO:    CLR    ANYKON     ; 该列，行有键按下，还原标志位         ┐
         LCALL  KEYNO      ; 调生成键号子程序                    ├ 第四部分
CHOUT:   NOP                                                   │
         RET
```

1）第一部分是全键盘快速查询，以取得有无键按下的信息。为此，单片机要向所有的列线锁存输出全部为 0 的扫描码（扫描码的位数等于列数），再读接行线的各个 I/O 口的输入，如果有一个 I/O 口为 0，就可以确定至少有一个按键被按下接通了列线。为了确保查询的准确，程序要延时片刻（约 10ms）之后再次查询，如果还是 0，则进到第二部分，否则转回主程序。

这一部分应该编写一个独立的子程序 CHKON，使之能被第四功能块在延时查询时调用，这样，一个子程序两用，可以节省程序存储空间。

子程序 CHKON 需要对应单片机的各个输出和输入口的数量、名称和组合排序来实施编程，因此难有统一的格式，对应于不同键盘和单片机 I/O 口的子程序 CHKON 将在后面的内容中给出。

2）第二部分是逐列逐行查询部分，其核心是调用子程序 CHKON2，以得知所查列的几号（行）键正在被按下。行号从 0 开始，每查完一行，行号 i（MX_NO）增 1。直到某行输入线上读到 0，遂置位标志位 ANYKON 以判断转出到第四部分。而如果各行查完都没有读到 0，则接下到第三部分将列号 j（NX_NO）增 1，继续查下一列。单片机向列线输出的二次扫描码只有一位是 0，开始 0 靠向一边（查第一列），每查完一列，二次扫描码都向左（或右）循环移位一次，改向下一条列线输出 0，再次循环。

二次扫描码 SESAC 的初始值取决于连接键盘的单片机接口排序，不同的列数、不同的连接方式有不同的值，一般将列输出的最低位赋值 0，其余列输出口和输入口均为 1。

如果将扫描码输出口和查询口各不相同的指定列、指定行的查询程序段单独提出，写成一个独立的子程序 DHLCKON，则第二部分中的定列逐行查询子程序 CKLON2 也可以编写成统一标准格式的子程序 ch8_6 如下：

```
CKLON2: MOV     R7, ♯M_TAL          ；设循环变量等于总行数
        MOV     MX_NO, ♯00H         ；置行号初始值为 0
KS1:    LCALL   DHLCKON             ；调定列定行查询子程序
        JC      KS2                 ；该列该行键没按下，C＝1，转下增行号
        SETB    ANYKON              ；该列该行的键按下了，置位标志位
        SJMP    KSOUT               ；转出，带出行号 MX_NO，列号 NX_NO
KS2:    INC     MX_NO               ；行号增 1
        DJNZ    R7, KS1             ；未查完所有各行，转上继续
KSOUT:  NOP
        RET
```

对应键盘指定行和列的键查询子程序 DHLCKON，将在后面的相关程序中给出。

如果有两个或多个键同时按下，则只给出先查询到的键的绝对键号（即键号数最小的那个键），如果键用不了，可以缺键安装，而查询程序不用做任何改变（等同于缺的那些键永远不按下）。

3）第三部分是转向下一列部分。查这一列无键按下，就将列号增 1，再将二次扫描码左移一位，然后检查是否查完所有的各列，未查完转上继续，查完则转回到主程序。

4）第四部分是生成绝对键号。其实这个任务早在执行第二部分之时已经开始准备了，查到按下的键顺便也记录了所属的列号 nx（NX_NO），第二部分中调用子程序 CKLON2 又可记录按下键所属的行号 mx（MX_NO）（mx 和 nx 都从 0 数起）。如果有 M 行，每行有 N 个按键（M 和 N 都从 1 数起），那么第 mx 行第 0 列按键的位置排号就是（mx×N）＋0，第 j 列排号则是（mx×N）＋nx。因此，根据本次扫描规定的列号（输出口编号，也等于二次扫描码循环移位的次数）和第二次查询循环的次数（行号 mx），就可以很容易地求出被按按键的位置排号，并让其等于绝对键号（从 0 数起，散转编程方便）。而对于双矩阵键盘的上矩阵组的各键来说，键的位置排号应为（mx×N）＋nx＋（M×N）。

求键号的方法写成子程序 ch8_7 为：

```
KEYNO:  MOV     A, MX_NO            ；行号给被乘数
        MOV     B, ♯N_TAL          ；总列数给乘数
        MUL     AB                 ；行号乘以总列数，即（mx×N）
        ADD     A, NX_NO           ；加列号得绝对键号，即（mx×N）＋nx
        JNB     UPKGR, KEYN1       ；为通常的矩阵键盘或双矩阵键盘的下组，转下
        MOV     R2, A              ；为双矩阵键盘的上组，A 送 R2 暂存
        MOV     A, ♯M_TAL
        MOV     B, ♯N_TAL
        MUL     AB                 ；计算（MXN），M、N 都从 1 数起
        ADD     A, R2              ；再加上（mx×N）＋nx
KEYN1:  MOV     KNO, A             ；送绝对键号到存储字节保存
        SETB    ENKFU
        RET                        ；建立执行散转子程序的标志位，主程序查询用
        RET
```

（2）散转进到各键功能程序入口的功能块。取得了绝对键号之后，接下的操作就是要根据

键号信息，转移到与键的数量相等的各个处理程序段的入口之一。但执行完前面的一次扫描子程序 CHKEY 之后，如果没有键按下，就不能执行这个功能块，而必须查询标志位 ENKFU 来决定是否执行散转子程序。如果将此功能块并入 CHKEY 的已按键分支，虽可以避免查询，但会导致子程序过长，逻辑结构不清晰。

采用查询是否执行散转子程序的标志位 ENKFU 的方法，还可以把本功能块写在主程序流程的任何地方。该功能块是一个多分支的程序结构，51 指令集中专有一条散转指令"JMP @A＋DPTR"，可以散转到 0～255 共 256 个入口地址。但实际上，由于每个键号所对应的处理程序都不算短，都需要从入口处转移到广阔的地址空间继续编程，因而各相邻入口的地址间隔至少必须容下一条长跳转指令才行，即 3 个字节。

因此，对于连续增加的键号，应该对应散转地址做 3 字节等间隔地跳跃，为此需要将键号乘以 3 作为散转偏移量 A，这样最多可以有 85 个散转入口地址，一般都用不了。一个按键号转向一个地址，对应一条长跳转指令，按键多对应的长跳转指令也多，除此之外没有差别。此散转功能块的程序段 ch8_8 如下：

```
KJMP:   CLR   ENKFU          ；恢复查询标志位初值
        MOV   A，KNO          ；将按下的键号存储值给 A
        MOV   B，＃03H         ；乘数 B 等于 3
        MUL   AB              ；将键号值乘以 3 得散转偏移量
        MOV   DPTR，＃SZBAS    ；散转基地址给数据指针
        JMP   @A＋DPTR        ；散转到执行该键功能的入口地址
SZBAS： LJMP  DEK1
        LJMP  DEK2
        LJMP  DEK3
        ……
        ……
```

其中的 DEK1、DEK2、DEK3、……就是分别对应执行键 1、键 2、键 3、……功能的程序段或子程序的入口标号地址。如果把 KJMP 写成子程序，则 DEK1、DEK2、DEK3、……也必须只在该子程序内出现。

（3）执行按键功能各程序的特点。前面程序中的 DEK1、DEK2、DEK3、……就是分别对应执行键 1、键 2、键 3、……功能的程序段或子程序的入口标号地址。这些功能程序可以分为两类：一类是处理键号代表的数据和字符，另一类是执行键号所定义的命令。

处理键号所代表数据和字符的程序可以是 10 个（0～9）、16 个（0～FH）或更多，但将这些代表数据和字符的键号都转到一个程序段中处理是更好的选择。无论程序段是多个还是一个，其处理步骤一般为两步：第一步是将键号数值赋值给一个缓存字节，其地址一般靠向显示缓存的最低位字节；第二步是调用一个处理子程序，其任务是可以将显示字节向前移位，使键号数值进入显示最低位，丢弃最高位，或是从高位向低位依次填充。

执行键号所定义命令的情况一般有：控制启动、停止，将显示值存储，控制菜单切换，启动数据发送等。有的任务很简单，例如将某个输出口拉低驱动继电器，可以在对应的散转入口 DEKi 处直接编程执行；而对于非易失性存储、启动发送等任务，一般都只是在 DEKi 中建立标志位，然后在主程序中查询转移执行专门对应的子程序，再从缓存中调出相关的数据进行存储或发送；若是控制菜单切换，则只需完成标志字节增 1，到限回 0 操作就可以了；执行各个按键功能时，可以查询和根据标志字节不同的数值，散转进到不同的程序入口，这样就能改变

按键的功能。

（4）统一的查询延时子程序。执行完上述程序，完成了一个按键的功能之后，被按下的按键还没有来得及弹起，如果此时转入主程序，该按键还会被查询到而再次执行。对应于极短瞬间的按键，也会被重复查询执行成百上千次，这样的程序一定无法使用。因此，按键功能在执行完之后的延时是非常重要的。但是单纯地定长延时，对于快速的多点按键会反应不及而丢失操作，所以还应采取在延时中频繁查询，或所有的按键都弹起就立即转出的措施，使程序能满足不同操作者的要求。

所有执行按键功能的程序段或子程序，都应在执行完成返回主程序之前，调用这个统一的延时查询子程序 ch8_9：

```
KDEL:    SETB    YANSH            ;置延时标志
         MOV     R5, ＃26H        ;置循环次数 38
DEL1:    LCALL   DEL5MS           ;延时 5ms
         LCALL   CHKON            ;调快速查询有无键按下子程序
         JNZ     DEL3             ;有键按下，转继续循环延时
         LCALL   DEL10MS          ;键都弹起了，延时 10ms 防键抖
         LCALL   CHKON            ;再调快速查询有无键按下子程序
         JZ      DEL4             ;键确实都弹起了，转出
DEL3:    DJNZ    R5, DEL1         ;循环次数不够，转上
DEL4:    NOP
         RET
```

该子程序在键弹起之后最多延时 15ms，就能回到主程序重新查询。而如果按住某按键不放，则在延时 200～300ms 之后回到主程序，又能查到该按键按下并再次执行其功能，这对于连续输入相同的数据是很方便的。

2. 串行扫描矩阵键盘的查询子程序

变频器节电运行参数显示调节装置的键盘输入硬件电路如图 8-12（b）所示。该键盘查询扫描码的输出靠串行口复用来实现。在 RS-485 通信的间隙时间查询键盘，先置位 P3.5 口使 RS-485 收发器禁止发送，以免将键盘扫描码也发送出去，再将串口由工作方式 3 改为 0——移位寄存器方式，然后从串口输出键盘扫描码查询矩阵键盘有无键被按下。

由于 74HC164 对信号传送的单向性，键盘与串口总是隔离的。即使在通信阶段按下按键，电平的变化也根本影响不到串口，丝毫也不会破坏串行通信的进行。一旦通信结束，进入键盘查询程序，由 P3.3 和 P3.4 口查询到某键按下，按键功能马上就会被执行。由于串行通信所占的时间很短，操作者一般感觉不到按键后的反应延迟。

P3.4 作为按键查询的输入口，P3.5 作为 RS-485 收发器发送控制口，也是使用复用技术实现的。这里 T0 只作数码管驱动动态扫描切换时间段的定时用，T1 只作波特率发生器使用（查询键盘期间还可以关掉），因此它们对应引脚的 I/O 功能可以放心地使用。

键盘查询子程序应该插在主程序的循环流程中调用，在查询的开始和结束，都要对串行口重新进行设置．其相应的子程序 ch8_10 结构如下：

```
KEYC:    ……
         SETB    P3.5             ;禁止 RS-485 收发器发送
         CLR     ES               ;禁止串行口中断
         CIR     TI               ;清发送中断标志
```

```
        MOV     B, SCON             ; 保存串行口的工作方式到 B
        ANL     SCON, ♯3FH          ; 再置串口为移位寄存器方式
        NOP
        CLR     A,                  ; 累加器清 0
        MOV     SBUF, A             ; 串口发送查键盘码, 74HC164 输出全为 0
AK0:    JNB     TI, AK0             ; 查发送完否? 未完循环等待（必须有）
        CLR     TI                  ; 清串行口中断标志
        JNB     P3.4, AK1           ; 查第一排（行）有键按下, 跳转
        JB      P3.3, AKOUT         ; 查第二排也未有键按下, 转出
AK1:    LCALL   D10MS               ; 有键按下, 延时消键抖
        JNB     P3.4, AK2           ; 再查第一排确有键按下, 跳下处理
        JB      P3.3, AKOUT         ; 再查第二排也没有键按下, 转出
AK2:    CLR     ANYKON              ; 还原查到按下键标志位
        MOV     MX_N0, ♯00H         ; 有键按下, 置行号初始值 0
        MOV     R6, ♯02H            ; 设循环变量等于总行数
AK3:    LCALL   CKLON2              ; 有键按下, 调定行逐列查询子程序
        JB      ANYKON, AK4         ; 查到该行, 列有键按下, 转下
        INC     MX_N0               ; 该行无键按下, 行号增 1
        DJNZ    R6, AK3             ; 未查完各行, 转上继续查询
        SJMP    AKOUT               ; 各行都未查到, 转出
AK4:    CLR     ANYKON              ; 该行, 列有键按下, 还原标志位
        LCALL   KEYNO               ; 调生成键号子程序
AKOUT:  NOP
        MOV     SCON, B             ; 重置串口为查询键盘前的工作方式
        SETB    ES                  ; 重允许串行口中断
        RET
```

其中的定行逐列查询子程序 CKLON2 以及生成键号子程序 KEYNO, 在前面的相关内容中已给出, 这里不再重复。

快速查询有无键按下的汇编子程序 ch8_11 如下:

```
CHKON:  ANL     SCON, ♯3FH          ; 置串口工作方式 0, SCON 的后 6 位不变
        CLR     TI                  ; 清串行口中断标志
        MOV     A, ♯00H             ; 扫描码初值全 0,
        MOV     SBUF, A             ; 从串口输出发送
CHL2:   JNB     TI, CHL2            ; 查发送完否? 未完循环等待（必须）
        CLR     TI                  ; 清串行口中断标志
        NOP                         ; 延时使输出线电平稳定
        NOP
        MOV     C, PX_X             ; PX_X = P3.3
        MOV     ACC.0, C            ; 读入数据
        MOV     C, PX_Y             ; PX_Y = P3.4
        MOV     ACC.1, C            ; 读入数据
        CPL     A                   ; 将 A 取反后, 无键按下低 2 位为 0
        ANL     A, ♯03H             ; 屏蔽 A 高 6 位
        NOP
```

```
        RET
```

ACC 被带出，无键按下 ACC 等于 0；有键按下则低 2 位至少一位为 1，ACC≠0。

对应于图 8-12（b）中，M_TAL＝2，N_TAL＝8，二次查询码的初值 SESAC 为 0FEH（最低位为 0）相应地定行定列查询按键是否按下的汇编 ch8_12 子程序 DHLCKON 如下：

```
DHLCKON：MOV    A，R3          ；二次扫描码，只有 1 位为 0，定义所查列
        MOV    SBUF，A        ；从串口输出
DHLC2：  JNB    TI，DHLC2       ；查发送完否? 未完循环等待（必须）
        CLR    TI            ；清串行口中断标志
        MOV    A，MX_NO        ；将现正查询的输入口排号给 A，定义所查行
        MOV    B，♯04H         ；乘数为 4，散转地址间隔
        MUL    AB            ；相乘得偏移量
        MOV    DPTR，♯LADD1    ；散转基地址给数据指针
        JMP    @A+DPTR        ；散转到对应的输入口进行查询
LADD1：  MOV    C，PX_X         ；MX_NO＝0，查第 0 行线电平给 C，PX_X＝P3.3 口
        SJMP   LADD2          ；转下
        MOV    C，PX_Y         ；MX_NO＝1，查第 1 行线电平给 C，PX_Y＝P3.4 口
        ……                   ；若超过 2 行可加指令
LADD2：  NOP
        RET
```

8.3.2　动态显示程序的结构与编程

变频器节电运行参数显示调节装置的动态显示必须定期轮流切换位驱动。为了使该定时不对其他程序产生延迟，所以必须使用定时器 T0（T1 作波特率发生器），利用其定时中断准确定时地切换驱动位。

变频器有工作（RUN）和停止（STOP）两种状态，可以由串行通信命令控制，也可以用其他方法切换，但其当前的状态必须醒目地显示出来。还有就是变频器不一定要接足 5 台，若电源被关闭，则空缺或关闭的变频器，其对应的显示段也应当有显著的表示。

对于后者，采用的方法是对某地址的串行通信收不到，就将对应段位的显示缓存内赋予一特别的偏移量（查表后得显示码如"三"等）输出即可，显示程序中不必另加处理。而对于前者，因为没有除了数码管之外其他器件的辅助显示，因此只能采用当读到某台变频器在 STOP 状态时段，将对应的显示段数据周期地闪烁（亮暗时间比约为 2∶1）来提示。这需要增加两个定时时段、5 个查询位（STOP1～STOP5）和不少指令语句才能完成。

其 T0 中断服务动态显示程序 ch8_13 如下：

```
ITO：    MOV    TH0，♯TOH
        MOV    TL0，♯TOL      ；重装定时初值，只用于显示切换，不必定时很准
        PUSH   ACC
        PUSH   PSW           ；保护现场
        PUSH   DPH
        PUSH   DPL
        SETB   RS0           ；换用 BANK1
    ；确定显示闪烁时间段
        INC    FLJSB，        ；闪烁计数（计时）增 1
        MOV    A，♯50H         ；亮，置比较值 80
```

```
        JNB     SHAN, IT00          ; 闪烁标志位 0，当前为闪亮阶段，转下比较
        MOV     A, #20H             ; 为闪暗亮阶段，置比较值 32，亮暗时间比约为 2∶1
IT00:   CJNE    A, FUSB, IT01       ; 亮或暗计时间未够，转下
        CPL     SHAN                ; 亮或暗计够，取反闪显控制位以切换亮/暗
        MOV     FLJSB, #00H         ; 闪烁时间计数器回 0 重计
IT01:   MOV     A, DISPB            ; 显存地址的偏移量给 A
        CLR     C
        SUBB    A, #05H
        JB      ACC.7, IT02         ; 偏移量不大于 4，转下显示
        MOV     DISPB, #00H         ; 重新进到显存区，防止偏移量超出显存区
IT02:   MOV     DPTR, #DTABLE       ; 置查显示码表首地址
; * * * * * * * * * * * * * * * * * * * * * * * * * * * * * * * * * *
        MOV     A, #31H             ; 第 1 输出口的显存首地址给 A
        LCALL   CTABX               ; 调查表取得显示码子程序
        JNB     SHAN, IT31          ; 为闪烁的亮阶段，转下显示
        MOV     R7, DISPB           ; 暗阶段，偏移量给 R7
        JNB     STOPI, IT313        ; 第 1 台变频器运转态，转下查第 2 台
        CJNE    R7, #00H, IT311     ; STOP 态，但当前不显第 1 台（1 或 2 或 3 位），转
        SJMP    HH31                ; 显第 1 位，转赋黑字符
IT311:  CJNE    R7, #01H, IT312     ; 也不显第 2 位，转
        SJMP    HH31                ; 当前显第 2 位，转赋黑字符
IT312:  CJNE    R7, #02H, IT313     ; 不是显第 3 位，转
        SJMP    HH31                ; 第 3 位，转赋黑字符（第 1 台 1、2、3 位指示）
IT313:  JNB     STOP2, IT31         ; 第 2 台变频器运转态，不必闪暗，转下
        CJNE    R7, #03H, IT314     ; STOP 态，但当前不是显第 4 位，转
        SJMP    HH31                ; 第 4 位，转赋黑字符
IT314:  CJNE    R7, #04H, IT31      ; 也不是显第 5 位，转
HH31:   MOV     A, #00H             ; 赋黑字符，闪暗
IT31:   MOV     P0, A               ; 显示码给第一组 I/O 口输出（驱动 1～5 位）
; * * * * * * * * * * * * * * * * * * * * * * * * * * * * * * * * * *
        MOV     A, #36H             ; 第 2 输出口的显存首地址给 A
        LCALL   CTABX               ; 调查表取得显示码子程序
        JNB     SHAN, IT36          ; 为闪烁的亮阶段，转下显示
        JNB     STOP2, IT361        ; 第 2 台变频器运转态，不必闪暗，转下
        CJNE    R7, #00H, IT361     ; STOP 态，当前不显第 1（6）位，转
        SJMP    HH36                ; 显第 1（6）位，转赋黑字符（第 2 台 4、5、6 位指示）
IT361:  JNB     STOP3, IT364        ; 第 3 台变频器运转态，不必闪暗，转下
        CJNE    R7, #01H, IT362     ; STOP 态，但当前不显第 2（7）位，转
        SJMP    HH36                ; 显第 2（7）位，转赋黑字符
IT362:  CJNE    R7, #02H, IT363     ; 也不是显第 3（8）位，转
        SJMP    HH36                ; 显第 3（8）位，转赋黑字符
IT363:  CJNE    R7, #03H, IT364     ; 也不是显第 4（9）位，转
        SJMP    HH36                ; 显第 4（9）位，转赋黑字符（第 3 台 7、8、9 位指示）
IT364:  JNB     STOP4, IT36         ; 第 4 台变频器运转态，不必闪暗，转下
```

```
        CJNE    R7，＃04H，IT36    ；STOP 态，但当前不显第 5（10）位，转
HH36：  MOV     A，＃00H          ；赋黑字符
IT36：  MOV     P2，A            ；显示码给第二组 I/O 口输出（驱动 6～10 位）
; * * * * * * * * * * * * * * * * * * * * * * * * * * * * * * * *
        MOV     A，＃3BH          ；第 3 输出口的显存首地址给 A
        LCALL   CTABX            ；调查表取得显示码子程序
        JNB     SHAN，IT3B        ；为闪烁的亮阶段，转下
        JNB     STOP4，IT3B2      ；第 4 台变频器运转态，不必闪暗，转下
        CJNE    R7，＃00H，IT3B1   ；STOP 态，当前不显第 1（11）位，转
        SJMP    HH3B             ；显第 1（11）位，转赋黑字符
IT3B1： CJNE    R7，＃01H，IT3B2   ；也不是显第 2（12）位，转
        SJMP    HH3B             ；显第 2（12）位，转赋黑字符（第 4 台 10、11、12 位指示）
IT3B2： JNB     WEIQ5，IT3B       ；第 5 台变频器运转态，不必闪暗，转下
        CJNE    R7，＃02H，IT3B3   ；不是显第 3（13）位，转
        SJMP    HH3B             ；显第 3（13）位，转赋黑字符
IT3B3： CJNE    R7，＃03H，IT3B4   ；也不是显第 4（14）位，转
        SJMP    HH3B             ；显第 4（14）位，转赋黑字符
IT3B4： CJNE    R7，＃04H，IT3B    ；也不是显第 5（15）位，转
HH3B：  MOV     A，＃00H          ；显第 5（15）位，转赋黑字符
IT3B：  MOV     P1，A            ；显示码给第三组 I/O 口输出（驱动 11～15 位）
; * * * * * * * * * * * * * * * * * * * * * * * * * * * * * * * *
; 位驱动切换前瞬间置数码管全暗
        CLR     LUNX1           ；驱动位 P0.7
        CLR     LUNX2           ；驱动位 P2.7
        CLR     LUNX3           ；驱动位 P1.7
        CLR     LUNX4           ；驱动位 P3.6
        CLR     LUNX5           ；驱动位 P3.7
        MOV     A，＃04H
        CLR     C
        SUBB    A，DISPB
        JB      ACC.7，JT02       ；偏移量 DISPB 大于 4，转下纠正，防止超出
        MOV     A.DISPB          ；将偏移量给 A
        MOV     B，＃04H
        MOV     DPTR，＃SANZH     ；置散转首地址
        MUL     AB
        JMP     @A＋DPTR          ；散转
SANZH： SETB    LUNX1           ；是第 1 位，控亮
        SJMP    JT03            ；转下
        SETB    LUNX2           ；是第 2 位，控亮
        SJMP    JT03            ；转下
        SETB    LUNX3           ；是第 3 位，控亮
        SJMP    JT03            ；转下
        SETB    LUNX4           ；是第 4 位，控亮
        SJMP    JT03            ；转下
```

```
            SETB    LUNX5               ；是第 5 位，控亮
            SJMP    JT03                ；转下
JT02:       MOV     DISPB, ＃00H        ；重赋值进显存区
; * * * * * * * * * * * * * * * * * * * * * * * * * * * * * * * * *
JT03:       INC     DISPB               ；偏移量即显存地址增 1，指向下一显缓地址
            MOV     A, DISPB            ；偏移量给 A
            CJNE    A, ＃05H, JT04      ；未超过显存区，转下
            MOV     DISPB, ＃00H        ；偏移量回 0，循环驱动
JT04:       POP     DPL
            POP     DPH                 ；恢复原数据指针
            POP     PSW                 ；用原 BANK
            POP     ACC                 ；恢复现场
            RETI                        ；T0 中断返回
; * * * * * * * * * * * * * * * * * * * * * * * * * * * * * * * * *
; 查表取得显示码子程序为：
CTABX:      ADD     A, DISPB            ；首地址加偏移量
            MOV     R0, A               ；实地址给指针
            MOV     A, @R0              ；取显存中的数据
            MOVC    A, @A + DPTR        ；查表取得显示码
            RET
            ; 以下为共阴极数码管的显示码表
DTABLE:     DB 3FH, 06H, 5BH, 4FH, 66H, 6DH, 7DH, 07H, 7FH, 6FH
            ; 0  1  2  3  4  5  6  7  8  9
            DB 77H, 7CH, 39H, 5EH, 79H, 7IH, 3EH, 3FH, 37H, 76H
            ; A  b  C  d  E  F  U  O  n  H
            DB 30H, 63H, 6BH, OOH, 40H, 73H, 38H, 49H,
            ; I  o  o  暗  一  P  L  三
```

8.3.3 串行通信子程序

1. 变频器的串行通信格式

与变频器通信，前提是该型号变频器的通信协议、时序和各种命令、数据地址等详细资料都必须充分公开，由山东瑞斯高创股份有限公司生产的 LKJ-C 系列变压变频节电控制器完全能够满足此要求。当然，也可使用国内或国外能够满足通信要求的其他型号规格的同类变频器。

该变压变频节电控制器（以下简称变频器）有 6 种可选的通信帧格式（菜单输入设置），其中 ASCII 码模式的<7，N，2>帧格式，RTU 模式的<8，N，2>和奇校验<8，E，1>帧格式都适合与 51 单片机之间的通信。虽然前者要求的是 2 位停止位，7 位 ASCII 码数据位（如图 8-13 所示），与 51 单片机串口方式 1 所要求的 8 位数据位，1 位停止位不对应，但只要将字节的最高位恒置 1，模仿第一停止位就可轻松对应；<8，N，2>需要用串口方式 3，可以将 TB8 恒置 1 模仿第一停止位。由于每输入和读出一组数据，都要跟随对应的校验码，因此对每一帧数据的奇偶校验传送显得不太必要。

通信波特率可选（菜单设置）2400BPS、4800BPS、9600BPS、19200BPS 和 38400BPS，一般取低值就能满足传输速度要求，而且抗干扰能力强，通信可靠。

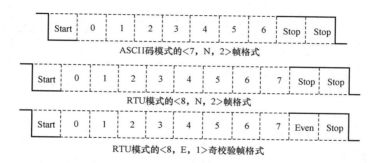

ASCII码模式的<7, N, 2>帧格式

RTU模式的<8, N, 2>帧格式

RTU模式的<8, E, 1>奇校验帧格式

图 8-13　LKJ-C 变频器的串行通信帧格式

无论发送还是接收，通信都是以若干字节为一组进行的。向某台变频器一起发送完一组数据之后，可以等待接收该变频器发回的一组应答数据。

变频器有两种数据模式可以选用（面板菜单设置），一种是 ASCII 码模式，另一种是 RTU 模式。前者的数值结构比较规整，而后者每一通信组的字节数少，通信能更快一些。

变频器的控制字、运行和状态参数等存储在其非易失性存储器中，上电后内部的 CPU 会不断读取存储器不同地址中所存储的各个数据，作为程序运行参数和控制转移的条件。因此，对变频器的控制就归结为改写这些参数和控制字，而串行通信通过片内控制器改写了这些参数，就达到了控制的目的。同理，将控制字和参数读出，也就能知晓变频器当前的工作状态和运行参数了。

LKJ-C 变频器的读数据过程见表 8-3、表 8-4，写 1 个字数据（控制）过程见表 8-5、表 8-6。

表 8-3　　　　　　　　　　　　LKJ-C 变频器的读取 n 个数据过程（ASCII 码模式）

顺序	命令信息	例	顺序	变频器回应信息	例
STX	起始信号 3AH	3AH	STX	起始信号 3AH	3AH
ADDR1 ADDR0	通信地址：(0~63) 2 个 ASCII 码表示的 8 位地址	'0' '1'	ADDR1 ADDR0	通信地址（0~63） 2 个 ASCII 码表示的 8 位地址	'0' '1'
CMD1 CMD0	命令码 03H：30H，33H 2 个 ASCII 码表示的 8 位命令	'0' '3'	CMD1 CMD0	命令码 03H：30H，33H 2 个 ASCII 码表示的 8 位命令	'0' '3'
数据起始 地址	欲读数据的首地址 4 个 ASCII 码表示的 16 位 二进制地址（高位在前）	'2' '0' '0' '1'	资料 数量	以字节（Byte）计	'0' '2'
数据 数量	以字（Word）计 4 个 ASCII 码表示 最多 12Word	'0' '0' '0' '1'	读得 数据 1	首地址中的内容： 4 个 ASCII 码表示的 16 位 二进制数	'3' '5' '5' '0'
LRC1 LRC0	2 个 ASCII 码表示的计算 得到的 8 位二进制校验码	'F' '8'	读得 数据 2	次地址中的内容： 4 个 ASCII 码表示的 16 位 二进制数 最多可读 12Word	'0' '0' '0' '0'
END1 END0	结束高字节 CR（0DH） 结束低字节 LF（0AH）	0DH 0AH	LRC1 LRC0	2 个 ASCII 码表示的计算 得到的 8 位二进制校验码	'E' 'D'
			END1 END0	结束高字节 CR（0DH） 结束低字节 LF（0AH）	0DH 0AH

表 8-4 LKJ-C 变频器的读取 *n* 个数据过程（RTU 模式）

顺序	命令信息	例	顺序	变频回应信息	例
START	超过 10ms 静止时段		START	超过 10ms 静止时段	
ADDR	通信地址：（0～63）	01H	ADDR	通信地址：（0～63）	01H
CMD	命令码 03H	03H	CMD	命令码 03H	03H
数据起始地址	欲读数据的首地址：16 位二进制地址	20H 01H	资料量	以字节（Byte）计	04H
数据数量	以字（Word）计 最多 12 字	00H 02H	读得数据 1	首地址中的内容 2 字节二进制数	20H 32H
CRC L CRC H	计算得到的 2 字节 CRC 校验码	9EH 0BH	读得数据 2	次地址中的内容 最多可读 24 字节（Byte）	00H 00H
END	超过 10ms 静止时段		CRC L CRC H	计算得到的 2 字节 CRC 校验码	50H 3CH
			END	超过 10ms 静止时段	

表 8-5 LKJ-C 变频器的写 1 个字数据过程（ASCII 码模式）

顺序	命令信息	例	变频器回应信息	例
STX	起始信号 3AH	3AH	起始信号 3AH	3AH
ADDR1 ADDR0	通信地址：（0～63） 2 个 ASCII 码表示的 8 位地址	'0' '1'	通信地址：（0～63） 2 个 ASCII 码表示的 8 位地址	'0' '1'
CMD1 CMD0	命令码 06H；30H，36H 2 个 ASCII 码表示的 8 位命令	'0' '6'	命令码 06H；30H，36H 2 个 ASCII 码表示的 8 位命令	'0' '6'
数据地址	欲写入数据的地址： 4 个 ASCII 码表示的 16 位 二进制地址（高位在前）	'2' '0' '0' '1'	欲写入数据的地址： 4 个 ASCII 码表示的 16 位 二进制地址（高位在前）	'2' '0' '0' '1'
写入内容	4 个 ASCII 码表示一个字	'3' '5' '5' '0'	4 个 ASCII 码表示一个字	'3' '5' '5' '0'
LRC1 LRC0	2 个 ASCII 码表示的计算 得到的 8 位二进制校验码	'E' '9'	2 个 ASCII 码表示的计算 得到的 8 位二进制校验码	'E' '9'
END1 END0	结束高字节 CR（0DH） 结束低字节 LF（0AH）	0DH 0AH	结束高字节 CR（0DH） 结束低字节 LF（0AH）	0DH 0AH

表 8-6 LKJ-C 变频器的写 1 个字数据过程（RTU 模式）

顺序	命令信息	例	变频器回应信息	例
START	超过 10ms 静止时段		超过 10ms 静止时段	
ADDR	通信地址：（0～63）	01H	通信地址：（0～63）	01H
CMD	命令码 06H	06H	命令码 06H	06H
数据地址	欲写数据的首地址：16 位二进制地址	20H 01H	欲写数据的首地址：16 位二进制地址	20H 01H
写入内容	2 字节	20H 32H	2 字节	20H 32H
CRC L CRC H	计算得到的 2 字节 CRC 校验码	4BH DFH	计算得到的 2 字节 CRC 校验码	4BH DFH
END	超过 10ms 静止时段		超过 10ms 静止时段	

（1）ASCII 码模式 LRC（longitudinal redundancy check）校验码的计算。不管是读还是写，从 ADDRI 开始，到 LRC1 之前的所有的 ASCII 码的后四位数值累加，得到的和再求其补码（按位取反后，最低位加 1）即可得到 8 位二进制数，然后将其前后四位分开，加 30H（≤09H）或 37H（≥0AH）得 2 个 ASCII 码。将前四位得到的 ASCII 码作为 LRC1，后四位作为 LRC0 代入通信即可。变频器回应信息中的 LRC1、LRC0 也是变频器按此方法算得的，可以与单片机程序算得的数值进行比较，以检查该组通信是否有错。

例如，对于表 8-6 中的数据，累加结果为

$$01H+06H+02H+01H+03H+05H+05H=17H$$

而 17H 的二进制补码为 0E9H。注意发送和接收的 LRC 校验码的 ASCII 码高字节 'E'＝0EH＋37H＝45H，低字节 '9'＝09H＋30H＝39H。

（2）RTU 模式的 CRC 校验码的计算。

1）将一个 16 位 CRC 暂存器赋初值为 0FFFH（各个位全置 1），从 ADDR 开始取 8 位数据。

2）依次将 8 位数据同 CRC 暂存器的低 8 位数据相"异或"，并将结果回存 CRC 暂存器低 8 位。

3）16 位 CRC 暂存器内容整体右移一位，最高位填 0，将右移次数计数。

4）查 CRC 暂存器已右移出去的位值为 0，转到步骤 5；否则 CRC 暂存器内容同 16 位数值 A001H 相"异或"。

5）CRC 暂存器内容的右移次数不到 8 次，转回步骤 3 循环，到 8 次则该 8 位数据处理完。

6）取出下一个 8 位数据，转回步骤 2）继续"异或"，直到最后一个 8 位数据处理完成；16 位 CRC 暂存器中的最后内容就是该组数据的 CRC 校验码。

7）将高、低字节交换，低字节先发送，接收的数据也是低字节在前。

按上述过程编写出的生成 CRC 校验码的汇编 ch8＿14 子程序 CRCJC 如下。

调用前的准备：

```
              MOV   CN0, ♯RWH        ；给出本组通信的数据量（字节数）
              LCALL CRCJC
              ……
   CRCJC：    PUSH  PSW              ；保存 RS0/RS1
              CLR   RS0
              SETB  RS1              ；换用 BANK2
              MOV   CRCH, ♯0FFH      ；CRC 高 8 位初值
              MOV   CRCL, ♯0FFH      ；CRC 低 8 位初值
              MOV   R3, CN0          ；循环"异或"n 组数，CN0 在调用该子程序前赋值
              MOV   R0, ♯SRTR        ；指向通信缓存首地址即当前变频器 ADDR
   CRC1：     MOV   R7, ♯08H         ；CRC 右移 8 位计数
              MOV   A, @R0           ；取 8 位数据
              XRL   CRCL. A          ；8 位数据同 CRC 低 8 位"异或"后存低 8 位
   CRC2：     CLR   C                ；将 0 移入高字节最高位
              MOV   A, CRCH          ；将高 8 位给 A
              RRC   A                ；高 8 位带 C=0 整体右移 1 位
              MOV   CRCH, A          ；回存给高 8 位
              MOV   A, CRCL          ；将低 8 位给 A
              RRC   A                ；带进位 C 右移 1 位，将高字节的最低位 C 移最高位
```

```
        MOV    CRCL, A              ; 回存给低 8 位
        JNC    CRC3                 ; 低 8 位移出的最低位 C 为 0，转下不"异或"A001H
        MOV    A, #0A0H             ; 同 A001H"异或"运算
        XRL    CRCH, A              ; 0A0H 同 CRC 高 8 位"异或"后存高 8 位
        MOV    A, #01H
        XRL    CRCL, A              ; 01H 同低 8 位"异或"后存低 8 位
CRC3:   DJNZ   R7, CRC2             ; 移位不满 8 次，转回
        INC    R0                   ; 增 1 指向下一个数据
        DJNZ   R3, CRC1             ; 没全处理完数据，转上继续
        POP    PSW                  ; 回用原 BANK
        RET
```

无论是 LRC 还是 CRC 校验码，其编程计算都要确保绝对正确，否则即使前面的数据发送正确，变频器也收到，但它计算对比收来的校验码不对，就不会执行任何操作和发送任何信息。

（3）变频器中重要参数和数据的地址。LKJ-C 变频器内有近 200 字的非易失性（能够在掉电后仍可保留的设定数据）存储器，存储了大量运行功能、运行模式的设定参数和运行异常的历史信息。与变频器串行通信时，涉及的主要参数地址见表 8-7。

表 8-7　　　　　　　　　　LKJ-C 变频器串行通信协议的主要参数地址定义

定义	参数地址	功能说明		定义	参数地址	功能说明	
写命令和参数	2000H	bit0～1	00B：无功能 01B：停止 10B：启动 11B：JOG 启动	读状态	2101H	bit0～4	面板 LED 状态：0 暗，1 亮 RUN STOP JOG FWD REV BIT0 1 2 3 4
		bit2～3	保留			bit5～7	保留
		bit4～5	00B：无功能 01B：正向运转 10B：反向运转 11B：改变转向			bit8	1：频率由 485 通信定
						bit9	1：频率由输入模拟量定
						Bit10	1：运转指令由 485 通信定
		bit6～15	保留			bit11	1：参数锁定
	2001H	设定频率值写入（16bit）				bit12	0：停机　1：运转中
	2002H	bit0	1：E. F. ON			bit13	1：有 JOG 指令
						bit～15	保留
		bit1	1：Reset 指令		2102H	输出频率设定值（16bit）	
					2103H	当前输出频率值（16bit）	

2. 串行通信及程序的其他处理

程序循环运行到定义了现在要进行通信（读或写）的变频器地址、命令、数据量或数据，以及算出 LRC 或 CRC 校验码之后，要将数据按序存入连续地址的发送缓存区，然后调用串行通信子程序。首先要发送一组（RTU 模式 8 字节，ASCH 模式 17 字节）数据，每发送完一帧之后检查发送中断标志 TI，为 1 则清 0 后立即发送下一帧，再循环取数直到所有的数据发送完。然后就要立即开串口中断等待收到数据（RTU 模式至少收 8 字节，ASCII 模式至少 15 字节），每收到一帧就快速回存到接收缓存区，清 0 接收中断标志并退出中断服务程序，等待下一帧数据的到来，

直到所预期的帧数全部收完为止。

至于校验码的核对，应当在全部一组数据接收完成之后，再从接收缓存区取出数据计算，并与收到的校验码对比，有差别则需要将上述通信过程重复，无误后再将数据转换成 BCD 码，刷新存到显示缓存区，以便 T0 定时中断服务程序取出显示。

作完上述步骤之后，插入键盘扫描子程序，如果没有键按下，再将变频器地址增 1，恢复串口方式 1（ASCII 码模式）或 3（RTU 模式），循环读下一台变频器的实时参数值。

如果有键按下，就要查出键号后执行该键的定义。按键键入欲控变频器地址、控制属性（如启动、停止、改转向、改频率等）和参数数据的一系列操作可能会持续较长的时段，或许还有修改，其间程序不能停下来等待下一个按键，而是要让上述循环读各个变频器和插入按键扫描的过程继续。只有当确认键按下，才将键入的命令和参数（每次按键都暂存）转换成通信的 ASCII 码或二进制码，连同计算得到的校验码存入发送缓存，然后再同样调用串行通信子程序即可。

编程要注意尽量节省 RAM 存储单元，否则接多个变频器会不够用。可使用下面的方法：暂存和缓存可使用同一地址，取出转换之后再回存；发送和接收缓存由于各变频器不同时使用，只设置一组就行；检查发送或接收总帧数的到限值、变频器内的读写地址等，都应该用伪指令对语句中的符号直接赋值（或直接写数），或者是根据数据的组内偏移量，查程序存储器中的数据表而不占用 RAM 字节；做各种运算的初始变量和中间结果借用通信缓存字节等。

另外，在用 Keil 软件编写汇编程序时应特别注意：在输入程序语句以及 "："""；"""""，"等符号时，切记务必将输入法转换到英文半角状态，否则编译程序时会出错。

## 第 9 章

路灯时段控制节电装置的设计

我国城市照明的发展从无到有、从少到多，由单一功能的道路照明，发展到今天成为各大城市市政建设的一个重要环节，其中景观照明亮化工程在城市中扮演着重要的角色。随着城市亮化工程的不断深入，传统的路灯及其供电系统存在的一系列问题越显突出。在路灯供电输送过程中，为了避免供电线路的电压损耗，通常配电变压器的低压侧输出电压要以较高的电压输送来确保灯具的工作电压达到额定电压，而且由于后半夜电网供电系统负荷减少，供电系统电网电压会显著回升，有时甚至接近 245V，因此灯具实际的承受电压大多数情况下会高于灯具的额定工作电压。另外，在灯具工作过程中过高的工作电压会使灯具发热过度，甚至过早损坏，同时产生不必要的电费开支。据调查我国大中城市在午夜 12 点后，道路上几乎空无一人，即便是北京、上海、广州这样的繁华都市，凌晨 2 点以后，道路上也已罕见行人，近市区午夜以后人和车辆已经极为稀少，从这一时段直至清晨 6 点路灯熄灭，在低交通流量的道路上仍然保持较高照度显然没有必要，只会造成电能的很大浪费。在国家号召节能减排的今天，虽然各地均采用了各种不同的节电方法，最常见的是路灯隔盏关灯的节电省钱方法，这种方法的弊病不言而喻——不仅导致了路面照度分布不均，给治安及交通安全埋下了隐患，而且不能避免后半夜电网电压的升高对路灯寿命的减损，因此不能称作是真正意义上的节能。近十几年以来，都市夜景照明建设成为市政设施建设的一个重要环节，各地也取得了相应的成绩，在政府号召节能减排发展绿色低碳经济与增设夜景照明的同时形成了很大的矛盾。以沿海某开放城市为例，大批路灯在安装后迫于财政紧张的压力，支付不起沉重的照明电费开支，又不得不关掉近一半的灯，结果近年新装的部分路灯形成摆设，造成变相浪费。因此，路灯的节电技术改造已是势在必行。

路灯节电技术改造的措施和方法比较多，如更换节能型电光源、将电感镇流器更换为电子镇流器、安装节电控制装置等都会得到比较好的节电效果。本章将重点介绍应用 51 单片机控制的一种节电装置——路灯时段控制节电装置。

在设计该装置之前，首先对该装置中用到的一些相关器件及相关知识进行介绍，然后再介绍路灯时段控制节电装置的硬件及软件的系统设计。

9.1 相关器件介绍

9.1.1 LCD 液晶显示

在日常生活中，我们对液晶显示器并不陌生。液晶显示器已作为很多电子产品的通用器件，如在计算器、万用表、电子表及很多家用电子产品中都可以看到，显示的主要是数字、专用符号和图形。在单片机的人机交流界面中，一般的输出方式有以下几种：发光管、LED 数码管、LCD 液晶显示器。其中，发光管和 LED 数码管比较常用，软硬件都比较简单，在上一章中已做过介绍，本节将重点介绍与本章设计内容相关的字符型 LCD 液晶显示器的应用。

在单片机系统中应用液晶显示器作为输出器件有以下几个优点：

（1）画面品质高。由于液晶显示器每一个点在收到信号后就一直保持那种色彩和亮度，恒定发光，而不像阴极射线管显示器（CRT）那样需要不断刷新新亮点，因此，液晶显示器画质高且不会闪烁。

（2）数字式接口。液晶显示器都是数字式的，与单片机系统的接口更加简单可靠，操作更加方便。

（3）体积小、质量轻。液晶显示器通过显示屏上的电极控制液晶分子状态来达到显示的目的，在质量上比相同显示面积的传统显示器要轻得多。

（4）功耗低。相对而言，液晶显示器的功耗主要消耗在其内部的电极和驱动 IC 上，因而耗电量比其他显示器要少得多。

9.1.1.1　LCD 液晶显示基本知识

1. 液晶显示器原理

LCD 液晶显示器的原理是利用液晶的物理特性，通过电压对其显示区域进行控制，有电就有显示，这样就可以显示出图形。液晶显示器具有体积小、质量轻、功耗低、信息显示丰富等优点，应用十分广泛，如电子表、电话机、传真机、手机、PDA 等，都使用了 LCD。

2. 液晶显示器的分类

液晶显示器的分类方法有很多种，通常可按其显示方式分为段式、字符式和点阵式等。除了黑白显示外，液晶显示器还有多灰度、彩色显示等。如果根据驱动方式来分，可以分为静态驱动（static）、单纯矩阵驱动（simple matrix）和主动矩阵驱动（active matrix）三种。从显示内容来分，主要分为字符型（代表产品为 1602LCD）和点阵型（代表产品为 12864LCD）两种。其中，字符型 LCD 以显示字符为主；点阵式 LCD 不但可以显示字符，还可以显示汉字、图形等内容。

3. 液晶显示器各种图形的显示原理

（1）线段的显示。点阵图形式液晶由 $M \times N$ 个显示单元组成，假设 LCD 显示屏有 64 行，每行有 128 列，每 8 列对应 1 字节的 8 位，即每行由 16 字节共 $16 \times 8 = 128$ 个点组成，屏上 64×16 个显示单元与显示 RAM 区 1024 字节相对应，每一字节的内容和显示屏上相应位置的亮暗对应。例如屏的第 1 行的亮暗由 RAM 区的 000H～00FH 的 16 字节的内容决定，当（000H）=FFH 时，则屏幕的左上角显示一条短亮线，长度为 8 个点；当（3FFH）=FFH 时，则屏幕的右下角显示一条短亮线；当（000H）=FFH，（001H）=00H，（002H）=00H，…，（00EH）=00H，（00FH）=00H 时，则在屏幕的顶部显示一条由 8 段亮线和 8 条暗线组成的虚线。这就是 LCD 显示的基本原理。

（2）字符的显示。用 LCD 显示一个字符时比较复杂，因为一个字符由 6×8 或 8×8 点阵组成，既要找到和显示屏幕上某几个位置对应的显示 RAM 区的 8 字节，还要使每字节的不同位为"1"，其他的为"0"，为"1"的点亮，为"0"的不亮。这样一来就组成某个字符。但对于内带字符发生器的控制器来说，显示字符就比较简单了，可以让控制器工作在文本方式，根据在 LCD 上开始显示的行列号及每行的列数找出显示 RAM 对应的地址，设立光标，在此送上该字符对应的代码即可。

（3）汉字的显示。汉字的显示一般采用图形的方式，事先从微机中提取要显示的汉字的点阵码（一般用字模提取软件），每个汉字占 32B，分左右两半，各占 16B，左边为 1、3、5、…，右边为 2、4、6、…。根据在 LCD 上开始显示的行列号及每行的列数可找出显示 RAM 对应的地址，设立光标，送上要显示的汉字的第 1 个字节，光标位置加 1，送第 2 个字节，换行按列对齐，送第 3 个字节……直到 32B 显示完就可以在 LCD 上得到一个完整的汉字。

9.1.1.2　1602 字符型 LCD 简介

字符型 LCD 专门用于显示数字、字母及自定义符号、图形等。这类显示器均把液晶显示控制器、驱动器、字符存储器等做在一块板上，再与液晶屏（LCD）一起组成一个显示模块，称为 LCM，但习惯上，仍称其为 LCD。1602 字符型 LCD 显示模块（显示器）的产品外形如图 9-1 所示。

图 9-1　1602 字符型 LCD 显示块（显示器）产品外形

1. 1602 字符型 LCD 的基本参数及引脚功能

字符型 LCD 是由若干个 5×7 或 5×11 等点阵字符位组成。每一个点阵字符位都可以显示一个字符。点阵字符位之间有一空点距的间隔起到了字符间距和行距的作用。目前市面上常用的有 16 字×1 行、16 字×2 行、20 字×2 行和 40 字×2 行等的字符模块组。这些 LCD 虽然显示字数各不相同，但输入输出接口都相同。

1602 字符型 LCD 分为带背光和不带背光两种，其控制器大部分为 HDB44780。带背光的比不带背光的厚，是否带背光在应用中并无差别，两者尺寸差别如图 9-2 所示。

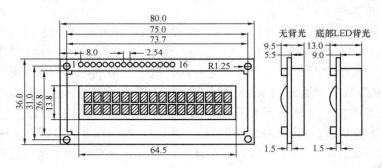

图 9-2　1602 字符型 LCD 尺寸图（单位：mm）

（1）1602 字符型 LCD 主要技术参数。

显示容量：16×2 个字符。

芯片工作电压：4.5～5.5V，

工作电流：2.0mA（5.0V）。

模块最佳工作电压：5.0V。

字符尺寸：2.95（宽）mm×4.35（高）mm。

（2）引脚功能说明。1602 字符型 LCD 采用标准的 14 脚（无背光）或 16 脚（带背光）接口，各引脚接口功能见表 9-1。

表 9-1　　　　　　　　　　　　　字符型 LCD 显示模块接口功能

引脚号	符号	功能	引脚号	符号	功能
1	V_{SS}	电源地	6	E	使能信号
2	V_{DD}	电源正极	7～14	DB0～DB7	数据 0～7
3	V_L	液晶显示偏压信号	15	BLA	背光源正极
4	RS	数据/命令选择	16	BLK	背光源负极
5	R/W	读/写选择			

第 1 脚：V_{SS}（或用 GND 表示）为电源地。

第 2 脚：V_{DD}（或用 V_{CC} 表示）接＋5V 电源。

第 3 脚：V_L 为液晶显示器对比度调整端，接正电源时对比度最弱，接地时对比度最高。对比度过高时会产生"鬼影"，使用时可以通过一个 $10k\Omega$ 的电位器调整对比度。

第 4 脚：RS 为数据/命令选择线，高电平时选择数据寄存器，低电平时选择指令寄存器。

第 5 脚：R/W 为读/写选择线，高电平时进行读操作，低电平时进行写操作。当 RS 和 R/W 共同为低电平时可以写入指令或者显示地址，当 RS 为低电平而 R/W 为高电平时可以读忙信号，当 RS 为高电平而 R/W 为低电平时可以写入数据。

第 6 脚：E（EN）端为使能端，当 E 端由高电平跳变成低电平时，液晶模块执行命令。

第 7～14 脚：DB0～DB7 为 8 位双向数据线。

第 15 脚：BLA（LED＋）背光源正极。

第 16 脚：BLK（LED－）背光源负极。不带背光的模块，15、16 脚这两个引脚悬空不接。

2. 字符型 LCD 内部结构

目前大多数字符显示模块的控制器都采用型号为 HDB44780 的集成电路。其内部电路如图 9-3 所示。

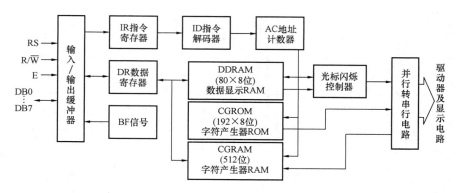

图 9-3　HDB44780 的内部电路

液晶显示模块是一个慢显示器件，所以在执行每条指令之前一定要确认模块的忙碌标志为低电平（低电平表示不忙），否则此指令失效。要显示字符时要先输入显示字符地址，也就是告诉模块在哪里显示字符。图 9-4 是 1602 字符型 LCD 的内部显示地址（LCD 的 RAM 地址映射）。

例如，第 2 行第 1 个字符的地址是 40H，那么是否直接写入 40H 就可以将光标定位在第 2 行第 1 个字符的位置呢？这样不行，因为写入显示地址时要求最高位 D7 恒定为高电平 1，所以实际写入的数据应该是 01000000B（40H）＋10000000B（80H）＝11000000B（COH）。

在对液晶模块的初始化中，要先设置其显示模式，在液晶模块显示字符时光标是自动右移的，无需人工干预。每次输入指令前都要判断液晶模块是否处于忙的状态。

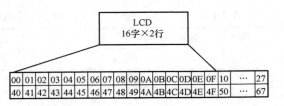

图 9-4　1602 字符型 LCD 内部显示地址

（1）数据显示存储器（DDRAM）。DDRAM 用来存放要 LCD 显示的数据，只要将标准的 ASCII 码送入 DDRAM，内部控制电路会自动将数据传送到显示器上。例如要 LCD 显示字符 A，则只须将 ASCII 码 41H 存入 DDRAM 即可。DDRAM 有 80 字节空间，共可显示 80 个字符（每个字符为 1 字节）。

（2）字符产生器（CGROM）。CGROM 存储了 160 个不同的点阵字符图形，其字符代码和字符图形对应关系见表 9-2。这些字符有阿拉伯数字、大小写英文字母、常用的符号和日文假名等，每一个字符都有一个固定的代码。例如字符码 41H（代码是 01000001B）为 A 字符，若要在 LCD 中显示 A，就是将 A 的代码 41H 写入 DDRAM 中，同时电路到 CGROM 中将 A 的字型点阵数据找出来，显示在 LCD 上，就能看到字母 A。

表 9-2　　　　　　　　　　CGROM 和 CGRAM 中字符代码与字符图形对应关系

低位	高位												
	0000	0010	0011	0100	0101	0110	0111	1010	1011	1100	1101	1110	1111
××××0000	CGRAM (1)		0	ə	P	\	p		—	タ	三	a	P
××××0001	(2)	!	1	A	Q	a	q	口	ア	チ	ム	ä	q
××××0010	(3)	"	2	B	R	b	r	「	イ	川	メ	β	θ
××××0011	(4)	#	3	C	S	c	s	」	ウ	ラ	モ	ε	∞
××××0100	(5)	$	4	D	T	d	t	、	エ	ト	セ	μ	Ω
××××0101	(6)	%	5	E	U	e	u	・	オ	ナ	ユ	B	O
××××0110	(7)	&.	6	F	V	f	v	テ	カ	ニ	ヨ	ρ	Σ
××××0111	(8)	>	7	G	W	g	w	ア	キ	ヌ	ラ	g	π
××××1000	(1)	(	8	H	X	h	x	イ	ク	ネ	リ	∫	X
××××1001	(2)	)	9	I	Y	i	y	ウ	ケ	ノ	ル	−1	y
××××1010	(3)	*	:	J	Z	j	z	エ	コ	リ	レ	j	千
××××1011	(4)	+	;	K	〔	k	{	オ	サ	ヒ	ロ	x	万
××××1100	(5)	フ	<	L	¥	l	|	セ	シ	フ	ワ	¢	円
××××1101	(6)	—	=	M	〕	m	}	ユ	ス	⌒	ン	₤	÷
××××1110	(7)	.	>	N	ˆ	n	→	ヨ	セ	ホ	ハ	ñ	
××××1111	(8)	/	?	O	_	o	←	ツ	ソ	マ	ロ		Ö

（3）字符产生器（CGRAM）。CGRAM 是供使用者储存自行设计的特殊造型的造型码 RAM，共有 512 位（64 字节）。一个 5×7 点矩阵字型占用 8×8 位，因此 CGRAM 最多可存 8 个造型。

（4）指令寄存器 IR。IR 负责储存单片机要写给 LCD 的指令码。当单片机要发送一个命令到 IR 指令寄存器时，必须要控制 LCD 的 RS、R/W 及 E 这 3 个信号，当 RS 及 R/W 信号为 0，E 信号由 1 变为 0 时，就会把在 DB0～DB7 的数据送入 IR 指令寄存器。

（5）数据寄存器 DR。DR 负责储存单片机要写到 CGRAM 或 DDRAM 的数据，或储存单片机要从 CGRAM 或 DDRAM 读出的数据，因此 DR 寄存器可视为一个数据缓冲区，它也是由 LCD 的 RS、R/W 及 E 三个信号来控制。当 RS 及 R/W 信号为 1，E 信号为 1 时，LCD 会将 DR 寄存器内的数据由 DB0～DB7 输出，以供单片机读取；当 RS 信号为 1，R/W 信号为 0，E 信号由 1 变为 0 时，就会把在 DB0～DB7 的数据存入 DR 寄存器。

（6）忙碌标志信号 BF。BF 的功能是告诉单片机，LCD 内部是否正忙着处理数据。当 BF＝1 时，表示 LCD 内部正在处理数据，不能接受单片机送来的指令或数据。LCD 设置 BF 的原因为单片机处理一个指令的时间很短，只需几微秒左右，而 LCD 得花上 $40\mu s \sim 1.64ms$ 的时间，所以单片机要写数据或指令到 LCD 之前，必须先查看 BF 是否为 0。

（7）地址计数器 AC。AC 的工作是负责计数写到 CGRAM、DORAM 数据的地址，或从 DDRAM、CGRAM 读出数据的地址。使用地址设定指令写到 IR 寄存器后，则地址数据会经过指令解码器，再存入 AC。当单片机从 DDRAM 或 CGRAM 存取资料时，AC 依照单片机对 LCD 的操作而自动的修改它的地址计数值。

3. 1602 字符型 LCD 的控制指令及时序说明

1602 液晶模块内部的控制器控制指令见表 9-3。

表 9-3　　　　　　　　　　　控制命令表

序号	指令	RS	R/W	D7	D6	D5	D4	D3	D2	D1	D0
1	清显示	0	0	0	0	0	0	0	0	0	1
2	光标返回	0	0	0	0	0	0	0	0	1	*
3	置输入模式	0	0	0	0	0	0	0	1	I/D	S
4	显示开/关控制	0	0	0	0	0	0	1	D	C	B
5	光标或字符移位	0	0	0	0	0	1	S/C	R/L	*	*
6	置功能	0	0	0	0	1	DL	N	F	*	*
7	置字符发生存储器地址	0	0	0	1	字符发生存储器地址					
8	置数据存储器地址	0	0	1	显示数据存储器地址						
9	读忙碌标志或地址	0	1	BF	计数器地址						
10	写数到 CGRAM 或 DDRAM	1	0	要写的数据内容							
11	从 CGRAM 或 DDRAM 读数	1	1	读出的数据内容							

1602 液晶模块的读/写操作、屏幕和光标的操作都是通过指令编程来实现的（表中 1 为高电平、0 为低电平）。表 9-3 控制指令共有 11 条（组），下面分别介绍如下。

指令 1　清屏显示指令

指令代码为 01H，将 DDRAM 数据全部填入"空白"的 ASCII 代码 20H，执行此指令将清除显示器的内容，同时光标移到左上角，也就是光标复位到地址 00H 位置。

指令 2　光标归位指令（光标复位）

指令代码为 02H，地址计数器 AC 被清零，DDRAM 数据不变，光标移到左上角。* 表示可以为 0 或 1。光标返回到地址 00H。

指令 3　光标和显示模式（输入方式）设置指令

I/D：光标移动方向，高电平右移，低电平左移。S：屏幕上所有文字是否左移或者右移。高电平表示有效，低电平则无效。具体设置情况见表 9-4。

表 9-4   光标、字符移动方式的设置

状态位		指令代码	功 能
I/D	S		
0	0	04H	光标左移 1 格，AC 值减 1，字符全部不动
0	1	05H	光标不动，AC 值减 1，字符全部右移 1 格
1	0	06H	光标右移 1 格，AC 值加 1，字符全部不动
1	1	07H	光标不动，AC 值加 1，字符全部左移 1 格

指令 4   显示开关控制指令

指令代码为 08H～0FH。该指令有 3 个状态位 D、C、B，这 3 个状态位分别控制着字符、光标和闪烁的显示状态。

D：是字符（光标闪烁）显示状态位。控制整体显示的开与关，高电平表示开显示，低电平表示关显示，即当 D=1 时为开显示，D=0 时为关显示。注意关显示仅是字符不出现，而 DDRAM 内容不变，这与清屏指令不同。

C：是光标显示状态位，控制光标的开与关。当 C=1 时为光标显示，C=0 时为光标消失。光标为底线形式（5×1 点阵），光标的位置由地址指针计数器 AC 确定，并随其变动而移动。当 AC 值超出了字符的显示范围时，光标将随之消失。

B：是显示状态位，控制光标是否闪烁。当 B=1 时，光标闪烁；B=0 时，光标不闪烁。

指令 5   光标或显示移位

S/C：高电平时移动显示的文字，低电平时移动光标。

执行该指令将产生字符或光标向左或向右滚动一个字符位。如果定时执行该指令，将产生字符或光标的平滑滚动。光标、字符位移的具体设置情况见表 9-5。

表 9-5   光标、字符位移的设置

状态位		指令代码	功能
S/C	R/L		
0	0	10H	光标左移
0	1	14H	光标右移
1	0	18H	字符左移
1	1	1CH	字符右移

指令 6   功能设置命令

该指令用于设置控制器的工作方式。其中，有 3 个参数 DL、N 和 F，它们的作用如下。

DL：用于设置控制器与计算机的接口形式。接口形式体现在数据总线长度上。DL=1 设置数据总线为 8 位长度，即 DB7～DB0 有效；DL=0 设置数据总线为 4 位长度，即 DB7～DB4 有效。在该方式下 8 位指令代码和数据将按先高 4 位后低 4 位的顺序分两次传输。

N：用于设置显示的字符行数。N=0 为一行字符；N=1 为两行字符。

F：用于设置显示字符的字体。F=0 为 5×7 点阵字符体；F=1 为 5×10 点阵字符体

指令 7   字符发生器 RAM 地址设置

该指令将 6 位的 CGRAM 地址写入地址指针计数器 AC 内，随后，单片机对数据的操作是对 CGRAM 的读/写操作。

指令 8   DDRAM 地址设置

该指令将 7 位的 DDRAM 地址写入地址指针计数器 AC 内，随后，单片机对数据的操作

是对 DDRAM 的读/写操作。

应用说明：控制代码 D6 位为 0 表示第 1 行显示，为 1 表示第 2 行显示；D5～D0 中的数据表示显示的列数。例如，若 D7～D0 控制代码中的数据为 10000100B，因为 D6 位为 0，所以第 1 行显示；因为 D5D4D3D2D1D0 为 000100B，十六进制为 04H，十进制为 4，所以，第 4 列显示。再如，若 D7～D0 中的数据为 11010000B，因为 D6 为 1，所以第 2 行显示；因为 D5D4D3D2D1D0 为 010000B，十六进制为 10H，十进制为 16，所以，第 16 列显示。由于 LCD 起始列为 0，最后 1 列为 15，所以，此时将超出 LCD 的显示范围。这种情况多用于移动显示，即先让显示列位于 LCD 之外，再通过编程，使待显示列数逐步减小，此时，将会看到字符由屏外逐步移到屏内的显示效果。

指令 9　读忙碌信号和光标地址

控制代码中 D7 位的 BF 为忙标志位，当 BF＝1 为高电平时，表示正在做内部数据的处理，不接受单片机送来的指令或数据；当 BF＝0 时，则表示已准备接收命令或数据。当程序读取此数据的内容时，D7 表示忙碌标志，而另外 D6～D0 的值表示 CGRAM 或 DDRAM 中的地址，至于是指向哪一地址，则根据最后写入的地址设定指令而定。

指令 10　写数据

先设定 CGRAM 或 DDRAM 地址，再将数据写入 DB7～DB0 中，以使 LCD 显示出字形。也可将使用者自创的图形存入 CGRAM。

指令 11　读数据

先设定 CGRAM 或 DDRAM 地址，再读取其中的数据。

读、写操作时序如图 9-5 和图 9-6 所示。

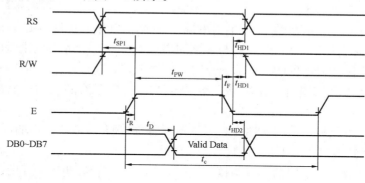

图 9-5　读操作时序

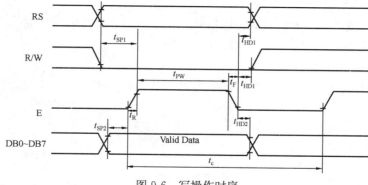

图 9-6　写操作时序

4. 字符型 LCD 与单片机的连接

字符型 LCD 与单片机的连接比较简单，可以与 51 单片机直接接口，1602LCD 液晶显示器与单片机的连接的电路原理图如图 9-7 所示。

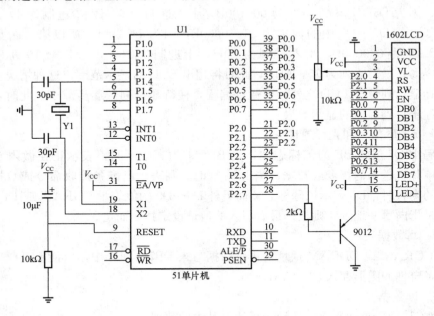

图 9-7　1602LCD 液晶显示器与 51 单片机连接

关于连接图的几点说明：

（1）1602LCD 液晶显示器的 1、2 端为电源；15、16 为背光电源。在实际应用中，为防止直接加 5V 电压烧坏背光灯，可在 15 脚与地之间串接上一个 30Ω 左右的限流电阻。

（2）1602LCD 液晶显示器的 3 端为液晶对比度调节端，通过一个 10kΩ 电位器接地来调节液晶显示对比度。首次使用时，在液晶上电状态下，调节至液晶上面一行显示出黑色小格为止。

（3）1602LCD 液晶显示器的 4 端为向液晶控制器写数据/写命令选择端，接单片机的 P2.0 口（当然也可选择其他口，如 P3.5 口）。

（4）1602LCD 液晶显示器的 5 端为读/写选择端，接单片机的 P2.1 口（当然也可选择其他口）。在实际应用中，若不从液晶读取任何数据，只向其写入命令和显示数据，则此端可直接接地，始终选择为写状态。

（5）1602LCD 液晶显示器的端为使能信号，是操作时必需的信号，接单片机的 P2.2 口。

9.1.1.3　字符型 LCD 的 C 语言驱动程序软件

1. 编写 LCD 驱动程序

将 LCD 通用子程序组合在一起，便可构成 LCD 的驱动程序软件包。具体 C 程序内容如下：

```
/* * * * 根据图 9-10 所示电路，在通用函数前，加入自定义部分和函数声明 * * * */
#include <reg51.h>              //包含头文件
#include <intrins.h>
#define  uchar  unsigned char
#define  uint unsigned int
```

```
sbit   LCD_RS = P2^0;                    //端口定义
sbit   LCD_RW = P2^1;
sbit   LCD_EN = P2^2;
void   Delay_ms(uint xms);               //延时函数声明
bit    lcd_busy();                       //忙碌检查函数声明
void   lcd_wcmd(uchar cmd);              //写指令寄存器 IR 函数声明
void   lcd_wdat(uchar dat);              //写数据寄存器 DR 函数声明
void   lcd_clr();                        //清屏函数声明
void   lcd_init();                       // LCD 初始化函数声明
```

/ * * * * * * * *延时函数(LCD 延时子程序) * * * * * * * * */

```
void   Delay_ms(uint xms)
{
        uint i, j;
        for(i = xras; i>0; i--)          //i = xms 即延时约 xms
        for(j = 110; j>0; j--);
}
```

/ * * * * * * * *忙碌检查函数(测试 LCD 忙碌状态子程序) * * * * * * * * */

```
bit lcd_busy()
{
    bit result;
    LCD_RS = 0;
    LCD_RW = 1;
    LCD_EN = 1;
    _nop_();
    _nop_();
    _nop_();
    _nop_();
    result = (bit)(P0 & 0x80);
    LCD_EN = 0;
    return result;
}
```

/ * * * * * * * *写指令寄存器 IR 函数(写指令数据到 LCD 子程序) * * * * * * * * */

```
void lcd_wcmd(ucbar cmd)
{
while(lcd_busy());
    LCD_RS = 0;
    LCD_RW = 0;
    LCD_EN = 0;
    _nop_();
    _nop_();
    P0 = cmd;
    _nop_();
    _nop_();
    _nop_();
```

```
        _ nop _ ();
    LCD _ EN = 1;
        _ nop _ ();
        _ nop _ ();
        _ nop _ ();
        _ nop _ ();
    LCD _ EN = 0;
    }
```

/ * * * * * * * 写寄存器 DR 函数(写入显示数据到 LCD 子程序) * * * * * * * * * /

```
    void lcd _ wdat(uchar dat)
    {
    while(lcd _ busy());
    LCD _ RS = 1;
    LCD _ RW = 0;
    LCD _ EN = 0;
    P0 = dat;
        _ nop _ ();
        _ nop _ ();
        _ nop _ ();
        _ nop _ ();
    LCD _ EN = 1;
        _ nop _ ();
        _ nop _ ();
        _ nop _ ();
        _ nop _ ();
    LCD _ EN = 0;
  }
```

/ * * * * * * * * LCD 清屏函数 * * * * * * * * /

```
        void lcd _ clr()
        {
lcd _ wcmd(0x01);              //清除 LCD 的显示内容
Delay _ ms(5);
}
```

/ * * * * * * * * LCD 初始化函数(LCD 初始化子程序) * * * * * * * * * /

```
    void  lcd _ init()
    {
    Delay _ ms(15);                    //等待 LCD 电源稳定
    lcd _ wcmd(0x38);                  //16×2 显示，5×7 点阵，8 位数据
    Delay _ ms(5);
    lcd _ wcmd(0x38);
    Delay _ ms(5);
    lcd _ wcmd(0x38);
    Delay _ ms(5);
    lcd _ wcmd(0x0c);                  //显示开，关光标
```

```
Delay_ms(5);
lcd_wcmd(0x06);                    //移动光标
Delay_ms(5);
lcd_wcmd(0x01);                    //清除 LCD 的显示内容
Delay_ms_ms(5);
}
```

　　该软件包编译完成后，可命名为 LCD_drive.h 并保存起来。注意，一定要保存为后缀为.h的库文件，以后在编写 LCD 应用程序时，就可以直接在应用程序文件中加：♯include "LCD_drive.h" 或♯include<LCD_drive.h>预处理命令进行调用。有一点需要说明，如果将 LCD drive.h 放在<>内，系统就到存放 C 库函数的目录中寻找要包含的文件；如果将 LCD_drive.h 放在""内，则系统先到当前目录中查找要包含的文件；若查找不到，再到存放 C 库函数的目录中查找。一般情况下，大都采用将 LCD_drive.h 放在""内的形式。

　　该软件包中的 LCD 初始化函数编程思路是：当打开电源，加到 LCD 上的电压必须满足一定的时序变化时，LCD 才能正常启动。若 LCD 上的电压时序不正常，则必须执行以下热启动子程序，启动流程如下。

　　开始→电源稳定 15ms→功能设定（不检查忙信号）→等待 5ms→功能设定（不检查忙信号）→等待 5ms→功能设定（不检查忙信号）→等待 5ms→关显示→清显示→开显示→进入正常启动状态。将 1602 字符型 LCD 的一般初始化（复位）过程总结如下。

　　延时　15ms。

　　写指令 38H（不检测忙信号）。

　　延时　5ms。

　　写指令 38H（不检测忙信号）。

　　延时　5ms。

　　写指令 38H（不检测忙信号）。

　　以后每次写指令、读/写数据操作均需要检测忙信号。

　　写指令 38H：显示模式设置。

　　写指令 08H：显示关闭。

　　写指令 01H：显示清屏。

　　写指令 06H：显示光标移动设置。

　　写指令 0CH：显示开及光标设置。

2. 应用举例

【例 9-1】利用图 9-10 所示的电路，试编写让 1602LCD 显示字符串的 C51 程序。具体要求：在 LCD 第 1 行第 4 列显示字符串"Ruisi-Keji"，在第 2 行第 1 列显示字符串"Welcome to you!"。

解　根据要求，编写的 C 源程序如下：

```
#include <reg51.h>
#include"LCD_drive.h"                    //包含 LCD 驱动程序文件包
#define uchar unsigned char
#define uint unsigned int
uchar code lmel_data[]={"Ruisi-Keji"};   //定义第 1 行显示的字符
uchar code line2_data[]={"Welcome To You!"}; //定义第 2 行显示的字符
```

```
/ * * * * * * * *主函数(主程序)* * * * * * * * */
void main()
{
    uchar i;
    Delay _ ms(10);
    lcd _ init();                        //调 LCD 初始化函数(在 LCD 驱动程序软件包
                                           中)
    lcd _ clr();                         //调清屏函数(在 LCD 驱动程序软件包中)
    lcd _ wcmd(0x001 0x80);              //设置显示位置为第 1 行第 0 列
    i = 0;
    while(line1 _ data[i]! = '\0')       //若没有到达第 1 行字符串尾部
    {
        lcd _ wdat(line1 _ data[i]);     //显示第 1 行字符
        i + + ;                          //指向下一字符
    }
    lcd _ wcmd(0x4010x80);               //设置显示位置为第 2 行第 0 列
    i = 0;
    while(line2 _ data[i]! = '\0')       //若没有到达第 2 行字符串尾部
    {
        lcd _ wdat(line2 _ data[i]);     //显示第 2 行字符
        i + + ;                          //指向下一字符
    }
    while(1);                            //等待
}
```

程序中，首先调 LCD 驱动程序软件包 LCD _ drive. h 中的 LCD init、LCD _ clr 函数，对 LCD 进行初始化和清屏，然后定位字符显示位置，将第 1 行和第 2 行字符串显示在 LCD 的相应位置上。

目标文件实现的方法：

(1) 打开 Keil C51 软件，建立工程项目，再建立一个名为 ch9 _ 2. c 的源程序文件，输入上面源程序。

(2) 在工程项目中，将前面制作的驱动程序软件包 LCD _ drive. h 添加进来，这样，在工程项目中，就有两个文件，如图 9-8 所示。

(3) 单击"重新编译"按钮，对源程序 ch9 _ 2. c 和 LCD _ drive. h 进行编译和链接，便会产生 ch9 _ 2. HEX 目标文件。

【例 9-2】 利用图 9-7 所示的电路，试编写让 1602LCD 移动显示字符串的 C51 程序。具体要求：在 LCD 第 1 行显示从右向左不断移动的字符串"Ruisi-Keji"，在第 2 行显示从右向左不断移动的字符串"Welcome to you!"。移动到屏幕中间后，字符串闪烁 3 次，然后，再循环移动、闪烁。

解 根据要求，编写的源程序如下：

```
#include <reg51. h>
#include "LCD _ drive. h"              //LCD 驱动程序
#define uchar unsigned char
```

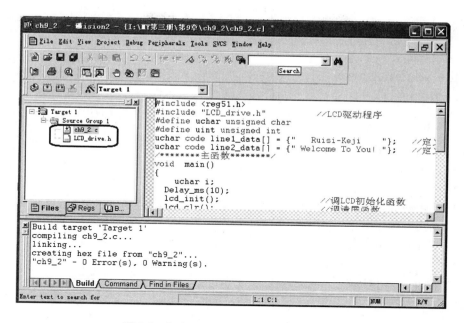

图 9-8　加入 LCD 驱动程序后的工程项目

```
#define uint unsigned int
uchar code line1 _ data[] = {"Ruisi-Keji"};        //定义第 1 行显示的字符
uchar code line2 _ data[] = {"Welcome To You!"};   //定义第 2 行显示的字符
/* * * * * * * * * *闪烁 3 次函数* * * * * * * * * */
void flash()
{
    Delay _ ms(1000);         //设定停留时间
    lcd _ wcmd(0x08);         //关闭显示
    Delay _ ms(500);          //延时 0.5s
    lcd _ wcmd(0x0c);         //开显示，闪烁第一次
    Delay _ ms(500)           //延时 0.5s
    lcd _ wcmd(0x08)          //关闭显示
    Delay _ ms(500);          //延时 0.5s
    lcd _ wcmd(0x0c);         //开显示，闪烁第二次
    Delay _ ms(500);          //延时 0.5s
    lcd _ wcmd(0x08);         //关闭显示
    Delay _ ms(500);          //延时 0.5s
    lcd _ wcrad(0x0c);        //开显示，闪烁第三次
    Delay _ ms(500);          //延时 0.5s
}
/* * * * * * * * *主函数* * * * * * * */
void main()
{
    uchar i, j;
    Delay _ ms(10);
    lcd _ init();             //初始化 LCD
```

```
        for(;;)                                    //大循环
        {
          lcd_clr();                               //清屏
          lcd_wcmd(0x10 | 0x80);                   //设置显示位置为第1行第16列
          i = 0;
          while(line1_data[i]! = '\0')             //加载第1行字符串
          {
              lcd_wdat(line1_data[i]);
              i + +;
          }
          lcd_wcmd(0x50 | 0x80);                   //设置显示位置为第2行第16列
          i = 0;
          while(line2_data[i]! = '\0')             //加载第2行字符串
          {
              lcd_wdat(line2_data[i]);
              i + +;
          }
          for(j = 0; j<16; j + +)                  //向左移动16格
          {
              lcd_wcrad(0x18);                     //字符同时左移1格
              Delay_ms(500);                       //移动时间为0.5s
          }
          flash();                                 //调闪烁函数,闪动3次
        }
```

程序中,首先调驱动程序软件包中的 LCD_init、LCD_clr 函数,对 LCD 进行初始化和清屏。然后将字符位置定位在第1行和第2行的第16列,即 LCD 显示屏的最右端外的第1个字符。这样,让字符循环移动16个格,就可以将字符串从 LCD 屏外逐步移到屏内。移到屏内后,再调用闪烁函数 flash,控制字符串每隔 0.5s 闪烁1次,共闪烁3次。

目标文件实现方法:

(1) 打开 Keil C51 软件,建立工程项目,再建立一个名为 ch9_3.c 的源程序文件,输入上面的程序。

(2) 在工程项目中,再将前面制作的驱动程序软件包 LCD_drive.h 添加进来。

(3) 单击"重新编译"按钮,对源程序 ch9_3.c 和 LCD_drive.h 进行编译和链接,产生 ch9_3.HEX 目标文件。

【例9-3】利用图9-7所示的电路,试编写让 1602LCD 滚动显示字符串的 C51 程序。具体要求:在第1行显示"Ruisi-Keji",第2行显示"Welcome to you!"。显示时,先从左到右逐字显示,产生类似"打字"的效果。闪烁3次后,再从右到左逐字显示,再闪烁3次。然后,不断重复上述显示方式。

解 根据要求,编写的 C 源程序如下:

```
# include <reg51.h>
# include "LCD_drive.h"                           //包含LCD驱动程序文件包
```

```
#define uchar unsigned char
#define uint unsigned int
uchar code line1_R[] = {"  Ruisi-Keji  "};          //定义第 1 行右滚动显示的字符
uchar code line2_R[] = {"Welcome To You!"};         //定义第 2 行右滚动显示的字符
uchar code line1_L[] = {"  ijeK-isiuR  "};          //定义第 1 行左滚动显示的字符
uchar code lline2_L[] = {"! uoyotemocleW"};         //定义第 2 行左滚动显示的字符
/* * * * * * * * 闪烁 3 次函数 * * * * * * * * */
    ……                                             //此处程序内容与[例 9-2]中的闪烁 3 次函数完全相同
/* * * * * * * *    主函数    * * * * * * * * */
void main()
{
  uchar i;
  lcd_init();                                       //初始化 LCD
  while(1)
  {
    lcd_clr();                                      //清屏
    Delay_ms(10);
    lcd_wcmd(0x06);                                 //向右移动光标
    lcd_wcmd(0x00 | 0x80);                          //设置显示位置为第 1 行的第 0 个字符
    i = 0;
    while(line1_R[i]! = '\0')                        //加载字符串
    {
      lcd_wdat(line1_R[i]);
      i++;
      Delay_ms(200);                                //200ms 显示一个字符
    }
    lcd_wcmd(0x40 | 0x80);                          //设置显示位置为第 2 行第 0 个字符
    i = 0;
    while(line2_R[i]! = '\0')                        //加载字符串
    {
      lcd_wdat(line2_R[i]);
      i++;
      Delay_ms(200);                                //200ms 显示一个字符
    }
    Delay_ms(1000);                                 //停留 1s
    flash();                                        //闪烁 3 次
    lcd_clr();                                      //清屏
    Delay_ms(10);
    lcd_wcmd(0x04);                                 //向左移动光标
    lcd_wcmd(0x0f | 0x80);                          //设置显示位置为第 1 行的第 15 个字符
    i = 0;
    while(line1_L[i]! = '\0')                        //加载字符串
    {
      lcd_wdat(line1_L[i]);
```

```
    i++;
    Delay_ms(200);                          //200ms 显示一个字符
}
lcd_wcmd(0x4f | 0x80);                      //设置显示位置为第 2 行第 15 个字符
i = 0;
while(line2_L[i]! = '\0')                   //加载字符串
{
    lcd_wdat(line2_L[i]);
    i++;
    Delay_ms(200);                          //200ms 显示一个字符
}
Delay_ms(1000);                             //停留 1s
flash();                                    //闪烁 3 次
  }
}
```

字符向右滚动显示的基本方法是：先定位字符显示位置为第 1 行第 0 列、第 2 行第 0 列，写入命令字 0x06，控制向右移动光标（字符不动）。然后开始显示字符，延时一段时间后（本例中延时时间 200ms），再显示下一字符。这样，就可以达到字符右滚动显示的效果。

字符向左滚动显示的基本方法与以上类似，这里不再重复。

目标文件实现方法：

（1）打开 Keil C51 软件，建立工程项目，再建立一个名为 ch9_4.c 的源程序文件，输入上面源程序。

（2）在工程项目中，再将 LCD 驱动程序软件包 LCD_drive.h 添加进来。

（3）单击"重新编译"按钮，对源程序 Ch9_4.c 和 LCD_drive.h 进行编译和链接，产生 Ch9_4.HEX 目标文件。

9.1.2　DS1302 时钟芯片

在很多单片机系统中都要求带有实时时钟电路，如最常见的数字钟、钟控设备、数据记录仪表、本章中介绍的智能型路灯节电控制装置。这些仪表或装置往往需要采集带时标的数据，同时还会有一些需要保存起来的重要数据，有了这些数据，便于用户对数据进行观察、分析以及比较控制等。目前，常用的时钟芯片主要有 DS12887、DS1302、DS3231、PCF8563 等，其中，DS1302 应用最为广泛。因此，本节就市面上常见的时钟芯片 DS1302 的应用进行重点介绍。DS1302 是美国 DALLAS 公司推出的一款高性能、低功耗、带内部 RAM 的实时时钟芯片（RTC），也就是一种能够为单片机系统提供日期和时间的芯片。

9.1.2.1　实时时钟（RTC）简介

实时时钟芯片的主要功能是完成年、月、周、日、时、分、秒的计时，通过外部接口为单片机系统提供日历和时钟。所以一个最基本的实时时钟芯片通常会具有一些部件如电源电路、时钟信号产生电路、实时时钟、数据存储器、通信接口电路、控制逻辑电路等，如图 9-9 所示，同时大部分的 RTC 还会提供一些额外的 RAM。

如果直接利用单片机的定时器，是不是也可

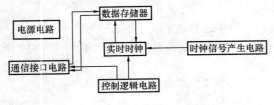

图 9-9　RTC 的基本组成

以用软件自己来写时钟、日历程序？是的，但是会有几个问题，首先为了使时钟不至于停走，就得在停电时给单片机供电，而相对 RTC 来说，单片机的功耗大很多，电池往往无法长时间工作；其次单片机计时的准确度比较差，通常很难达到需要的精度，因此目前 RTC 的使用已经十分广泛。

由于在需要 RTC 的场合一般不允许时钟停走，所以即使在单片机系统停电的时候，RTC 也必须能正常工作。因此一般都需要电池供电，同时考虑到电池使用寿命，所以有不少 RTC 把电源电路设计成能够根据主电源电压自动切换的形式，自动切换 RTC 使用主电源或备用电池，即当断电的时候，后备电池能够自动给 RTC 供电，而像 DS1302 还增加了电池充电电路，用来对可充电锂电池充电。

综上所述，RTC 电路的主要特点是功耗低、精度高。那么，RTC 在使用过程中是如何控制精度的呢？一般，RTC 都使用 32768Hz 的晶振，本身误差小（$5 \times 10^{-6} \sim 20 \times 10^{-6}$），同时很多设备在生产过程中对这个频率进行过校准。主要方法就是改变两个从晶振引脚到地的电容值的大小，通过测试 RTC 输出的秒信号的频率，然后把电容改成合适的数值，使精度控制在合理的范围里。当然目前也有些时钟芯片在片内内置了电容阵列，可以自动调整。影响精度的另外一个原因，就是温度，因此有很多产品在采用无内置温补电路的时候，会使用软件对实时时钟进行温度补偿。当然，现在也有些 RTC 内置了温度补偿，甚至还可以为系统提供环境温度值。

最常用的 RTC 有 DS1302 和 DS12887 等，当然其实还有很多其他的同类产品。按功能不同对几个比较常用的 RTC 予以简单的比较，见表 9-6。

表 9-6　　　　　　　　　　　　　　　　一些常用 RTC 的功能比较

RTC 型号	生产商	接口方式	晶振内置	补偿方式	温度补偿	电池内置	充电电路	报警输出
DS12887	DALLAS	并行	是	无	无	是	有	有
DS1302	DALLAS	串行	否	无	无	否	有	无
DS3231	DALLAS	串行	是	硬件	有	否	无	有
RX8025	EPSON	串行	是	软件	无	否	无	有
PCF8563	PHILIPS	串行	否	无	无	否	无	有

9.1.2.2　DS1302 时钟芯片简介

DS1302 是 DALLAS 公司推出的涓流充电时钟芯片，内含一个实时时钟/日历和 31 字节静态 RAM，可以通过串行接口与单片机进行通信。实时时钟/日历电路提供秒、分、时、日、星期、月、年的信息，每个月的天数和闰年的天数可自动调整，时钟操作可通过 AM/PM 标志位决定采用 24 或 12h 时间格式。DS1302 与单片机之间能简单地采用同步串行的方式进行通信，仅需三根 I/O 线：复位（RST）、I/O 数据线、串行时钟（SCLK）。时钟/RAM 的读/写数据以一字节或多达 31 字节的字符组方式通信。DS1302 工作时功耗很低，保持数据和时钟信息时，功耗小于 1mW。DS1302 主要性能如下：

（1）实时时钟具有能计算 2100 年之前的秒、分、时、日、星期、月、年的能力及闰年调整的能力。

（2）31×8 位暂存数据存储 RAM。

（3）串行 I/O 口方式，引脚数量少。

（4）宽电压工作范围：$2.0 \sim 5.5V$。

（5）工作电流：2.0V 时小于 300nA。

（6）读/写时钟或 RAM 数据时，有单字节传送和多字节传送两种传送方式。

（7）8 脚 DIP 封装或 SOIC 封装。

1. DS1302 的内部结构

DS1302 为 8 引脚集成芯片，封装图如图 9-10 所示，其引脚功能见表 9-7。

表 9-7 DS1302 引脚功能

引脚号	符号	功能	引脚号	符号	功能
1	V_{CC2}	主电源输入	5	$\overline{RST}$	复位端，$\overline{RST}=1$ 允许通信；$\overline{RST}=0$ 禁止通信
2	X1	外接 32.768kHz 晶振	6	I/O	数据输入/输出端
3	X2		7	SCLK	串行时钟输入端
4	GND	地	8	V_{CC1}	备用电源输入

DS1302 的内部结构如图 9-11 所示，主要组成部分为：输入移位寄存器、命令与控制逻辑、振荡电路与分频器、实时时钟以及 RAM。虽然数据分成两种，但是对单片机的程序而言，其实是一样的，就是对特定的地址进行读/写操作。

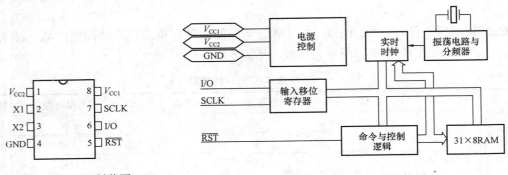

图 9-10　DS1302 封装图　　　　　图 9-11　DS1302 的内部结构图

DS1302 含充电电路，可以对作为后备电源的可充电电池充电，并可选择充电使能和串入的二极管数目，以调节电池充电电压。

需要特别说明的是，备用电源可以用电池或者超级电容器（0.1F 以上）。虽然 DS1302 在主电源掉电后的耗电很小，但是，如果要长时间保证时钟正常，最好选用小型充电电池。可以用老式电脑主板上的 3.6V 充电电池。如果断电时间较短（几小时或几天），也可以用漏电较小的普通电解电容器代替。100μF 就可以保证 1h 的正常运行。

2. DS1302 的控制命令字和寄存器

DS1302 工作时为了对任何数据传送进行初始化，需要将复位脚（RST）置为高电平且将 8 位地址和命令信息装入移位寄存器。数据在时钟（SCLK）的上升沿串行输入，前 8 位指定访问地址，命令字装入移位寄存器后，在之后的时钟周期，读操作时输出数据，写操作时输出数据。时钟脉冲的个数在单字节方式下为 8+8（8 位地址+8 位数据），在多字节方式下 8 可加最多达 248 的数据。

（1）DS1302 的控制命令字。对 DS1302 的操作就是对其内部寄存器的操作，DS1302 内部共有 12 个寄存器，其中有 7 个寄存器与日历、时钟相关。此外，DS1302 还有年份寄存器、控制寄存器、充电寄存器、时钟突发寄存器及与 RAM 相关的寄存器等。时钟突发寄存器可一次性顺序读/写除充电寄存器以外的寄存器。日历、时钟寄存器与控制字对照见表 9-8。

表 9-8 日历、时钟寄存器与控制字对照表

寄存器名称	D7	D6	D5	D4	D3	D2	D1	D0
	1	RAM/CK	A4	A3	A2	A1	A0	RD/W
秒寄存器	1	0	0	0	0	0	0	0
分寄存器	1	0	0	0	0	0	0	1
小时寄存器	1	0	0	0	0	0	1	0
日寄存器	1	0	0	0	0	0	1	1
月寄存器	1	0	0	0	0	1	0	0
星期寄存器	1	0	0	0	0	1	0	1
年寄存器	1	0	0	0	0	1	1	0
写保护寄存器	1	0	0	0	0	1	1	1
慢充电寄存器	1	0	0	1	0	0	0	0
时钟突发寄存器	1	0	1	1	1	1	1	1

数据传送是以单片机为主控芯片进行的，每次传送时，由单片机向 DA1302 写入一个控制命令字开始，控制命令字的最高位（D7）必须是 1，如果它为 0，则不能把数据写入 DS1302 中。

RAM/CK 位为 DS1302 片内 RAM/时钟选择位。RAM/CK＝1 时选择 RAM 操作；RAM/CK＝0 时选择时钟操作。

RD/W 是读/写控制位。RD/W＝1 时表示进行读操作，也就是说，DS1302 接收完命令字后，按指定的选择对象及寄存器（或 RAM）地址，读取数据，并通过 I/O 线传送给单片机；RD/W＝0 时为写操作，表示 DS1302 接收完命令字后，紧跟着再接受来自单片机的数据字节，并写入到 DS1302 的相应寄存器或 RAM 单元中。

A0～A4 为片内日历时钟寄存器或 RAM 地址选择位。

DS1302 内部主要寄存器分布见表 9-9。

表 9-9 DS1302 内部主要寄存器分布表

寄存器名称	命令字		取值范围	各位内容							
	写	读		7	6	5	4	3	2	1	0
秒寄存器	80H	81H	00～59	CH	10 秒（SEC）			秒（SEC）			
分寄存器	82H	83H	00～59	0	10 分（MIN）			分（MIN）			
小时寄存器	84H	85H	01～12 或 00～23	12/24	0	A/P	HR	小时（HR）			
日期寄存器	86H	87H	01～28，29，30，31	0	0	10DATE		日（DATE）			
月份寄存器	88H	89H	01～12	0	0	0	10M	月（MONTH）			
周寄存器	8AH	8BH	01～07	0	0	0	0	0	星期（DAY）		
年份寄存器	8CH	8DH	00～99	10YEAR				年（YEAR）			

（2）寄存器的地址。寄存器的地址也就是前面所说的寄存器控制命令字。每个寄存器有两个地址，例如，对于秒寄存器，读操作时，RD/W＝1，读地址为 81H；写操作时，RD/W＝

0，写地址为 80H。

DS1302 内部的 RAM 分为两类，一类是单个 RAM 单元，共 31 个，每个单元为一个 8 位的字节，其命令控制字为 COH～FDH，其中奇数为读操作，偶数为写操作；另一类为突发方式下的 RAM，此方式下可一次性读/写所有 RAM 的 31 个字节，命令控制字为 FEH（写）和 FFH（读）。

（3）寄存器的内容。在 DS1302 内部的寄存器中，有 7 个寄存器与日历、时钟相关，存放的数据位为 BCD 码形式。

秒寄存器存放的内容中，最高位 CH 位为时钟停止位。当 CH＝1 时，振荡器停止；CH＝0 时，振荡器工作。

小时寄存器存放的内容中，最高位 12/24 为 12124h 标志位。该位为 1，为 12h 模式；该位为 0，为 24h 模式。第 5 位 A/P 为上午/下午标志位，该位为 1，为下午模式；该位为 0 为上午模式。另外，控制寄存器（写保护寄存器）和涓流充电寄存器内容格式如图 9-12 所示。

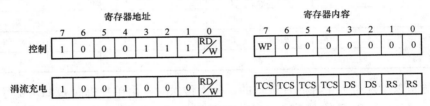

图 9-12　控制和涓流充电寄存器内容格式

控制寄存器存放的内容中，最高位 WP 为写保护位，WP＝0 时，能够对日历时钟寄存器或 RAM 进行写操作；当 WP＝1 时，禁止写操作。

涓流充电寄存器存放的内容中，高 4 位 TCS 为涓流充电选择位。当 TCS 为 1010 时，使能涓流充电；当 TCS 为其他时，充电功能被禁止。寄存器的第 3、2 位 DS 为二极管选择位，当 DS 为 01 时，选择 1 个二极管；当 DS 为 10 时，选择 2 个二极管；当 DS 为其他时，充电功能被禁止。寄存器的第 1、0 位的 RS 为电阻选择位，用来选择与二极管相串联的电阻值。当 RS 为 01 时，串联电阻为 2kΩ；当 RS 为 10 时，串联电阻为 4kΩ；当 RS 为 11 时，串联电阻为 8kΩ；当 RS 为 00 时，将不允许充电。图 9-13 所示给出了涓流充电寄存器的控制示意图。

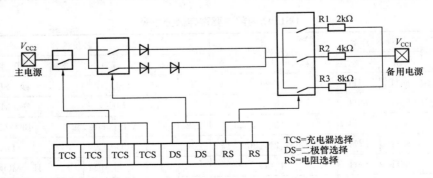

图 9-13　涓流充电寄存器控制示意图

3. DS1302 的数据传送方式

知道了控制寄存器和 RAM 的逻辑地址，接着就需要知道如何通过外部接口来访问这些资源。单片机是通过简单的同步串行通信与 DS1302 通信的，每次通信都必须由单片机发起，无论是读还是写操作，单片机都必须先向 DS1302 写入一个命令帧。

DS1302 的通信接口由 3 个口线组成，即 RST、SCLK 和 I/O。其中 RST 从低电平变成高电平启动一次数据传输过程，SCLK 是时钟线，I/O 是数据线。具体的读/写时序如图 9-14 所示（DS1302 有单字节传送方式和多字节传送方式）。传送时，首先在 8 个 SCLK 周期内传送写命令字节，然后，在随后的 8 个 SCLK 周期的上升沿输入数据字节，数据从位 0 开始输入。图中，地址命令字的最高位 BIT7 固定为 1，BIT6（RAM/CK）决定操作是针对 RAM 还是时钟寄存器，接着的 5 个 BIT（A4～A0）是 RAM 或时钟寄存器在 DS1302 的内部地址，最后一个 BIT（R/W）表示这次操作是读操作或是写操作。

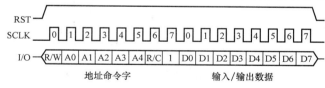

图 9-14　单字节数据传送示意图

无论是哪种同步通信类型的串行接口，都是对时钟信号敏感的，而且一般数据写入有效是在上升沿，读出有效是在下降沿（DS1302 正是如此的，但是在芯片手册里没有明确说明）。如果不是特别确定，则把程序设计成这样：平时 SCLK 保持低电平，在时钟变动前设置数据，在时钟变动后读取数据，即数据操作总是在 SCLK 保持为低电平的时候，相邻的操作之间间隔有一个上升沿和一个下降沿。

数据输入时，时钟的上升沿数据必须有效，数据的输出在时钟的下降沿。如果 RST 为低电平，那么所有的数据传送将被中止，且 I/O 引脚变为高阻状态。

上电时，在电源电压大于 2.5V 之前，RST 必须为逻辑 0。当把 RST 驱动至逻辑 1 状态时 SCLK 必须为逻辑 0。

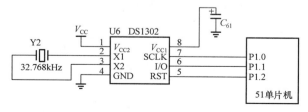

图 9-15　DS1302 与单片机的连接示意图

4. DS1302 驱动程序软件包

为编程方便，在这里，仍制作一个 DS1302 的驱动程序软件包，DS1302 与单片机的连接示意图如图 9-15 所示。软件包文件名为 DS1302_drive.h。

DS1302_drive.h 的 C 程序如下：

```c
#include <reg51.h>
#include <intrins.h>
#define ucbar unsigned char
#define uint unsigne dint
sbit reset = Pl^2;
sbit sclk = Pl^0;
sbit io = P1^1;
/* * * * * * * 函数声明 * * * * * * * * * */
void write_byte(uchar inbyte);              //写1字节数据函数声明
uchar read_byte();                          //读1字节数据函数声明
void write_ds1302(uchar cmd, uchar indata); //写 DS1302 函数声明
uchar read_ds1302(ucbar addr);              //读 DS1302 函数声明
void set_ds1302(uchar addr, uchar * p, uchar n); //设置 DS1302 初始时间函数声明
void get_ds1302(uchar addr, uchar * p, uchar n); //读当前时间函数声明
```

```
    void init _ ds1302();                              //DS1302 初始化函数声明
    /* * * * * * * * *向 DS1302 写一个字节数据的函数 * * * * * * * * */
    void write _ byte(uchar inbyte)
    {
        ucbari;
        for(i = 0; i<8; i+ +)
        {
            sclk = 0;                                  //写时低电平改变数据
            if (inbyte&0x01)
            io = 1;
            else
            io = 0;
            sclk = l;                                  //高电平把数据写入 DS1302
            _ nop _ ();
            inbyte = inbyte>>1;
        }
    }
    /* * * * * * * * *从 DS1302 读取一字节数据的函数 * * * * * * * * */
    uchar read _ byte()
        {
            uchar i, temp = 0;
            io = 1;
            for(i = 0; i<7; i++)
        {
            sclk = 0;
            if(io = = 1)
            temp = temp | 0x80;
            else
            temp = temp&0x7f;
            sclk = 1;                                  //产生下跳沿
            temp = temp>>1;
        }
            return(temp);
        }
/* * * * * * * * *写 DS1302 函数，往 DS1302 的某个地址写入数据 * * * * * * * * */
    void write _ ds1302(uchar cmd, uchar indata)
    {
        sclk = 0;
        reset = l;
        write _ byte(cmd);
        write _ byte(indata);
        sclk = 0;
        reset = 0;
    }
```

```
/* * * * * * * *读 DS1302 函数，读 DS1302 某地址的数据* * * * * * * */
    uchar read _ ds1302(uchar addr)
    {
        uchar backdata;
        sclk = 0;
        reset = 1;
        write _ byte(addr);                          //先写地址
        backdata = read _ byte();                    //然后读数据
        sclk = 0;
        reset = 0;
        return(backdata);
    }
/* * * * * * * *初始化 DS1302 函数* * * * * * * */
    void init _ ds1302()
    {
        reset = 0;
        sclk = 0;
        write _ ds1302(0x80, 0x00);                  //写秒寄存器
        rite _ ds1302(0x90, 0xab);                   //写充电器，写入值为 10101011，即 2 个二极
                                                       管 + 8kΩ 电阻充电
        write _ ds1302(0x8e, 0x80);                  //写保护控制字，禁止写入
    }
```

9.2　Keil 开发工具及 ISP 技术简介

9.2.1　Keil 软件介绍

Keil IDE uVision2 集成开发环境是 Keil Software Inc/Keil Elektronik GmbH 开发的基于 80C51 内核的微处理器软件开发平台，内嵌多种符合当前工业标准的开发工具。Keil Software 的 8051 开发工具提供以下程序，可以用它们来编译 C 程序代码，汇编源程序，连接和重定位目标文件和库文件，创建 HEX 文件以及调试目标程序。

（1）C51 国际标准优化 C 交叉编译器：从用户的 C 源代码产生可重定位的目标文件。

（2）A51 宏汇编器：从用户的 8051 汇编源代码产生可重定位的目标文件。

（3）BL51 链接/重定位器：组合由 C51 和 A51 产生的可重定位的目标文件生成绝对目标文件。

（4）LIB51 库管理器：组合目标文件生成可以被链接器使用的库文件。

（5）OH51 目标文件到 HEX 格式的转换器：从绝对目标文件创建 Intel HEX 格式的文件。

（6）RTX-51 实时操作系统：简化了复杂的、对时间要求敏感的软件项目。

9.2.1.1　Keil 软件版本

Keil Software 把软件分成两种版本：测试版和正式版。测试版包括 8051 工具的测试版本和用户手册，可以用它们产生目标代码小于 2KB 的应用。正式版没有目标代码大小的限制，该产品套件包含 1 年的免费技术支持和产品升级，升级通过 www. keil. com 提供。

9.2.1.2　软件开发流程

使用 Keil 开发工具时，用户的项目开发流程和其他软件开发项目的流程极其相似。一般

可按照下面的流程来完成开发任务。

  (1) 建立工程（创建一个项目）。

  (2) 为工程选择目标器件，如选择 Atmel 的 89C52。

  (3) 设置工程的配置参数。

  (4) 打开/建立程序文件。

  (5) 编译和链接工程。

  (6) 纠正程序中的书写和语法错误并重新编译链接。

  (7) 对程序中某些纯软件的部分使用软件仿真验证。

  (8) 使用 TKS 硬件仿真器对应用程序进行硬件仿真。

  (9) 将生成的 HEX 文件烧写到 ROM 中运行测试。

  上面的流程只是一个标准的开发流程，实际应用中，用户可能会需要反复重复一个或几个步骤才能完成。

  一个完整的 8051 工具集的框图如图 9-16 所示，可以很好地说明整个开发流程。

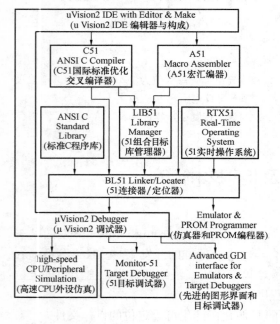

图 9-16 软件开发流程图

1. uVision2 IDE

u Vision2 集成开发环境集成了一个项目管理器、一个功能丰富有错误提示的编辑器以及设置选项生成工具和在线帮助。使用 u Vision2 创建源代码，并把它们组织到一个目标应用的项目中去。u Vision2 可以自动编译、汇编和链接嵌入式应用。

2. C51 编译器和 A51 汇编器

源代码由 u Vision2 IDE 创建，并被 C51 编译或 A51 汇编编译器将源代码生成可重定位的 object（目标）文件。

Keil C51 编译器完全遵照 ANSIC 语言标准，支持 C 语言的所有标准特性。另外，还增加了几个可以直接支持 80C51 结构的特性。Keil A51 宏汇编器支持 80C51 及其派生系列的所有指令集。

3. LIB51 库管理器

LIB51 库管理器允许用户从由编译器或汇编器生成的目标文件创建目标库。这些库是按规定格式排列的目标模块，可在以后被链接器所使用。当链接器处理一个库时，仅仅使用了库中程序的目标模块，而不是全部加以引用。

  4. BL51 链接器/定位器

  BL51 链接器使用从库中提取出来的目标模块和由编译器、汇编器生成的目标模块，创建一个绝对地址目标模块。绝对地址目标文件或模块包括不可重定位的代码和数据。所有的代码和数据都被固定在具体的存储器单元中。绝对地址目标文件可以用于：

  (1) 编程 EPROM 或其他存储器设备。

  (2) 由 u Vision2 调试器使用来模拟和调试。

  (3) 由仿真器用来测试程序。

5. u Vision2 软件调试器

u Vision2 源代码级调试器是一个快速、可靠的程序调试器。此调试器包含一个高速模拟器，能够让用户模拟整个 8051 系统，包括片上外围器件和外部硬件。当用户从器件库中选择器件时，这个器件的特性将自动配置。

u Vision2 调试器为用户在实际目标板上测试程序提供了几种方法：

（1）安装 MON51 目标监控器到用户的目标系统，并且通过 Monitor-51 接口下载用户的程序。

（2）利用高级的 GDI（AGDI）接口，把 u Vision2 调试器绑定到用户的目标系统。

6. u Vision2 硬件调试器

u Vision2 硬件调试器向用户提供了几种在实际目标硬件上测试程序的方法：

（1）安装 MON51 目标监控器到用户的目标系统，并通过 Monitor-51 接口下载用户的程序。

（2）使用高级 GDI 接口，将 u Vision2 调试器同仿真器的硬件系统相连接，通过 u Vision2 的人机交互环境指挥连接的硬件完成仿真操作。

7. RTX51 实时操作系统

RTX51 实时操作系统是针对 80C51 单片机系列的一个多任务内核。RTX51 实时内核简化了需要对实时事件进行反应的复杂应用的系统设计、编程和调试。该内核完全集成在 C51 编译器中，使用非常简单。任务描述表和操作系统的一致性由 BL51 链接器/定位器自动进行控制。

9.1.2.3　Keil 软件的安装

所有的 Keil 产品都带有一个安装程序，使用方便，其安装步骤如下：

（1）插入 Keil 开发工具光盘。

（2）从 CD 浏览界面选择安装软件。

（3）跟随提示进行安装操作。

9.1.2.4　文件夹组织结构

安装程序复制开发工具到基本目录的各个子目录中。其默认的基本目录是 C：\Keil。表 9-10 列出了这些文件夹的结构描述。

表 9-10　　　　　　　　　　　　　　文件夹结构描述

文 件 夹	描　　　述
C：\ Keil \ C51 \ ASM	汇编 SFR 定义文件和模板源程序文件
C：\ Keil \ C51 \ BIN 8051	工具的执行文件
C：\ Keil \ C51 \ EXAMPLES	示例应用
C：\ Keil \ C51 \ RTX51	完全实时操作系统文件
C：\ Keil \ C51 \ RTX _ TINY	小型实时操作系统文件
C：\ Keil \ C51 \ INC	C 编译器包含文件
C：\ Keil \ C51 \ LIB	C 编译器库文件启动代码和常规 I/O 资源
C：\ Keil \ C51 \ MONITOR	目标监控文件和用户硬件的监控配置
C：\ Keil \ UV2	普通 u Vision2 文件

9.2.2 Keil 软件的应用

前面已经对 Keil 开发软件进行了大概了解，不难看出，它是一款用于单片机汇编语言和 C 语言编程的软件平台，是通用的单片机软件编写、调试的软件环境。下面就 KeilV6.12 版本为例，简要介绍一下 Keil 软件的实际使用以及怎样建立一个工程项目。

执行安装包内的 Setup.exe，按照提示安装完成后，打开 Keil 进入图 9-17 所示的软件主界面。

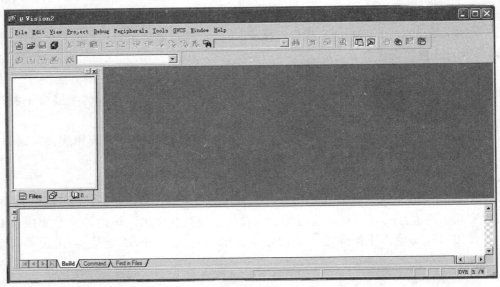

图 9-17 Keil 软件主界面

（1）首先创建一个项目，在"Project"工程菜单下点击"New Project…"新建工程命令，如图 9-18(a)，点击后屏幕上出现图 9-18(b)所示的对话框。

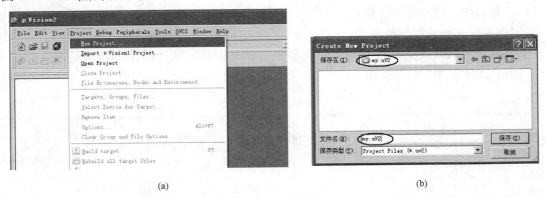

(a)　　　　　　　　　　　　　(b)

图 9-18 创建新项目界面及对话框
(a) 创建新项目界面；(b) 对话框

（2）选择工程要保存的路径，输入项目（也称为工程）文件名。Keil 的一个工程里通常含有很多小文件，为了方便管理，通常将一个工程放在一个提前准备好的独立文件夹下，比如保存到 my.uv2 文件夹。具体操作是：在图 9-18(b)对话框中先找到准备好的名为 my.uv2 的文件夹，然后在对话框"文件名"中输入项目名称 my.uv2，单击"保存"按钮。

（3）上一步完成后，屏幕上会出现图 9-19(a)所示的对话框。紧接着在 Data base 区域中，选中所要使用的单片机芯片（如 Atmel），双击对话框中的 Atmel，屏幕上出现图 9-19（b）所示的对话框，点击选择型号为 89C52 的单片机芯片。注意：若实际使用的是 AT89S52 单片机，不用担心，因为 51 内核单片机具有通用性，它们的资源基本是一致的，可任选一款与实际使用的单片机相对应的型号便可。

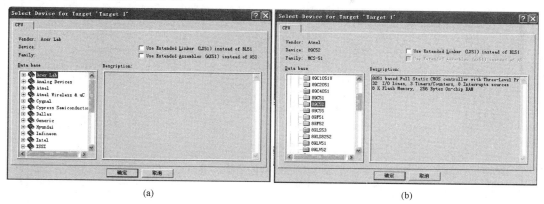

图 9-19　选择单片机型号对话框

（a）型号对话框；（b）选择文件夹

（4）单击图 9-19（b）中的"确定"按钮后，则会产生"Target 1"项目，如图 9-20（a）所示。在该窗口中的"Target 1"文件夹上单击鼠标右键，出现如图 9-20（b）窗口界面的下拉菜单。

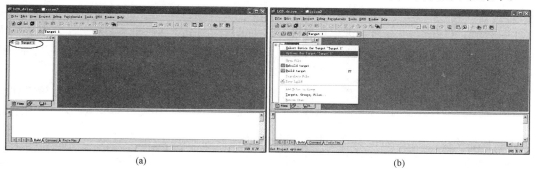

图 9-20　"Target1"项目窗口

（a）"Target1"项目；（b）下拉菜单

（5）在图 9-20（b）窗口界面弹出的右键菜单中选择"Options for Target 'Target1'"后，屏幕上会出现图 9-21 所示的目标属性（工程设置）对话框。在该对话框的第一行上共有八个（有的版本为十个）页面标签。

（6）在图 9-20 所示的这个对话框里要设置单片机芯片的工作频率与所要输出的文件。首先在"Target"页面的"Xtal（MHz）"字段输入晶体振荡器的频率，如

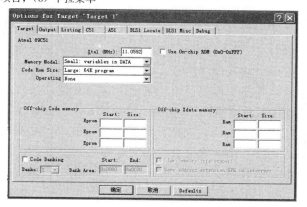

图 9-21　目标属性对话框

405

11.0592。然后再点击界面上的"Output"页面标签，出现如图 9-22 所示的窗口界面。

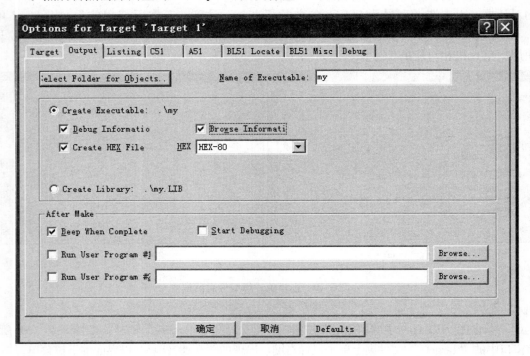

图 9-22 Output（输出）页面对话框

在图 9-22"Output"页面对话框中，将"Creat HEX File"（产生 HEX 文件）复选框内打上勾，如此才会产生十六进制文件（＊. HEX），单击"确定"按钮关闭对话框即可完成设置。此时，窗口会返回到主界面。

（7）到此为止，虽然工程名有了，但工程当中还没有任何文件及代码，因此并没有建立好一个完整的工程。下面再来创建源代码文件。在菜单栏中选择"File"→"New"菜单项新建文档，或单击界面上的快捷图标，新建文件后窗口界面如图 9-23 所示。

此时光标在编辑窗口中闪烁，这时可以输入用户的应用程序，但建议先保存该空白的文件，在菜单栏中选择"File→SaveAs"菜单项命令，这时会弹出"SaveAs"对话框，如图 9-24（a）所示，在"文件名（N）"编辑框中，输入要保存的文件名，同时必须输入正确的扩展名。注意：如果用 C 语言编写程序，则扩展名必须为". c"；如果用汇编语言编写程序，则扩展名必须为". asm"。这里的文件名不一定要和工程名相同，用户可以根据项目文件填写文件名（如：CH9_LD. c），然后单击"保存（S）"按钮。若前面没有输入程序，此时就可以在编辑窗口中输入程序内容了，编写完毕后，应再次保存。

若在工程项目中还要增添其他文件，如自行设计的库文件 LCD1602. h，其存入方法与上面的过程相同，即选择"File"→"SaveAs"→"文件名（N）"→键入 LCD1602. h（或CD1602. H）→"保存（S）"，如图 9-24（b）所示。

（8）接下来把源代码文本加入到项目中，将鼠标指向"Target1"前面的"＋"号，并单击，然后在"Source Croup1"选项上单击鼠标右键，出现下拉菜单，如图 9-25（a）所示。在下拉菜单中选择"Add Files to Group 'Source Group1'"项，然后在随即出现的对话框里选定刚才编辑的程序代码文件，如图 9-25（b）所示。

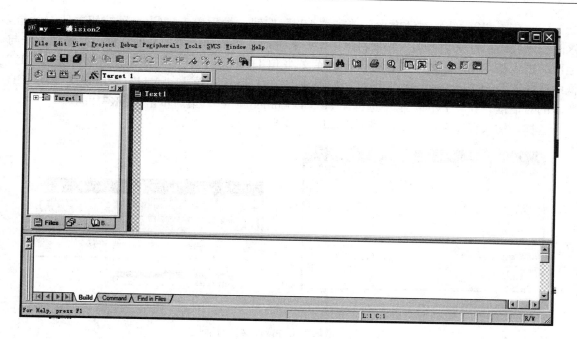

图 9-23　新建文件后的窗口界面

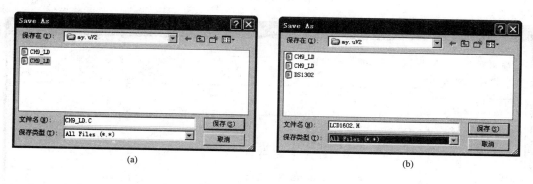

图 9-24　保存文件对话框

（a）保存对话框一；（b）保存对话框二

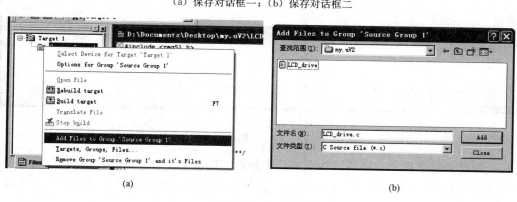

图 9-25　将代码文本加到项目的菜单界面

（a）下拉菜单；（b）添加到项目菜单

（9）在图 9-25（b）对话框中，单击"Add"按钮，最后单击"Close"按钮关闭对话框，这时程序代码文件就会被加入到项目组中了。若此时在主界面中添加其他文件，其添加方法与上面的过程基本相同，如添加自行设计的库文件 LCD1602.h，其不同的是在"文件类型（I）"框中选择"Text file（＊.txt）"即可，如图 9-26（a）所示，单击"Add"后出现图 9-26（b）所示的对话框，在"Type"框中选择"Text Document file"，最后单击"OK""close"。

这样，输入程序后的窗口编辑界面如图 9-27 所示。

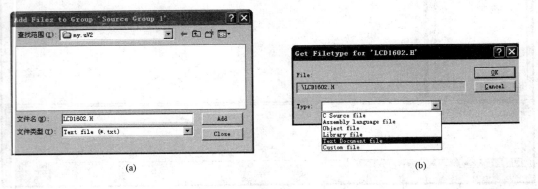

(a)　　　　　　　　　　　　　(b)

图 9-26　增加源文件或库文件对话框

（a）选择文件类型；（b）添加

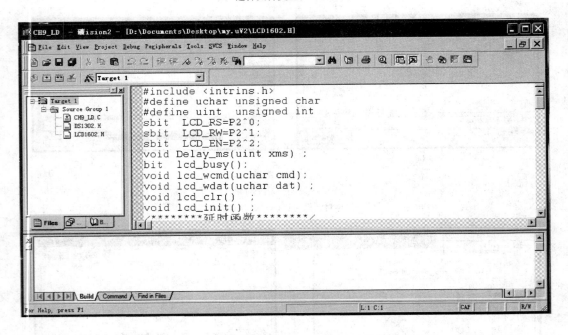

图 9-27　输入程序后的编辑窗口界面

（10）紧接着进行编译与链接。在菜单栏中选择"Project"→"Build Target"菜单项，如果编译成功，则会在子窗口 Build 中显示图 9-28 所示的信息；如果编译不成功，双击子窗口中的错误信息，就会在编辑窗口中指示错误的语句。

（11）软件仿真。程序汇编没有错误后，便可进入调试阶段，如果没有制作实验板，也没有仿真芯片或仿真器，则可采用软件仿真的方法进行模拟。具体方法如下：

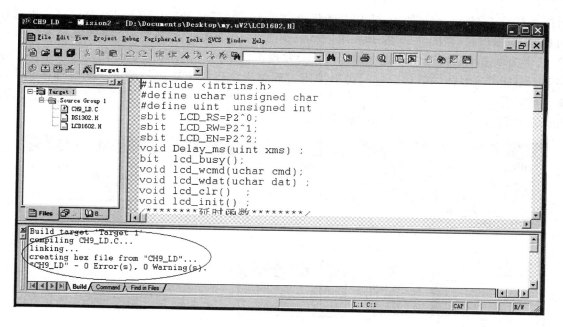

图 9-28　编译完成后的窗口界面

1）选择菜单"Project"→"Option for target 'target 1'"，出现工程设置对话框，在 Debug 页中，选择"Use Simulator"，即设置 Keil C51 为软件仿真状态，如图 9-29 所示。对话框中的 Use 为硬件仿真选项，软件仿真时不做选择。

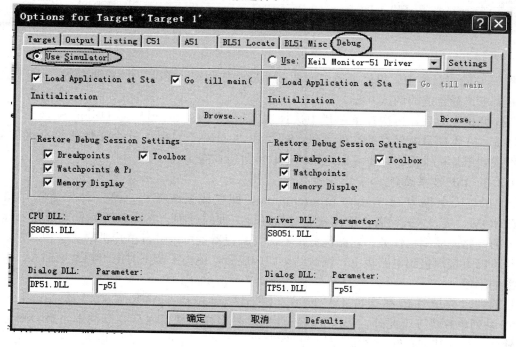

图 9-29　仿真模式选择页面

2）按 Ctrl＋F5 键或选择"Debug→Start/Stop Debug Session"，就会进入相应的调试仿真状态。如图 9-30 所示（该图是 P1 口 LED 流水灯的一个实验程序，在调试界面下的截图）。

再选择菜单"Peripherals"→"I/OPorts"→"Port0",打开 Port1 I/O 观察窗口（这里选择的是 P1 口窗口），在图 9-30 的 Parallel Port1 小窗口中，凡框内打"√"者为高电平，未打"√"者为低电平。按住 F10 键全速运行，会发现窗口中的"√"在 Port1 调试窗口中不停地闪动，不能看到具体的效果。这时可以采用过程单步执行的方法进行调试，间隔地按动 F10 键，可以看到 Port1 调试窗口中未打"√"的小框（表示低电平）不停地右移。也就是说，Port1 调试窗口模拟了 P1 口的电平状态。

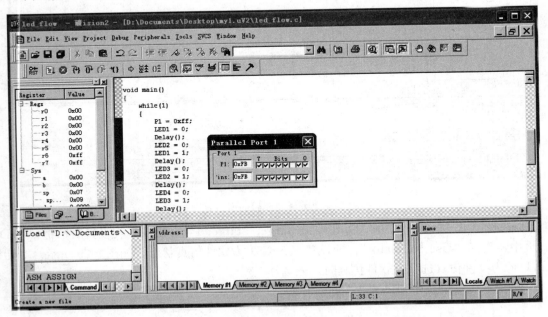

图 9-30　程序调试界面

图 9-30 的工具栏中，提供了很多的调试手段，如跟踪、单步、设置断点等，用户可根据自己的需求选择合适的调试方法。

程序调试完毕后，再次在菜单栏中选择"Debug"→"Start/Stop Debug Session"，退出调试环境，在本项目所保存的文件夹里，可找到".HEX"文件，这个文件就是可执行文件，可以下载到单片机中运行，也可以运用其他软件进行在线仿真。

9.2.3　ISP 技术简介

ISP 的英文全称为 in system programming，即在线系统编程，是一种无需将存储芯片（如 EPROM）从嵌入式设备上取出就能对其进行编程的过程。在线系统编程需要在目标板上有额外的电路完成编程任务。它的优势是不需要编程器就可以进行单片机的实验和开发，单片机芯片可以直接焊接到电路板上，调试结束即成成品，免去了调试时由于频繁地插入、取出芯片带来的不便。

目前大多数单片机都支持 ISP 技术，如 STC 单片机、AVR 系列以及 Atmel 公司的 AT89S 系列单片机等。此外，ISP 下载软件也多种多样，都可以从互联网上下载。对应一种下载软件，往往其配套的 ISP 下载线的制作方法也不同。这里，给大家提供一种比较简单也是最常用的 ISP 下载线制作方法。

除 STC 单片机可以直接用串口下载程序外，其他单片机均需要有特制的下载线才能完成程序下载，利用 74HC373 芯片制作下载线的电路如图 9-31 所示。

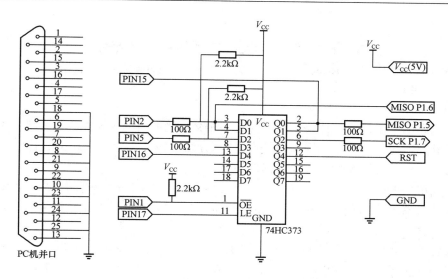

图 9-31   ISP 下载线电路

此下载线一端连接 PC 的并口，另一端连接单片机的 P1.7、P1.6、P1.5 和复位管脚，通过下载软件 Easy ISP 可以很方便地把程序下载到单片机中。软件界面如图 9-32 所示。

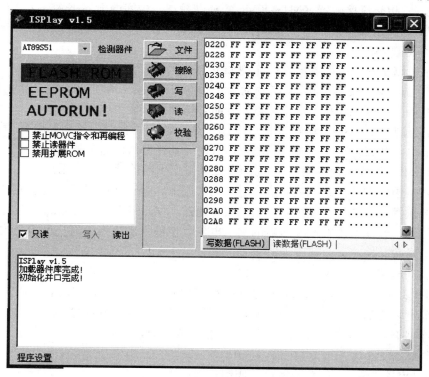

图 9-32   ISP 下载软件界面

ISP 编程软件简单易用，首先检测器件，若没有检测到单片机，请检查下载线连接或者单片机是否上电等情况；成功检测到器件后，将要烧写的程序文件调进来，单击"文件"，找到要下载的程序代码（.HEX 文件）并选定打开；然后，单击"擦除"，擦除单片机原来的程序；最后单击"写"按钮即可。至此，从软件编写、仿真到烧写芯片已全部完成。

9.3 路灯节电装置系统的硬件设计

9.3.1 主电路及驱动电路

1. 设计要求

(1) 主电路的基本功能设计要求是：通过三相交流接触器的主触点应能完成对路灯强电回路的接通或断开，包括"节电"回路和"直通"（旁路）回路。利用三相交流接触器的主触点应能完成对电磁补偿变压器抽头部分的挡位切换。

(2) 驱动电路的基本功能设计要求是：通过转换开关和中间继电器的触点，控制主电路中的三相交流接触器的线圈获电或断电。当某个线圈获电时，相对应的指示灯被点亮。

2. 电路组成

根据设计要求，路灯时段控制节电装置的主电路及驱动电路如图 9-33 所示。主电路主要由三相交流输入端子 U、V、W、N，三相交流接触器 KM1、KM2、KM3 的动合主触点，三相交流电磁补偿变压器 TB-A、TB-B、TB-C，接在电磁补偿变压器抽头处的用于节电挡位调整的接触器 KM4、KM5、KM6 的动合主触点，连接路灯总线的三相交流输出端子所组成。

驱动电路主要由电源开关 QF，"节电""直通"转换开关 HZ，三相交流接触器 KM1～KM6 的线圈，三相交流接触器 KM4～KM6 的辅助触点，中间继电器 KA0～KA2 的触点，指示灯 HL1～HL5 所组成。

3. 相关电器器件的作用

(1) 在主电路中，相关电器器件的作用如下。

1) 三相交流接触器 KM1 和 KM2 的动合主触点的作用是：触点闭合时，接通路灯的节电回路，使路灯处于节电工作状态；当触点断开时，切断路灯的节电回路。

2) 三相交流接触器 KM3 动合主触点的作用是：触点闭合时，接通路灯的直通回路，使路灯处于非节电（旁路）工作状态；当触点断开时，切断路灯的直通回路。

3) 串接在 KM1 和 KM2 主触点之间的电磁补偿变压器单元主要作用是：其一次绕组串接在供电的主回路中，在二次绕组（励磁绕组）的作用下，起到调压以及抑制浪涌电流和谐波的作用。电磁补偿变压器的二次绕组有三组抽头，通过 KM4～KM6 主触点的闭合与断开，调整抽头的不同位置，改变电磁补偿变压器的励磁电流，使得一次绕组的阻抗也随之改变，从而调整路灯的供电参数。

(2) 在驱动电路中，相关电器器件的作用如下。

1) 在图 9-33 电路中，QF 是驱动电路的供电电源开关，当电源接通后，通过手动转换开关 HZ 选择节电装置的工作模式，当转换开关 HZ 扳至"节电"位置时，路灯的供电系统处于节电运行工作状态，当转换开关 HZ 扳至"直通"位置时，路灯的供电系统处于非节电（旁路）运行工作状态。

2) 中间继电器 KA0～KA2 的触点的作用。

a. 继电器 KA0 触点闭合时，接触器 KM1 线圈获电，"节电"指示灯 HL1 亮，接通路灯的节电供电回路。当继电器 KA0 触点断开时，接触器 KM1 线圈断电，"节电"指示灯 HL1 熄灭，断开路灯的节电供电回路。

b. 继电器 KA1 的触点不动作时，通过 KA1 动断触点（常闭触点）使得接触器 KM4 线圈获电，HL3 指示灯亮，此时，节电装置进入Ⅰ挡节电工作状态。当继电器 KA1 的触点吸合时

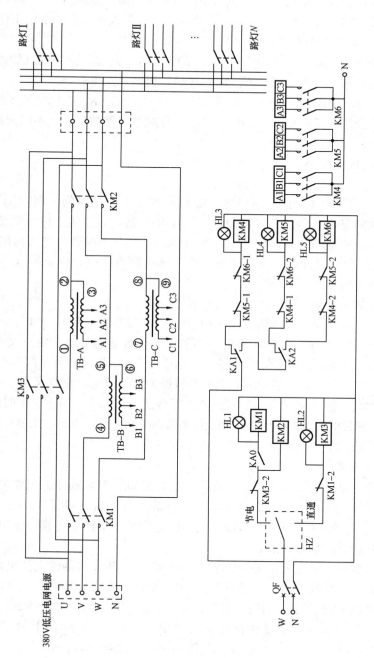

图 9-33　路灯时段控制节电装置主电路及驱动电路电气原理图

（动断触点断开，动合触点闭合），通过 KA1 动合触点使得接触器 KM5 线圈获电，HL4 指示灯亮，KM4 线圈断电，HL3 指示灯熄灭，此时，节电装置进入Ⅱ挡节电工作状态。

c. 继电器 KA2 的触点不动作时，节电装置保持在Ⅱ挡节电。当继电器 KA2 的触点吸合时（动断触点断开，动合触点闭合），通过 KA2 动合触点使得接触器 KM6 线圈获电，HL5 指示灯亮，KM5 线圈断电，HL4 指示灯熄灭，此时，节电装置进入Ⅲ挡节电工作状态。

3）接触器辅助触点的作用。

a. 接触器辅助触点 KM3-2 与 KM1-2 是"节电"和"直通"回路的互锁触点，其安全作用是：确保"节电"和"直通"回路不能同时接通，否则会发生短路事故。

b. 接触器辅助触点 KM4-1、KM4-2、KM5-1、KM5-2、KM6-1、KM6-2 是节电挡位转换的互锁触点，其安全作用是：在节电挡位转换时，只能有一路被接通，不能同时接通两路或三路，避免短路事故的发生。

9.3.2 单片机控制电路

1. 设计要求

采用 AT89C51 单片机控制，采用 DS1302 时钟芯片来产生时间。利用 1602 字符型 LCD 液晶显示器进行时间显示和路灯分时段控制。采用 24h 制，通过四个按键调整时间，按 AN1 键进入时间设置，蜂鸣器响一声，按 AN2 键小时加 1，调整小时数值到当前值，按 AN3 键分钟加 1，调整分的数值到当前值，按键每按一次，蜂鸣器响一声，按 AN4 键确定，蜂鸣器响一声后，时间进入走时工作状态。

路灯的时段控制分为四个阶段，第一个时间段（如 18：00～22：00）路灯在节电Ⅰ挡稳定运行，节电率在 15% 左右，对照度的影响不大（人眼很难觉察到）。当时间到达第二个时间段（如 22：00～00：00）时，节电装置由Ⅰ挡节电转换为Ⅱ挡节电，路灯又会按照此段设计的电压值继续运行，此时照度会有所下降，节电率在 25% 左右，当时间到达第四个时间段（如 00：00～06：00）时，节电装置由Ⅱ挡节电转换为Ⅲ挡节电，路灯又会按照此段设计的电压值稳定运行，此时，照度又会进一步降低，但不会使路灯熄灭，但在这个时间段的节电率可达到 40% 以上。当时间到达第四个时间段白天（如 06：00～18：00），在单片机的控制下，路灯全部熄灭。当天黑后节电装置又会重复上述工作过程。

2. 电路组成及作用

根据设计要求，路灯时段控制节电装置的控制电路如图 9-34 所示。电路的基本组成如下。

（1）直流稳压控制单元。主要由电源降压变压器 T 和整流二极管 VD1～VD4；集成稳压器件 IC1、IC2；滤波电容 C1～C6 所组成。其作用是提供一个稳定可靠的 +5V 和 +12V 直流电压作为相关电路的直流供电电源。

（2）单片机控制单元。主要由 U1 单片机 AT89C51 及其外围器件上拉电阻 R0～R15，单片机内部振荡电路的外接晶振 Y1，电容 C9、C10，复位电路的电阻 R16、R17，电容 C11，按钮 AN5，蜂鸣器按键提示音电路的电阻 R28、R29，三极管 VT6，蜂鸣器 B 所组成。

（3）实时时钟控制单元。主要由接在单片机 P1.0～P1.2 I/O 口上的 DS1302 时钟芯片 U2，电容 C7、C8，以及晶振 Y2 所组成。其作用是：完成年、月、周、日、时、分、秒的计时，通过外部接口为单片机系统提供日历和时钟。

（4）按键控制单元。主要由按钮 AN1～AN5 所组成。其中按钮 AN1～AN4 的作用是完成对运行时间的校准以及路灯控制时段的时间设定。按钮 AN5 的作用是：当运行程序出现异常时，可按动该按钮，对单片机程序进行手动复位。

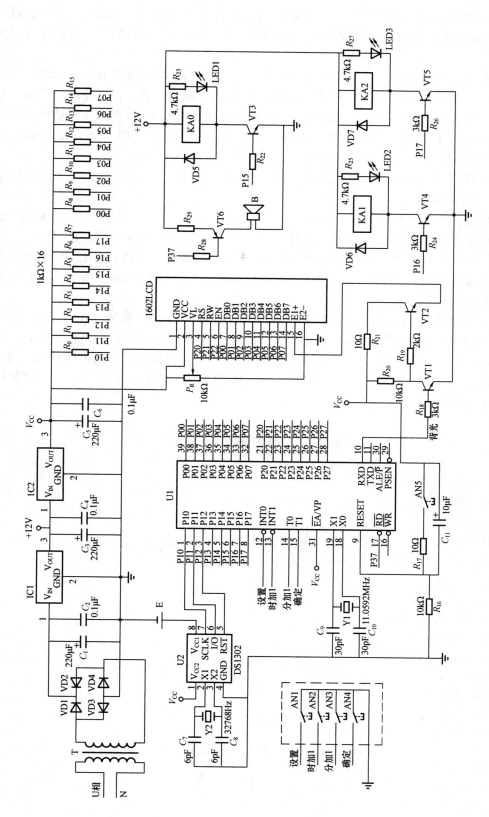

图 9-34　路灯时段控制节电装置控制电路硬件原理图

（5）字符型液晶显示器控制单元。主要由 1602 字符型 LCD 液晶显示模块、可调电阻 PR、背光电路中的电阻 R18～R20、三极管 VT1 和 VT2 所组成。主要完成时间、日期以及相关数据的显示。

（6）路灯通断转换控制单元。主要由与单片机 P1.5 接口连接的电阻 R22 和 R23、二极管 VD5、三极管 VT3、发光二极管 LED1、继电器 KA0 的线圈所组成。该电路的功能是：当单片机 P1.5 口为低电平时，三极管 VT3 截止，KA0 的线圈断电，KA0 的触点不动作，节电装置无输出电压，路灯断电。当单片机 P1.5 口为高电平时，三极管 VT3 导通，KA0 的线圈获电，KA0 的触点吸合，节电装置有输出电压，路灯获电。

（7）节电挡位转换控制单元。主要由与单片机 P1.6 和 P1.7 接口连接的节电挡位控制电路所组成。分别叙述如下。

1）节电Ⅰ挡和Ⅱ挡转换电路由电阻 R24 和 R25、二极管 VD6、三极管 VT4、发光二极管 LED2、继电器 KA1 的线圈所组成。该电路的功能是：当单片机 P1.6 口为低电平时，三极管 VT4 截止，KA1 的线圈断电，KA1 的触点不动作，节电装置处于Ⅰ挡节电工作状态。当单片机 P1.6 口为高电平时，三极管 VT4 导通，KA1 的线圈获电，KA1 的触点吸合，节电装置处于Ⅱ挡节电工作状态。

2）节电Ⅲ挡转换电路由电阻 R26 和 R27、二极管 VD7、三极管 VT5、发光二极管 LED3、继电器 KA2 的线圈所组成。该电路的功能是：当单片机 P1.7 口为低电平时，三极管 VT5 截止，KA2 的线圈断电，KA2 的触点不动作，节电装置保持Ⅱ挡节电工作状态。当单片机 P1.7 口为高电平时，三极管 VT5 导通，KA2 的线圈获电，KA2 的触点吸合，节电装置处于Ⅲ挡节电工作状态。

9.4 系统的软件设计

9.4.1 程序流程图

路灯时段控制节电装置的主程序流程图如图 9-35 所示。

9.4.2 源程序

根据设计要求，编写的 C 源程序（软件代码）如下（注意：在输入源代码时，切记务必将输入法转换到英文半角状态，否则编译程序时会出错）。

```c
#include <reg51.h>
#include "LCD_drive.h"
#include "DS1302_drive.h"
#define uchar unsigned char
#define uint unsigned int
sbit   AN1 = P3^2;          //定义设置键
sbit   AN2 = P3^3;          //定义小时加 1 键
sbit   AN3 = P3^4;          //定义分加 1 键
sbit   AN4 = P3^5;          //定义确定键
sbit   KA0 = P1^5;          //定义路灯开启、关断及节电挡位Ⅰ
sbit   KA1 = P1^6;          //定义节电挡位Ⅱ
sbit   KA2 = P1^7;          //定义节电挡位Ⅲ
sbit   Beep = P3^7;         //定义蜂鸣器
```

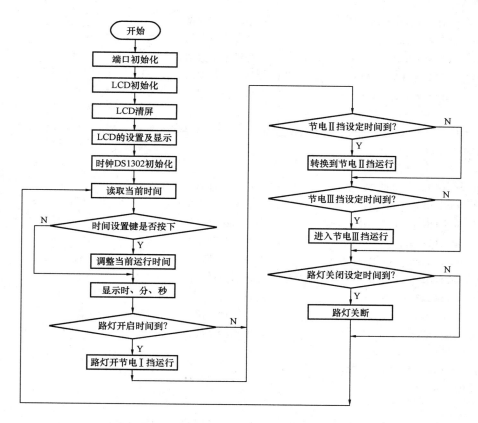

图 9-35　主程序流程图

```
bit    Flag = 0;                    //定义按键标志位，当按下 AN1 键时，该位置 1，AN1 键未按下时，该位为 0
uchar code line1 _ data[] = {"  LD-JD-ZZ   "};      //定义第 1 行显示的字符
uchar code line2 _ data[] = {"TIME00：00：00"};      //定义第 2 行显示的字符
uchar disp _ buf[8] = {0x00};                       //定义显示缓冲区
uchar time _ buf[7] = {0, 0, 0x12, 0, 0, 0, 0};     //DS1302 时间缓冲区，存放秒、分、时、日、
                                                    //月、星期、年
uchar  temp[2] = {0};                               //用来存放设置时的小时、分钟的中间值
/* * * * * * * * * *蜂鸣器提示音函数* * * * * * * * */
void  beep()
{
  Beep = 0;                        //蜂鸣器关
  Delay _ ms(100);
  Beep = 1;                        //蜂鸣器开
  Delay _ ms(100);
}
   /* * * * * * * * *转换函数，负责将走时数据转换为适合 LCD 显示的数据* * * * * * * * */
  void  LCD _ conv(uchar  in1, in2, in3)
//形参 in1、in2、in3 接收实参 time _ buf[2]、time _ buf[1]、time _ buf[0]传来的小时、分钟、秒数据
  {
    disp _ buf[0] = in1/10 + 0x30;        //小时十位数据
```

417

```
    disp_buf[1] = in1 % 10 + 0x30;              //小时个位数据
    disp_buf[2] = in2/10 + 0x30;                //分钟十位数据
    disp_buf[3] = in2 % 10 + 0x30;              //分钟个位数据
    disp_buf[4] = in3/10 + 0x30;                //秒十位数据
    disp_buf[5] = in3 % 10 + 0x30;              //秒个位数据
}
/ * * * * * * * * LCD 显示函数，负责将函数 LCD_conv 转换后的数据显示在 LCD 上 * * * * * * * * * /
void  LCD_disp()
{
    lcd_wcmd(0x45 | 0x80);                      //从第 2 行第 5 列开始显示
    lcd_wdat(disp_buf[0]);                      //显示小时十位
    lcd_wdat(disp_buf[1]);                      //显示小时个位
    lcd_wdat(0x3a);                             //显示":"
    lcd_wdat(disp_buf[2]);                      //显示分钟十位
    lcd_wdat(disp_buf[3]);                      //显示分钟个位
    lcd_wdat(0x3a);                             //显示":"
    lcd_wdat(disp_buf[4]);                      //显示秒十位
    lcd_wdat(disp_buf[5]);                      //显示秒个位
}
/ * * * * * * * * 按键处理函数 * * * * * * * * /
void Key Process()
{
    uchar min16, hour16;                        //定义 16 进制的分钟和小时变量
    write_ds1302(0x8e, 0x00);                   //DS1302 写保护控制字，允许写
    write_ds1302(0x80, 0x80);                   //时钟停止运行
    if(AN2 = = 0)                               //AN2 键用来对小时进行加 1 调整
    {
      Delay_ms(10);                             //延时去抖
      if(AN2 = = 0)
      {
        while(! AN2);                           //等待 AN2 键释放
        beep();
        time_buf[2] = time_buf[2] + 1;          //小时加 1
        if(time_buf[2] = = 24)time_buf[2] = 0;  //当变成 24 时初始化为 0
        hour16 = time_buf[2]/10 * 16 + time_buf[2] % 10;   //将所得的小时数据转变成 16 进制数据
        write_ds1302(0x84, hour16);             //将调整后的小时数据写入 DS1302
      }
    }
    if(AN3 = = 0)                               //AN3 键用来对分钟进行加 1 调整
    {
      Delay_ms(10);                             //延时去抖
      if(AN3 = = 0)
      {
        while(! AN3);                           //等待 AN3 键释放
```

```c
        beep();                                              //蜂鸣器提示音
        time_buf[1] = time_buf[1] + 1;                       //分钟加 1
        if(time_buf[1] == 60)time_buf[1] = 0;                //当分钟加到 60 时初始化为 0
        min16 = time_buf[1]/10 * 16 + time_buf[1] % 10;      //将所得的分钟数据转变成 16 进制数据
        write_ds1302(0x82, min16);                           //将调整后的分钟数据写入 DS1302
        }
    }
    if(AN4 == 0)                                             //AN4 键是确认键
    {
        Delay_ms(10);                                       //延时去抖
        if(AN4 == 0)
        {
            while(! AN4);                                    //等待 AN4 键释放
            beep();                                          //蜂鸣器提示音
            write_ds1302(0x80, 0x00);                        //调整完毕后，启动时钟运行
            write_ds1302(0x8e, 0x80);                        //写保护控制字，禁止写
            Flag = 0;                                        //将 AN1 键按下标志位清 0
        }
    }
}
/* * * * * * * * * 读取时间函数(读取当前的时间，并将读取到的时间转换为 10 进制数) * * * * * * * * */
void get_time()
{
    uchar sec, min, hour;                                   //定义秒、分和小时变量
    write_ds1302(0x8e, 0x00);                               //控制命令，WP = 0，允许写操作
    write_ds1302(0x90, 0xab);                               //涓流充电控制
    sec = read_ds1302(0x81);                                //读取秒
    min = read_ds1302(0x83);                                //读取分
    hour = read_ds1302(0x85);                               //读取时
    time_buf[0] = sec/16 * 10 + sec % 16;                   //将读取到的 16 进制数转化为 10 进制
    time_buf[1] = min/16 * 10 + min % 16;                   //将读取到的 16 进制数转化为 10 进制
    time_buf[2] = hour/16 * 10 + hour % 16;                 //将读取到的 16 进制数转化为 10 进制
}
/* * * * * * * * * 主函数 * * * * * * * * */
void main(void)
{
    uchar i;
    P0 = 0xff;                                              //端口初始化
    P2 = 0xff;
    Delay_ms(10);
    KA0 = 0;
    KA1 = 0;
    KA2 = 0;
    lcd_init();                                             //LCD 初始化函数(在 LCD 驱动程序软件包中)
```

419

```
    lcd _ clr();                              //清屏函数(在 LCD 驱动程序软件包中)
    lcd _ wcmd(0x02 | 0x80);                  //设置显示位置为第 1 行第 2 列
    i = 0;
    while(line1 _ data[i]! = '\0')            //在第 1 行显示"LD-JD-ZZ"
    {
      lcd _ wdat(line1 _ data[i]);            //显示第 1 行字符
      i+ +;                                   //指向下一字符
    }
    lcd _ wcmd(0x40 | 0x80);                  //设置显示位置为第 2 行第 0 列
    i = 0;
    while(line2 _ data[i]! = '\0')            //在第 2 行 0~3 列显示"TIME"
    {
      lcd _ wdat(line2 _ data[i]);            //显示第 2 行字符
      i+ +;                                   //指向下一字符
    }
    init _ ds1302();                          //DS1302 初始化
    while(1)
    {
      get _ time();                           //读取当前时间
      if(AN1 = = 0)                           //若 AN1 键按下
      {
        Delay _ ms(10);                       //延时 10ms 去抖
        if(AN1 = = 0)
        {
          while(! AN1);                       //等待 AN1 键释放
          beep();                             //蜂鸣器提示音
          Flag = 1;                           //AN1 键标志位置 1,进入时钟调整
        }
      }
if(Flag = = 1)
    {
        KeyProcess();                         //若 Flag 为 1,则进行走时调整
        LCD _ conv(time _ buf[2], time _ buf[1], time _ buf[0]);
                                              //将 DS1302 的小时/分/秒传送到转
                                              //换函数
        LCD _ disp();                         //调 LCD 显示函数,显示小时、分和秒
    }
    if(time _ buf[2] = = 18, time _ buf[1] = = 00)   //设定的路灯开启时间
    {
        KA0 = 1;                              //路灯开启,Ⅰ挡节电运行状态
        KA1 = 0;                              //Ⅱ挡节电驱动关
        KA2 = 0;                              //Ⅱ挡节电驱动关
    }
    else if(time _ buf[2] = = 23)             //设定从Ⅰ挡节电到Ⅱ挡节电的转换时间
```

```
        {
            KA0 = 1;                          //路灯开启及保持节电Ⅰ挡驱动开
            KA1 = 1;                          //Ⅱ挡节电驱动开，路灯进入Ⅱ挡节电运行状态
            KA2 = 0;                          //Ⅲ挡节电驱动关
        }
    else if(time_buf[2] = = 02)               //设定从Ⅱ挡节电到Ⅲ挡节电的转换时间
        {
            KA0 = 1;                          //路灯开启及保持节电Ⅰ挡驱动开
            KA1 = 1;                          //Ⅱ挡节电驱动开保持
            KA2 = 1;                          //Ⅲ挡节电驱动开，路灯进入Ⅲ挡节电运行状态
        }
    else if(time_buf[2] = = 06)               //设定路灯关闭时间及节电挡位复位
        {
            KA0 = 0;                          //路灯总线关闭及节电挡位复位到Ⅰ挡
            KA1 = 0;                          //Ⅱ挡节电驱动关
            KA2 = 0;                          //Ⅲ挡节电驱动关
        }
    }
}
```

目标文件实现方法：

（1）打开 KeilC51 软件，建立工程项目，再建立一个名为 CH9_LD.c 的源程序文件，输入上面源程序。

（2）在工程项目中，将前面给出的驱动程序软件包 LCD_drive.h 和 DS1302_drive.h 添加进来，这样，在工程项目中，就有了如图 9-36 左侧所示的三个文件。

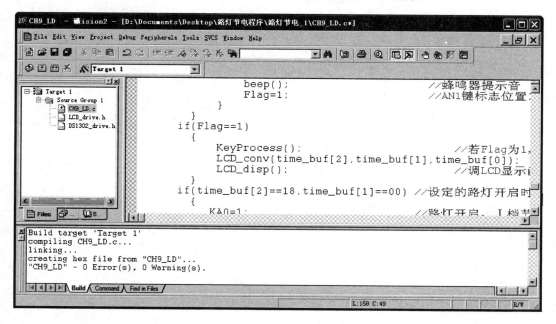

图 9-36　路灯时段控制节电装置最终完成的 C 程序窗口界面

（3）单击"重新编译"按钮，对源程序 CH9 _ LD. c 和 LCD _ drive. h 以及 DS1302 _ drive. h 进行编译和链接，便会产生 CH9 _ LD. HEX 目标文件。图 9-39 是生成 HEX 文件后的窗口，也是路灯时段控制节电装置最终编译完成的 C 程序。有了目标文件，便可将 CH9 _ LD. HEX 文件下载到 AT89C51 单片机中进入工程项目的系统调试。

最后需要说明的是，在程序中 DS1302 不但可以显示时间，而且还可以显示年、月、日和星期等数据，大家可自行进行扩充。另外，在路灯的控制功能方面也可进行一些功能扩充，如加装光敏传感器，增加光控功能等。

第 10 章

交流电动机测流节电控制装置的设计

在使用电动机过程中，有许多工况使电动机处于空载或轻载下长期运行，也就是通常所说的"大马拉小车"，造成电动机的功率因数和运行效率均很低，在这种情况下，如果通过测量电动机的工作电流，判断出电动机的负载状况，若电动机处于额定负载以下，可采取适当降低电动机定子绕组输入电压的方法，以达到较好的节电效果。

本章所介绍的交流电动机测流节电控制装置是一种能够在电动机空载或轻载（额定负载以下）运行时，通过测量出的电动机运行电流，利用单片机控制相应的电器，降低电动机的工作电压，实现节约电能，提高工作效率的实用型节电控制装置。该装置的结构有多种形式，本章将重点介绍采用△-Y 自动转换方式的节电控制装置和采用串接电抗器转换方式的节电控制装置，但不论是哪种形式，它们的共同特点是电路结构简单、成本低、容易实现、实用性强，适用于中小型异步电动机的轻载运行，其节电效果随电压及负载的高低变化而有所增减，当负载低于 60％时，有功节电率为 5％～30％，无功节电率为 10％～40％，负载越轻节电率越高，反之则会减少。改造投资费用一般在 1 年左右便可收回。

10.1 相关器件介绍

10.1.1 模/数转换（ADC）电路简介

在工业控制以及节电控制系统中，通常由微型计算机进行实时控制及实时数据处理。计算机所加工的信息总是数字量，而被控制或被测量的有关参量往往是连续变化的模拟量，如电压、电流、温度、速度、压力等，与此对应的电信号是模拟信号。模拟量的存储和处理比较困难，不适合远距离传输且易受干扰。在一般的工业应用系统中传感器把非电量的模拟信号变成与之对应的模拟信号，然后经模拟（analog）到数字（digital）转换电路将模拟信号转成对应的数字信号送微机处理。这就是一个完整的信号链，模拟到数字的转换过程就是我们经常接触到的 ADC（analog to digital convert）电路。

1. 模/数转换原理

ADC 的转换原理根据 ADC 的电路形式不同而有所不同。ADC 电路通常由两部分组成，它们是：采样、保持电路和量化、编码电路。其中量化、编码电路是最核心的部件，任何 ADC 转换电路都必须包含这种电路。ADC 电路的形式很多，通常可以分为以下两类。

（1）间接法。它是将采样、保持的模拟信号先转换成与模拟量成正比的时间或频率，然后再把它转换为数字量。这种方法通常采用时钟脉冲计数器，因此又被称为计数器式。它的工作特点是：工作速度低，转换精度高，抗干扰能力强。

（2）直接法。通过基准电压与采样、保持信号进行比较，从而转换为数字量。它的工作特点是：工作速度高，转换精度容易保证。

模/数转换的过程有四个阶段，即采样、保持、量化和编码。

采样是将连续时间信号变成离散时间信号的过程。经过采样，时间连续、数值连续的模拟信号就变成了时间离散、数值连续的信号，这种信号称为采样信号。采样电路相当于一个模拟开关，模拟开关周期性地工作。理论上，每个周期内，模拟开关的闭合时间趋近于 0。在模拟开关闭合的时刻（采样时刻），即可"采"到模拟信号的一个"样本"。

量化是将连续数值信号变成离散数值信号的过程。理论上，经过量化，就可以将时间离散、数值连续的采样信号变成时间离散、数值离散的数字信号。

由于在电路中，数字量通常用二进制代码表示，因此，量化电路的后面有一个编码电路，将数字信号的数值转换成二进制代码。

然而，量化和编码总是需要一定时间才能完成，所以，量化电路的前面还要有一个保持电路。保持是将时间离散、数值连续的信号变成时间连续、数值离散信号的过程。在量化和编码期间，保持电路相当于一个恒压源，它将采样时刻的信号电压"保持"在量化器的输入端。虽然逻辑上保持器是一个独立的单元，但是，工程上保持器总是与采样器做在一起。两者合称采样保持器。

2. 模/数转换器分类

下面简要介绍几种常用的 A/D 转换器的基本原理及特点。

（1）积分型。积分型 A/D 转换器工作原理是将输入电压转换成时间（脉冲宽度信号）或频率（脉冲频率），然后由定时/计数器获得数字值。其优点是用简单电路就能获得高分辨率，但缺点是由于转换精度依赖于积分时间，因此转换速率极低。初期的单片 A/D 转换器大多采用积分型，现在逐次比较型已逐步成为主流。

（2）逐次比较型。逐次比较型 A/D 转换器由一个比较器和 D/A 转换器通过逐次比较逻辑构成，从 MSB 开始，顺序地对每一位将输入电压与内置 D/A 转换器输出电压进行比较，经 n 次比较而输出数字值。其电路规模属于中等。其优点是速度较高、功耗低，在低分辨率（<12 位）时价格便宜，但高精度（>12 位）时价格较高。

（3）并行比较型/串并行比较型。并行比较型 A/D 转换器采用多个比较器，仅做一次比较而实行转换，又称 flash（快速）型。由于转换速率极高，n 位的转换需要 $2n-1$ 个比较器，因此电路规模也极大，价格也高，只适用于视频 A/D 转换等速度特别高的领域。

串并行比较型 A/D 转换器结构上介于并行型和逐次比较型之间，最典型的是由 2 个 $n/2$ 位的并行型 A/D 转换器配合 D/A 转换器组成，用两次比较实行转换，所以又称为 half flash（半快速）型。还有分成三步或多步实现 A/D 转换的叫做分级（multistep/subrangling）型 A/D 转换器，而从转换时序角度又可称为流水线（pipelined）型 A/D 转换器。现代的分级型 A/D 转换器中还加入了对多次转换结果作数字运算而修正特性等功能。这类 A/D 转换器速度比逐次比较型快，电路规模比并行型小。

（4）∑-△调制型。∑-△调制型 A/D 转换器由积分器、比较器、1 位 D/A 转换器和数字滤波器等组成。原理上近似于积分型，将输入电压转换成时间（脉冲宽度）信号，用数字滤波器处理后得到数字值。电路的数字部分基本上容易单片化，因此容易做到高分辨率。主要用于音频和测量。

（5）电容阵列逐次比较型。电容阵列逐次比较型 A/D 转换器在内置 D/A 转换器中采用电容矩阵方式，也可称为电荷再分配型。一般的电阻阵列 D/A 转换器中多数电阻的值必须一致，在单芯片上生成高精度的电阻并不容易。如果用电容阵列取代电阻阵列，可以用低廉成本制成高精度单片 A/D 转换器。现在的逐次比较型 A/D 转换器大多为电容阵列式的。

（6）压频变换型。压频变换型（voltage-frequency converter）是通过间接转换方式实现模/数转换的。其原理是首先将输入的模拟信号转换成频率，然后用计数器将频率转换成数字量。从理论上讲这种 A/D 转换器的分辨率几乎可以无限增加，只要采样的时间能够满足输出频率分辨率要求的累积脉冲个数的宽度。其优点是分辨率高、功耗低、价格低，但是需要外部计数电路共同完成 A/D 转换。

3. 模/数转换器的主要技术指标

（1）分辨率（resolution）。指数字量变化一个最小量（1 位）时模拟信号的变化量，定义为满刻度与 2^n 的比值，n 为数字量的位数。如：满刻度的值为 5V，数字量为 8 位，则分辨率（输出的最小单位）为 $5/2^8 = 0.0195$（V）。分辨率又称精度，通常以数字信号的位数来表示。

（2）转换速率（conversion rate）。指完成一次从模拟转换到数字的 A/D 转换所需的时间的倒数。积分型 A/D 转换器的转换时间是毫秒级属低速 A/D 转换器，逐次比较型 A/D 转换器是微秒级属中速 A/D 转换器，全并行/串并行型 A/D 转换器可达到纳秒级。采样时间则是另外一个概念，是指两次转换的间隔时间。为了保证转换的正确完成，采样速率（sample rate）必须小于或等于转换速率。因此，有人习惯上将转换速率在数值上等同于采样速率也是可以接受的。常用单位是 ksps 和 Msps，表示每秒采样千/百万次（kilo/million samples per second）。

（3）量化误差（quantizing error）。由于 ADC 的有限分辨率而引起的误差，即有限分辨率 ADC 的阶梯状转移特性曲线与无限分辨率 ADC（理想 ADC）的转移特性曲线（直线）之间的最大偏差。通常是 1 个或半个最小数字量的模拟变化量，表示为 1LSB、1/2LSB。

（4）偏移误差（offset error）。当输入信号为零时，而输出信号不为零时的偏移值。

（5）满刻度误差（full scale error）。也称转换精度。满刻度输出时对应的输入信号与理想输入信号值之差，通常用百分数来表示。如：满刻度（或称满量程）电压为 5V，精确度为 0.1%，则误差为 5mV。

（6）线性度（linearity）。实际转换器的转移函数与理想直线之间的最大偏差。

其他指标还有：绝对精度（absolute accuracy）、相对精度（relative accuracy）、微分非线性、单调性和无错码、总谐波失真（total harmonic distortion，THD）和积分非线性。

10.1.2 8 位串行 A/D 转换器 ADC0832 简介

ADC0832 是由美国国家半导体公司生产的一种 8 位分辨率、双通道 A/D 转换芯片。由于它体积小、兼容性强、性价比高而深受用户欢迎，其目前已经有很高的普及率。ADC083X 是市面上常见的串行模/数转换器件系列。如：ADC0831、ADC0832、ADC0834、ADC0838 都是具有多路转换开关的 8 位串行 I/O 模/数转换器，转换速度较高（转换时间为 $32\mu s$），单电源供电，功耗不大于 15mW，特别适用于各种便携式智能仪表。

1. ADC0832 的特点及引脚功能

ADC0832 是 8 脚双列直插式双通道 A/D 转换器，如图 10-1 所示，它能分别对两路模拟信号实现模/数转换，可以工作在单端输入方式和差分方式下。ADC0832 采用串行通信方式，通过 DI 数据输入端进行通道选择、数据采集及数据传送。8 位的分辨率（最高分辨可达 256 级），可以适应一般的模拟量转换要求。其内部电源输入与参考电压的复用，使得芯片的模拟电压输入在 0～5V 之间。具有双数据输出可作为数据校验，以减少数据误差，转换速度快且稳定性能强。独立

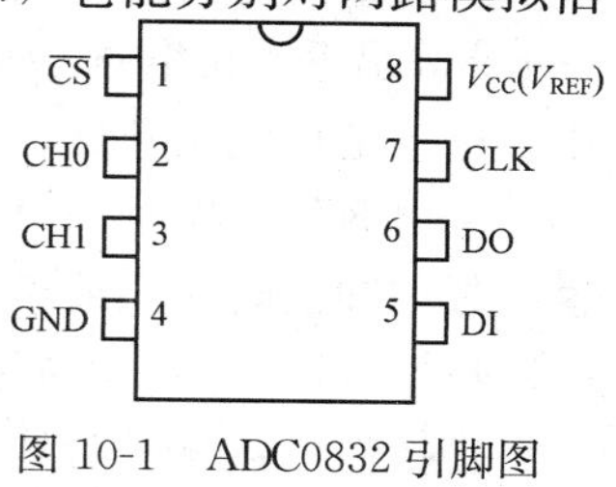

图 10-1 ADC0832 引脚图

的芯片使能输入，使多器件挂接和处理器控制变得更加方便。

（1）ADC0832 的特点。

1）8 位分辨率。

2）双通道 A/D 转换。

3）输入/输出电平与 TTL/CMOS 相兼容。

4）5V 电源供电时输入电压在 0～5V 之间。

5）工作频率为 250kHz，转换时间为 32μs。

6）一般功耗仅为 15mW。

7）8P、14P-DIP（双列直插）、PICC 多种封装。

8）商用级芯片温宽为 0～+70℃，工业级芯片温宽为 −40～+85℃。

（2）芯片引脚说明。

1）CS：片选使能，低电平芯片使能。

2）CH0：模拟输入通道 0，或作为 IN+/−使用。

3）CH1：模拟输入通道 1，或作为 IN+/−使用。

4）GND：芯片参考零电位（地）。

5）DI：数据信号输入，选择通道控制。

6）DO：数据信号输出，转换数据输出。

7）CLK：芯片时钟输入。

8）V_{CC}/V_{REF}：电源输入及参考电压输入（复用）。

2. ADC0832 的工作原理

在正常情况下，ADC0832 与单片机的接口应为 4 条数据线，分别是 CS、CLK、DO 和 DI。但由于 DO 端和 DI 端在通信时并未同时使用并与单片机的接口是双向的，所以在 I/O 口资源紧张时可以将 DO 和 DI 并联在一根数据线上使用。当 ADC0832 未工作时，其 CS 输入端应为高电平，此时芯片禁用，CLK 和 DO/DI 的电平可任意。当要进行 A/D 转换时，须先将 CS 使能端置于低电平并且保持低电平直到转换完全结束。此时芯片开始转换工作，同时由处理器向芯片时钟 CLK 输入端输入时钟脉冲，DO/DI 端则使用 DI 端输入通道功能选择的数据信号。在第 1 个时钟脉冲下沉之前，DI 端必须是高电平，表示起始信号。在第 2、3 个脉冲下沉之前，DI 端应输入两位数据用于选择通道功能。

如表 10-1 所列，当此两位数据为"1""0"时，只对 CH0 进行单通道转换；当 2 位数据为"1""1"时，只对 CH1 进行单通道转换；当两位数据为"0""0"时，将 CH0 作为正输入端 IN+，CH1 作为负输入端 IN−进行输入；当两位数据为"0""1"时，将 CH0 作为负输入端 IN−，CH1 作为正输入端 IN+进行输入。到第 3 个脉冲的下降之后 DI 端的输入电平就失去输入作用，此后 DO/DI 端则开始利用数据输出 DO 进行转换数据的读取。从第 4 个脉冲下降沿开始由 DO 端输出转换数据最高位 Data7，随后 CLK 每一个脉冲的下降沿，串行数据从 DO 端输出下一位数据。直到第 11 个脉冲时发出最低位数据 Data0，一个字节的数据输出完成。也正是从此位开始输出下一个相反字节的数据，即从第 11 个字节的下降沿输出 Data0。随后输出 8 位数据，到第 19 个脉冲时数据输出完成，也标志着一次 A/D 转换的结束。也就是说，数据输出时，先从最高位输出（D7～D0），输出完转换结果后，又从最低位开始重新输出一遍数据（D0～D7），两次发送数据的最低位（D0）共用。最后将 CS 置高电平禁用芯片，直接将转换后的数据进行处理就可以了。工作时序如图 10-2 所示。

通道地址		通道		工作方式说明
SGL/DIF	ODD/SIGN	CH0	CH1	
0	0	+	−	差分方式
0	1	−	+	
1	0	+		单端输入方式
1	1		+	

表 10-1　　　　　　　　　　　　　　　　通道地址设置表

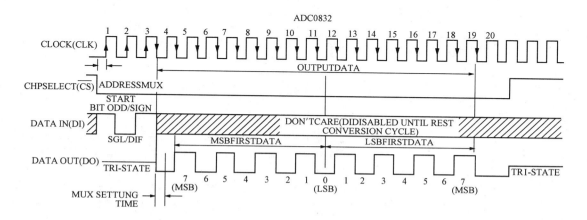

图 10-2　ADC0832 工作时序

作为单通道模拟信号输入时，ADC0832 的输入电压是 0～5V 且 8 位分辨率时的电压精度为 19.53mV，即（5/256）V。如果作为由 IN+ 与 IN− 进行输入时，可将电压值设定在某一个较大范围之内，从而提高转换的宽度。但值得注意的是，在进行 IN+ 与 IN− 的输入时，如果 IN− 的电压大于 IN+ 的电压，则转换后的数据结果始终为 00H。

10.1.3　12 位串行 A/D 转换器 TLC2543 简介

TLC2543 是一种 12 位分辨率、11 通道 A/D 转换芯片，数据传输符合 SPI 串行方式，是常用的高精度 A/D 转换器。TLC2543 的操作也很简单，值得注意的是本次发送的命令启动下一次转换的同时读取上次转换的值。

1. TLC2543 的特点及引脚功能

TLC2543 具有四线制串行接口，分别为片选端（CS）、串行时钟输入端（I/O CLOCK）、串行数据输入端（DATA IN）和串行数据输出端（DATA OUT）。它可以直接与 SPI 器件进行连接，不需要其他外部逻辑。同时，它还在高达 4MHz 的串行速率下与主机进行通信。

TLC2543 除了具有较高的转换速度外，片内还集成了 14 路多路开关。其中 11 路为外部模拟量输入，3 路为片内自测电压输入。在转换结束后，EOC 引脚变为高电平。转换过程中由片内时钟系统提供时钟，无需外部时钟。在 A/D 转换器空闲期间，可以通过编程方式进入断电模式，此时器件耗电只有 25pA。

TLC2543 为 20 脚 DIP 封装，引脚功能表见表 10-2。

表 10-2   **TLC2543 引脚功能表**

引脚号	名称	I/O	说　明
1～9，11，12	AIN0-AIN10	I	模拟量输入端。11 路输入信号由内部多路器选通。对于 4.1MHz 的 I/O CLOCK，驱动源阻抗必须小于或等于 50Ω，而且用 60pF 电容来限制模拟输入电压的斜率
15	$\overline{CS}$	I	片选端。在 $\overline{CS}$ 端由高电平变为低电平时，内部计数器复位。由低电平变为高电平时，在设定时间内禁止 DATA INPUT 和 I/O CLOCK
17	DATA INPUT	I	串行数据输入端。由 4 位的串行地址输入来选择模拟量输入通道
16	DATA OUT	O	A/D 转换结果的三态串行输出端。$\overline{CS}$ 为高电平时处于高阻抗状态，$\overline{CS}$ 为低电平时处于激活状态
19	EOC	O	转换结束端。在最后的 I/O CLOCK 下降沿之后，EOC 从高电平变为低电平并保持到转换完成和数据准备传输为止
10	GND	—	地。GND 是内部电路的地回路端。除另有说明外，所有电压测量都相对 GND 而言
18	I/O CLOCK	I	输入/输出时钟端。I/O CLOCK 接收串行输入信号并完成以下四个功能：在 I/O CLOCK 的前八个上升沿，8 位输入数据存入输入数据寄存器；在 I/O CLOCK 的第四个下降沿，被选通的模拟输入电压开始向电容器充电，直到 I/O CLOCK 的最后一个下降沿为止；将前一次转换数据的其余 11 位输出到 DATA OUT 端，在 I/O CLOCK 的下降沿时数据开始变化；I/O CLOCK 的最后一个下降沿，将转换的控制信号传送到内部状态控制位
14	REF+	I	正基准电压端。基准电压的正端（通常为 V_{CC}）被加到 REF＋，最大的输入电压范围由加于本端与 REF－端的电压差决定
13	REF−	I	负基准电压端。基准电压的低端（通常为地）被加到 REF－
20	V_{CC}		电源正

使用 TLC2543 芯片时，应注意如下事项：

（1）电源去耦。当使用 TLC2543 这种 12 位 A/D 转换器时，在靠近芯片的电源端必须用一个 0.1μF 的陶瓷电容与地（公共端）连接，用作去耦电容。在噪声影响较大的环境中，建议每个电源和陶瓷电容端再并联一个 10μF 的钽电容，这样会减小噪声的影响。

（2）接地。对模拟器件和数字器件，电源的地线回路必须分开，以防止数字部分的噪声电流通过模拟地回路引入，产生噪声电压，从而对模拟信号产生干扰。所有的地线回路都有一定的阻抗，因此地线要尽可能宽或用地线平面，以减小阻抗，连线应当尽可能短，如果使用开关电源，则开关电源要远离模拟器件。

（3）电路板布线。使用 TLC2543 时一定要注意电路板的布线，电路板的布线要确保数字信号和模拟信号隔开，模拟线和数字线特别是时钟信号线不能互相平行，也不能在 TLC2543 芯片下面布数字信号线。

2.TLC2543 的工作时序

在设计 TLC2543 单片机驱动程序时，可以用两种传输方法使 TLC2543 得到全 12 位分辨率，每次转换和数据传递可以使用 12 或 16 个时钟周期。图 10-3 显示每次转换和数据传递使用 16 个时钟周期，在每次传递周期之间插入 CS 的时序；图 10-4 显示每次转换和数据传递使用 16 个时钟周期，仅在每次转换序列开始处插入一次 CS 时序。

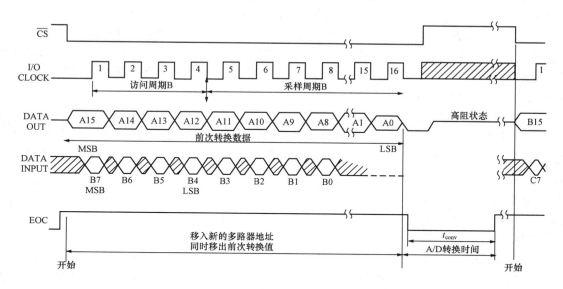

图 10-3　16 时钟传送时序图（使用 $\overline{\text{CS}}$，MSB 在前）

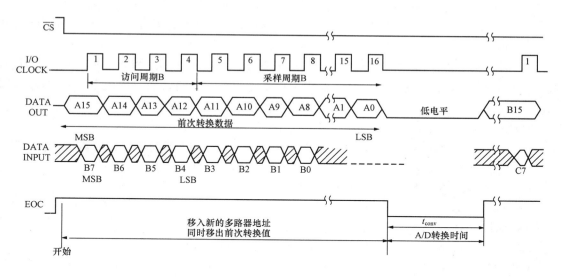

图 10-4　16 时钟传送时序图（不使用 $\overline{\text{CS}}$，MSB 在前）

10.1.4　AT89S、STC89C 系列单片机内部"看门狗"简介

单片机系统工作时，有可能会受到来自外界电磁场的干扰，造成程序的"跑飞"，从而陷入死循环，程序的正常运行被打断，造成单片机系统陷入停滞状态，发生不可预料的后果。为此，便产生了一种专门用于监测单片机程序运行状态的电路，俗称"看门狗"（watch dog timer），英文缩写为 WDT。"看门狗"电路主要由一个定时器组成，在打开"看门狗"时，定时器开始工作，定时时间一到，触发单片机复位。软件设计时，在合适的地方对"看门狗"定时器清零，只要软件运行正常，单片机就不会出现复位；当应用系统受到干扰而导致死机或出错时，则程序不能及时对"看门狗"定时器进行清零，一段时间后，"看门狗"定时器溢出，输

出复位信号给单片机，使单片机重新启动工作，从而保证系统的正常运行。过去，在工程设计中，常使用的 AT89C 系列单片机内部没有"看门狗"电路，在干扰严重的场合下工作时，需要外接"看门狗"电路（如 X25045、X5045、MAX813L 等）或设置软件"看门狗"。现在，新型的 51 单片机如 AT89S、STC89C 系列等内部已集成了看门狗电路，使用十分方便。

目前，常用的"看门狗"主要有软件"看门狗"、外部硬件"看门狗"以及 AT89S 和 STC89C 系列单片机内部"看门狗" 3 种形式。下面重点以 51 内核的 AT89S、STC89C 系列单片机内部"看门狗"电路为例进行介绍。

1. AT89S 系列单片机内部"看门狗"

（1）基本知识。对于 AT89S 系列单片机，内部具有"看门狗"寄存器 WDTRST（地址为 0xA6），专门用于控制 14 位"看门狗"定时器的启动和复位（清 0 防止溢出），当"看门狗"一旦启动，用户必须向 WDTRST 寄存器依次循环不断地写入 0x1E 和 0xE1 进行"喂狗"，避免"看门狗"定时器（WDT）溢出。"喂狗"动作语句是：

WDTRST＝0x1E；

WDTRST＝0xE1；

使用 AT89S 系列单片机的"看门狗"时，要注意以下几点：

1）"看门狗"必须由程序激活后才开始工作，因此必须保证 CPU 有可靠的上电复位，否则"看门狗"也无法正常工作。

2）"看门狗"使用的是 CPU 的晶振，在晶振停振的时候"看门狗"也无效。

3）在 16384（2^{14}）个机器周期内必须至少"喂狗"一次，如果晶振为 11.0592MHz，则必须在 17ms 以内"喂狗"一次。

4）"看门狗"寄存器 WDTRST 的 D3（DISRTO）位是阻断片内"看门狗"复位通道的控制位，当其置 1 时，即使是"看门狗"溢出了也不能复位单片机，而只能由 RST 的外引脚输入高脉冲复位。因此，当需要"看门狗"程序停止时，可写入停止语句：

WDTRST＝0x1E；

（2）AT89S 系列单片机片内"看门狗"应用程序。AT89S 系列单片机片内"看门狗" C 源程序的编写，常用的有如下两种编程方式：

1）AT89S51/52 片内"看门狗" C51 程序一。

```
#include <reg51.h>
#include <intrins.h>
sfr AUXR    = 0x8E;          //定义 AT89S51 扩展寄存器
sfr WDTRST  = 0xA6;          //定义"看门狗"寄存器
void clr_wdt();              //"喂狗"函数声明
main()
{
    AUXR = 0xff;             //初始化"看门狗"相关寄存器
    while(1)                 //主循环
    {
        clr_wdt();           //16383 个机器周期内必须至少"喂狗"一次，否则"看门狗"会溢出
        …………               //其他子程序
        clr_wdt();           //"喂狗"
        …………               //其他子程序
```

```
        }
    }
    void clr_wdt()                          //"喂狗"动作函数
    {
        WDTRST = 0x1E;                      //清除"看门狗"指令
        WDTRST = 0xE1;                      //启动"看门狗"指令
    }
```

2）AT89S51/52 片内看门狗 C51 程序二。

```
#include<reg51.h>
#include<intrins.h>
#define uchar unsigned char
#define uint unsigned int
sfr  WDTRST = 0xa6;                         //定义"看门狗"寄存器
/* * * * * * * * XXXX 函数 * * * * * * * * */

    ...........                             //相关的子程序（函数）

/* * * * * * * * *主函数 * * * * * * * * */
void main()
{
    TMOD = 0x01;                            //设定定时器 0 为工作方式 1
    TH0 = 0xc6；TL0 = 0x66;                 //定时时间为 16ms 的计数初值
    EA = 1；ET0 = 1;                        //开总中断和定时器 T0 中断
      ......                                //初始化程序等
    while(1)
    {
      ......                                //程序语句
      TR0 = 1;                              //启动定时器 T0，开始"喂狗"
      ......                                //其他子程序或程序语句
      TR0 = 0;                              //关闭定时器 T0，停止"喂狗"
    }
}
/* * * * * * * * *定时器 T0 中断函数 * * * * * * * * */
void timer0() interrupt 1 using 0
{
    TH0 = 0xc6；TL0 = 0x66;                 //重装 16ms 定时初值
    WDTRST = 0x1e;                          //"喂狗"动作语句
    WDTRST = 0xe1;
}
```

2. STC89C 系列单片机内部 "看门狗"

（1）基本知识。STC89C 系列单片机，设有 "看门狗" 定时器寄存器 WDT_CONTR，它在特殊功能寄存器中的字节地址为 0xe1，不能位寻址。该寄存器不但可启停 "看门狗"，而且还可以设置 "看门狗" 溢出时间等。WDT_CONTR 寄存器各位的定义见表 10-3。

表 10-3   **WDT_CONTR 寄存器各位的定义**

位序号	D7	D6	D5	D4	D3	D2	D1	D0
位符号	—	—	EN_WDT	CLR_WDT	IDLE_WDT	PS2	PS1	PS0

EN_WDT："看门狗"允许位，当设置为 1 时，启动"看门狗"。

CLR_WDT："看门狗"清零位，当设为 1 时，"看门狗"定时器将重新计数。硬件自动清零此位。

IDLE_WDT："看门狗"IDLE 模式位，当设置为 1 时，"看门狗"定时器在单片机的空闲模式计数；当清零时，"看门狗"定时器在单片机的空闲模式时不计数。

PS2、PS1、PS0："看门狗"定时器预分频值，用来设置"看门狗"溢出时间。"看门狗"溢出时间与预分频数有直接的关系，公式如下：

$$\text{"看门狗"溢出时间} = (N \times \text{预分频数} \times 32\,768)/\text{晶振频率}$$

式中：N 表示 STC 单片机的时钟模式。STC89C 单片机有两种时钟模式：一种是单倍速，也就是 12 时钟模式；另一种为双倍速，又被称为 6 时钟模式。单倍速时钟模式下，STC89C 单片机与其他公司 51 单片机具有相同的机器周期，即 12 个振荡周期为一个机器周期。在双倍速时钟模式下，STC89C 单片机比其他公司的 51 单片机运行速度要快一倍，关于单倍速与双倍速的设置在下载程序软件界面上有设置选择。一般情况下，使用单倍速模式，即 N 为 12。

当单片机晶振为 11.0592MHz，工作在单倍速下时（$N=12$），"看门狗"定时器预分频值与"看门狗"定时时间的对应关系见表 10-4。

表 10-4   **"看门狗"定时器预分频值与"看门狗"定时时间**

PS2	PS1	PS0	预分频数	"看门狗"溢出时间	PS2	PS1	PS0	预分频数	"看门狗"溢出时间
0	0	0	2	71.1ms	1	0	0	32	1.1377s
0	0	1	4	142.2ms	1	0	1	64	2.2755s
0	1	0	8	284.4ms	1	1	0	128	4.5511s
0	1	1	16	568.8ms	1	1	1	256	9.1022s

（2）STC89C51 单片机片内"看门狗"程序应用举例。

要求：在第 4 章中的图 4-5 电路中，将原单片机 AT89C51 换成型号为 STC89C51 片内有"看门狗"电路的单片机。编程要求是：开机后，P0 口上的 LED 灯按流水灯的方式逐个点亮，并在程序中加入"看门狗"功能。

解 根据要求，编写的 C 源程序如下：

```
#define uint unsigned int
sfr   WDT_CONTR = 0xe1;              //定义"看门狗"寄存器
sbit  P00 = P0^0;                    //定义位变量 P0.0 口
sbit  P01 = P0^1;
sbit  P02 = P0^2;
sbit  P03 = P0^3;
sbit  P04 = P0^4;
sbit  P05 = P0^5;
sbit  P06 = P0^6;
sbit  P07 = P0^7;                    //定义 P0.7 口
/*********延时函数*********/
void Delay_ms(uint xms)
```

```
{
  uint i, j;
  for(i = xms; i>0; i--)              //i = xms，即延时 xms，xms 由实际参数传入一个值
    for(j = 115; j>0; j--);
}
/ * * * * * * * * 主函数 * * * * * * * * /
void main()
{
    while(1)                          //循环显示
    {
        WDT _ CONTR = 0x3d;           //第一次"喂狗"，并将"看门狗"定时时间设置为 2.2755s
        P00 = 0;                      //P0.0 脚上的灯亮
        Delay _ ms(500);             //将实际参数 500 传递给形式参数 xms，延时 0.5s
        P00 = 1;                      //P0.0 脚上的灯灭
        P01 = 0;                      //P0.1 脚灯亮
        Delay _ ms(500);
        P01 = 1;                      //P0.1 脚灯灭
        P02 = 0;                      //P0.2 脚灯亮
        Delay _ ms(500);
        P02 = 1;                      //P0.2 脚灯灭
        P03 = 0;                      //P0.3 脚灯亮
        Delay _ ms(500);
        P03 = 1;                      //P0.3 脚灯灭
        WDT _ CONTR = 0x3d;           //第二次"喂狗"，并将"看门狗"定时时间设置为 2.2755s
        P04 = 0;                      //P0.4 脚灯亮
        Delay _ ms(500);
        P04 = 1;                      //P0.4 脚灯灭
        P05 = 0;                      //P0.5 脚灯亮
        Delay _ ms(500);
        P05 = 1;                      //P0.5 脚灯灭
        P06 = 0;                      //P0.6 脚灯亮
        Delay _ ms(500);
        P06 = 1;                      //P0.6 脚灯灭
        P07 = 0;                      //P0.7 脚灯亮
        Delay _ ms(500);
        P07 = 1;                      //P0.7 脚灯灭
    }
}
```

程序说明：

1) 在本程序中，应用"看门狗"时，需要在整个大程序的不同位置"喂狗"，每两次"喂狗"之间的时间间隔一定不能小于"看门狗"定时器的溢出时间，否则程序将会不停地复位。

2) 在本程序中，8 只 LED 灯按流水灯方式显示一遍需要 4s 时间，而"看门狗"定时器定时时间设置为 2.2755s。因此，8 只流水灯循环一遍的过程中需"喂狗"2 次，否则，流水

灯在流动过程中会不断被复位。

3）为验证上述情况，可以将源程序中的第 2 次"喂狗"语句"WDT＿CONTR＝0x3d"删除，则流水灯只能在前 5 只 LED 灯之间循环。这是因为点亮前 4 只流水灯需用 2s 时间，而"看门狗"定时时间为 2.2755s，因此，在点亮第 5 只 LED 灯时，"看门狗"定时器溢出，程序复位，流水灯又从第 1 只开始循环。

10.2 采用△-Y 自动转换方式的节电控制装置

在工矿企业中，有许多的电动机在运行过程中处在重、轻载交替工作状态，例如某企业一台 132kW 的往复式空气压缩机，在加载工作过程中实测运行电流为 220～240A，当所加的气压达到设定值时便会自动卸载，卸载运行过程中实测负荷电流在 130A 左右，像这种运行工况的异步电动机便可采用△-Y 自动转换节电技术，若卸载运行时间占电动机整个运行时间的 1/3，其节电率可达到 25％左右，具有较好的节电效果，并且在节约电能的同时，改善了功率因数，提高了设备的运行效率。

10.2.1 相关基础知识

电动机重载时接成△联结，轻载时接成 Y 联结，利用电工基础知识和电动机相关基础知识可知电动机由△→Y 时，相关用电参数及特性的变化情况如下：

（1）使加在定子绕组每相绕组上的电压下降到原来电压的 $1/\sqrt{3}$，即由 380V 降为 220V。

（2）输入线电流比三角形联结时降低了 3 倍（$I_{Y线} = 1/3 I_{△线}$）。

（3）输入功率损耗由原来的功率下降到 1/3。

（4）铁芯损耗比原来的铁耗下降 2/3。

（5）由于电动机的转矩与电压的平方成正比，绕组电压降低了 $1/\sqrt{3}$，故转矩下降为原来的 1/3。

（6）由于电动机绕组电压的降低，铁芯内磁通密度下降（空载电流减小），用于磁化的无功功率必然减小，使电动机功率因数 $\cos\varphi$ 得到提高，无功电能损耗也随之降低。

采用电动机△-Y 转换节电控制技术，存在一个非常重要的问题，这就是由于定子电流的减小，定子附加损耗不大，但在电动机转矩不变的条件下，转子电流增加了 $\sqrt{3}$ 倍，故转子损耗必然增加 3 倍，电动机转差率也增加 3 倍。也就是说，在恒转矩负载工况中，转子电流限制了电动机由△→Y 时的负载条件。那么电动机在拖动负载过程中，什么情况下才能采用该节电技术，这里给出两种判断和计算△-Y 转换点的方法。

1. 方法一：根据电动机的负载率确定△-Y 转换点

所谓电动机的负载率就是电动机的实际输出功率 P_2 与额定输出功率 P_e 之比称为负载系数，以百分数表示时称为负载率。采用电流法确定负载率的表达式为

$$\beta = \frac{P_2}{P_e} \times 100\% = \sqrt{\frac{I_1^2 - I_0^2}{I_e^2 - I_0^2}} \times 100\% \qquad (10\text{-}1)$$

式中：I_1 为实测电动机的负载电流，A；I_0 为实测电动机的空载电流，A；I_e 为电动机的额定电流，A。

【例 10-1】某电动机已知 P_e＝55kW，I_e＝104A。实测 I_0＝32.80，求 I_1＝90.2A、79A、65.8A 和 50.8A 时的负载率。

解： 按式（10-1）得

$I_1 = 90.2\text{A 时}$　$\beta = \sqrt{\dfrac{90.2^2 - 32.8^2}{104^2 - 32.8^2}} \times 100\% = 85.14\%$

$I_1 = 79\text{A 时}$　$\beta = \sqrt{\dfrac{79.2^2 - 32.8^2}{104^2 - 32.8^2}} \times 100\% = 72.8\%$

$I_1 = 65.8\text{A 时}$　$\beta = \sqrt{\dfrac{65.8^2 - 32.8^2}{104^2 - 32.8^2}} \times 100\% = 57.8\%$

$I_1 = 50.8\text{A 时}$　$\beta = \sqrt{\dfrac{50.8^2 - 32.8^2}{104^2 - 32.8^2}} \times 100\% = 39.3\%$

当电动机负载率 $\beta < 45\%$ 时，采用 △→Y 转换，当 Y 联结与 △联结的总损耗相等时，此时的负载率称为临界负载率 β_L，其计算式为

$$\beta_L = \sqrt{\dfrac{0.67 P_{Fe\triangle} + 0.75 P_{0Cu\triangle}}{2\left[\left(\dfrac{1}{\eta_e} - 1\right) P_{e\triangle} - P_{0\triangle}\right]}} \times 100\% \tag{10-2}$$

式中：β_L 为临界负载率；$P_{Fe\triangle}$ 为 △联结时的铁耗，kW；$P_{0Cu\triangle}$ 为 △联结时的空载铜耗，kW；$P_{e\triangle}$ 为 △联结时的额定功率，kW；$P_{0\triangle}$ 为 △联结时的空载损耗，kW；η_e 为电动机的额定效率。

当实际负载率 $\beta > \beta_L$ 时，电动机绕组进行 △联结；当实际负载率 $\beta < \beta_L$ 时，电动机绕组改为 Y 联结。电动机的临界负载率一般为 $40\% \sim 45\%$。

2. 方法二：根据电动机的运行电流确定 △-Y 转换点

电动机在拖动机械负载运行中，当重载时运行电流会比较大，当轻载时运行电流会比较小，那么电流为多大时电动机的绕组可进行 △→Y 或 Y→△ 的转换，这个转换点的临界电流值可用下式进行计算，即

$$I_L = \dfrac{P_e \times 10^3}{3\sqrt{3}U_e \cdot \cos\varphi \cdot \eta} \tag{10-3}$$

式中：I_L 为临界转换电流值，A；P_e 为电动机的额定功率，kW；U_e 为电动机的额定电压，V；$\cos\varphi$ 为电动机的功率因数；η 为电动机的效率。

在计算公式中，若没有功率因数、效率的数据时，三相电动机的功率因数和效率可以按 0.85 计算。

当电动机的运行电流小于计算出的 I_L 值时，电动机绕组进行 Y 联结，当运行电流大于或等于 I_L 值时，电动机绕组转换为 △联结。

10.2.2　系统硬件电路设计

依据上述理论，通过测量出的电动机运行电流，利用 AT89S51 单片机控制的电动机 △-Y 自动转换节电控制电气原理图如图 10-5、图 10-6 所示。

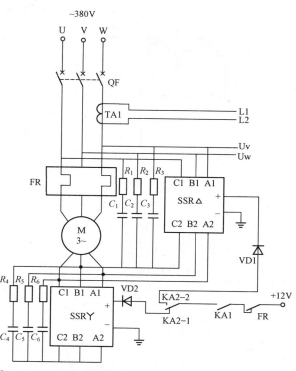

图 10-5　△-Y 自动转换节电控制装置主电路电气原理图

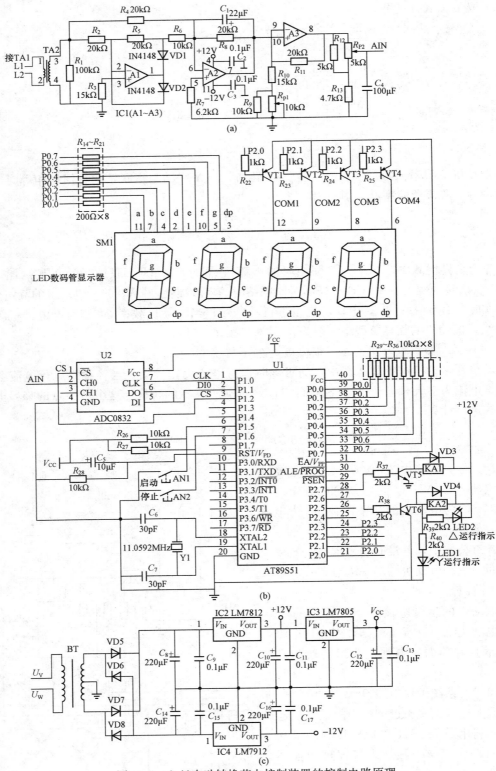

图 10-6　△-Y 自动转换节电控制装置的控制电路原理

（a）电流信号整形处理电路；（b）控制及显示电路；（c）直流稳压电路

该节电装置的总体要求是：能够根据电动机负载大小的变化，对电动机的三角形（△）或星形（Y）联结自动进行转换，当电动机处于轻载及重载两挡运行时，轻载时间越长，节电效果越佳。

1. 主电路的设计

主电路的基本功能设计要求是，在单片机控制电路的控制下，通过三相交流固体开关应能完成对三相交流异步电动机定子绕组的 Y 形和△形联结的转换。

（1）电路组成。根据设计要求，采用△-Y 自动转换方式的节电控制装置，主电路如图 10-5 所示。电路主要由 380V 三相交流输入端子 U、V、W，空气断路器 QF，电流互感器 TA1，过载保护继电器 FR，三相交流固体开关 SSR△和 SSRY，二极管 VD1、VD2，阻容吸收电路 $R_1 \sim R_6$、$C_1 \sim C_6$，直流继电器 KA1、KA2 的触头以及过载保护继电器 FR 的触头所组成。

（2）相关电器器件的作用。

1）电流互感器 TA1 的作用是：当电动机运行时，将按比例缩小的电流信号传输给信号处理单元，由单片机控制电路判断是否已到△-Y 转换的值。电流互感器的选择应根据电动机的功率，合理选择电流互感器的型号、规格。

2）热继电器 FR 的作用是：电动机运行时，当运行电流超过设定值一定时间后，热继电器便会动作，电动机定子绕组断电，起到过载、过电流的保护作用。

3）三相交流固体开关 SSR△和 SSRY 以及二极管 VD1、VD2 的作用是：转换电动机定子绕组的连接方式。当＋12V 电源通过二极管 VD2 接入固体开关 SSRY 的"＋"端时，固体开关 SSRY 导通，电动机 Y 形联结运行。当＋12V 电源通过二极管 VD1 接入固体开关 SSR△的"＋"端时，固体开关 SSR△导通，电动机△形联结运行。

4）阻容吸收电路 $R_1 \sim R_6$、$C_1 \sim C_6$ 的作用是：抑制和吸收尖脉冲电压，避免固体开关因受过电压而击穿损坏，从而起到保护固体开关的作用。

5）继电器 KA1、KA2 触头的作用是：KA1 是电源＋12V 接通或断开触头，控制电动机的启动或停止。KA2 是复合触头，其作用是控制电动机△-Y 的转换。

2. 单片机控制电路的设计

（1）设计要求。采用 AT89S51 单片机控制，利用 4 位 LED 数码管显示器进行电动机运行电流显示，单片机外围电路应有精密整流电路、A/D 转换器、启动停止按钮、固体开关驱动电路、电动机运行状态指示电路、直流稳压电路。

（2）电路组成及作用。根据设计要求，采用△-Y 自动转换方式的节电控制装置控制电路硬件原理图如图 10-6 所示。电路的基本组成如下：

1）电流信号整形处理单元。如图 10-6（a）所示，来自主电路电流互感器 TA1 的电流信号，经电磁信号放大变压器 TA2 输入给由集成运算放大器 A1 和 A2 及其外围电路 $R_1 \sim R_7$、$C_1 \sim C_3$ 组成的全波精密整流电路，全波精密整流电路的输出经过由集成运算放大器 A3 及电阻 $R_9 \sim R_{13}$、可调电阻 R_{P1} 和 R_{P2} 以及电容 C_4 组成的滤波放大器后，便可将主电路中的电流信号转换成 0～5V 的电压信号，这个 0～5V 的电压模拟信号通过 AIN 端送入到 A/D 转换单元。电路中可调电阻 R_{P1} 用于校零，可调电阻 R_{P2} 用于校准满量程。

2）A/D 转换单元。如图 10-6（b）所示，A/D 转换单元是由 8 位串行 A/D 转换器 ADC0832 组成。其作用是将精密整流电路输出的模拟信号转换为单片机能够识别的数字信号。

3）LED 数码管显示单元。如图 10-6（b）所示，LED 数码管显示单元主要由数码管显示器、位驱动电路的电阻 $R_{22} \sim R_{25}$ 晶体三极管 VT1～VT4、段显示电路的限流电阻 $R_{14} \sim R_{21}$ 所组成。在系统工作时，完成对电动机运行电流的显示。

4）单片机控制单元。如图 10-6（b）所示，单片机控制单元主要由 U1 单片机 AT89S51 及其外围器件的上拉电阻 $R_0 \sim R_{15}$、单片机内部振荡电路的外接晶振 Y1、电容 C_6 和 C_7、复位电路的电阻 R_{28}、电容 C_5 所组成。该单元是系统的控制中心，在写入的单片机程序控制下，完成各项技术设计功能的实现。

5）电动机启/停按键控制单元。如图 10-6（b）所示，电动机启/停按键控制单元由按钮开关 AN1、AN2 以及电阻 R_{26}、R_{27} 所组成。当系统工作时，按动按钮 AN1，可启动电动机进入运行状态，按动按钮 AN2，可停止电动机运行。

6）驱动单元。如图 10-6（b）所示，驱动单元主要由驱动电路的电阻 R_{37} 和 R_{38}、晶体三极管 VT5 和 VT6、继电器 KA1 和 KA2 的线圈、二极管 VD3 和 VD4 所组成。

a. 在单片机程序的控制下，当单片机的 P2.7 口为高电平时，三极管 VT5 导通，继电器 KA1 线圈获电，通过接在主电路上的 KA1 动合触点将+12V 电源接通，电动机启动运行。当单片机的 P2.7 口为低电平时，电动机停止运行。

b. 在单片机程序的控制下，当单片机的 P2.6 口为高电平时，三极管 VT6 导通，继电器 KA2 线圈获电，通过接在主电路上的 KA2 动合触点闭合，KA2 的动断触点断开，电动机由原来的 Y 形联结转换成△形联结运行。当单片机的 P2.6 口为低电平时，电动机在 Y 形联结下节电运行。

7）电动机运行状态指示单元。如图 10-6（b）所示，电动机运行状态指示单元由电阻 R_{39} 和 R_{40}、发光二极管 LED1 和 LED2 所组成。当 LED1 灯亮时，指示电动机在 Y 形联结下节电运行，当 LED2 灯亮时，指示电动机在△形联结下运行。

8）直流稳压控制单元。如图 10-6（c）所示，直流稳压控制单元主要由电源降压变压器 BT 和整流二极管 VD5～VD8，集成稳压电路 IC2、IC3、IC4，滤波电容 $C_8 \sim C_{13}$ 所组成。其作用是提供一个稳定可靠的+12V 和-12V 以及+5V 直流电压作为相关电路的直流供电电源。

10.2.3 系统的软件设计

1. 程序流程图

△-Y 自动转换节电控制装置的主程序流程图如图 10-7 所示。

2. 源程序

根据设计要求，编写的 C 源程序（软件代码）如下（注意：在输入源代码时，切记务必将输入法转换到英文半角状态，否则编译程序时会出错！）。

```
# include <reg51.h>
# include <intrins.h>
# define uchar unsigned char
# define uint unsigned int
# define channel _ 0   0x02              //单通道 0 输入选择
# define channel _ 1   0x03              //单通道 1 输入选择
sbit   CS =    P1^2;                     //定义片选端
sbit   CLK = P1^0;                       //定义时钟端
sbit   DIO = P1^1;                       //定义数据端
sbit   ACC0 = ACC^0;                     //通道与输入方式控制字
sbit   ACC1 = ACC^1;                     //通道与输入方式控制字
uint data disp _ buf[4] = {0x00, 0x00, 0x00, 0x00};   //定义 4 个显示数据单元
```

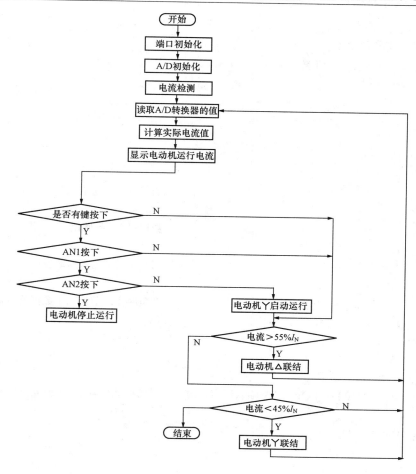

图 10-7 △-Y 自动转换节电控制装置主程序流程图

```
uchar code seg _ data[] = {0xC0，0xF9，0xA4，0xB0，0x99，0x92，0x82，0xF8，0x80，0x90，0xff};
                                              //0～9 和熄灭符的段码表
sbit   DOT = P0~7;                            //接数码管小数点段位
sbit   P20 = P2~0;                            //定义数码管位选(公共端)
sbit   P21 = P2~1;
sbit   P22 = P2~2;
sbit   P23 = P2~3;
sbit   AN1 = P1~5;                            //定义电动机启动按钮
sbit   AN2 = P1~6;                            //定义电动机停止按钮
sbit   KA1 = P2~7;                            //定义电动机启停驱动控制端口
sbit   KA2 = P2~6;                            //定义电动机△-Y 转换驱动控制端口
uint   current;
/* * * * * * * * *延时函数* * * * * * * * */
void Delay _ ms(uint xms)
{
  uint i，j;
  for(i＝xms；i＞0；i--)                       //i＝xms 即延时约 xms 毫秒
```

```
        for(j=110; j>0; j--);
}
/ * * * * * * * ADC 启动函数 * * * * * * * * /
void ADC _ start()
{
    CS=1;                              //一个转换周期开始
    _ nop _ ();
    CLK=0;
    _ nop _ ();
    CS=0;                              //CS 置 0，片选有效
    _ nop _ ();
    DIO=1;                             //数据置 1，起始位
    _ nop _ ();
    CLK=1;                             //第一个脉冲输入启动位
    _ nop _ ();
    DIO=0;                             //在负跳变之前加一个数据反转操作
    _ nop _ ();
    CLK=0;
    _ nop _ ();
}
/ * * * * * * * * ADC 转换函数，选择输入通道，输入信号的模式（单端输入或差分输入）* * * * *
* * * /
intADC _ read(uchar dat)
{
    uchar i;
    ADC _ start();                     //启动转换开始，输入第一个脉冲，即启动位
    ACC=dat;                           //将数据送 ACC，这里的 dat 由实参 channel _ 0(0x02)传入
    DIO=ACC1;                          //第二个脉冲送 ACC 的第 1 位（即 channel _ 0 的第 1 位，为 1），
                                            表示单通道输入

    CLK=1;
    _ nop _ ();
    DIO=0;
    CLK=0;
    _ nop _ ();
    DIO=ACC0;                          //第三个脉冲送 ACC 的第 0 位（即 channel _ 0 的第 1 位，为 0），
                                            表示通道 0

    CLK=1;
    _ nop _ ();
    DIO=1;
    CLK=0;
    CLK=1;                             //第四个脉冲输出数据
    ACC=0;
    for(i=8; i>0; i--)                 //读取 8 位数据
    {
```

```
        CLK=0;                          //脉冲下降沿
        ACC=ACC<<1;
        ACC0=DIO;                       //读取 DO 端数据
        _ nop _ ();
        _ nop _ ();
        CLK=1;
    }
    CS=1;                               //CS=1，片选无效
    return(ACC);                        //返回 ACC 中的数据
}
/ * * * * * * * *数据转换函数，将测量值转换为适合数码管显示的数据 * * * * * * * * /
void convert(uchar ad _ data)
{
    uint    temp;
    disp _ buf[3]=ad _ data/170;        //AD 值转换为 BCD 码，最大为 150.0A，计算百位数
    temp=ad _ data%170;                 //余数暂存
    temp=temp * 10;
    disp _ buf[2]=temp/170;             //计算十位数
    temp=temp%170;
    temp=temp * 10;
    disp _ buf[1]=temp/170;             //计算个位数
    temp=temp * 10;
    disp _ buf[0]=temp/170;             //计算一位小数位
}
/ * * * * * * * *显示函数，在 4 只数码管上显示出电流值 * * * * * * * * /
Display()
{
    P0  =seg _ data[disp _ buf[3]];     //显示百位
    P20=0;                              //开显示
    Delay _ ms(2);
    P20=1;                              //关显示
    P0=seg _ data[disp _ buf[2]];       //显示十位
    P21=0;
    Delay _ ms(2);
    P21=1;
    P0=seg _ data[disp _ buf[1]];       //显示个位
    P22=0;
    DOT=0;                              //显示小数点
    Delay _ ms(2);
    P22=1;
    P0=seg _ data[disp _ buf[0]];       //显示一位小数位
    P23=0;
    Delay _ ms(2);
    P23=1;
```

```
}
/ * * * * * * * * 主函数 * * * * * * * * /
void main()
{
    uchar ad_value;
    P0=0xff;                            //端口初始化
    while(1)
    {
        ad_value=ADC_read(channel_0);   //读取采集值,送到ad_value中
        convert(ad_value);              //将读取到的ad_value值进行转换
        current=ad_value                //将转换值送入电流存储单元
        Display();                      //数码管显示函数
        if(AN1==0)KA1=1;                //电动机启动
        if(AN2==0)KA1=0;                //电动机停止
        if(current>=0x8C)               //电动机运行电流大于82.5A(55%额定电流)时
        {
            KA1=1;                      //保持电动机电源接通
            KA2=1;                      //电动机△联结
        }
        elseif(current<=0x72)           //电动机运行电流小于67.5A(45%额定电流)时
        {
            KA1=1;
            KA2=0;                      //电动机Y联结
        }
    }
}
```

3. 源程序说明

源程序主要由主函数、A/D 启动函数、A/D 转换函数、数据转换函数、显示函数等组成。A/D 启动函数和 A/D 转换函数根据 ADC0832 的工作时序来编写,并将转换结果返回给主函数的 ad_value 变量。

数据转换子程序的作用是对 ad_value 中的数据进行处理。ADC0832 输出的最大转换值为 FFH(255),而 ADC0832 最大的允许模拟电压输入值为 5V。在源程序中,设定控制的三相交流异步电动机的功率是 75kW;电动机的额定电流 $I_N=150A$,要换算成电动机的运行电流(0～150A),则变换成电流值的换算系数为 255/150＝1.7。由于电流值 150A 必须对应的电压值是 1.50V,因此电压值的换算系数为 255/1.50＝170,故采用 255/170＝1.50V 的运算方式。

将 ADC0832 输出的转换值转为适合数码管显示的数据,分别存放在显示缓冲区 disp_buf [3]、disp_buf [2]、disp_buf [1]、disp_buf [0] 中,把小数点定位在第三位数码管上,这样在数码管上的显示值便是 0～150.0A。

显示函数比较简单,其作用是将显示缓冲区 disp_buf [3]、disp_buf [2]、disp_buf [1]、disp_buf [0] 中的电流数据送数码管显示。

主函数(主程序)中,①在设定△→Y 或 Y→△的转换值时,可根据实际情况而定。这里给出的电流转换值是:当电动机的运行电流大于 55%的额定电流 I_N 时,即 Y→△的转换值＝

$55\%I_N＝0.55×150A＝82.5A$（相对应的十进制数为：$1.7×82.5＝140$，换算成十六进制数为 0x8c），电动机由 Y 联结转换为△联结。②当电动机的运行电流小于 45% 的额定电流 I_N 时，即 Y→△的转换值 $＝45\%I_N＝0.45×150A＝67.5A$（相对应的十进制数为：$1.7×67.5＝114$，换算成十六进制数为 0x72），电动机由△连接转换为 Y 连接。

4. 目标文件实现方法

（1）打开 Keil C51 软件，建立工程项目，再建立一个名为"△-Y 电机节电．c"的源程序文件，输入上面的源程序。

（2）单击"重新编译"按钮，对源程序进行编译和链接，便会产生"△-Y 电机节电．HEX"目标文件。有了目标文件，便可将"△-Y 电机节电．HEX"文件下载到 AT89S51 单片机中进入△-Y 自动转换节电控制装置工程项目的系统调试。

10.3　采用串接电抗器转换方式的节电控制装置

采用串接电抗器转换方式的节电控制装置，其实质就是利用串接在电动机定子绕组上的饱和式电抗器，适当降低电动机定子绕组上的供电电压。当电动机输入电压 U_1 降低时，最大转矩 M_m 及起动转矩 M_q 与 U_1 成正比地降低，转差率 S_m 与 U_1 的降低无关（保持不变），同步转速 $n_1 = \dfrac{60f_1}{P}$ 与 U_1 也无关，因此 n_1 也保持不变，而电动机的输入功率 $P_1 = \dfrac{M_e}{9550}$ 将随 U_1 的下降而降低，由于 U_1 与电动机的主磁通 Φ_m 成正比（$U_1 \approx 4.44fN\Phi_m$），当 U_1 下降时，Φ_m 也会下降，从而使电动机的铁损降低，而电动机的效率 η 及功率因数 $\cos\varphi$ 反而会提高。

本节所介绍的电动机串接电抗器转换方式的节电控制装置（以下简称电动机节电控制装置），就是一种能够在电动机空载或轻载运行时，或者说，电动机在不满载运行时，在单片机控制指令的控制下，通过电抗器降低电动机的工作电压，实现节约电能，提高工作效率的实用节电控制技术。

10.3.1　系统硬件电路设计

依据上述电动机的特性，该节电装置的总体设计要求是：通过测量出的电动机运行电流，判断电动机负载大小的变化，利用以单片机 AT89S51 为中心的控制单元，调整串接在电动机定子绕组上的饱和式电抗器的接入或切除，当电动机处于空载或轻载运行时，电动机定子绕组上串接两组电抗器节电运行，当电动机处于半载或额定负载以下运行时，电动机定子绕组上串接上一组电抗器节电运行，当电动机运行达到或接近额定负载时，电动机定子绕组上串接的两组电抗器全部被短接，电动机在额定电压下全压运行。

1. 主电路的设计

主电路的基本功能设计要求是：根据电流互感器测量出的电动机运行电流，在单片机控制电路的控制下，通过中间继电器的触点系统驱动三相交流接触器，由交流接触器的主触点控制电动机的启动和停止以及调整串接在电动机定子绕组上的饱和式电抗器的串入（接入）或短接（切除）。根据要求所设计的主电路电气原理图如图 10-8 所示。

（1）电路组成。电路主要由主回路中的 380V 三相交流输入端子 U、V、W，负荷开关 QF，电流互感器 TA1，交流接触器 KM1、KM2、KM3 的主触点，第一组饱和式电抗器 LT1、LT2、LT3 和第二组饱和式电抗器 LT4、LT5、LT5，交流接触器控制回路中的熔断器 FU，中间继电器 KA1、KA2、KA3 的触点以及交流接触器 KM1、KM2、KM3 的线圈所组成。

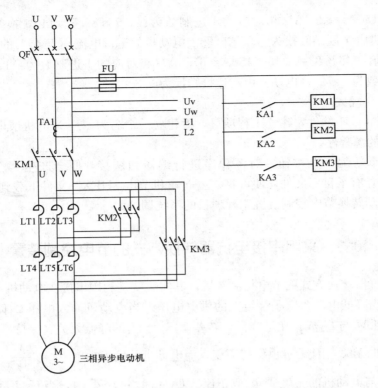

图 10-8　电动机节电控制装置主电路电气原理图

（2）相关电器器件的作用。

1）电流互感器 TA1 的作用是：当电动机运行时，将按比例缩小的电流信号传输给信号处理电路，根据信号电流的大小由单片机控制程序控制串接在电动机定子绕组上的饱和式电抗器的接入或切除。电流互感器的选择应根据电动机的功率，合理选择电流互感器的型号、规格。

2）饱和式电抗器 LT1～LT5 的作用是：降低电动机定子绕组上的工作电压，在电动机刚起动时还可抑制冲击电流降低机械磨损。第一组电抗器为 LT1、LT2、LT3，第二组电抗器为 LT4、LT5、LT5。

3）交流接触器 KM1、KM2、KM3 主触点在电路中的作用是：交流接触器 KM1 的主触点是用来完成对电动机的启动和停止，交流接触器 KM2 的主触点是用来完成对第一组电抗器 LT1、LT2、LT3 电路的短接，交流接触器 KM3 的主触点是用来完成第一组电抗器 LT1、LT2、LT3 和第二组电抗器 LT4、LT5、LT5 这两组电路的短接。

4）交流接触器控制回路的的作用是：由中间继电器 KA1、KA2、KA3 的触点分别控制交流接触器 KM1、KM2、KM3 线圈的通断，从而完成上述控制功能。

2. 单片机控制电路的设计

（1）设计要求。采用 AT89S51（内部含有"看门狗"电路）单片机控制，利用 1602 字符型 LCD 液晶显示器进行电动机运行电流显示，输入电源的线电压显示，单片机外围电路的设计包括电压整形电路、电流精密整流电路、A/D 转换器、启动停止按钮、交流接触器驱动电路、电动机运行状态指示电路、直流稳压电路等。

（2）电路组成及作用。根据设计要求，采用串接电抗器转换方式的电动机节电控制装置（以下简称电动机节电控制装置）的控制电路原理图如图 10-9 所示。电路的基本组成如下：

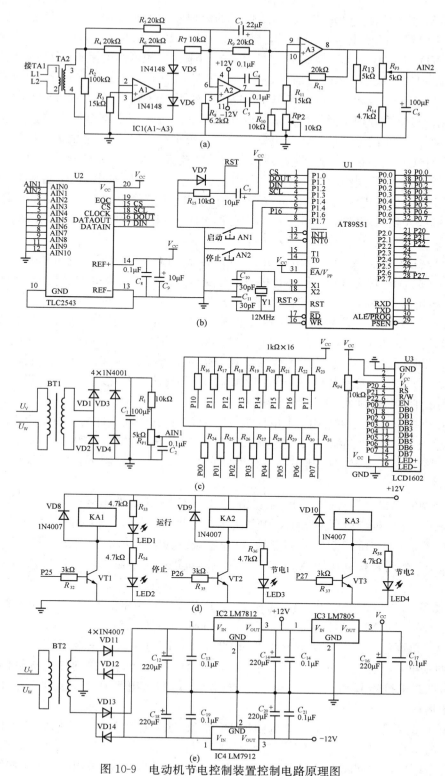

图 10-9　电动机节电控制装置控制电路原理图

（a）电流信号整形处理电路；（b）A/D 转换及单片机控制电路；（c）电压信号处理及 LCD 显
示接口电路；（d）继电器驱动电路；（e）直流稳压电路

1）电压信号整形处理单元。交流电压信号的取样整形处理电路采用整流滤波法。交流电压信号取自主电路上的线电压 U_v 和 U_w，经降压变压器 BT1 由交流 380V 变为 10V 的电压后，再经二极管 VD1～VD4 整流，电容 C_1、C_2 滤波，电阻 R_1 和可调电阻 R_{P1} 分压及电压调整后，便可将主电路中的交流 380V 电压信号转换成 0～5V 的直流电压信号，这个 0～5V 的电压模拟信号通过 AIN1 端送入到 A/D 转换单元。电路中的可调电阻 R_{P1} 用于校准满量程。

2）电流信号整形处理单元。电流信号取样整形的处理采用精密整流电路来完成。通过主电路电流互感器 TA1 的电流信号，经电磁信号放大变压器 TA2 输入给由集成运算放大器 A1、A2，及其外围电路 R_2～R_9、C_3～C_5 组成的全波精密整流电路，全波精密整流电路的输出经过由集成运算放大器 A3 及电阻 R_{10}～R_{14}，可调电阻 R_{P2}、R_{P3}，以及电容 C_6 组成的滤波放大器后，便可将主电路中的电流信号转换成 0～5V 的直流电压信号，这个 0～5V 的电压模拟信号通过 AIN2 端送入到 A/D 转换单元。电路中可调电阻 R_{P2} 用于校零，可调电阻 R_{P3} 用于校准满量程。

3）A/D 转换单元。A/D 转换电路由 A/D 转换器 TLC2543 组成。电压和电流信号经过处理后是 0～5V 的直流电压信号，但单片机只能接受数字信号，所以需要选用 A/D 转换器将模拟电压信号转化为单片机可以接受的数字信号。TLC2543 是具有 11 通道 12 位转换精度的 A/D 转换器，电流和电压信号从 1 脚和 2 脚输入，CS 为片选信号，CLOCK 为时钟信号，DATAOUT 是 TLC2543 的数据输出端口，DATAIN 是 TLC2543 的控制字输入端口，具体原理和使用方法前面已经讲过，这里不再赘述。需要注意的是，若需要进一步提高和保证 TLC2543 的转换精度，可将 TLC2543 的 13 脚和 14 脚接入高精密的 5V 电压源，这个 5V 电压的精密程度直接影响到 A/D 转换的精度。

4）单片机控制单元。主要由 U1 单片机 AT89S51 及其外围器件的上拉电阻 R_{16}～R_{31}、单片机内部振荡电路的外接晶振 Y1、电容 C_{10} 和 C_{11}、复位电路的电阻 R_{15}、二极管 VD7、电容 C_7 所组成。该单元是系统的控制中心，在写入的单片机程序控制下，完成和实现各项设计功能。

5）字符型液晶显示器控制单元。主要由 1602 字符型 LCD 液晶显示模块、可调电阻 R_{P4} 所组成。主要完成输入电源电压的显示，电动机运行电流的显示以及相关数据的显示。

6）电动机启/停按键控制单元。电动机启/停按键控制单元是由按钮开关 AN1、AN2 所组成。当系统工作时，按动按钮 AN1，可启动电动机进入运行状态，按动按钮 AN2，可停止电动机运行。

7）驱动单元。主要由驱动电路的电阻 R_{32}、R_{35}、R_{37}，晶体三极管 VT1、VT2、VT3，继电器 KA1、KA2、KA3 的线圈，二极管 VD8、VD9、VD10 所组成。

a. 在单片机程序的控制下，当单片机的 P2.5 口为高电平时，三极管 VT1 导通，继电器 KA1 的线圈获电，接在主电路控制回路上的 KA1 动合触点吸合，接通交流接触器 KM1，电动机串接着两组电抗器起动运行。当单片机的 P2.5 口为低电平时，交流接触器 KM1 断电，电动机停止运行。

b. 在单片机程序的控制下，当单片机的 P2.6 和 P2.7 口均为低电平时，电动机串接着两组电抗器节电运行。当单片机的 P2.6 口为高电平时，三极管 VT2 导通，继电器 KA2 的线圈获电，接在主电路控制回路上的 KA2 动合触点吸合，接通交流接触器 KM2，短接第一组电抗器，电动机由原来的串接两组电抗器变为只串接一组电抗器节电运行。

c. 在单片机程序的控制下，当单片机的 P2.7 口为高电平时，三极管 VT3 导通，继电器

KA3 的线圈获电，接在主电路控制回路上的 KA3 动合触点吸合，接通交流接触器 KM3，短接第二组电抗器，电动机进入全压运行。

8）电动机运行状态指示单元。电动机运行状态指示单元是由电阻 R_{33}、R_{34}、R_{36}、R_{37}，发光二极管 LED1～LED4 所组成。当电动机启动运行时，LED1 指示灯亮，表示电动机正在运行。当电动机停止运行时，LED1 指示灯熄灭，LED2 指示灯亮，表示电动机的电源已断开。当 LED3 指示灯亮时，表示第一组电抗器被短接，当 LED4 指示灯亮时，表示第一组、第二组电抗器同时被短接。

9）直流稳压控制单元。主要由电源降压变压器 BT2 和整流二极管 VD11～VD14，集成稳压电路 IC2、IC3、IC4，滤波电容 C_{12}～C_{21} 所组成。其作用是提供一个稳定可靠的 +12V 和 -12V 以及 +5V 直流电压作为相关电路的直流供电电源。

3. 电路的基本工作原理

将三相 380V 交流电接入电路中，按动电动机"启动"按钮 AN1，在单片机程序的控制下，三相交流接触器 KM1 吸合，电源电压经两组电抗器 LT1～LT3、LT4～LT6 后给三相交流异步电动机 M 供电，"运行"指示灯亮，电动机降压启动运行。

电动机在运行过程中，通过检测到的电流值，判断电动机的负载工况。在单片机程序的控制下，当电动机的运行电流低于额定电流 I_N 的 50%（半载以下）时，继电器 KA2、KA3 和交流接触器 KM2、KM3 线圈均不获电，并联在电抗器 LT1～LT3、LT4～LT6 上的接触器 KM2、KM3 主触点不闭合，电动机 M 串入两组电抗器降压节电运行。

当检测到的电流值高于 $50\%I_N$ 且小于 $80\%I_N$（即 $50\%I_N < I_N < 80\%I_N$）时，在单片机程序的控制下，继电器 KA2 和交流接触器 KM2 线圈均获电，并联在电抗器 LT1～LT3 上的接触器 KM2 的三个主触点闭合短路电抗器 LT1～LT3，电动机 M 串入一组电抗器降压节电运行。

当检测到的电流值高于 $80\%I_N$ 时，在单片机程序的控制下，继电器 KA3 和交流接触器 KM3 线圈均获电，并联在电抗器 LT1～LT3、LT4～LT6 上的接触器 KM3 的三个主触点闭合短路两组电抗器，使电动机 M 串入的两组电抗器全部被短接切除，电动机 M 全压运行（直通运行）。

10.3.2　系统的软件设计

1. 程序流程图

电动机节电控制装置的主程序流程图如图 10-10 所示。

2. 源程序

根据设计要求，编写的 C 源程序（软件代码）如下（注意：在输入源代码时，切记务必将输入法转换到英文半角状态，否则编译程序时会出错！）。

```
# include <reg51. h>
# include <intrins. h>
# include <LCD _ drive. h>        //LCD驱动程序
#define uchar unsigned char
#define uint unsigned int
sfr   AUXR  = 0x8E;              //定义 AT89S51 扩展寄存器
sfr   WDTRST = 0xA6;            //定义"看门狗"寄存器
sbit AD _ CS = P1^0;            //TLC2543 A/D 转换芯片的片选端口接 51 单片机的 P1.0 脚
sbit AD _ OUT = P1^1;           //TLC2543 A/D 转换芯片的数据输出端口接 51 单片机的 P1.1 脚
```

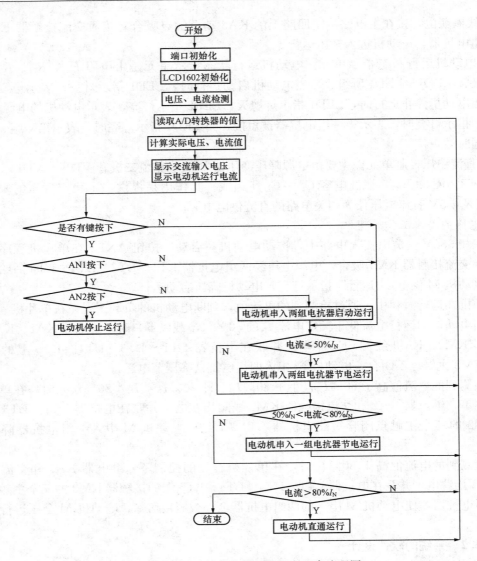

图 10-10　电动机节电控制装置主程序流程图

```
sbit AD _ DIN = P1^2；              //TLC2543 A/D转换芯片的数据输入端口接 51 单片机的 P1.2 脚
sbit AD _ SCLK = P1^3；             //TLC2543 A/D转换芯片的时钟端口接 51 单片机的 P1.3 脚
sbit  AN1 = P1^4；                  //定义电动机启动按钮端口
sbit  AN2 = P1^5；                  //定义电动机停止按钮端口
sbit  KA1 = P2^5；                  //定义电动机启停驱动端口
sbit  KA2 = P2^6；                  //定义电抗器一组切除驱动端口
sbit  KA3 = P2^7；                  //定义电抗器二组切除驱动端口
uint  Adout；
uint  current；
uint  voltage；
uint  data disp _ buf[4] = {0x00，0x00，0x00，0x00}；   //定义 4 个显示数据单元
uchar code line1 _ data[] = {   "U：          V"}；
uchar code line2 _ data[] = {   "I：          A"}；
```

```
/ * * * * * * * * * * AD 转换函数 * * * * * * * * * * * * /
int ADC _ read(uchar dat)
{
    uint i;
    uint Adout = 0x00;
    AD _ SCLK = 0;
    _ nop _ ();
    _ nop _ ();
    AD _ CS = 0;
    _ nop _ ();
    _ nop _ ();
    for(i = 12; i>0; i--)
    {
        dat<< = 1;
        if(dat & 0x80)
            AD _ DIN = 1;
        else
            AD _ DIN = 0;
            AD _ SCLK = 1;
            _ nop _ ();
            _ nop _ ();
            AD _ SCLK = 0;
    }
    AD _ CS = 1;
    _ nop _ ();
    _ nop _ ();
    _ nop _ ();
    AD _ CS = 0;
    _ nop _ ();
    _ nop _ ();
    for(i = 12; i>0; i--)                //读取 12 位 AD 转换值
    {
        Adout<< = 1;
        if(AD _ OUT)
            Adout | = 0x0001;
        else
            Adout | = 0x0000;
            AD _ SCLK = 1;
            _ nop _ ();
            _ nop _ ();
            AD _ SCLK = 0;
            _ nop _ ();
            _ nop _ ();
    }
```

```
        AD_CS = 1;
        Adout & = 0x0fff;
        return(Adout);
}
/ * * * * * * * *电压数据转换函数,将电压测量值转换为适合LCD显示的数据* * * * * * * * */
void convert_U(uchar ad_data)
{
        uint    temp;
        disp_buf[3] = ad_data/975;              //AD值转换为BCD码,最大值为4.20V,显示的电压值
                                                    是420.0V

        disp_buf[3] = disp_buf[3] + 0x30;       //加0x30转换为ASCII码,进行整数位百位数显示
        temp = ad_data % 975;                   //余数暂存
        temp = temp * 10;
        disp_buf[2] = temp/975;                 //计算十位数
        disp_buf[2] = disp_buf[2] + 0x30;       //电压值的十位数
        temp = temp % 975;
        temp = temp * 10;
        disp_buf[1] = temp/975;                 //计算个位数
        disp_buf[1] = disp_buf[1] + 0x30;       //电压值的个位数
        temp = temp % 975;
        temp = temp * 10;
        disp_buf[0] = temp/975;                 //计算小数位
        disp_buf[0] = disp_buf[0] + 0x30;       //小数位显示
}
/ * * * * * * * * *LCD电压显示函数* * * * * * * * */
void LCD_disp_U()
{
        lcd_wcmd(0x05 | 0x80);                  //定位第1行第5列
        lcd_wdat(disp_buf[3]);;                 //百位数显示
        lcd_wcmd(0x06 | 0x80);                  //定位第1行第6列
        lcd_wdat(disp_buf[2]);                  //十位数显示
        lcd_wcmd(0x07 | 0x80);                  //定位第1行第7列
        lcd_wdat(disp_buf[1]);                  //个位数显示
        lcd_wcmd(0x08 | 0x80);                  //定位第1行第8列
        lcd_wdat('.');                          //小数点显示
        lcd_wcmd(0x09 | 0x80);                  //定位第1行第7列
        lcd_wdat(disp_buf[0]);                  //小数位显示

/ * * * * * * * * *电流数据转换函数,将电流测量值转换为适合LCD显示的数据* * * * * * * * */
void convert_I(uchar ad_data)
{
        uint    temp;
        disp_buf[3] = ad_data/2730;             //AD值转换为BCD码,最大值为1.50V,显示的电流值
                                                    是150.0A
```

```
        disp _ buf[3] = disp _ buf[3] + 0x30;          //加 0x30 转换为 ASCII 码，进行整数位百位数显示
        temp = ad _ data % 2730;                        //余数暂存
        temp = temp * 10;
        disp _ buf[2] = temp/2730;                      //计算十位数
        disp _ buf[2] = disp _ buf[2] + 0x30;          //加 0x30 转换为 ASCII 码，进行电流值的十位数显示
        temp = temp % 2730;
        temp = temp * 10;
        disp _ buf[1] = temp/2730;                      //计算个位数
        disp _ buf[1] = disp _ buf[1] + 0x30;          //加 0x30 转换为 ASCII 码，进行电流值的个位数显示
        temp = temp % 2730;
        temp = temp * 10;
        disp _ buf[0] = temp/2730;                      //计算小数位
        disp _ buf[0] = disp _ buf[0] + 0x30;          //小数位显示
}
/ * * * * * * * * LCD 电流显示函数 * * * * * * * * /
void LCD _ disp _ I()
{
    lcd _ wcmd(0x45 | 0x80);                            //定位第 2 行第 5 列
    lcd _ wdat(disp _ buf[3]);                          //百位数显示
    lcd _ wcmd(0x46 | 0x80);                            //定位第 2 行第 6 列
    lcd _ wdat(disp _ buf[2]);                          //十位数显示
    lcd _ wcmd(0x47 | 0x80);                            //定位第 2 行第 7 列
    lcd _ wdat(disp _ buf[1]);                          //个位数显示
    lcd _ wcmd(0x48 | 0x80);                            //定位第 2 行第 8 列
    lcd _ wdat('.');                                    //小数点显示
    lcd _ wcmd(0x49 | 0x80);                            //定位第 2 行第 7 列
    lcd _ wdat(disp _ buf[0]);                          //小数位显示
}
/ * * * * * * * * "看门狗""喂狗"函数 * * * * * * * * /
void clr _ wdt()
{
WDTRST = 0x1E;                                          //清除"看门狗"指令
WDTRST = 0xE1;                                          //启动"看门狗"指令
}
/ * * * * * * * * 主函数 * * * * * * * * /
void main()
{
    uchar i, x, y, ad _ value0, ad _ value1;
    uint AD _ dat0 = 0;
    uint AD _ dat1 = 0;
AUXR = 0xff;                                            //初始化"看门狗"相关寄存器
    x = 0x07FF;                                         //设定 50％额定电流的值
    y = 0x0CCC;                                         //设定 80％额定电流的值
    i = 0;
```

```
    P1 = 0xfe;                              //端口初始化
    KA1 = 0;
    KA2 = 0;
    KA3 = 0;
    Delay_ms(30);                           //延时
    lcd_init();                             //初始化 LCD
    lcd_clr();
    lcd_wcmd(0x02 | 0x80);                  //设置显示位置为第 1 行的第 2 列
    while(line1_data[i]! = '\0')
    {                                       //显示字符"U：000.0V"
        lcd_wdat(line1_data[i]);
        i++;
    }
    lcd_wcmd(0x42 | 0x80);                  //设置显示位置为第 2 行第 2 列
    i = 0;
    while(line2_data[i]! = '\0')
    {
        lcd_wdat(line2_data[i]);            //显示字符"I：000.0  A"
        i++;
    }
    while(1)
    {
        clr_wdt();                          //调"喂狗"动作函数
        ad_value1 = ADC_read(AD_dat0);      //读取采集的电流值，送到 ad_value1 中
        ad_value0 = ADC_read(AD_dat1);      //读取采集的电压值，送到 ad_value0 中
        clr_wdt();                          //"喂狗"
        convert_I(ad_value1);               //将读取到的 ad_value1 值进行转换
        LCD_disp_I();                       //调用 LCD 电流显示函数
        clr_wdt();                          //"喂狗"
        convert_U(ad_value0);               //将读取到的 ad_value0 值进行转换
        LCD_disp_U();                       //调用 LCD 电压显示函数
        clr_wdt();                          //"喂狗"
        WDTRST = 0x1E;                       //清除"看门狗"指令
        Delay_ms(100);                      //延时 100ms，防止电流尖脉冲干扰
        if(AN1 = = 0)   KA1 = 1;            //按钮 AN1 按下，电动机启动
        if(AN2 = = 0)   KA1 = 0;            //按钮 AN2 按下，电动机停止
        if(ad_value1 < = x)                 //电动机运行电流小于 50 % 的额定电流时
        {
            KA1 = 1;                        //保持电动机电源接通
            KA2 = 0;                        //电动机第一组电抗器串入节电运行
            KA3 = 0;                        //电动机第二组电抗器串入节电运行
        }
        else if(ad_value1 > = x, ad_value1 < = y)    //当电流大于 50 % 小于 80 % 的额定电流时
        {
```

```
        KA1 = 1;
        KA2 = 1;                              //短路一组电抗器
        KA3 = 0;                              //电动机串入一组电抗器节电运行
    }
    else if(ad_value1>= y)                    //当电流大于 80％的额定电流时
    {
        KA1 = 1;
        KA2 = 1; KA3 = 1;                     //两组电抗器全部短接切除，电机全压运行
    }
  }
}
```

3. 源程序说明

　　源程序主要由主函数、A/D 转换函数、电压数据转换函数、电流数据转换函数、LCD 电压显示函数、LCD 电流显示函数等组成。A/D 转换函数是根据 12 位串行 A/D 转换器 TLC2543 的工作时序来编写的，并将转换结果返回给主函数的 ad_value 变量。

　　电压和电流数据转换子程序的作用是对 ad_value 中的数据进行处理。A/D 转换器 TLC2543 输出的最大转换值为 0FFFH（4095），而电压和电流的取样信号经整形后输入给 A/D 转换器 TLC2543 的信号值均为 0～5V 的模拟电压信号。实际要显示的输入交流线电压值为 0～420.0V，对应的 TLC2543 的模拟电压信号是 0～4.2V，那么电压值换算系数则为 4095/4.2＝975。因此，在源程序中，电压数据的转换采用 4095/975＝4.200V 的运算方式，在 LCD 电压显示函数中，将小数点定位在第三位数字的后面，便可显示 0～420.0V 的交流电压值。

　　为便于对程序的理解，在本设计例中，仍以控制的三相交流异步电动机的功率为 75kW；电动机的额定电流 I_N＝150A 为例，说明电流数据转换函数的编程要点。即要换算成电动机的运行电流（0～150.0A），由于 TLC2543 输出的最大转换值为 0FFFH（4095），则变换成电流值的换算系数为 4095/150.0＝27.3。由于电流值 150A 必须对应的电压值是 1.500V，因此电压值的换算系数为 4095/1.500＝2730，故采用 4095/2730＝1.500V 的运算方式。在 LCD 电流显示函数中，将小数点定位在第三位数字的后面，便可在 LCD 显示屏上显示出 0～150.0A 的电动机运行电流值。

　　显示函数的作用是将显示缓冲区 disp_buf [3]、disp_buf [2]、disp_buf [1]、disp_buf [0] 中的电压或电流数据送 LCD 显示。

　　主函数（主程序）中，在设定电抗器串入或切除（短接）的转换值时，可根据实际工况要求而定。这里给出的电流转换值是：

　　(1) 当电动机的运行电流小于 50％的额定电流 I_N 时，串入两组电抗器的电流值＝50％ I_N ＝0.50×150A＝75.0A（相对应的十进制数为：27.3×75.0＝2047，换算成十六进制数为 0x07FF），此时，电动机串入两组电抗器节电运行。该设定值在程序中用"x"表示。

　　(2) 当电动机的运行电流大于 50％而小于 80％的额定电流 I_N 时，只串入一组电抗器的电流值是：大于 50％ I_N ＝27.3×75.0＝2047 而小于 80％ I_N ＝0.80×150A＝120.0A（相对应的十进制数为：27.3×120.0＝3276，换算成十六进制数为 0x0CCC。该设定值在程序中用"y"表示），此时，电动机只串有一组电抗器节电运行。

　　(3) 当电动机的运行电流大于 80％的 I_N 额定电流时，即全部切除（短接）电抗器的电流

值是 0x0CCC，此时，电动机全压直通运行。

4. 目标文件实现方法

（1）打开 Keil C51 软件，建立工程项目，再建立一个名为 DJ_JD.c 的源程序文件，输入上面源程序。

（2）在工程项目中，将前面给出的驱动程序软件包 LCD_drive.h 添加进来，这样，在工程项目中。

（3）单击"重新编译"按钮，对源程序 DJ_JD.c 和 LCD_drive.h 进行编译和链接，便会产生 DJ_JD.HEX 目标文件。有了目标文件，便可将 DJ_JD.HEX 文件下载到 AT89S51 单片机中进入电动机节电控制装置工程项目的系统调试。

## 第 11 章

基站机房节电及换风节能控制装置的设计

信息的时代已经到来，人类社会对沟通的需求不断增加使通信服务提供商（SP/ISP）扩大了网络的投入、增加了网络的覆盖，从而达到在任何时间、任何地点、可与任何人沟通的效果。运营公司的移动基站、接入网站、模块局的数量不断增大，特别是移动基站的数量增加非常迅猛。

在信息通信技术产业中，基站设备的能源消耗占 80%～90%。据统计，空调是基站中的主要用电设备，空调的电费支出占整个基站电费支出的 54% 左右。随着 4G 网络的建设大幕的拉开，未来几年全国基站总数至少要增至 100 万个以上。

为了使各种基站机房内设备的正常工作，需要将环境温度维持在设备允许范围内，目前都是通过配置空调设备来对基站机房进行降温处理。

一般大型机房需要配置恒温恒湿精密空调，单台空调的制冷功率一般为数十千瓦，小型基站机房可配置多台舒适性空调设备，容量为 2P、3P 到 5P 不等。现有的各种基站机房空调系统，普遍存在如下问题：

（1）常年制冷。由于各机房的设备在运行时散热量大，使有些地区的基站在冬季外界温度很低时仍然要求空调进行制冷作业，而传统空调一般难以做到这一点，并且在制冷过程中存在损耗电能严重的现象。

（2）由于基站内温度的升高是因电气设备的长期运行发热，而非站外环境温度所致，如果一年四季均用空调来保持站内温度（主要是降温），则冬、春、秋三季及夏季的早晚时段的室外低温便可散热降温的有利条件被忽视，从而导致电能的浪费，营运成本居高不下。

（3）据国家相关部门信息统计，目前我国通信行业的耗电量已超过 290 亿 kWh，其中通信基站的耗电量约占 45%，成为未来节能降耗首要部分。

我国通信网络目前有上万台主交换设备，近百万个基站，耗电量超过上百亿千瓦时，因此如果采取有效得当的措施，基站节能减排的潜力巨大，效果将会非常明显。

本章所要重点介绍的通信基站机房节电及换风节能控制装置就是一种既能够改善供电品质又能够实现调风节能的理想节电产品。该装置主要由主控机箱、节电控制部分和换风节能控制部分所组成。它不仅可以提高基站机房的供电品质，减少用电通信设备多余电能的损耗，又可充分利用基站室内外的温差而形成热交换，依靠大量的空气流通，有效地将站外的冷空气引进来，将基站内的热量迅速向外迁移，实现通风散热，减少空调使用时间进一步节省电能，从而大幅度降低电能消耗和营运成本、延长空调及其他用电设备的使用寿命。而内外风机和控制系统的功耗为 150～200W。

通信基站机房换风部分的结构原理示意图如图 11-1 所示。

其主要组成部分包括进气引风机（进气箱）、排风机（排气箱）、室内外温度探测器、室内外湿度探测器、室外灰尘探测器、防雨透风口、交流互感器、交流接触器、滤尘装置、安装配件线缆等。

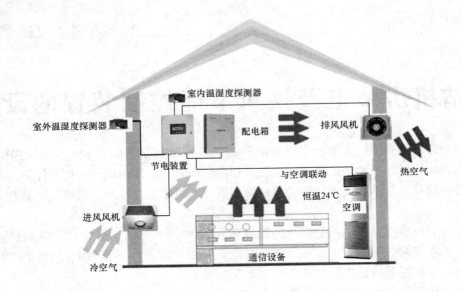

图 11-1　基站机房换风原理示意图

通信基站机房节电及换风节能控制装置既可以独立工作，也可以通过 RS-485 总线和基站动力监控模块连接，或者通过增加 GPRS 模块通过不同的传输网络将数据上传到监控中心。

基站机房节电及换风节能系统的整体结构组成如图 11-2 所示。

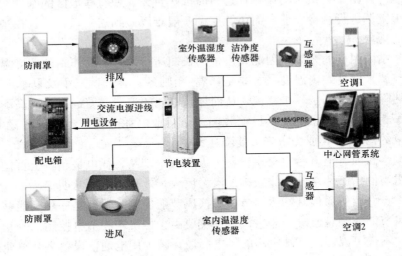

图 11-2　基站机房节电及换风节能系统结构示意图

通信基站机房节电及换风节能控制装置的核心部件，主要由共模阻流圈、滤波电容、温度湿度传感器、CPU 控制程序、A/D、电源、控制逻辑电路、系统开关、参数显示、设置按键、控制风机及空调的继电器及交流接触器、网络管理接口等组成。

本章将以山东瑞斯高创股份有限公司研发生产的 LKJ-D 型通信基站机房节电及换风节能控制装置为例，重点介绍相关的主要内容，供读者学习参考。

11.1 相关器件及单片机的通信技术介绍

11.1.1 单总线数字温度传感器 DS18B20 简介

随着现代化信息技术的飞速发展和传统工业改造的逐步实现，能独立工作的温度检测系统已广泛应用于各种不同领域。传统的温度检测系统大多采用热敏电阻作为传感器。采用热敏电阻作为传感器的传统温度检测系统必须经过专门的接口电路转换成数字信号后才能由单片机进行处理，存在可靠性差、成本高和精度低等诸多缺点。现在很多温度检测场合已广泛使用单总线的温度传感器，使整个系统简单可靠。

1. 单总线技术

目前单片机外设的接口形式主要有单总线接口、I^2C 接口、SPI 接口、PS/2 接口等。SPI 接口与单片机通信需要三根线，I^2C 接口也要两根线，而单总线器件与单片机间数据通信只要一根线。美国 DALLAS 公司推出的单总线（1 wire BUS）技术与 I^2C、SPI、PS/2 总线不同它采用单根信号线，既可以传输时钟信号又可以传送数据信号，而数据又可双向传送，因而这种总线技术具有线路简单、成本低廉、便于扩展和维护等优点。

单总线适用于单主机系统，能够控制一个或多个从机设备。主机可以是单片机，从机可以是单总线器件，它们之间的数据交换只通过一条信号线。当只有一个从机芯片连接在总线时，该系统叫单节点系统，并按单节点系统操作；当只有多个从机芯片连接在总线时，该系统叫多节点系统，并按多节点系统操作。主机或从机通过一个漏极开路或三态端口连接到这个数据线，以允许设备在不发送数据时能够释放总线，而让其他设备使用总线，其内部等效电路图如图 11-3 所示。单总线通常要求接一个约为 $5k\Omega$ 的上拉电阻，这样，当总线空闲时，其状态为高电平。主机和从机之间的通信可以通过三个步骤完成，分别是初始化单总线器件、识别单总线器件和数据交换。由于它们是主从结构，只有主机呼号从机时，从机才能应答，因此主机访问单总线器件时都必须严格遵循单总线命令序列。如果出现序列混乱，单总线器件将不响应主机。

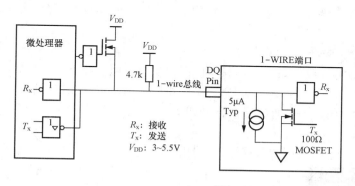

图 11-3 内部等效电路

所有的单总线器件都要遵循严格的通信协议，以保证数据的完整性。单总线协议定义了复位信号、应答信号、写"0"、读"0"、写"1"、读"1"的几种时序信号类型。所有的单总线命令序列都是由这些基本的信号类型组成的。在这些信号中，除了应答脉冲外，其他均由主机发出同步信号，并且发送的所有命令和数据都是字节的低位在前。

所有单总线器件的读、写时序至少需要 $60\mu s$，且每两个独立的时序间至少需要 $1\mu s$ 的恢复时间。在写时序中，主机将在拉低总线 $15\mu s$ 之内释放总线，并向单总线器件写"1"；如果主机拉低总线后能保持至少 $60\mu s$ 的低电平，则向总线器件写"0"。单总线器件仅在主机发出读时序时才向主机传输数据，所以，当主机向单总线器件发出读数据命令后，必须马上产生读时序，以便单总线器件能传输数据。

2. 认识 DS18B20 芯片

在多点温度测量系统中，单总线数字温度传感器 DS18B20 芯片因其体积小、构成的系统结构简单等优点，应用越来越广泛。每一个 DS18B20 数字温度传感器芯片内均有唯一的 64 位序列号（最低 8 位是产品代码，其后 48 位是器件序列号，最后 8 位是前 56 位循环冗余校验码），只有获得该序列号后才可能对其进行操作，也才能在多传感器系统中将它们一一识别。

DS18B20 是 DALLAS 公司生产的单总线式数字温度传感器，它具有微型化、低功耗、高性能、抗干扰能力强、易配处理器等优点，特别适用于构成多点温度测控系统，可直接将温度转化成串行数字信号（提供 9 位二进制数字）给单片机处理，且在同一总线上可以挂接多个 DS18B20 传感器芯片。它具有 3 引脚 TO-92 小体积封装形式，温度测量范围为 $-55\sim +125℃$，可编程为 $9\sim 12$ 位 A/D 转换精度，测温分辨率可达 $0.062\ 5℃$，被测温度用符号扩展的 16 位数字量方式串行输出，其工作电源既可在远端引入，也可采用寄生电源方式产生。多个 DS18B20 可以并联到 3 根或 2 根线上，CPU 只需一根端口线就能与多个 DS18B20 通信，占用微处理器的端口较少，可节省大量的引线和逻辑电路。以上特点使 DS18B20 非常适用于远距离多点温度检测系统。归纳起来，DS18B20 具有以下主要特性：

1）独特的单线接口方式，无外部器件，仅需一个端口引脚便可实现双向通信；

2）每个芯片都有唯一的编码，多个 DS18B20 芯片可以并联在一起，共用同一根总线，实现多点测温。

3）由总线提供电源，也可通过数据线供电，电压范围为 $3.0\sim 5.5V$，待机时功耗为零。

4）测温范围 $-55\sim +125℃$，在 $-10\sim +85℃$ 时，精度为 $0.5℃$。

5）可编程的分辨率为 $9\sim 12$ 位，对应的分辨率为 0.5、0.25、0.125、$0.0625℃$。

6）温度数字量转换时间 200 ms（典型值），12 位分辨率时最多在 750 ms 内把温度值转换为数字量。

7）用户可设置非易失性温度报警值。

8）负压特性：电源极性接反时，温度计不会损坏，但不能正常工作。

（1）DS18B20 外形及引脚说明。DS18B20 外形及引脚如图 11-4 所示。在 TO-92 和 SO-8 的封装中引脚有所不同，各引脚符号的含义如下：

1）GND：地。

2）DQ 或 VQ：单线运用的数据输入/输出引脚。

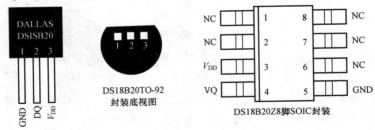

图 11-4　DS18B20 芯片的引脚

3）V_{DD}：电源引脚。

4）NC：空脚。

DS18B20 与单片机的连接电路比较简单，其连接方法如图 11-5 所示。

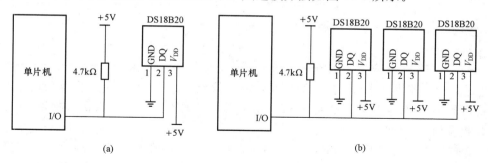

图 11-5　DS18B20 与单片机的连接方法

（a）单只 DS18B20 与单片机的连接方法；（b）多只 DS18B20 与单片机的并联连接方法

（2）DS18B20 的内部结构。DS18B20 内部结构如图 11-6 所示。

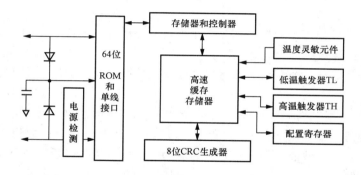

图 11-6　DS18B20 的内部结构

DS18B20 内部结构主要由 4 部分组成：64 位 ROM、温度传感器、非易失性温度报警触发器 TH 和 TL、配置寄存器。ROM 中的 64 位序列号是出厂前被光刻好的，它可以看作是该 DS18B20 的地址序列码，每个 DS18B20 的 64 位序列号均不相同。64 位激光 ROM 从高位到低位依次为 8 位 CRC 码、48 位（芯片唯一的）序列号和 8 位家族代码（28H）。ROM 的作用是使每一个 DS18B20 都各不相同，这样就可以实现一根总线上挂接多个 DS18B20 的目的。高温度和低温度触发器 TH、TL 是一个非易失性的可电擦除的 EEPROM，可通过软件写入用户报警上下限值。

配置寄存器为高速寄存器中的第 5 个字节。DS18B20 在工作时按此寄存器中的分辨率将温度转换成相应精度的数值，其各位定义如下：

TM	R1	R0	1	1	1	1	1
MSB							LSB

其中，配置寄存器的低 5 位一直为 1，TM 是测试模式标志位，出厂时被写入 0，不能改变；R0、R1 是温度计分辨率设置位，其对应 4 种分辨率见表 11-1。出厂时 R0、R1 置为缺省值：R0＝1，R1＝1（即 12 位分辨率），用户可根据需要改写配置寄存器以获得合适的分辨率。

表 11-1　　　　　　　　　　　　配置寄存器与分辨率关系表

R0	R1	温度计分辨率（bit）	最大转换时间（ms）
0	0	9	93.75
0	1	10	187.5
1	0	11	375
1	1	12	750

高速缓存存储器由 9 字节组成，分别是：温度值低位 LSB(字节 0)、温度值高位 MSB(字节 1)、高温限值 TH(字节 2)、低温限值 TL(字节 3)、配置寄存器(字节 4)保留(字节 5、6、7)、CRC 校验值(字节 8)。

当温度转换命令发出后，经转换所得的温度值存放在高速暂存存储器的第 0 和第 1 字节内。第 0 个字节存放的是温度的低 8 位信息，第 1 字节存放的是温度的高 8 位信息。单片机可通过单线接口读到该数据，读取时低位在前，高位在后。第 2、3 字节是 TH、TL 的易失性拷贝，第 4 字节是配置寄存器的易失性拷贝，这 3 字节的内容在每一次上电复位时被刷新。第 5、6、7 字节用于内部计算，第 8 字节用于冗余校验。

3. DS18B20 工作过程及时序

DS18B20 内部的低温度系数振荡器是一个振荡频率随温度变化很小的振荡器，为计数器 1 提供一个频率稳定的计数脉冲。

高温度系数振荡器是一个振荡频率对温度很敏感的振荡器，为计数器 2 提供一个频率随温度变化的计数脉冲。

初始时，温度寄存器被预置成−55℃，每当计数器 1 从预置数开始减计数到 0 时，温度寄存器中寄存的温度值就增加 1℃，这个过程重复进行，直到计数器 2 计数到 0 时便停止。

初始时，计数器 1 预置的是与−55℃相对应的一个预置值，以后计数器 1 每一个循环的预置数都由斜率累加器提供。为了补偿振荡器温度特性的非线性特性，斜率累加器提供的预置数也随温度相应变化。计数器 1 的预置数也就是在给定温度处使温度寄存器寄存值增加 1℃计数器所需要的计数个数。

DS18B20 内部的比较器以"四舍五入"的量化方式确定温度寄存器的最低有效位。在计数器 2 停止计数后，比较器将计数器 1 中的计数剩余值转换为温度值后与 0.25℃进行比较，若低于 0.25℃，温度寄存器的最低位就置 0；若高于 0.25℃，最低位就置 1；若高于 0.75℃时，温度寄存器的最低位就进位然后置 0。这样，经过比较后所得的温度寄存器的值就是最终读取的温度值了，其最后位代表 0.5℃，"四舍五入"最大量化误差为±1/2LSB，即 0.25℃。

温度寄存器中的温度值以 9 位数据格式表示，最高位为符号位，其余 8 位以二进制补码形式表示温度值。测温结束时，这 9 位数据转存到暂存存储器的前 2 个字节中，符号位占用第 1 字节，8 位温度数据占据第 2 字节。

DS18B20 测量温度时使用特有的温度测量技术。DS18B20 内部的低温度系数振荡器能产生稳定的频率信号；同样的，高温度系数振荡器则将被测温度转换成频率信号。当计数门打开时，DS18B20 进行计数，计数门开通时间由高温度系数振荡器决定。芯片内部还有斜率累加器，可对频率的非线性度加以补偿。测量结果存入温度寄存器中。一般情况下的温度值应该为 9 位，但因符号位扩展成高 8 位，所以最后以 16 位补码形式读出。

DS18820 工作过程一般遵循以下协议：初始化——ROM 操作命令——存储器 RAM 操作

命令——处理数据。

（1）初始化。单总线上的所有处理均从初始化序列开始。初始化序列包括总线主机发出一个复位脉冲，接着由从属器件送出存在脉冲。存在脉冲让总线控制器知道 DS18B20 在总线上且已准备好操作。

（2）ROM 操作命令。一旦总线主机检测到从属器件的存在，它便发出 DS18B20 的 ROM 操作命令（指令）。所有 ROM 操作命令均为 8 位长。这些命令如下：

1）Read ROM（读 ROM）[约定代码：0x33]。此命令允许总线主机读 DS18B20 的 8 位产品系列编码、唯一的 48 位序列号以及 8 位的 CRC（即 64 位地址）。此命令只能在总线上仅有一个 DS18B20 的情况下可以使用。如果总线上存在多于一个的从属器件，那么当所有从片企图同时发送时将发生数据冲突的现象（漏极开路下拉会产生线与的结果）。

2）Match ROM（匹配 ROM）[0x55]。发出此命令之后，接着发出 64 位 ROM 编码，允许总线主机对多点总线上特定的 DS18B20 寻址。只有与 64 位 ROM 序列严格相符的 DS18B20 才能对后继的存储器操作命令作出响应。所有与 64 位 ROM 序列不符的从片将等待复位脉冲。此命令在总线上有单个或多个器件的情况下均可使用。

3）Search ROM（搜索 ROM）[0xFO]。当系统开始工作时，总线主机可能不知道单线总线上的器件个数或者不知道其 64 位 ROM 编码。搜索 ROM 命令允许总线控制器用排除法识别总线上的所有从机的 64 位编码。

4）Skip ROM（跳过 ROM）[0xCC]。在单点总线系统中，此命令通过允许总线主机不提供 64 位 ROM 编码而访问存储器操作来节省时间。如果在总线上存在多于一个的从属器件而且在 Skip ROM 命令之后发出读命令，那么由于多个从片同时发送数据，会在总线上发生数据冲突（漏极开路下拉会产生线与的效果）。

5）Alarm Search（告警搜索）[0xEC]。此命令的流程与搜索 ROM 命令相同。但是，仅在最近一次温度测量出现告警的情况下，DS18B20 才对此命令作出响应。告警的条件定义为温度高于 TH 或低于 TL。只要 DS18B20 一上电，告警条件就保持在设置状态，直到另一次温度测量显示出非告警值或者改变 TH 或 TL 的设置，使得测量值再一次位于允许的范围之内。存储在 EEPROM 内的触发器值用于告警。

（3）存储器 RAM 操作命令。

1）Write Scratchpad（写寄存器）[0x4E]。　此命令是向 DS18B20 的寄存器中写入数据，即发出向内部 RAM 的字节 2、3 写上、下限温度数据命令，紧跟该命令之后，是传送两字节的数据。可以在任何时刻发出复位命令来中止写入。

2）Read Scratchpad（读寄存器）[0xBE]。此命令是读取寄存器的内容。读取将从字节 0 开始，一直进行下去，直到第 9（字节 8，CRC）字节读完。如果不想读完所有字节，控制器可以在任何时间发出复位命令来中止读取。

3）Copy Scratchpad（复制寄存器）[0x48]。此命令是把寄存器的内容复制到 DS18B20 的 EEPROM 存储器里，即把温度报警触发字节 2、3 的内容复制到非易失性存储器里。如果总线控制器在此命令之后跟着发出读时间间隙，而 DS18B20 又正在忙于把寄存器复制到 EEPROM 存储器，DS18B20 就会输出一个"0"；如果复制结束的话，DS18B20 则输出"1"。如果使用寄生电源，总线控制器必须在这条命令发出后立即起动强上拉并最少保持 10ms。

4）Convert T（温度变换）[0x44]。启动 DS18820 进行温度转换，12 位转换时最长为 750ms（9 位为 93.75ms）。结果存入内部 9 字节 RAM 中。

5）Recall Ez（重新调整 EEPROM）［0xB8］。此命令是把存储在 EEPROM 中温度触发器的值重新调至（恢复到）寄存器 RAM 中的第 3、4 字节。这种重新调出的操作在对 DS18B20 上电时也自动发生，因此只要器件一上电，寄存器内就有了有效的数据。在此命令发出之后，对于所发出的第一个读数据时间片，器件会输出温度转换忙的标识："0"＝忙，"1"＝准备就绪。

6）Read Power Supply（读电源）［0xB4］。在此命令发送至 DS18B20 之后所发出的第一个读数据的时间片，器件会给出电源供电方式的信号：发送 "0"＝寄生电源供电，发送 "1"＝外部电源供电。

（4）处理数据。DS18B20 的高速寄存器由 9 个字节组成，其分配如下所示。

温度低位	温度高位	TH	TL	配置	保留	保留	保留	8 位 CRC
LSB								MSB

当温度转换命令发布后，经转换所得的温度值以二字节补码形式存放在高速寄存器的第 0 和第 1 个字节。单片机可通过单线接口读到该数据，读取时低位在前、高位在后。

表 11-2 是 DS18B20 温度采集转化后得到的 12 位数据，存储在 DS18B20 的两个 8 位的 RAM 中，二进制中的前面 5 位是符号位，如果测得的温度大于或等于 0，这 5 位为 0，只要将测到的数值乘以 0.0625 即可得到实际温度；如果温度小于 0，这 5 位为 1，测到的数值需要取反加 1 再乘于 0.0625 即可得到实际温度。

表 11-2　　　　　　　　　　　　　　DS18B20 温度数据表

温度（℃）	双字节温度（二进制表示）												双字节温度（十六进制表示）
	符号位（5 位）	数据位（11 位）											
+125	00000	1	1	1	1	1	0	1	0	0	0	0	07D0H
+25.0625	00000	0	0	1	1	0	0	1	0	0	0	1	0191H
+10.125	00000	0	0	0	0	1	0	1	0	0	1	0	00A2H
+0.5	00000	0	0	0	0	0	0	0	1	0	0	0	0008H
0	00000	0	0	0	0	0	0	0	0	0	0	0	0000H
-0.5	11111	1	1	1	1	1	1	1	1	0	0	0	FFF8H
-10.125	11111	1	1	1	1	0	1	0	1	1	1	0	FF5EH
-25.625	11111	1	1	1	0	0	1	1	0	1	1	1	FE6FH
-55	11111	1	1	0	0	1	0	0	1	0	0	0	FC90H

温度转换的计算方法：

例如，当 DS18B20 采集到＋125℃的实际温度后，输出为 07D0H，则：

$$实际温度＝07D0H×0.0625＝2\ 000×0.0625＝125（℃）$$

当 DS18B20 采集到－55℃的实际温度后，输出为 FC90H，则应先将 11 位数据位取反加 1 得 370H（符号位不变，也不作为计算），则：

$$实际温度＝370H×0.0625＝880×0.0625＝55（℃）$$

（5）时序。主机使用时间隙（time slots）来读/写 DS18B20 的数据位和写命令字的位。根据 DS18B20 的通信协议，用单片机控制 DS18B20 以完成温度转换必须经过三个步骤：每一次读写之前都要对 DS18B20 进行复位，复位成功后发送一条 ROM 指令，最后发送 RAM 指令，这样才能对 DS18B20 进行预定的操作。每一步操作都必须严格按照时序规定进行。这些时序规定是：

1）初始化（复位）时序 。初始化时序图如图 11-7 所示。主机控制 DS18B20 完成温度转换时，在每一次读写之前，都要对 DS18B20 进行复位，而且该复位要求单片机要将数据线拉低约 $500\mu s$，然后释放。DS18B20 收到信号后将等待 $15\sim60\mu s$，之后再发出 $60\sim240\mu s$ 的应答脉冲（低脉冲），单片机收到此信号即表示复位成功。

2）读时序。读数据时序图如图 11-8 所示。对于 DS18B20 的读时序分为读 0 时序和读 1 时序两个过程。DS18B20 的读时序是从单片机把单总线拉低之后，在 $15\mu s$ 之内就得释放单总线，从而让 DS18B20 把数据传输到单总线上。DS18B20 完成一个读时序过程至少需要 $60\mu s$。

3）写时序。写数据时序图如图 11-9 所示。对于 DS18B20 的写时序仍然分为写 0 时序和写 1 时序两个过程。DS18B20 写 0 时序和写 1 时序的要求不同。写 0 时序时，单总线要被拉低至少 $60\mu s$，保证 DS18B20 能够在 $15\sim45\mu s$ 之间正确地采样 I/O 总线上的 0 电平；当要写 1 时序时，单总线被拉低之后，在 $15\mu s$ 之内就得释放单总线。

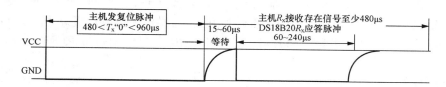

图 11-7　初始化时序图

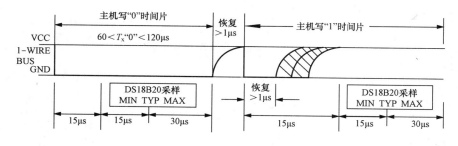

图 11-8　写数据时序图

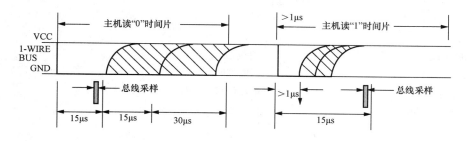

图 11-9　读数据时序图

4. DS18B20 使用注意事项

DS18B20 虽然具有诸多优点，但在使用时也应注意以下几个问题：

（1）由于 DS18B20 与微处理器间采用串行数据传送方式，因此，在对 DS18B20 进行读/写编程时，必须严格地保证读/写时序，否则，将无法正确读取测温结果。

（2）对于在单总线上所挂 DS18B20 的数量问题，一般人们会误认为可以挂任意多个 DS18B20，而在实际应用中并非如此。若单总线上所挂 DS18B20 超过 8 个时，则需要解决单片机的总线驱动问题，这一点，在进行多点测温系统设计时要加以注意。

（3）连接 DS18B20 的总线电缆是有长度限制的。试验中，当采用普通信号电缆且其传输长度超过 50m 时，读取的测温数据将发生错误。而将总线电缆改为双绞线带屏蔽电缆时，正常通信距离可达 150 m，如采用带屏蔽层且每米绞合次数更多的双绞线电缆，则正常通信距离还可以进一步加长。这种情况主要是由总线分布电容使信号波形产生畸变造成的，因此，在用 DS18820 进行长距离测温系统设计时要充分考虑总线分布电容和阻抗匹配问题。

（4）在 DS18B20 测温程序设计中，当向 DS18B20 发出温度转换命令后，程序总要等待 DS18B20 的返回信号。这样，一旦某个 DS18B20 接触不好或断线，在程序读该 DS18B20 时就没有返回信号，从而使程序进入死循环。因此，在进行 DS18B20 硬件连接和软件设计时，应当加以注意。

（5）如果单片机对多只 DS18B20 进行操作，需要先执行读 ROM 命令，逐个读出其序列号，然后再发出匹配命令，就可以进行温度转换和读/写操作了。单片机只对一只 DS18B20 进行操作，一般不需要读取 ROM 编码以及匹配 ROM 编码，只要用跳过 ROM 命令，就可以进行温度转换和读/写操作。

5. 温度传感器 DS18B20 驱动程序的设计

为方便编程设计，在此给出一个 DS18B20 的驱动程序软件包，软件包文件名为 DS18B20＿drive. h，C 程序如下：

```
#define uchar unsigned char
#define uint unsigned int
sbit DQ = P1^3;                    //定义 DS18B20 端口 DQ
bit yes0;
/ * * * * * * * * * * * * * 延时函数 * * * * * * * * * * * * * * * * * /
void Delay (uint num)
{
    while ( – –num );
}
/ * * * * * * * * * * * DS18B20 初始化 * * * * * * * * * * * * * /
bit Init＿DS18B20 (void)
{
    DQ = 1;                        //DQ 复位
    Delay (8);                     //稍做延时
    DQ = 0;                        //单片机将 DQ 拉低
    Delay (90);                    //精确延时，大于 480μs
    DQ = 1;                        //拉高总线
    Delay (8);
    yes0 = DQ;                     //如果 = 0，则初始化成功；= 1 则初始化失败
    Delay (100);
    DQ = 1;
```

```
        return（yes0）;        //返回信号，若 yes0 为 0 则存在，若 yes0 为 1 则不存在
}
/* * * * * * * * * * * * * * 读一个字节 * * * * * * * * * * * * * * * * */
ReadOneByte（void）
{
  uchar i = 0;
  uchar dat = 0;
  for（i = 8; i＞0; i－－）
   {
    DQ = 0;                          //给脉冲信号
    dat≫ = 1;
    DQ = 1;                          //给脉冲信号
    if（DQ）
    dat | = 0x80;
    Delay（4）;
   }
   return（dat）;
}
/* * * * * * * * * * * * 写一个字节 * * * * * * * * * * * * * * * */
WriteOneByte（uchar dat）
{
  uchar i = 0;
  for（i = 8; i＞0; i－－）
   {
    DQ = 0;
    DQ = dat&0x01;
    Delay（5）;
    DQ = 1;
    dat≫＞ = 1;
   }
}
```

11.1.2　PC 机与单片机的通信技术知识

近年来，单片机在数据采集、智能仪器仪表、节电控制装置、家用电器和过程控制中应用越来越广泛。但由于单片机计算能力有限，难以进行复杂的数据处理，因此应用高性能的 PC 机对单片机系统进行管理和控制，已成为一种发展方向。在 PC 机与单片机的控制系统中，通常以 PC 机（上位机）为主机，单片机（下位机）为从机，由单片机完成数据的采集及对装置的控制，而由 PC 机完成各种复杂的数据处理和对单片机的控制。因此，PC 机与单片机之间的数据通信技术越发显得重要。

1. PC 机与单片机通信硬件的实现

由于 51 单片机具有全双工串口，因此，PC 机与单片机通信一般采用串口进行。串口是指按照逐位顺序传递数据的通信方式，在串口通信中，主要有 RS-232 和 RS-485 两个标准。RS-232 标准接口结构简单，只要 3 根线（RX、TX、GND）就可以完成通信任务；但缺点是带负载能力差，通信距离不超过十几米。为了扩大通信距离，可以采用 RS-485 标准接口进行通

信。RS-485 通信采用差动的两线发送、两线接收的双向数据总线两线制方式，其通信距离可达 1200m。有关 RS-232、RS-485 的详细介绍，请参阅本书第 5 章中的相关内容。

2. PC 机与单片机通信编程语言的选择

要实现 PC 机与单片机的串行通信，需要分别为上位机（PC 机）和下位机（单片机）编写相应的程序。一般而言，下位机程序由汇编语言或 C 语言编写，而上位机的程序则采用 Visual Basic 6.0（简称 VB 6.0）、Visual C++6.0（简称 VC 6.0）、Dephi 等软件进行开发。其中，VB 易学易用，目前使用较为广泛。

Visual Basic 是 Microsoft 公司推出的一种 Windows 应用程序开发工具。是当今世界上使用最广泛的编程语言之一，它也被公认为是编程效率最高的一种编程方法。无论是开发功能强大、性能可靠的商务软件，还是编写能处理实际问题的实用小程序，VB 都是最快速、最简便的方法。

目前，VB 6.0 编程已经成为 Windows 系统开发的主要语言之一，以其高效、简单易学及功能强大的特点越来越为广大程序设计人员及用户所喜爱。Visual Basic 是一种可视化的、面向对象和采用事件驱动的结构化高级程序设计语言，可用于开发 Windows 环境下的各类应用程序。它简单易学、效率高，且功能强大。在 Visual Basic 环境下，利用事件驱动的编程机制、新颖易用的可视化设计工具，使用 Windows 内部的应用程序接口（API）函数，以及动态链接库（DLL）、动态数据交换（DDE）、对象的链接与嵌入（OLE）、开放式数据访问（ODBC）等技术，可以高效、快速地开发出 Windows 环境下功能强大、图形界面丰富的应用软件系统。

为了实现上位机 PC 软件和底层硬件的串行通信，在标准串口通信方面，VB 提供了串行通信控件 MSComm，为编写 PC 机串口通信软件提供了极大的方便。

3. MSComm 控件介绍

（1）MSComm 控件的通信方法。MSComm 是 Microsoft 公司提供的 Windows 下串行通信编程 ActiveX 控件，它为应用程序提供了通过串行接口收发数据的简便方法。使用 MSComm 控件非常方便，仅需通过简单的修改控件的属性和使用控件的通信方法，就可以实现对串口的配置、完成串口接收和发送数据等任务。

MSComm 控件提供了两种处理通信问题的方法：查询法和事件驱动法。

1）查询法。这种方法是在每个重要的程序之后，查询 MSComm 控件的某些属性值（如 CommEvent 属性和 InBufferCount 属性），来检测事件和通信状态。如果应用程序较小，并且是自保持的，这种方法可能是更可取的。例如，如果写一个简单的电话拨号程序，则没有必要对每接收一个字符都产生事件，因为唯一等待接收的字符是调制解调器的"确定"响应。

2）事件驱动法。这是处理串口通信的一种有效方法。当串口接收或发送指定数量的数据，或当串口通信状态发生改变时，MSComm 控件触发 OnComm 事件。在 OnComm 事件中，可通过检测 CommEvent 属性值获知串口的各种状态，从而进行相应的处理。这种方法程序响应及时，可靠性高。

（2）MSComm 控件的引用。首先在 PC 机上安装 Visual Basic 6.0（企业版）程序软件。MSComm 控件没有出现在 VB 6.0 的工具箱里面，因此，在使用 MSComm 控件时，需要将其添加到工具箱中，步骤如下：

1）如图 11-10 所示，打开 VB 软件，出现如图 11-11 所示的窗口界面，在新建工程对话框中选择"标准 EXE"项，单击"打开"按钮后弹出如图 11-12 所示的集成环境操作界面。

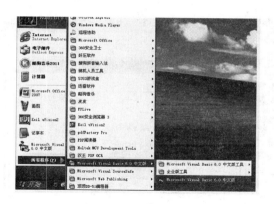

图 11-10 打开 VB 软件界面

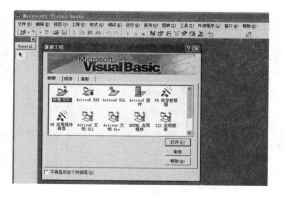

图 11-11 新建工程窗口

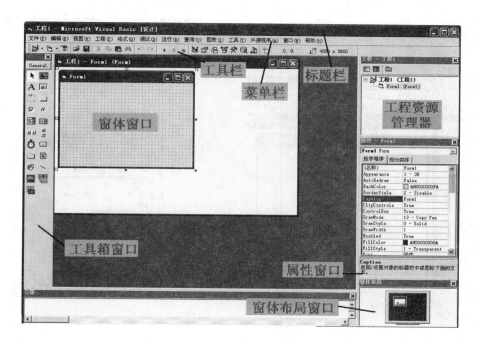

图 11-12 新建工程"打开"后的界面

2) 在菜单栏中单击"工程"→"部件"菜单项，如图 11-13 所示。打开"部件"对话框后，出现如图 11-14 所示的对话框。勾选"Microsoft Comm Control 6.0"控件列表项。

3) 单击"应用"或"确定"按钮后，在工具箱中便会看到像电话外形的 MSComm 控件的图标☎，双击该图标，即可将 MSComm 控件添加到窗口中，如图 11-15 所示。

4) 在图 11-15 所示的窗口界面的右侧会显示出 MSComm 控件的属性窗口，如图 11-16 所示。在属性窗口中，可以对 MSComm 控件的属性进行设置。

（3）MSComm 控件的属性。MSComm 控件有许多重要的属性，下面仅介绍一些最为重要的常用属性。

1) CommPort：设置并返回通信端口号，当其设置为 1 时，表示选择 COM1 串口；设置为 2 时，表示选择 COM2 串口，最大设置值为 16。

图 11-13　选择"部件"对话框

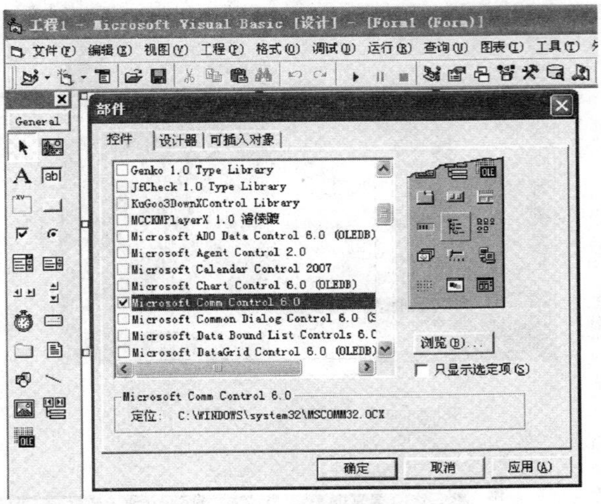

图 11-14　添加控件的界面

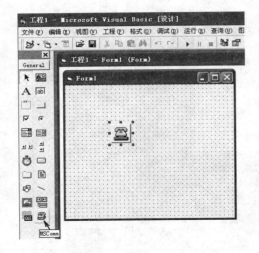

图 11-15　添加控件后的窗口界面

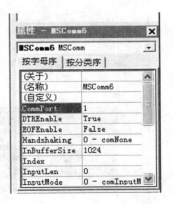

图 11-16　MSComm 控件的属性窗口

2）Settings：以字符串的形式设置并返回串口设置参数，格式为"BBBB，P，D，S"，BBBB 为波特率，P 为字符校验方式，D 为数据位数，S 为停止位数。即"波特率、奇偶校验、数据位、停止位"，缺省值为"9600，N，8，1"，其含义是：波特率为 9600bit/s，无校验，8 位数据，1 位停止位。波特率可为 300、600、1200、2400、9600、14 400、19 200、28 800、38 400、56 000bit/s 等。校验位有：无校验（NONE）、奇校验（ODD）、偶校验（EVEN）、标志校验（MARK）、空格校验（SPACE）等，缺省为无校验（NONE）。若传输距离长，可增加校验位，可选偶校验或奇校验。停止位的设定值可为 1（缺省值）、1.5 和 2。

需要注意的是，在程序设计时，校验位 NONE、ODD、EVEN、MARK、SPACE 只取第一个字母，即 N、O、E、M、S，否则，会产生编译错误。例如，Settings 属性设置为"9 600，N，8，1"是正确的，而设置为"9 600，NONE，8，1"则会报错。

校验位用来检测传输的结果是否正确无误，这是最简单的数据传输错误检测方法。但需注意，校验位本身只是标志，无法将错误更正。常用的校验位有奇校验（ODD）、偶校验（E-VEN）、标志校验（MARK）、空格校验（SPACE）4 种。

ODD 校验位：将数据位和校验位中是 1 的位数目加起来为奇数，换句话说，校验位能设置成 1 或 0，使得数据位加上校验位具有奇数个 1。

EVEN 校验位：将数据位和校验位中是 1 的位数目加起来为偶数。换句话说，校验位能设置成 1 或 0，使得数据位加上校验位具有偶数个 1。

标记校验位：校验位永远为 1。

空格校验位：校验位永远为 0。

表 11-3 列出了数字 0～9 的 ODD、EVEN 校验位的值。

表 11-3　　　　　　　　　　数字 0～9 的 ODD、EVEN 校验位的值

数据位	ODD 校验位	EVEN 校验位	数据位	ODD 校验位	EVEN 校验位
0000 0000	1	0	0000 0101	1	0
0000 0001	0	1	0000 0110	1	0
0000 0010	0	1	0000 0111	0	1
0000 0011	1	0	0000 1000	0	1
0000 0100	0	1	0000 1001	1	0

3）PortOpen：设置或返回通信端口状态。应用程序要使用串口进行通信，必须在使用之前向操作系统提出资源申请要求（打开串口），打开方式为：MSComm. PortOpen= True；通信完成后必须释放资源（关闭串口），关闭方式为：MSComm. PortOpen= False。

4）Input：从接收缓冲区移走字符串，该属性设计时无效，运行时只读。在使用 Input 前，用户可以选择检查 InBufferCount 属性来确定缓冲区中是否已有需要数目的字符。

5）InputLen：设置并返回每次从接收缓冲区读取的字符数。缺省值为 0，表示读取全部字符。若设置 InputLen 为 1，则一次读取 1 字节；若设置 InputLen 为 2，则一次读取 2 字节。

6）InputBufferSize：设置或返回接收缓冲区的大小。缺省值为 1024 字节。

7）InputMode：设置或返回 Input 属性取回数据的类型。有两种形式，设为 ComInput-ModeText（缺省值，其值为 0）时，按字符串形式接收；设为 ComInputModeBinary（其值为 1）时，按字节数组中的二进制数据来接收。

8）InBufferCount：返回输入缓冲区等待读取的字节数。可以通过该属性值为 0 来清除接收缓冲区。

9）Output：向发送缓冲区发送数据，该属性设计时无效，运行时只读。

10）OutBufferSize：设置或返回发送缓冲区的大小，缺省值为 512 字节。

11）OutBufferCount：设置或返回发送缓冲区中等待发送的字符数。可以通过设置该属性为 0 来清空发送缓冲区。

12）CommEvent：返回最近的通信事件或错误。只要有通信事件或错误发生就会产生 OnComm 事件。CommEvent 属性中存有该事件或错误的数值代码。程序员可通过检测数值代码来进行相应的处理。

通信错误设定值见表 11-4，通信事件设定值见表 11-5。

表 11-4 通信错误设定值

常　数	值	描　述	常　数	值	描　述
comEventBreak	1001	接收到中断信号	comEventCDTO	1007	Carrier Detect 超时
comEventCTSTO	1002	Clear-To-Send 超时	comEventRxOver	1008	接收缓冲区溢出
comEventDSRTO	1003	Data-Set-Ready 超时	comEventRxParity	1009	Parity 错误
comEventFrame	1004	帧错误	comEventTxfull	1010	发送缓冲区满
comEventOverrun	1006	端口超速	comEventDCB	1011	检索端口设备控制块（DCB）时的意外错误

表 11-5 通信事件设定值

常　数	值	描　述	常　数	值	描　述
comEvSend	1	发送事件	comEvCD	5	Carrier Detect 线变化
comEvReceive	2	接收事件	comEvRing	6	振铃检测
comEvCTS	3	Clear-To-Send 线变化	comEvEOF	7	文件结束
comEvDSR	4	Data-Set Ready 线变化			

13）Rthreshold：设置或返回引发接收事件的字节数。接收字符后，如果 Rthreshold 属性被设置为 0（缺省值），则不产生 OnComm 事件；如果 Rthreshold 被设为 n，则接收缓冲区收到 n 个字符时 MSComm 控件产生 OnComm 事件。

14）SThreshold：设置并返回发送缓冲区中允许的最小字符数。若设置 Sthreshold 属性为 0（缺省值），数据传输事件不会产生 OnComm 事件；若设置 Sthreshold 属性为 1，当传输缓冲区完全空时，MSComm 控件产生 OnComm 事件。

15）EOFEnable：确定在输入过程中 MSComm 控件是否寻找文件结尾（EOF）字符。如果找到 EOF 字符，将停止输入并激活 OnComm 事件，此时 CommEvent 属性设置为 comEvEOF（文件结束）。

16）RTSEnable：确定是发送状态还是接收状态，为 False 时，为发送状态（缺省值）；为 True 时，为接收状态。

（4）MSComm 控件的事件。通过串行传输的过程，VB 的 MSComm 控件会在适当的时候引发相关的事件。不同于其他控件的是，VB 的 MSComm 控件只有一个事件 OnComm。所有可能发生的情况，全部由此事件进行处理，只要 CommEvent 的属性值产生变化，就会产生 OnComm 事件，这表示发生了通信事件或错误。通过引发相关事件，就可通过 CommEvent 属性了解发生的错误或事件是什么。

（5）MSComm 控件的编程方法应用举例。

1）通信连接电路图。采用 MAX232 芯片与 PC 机和单片机串行通信的接口电路如图 11-17 所示。

2）实现功能。将 PC 机键盘输入的一个或一串字符发送给单片机，单片机接收到 PC 机发来的数据后，回送同一数据给 PC 机，并在 PC 机屏幕上显示出来。只要 PC 机屏幕上显示的字符与键入的字符相同，即表明 PC 机与单片机间通信正常。

3）通信协议。通信协议为：波特率选为 9600bit/s，无奇偶校验位，8 位数据位，1 位停止位。

4）用 C 语言编写单片机端通信程序。单片机端晶振采用 11.0592MHz，串口工作于方式

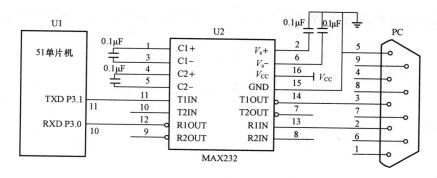

图 11-17 通信连接电路示意图

1，波特率为 9600bit/s（注意与上位 PC 机波特率一定相同）。定时器 T1 工作于方式 2，当波特率为 9600bit/s、晶振频率为 11.059 2 MHz 时，初值为 OFDH（SMOD 设为 0）。C51 源程序如下：

```
#include "reg51.h"
#define uchar unsigned char
uchar data Buf = 0;                      //定义数据缓冲区
/* * * * * * * * 串行口初始化函数 * * * * * * * * */
void series _ init ()
{
    SCON = 0x50；                         //串口工作方式 1，允许接收
    TMOD = 0x20；                         //定时器 T1 工作方式 2
    TH1 = 0xfd； TL1 = 0xfd；             //定时初值
    PCON& = 0x00；                        //SMOD = 0
    TR1 = 1；                             //开启定时器 1
}
/* * * * * * * * 主函数 * * * * * * * * */
void main ()
{
    series _ init ()；                    //调串行口初始化函数
    while (1)
    {
        while (! RI)；                     //等待接收中断
        RI = 0；                           //清接收中断
        Buf = SBUF；                       //将接收到的数据保存到 ReceiveBuf 中
        SBUF = Buf；                       //将接收的数据发送回 PC 机
        while (! TI)；                     //等待发送中断
        TI = 0；                           //若发送完毕，将 TI 清 0
    }
}
```

5）用 VB 编写 PC 端串口通信程序。PC 端上位机通信程序采用 VB 编写。根据要求，先设计一个窗体，窗体上放置 2 个标签，2 个文本框，2 个按钮，同时，将 MSComm 控件添加到窗体上，设计的窗口界面如图 11-18（a）所示。运行时的界面如图 11-18（b）所示。

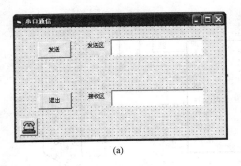
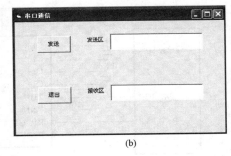

(a)　　　　　　　　　　　　　　　　　　　(b)

图 11-18　串口通信窗口界面

(a) 设计的窗口界面；(b) 运行时的窗口界面

窗体上串口通信各对象属性设置见表 11-6。

表 11-6　　　　　　　　　　　　　　　串口通信各对象属性设置

对　象	属　性	设　置	对　象	属　性	设　置
窗　体	Caption	串口通信	文本框 2	Caption	Text2
	名称	Form1		Text	置空
标签 1	Caption	Label1		Multiline	True
	名称	发送区	按钮 1	Caption	Command1
标签 2	Caption	Label2		名称	发送
	名称	接收区	按钮 2	Caption	Command2
文本框 1	Caption	Text1		名称	退出
	Text	置空	MSComm 控件	Caption	MSComm1
	Multiline	True		其他属性	在代码窗口设置

在窗体上右击，选择"查看代码"，打开代码窗口，加入以下程序代码：

```
Private Sub Form _ Load()
    MSComm1. CommPort = 1                      '设定串口 1
    MSComm1. Settings = "9600, n, 8, 1"        '设置波特率，无校验，8 位数据位，1 位停止位
    MSComm1. InBufferSize = 1024               '设置接收缓冲区为 1024 字节
    MSComm1. OutBufferSize = 512               '设置发送缓冲区为 512 字节
    MSComm1. InBufferCount = 0                 '清空输入缓冲区
    MSComm1. OutBufferCount = 0                '清空输出缓冲区
    MSComm1. SThreshold = 0                    '不触发发送事件
    MSComm1. RThreshold = 1                    '每收到一个字符到接收缓冲区引起触发接收事件
    MSComm1. InputLen = 1                      '一次读入 1 个数据
    MSComm1. PortOpen = True                   '打开串口
    Text2. Text = ""                          '清空接收文本框
    Text1. Text = ""                          '清空发送文本框
End Sub
' * * * *发送按钮单击事件 * * * *
Private Sub Command1 _ Click()
    Dim SendString As String                   'SendString = 存放发送数据；InString = 接收到的完
```

整数据

```
        SendString = Text1.Text                        '传送数据
        If MSComm1.PortOpen = False Then
            MSComm1.PortOpen = True                     '串口未开，则打开串口
        End If
        If Text1.Text = "" Then                         '判断发送数据是否为空
            MsgBox "发送数据不能为空",16,"串口通信"       '发送数据为空则提示
        End If
            MSComm1.Output = SendString                 '发送数据
End Sub
'＊＊＊＊退出按钮单击事件＊＊＊＊
Private Sub Command2 _ Click()
        If MSComm1.PortOpen = True Then
            MSComm1.PortOpen = False                    '先判断串口是否打开，如果打开则先关闭
        End If
        Unload Me                                       '卸载窗体，并退出程序
        End
End Sub
'＊＊＊＊MSComm1 控件事件＊＊＊＊
Private Sub MSComm1 _ onComm()
        Dim InString As String                          '接受变量
        Select Case MSComm1.CommEvent                   '检查串口事件
        Case comEvReceive                               '接收缓冲区内有数据
            InString = MSComm1.Input                    '从接收缓冲区读入数据
            Text2.Text = Text2.Text & InString
        Case comEventRxOver                             '接收缓冲区溢出
        Text2.Text = ""
        Text1.Text = ""
        Text1.SetFocus                                  '设置焦点
        Case comEventTxFull                             '发送缓冲区溢出
        Text2.Text = ""
        Text1.Text = ""
        Text1.SetFocus                                  '设置焦点
        End Select
End Sub
```

VB 源程序主要由初始化、发送数据、OnComm 事件、退出程序等几部分组成。

程序的初始化部分主要完成对串口的设置工作，包括串口的选择、波特率及帧结构设置、打开串口以及发送和接收触发的控制等。此外，在程序运行前，还应该进行清除发送和接收缓冲区的工作。这部分工作是在窗体载入的时候完成的，因此应该将初始化代码放在 FormLoad 过程中。需要说明的是，为了触发接收事件，一定要将 MSComm1.RThreshold 设置为 1。

另外，在初始化时，要注意校验位的设置，一般情况下，在校验位的设置时应采取不设校验位（NONE）。这是因为，设了校验位（如偶校验或奇校验）后，当由下位机发送过来的数据不满足校验规则时，PC 机将接收不到发来的数据，而只得到一个"3FH"的错误信息。因

此，在多数据传送时要避免使用校验位来验证接收数据是否正确，应采取其他方法来验证接收是否正确，如可发送这批数据的校验和等。

发送数据过程是通过单击"发送"按钮完成的。单击"发送"按钮，程序检查发送文本框中的内容是否为空，如果为空串，则终止发送命令，警告后返回；若有数据，则将发送文本框中的数据送入 MSComm1 的发送缓冲区，等待数据发送。

接收数据部分使用了事件响应的方式。当串口收到数据使得数据缓冲区的内容超过 1 字节时，就会引发 comEvReceive 事件。OnComm（）函数负责捕捉这一事件，并负责将发送缓冲区的数据送入输出文本框显示。OnComm（）函数还对错误信息进行捕捉，当程序发生缓冲区溢出之类的错误时，由程序负责将缓冲区清空。

退出程序过程是通过单击"退出"按钮完成的。单击"退出"按钮，关闭串口，卸载窗体，结束程序运行。

为了验证所编写的程序是否正确，可使用串口线连接 PC 机，并将串口线另一端的第 2、3 引脚短接，这样 PC 机通过串口 TX 发射端发送出去的数据就将立刻被返回给 PC 机串口的 RX 接收端。这时，在发送数据文本框添加内容，单击"发射"按钮，则应该可以在接收文本框中得到同样的内容。否则，说明程序有误，需要进行修改。

6）程序调试。利用图 11-27 连接图连接好的电路对单片机端的源程序和 PC 机端的 VB 源程序进行调试，方法如下：

a. 打开 Keil C51 软件，建立工程项目，再建立一个名为"ch11＿1.c 下位机"的文件，输入上面的 C 语言源程序，对源程序进行编译、链接和调试，产生 ch11＿1 下位机．HEX 目标文件。

b. 将电路中的串口与 PC 机 COM1 连接好，使单片机通过 RS-232 串口通信。

c. 打开上面编写的 VB 上位机源程序，软件运行后，在发送文本框输入字符，单击"发送"按钮，若在接收区文本框中显示该字符，则表示通信成功。

4. 多机通信基本知识

前面所介绍的例子是 PC 机与单个单片机通信的简单实例，下面再来介绍一下 PC 机与多个单片机通信的基本知识。

（1）主单片机与多个从单片机实现多机通信的原理。在第 5 章中已简要介绍过利用 51 单片机串行口实现多机通信的基础内容，下面再来做进一步介绍。

在第 5 章中已经知道，51 单片机串行口的方式 2 和方式 3 主要应用于多机通信。在多机通信中，有一台主机（主单片机）和多台从机（从单片机）。主机发送的信息可以传送到各个从机或指定的从机，各从机发送的信息只能被主机接收，从机与从机之间不能进行通信。图 11-19 所示是多机通信的连接示意图。

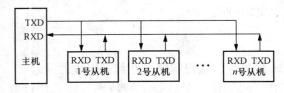

图 11-19　多机通信的连接示意图

进行多机通信，应主要解决两个问题：①多机通信时主机如何寻找从机；②如何区分地址和数据信息。这两个问题主要依靠设置与判断 SCON 寄存器 TB8、RB8 和 SM2 位来实现。

TB8 是发送的第 9 位数据，主要用于方式 2 和方式 3，TB8 的值由用户通过软件设置。在多机通信中，TB8 位的状态表示主机发送的是地址帧还是数据帧。TB8 为 1，表示发送的是地址；TB8 为 0，表示发送的是数据。

RB8 是接收的第 9 位数据，主要用于方式 2 和方式 3，可将接收到的 TB8 数据放在 RB8 中。在多机通信中，RB8 的状态表示从机接收的是地址帧还是数据帧。RB8 为 1，表示接收的是地址；RB8 为 0，表示接收的是数据。

SM2 是多机通信控制位，主要用于方式 2 和方式 3。

若 SM2＝1，有两种情况：

1）接收的第 9 位 RB8 为 1，此时接收的信息装入 SBUF，并置 RI＝1，向 CPU 发中断请求。

2）接收的第 9 位 RB8 为 0，此时不产生中断，信息将被丢失，不能接收。

若 SM2＝0，则接收到的第 9 位 RB8 无论是 1 还是 0，都产生 RI＝1 的中断标志，接收的信息装入 SBUF。具体情况见表 11-7。

表 11-7　　　　　　　　　　　　　　SM2、RB8 与从机的动作

SM2	RB8	从机动作
1	0	不能接收数据
1	1	能收到主机发送的信息（地址）
0	0 或 1	能收到主机发送的信息（数据）

多机通信的步骤如下：

1）所有从机的 SM2 置 1，以便接收地址。

2）主机发送一帧地址信息，其中，前 8 位表示从机的地址，第 9 位 TB8 为 1，表示当前发送的信息为地址。

3）所有从机收到主机发送的地址后，都将收到地址与本机地址比较。如果地址相同，该从机将其 SM2 清零，准备接收随后的数据帧，并把本机地址发回主机，作为应答；对于地址不同的从机，保持 SM2＝1，对主机随后发来的数据不予理睬。

4）主机发数据信息，地址相符的从机，因 SM2＝0，可以接收主机发来的数据。其余从机因 SM2＝1，不能接收主机发送的数据。

5）地址相符的从机接收完数据后，SM2 置 1，以便继续判断主机发送的是地址还是数据。

以上单片机多机通信过程和课堂上老师点名提问学生的过程相似。老师在提问前，先点某个学生的名字，所有的学生都把老师点的这个名字和自己的名字对照（比较），其中必有一个学生会发现这个名字是他的名字，他就从座位上站起来，准备回答老师的问题，而其余的学生发现这个名字与自己无关，则他们都不用站起来。然后，老师就开始提问，老师提问时，所有的学生都听见了，但只有站起来的那个学生对提问的问题做出响应。当老师提问结束，学生回答完问题后坐下。老师又想换一个学生提问，再点一个学生的名字，则这次被点到的那个学生站起来，准备回答老师的问题，……

在单片机多机通信中同样如此，主机相当于老师，从机相当于学生。通信前，主机发出一个第 9 位（TB8）为 1 的地址，相当于老师点一个学生的名字。由于从机接收到的该地址第 9 位（RB8）为 1，SM2＝1，所以，接收到的地址被装入 SBUF 中。在接收完当前帧后，产生中断申请，相当于所有的学生都听见了教师的点名。其中必然有一台从机会发现接收到的地址和它本身保存在存储器中的从机号相同，相当于其中有一个学生判断出老师要对他提问。则该从机将其多机通信控制位 SM2 清 0，相当于这个学生从座位上站起来。这样才能接收主机发送的第 9 位（TB8）为 0 的数据，相当于只有站起来的学生才能回答老师的提问；而其余从机肯定会发现他们接收到的地址与他们的从机号不相符，则这些从机都将其多机通信控制位 SM2 置 1，不能接收主机发送的第 9 位（TB8）为 0 的数据，相当于其余学生不能回答老师的提问。

主机在发送一个从机的地址后，紧接着把发往该从机的数据依次发出，每个数据的第 9 位（TB8）都为 0，这相当于老师提问。每个从机都检测到了这些数据，但只有 SM2 为 0 的从机才将这些数据装入接收缓冲器并申请中断，让 CPU 处理这些数据，而其余的从机因为 SM2 为 1。所以将收到的这些数据丢失，相当于只有站起来的学生才能回答这个问题。

最后，被寻址的从机 SM2 置 1，相当于这个站起来的同学回答完问题后坐下。主机继续发送 TB8 为 1 的地址，与其他从机通信，相当于老师继续点名，进行下一轮的点名提问。

（2）PC 机与多个从单片机实现多机通信的原理。前面介绍了 51 单片机通过控制 SCON 中的 SM2、TB8、RB8 位可控制多机通信，但 PC 机的串行通信没有这一功能。PC 串行接口虽然也可发出 11 位的数据，但第 9 位是校验位，而不是相应的地址/数据标志。要使 PC 机与单片机实现多机通信，需要通过软件的办法，使 PC 机满足 51 单片机通信的要求，方法是：

PC 机可发送 11 位数据帧，这 11 位数据帧由 1 位起始位、8 位数据位、1 位校验位和 1 位停止位组成，其格式为

起始位	D0	D1	D2	D3	D4	D5	D6	D7	校验位	停止位

而 51 单片机多机通信的数据帧格式为

起始位	D0	D1	D2	D3	D4	D5	D6	D7	RB8/TB8	停止位

对于单片机，RB8/TB8 是可编程位，通过使其为 0 或为 1 而将数据帧和地址帧区别开来。对于 PC 机，校验位通常是自动产生的，它根据 8 位数据的奇偶情况而定。

比较上面两种数据格式可知：它们的数据位长度相同，不同的仅在于校验位和 RB8/TB8。如果通过软件的方法，编程校验位，使得在发送地址时，校验位采用标志校验 M（该校验位始终为 1）。发送数据时采用空格校验 S（该校验位始终为 0），则 PC 机的标志校验 M 和空格校验 S 的校验位就完全模拟单片机多机通信的 RB8/TB8 位，从而实现 PC 机与单片机的多机通信。

11.2　简易型通信基站机房换风节能控制装置的软硬件设计

11.2.1　实现设计的功能要求

本节所介绍的是一个简单的用于通信基站机房换风节能控制的电路，利用 LED 显示温度值并且可以通过上位机（PC 机）实时显示通信基站机房内的环境温度，从而实现对换风节能控制电路的监控。该装置的系统功能要求如下：

（1）室外温度的检测和控制由硬件电路来完成，并可实现室内和室外温度的互锁控制。

（2）室内温度由温度传感器 DS18B20 配合单片机进行检测，检测的温度可以在换风节能控制电路的 LED 数码管上显示。

（3）检测的室内温度和设定的温度值也可以实时地通过串口传送给 PC 机，由 PC 机进行显示或控制。

（4）风机的控制有两种情况：

1）当室外温度大于设定温度（如 29℃）时，换风节能控制系统中的通风机停止工作，由基站机房内的空调对室内的温度进行控制。

2）当室外温度小于设定温度（如 29℃）时，开启换风节能控制回路，若室内温度不低于室内设定的上限温度（如 28℃）时，PC 机显示"引风机和排风机正在运行"，同时向单片机发送命令 0x66，继电器 KA2 获电，接通通风风机（包括引风机和排风机）进行换风降温，并且通过继电器 KA2-2（联锁触头）断开室内的空调供电回路。在换风过程中，当室内温度降低到设定的下限值（如 26℃）时，PC 机显示"引风机和排风机已停止运行"，同时向单片机发送命令 0x77，继电器 KA2 断电，断开通风风机，停止换气通风，当室内温度回升到设定值（如 28℃）后，风机又会开始运行，重复上述过程。

11.2.2　硬件电路的设计

根据设计要求，简易型通信基站机房换风节能控制装置的软硬件电路如图 11-20 所示。

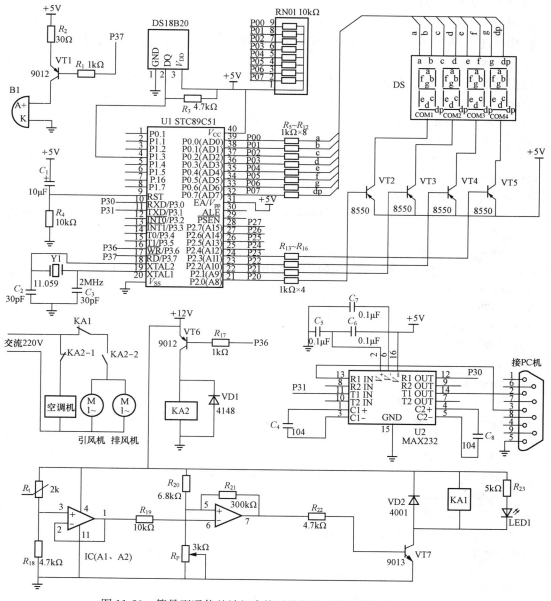

图 11-20　简易型通信基站机房换风节能控制装置硬件电路原理图

该电路主要由室外温控电路：热热敏电阻 R_t、电阻 $R_{18} \sim R_{21}$、可调电阻 R_P、集成运放电路 IC（A1、A2）；室内温控电路：数字温度传感器芯片 DS18B20、电阻 R_3；单片机控制电路：单片机 STC89C51、上拉电阻排 RN01、电容 $C_1 \sim C_3$、晶振 Y1；显示电路：限流电阻 $R_4 \sim R_{16}$、段驱动三极管 VT2～VT5、四个 LED 数码管显示器 DS；串行通信电路：电平转换芯片 MAX232、电容 $C_4 \sim C_8$、九针串口连接座 DB；提示音电路：电阻 R_1 和 R_2、三极管 VT1、蜂鸣器 B1；继电器驱动电路：电阻 R_{17}、R_{22}、R_{23}，三极管 VT6、VT7，二极管 VD1、VD2，继电器的线圈 KA1、KA2，指示灯 LED1；空调和风机转换电路：继电器的动断触头 KA1、继电器 KA2 的两副触头 KA2-1 和 KA2-2 等电路组成。原理图中，直流供电电源电路略。

11.2.3 软件程序的设计

1. 通信协议

波特率选为 9600bit/s，无奇偶校验位，8 位数据位，1 位起始位，1 位停止位。

2. 下位机程序设计

根据功能要求，基站节电 1.c 文件，编写的下位机源程序如下：

```c
# include <reg51.h>
# include "DS18B20 _ drive.h"                //DS18B20 驱动程序
# define uchar unsigned char
# define uint unsigned int
sbit BEEP = P3^7;
sbit KA = P3^6;
uchar code seg _ data[] = {0xC0, 0xF9, 0xA4, 0xB0, 0x99, 0x92, 0x82, 0xF8, 0x80, 0x90, 0xff};
                                            //0～9 以及熄灭符的段码表
uchar data  temp _ data[2] = {0x00, 0x00};   //用来存放温度高 8 位和低 8 位
uchar data  disp _ buf[5] = {0x00, 0x00, 0x00, 0x00, 0x00};   //显示缓冲区
sbit DOT = P0^7;                            //接数码管小数点段位
sbit  P20 = P2^0;
sbit  P21 = P2^1;
sbit  P22 = P2^2;
sbit  P23 = P2^3;
uchar recv _ buf = 0;
/ * * * * * * * * 延时函数 * * * * * * * * * /
void Delay _ ms(uint xms)                    //延时程序，xms 是形式参数
{
    uint i, j;
    for(i = xms; i>0; i - -)
        for(j = 115; j>0; j - -);
    }
/ * * * * * * * * * 蜂鸣器提示音函数 * * * * * * * * * /
void  beep()
{
    BEEP = 0;                               //蜂鸣器开
    Delay _ ms(100);
```

```
        BEEP = 1;                                    //关闭蜂鸣器
        Delay_ms(500);
}
    /********显示函数，在4位数码管上显示出温度值********/
    Display()
    {
        P0 = seg_data[disp_buf[3]];                  //显示百位
        P20 = 0;                                     //开百位显示
        Delay_ms(2);                                 //延时2ms
        P20 = 1;                                     //关百位显示
        P0 = seg_data[disp_buf[2]];                  //显示十位
        P21 = 0;
        Delay_ms(2);
        P21 = 1;
        P0 = seg_data[disp_buf[1]];                  //显示个位
        P22 = 0;
        DOT = 0;                                     //显示小数点
        Delay_ms(2);
        P22 = 1;
        P0 = seg_data[disp_buf[0]];                  //显示小数位
        P23 = 0;
        Delay_ms(2);
        P23 = 1;
    }
    /********读取温度值函数********/
    GetTemperture(void)
    {
        uchar i;
        Init_DS18B20();                              // DS18B20 初始化
        if(yes0 == 0)                                // 若 yes0 为 0，说明 DS18B20 正常
        {
            WriteOneByte(0xCC);                      // 跳过读序号列号的操作
            WriteOneByte(0x44);                      // 启动温度转换
            for(i = 0; i<250; i++)Display();         // 调用显示函数延时，等待 A/D 转换结束，分辨率
                                                     // 为 12 位时需延时 750ms 以上
            Init_DS18B20();
        WriteOneByte(0xCC);                          // 跳过读序号列号的操作
            WriteOneByte(0xBE);                      // 读取温度寄存器
            temp_data[0] = ReadOneByte();            // 温度低 8 位
            temp_data[1] = ReadOneByte();            // 温度高 8 位
        }
            else  beep();                            // 若 DS18B20 不正常，蜂鸣器报警
}
    /******温度数据转换函数，将温度数据转换为适合 LED 数码管显示的数据******/
```

```
void TempConv()
{
    uchar   temp;                                    //定义温度数据暂存
    temp = temp_data[0]&0x0f;                        //取出低 4 位的小数
    disp_buf[0] = (temp * 10/16);                    //求出小数位的值
    temp = ((temp_data[0]&0xf0)>>4)|((temp_data[1]&0x0f)<<4);  // temp_data[0]高 4 位
                                                     //与 temp_data[1]低 4 位组合成 1 字节整数
    disp_buf[3] = temp/100;                          //分离出整数部分的百位
    temp = temp%100;                                 //十位和个位部分存放在 temp
    disp_buf[2] = temp/10;                           //分离出整数部分十位
    disp_buf[1] = temp%10;                           //个位部分
}
/* * * * * * * *串行口初始化函数* * * * * * * * */
void series_init()
{
    SCON = 0x50;                                     //串口工作方式 1，允许接收
    TMOD = 0x20;                                     //定时器 T1 工作方式 2
    TH1 = 0xfd; TL1 = 0xfd;                          //定时初值
    PCON& = 0x00;                                    //SMOD = 0
    TR1 = 1;                                         //开启定时器 1
}
/* * * * * * * *接收 PC 机控制命令函数* * * * * * * */
void RecvCommand()
{
    if(RI = = 1)
    {
        recv_buf = SBUF;                             //若 RI = 1，说明接收完毕，将接收的数据送 recv_buf
        RI = 0;                                      //清 RI，准备接收下次数据
    }
    if(recv_buf = = 0x66)                            //若接收的是数据命令 0x66
        KA = 1;                                      //继电器吸合，换风机工作运行
    if(recv_buf = = 0x77)                            //若接收的是数据命令 0x77
    {   KA = 0;                                      //继电器断开，换风机停止工作
        beep(); beep();                              //蜂鸣器响两声提示音
    }
}
/* * * * * * * *温度数据发送函数* * * * * * * * */
void TempSend()
{
    TI = 0;
    SBUF = disp_buf[2] + 0x30;                       //加 0x30，得到温度值十位数的 ASCII 码，发送到
                                                     //  PC 机
    while(! TI);                                     //等待发送中断
    TI = 0;                                          //若发送完毕，将 TI 清 0
```

```
        SBUF = disp _ buf[1] + 0x30;              //加 0x30，得到温度值个位数的 ASCII 码，发送到
                                                      PC 机
        while(! TI);                              //等待发送中断
        TI = 0;                                   //若发送完毕，将 TI 清 0
        SBUF = 0x2e;                              //0x2e 是小数点的 ASCII 码
        while(! TI);                              //等待发送中断
        TI = 0;
        SBUF = disp _ buf[0] + 0x30;              //加 0x30，得到温度值第一位小数的 ASCII 码，发送到
                                                      PC 机
        while(! TI);                              //等待发送中断
        TI = 0;                                   //若发送完毕，将 TI 清 0
}
/ * * * * * * * * 以下是主函数 * * * * * * * * /
void main(void)
{
        series _ init();                          //调串行口初始化函数
        while(1)
    {
            GetTemperture();                      //读取温度值
            TempConv();                           //将温度转换为适合 LED 数码管显示的数据
            Display();                            //显示函数
            TempSend();                           //调温度数据发送函数
            RecvCommand();                        //调接收 PC 机控制命令函数
    }
}
```

3. 上位机程序设计

PC 端上位机通信程序采用 VB 编写。根据要求，先设计一个窗体，窗体上放置 6 个标签、3 个文本框、2 个按钮，同时，将 MSComm 控件添加到窗体上。设计的窗口界面如图 11-21（a）所示。

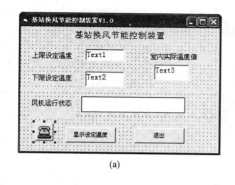
(a)

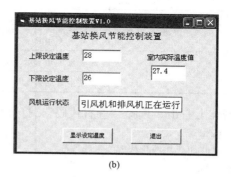
(b)

图 11-21　上位机通信软件窗口界面
(a) 布局设计窗口界面；(b) 联机运行后的窗口界面

串口通信各对象属性的设置见表 11-8。

表 11-8   串口通信各对象属性的设置

序号	对象	属性	设置
1	窗体	Caption	基站换风节能控制装置 V1.0
		名称	Form1
2	标签1	Caption	基站换风节能控制装置
		名称	Label1
3	标签2	Caption	上限设定温度
		名称	Label2
4	标签3	Caption	下限设定温度
		名称	Label3
5	标签4	Caption	室内实际温度值
		名称	Label4
6	标签5	Caption	风机运行状态
		名称	Label5
7	标签6	Caption	置空（用来显示风机运行还是停止）
		名称	Label6
8	文本框1	名称	Text1
		Text	置空
		Multiline	True
9	文本框2	名称	Text2
		Text	置空
		Multiline	True
10	文本框3	名称	Text4
		Text	置空
		Multiline	True
11	按钮	名称	Command1
		Caption	退出
12	按钮	名称	Command2
		Caption	显示设定温度
13	MSComm 控件	Caption	MSComm1
		其他属性	在代码窗口中设置

在窗体上右击，选择"查看代码"，打开代码窗口，加入以下程序代码：

```
'Option Explicit
'＊＊＊＊窗口加载初始化代码＊＊＊＊
Private Sub Form_Load()
  MSComm1.CommPort = 2                    '设定串口2
  MSComm1.Settings = "9600, n, 8, 1"      '设置波特率，无校验，8位数据位，1位停止位
  MSComm1.InBufferSize = 1024             '设置接收缓冲区为1024字节
  MSComm1.OutBufferSize = 512             '设置发送缓冲区为512字节
  MSComm1.InBufferCount = 0               '清空输入缓冲区
```

```
MSComm1. OutBufferCount = 0                          '清空输出缓冲区
MSComm1. SThreshold = 0                              '不触发发送事件
MSComm1. RThreshold = 1                              '每收到 1 个字符到接收缓冲区引起触发接收事件
MSComm1. InputLen = 4                                '一次读入 4 个数据
MSComm1. InputMode = comInputModeBinary              '采用二进制形式接收
MSComm1. PortOpen = True                             '打开串口
Text1. Text = ""                                     '清空接收文本框
Text2. Text = ""                                     '清空接收文本框
Text3. Text = ""                                     '清空接收文本框
End Sub
'＊＊＊＊退出按钮单击事件＊＊＊＊
Private Sub Command1 _ Click()
    If MSComm1. PortOpen = True Then
        MSComm1. PortOpen = False                    '先判断串口是否打开，如果打开则先关闭
    End If
    Unload Me                                        '卸载窗体，并退出程序
    End
End Sub
'＊＊＊＊显示按钮单击事件＊＊＊＊
Private Sub Command2 _ Click()
    Text1. Text = " 28 "                             '上限设定温度
    Text2. Text = " 26 "                             '下限设定温度
End Sub
'＊＊＊＊MSComm1 控件事件＊＊＊＊
Private Sub MSComm1 _ onComm()
    Dim buf As Variant                               '定义自动变量
    Dim ReArr() As Byte                              '定义动态数组
    Dim StrReceive As String                         '定义字符串变量
    Select Case MSComm1. CommEvent                   '检查串口事件
    Case comEvReceive                                '触发接收事件
      Do
        DoEvents                                     '交出控制权
      Loop Until MSComm1. InBufferCount = 4           '等待 4 个接收字节发送完毕
      buf = MSComm1. Input                           '将接收的数据放入变量
      ReArr = buf                                    '存入数组
      For i = LBound(ReArr) To UBound(ReArr) Step 1  '求数组的下边界和上边界
        StrReceive = StrReceive & Chr(ReArr(i))      '转换为字节串
      Next i
      Text4. Text = StrReceive                       '显示接收的室内实际温度值
      MSComm1. InBufferCount = 0                     '清空接收缓冲区
      If Val(StrReceive) > 28 Then                   '若接收的温度值大于 28℃，风机获电运行
        Label6. Caption = "引风机和排风机正在运行"
        Call Auto _ send2                            '调自动发送函数 2(发送 0x66 控制命令)
        For i = 0 To 100                             '延时
```

483

```
        Beep                              '控制 PC 机音箱响
      Next i
    Else：
      Val (StrReceive) < 26               '若接收温度值小于 26℃，风机停止运行
      Label6. Caption = "引风机和排风机已停止"
      Call Auto _ send1                   '调自动发送函数 1(发送 77H 控制命令)
    End If
  Case comEventRxOver                     '接收缓冲区溢出
    Text3. Text = ""                      '清空接收文本框
  Case comEventTxFull                     '发送缓冲区溢出
    Text3. Text = ""                      '清空接收文本框
  End Select
  End Sub
'＊＊＊＊自动发送函数 1(发送控制命令代码 77H)＊＊＊＊
Private Sub Auto _ send1()                '发送数据
  Dim AutoData1(1 To 1) As Byte           '定义数组
  AutoData1(1) = CByte(&H77)              '若温度小于 26℃，发送数据 77H
  MSComm1. Output = AutoData1             '发送
  MSComm1. OutBufferCount = 0             '清除发送缓冲区
End Sub
'＊＊＊＊自动发送函数 2(发送控制命令代码 0x66)＊＊＊＊
Private Sub Auto _ send2()                '发送数据
  Dim AutoData2(1 To 1) As Byte           '定义数组
  AutoData2(1) = CByte(&H66)              '若温度大于 28℃，发送数据 0x66
  MSComm1. Output = AutoData2             '发送
  MSComm1. OutBufferCount = 0             '清除发送缓冲区
End Sub
```

在 VB 源程序中，先在加载窗体时对 MSComm1 控件进行初始化，然后由 MSComm1 控件的 OnComm 事件对接收数据进行处理。当室外温度低于设定的温度（如 29℃），并且检测到室内温度高于设定的上限温度（如 28℃）时，输出控制命令代码 0x66，发送到单片机，继电器 KA1 不动作，控制继电器 KA2 工作，换风机运行。当检测到室内温度低于设定的下限温度（如 26℃）时，输出控制命令代码 0x77，发送到单片机，控制继电器 KA2 断电，换风机停止运行。当室内温度回升到设定值（如 28℃）后，风机又会开始运行，重复上述过程。

当室外温度高于设定的温度（如 29℃）时，继电器 KA1 获电吸合，换风节能控制系统中的通风机停止工作，由基站机房内的空调对室内的温度进行控制。

4. 程序调试

（1）打开 Keil C51 软件，在建立的工程项目下位机程序中，建立一个"基站节电 1. c"文件，输入上面的下位机源程序，再将温度传感器驱动程序软件包"DS18B20 _ drive. h"添加进来。单击"重新编译"按钮，对源程序"基站节电 1. c"和"DS18B20 _ drive. h"进行编译和链接，产生"基站节电 1. HEX"目标文件，将目标文件下载到单片机中。

（2）将换风节能装置上的 RS-232 串口与 PC 机的串口连接。

（3）输入上面编写的 VB 源程序，软件运行后，单击"显示设定温度"按钮，则在软件的

文本框窗口中显示设定的室内上、下限温度值以及室内实际温度值,当室外温度低于设定的温度(如29℃),并且检测到室内温度高于设定的上限温度(如28℃)时,换风机运行,在风机运行状态标签的文本框窗口中显示"引风机和排风机正在运行",如图11-21(b)所示。当检测到室内温度低于设定的下限温度(如26℃)时,换风机停止运行,在风机运行状态标签的文本框窗口中显示"引风机和排风机已停止"。当室内温度回升到设定值(如28℃)后,风机又会开始运行,重复上述过程。

11.3 通信基站机房节电及换风节能控制装置电路的软硬件设计

11.3.1 系统功能设计要求

通信基站机房节电及换风节能控制装置的系统功能要求如下:

(1)能够对机房内所有的通信设备及其他用电设备实施滤波节电控制和无功补偿控制。当主电路中的主回路电流(也就是负荷电流)大于设定值时,交流接触器 KM1 获电,接通功率补偿电容 $C_{10} \sim C_{12}$,减少电能的多余损耗。

(2)室内外温度由两个温度传感器 DS18B20 配合单片机进行检测,检测的室内外温度可以在下位机液晶显示屏 LCD 上显示,同时还应设置必要的 LED 系统工作状态指示。

(3)在开机时,能够自动检查温度传感器 DS18B20 的工作状态。在工作正常情况下,室内温度传感器在 LCD 上显示信息是:第 1 行为"DS18B20 _ 1 0K";第 2 行为"TEMP:XXX.X℃"(测量的室内温度值)。室外温度传感器在 LCD 上显示信息是:第 1 行为"DS18B20 _ 2 0K";第 2 行为"TEMP:XXX.X℃"(测量的室外温度值)。若传感器 DS18B20 工作不正常,室内温度传感器在 LCD 上显示信息是:第 1 行显示信息为"DS18B20 _ 1 ERROR";第 2 行为"TEMP:— —℃"。室外温度传感器在 LCD 上显示信息是:第 1 行显示信息为"DS18B20 _ 2 ERROR";第 2 行为"TEMP:— —℃"。这时,要检查 DS18B20 是否连接好,如果连接是正常的,则说明温度传感器 DS18B20 存在质量问题。

(4)换风节能室内温度上下限值的设定以及察看主电路负荷电流值、室外实际温度值,由下位机的按钮 AN1~AN6 进行设定和翻页,按钮按动时,应有提示音,也可以实时地通过 RS-485接口传送给上位机(PC 机)进行显示或控制。

(5)下位机在设定温度极限值 TH、TL 时,可按 AN1 键,进入设定 TH、TL 室内温度上下限值,LCD 第 1 行显示为"SET TH:XXX℃";第 2 行显示"SET TL:XXX℃"。此时,再按 AN1 键(加减选择键),可设定加、减方式;按 AN4 键(TH 调整键),可调整 TH值;按 AN5 键(TL 调整键),可调整 TL 值;按 AN6 键(确认键),退出设定状态。

(6)下位机状态显示标志。当室内温度大于 TH 的设定值时,在显示屏第 2 行上显示符号为">H"。此时继电器 KA2 吸合,换风机运行,同时在 LCD 第 1 行最后显示闪烁的小喇叭图形。当室内温度小于 TL 的设定值时,在显示屏第 2 行上显示符号为"<L"。继电器 KA2断开,换风机停止运行,同时在 LCD 第 1 行最后显示闪烁的小喇叭符图形。

(7)查看主电路负荷电流值和室外实际温度值时,可按 AN1 键,再按 AN2 键,查看主电路负荷电流值,在 LCD 第 1 行显示为"LCD-disp-I";第 2 行显示"I:XXX.X A"。按 AN6键(返回),退出察看界面。若按 AN1 键,再按 AN3 键,可查看室外实际温度值,在 LCD 第1 行显示为"DS18B20 _ 2 OK";第 2 行显示"TEMP:XXX.X℃"。按 AN6 键(返回),退出查看界面。

（8）换风节能的控制有两种情况：

1）当室外温度大于设定温度值时，换风节能控制系统中的通风机停止工作，由基站机房内的空调对室内的温度进行控制。

2）当室外温度小于设定温度值时，开启换风节能控制回路，若室内温度不低于室内设定的上限温度值时，PC 机显示"引风机和排风机正在运行"，同时向单片机发送命令 0x66，继电器 KA2 获电，接通通风风机（包括引风机和排风机）进行换风降温，并且通过联锁触点断开室内的空调供电回路。在换风过程中，当室内温度降低到设定的下限值时，PC 机显示"引风机和排风机已停止运行"，同时向单片机发送命令 0x77，断开通风风机，停止换气通风，当室内温度回升到上限设定温度值后，风机又会开始运行，重复上述过程。

（9）上位机（PC 机）可以实时地通过 RS-485 接口与单台通信基站机房节电及换风节能控制装置通信，也可以与多台通信基站机房节电及换风节能控制装置通信。

11.3.2　系统硬件电路设计

根据系统功能设计要求，通信基站机房节电及换风节能控制装置的硬件电路主要包括主电路和控制电路两大部分，下面分别给予分析介绍。

1. 主电路的硬件设计

根据系统功能设计要求，主电路的总体设计是：由于机房内的通信设备在工作中存在较大的高次谐波，造成多余的电能损耗，因此，在节电主回路中设置了滤波环节和无功补偿环节。同时，还设置了换风节能对换风机的控制和室内空调的控制。在系统工作中，有节电指示、风机运行指示和空调运行指示。根据要求所设计的主电路电气原理图如图 11-22 所示。

（1）电路组成。在主电路的主回路中，电路主要由 380V 三相交流输入端子 U、V、W 和零线端子 N；负荷开关 QF；共模阻流圈 ZL1、ZL2、ZL3；滤波电容 C_1、C_2、C_3；双滤波电容 $C_4 \sim C_9$ 以及交流接触器 KM1 的主触点；与交流接触器 KM1 主触点连接的功率补偿电容 $C_{10} \sim C_{12}$；串接在三相交流电源 V 相输出端的电流互感器 TA1 所组成。

在主电路的接触器和继电器驱动回路中，电路主要由继电器 KA1、KA2、KA3、KA4-1、KA4-2、KA5 的触点；交流接触器 KM1、KM2 的线圈以及系统工作状态指示电路的电阻 $R_1 \sim R_3$、指示灯 LED1～LED3 所组成。

（2）相关器件的主要作用。在主电路中，相关器件的作用是：①共模阻流圈 ZL1、ZL2、ZL3．滤波电容 C_1、C_2、C_3，双滤波电容 $C_4 \sim C_9$ 以及功率补偿电容 $C_{10} \sim C_{12}$ 可有效地抑制电网端和机房通信设备端所产生的谐波，并可大大降低瞬变电压及电流的冲击，稳定输出电压和电流，优化供电参数，从而节省电能。在单片机控制电路的控制下，当用电负荷电流达到设定值时，交流接触器 KM1 的主触点闭合，接通功率补偿电容 $C_{10} \sim C_{12}$，可有效提高供电回路的功率因数和供电品质，降低无功损耗和供电线路损耗，进一步降低电能的损失，通过这一系列措施并可延长用电设备的使用寿命。②在单片机程序软件的控制下，通过室内外温度的检测，控制主电路中的交流接触器 KM2 的线圈和继电器 KA1、KA2、KA3、KA4-1、KA4-2、KA5 的触点，在设定的温度值下，自动进行通风换气控制，利用基站室内外的温差而形成热交换，依靠大量的空气流通，有效地将站外的冷空气引进来，将基站内的热量迅速向外迁移，实现室内散热。从而大幅度降低电能消耗和营运成本、延长空调及其他相关用电设备的使用寿命。

2. 控制电路的硬件设计

（1）硬件结构的设计。根据系统功能设计要求，可采用型号为 AT89S52 的单片机控制，利用 1602 字符型 LCD 液晶显示器进行室内外温度的显示和室内外温度设定值的显示以

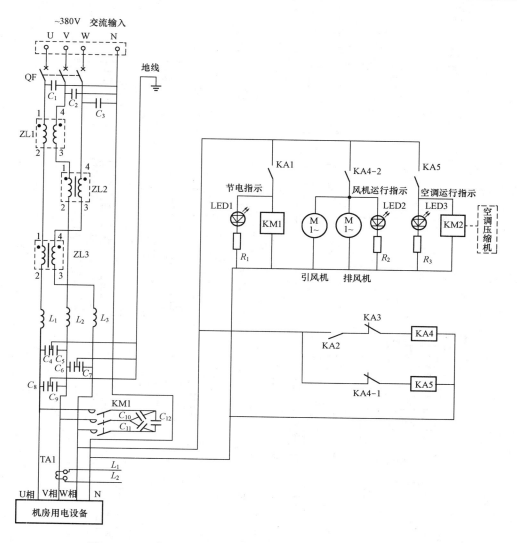

图 11-22　通信基站机房节电及换风节能控制装置主电路原理图

及机房设备负荷电流的显示等。设计的单片机以及外围电路的主要硬件结构包括电流信号整形处理单元、A/D 转换单元、室内外温度检测单元、单片机控制单元、字符型液晶显示器控制单元、按键控制单元、RS-485 数据通信接口单元、控制信号驱动单元、直流稳压控制单元等。

（2）电路组成及作用。根据设计要求，通信基站机房节电及换风节能控制装置的控制电路硬件原理图如图 11-23 所示。电路的基本组成如下：

1）电流信号整形处理单元。电流信号取样整形的处理采用精密整流电路来完成。通过主电路中电流互感器 TA1 电流取样信号，经电磁信号放大变压器 TA2 输入给由集成运算放大器 A1、A2 及其外围电路 $R_1 \sim R_8$、VD1～VD2、$C_1 \sim C_3$ 组成的全波精密整流电路，全波精密整流电路的输出经过由集成运算放大器 A3 及电阻 $R_9 \sim R_{13}$、可调电阻 R_{P1}、R_{P2} 以及电容 C_4 组成的滤波放大器后，便可将主电路中的电流信号转换成 0～5V 的直流电压信号，这个 0～5V 的电压模拟信号通过 AIN 端送入到 A/D 转换单元。电路中可调电阻 R_{P1} 用于校零，可调电阻 R_{P2}

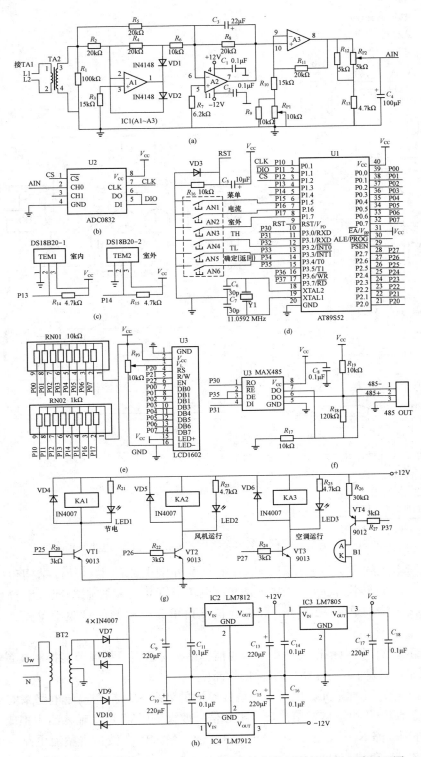

图 11-23　通信基站机房节电及换风节能控制装置硬件控制电路原理图

（a）电流信号整形电路；（b）A/D 转换电路；（c）室外温度转换电路；（d）单片机控制电路和按键控制电路；
（e）字符型液晶显示电路；（f）RS-485 数据通信接口电路；（g）控制信号驱动电路；（h）直流稳压电路

483

用于校准满量程。

2）A/D 转换单元。A/D 转换单元 U2 是由 8 位串行 A/D 转换器 ADC0832 组成。其作用是将精密整流电路输出的模拟信号转换为单片机能够识别的数字信号。

3）室内外温度检测单元。室内外温度检测单元是由数字温度传感器芯片 DS18B20 来完成，其中，DS18B20-1 和电阻 R_{14} 组成室内温度检测电路，DS18B20-2 和电阻 R_{15} 组成室外温度检测电路。这两个温度传感器在电路中进行了分别控制，其数据输入/输出引脚 DQ，室内温度传感器 DS18B20-1 与单片机 P1.3 口连接，室外温度传感器 DS18B20-2 与单片机 P1.4 口连接。

4）单片机控制单元。主要由 U1 单片机 AT89S52 及其外围器件的上拉电阻排 RN01 和 RN02、单片机内部振荡电路的外接晶振 Y1、电容 C_6 和 C_7、复位电路的电阻 R_{16}、二极管 VD3、电容 C_5 所组成。该单元是系统的控制中心，在写入的单片机程序控制下，完成和实现各项设计功能。

5）字符型液晶显示器控制单元。主要由 1602 字符型 LCD 液晶显示模块 U3、可调电阻 R_{P3} 所组成。主要完成室内外温度的显示，室内外温度设定值的显示以及机房设备负荷运行电流等相关数据的显示。

6）按键控制单元。按键控制单元是由按钮 AN1～AN6 所组成。用来完成换风节能室内温度上下限值的设定以及察看主电路负荷电流值、室外实际温度值，当系统工作时，按动 AN1 "菜单" 按键，LCD 液晶显示窗口可出现人机对话界面，通过按动 AN4、AN5 "TH" "TL" 按键，可设定室内温度的上下限值，当设定的参数设置完毕后，按动 AN6 "确定" 按键确认，界面便会自动返回到初始界面。通过按动 AN1 "菜单"、AN2 "电流"、AN3 "室外" 按键，可察看主电路负荷电流的实际运行电流值以及室外的实际温度值。

7）RS-485 数据通信接口单元。RS-485 数据通信单元主要由收发器 U4 芯片 MAX485（或 MAX487）所组成，它是以半双工方式工作，通常称这部分电路为 RS-485 通信接口。RS-485 收发器采用平衡发送和差分接收，使用双绞线传输，具有较强的抑制共模干扰能力。其作用是：可以输入操作命令和读出实时运行参数，实现与外部的 PC 计算机（通常称为上位机）进行串行通信，在计算机上利用 Visual Basic 集成环境编写的通信软件支持下，可远距离（数公里）发送或接收数据，实现与外部的上位机联网通信，通过外部的计算机可显示现场通信基站机房节电及换风节能控制装置的所有信息和数据，并可通过计算机对现场的所有数据进行重新修改和设定，完成现场需要完成的各种操作工作。

8）控制信号驱动单元。主要由信号驱动电路的电阻 R_{20}、R_{22}、R_{24}、R_{27}，晶体三极管 VT1～VT4，直流继电器 KA1～KA3 的线圈，二极管 VD4～VD6 以及安装在线路板上的运行状态指示电路的电阻 R_{21}、R_{23}、R_{25}，发光二极管 LED1～LED3，蜂鸣器电路的 R_{26}、B1 所组成。其电路的主要作用是：

a. 在单片机程序的控制下，当主电路中的主回路电流（也就是负荷电流）大于设定值时，单片机的 P2.5 口输出高电平，使得三极管 VT1 导通，继电器 KA1 的线圈获电，接在主电路控制回路上的 KA1 动合触头吸合，交流接触器 KM1 获电，接通功率补偿电容 C_{10}～C_{12}，降低无功损耗，减少电能的损失。

b. 在单片机程序的控制下，当室外温度大于设定温度值时，单片机的 P2.6 口为低电平，P2.7 口输出高电平，三极管 VT3 导通，继电器 KA3 的线圈获电，通过主电路中的联锁触点 KA4-1 接通继电器 KA5，接在主电路控制回路上的 KA5 动合触点吸合，交流接触器 KM2 获电，使得换风节能控制电路中的通风机停止工作，由基站机房内的空调对室内的温度进行控制。

c. 在单片机程序的控制下，当室外温度小于设定温度值时，单片机的 P2.7 口为低电平，继电器 KA3 断电，P2.6 口输出高电平，三极管 VT2 导通，继电器 KA2 的线圈获电，接在主电路中的 KA2 动合触点吸合，通过动断触点 KA3 接通继电器 KA4，KA4-2 触点闭合，换风机控制回路开启，机房内的空调停止工作，由换风机对室内的温度进行通风降温控制。

d. 当按动按键时，若操作有效，则单片机的 P3.7 口输出低电平，三极管 VT4（PNP 管）导通，蜂鸣器 B1 便会发出提示音，说明按键操作成功。

9）直流稳压控制单元。主要由电源降压变压器 BT 和整流二极管 VD7～VD10，集成稳压电路 IC2、IC3、IC4，滤波电容 C_9～C_{18} 所组成。其作用是提供一个稳定可靠的＋12V 和－12V 以及＋5V 直流电压作为相关电路的直流供电电源。

11.3.3 下位机系统软件的设计

1. 控制装置与 PC 机的通信

通信基站机房节电及换风节能控制装置以下简称为控制装置或称为下位机。

PC 机可通过 RS-232/RS-485 转换接口与单个控制装置进行数据通信也可以与多个控制装置的 RS-485 接口连接，实现多机数据通信，PC 机可显示每个控制装置检测到的主电路电流值、室内温度值、室外温度值，并进行实时监测和控制，PC 机与多个控制装置通信连接的框图如图 11-24 所示。

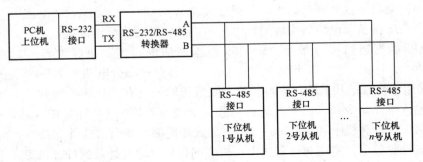

图 11-24　PC 机与多个控制装置的通信连接框图

由于限于篇幅，为便于大家的学习和理解，下面仅以 PC 机与两台控制装置的通信为例进行分析和说明。

2. 通信协议

（1）协议内容。为了保证 PC 机与所选择的从机实现可靠通信，必须给每一个从机分配一个唯一的地址。本系统中规定，1 号控制装置的地址号为 0x01，2 号控制装置的地址号为 0x02。

PC 机与多台控制装置通信时，首先由上位 PC 机发送所要寻址的下位机地址（以 0x01 为例），当所有从机接受到 0x01 后，进入中断服务程序和本机地址比较，地址不相符，退出中断服务程序；地址相符的 0x01 号从机回送本机地址（1 号为 0x01）给 PC 机，当 PC 机接受到回送的地址后，"握手"成功。

"握手"成功后，PC 机分别发出 0x55、0x54、0x53 命令给 0x01 从机，命令其发送检测到的相关（室内温度、室外温度、负荷电流）数据和累加校验和。

PC 机收到相关数据和校验和后，对数据进行校验，若校验不正确，命令从机（0x01）重新发送。

以发送检测到的室内温度数据和累加校验和为例：在换风机工作过程中，当室内温度在设定值 TL 以下时，PC 机向单片机发送命令 0x77，单片机收到 0x77 命令后，控制相应的继电器断开，换风机停止工作。当温度超过设定值 TH 时，PC 机向单片机发送命令 0x66，单片机收到 0x66 命令后，控制相应的继电器闭合，换风机开始工作。

（2）协议格式。PC 机与单片机通信时，波特率选为 9600bit/s，串行数据帧由 11 位组成：1 位起始位，8 位数据位，1 位可编程位，1 位停止位。

协议分以下 4 种情况：

1）PC 机向单片机发送地址格式如下：

0	D0	D1	D2	D3	D4	D5	D6	D7	M	1
起始位				8 位数据位					标记校验，为 1	停止位

2）PC 机向单片机发送数据（命令）格式如下：

0	D0	D1	D2	D3	D4	D5	D6	D7	S	1
起始位				8 位数据位					空格校验，为 0	停止位

3）单片机向 PC 机回送地址格式如下：

0	D0	D1	D2	D3	D4	D5	D6	D7	TB8	1
起始位				8 位数据位					设置为 1	停止位

4）单片机向 PC 机发送数据（如温度值）格式如下：

0	D0	D1	D2	D3	D4	D5	D6	D7	TB8	1
起始位				8 位数据位					设置为 0	停止位

从以上可以看出，当 PC 机向单片机发送地址，或单片机向 PC 机回送地址时，第 9 位为 1；当 PC 机向单片机发送数据（命令），或单片机向 PC 机发送数据（如温度值）时，第 9 位为 0。在编写上位机和下位机程序时，必须按这一要求进行编写，否则，将会产生混乱或无法通信。

3．下位机程序的设计

（1）程序流程图。下位机通信基站机房节电及换风节能控制装置的主程序流程图如图 11-25 所示。

（2）源程序。在编写程序时应注意：

1）在输入源代码时，切记务必将输入法转换到英文半角状态，否则编译程序时会出错！

2）对于第二台从机，需要将中断服务程序中的语句"if（recv _ buf= =0x01）"改为"if（recv _ buf= =0x02）"，以此类推。

根据设计要求，编写的 C 源程序（软件代码）"基站节电 2.c"文件如下：

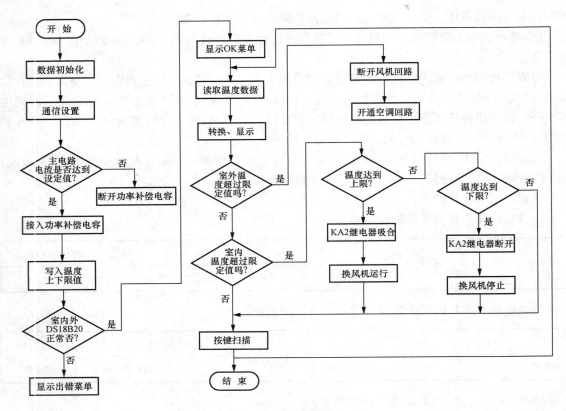

图 11-25 主程序流程图

```
#include<reg51.h>
#include "LCD_drive.h"                    //LCD 驱动程序
#include "DS18B20_drive2.h"               //DS18B20_1 和 DS18B20_2 驱动程序
#include "ADC0832_drive.h"                //ADC0832 驱动程序
#define uchar unsigned char
#define uint   unsigned int
sbit   ROS1_485 = P3^5;                   //定义 RS-485 发送与接收控制端口
sbit   KA1 = P2^5;                        //定义系统节电驱动控制端口
sbit   KA2 = P2^6;                        //定义换风节能风机驱动控制端口
sbit   KA3 = P2^7;                        //定义室内空调驱动控制端口
sbit   BEEP = P3^7;                       //定义蜂鸣器提示音控制端口
sbit   AN1 = P1^5;                        //定义"菜单"按键
sbit   AN2 = P1^6;                        //定义"电流"按键,查看运行电流
sbit   AN3 = P1^7;                        //定义"室外"按键,查看室外温度
sbit   AN4 = P3^2;                        //定义"TH"按键
sbit   AN5 = P3^3;                        //定义"TL"按键
sbit   AN6 = P3^4;                        //定义"确定"按键,也作为"返回"按键
uchar ad_value;                           //定义采集值存储单元
uint  current;                            //定义电流值存储单元
uchar recv_buf = 0;                       //定义接收缓冲区
uchar send_buf = 0;                       //定义发送缓冲区
```

```
bit    temp _ flag _ 1;                                 //判断 DS18B20 _ 1 是否正常标志位, 正常时为 1, 不正常时为 0
bit    temp _ flag _ 2;                                 //判断 DS18B20 _ 2 是否正常标志位, 正常时为 1, 不正常时为 0
bit    AN1 _ flag _ 1 = 0;                              //AN1 键按下时, 该标志位为 1, 因为 AN1 是一个双功能键
                                                        //需要设置标志位进行区分
uchar count _ 50ms = 0;                                 //50ms 定时器计数器
bit    flag _ 500ms = 0;                                //500ms 标志位, 满 500ms 时该位置 1, 用来控制小喇叭的闪烁频率
bit    key _ up;                                        //按键加 1 减 1 标志位, 用来控制 AN1 键进行加 1 和减 1 的切换
uchar disp _ buf _ 1[8] = {0};                          //室内温度值显示缓冲
uchar TH _ buf _ 1[] = {0};                             //室内温度上限高位缓冲
uchar TL _ buf _ 1[] = {0};                             //室内温度下限低位缓冲
uchar temp _ comp _ 1;                                  //用来存放比较室内温度值(即温度值的整数部分)
                                                        //以便和设定值进行比较
uchar temp _ data _ 1[2] = {0x00, 0x00};        //用来存放室内温度数据的高位和低位
uchar disp _ buf _ 2[8] = {0};                          //室外温度显示缓冲
uchar TH _ buf _ 2[] = {0};                             //室外温度上限高位缓冲
uchar TL _ buf _ 2[] = {0};                             //室外温度下限低位缓冲
uchar temp _ comp _ 2;                                  //用来存放比较室外温度值(即温度值的整数部分)
                                                        //以便和设定值进行比较
uchar temp _ data _ 2[2] = {0x00, 0x00};               //用来存放室外温度数据的高位和低位
uchar temp _ TH _ 1 = 28;                               //室内上限温度初始值
uchar temp _ TL _ 1 = 26;                               //室内下限温度初始值
uchar code  line1 _ data _ 1[] = "  DS18B20 _ 1 OK   "; //室内 DS18B20 _ 1 正常时第 1 行显示的信息
uchar code  line2 _ data _ 1[] = " TEMP:          ";    //室内 DS18B20 _ 1 正常时第 2 行显示的信息
uchar code  menu1 _ error _ 1[] = " DS18B20 _ 1 ERROR"; //DS18B20 _ 1 出错时第 1 行显示的信息
uchar code  menu2 _ error _ 1[] = " TEMP: - - - - ";    //DS18B20 _ 1 出错时第 2 行显示的信息
uchar code  line1 _ data _ 2[] = "  DS18B20 _ 2 OK   "; //室内 DS18B20 _ 2 正常时第 1 行显示的信息
uchar code  line2 _ data _ 2[] = " TEMP:          ";    //室内 DS18B20 _ 2 正常时第 2 行显示的信息
uchar code  menu1 _ error _ 2[] = " DS18B20 _ 2 ERROR"; //DS18B20 _ 2 出错时第 1 行显示的信息
uchar code  menu2 _ error _ 2[] = " TEMP: - - - - ";    //DS18B20 _ 2 出错时第 2 行显示的信息
uchar code  menu1 _ set[] = "  SET TH:        ";        //设置菜单第 1 行室内温度设置信息
uchar code  menu2 _ set[] = "  SET TL:        ";        //设置菜单第 2 行室内温度设置信息
uchar code  menu2 _ H[] = ">H";                         //温度大于上限时, 第 2 行显示高温提示符号
uchar code  menu2 _ L[] = "<L";                         //温度小于下限时, 第 2 行显示低温提示符号
uint  data disp _ buf _ I[4] = {0x00, 0x00, 0x00, 0x00}; //定义电流值 4 个显示数据单元
uchar code menu1 _ data[] = { "LCD - disp - I"};
uchar code menu2 _ data[] = { "I:          A"};
uchar code  speaker[8] = {0x01, 0x1b, 0x1d, 0x19, 0x1d, 0x1b, 0x01, 0x00}; //提示图形(小喇叭)的
                                                                            //LCD 点阵数据
/ * * * * * * * * 函数声明 * * * * * * * * * /
void  convert _ I(uchar ad _ data);                     //负荷电流数据转换函数声明
void  LCD _ Disp _ I();                                 //LCD 电流显示函数声明
void  TempDisp _ 1();                                   //LCD 室内温度值显示函数声明
void  TempDisp _ 2();                                   //LCD 室外温度值显示函数声明
void  beep();                                           //蜂鸣器提示音响一声函数声明
```

```
void   MenuOk _ 1();                        //室内 DS18B20 _ 1 正常菜单函数声明
void   MenuOk _ 2();                        //室外 DS18B20 _ 2 正常菜单函数声明
void   MenuError _ 1();                     //室内 DS18B20 _ 1 出错菜单函数声明
void   MenuError _ 2();                     //室外 DS18B20 _ 2 出错菜单函数声明
void   THTL _ Disp();                       //室内温度设定值显示函数声明
void   GetTemperture _ 1();                 //读取室内温度值函数声明
void   GetTemperture _ 2();                 //读取室外温度值函数声明
void   TempConv _ 1();                      //室内温度值转换函数声明
void   TempConv _ 2();                      //室外温度值转换函数声明
void   Write _ THTL();                      //设定值写入函数声明(写入 DS18B20 _ 1 的 RAM 和 EEPROM)
void   ScanKey();                           //按键扫描函数声明
void   Set _ DL();                          //查看运行电流值函数声明
void   Set _ SW();                          //查看室外温度值函数声明
void   SetTHTL _ 1();                       //室内温度设定值设置函数声明
void   SetTHTL _ 2();                       //室外温度设定值设置函数声明
void   Tempconvert();                       //主电路节电转换比较函数声明
void   TempComp _ 1();                      //室内温度比较函数声明
void   TempComp _ 2();                      //室外温度比较函数声明
void   timer0 _ init();                     //定时器 T0 初始化函数声明
void   lcd _ write _ CGRAM();               //自定义图形写 CGRAM 函数声明
void   SpeakerFlash();                      //提示图形(小喇叭)闪动函数声明
void   series _ init();                     //串行口初始化函数声明
void   RecvCommand();                       //接收 PC 机控制命令函数声明
void   TempSend _ 1();                      //室内温度数据发送与控制指令接收函数声明
void   TempSend _ 2();                      //室外温度数据发送与控制指令接收函数声明
void   convertSend();                       //运行电流数据发送与控制指令接收函数声明
/ * * * * * * * *主函数 * * * * * * * * */
void main(void)
{
    P0 = 0xff; P2 = 0xff;                   //端口初始化
    timer0 _ init();                        //定时器 T0 初始化
    lcd _ init();                           //LCD 初始化
    lcd _ clr();                            //LCD 清屏
    series _ init();                        //调串行口初始化函数
    RCS1 _ 485 = 0;                         //将 MAX485 置于接收状态
    Tempconvert();                          //调主电路节电转换比较函数
    Write _ THTL();                         //将 THTL 设定值写入暂存器
    MenuOk _ 2();                           //调显示室外温度值正常菜单函数
    TempComp _ 2();                         //调室外温度比较函数
    MenuOk _ 1();                           //调显示室内温度值正常菜单函数
    Delay _ ms(100);                        //延时
    while(1)
    {
        GetTemperture _ 1();                //读取室内温度数据
```

```
        if(temp _ flag _ 1 = = 0)
        {
          beep();                          //若 DS18B20 _ 1 不正常，蜂鸣器报警
          MenuError _ 1();                 //显示出错信息函数
        }
          GetTemperture _ 2();             //读取室外温度数据
        if(temp _ flag _ 2 = = 0)
        {
          beep();                          //若 DS18B20 _ 2 不正常，蜂鸣器报警
          MenuError _ 2();                 //显示出错信息函数
        }
        if(temp _ flag _ 1 = = 1)          //若 DS18B20 _ 1 正常，则往下执行
        if(temp _ flag _ 2 = = 1)          //若 DS18B20 _ 2 正常，则往下执行
        {
            ScanKey();                     //扫描按键函数
            Set _ DL();                    //扫描查看运行电流值函数
            Set _ SW();                    //扫描查看室外温度值函数
            SetTHTL _ 1();                 //扫描室内温度设定值设置函数
            TempDisp _ 1();                //显示室内温度值
        }
    }
}
/ * * * * * * * *负荷电流数据转换函数，将电流测量值转换为适合 LCD 显示的数据 * * * * * * * * /
void convert _ I(uchar ad _ data)
{
    uint   temp;
    disp _ buf _ I[3] = ad _ data/170;          //AD 值转换为 BCD 码，最大值为 1.50V，对应的电流值
                                                 是 150.0A
    disp _ buf _ I[3] = disp _ buf _ I[3] + 0x30;   //加 0x30 转换为 ASCII 码，进行整数位百位数显示
    temp = ad _ data % 170;                     //余数暂存
    temp = temp * 10;
    disp _ buf _ I[2] = temp/170;               //计算十位数
    disp _ buf _ I[2] = disp _ buf _ I[2] + 0x30;   //加 0x30 转换为 ASCII 码，进行电流值的十位数显示
    temp = temp % 170;
    temp = temp * 10;
    disp _ buf _ I[1] = temp/170;               //计算个位数
    disp _ buf _ I[1] = disp _ buf _ I[1] + 0x30;   //加 0x30 转换为 ASCII 码，进行电流值的个位数显示
    temp = temp % 170;
    temp = temp * 10;
    disp _ buf _ I[0] = temp/170;               //计算小数位
    disp _ buf _ I[0] = disp _ buf _ I[0] + 0x30;   //小数位显示
}
/ * * * * * * * *LCD 电流显示函数 * * * * * * * * /
void LCD _ Disp _ I()
```

```
{
    uchar i;
    lcd_wcmd(0x01 | 0x80);                    //设置显示位置为第1行的第1列
    while(menu1_data[i] ! = '\0')
    {                                          //显示字符"LCD-disp-I"
        lcd_wdat(menu1_data[i]);
        i++;

    lcd_wcmd(0x42 | 0x80);                    //设置显示位置为第2行第2列
    i = 0;
    while(menu2_data[i] ! = '\0')
    {
        lcd_wdat(menu2_data[i]);              //显示字符"I:000.0  A"
        i++;
    }
    lcd_wcmd(0x45 | 0x80);                    //定位第2行第5列
    lcd_wdat(disp_buf_I[3]);                  //百位数显示
    lcd_wcmd(0x46 | 0x80);                    //定位第2行第6列
    lcd_wdat(disp_buf_I[2]);                  //十位数显示
    lcd_wcmd(0x47 | 0x80);                    //定位第2行第7列
    lcd_wdat(disp_buf_I[1]);                  //个位数显示
    lcd_wcmd(0x48 | 0x80);                    //定位第2行第8列
    lcd_wdat('.');                            //小数点显示
    lcd_wcmd(0x49 | 0x80);                    //定位第2行第7列
    lcd_wdat(disp_buf_I[0]);                  //小数位显示
}
/* * * * * * * * *室内温度值显示函数,将测量的温度值显示在LCD上* * * * * * * * */
void  TempDisp_1()
{
    lcd_wcmd(0x46 | 0x80);                    //从第2行第6列开始显示温度值
    lcd_wdat(disp_buf_I[3]);                  //百位数显示
    lcd_wdat(disp_buf_I[2]);                  //十位数显示
    lcd_wdat(disp_buf_I[1]);                  //个位数显示
    lcd_wdat('.');                            //显示小数点
    lcd_wdat(disp_buf_I[0]);                  //小数位数显示
    lcd_wdat(0xdf);                           //0xdf是圆圈°的代码,以便和下面的C配合成温度符号℃
    lcd_wdat('C');                            //显示C
}
/* * * * * * * * *室外温度值显示函数,将测量温度值显示在LCD上* * * * * * * * */
void  TempDisp_2()
{
    lcd_wcmd(0x46 | 0x80);                    //从第2行第6列开始显示温度值
    lcd_wdat(disp_buf_2[3]);                  //百位数显示
    lcd_wdat(disp_buf_2[2]);                  //十位数显示
```

```
        lcd _ wdat(disp _ buf _ 2[1]);              //个位数显示
        lcd _ wdat('.');                            //显示小数点
        lcd _ wdat(disp _ buf _ 2[0]);              //小数位数显示
        lcd _ wdat(0xdf);                           //0xdf 是圆圈°的代码, 以便和下面的 C 配合成温度符号℃
        lcd _ wdat('C');                            //显示 C
}
/ * * * * * * * *蜂鸣器响一声函数 * * * * * * * * * /
void  beep()
{
    BEEP = 0;                                       //蜂鸣器响
    Delay _ ms(100);
    BEEP = 1;                                       //关闭蜂鸣器
    Delay _ ms(100);
}
/ * * * * * * * *DS18B20 _ 1 正常时的菜单函数 * * * * * * * * /
void  MenuOk _ 1()
{
    uchar i;
    lcd _ wcmd(0x00 | 0x80);                        //设置显示位置为第 1 行第 0 列
    i = 0;
    while(line1 _ data _ 1[i] ! ='\ 0')             //在第 1 行显示  "DS18B20 _ 1 OK"
    {
        lcd _ wdat(line1 _ data _ 1[i]);            //显示第 1 行字符
        i + + ;                                     //指向下一字符
    }
    lcd _ wcmd(0x40 | 0x80);                        //设置显示位置为第 2 行第 0 列
    i = 0;
    while(line2 _ data _ 1[i] ! = '\ 0')            //在第 2 行显示" TEMP:         "
    {
        lcd _ wdat (line2 _ data _ 1 [i]);          //显示第 2 行字符
        i + + ;                                     //指向下一字符
    }
}
/ * * * * * * * *DS18B20 _ 2 正常时的菜单函数 * * * * * * * * /
void  MenuOk _ 2 ()
{
    uchar i;
    lcd _ wcmd (0x00 | 0x80);                       //设置显示位置为第 1 行第 0 列
    i = 0;
    while (line1 _ data _ 2 [i] ! = '\ 0')          //在第 1 行显示"   DS18B20 _ 2 OK   "
    {
        lcd _ wdat(line1 _ data _ 2[i]);            //显示第 1 行字符
        i + + ;                                     //指向下一字符
    }
```

```
    lcd _ wcmd(0x40 | 0x80);              //设置显示位置为第 2 行第 0 列
    i = 0;
    while(line2 _ data _ 2[i] ! = '\ 0')   //在第 2 行显示"TEMP:          "
    {
        lcd _ wdat(line2 _ data _ 2[i]);   //显示第 2 行字符
        i+ +;                               //指向下一字符
    }
}
/ * * * * * * *DS18B20 _ 1 出错时的菜单函数 * * * * * * * * /
void   MenuError _ 1()
{
    uchar   i;
    lcd _ clr();                            //LCD 清屏
    lcd _ wcmd(0x00 | 0x80);               //设置显示位置为第 1 行第 0 列
    i = 0;
    while(menu1 _ error _ 1[i] ! = '\ 0')  //在第 1 行显示"DS18B20 _ 1 ERROR "
    {
        lcd _ wdat(menu1 _ error _ 1[i]);  //显示第 1 行字符
        i+ +;                               //指向下一字符
    }
    lcd _ wcmd(0x40 | 0x80);               //设置显示位置为第 2 行第 0 列
    i = 0;
    while(menu2 _ error _ 1[i] ! = '\ 0')  //"TEMP: - - - -      "
    {
        lcd _ wdat(menu2 _ error _ 1[i]);  //显示第 2 行字符
        i+ +;                               //指向下一字符
    }
    lcd _ wcmd(0x4b | 0x80);               //从第 2 行第 11 列开始显示
    lcd _ wdat(0xdf);                       //0xdf 是圆圈°的代码,以便和下面的 C 配合成温度符号℃
    lcd _ wdat('C');                        //显示 C
}
/ * * * * * * * * *DS18B20 _ 2 出错时的菜单函数 * * * * * * * * * /
void   MenuError _ 2()
{
    uchar   i;
    lcd _ clr();                            //LCD 清屏
    lcd _ wcmd(0x00 | 0x80);               //设置显示位置为第 1 行第 0 列
    i = 0;
    while(menu1 _ error _ 2[i] ! = '\ 0')  //在第 1 行显示"DS18B20 _ 2 ERROR"
    {
        lcd _ wdat(menu1 _ error _ 2[i]);  //显示第 1 行字符
        i+ +;                               //指向下一字符
    }
    lcd _ wcmd(0x40 | 0x80);               //设置显示位置为第 2 行第 0 列
```

```
    i = 0;
  while(menu2 _ error _ 2[i] ! = '\0')          //"TEMP：- - - -      "
  {
    lcd _ wdat(menu2 _ error _ 2[i]);           //显示第 2 行字符
    i+ +;                                       //指向下一字符
    }
    lcd _ wcmd(0x4b | 0x80);                     //从第 2 行第 11 列开始显示
    lcd _ wdat(0xdf);                            //0xdf 是圆圈°的代码，以便和下面的 C 配合成温度符号℃
    lcd _ wdat('C');                             //显示 C
}
/ * * * * * * * *室内设定值 TH _ 1 和 TL _ 1 显示函数，用来将设定的室内温度值显示出来 * * * * * * * * /
void  THTL _ Disp()
{
    uchar i, temp1，temp2；
    lcd _ wcmd(0x00 | 0x80);                     //设置显示位置为第 1 行第 0 列
    i = 0;
    while(menu1 _ set[i] ! = '\0')               //在第 1 行显示"SET TH："
    {
      lcd _ wdat(menu1 _ set[i]);                //显示第 1 行字符
      i+ +;                                      //指向下一字符
    }
    lcd _ wcmd(0x40 | 0x80);                     //设置显示位置为第 2 行第 0 列
    i = 0;
    while(menu2 _ set[i] ! = '\0')               //在第 2 行显示"  SET TL：       "
    {
      lcd _ wdat(menu2 _ set[i]);                //显示第 2 行字符
    i+ +;                                        //指向下一字符
    }
    TH _ buf _ 1[3] = temp _ TH _ 1 /100 + 0x30; //TH 百位部分变换为 ASCII 码
    temp1 = temp _ TH _ 1 %100;                  //TH 十位和个位部分
    TH _ buf _ 1[2] = temp1 /10 + 0x30；         //分离出 TH 十位并变换为 ASCII 码
    TH _ buf _ 1[1] = temp1 %10 + 0x30；         //分离出 TH 个位并变换为 ASCII 码
    lcd _ wcmd(0x09 | 0x80);                     //设置显示位置为第 1 行第 9 列
    lcd _ wdat(TH _ buf _ 1[3]);                 //TH 百位数显示
    lcd _ wdat(TH _ buf _ 1[2]);                 //TH 十位数显示
    lcd _ wdat(TH _ buf _ 1[1]);                 //TH 个位数显示
    lcd _ wdat(0xdf);                            //0xdf 是圆圈°的代码，以便和下面的 C 配合成温度符号℃
    lcd _ wdat('C');                             //显示 C
    TL _ buf _ 1[3] = temp _ TL _ 1 /100 + 0x30; //TL 百位部分变换为 ASCII 码
    temp2 = temp _ TL _ 1 %100;                  //TL 十位和个位部分
    TL _ buf _ 1[2] = temp2 /10 + 0x30；         //分离出 TL 十位并变换为 ASCII 码
    TL _ buf _ 1[1] = temp2 %10 + 0x30；         //分离出 TL 个位并变换为 ASCII 码
    lcd _ wcmd(0x49 | 0x80);                     //设置显示位置为第 2 行第 9 列
    lcd _ wdat(TL _ buf _ 1[3]);                 //TL 百位数显示
```

```
    lcd _ wdat(TL _ buf _ 1[2]);                    //TL 十位数显示
    lcd _ wdat(TL _ buf _ 1[1]);                    //TL 个位数显示
    lcd _ wdat(0xdf);                               //0xdf 是圆圈°的代码，以便和下面的 C 配合成温度符号℃
    lcd _ wdat('C');                                //显示 C
}
/ * * * * * * * *读取室内温度值函数 * * * * * * * * /
void GetTemperture _ 1(void)
{
    EA = 0;                                         //关中断，防止读数错误，此句非常有重要
    Init _ DS18B20 _ 1();                           //DS18B20 _ 1 初始化
  if(yes0 _ 1 = = 0)      //yes0 _ 1 为 Init _ DS18B20 _ 1 函数的返回值，若 yes0 _ 1 为 0，说明 DS18B20 _ 1 正常
    {
        WriteOneByte _ 1(0xCC);                     //跳过读序号列号的操作
        WriteOneByte _ 1(0x44);                     //启动温度转换
        Init _ DS18B20 _ 1();                       //DS18B20 _ 1 初始化
        WriteOneByte _ 1(0xCC);                     //跳过读序号列号的操作
        WriteOneByte _ 1(0xBE);                     //读取温度寄存器
        temp _ data _ 1[0] = ReadOneByte _ 1();     //温度低 8 位
        temp _ data _ 1[1] = ReadOneByte _ 1();     //温度高 8 位
        temp _ flag _ 1 = 1;
    }
    else temp _ flag _ 1 = 0;                       //否则，出错标志置 0
    EA = 1;                                         //温度数据读取完成后再开中断
}
/ * * * * * * * * *读取室外温度值函数 * * * * * * * * /
void GetTemperture _ 2(void)
{
    EA = 0;                                         //关中断，防止读数错误，此句非常有重要
    Init _ DS18B20 _ 2();                           //DS18B20 _ 2 初始化
  if(yes0 _ 2 = = 0)      //yes0 _ 2 为 Init _ DS18B20 _ 2 函数的返回值，若 yes0 _ 2 为 0，说明 DS18B20 正常
    {
    WriteOneByte _ 2(0xCC);                         //跳过读序号列号的操作
    WriteOneByte _ 2(0x44);                         //启动温度转换
    Init _ DS18B20 _ 2();                           //DS18B20 _ 2 初始化
    WriteOneByte _ 2(0xCC);                         //跳过读序号列号的操作
    WriteOneByte _ 2(0xBE);                         //读取温度寄存器
    temp _ data _ 2[0] = ReadOneByte _ 2();         //温度低 8 位
    temp _ data _ 2[1] = ReadOneByte _ 2();         //温度高 8 位
    temp _ flag _ 2 = 1;
    }
    else temp _ flag _ 2 = 0;                       //否则，出错标志置 0
    EA = 1;                                         //温度数据读取完成后再开中断
}
/ * * * * * * * * *室内温度数据转换函数，将温度数据转换为适合 LCD 显示的数据 * * * * * * * * /
```

```
void TempConv _ 1()
{
    uchar sign = 0;                                              //定义符号标志位
    uchar   temp;                                                //定义温度数据暂存
  if(temp _ data _ 1[1]>127)                                     //大于 127 即高 4 位为全 1，即温度为负值
  {
    temp _ data _ 1[0] = (~temp _ data _ 1[0]) + 1;              //取反加 1，将补码变成原码
    if((~temp _ data _ 1[0])> = 0xff)                            //若大于或等于 0xff
    temp _ data _ 1[1] = (~temp _ data _ 1[1]) + 1;              //取反加 1
    else temp _ data _ 1[1] = ~temp _ data _ 1[1];              //否则只取反
    sign = 1;                                                    //置符号标志位为 1
  }
    temp = temp _ data _ 1[0]&0x0f;                              //取小数位
    disp _ buf _ 1[0] = (temp * 10/16) + 0x30;                   //将小数部分变换为 ASCII 码
    temp _ comp _ 1 = ((temp _ data _ 1[0]&0xf0)>>4) | ((temp _ data _ 1[1]&0x0f)<<4);
                                                                 //取温度整数部分
    disp _ buf _ 1[3] = temp _ comp _ 1 /100 + 0x30;            //百位部分变换为 ASCII 码
    temp = temp _ comp _ 1 % 100;                                //十位和个位部分
    disp _ buf _ 1[2] = temp /10 + 0x30;                         //分离出十位并变换为 ASCII 码
    disp _ buf _ 1[1] = temp % 10 + 0x30;                        //分离出个位并变换为 ASCII 码
    if(disp _ buf _ 1[3] = = 0x30)                               //百位 ASCII 码为 0x30(即数字 0)，不显示
    {
        disp _ buf _ 1[3] = 0x20;                                //0x20 为空字符码，即什么也不显示
        if(disp _ buf _ 1[2] = = 0x30)                           //十位为 0，不显示
        disp _ buf _ 1[2] = 0x20;
    }
    if(sign) disp _ buf _ 1[3] = 0x2d;                           //如果符号标志位为 1，则显示负号(0x2d 为负号的字
                                                                     符码)
}
/* * * * * * * * *室外温度数据转换函数，将温度数据转换为适合 LCD 显示的数据 * * * * * * * * */
void TempConv _ 2()
{
    uchar sign = 0;                                              //定义符号标志位
    uchar   temp;                                                //定义温度数据暂存
  if(temp _ data _ 1[1]>127)                                     //大于 127 即高 4 位为全 1，即温度为负值
  {
    temp _ data _ 2[0] = (~temp _ data _ 2[0]) + 1;              //取反加 1，将补码变成原码
    if((~temp _ data _ 2[0])> = 0xff)                            //若大于或等于 0xff
    temp _ data _ 2[1] = (~temp _ data _ 2[1]) + 1;              //取反加 1
    else temp _ data _ 2[1] = ~temp _ data _ 2[1];              //否则只取反
    sign = 1;                                                    //置符号标志位为 1
  }
    temp = temp _ data _ 2[0]&0x0f;                              //取小数位
    disp _ buf _ 2[0] = (temp * 10/16) + 0x30;                   //将小数部分变换为 ASCII 码
```

```
        temp_comp_2 = ((temp_data_2[0]&0xf0)>>4)|((temp_data_2[1]&0x0f)<<4);
                                                //取温度整数部分
        disp_buf_2[3] = temp_comp_2 /100 + 0x30    //百位部分变换为 ASCII 码
        temp = temp_comp_1 % 100;                  //十位和个位部分
        disp_buf_2[2] = temp /10 + 0x30;           //分离出十位并变换为 ASCII 码
        disp_buf_2[1] = temp % 10 + 0x30;          //分离出个位并变换为 ASCII 码
        if(disp_buf_2[3] = = 0x30)                 //百位 ASCII 码为 0x30(即数字 0),不显示
        {
            disp_buf_2[3] = 0x20;                  //0x20 为空字符码,即什么也不显示
            if(disp_buf_2[2] = = 0x30)             //十位为 0,不显示
            disp_buf_2[2] = 0x20;
        }
        if(sign) disp_buf_2[3] = 0x2d;             //如果符号标志位为 1,则显示负号(0x2d 为负号
                                                //的字符码)
}
/ * * * * * * * * *写室内温度设定值函数* * * * * * * * /
void  Write_THTL()
{
        Init_DS18B20_1();
        WriteOneByte_1(0xCC);                      //跳过读序号列号的操作
        WriteOneByte_1(0x4e);                      //将设定的温度报警值写入 DS18B20_1
        WriteOneByte_1(temp_TH_1);                 //写 TH
        WriteOneByte_1(temp_TL_1);                 //写 TL
        WriteOneByte_1(0x7f);                      //12 位精确度
        Init_DS18B20_1();
        WriteOneByte_1(0xCC);                      //跳过读序号列号的操作
        WriteOneByte_1(0x48);                      //把暂存器里的温度报警值拷贝到 EEROM
}
/ * * * * * * * * *按键扫描函数* * * * * * * * * /
void  ScanKey()
{
        if((AN1 = = 0)&&(AN1_flag_1 = = 0))        //若 AN1 键按下
        {
            Delay_ms(10);                          //延时 10ms 去抖
            if((AN1 = = 0)&&(AN1_flag_1 = = 0))
            while(! AN1);                          //等待 AN1 键释放
            AN1_flag_1 = 1;
            beep();                                //蜂鸣器响一声
            THTL_Disp();                           //显示室内 TH、TL 设定值

            if(AN1_flag_1 = = 0)                   //若 AN1_flag_1 为 0,说明 AN1 键未按下
            {
            TempConv_1();                          //将室内温度转换为适合 LCD 显示的数据
            TempConv_2();                          //将室外温度转换为适合 LCD 显示的数据
```

```
        TempComp _ 1();                                //调室内温度比较函数
        TempComp _ 2();                                //调室外温度比较函数
        TempDisp _ 1();                                //调用 LCD 室内温度显示函数
    }
}
/* * * * * * * * *查看运行电流值函数* * * * * * * * */
void Set _ DL()
{
    if((AN1 = = 0)&&(AN1 _ flag _ 1 = = 1))             //若 AN1 键按下
    {
        Delay _ ms(10);                                //延时 10ms 去抖
        if((AN1 = = 0)&&(AN1 _ flag _ 1 = = 1))
        {
          while(! AN1);                                //等待 AN1 键释放
          beep();                                      //蜂鸣器响一声
        }
    }
    if((AN2 = = 0)&&(AN1 _ flag _ 1 = = 1))             //若按下 AN2 键
    {
        Delay _ ms(10);                                //延时去抖
        if((AN2 = = 0)&&(AN1 _ flag _ 1 = = 1))
        {
            while(! AN2);                              //等待 AN2 键释放
            beep();
          ad _ value = ADC _ read(channel _ 0);         //读取电流采集值，送到 ad _ value 中
          convert _ I(ad _ value);                      //将读取到的 ad _ value 值进行转换
          current = ad _ value ;                        //将转换值送入电流存储单元
          LCD _ Disp _ I();                             //调用 LCD 电流显示函数
        }
    }
    if((AN6 = = 0)&&(AN1 _ flag _ 1 = = 1))             //若按下 AN6 键
    {
        Delay _ ms(10);
        if((AN6 = = 0)&&(AN1 _ flag _ 1 = = 1))
        {
          while(! AN6);                                //等待 AN6 键释放
          beep();
          AN1 _ flag _ 1 = 0;                           //AN1 _ flag _ 1 标志位置 0，说明结束电流值显示
          MenuOk _ 1();                                //返回到显示测量温度菜单
        }
    }
}
/* * * * * * * * *查看室外温度值函数* * * * * * * * */
void Set _ SW()
```

```
{
    if((AN1 = = 0)&&(AN1_flag_1 = = 1))              //若 AN1 键按下
    {
        Delay_ms(10);                                //延时 10ms 去抖
        if((AN1 = = 0)&&(AN1_flag_1 = = 1))
        {
            while(! AN1);                            //等待 AN1 键释放
            beep();                                  //蜂鸣器响一声
        }
    }
    if((AN3 = = 0)&&(AN1_flag_1 = = 1))              //若按下 AN3 键
    {
        Delay_ms(10);                                //延时去抖
        if((AN3 = = 0)&&(AN1_flag_1 = = 1))
        {
            while(! AN3);                            //等待 AN2 键释放
            beep();
            TempDisp_2();                            //调用 LCD 室外温度显示函数
        }
    }
    if((AN6 = = 0)&&(AN1_flag_1 = = 1))              //若按下 AN6 键
    {
        Delay_ms(10);
        if((AN6 = = 0)&&(AN1_flag_1 = = 1))
        {
            while(! AN6);                            //等待 AN6 键释放
            beep();
            AN1_flag_1 = 0;                          //AN1_flag_1 标志位置 0，说明结束电流值显示
            MenuOk_1();                              //返回到显示测量室内温度菜单
        }
    }
}
/ * * * * * * * * 设置室内设定值 TH、TL 函数 * * * * * * * * /
void  SetTHTL_1()
{
    if((AN1 = = 0)&&(AN1_flag_1 = = 1))              //若 AN1 键按下
    {
        Delay_ms(10);                                //延时 10ms 去抖
        if((AN1 = = 0)&&(AN1_flag_1 = = 1))
        {
            while(! AN1);                            //等待 AN1 键释放
            beep();                                  //蜂鸣器响一声
            key_up = ! key_up;        //加 1 减 1 标志位取反，以便使 AN4、AN5 键进行加 1 减 1 调整
        }
```

```
        }
            if((AN4 = = 0)&&(AN1 _ flag _ 1 = = 1))           //若按下 AN4 键
            {
            Delay _ ms(10);                                    //延时去抖
            if((AN4 = = 0)&&(AN1 _ flag _ 1 = = 1))
            {
                while(! AN4);                                  //等待 AN4 键释放
                beep();
                if(key _ up = = 1) temp _ TH _ 1+ +;          //若 key _ up 为 1，TH _ 1 加 1
                if(key _ up = = 0) temp _ TH _ 1- -;          //若 key _ up 为 0，TH _ 1 减 1
                if((temp _ TH _ 1 >45) || (temp _ TH _ 1< = 0))   //设置 TH 最高为 45℃，最低为 0℃
                {
                    temp _ TH _ 1 = 0;
                }
                THTL _ Disp();                                 //显示出调整后的值
            }
        }

            if((AN5 = = 0)&&(AN1 _ flag _ 1 = = 1))           //若按下 AN5 键
            {
            Delay _ ms(10);                                    //延时去抖
            if((AN5 = = 0)&&(AN1 _ flag _ 1 = = 1))
            {
                while(! AN5);                                  //等待 AN5 键释放
                beep();
                if(key _ up = = 1) temp _ TL _ 1+ +;          //若 key _ up 为 1，TL _ 1 加 1
                if(key _ up = = 0) temp _ TL _ 1- -;          //若 key _ up 为 0，TL _ 1 减 1
                if((temp _ TL _ 1 >45) || (temp _ TL _ 1< = 0))
                {
                    temp _ TL _ 1 = 0;
                }
                THTL _ Disp();                                 //显示出调整后的值
            }
        }
    if((AN6 = = 0)&&(AN1 _ flag _ 1 = = 1))                   //若按下 AN6 键
    {
        Delay _ ms(10);
        if((AN6 = = 0)&&(AN1 _ flag _ 1 = = 1))
        {
            while(! AN6);                                      //等待 AN6 键释放
            beep();
            AN1 _ flag _ 1 = 0;                               //AN1 _ flag 标志位置 1，说明调整结束
            Write _ THTL();                                   //将 THTL 设定值写入暂存器和 EEPROM
            MenuOk _ 1();                                      //调整结束后显示出测量温度菜单
        }
```

```
    }
}
/* * * * * * * * 主电路节电转换比较函数 * * * * * * * * */
void   Tempconvert()
{
    ad_value = ADC_read(channel_0);              //读取电流采集值，送到 ad_value 中
    convert_I(ad_value);                          //将读取到的 ad_value 值进行转换
    current = ad_value ;                          //将转换值送入电流存储单元
    if(current >= 0x33)                           //主电路负荷电流大于 30A(20%额定电流)时
    {
        beep();
        KA1 = 1;                                   //接入功率补偿电容 C10～C12
    }
    else if(current <= 0x26)                       //主电路负荷电流小于 22.5A(15%额定电流)时
    {
        beep();
        KA1 = 0;                                   //断开功率补偿电容 C10～C12
    }
}
/* * * * * * * * * 室内温度比较函数 * * * * * * * * */
void   TempComp_1()
{
    uchar i;
    if(temp_comp_1 >= temp_TH_1)                   //若当前温度大于设定的温度 TH_1
    {
        beep();
        KA2 = 1;                                    //KA2 继电器吸合风机运行
        lcd_wcmd(0x4e | 0x80);                      //设置显示位置为第 2 行第 14 列
        i = 0;
    while(menu2_H[i] ! = '\0')                      //在第 2 行显示“ >H ”
    {
        lcd_wdat(menu2_H[i]);                       //显示第 2 行字符
            i++;                                    //指向下一字符
        }
        SpeakerFlash();                             //小喇叭图形闪烁
    }
    else if(temp_comp_1 <= temp_TL_1)              //若当前温度小于设定的温度 TL_1
    {
        beep();
        KA2 = 0;                                    //KA2 继电器断开，风机停止运行
        KA3 = 1;                                    //KA3 继电器吸合，接通空调控制回路
        lcd_wcmd(0x4e | 0x80);                      //设置显示位置为第 2 行第 14 列
            i = 0;
            while(menu2_L[i] ! = '\0')              //在第 2 行显示“ <L ”
```

```
        {
            lcd_wdat(menu2_L[i]);                //显示第 2 行字符
             i++;                                //指向下一字符
        }
            SpeakerFlash();                      //小喇叭图形闪烁
    }
    else
    {
        lcd_wcmd(0x0f | 0x80);                   //设置显示位置为第 1 行第 15 列
        lcd_wdat(0x20);                          //显示空字符，清除此处的小喇叭图形
        lcd_wcmd(0x4e | 0x80);                   //设置显示位置为第 2 行第 14 列
        lcd_wdat(0x20);                          //显示空字符，清除此处的">H"或"<L"符号
        lcd_wdat(0x20);                          //显示空字符，清除此处的">H"或"<L"符号
    }
}
/* * * * * * * *室外温度比较函数 * * * * * * * * */
void  TempComp_2()
{
    if(temp_comp_2 >= 29)                        //若当前温度大于 29℃
    {
        beep();
        KA2 = 0;                                 //KA2 继电器断电，风机停止运行
        KA3 = 1;                                 //KA3 继电器吸合，接通室内空调供电回路
    }
    else if(temp_comp_2 <= 28)                   //若当前温度小于 28℃
    {
        beep();
        KA2 = 1;                                 //KA2 继电器吸合，风机运行
        KA3 = 0;                                 //KA3 继电器断电，断开空调控制回路
    }
}
/* * * * * * * * *定时器 T0 初始化函数 * * * * * * * * */
void timer0_init()
{
    TMOD = 0x01;                                 //定时器 T0 为定时方式 1
    TH0 = 0x4c; TL0 = 0x00;                      //定时器 T0 定时时间为 50ms(计数初值为 0x4c00)
    EA = 0; ET0 = 1;                             //开定时器 T0 中断，总中断暂时不开放，以免引
                                                 //  起温度数据的读取
    TR0 = 1;                                     //定时器 T0 启动
}
/* * * * * * * * *提示符(小喇叭)自定义图形写入 CGRAM 函数 * * * * * * * * */
void  lcd_write_CGRAM()
{
    unsigned char i;
```

```
    lcd _ wcmd(0x40);                              //写 CGRAM
    for ( i = 0；i< 8；i+ + )
    lcd _ wdat(speaker[i]);                        //写入小喇叭图形数据
}
/ * * * * * * * *提示图形闪动函数，提示符亮 0.5s，灭 0.5s* * * * * * * * /
void SpeakerFlash()
{
    if(flag _ 500ms = = 1)
    {
        lcd _ write _ CGRAM() ;                     //自定义图形写入 CGRAM 函数
        Delay _ ms(5);                              //延时 5ms
        lcd _ wcmd(0x0f | 0x80);                     //设置显示位置为第 1 行第 15 列
        lcd _ wdat(0x00);                           //提示符(小喇叭)为第 0 号图形
    }
    if(flag _ 500ms = = 0)
    {
        lcd _ wcmd(0x0f | 0x80);                     //设置显示位置为第 1 行第 15 列
        lcd _ wdat(0x20);                           //0x20 为空字符，即什么也不显示
    }
}
/ * * * * * * * *串行口初始化函数 * * * * * * * * /
void series _ init()
{
    SCON = 0xf8;                                     //串口方式 3，SM2 = 1，REN = 1，TB8 = 1，RB8 = 0
    TMOD = 0x20;                                     //定时器 T1 工作方式 2
    TH1 = 0xfd；TL1 = 0xfd;                          //定时初值
    PCON & = 0x00;                                   //SMOD = 0
    TR1 = 1;                                         //开启定时器 1
    EA = 1，ES = 1;                                  //开总中断和串行中断
}
/ * * * * * * * *定时器 T0 中断函数，用来控制小喇叭的闪烁 * * * * * * * * /
void Time0(void) interrupt 1
{
    TH0 = 0x4c;                                      //重置 50ms 定时初值
    TL0 = 0x00;
    count _ 50ms + + ;                               //50ms 计数器加 1
    if(count _ 50ms>9)
    {
        count _ 50ms = 0;                            //若计数 10 次则清 0
        flag _ 500ms = ~flag _ 500ms;               //将 500ms 标志位取反
    }
}
/ * * * * * * * *接收 PC 机控制命令函数 * * * * * * * * /
void RecvCommand()
```

```
{
    if(RI = = 1)
    {
        recv _ buf = SBUF;                          //若 RI = 1，说明接收完毕，将接收的数据送 recv
                                                      _ buf
        RI = 0;                                     //清 RI，准备接收下次数据
    }
        if(recv _ buf = = 0x64) KA1 = 1;           //若接收的是数据命令 0x64，KA1 继电器吸合，接
                                                      入功率补偿
                                                    //电容 C10～C12 节电运行
        if(recv _ buf = = 0x74) KA1 = 0;           //若接收的是数据命令 0x74，KA1 继电器断开
                                                    //断开功率补偿电容 C10～C12
        if(recv _ buf = = 0x66) KA2 = 1;           //若接收的是数据命令 0x66，KA2 继电器吸合，风
                                                      机运行
        if(recv _ buf = = 0x77) KA2 = 0;           //若接收的是 0x77，KA2 继电器断开，风机停止
}
/* * * * * * * *室内温度数据发送与控制指令接收函数 * * * * * * * * */
void TempSend _ 1()
{
    TI = 0;
    ROS1 _ 485 = 1;                                //将 MAX485 置于发送状态
    SBUF = disp _ buf _ 1[2] + 0x30;              //加 0x30，得到室内温度值十位数的 ASCII 码，发
                                                      送到 PC 机
    while(! TI);                                   //等待发送中断
    TI = 0;                                        //若发送完毕，将 TI 清 0
    ROS1 _ 485 = 1;                                //将 MAX485 置于发送状态
    SBUF = disp _ buf _ 1[1] + 0x30;              //加 0x30，得到室内温度值个位数的 ASCII 码，发
                                                      送到 PC 机
    while(! TI);                                   //等待发送中断
    TI = 0;                                        //若发送完毕，将 TI 清 0
    ROS1 _ 485 = 1;                                //将 MAX485 置于发送状态
    SBUF = 0x2e;                                   //0x2e 是小数点的 ASCII 码
    while(! TI);                                   //等待发送中断
    TI = 0;                                        //若发送完毕，将 TI 清 0
    ROS1 _ 485 = 1;                                //将 MAX485 置于发送状态
    SBUF = disp _ buf _ 1[0] + 0x30;              //加 0x30，得到室内温度值第一位小数的 ASCII
                                                      码，发送到 PC 机
    while(! TI);                                   //等待发送中断
    TI = 0;                                        //若发送完毕，将 TI 清 0
    ROS1 _ 485 = 1;                                //将 MAX485 置于发送状态
    SBUF = disp _ buf _ 1[0] + disp _ buf _ 1[1] + disp _ buf _ 1[2] + 0x90;
                                                    //将温度数据的十位、个位、小数位和 0x90 值相
                                                      加，得到累加和
    while(! TI);                                   //等待发送中断
```

```
    TI = 0;                                      //若发送完毕，将 TI 清 0
    ROS1 _ 485 = 0;                              //将 MAX485 置于接收状态，准备接收数据
}
/* * * * * * * * *室外温度数据发送与控制指令接收函数* * * * * * * * */
void TempSend _ 2()
{
    TI = 0;
    ROS1 _ 485 = 1;                              //将 MAX485 置于发送状态
    SBUF = disp _ buf _ 2[2] + 0x30;             //加 0x30，得到室内温度值十位数的 ASCII 码，发
                                                 //  送到 PC 机

    while(! TI);                                 //等待发送中断
    TI = 0;                                      //若发送完毕，将 TI 清 0
    ROS1 _ 485 = 1;                              //将 MAX485 置于发送状态
    SBUF = disp _ buf _ 2[1] + 0x30;             //加 0x30，得到室内温度值个位数的 ASCII 码，发
                                                 //  送到 PC 机

    while(! TI);                                 //等待发送中断
    TI = 0;                                      //若发送完毕，将 TI 清 0
    ROS1 _ 485 = 1;                              //将 MAX485 置于发送状态
    SBUF = 0x2e;                                 //0x2e 是小数点的 ASCII 码
    while(! TI);                                 //等待发送中断
    TI = 0;                                      //若发送完毕，将 TI 清 0
    ROS1 _ 485 = 1;                              //将 MAX485 置于发送状态
    SBUF = disp _ buf _ 2[0] + 0x30;             //加 0x30，得到室内温度值第一位小数的 ASCII
                                                 //  码，发送到 PC 机

    while(! TI);                                 //等待发送中断
    TI = 0;                                      //若发送完毕，将 TI 清 0
    ROS1 _ 485 = 1;                              //将 MAX485 置于发送状态
    SBUF = disp _ buf _ 2[0] + disp _ buf _ 2[1] + disp _ buf _ 2[2] + 0x90;
                                                 //将温度数据的十位、个位、小数位和 0x90 值相
                                                 //  加，得到累加和
    while(! TI);                                 //等待发送中断
    TI = 0;                                      //若发送完毕，将 TI 清 0
    ROS1 _ 485 = 0;                              //将 MAX485 置于接收状态，准备接收数据

}
/* * * * * * * * *运行电流数据发送与控制指令接收函数* * * * * * * * */
void  convertSend _ 2()
{
    TI = 0;
    ROS1 _ 485 = 1;                              //将 MAX485 置于发送状态
    SBUF = disp _ buf _ I[3] + 0x30;             //加 0x30，得到电流值百位数的 ASCII 码，发送到
                                                 //  PC 机

    while(! TI);                                 //等待发送中断
    TI = 0;                                      //若发送完毕，将 TI 清 0
    ROS1 _ 485 = 1;                              //将 MAX485 置于发送状态
```

```
        SBUF = disp _ buf _ I[2] + 0x30;          //加 0x30，得到电流值十位数的 ASCII 码，发送到
                                                    PC 机

        while(! TI);                              //等待发送中断
        TI = 0;                                   //若发送完毕，将 TI 清 0
        ROS1 _ 485 = 1;                           //将 MAX485 置于发送状态
        SBUF = 0x2e;                              //0x2e 是小数点的 ASCII 码
        while(! TI);                              //等待发送中断
        TI = 0;                                   //若发送完毕，将 TI 清 0
        ROS1 _ 485 = 1;                           //将 MAX485 置于发送状态
        SBUF = disp _ buf _ I[1] + 0x30;          //加 0x30，得到电流值个位数的 ASCII 码，发送到
                                                    PC 机

        while(! TI);                              //等待发送中断
        TI = 0;                                   //若发送完毕，将 TI 清 0
        ROS1 _ 485 = 1;                           //将 MAX485 置于发送状态
        SBUF = disp _ buf _ I[0] + 0x30;          //加 0x30，得到电流值第一位小数的 ASCII 码，发
                                                    送到 PC 机

        while(! TI);                              //等待发送中断
        TI = 0;                                   //若发送完毕，将 TI 清 0
        ROS1 _ 485 = 1;                           //将 MAX485 置于发送状态
        SBUF = disp _ buf _ I[0] + disp _ buf _ I[1] + disp _ buf _ I[2] + disp _ buf _ I[3] + 0x90;
                                                  //将电流数据的百位、十位、个位、小数位和 0x90
                                                    值相加，得到累加和

        while(! TI);                              //等待发送中断
        TI = 0;                                   //若发送完毕，将 TI 清 0
        ROS1 _ 485 = 0;                           //将 MAX485 置于接收状态，准备接收数据
}
/ * * * * * * * * 串行中断函数 * * * * * * * * /
void series( ) interrupt 4
{
    if(SM2 = = 1)                                 //如果 SM2 = 1 说明接收的是地址
    {
        ES = 0;                                   //关串行中断
        ROS1 _ 485 = 0;                           //将 MAX485 置于接收状态
        while(! RI);                              //等待接收完毕
        RI = 0;                                   //清接收中断
        recv _ buf = SBUF;                        //将接收的信息送接收缓冲区
        if(recv _ buf = = 0x01)                   //若接收的地址号是 0x01 地址
        {
            Delay _ ms(100);                      //延时，等待 PC 机
            ROS1 _ 485 = 1;                       //将 MAX485 置于发送状态，准备回送 PC 机
            SBUF = recv _ buf;                    //将接收的地址号返送给 PC 机，以进行握手
            while(! TI);                          //等待发送完毕
            TI = 0;
            TB8 = 0;                              //将 TB8 清 0，以便发送温度数据时，使 TB8 和 PC
```

```
                                        机的校验位 S(为 0)一致
        SM2 = 0;                    //SM2 清 0,以便接收数据
        ROS1 _ 485 = 0;            //将 MAX485 置于接收状态
        ES = 1;                     //开串行中断
        Delay _ ms(200);           //延时,等待 PC 机
        return;                     //返回
    }
    else                            //若接收的地址号不是 0x01
    {
        SM2 = 1;                    //SM2 置 1,重新开始接收地址
        TB8 = 1;                    //TB8 置 1,以便回送地址时,使 TB8 和 PC 机的校
                                        验位 M(为 1)一致
        ROS1 _ 485 = 0;            //将 MAX485 置于接收状态
        ES = 1;                     //开串行中断
        return;                     //返回
    }
}
if(SM2 = = 0)                       //如果 SM2 = 0 说明接收的是数据
{
    ES = 0;                         //关串行中断
    ROS1 _ 485 = 0;                //若收到的是数据(命令),先将 MAX485 置于接收
                                        状态
    while(! RI);                    //等待接收完毕
    RI = 0;                         //清接收中断
    recv _ buf = SBUF;             //将接收的数据送接收缓冲
    if(recv _ buf = = 0x55)
    {
        TempSend _ 1();            //若接收的是 0x55 命令,开始发送室内温度数据
        Delay _ ms(200);          //延时,等待 PC 机
    }
    if(recv _ buf = = 0x54)
    {
        TempSend _ 2();            //若接收的是 0x54 命令,开始发送室外温度数据
        Delay _ ms(200);          //延时,等待 PC 机
    }
    if(recv _ buf = = 0x53)
    {
        convertSend();             //若接收的是 0x53 命令,开始发送电流数据
        Delay _ ms(200);          //延时,等待 PC 机
    }
    RecvCommand();                 //调检查 PC 机控制命令函数
    SM2 = 1;                        //SM2 置 1,重新开始接收地址
    TB8 = 1;                        //TB8 置 1,以便回送地址时,使 TB8 和 PC 机的校
                                        验位 M(为 1)一致
```

```
    ROS1 _ 485 = 0;                          //MAX485 置于接收状态
    ES = 1;                                  //开串行中断
    return;                                  //返回
}
}
```

4．源程序说明

以上下位机源程序主要由主函数、LCD 电流显示函数 LCD _ Disp _ I()、LCD 室内温度值显示函数 TempDisp _ 1()、LCD 室外温度值显示函数 TempDisp _ 2()、室内 DS18B20 _ 1 正常菜单函数 MenuOk _ 1()、室外 DS18B20 _ 2 正常菜单函数 MenuOk _ 2()、室内 DS18B20 _ 1 出错菜单函数 MenuError _ 1()、室外 DS18B20 _ 2 出错菜单函数 MenuError _ 2()、室内温度设定值显示函数 THTL _ Disp()、读取室内温度值函数 GetTemperture _ 1()、读取室外温度值函数 GetTemperture _ 2()、负荷电流数据转换函数 convert _ I(uchar ad _ data)、室内温度值转换函数 TempConv _ 1()、室外温度值转换函数 TempConv _ 2()、设定值写入函数 Write _ THTL()、按键扫描函数 ScanKey()、查看运行电流值函数 Set _ DL()、查看室外温度值函数 Set _ SW()、室内温度设定值设置函数 SetTHTL _ 1()、室外温度设定值设置函数 SetTHTL _ 2()、主电路节电转换比较函数 Tempconvert()、室内温度比较函数 TempComp _ 1()、室外温度比较函数 TempComp _ 2()、定时器 T0 初始化函数 timer0 _ init()、自定义图形写 CGRAM 函数 lcd _ write _ CGRAM()、提示图形(小喇叭)闪动函数 SpeakerFlash()、串行口初始化函数 series _ init()、接收 PC 机控制命令函数 RecvCommand()、室内温度数据发送与控制指令接收函数 TempSend _ 1()、室外温度数据发送与控制指令接收函数 TempSend _ 2()、运行电流数据发送与控制指令接收函数 convertSend _ 2()等组成。下面对这些函数的主要程序给予分析说明。

(1) 函数 GetTemperture _ 1()和 GetTemperture _ 2()用来读取室内和室外温度值。读取时，首先对 DS18B20 复位，检测室内外的 DS18B20 是否正常工作。若工作不正常，则蜂鸣器报警；若正常，则接着读取温度数据。单片机发出 0xCC 指令，跳过 ROM 操作，然后向 DS18B20 发出 A/D 转换的 0x44 指令，再发出读取温度寄存器的温度值指令 0xBE，将读取的 16 位温度数据的低位和高位分别存放在数组 temp _ data _ 1[0]、temp _ data _ 2[0]、temp _ data _ 1[1]、temp _ data _ 2[1]单元中。

(2) 负荷电流数据转换函数 convert _ I(uchar ad _ data)、室内温度值转换函数 TempConv _ 1()、室外温度值转换函数 TempConv _ 2()是用来将读取到的电流及温度数据转换为适合 LCD 液晶屏显示的数据。

(3) LCD 电流显示函数 LCD _ Disp _ I()、LCD 室内温度值显示函数 TempDisp _ 1()、LCD 室外温度值显示函数 TempDisp _ 2()是将电流及温度值显示在 LCD 上，由于 LCD 显示的是 ASCII 码，因此，将温度值转换为 ASCII 码，只需将温度值加上 0x30 即可。

另外，该源程序具有 DS18B20 出错显示功能，即当 DS18B20 不正常时，调用函数 MenuError _ 1()、MenuError _ 2()使 LCD 上显示出 DS18B20 出错信息。

(4) timer0 _ init()、lcd _ write _ CGRAM()、SpeakerFlash()函数是用来初始化定时器 T0，并产生闪烁的小喇叭图形。产生的方法是：将定时器 T0 定时时间设置为 50 ms，定时 10 次后，将标志位 flag _ 500ms 取反，也就是说，标志位 flag _ 500ms 每 0.5s 取反一次。然后，在 SpeakerFlash()中根据 flag _ 500ms 标志位的值，去显示和消隐小喇叭图形符号，这样，就可以产生闪烁的小喇叭符号了。那么，小喇叭图形又是怎样产生的呢？下面简要说明一下小喇叭图形数据的制作方法：

LCD 模块内置两种字符发生器。一种为 CGROM，即已固化好的字模库，见第 9 章表 9-2。单片机只要写入某个字符的字符代码，LCD 就可以将该字符显示出来。另一种为 CGRAM，即可随时定义的字符字模库。LCD 模块提供了 64 字节的 CGRAM，它可以生成 8 个 5×7 点阵的自定义字符，自定义字符的地址为 00H～07H（即 0x00～0x07）。LCD 模块仅使用存储单元字节的低 5 位，而高 3 位虽然存在，但不作为字模数据使用。表 11-9 列出了小喇叭的点阵与图形数据的对应关系。点阵中，1 代表点亮该元素，0 代表熄灭该元件，＊为无效位，可取 0 或 1，一般取 0。从表中可以看出，源程序中"speaker[8]＝{0x01，0x1b，0x1d，0x19，0x1d，0x1b，0x01，0x00};"中数据就是按照以上方法制作出来的。

表 11-9　　　　　　　　　　小喇叭(🔊)点阵与图形数据的对应关系

点　　阵	图形数据(二进制)	图形数据(十六进制)
＊＊＊00001	00000001B	0x01
＊＊＊11011	00011011B	0x1b
＊＊＊11101	00011101B	0x1d
＊＊＊11001	00011001B	0x19
＊＊＊11101	00011101B	0x1d
＊＊＊11011	00011011B	0x1b
＊＊＊00001	00000001B	0x01
＊＊＊＊＊＊＊＊	00000000B	0x00

（5）源程序中，ScanKey()按键扫描函数是用来对按键 AN1 进行判断。若 AN1 键按下，则设置标志位 AN1 _ flag _ 1 为 1，并显示出设置菜单；若 AN1 键未按下，则显示测量室内的温度值。SetTHTL _ 1()函数用来设置室内温度上下限值、Set _ DL()函数用来查看运行电流值、Set _ SW()函数用来查看室外温度值，当设置或查看完成后（即按下 AN6 键），要完成 3 项工作：①将标志位 AN1 _ flag _ 1 清零；②将设置的数据写入 DS18B20 _ 1；③继续显示测量温度菜单 Write _ THTL 函数用来将设置的高温和低温写入 DS18B20 _ 1 的 RAM 和 EEP-ROM。THTL _ Disp()函数是用来将设置室内温度的上限值 TH 和下限值 TL 显示出来。Tempconvert()主电路节电转换比较函数、TempComp _ 1()室内温度比较函数、TempComp _ 2()室外温度比较函数是用来对测量的电流值以及温度值进行比较，以便控制继电器接通和断开。

（6）在源程序中，下位机与 PC 机的通信是由串口中断函数来完成的，下位机串口中断函数的流程图如图 11-26 所示。下面就相关内容做如下简要分析说明。

在程序初始化时，本程序是将串口通信设置为串口方式 3，SM2＝1，REN＝1，TB8＝1，RB8＝0。假设 PC 机发送了第 9 位为 1 的 0x01 地址信息，当 1 号下位机、2 号下位机的单片机进入串口中断函数后，都开始进行判断。经地址比较后，1 号单片机判断是自己的地址，于是，再将自己的地址 0x01 回送 PC 机，同时设置 SM2＝0、TB8＝0，以便下步接收数据（命令）；对于 2 号的单片机，由于地址不对，直接退出，并同时设置 SM2＝1、TB8＝1，以便下步继续接收地址。

PC 机收到 1 号单片机回送的地址 0x01 后，开始向单片机发送第 9 位为 0 的命令 0x55。

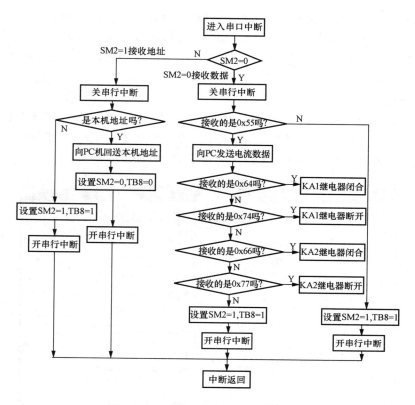

图 11-26　下位机串口中断函数流程图

对于 1 号单片机，由于此时 SM2＝0，TB8＝0，因此，可以收到第 9 位为 0 的 0x55 命令。收到 0x55 命令后，调用 TempSend_1()室内温度数据发送与控制指令接收函数、TempSend_2()室外温度数据发送与控制指令接收函数、convertSend()运行电流数据发送与控制指令接收函数，向 PC 机发送相关数据和累加和。对于 2 号单片机，由于此时 SM2＝1，TB8＝1，因此，不能接收第 9 位为 0 的 0x55 命令，只能继续等待。

以单片机发送的电流数据和室内温度数据为例，当 PC 机收到 1 号单片机发送的电流数据后，若主电路负荷电流大于 30A(20％额定电流，该值可根据实际情况进行更改)时，向 1 号单片机发送第 9 位为 0 的 0x64 命令；若主电路负荷电流小于 22.5A(15％额定电流，该值可根据实际情况进行更改)时，向 1 号单片机发送第 9 位为 0 的 0x74 命令；当 PC 机收到 1 号单片机发送的室内温度数据后，若温度在设定值 TH 以上，向 1 号单片机发送第 9 位为 0 的 0x66 命令；若温度在设定值 TL 以下，向 1 号单片机发送第 9 位为 0 的 0x77 命令。对于 1 号单片机，由于此时 SM2＝0，TB8＝0，因此，可以收到第 9 位为 0 的 0x64、0x66 或 0x74、0x77 命令。收到命令后，调用 convertSend()运行电流数据发送与控制指令接收函数、TempSend_1()室内温度数据发送与控制指令接收函数，对继电器 KA1、KA2 进行控制；对于 2 号单片机，由于此时 SM2＝1，TB8＝1，因此，不能接收第 9 位为 0 的 0x64、0x66 或 0x74、0x77 命令，只能继续等待。1 号单片机接收完 0x64、0x66 或 0x74、0x77 控制命令后，设置 SM2＝1，TB8＝1，等待 PC 机第 2 次呼叫。

程序设计时应注意，由于 RS-485 接口芯片 MAX485 工作在半双工状态，因此，在接收 PC 机地址或数据(命令)时，要设置 ROS1_485(即 P3.5 引脚)为低电平，当向 PC 机发送数据时，要设置 ROS1_485 为高电平。另外，在中断服务程序中还有几个延时程序，设置这几个延时程序很有必要，若不加或设置不正确，则数据在传输时极易出错甚至不能传输。

最后需要说明的是，在软件包 DS18B20_drive2.h 驱动程序中，包含着两个(DS18B20_1 和 DS18B20_2)驱动程序。

11.3.4 上位机系统软件的设计

PC 端上位机通信程序采用 VB 编写。根据要求，先设计一个窗体，窗体上放置 2 个框架、15 个标签、10 个文本框、2 个复选框、4 个按钮、2 个计时器，同时，将 MSComm 控件添加到窗体上。窗口的整体布局及设计的窗口界面如图 11-27 所示。

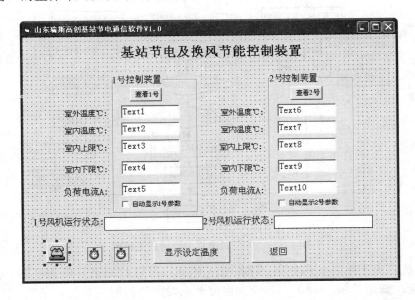

图 11-27 上位机布局设计的窗口界面

串口通信各对象属性的设置见表 11-10 所列。

表 11-10　　　　　　　　　　串口通信各对象属性的设置

序号	对象	属性	设置
1	窗体	Caption	Form1
		名称	山东瑞斯高创基站节电通信软件 V1.0
2	框架 1	Caption	1 号控制装置
		名称	Frame1
3	框架 2	Caption	1 号控制装置
		名称	Frame2
4	标签 1	Caption	基站节电及换风节能控制装置
		名称	Label1
5	标签 2	Caption	室外温度(℃)
		名称	Label2
6	标签 3	Caption	室内温度(℃)
		名称	Label3

序号	对　象	属　性	设　置
7	标签 4	Caption	室内上限(℃)
		名称	Label4
8	标签 5	Caption	室内下限(℃)
		名称	Label5
9	标签 6	Caption	负荷电流(A)
		名称	Label6
10	标签 7	Caption	风机运行状态
		名称	Label7
11	标签 8	Caption	置空(用来显示现场风机运行状态)
		名称	Label8
12	标签 9	Caption	室外温度(℃)
		名称	Label9
13	标签 10	Caption	室内温度(℃)
		名称	Label10
14	标签 11	Caption	室内上限(℃)
		名称	Label11
15	标签 12	Caption	室内下限(℃)
		名称	Label12
16	标签 13	Caption	负荷电流(A)
		名称	Label13
17	标签 14	Caption	风机运行状态
		名称	Label14
18	标签 15	Caption	置空(用来显示现场风机运行状态)
		名称	Label15
19	文本框 1	Caption	Text1
		Text	置空
20	文本框 2	Caption	Text2
		Text	置空
21	文本框 3	Caption	Text3
		Text	置空
22	文本框 4	Caption	Text4
		Text	置空
23	文本框 5	Caption	Text5
		Text	置空
24	文本框 6	Caption	Text6
		Text	置空

序号	对　象	属　性	设　置
25	文本框 7	Caption	Text7
		Text	置空
26	文本框 8	Caption	Text8
		Text	置空
27	文本框 9	Caption	Text9
		Text	置空
28	文本框 10	Caption	Text10
		Text	置空
29	按钮 1	Caption	Cmdcheck1
		名称	查看 1 号
30	按钮 2	Caption	Cmdcheck2
		名称	查看 2 号
31	按钮 3	Caption	Command1
		名称	显示设定温度
32	按钮 4	Caption	CmdExit
		名称	退出
33	计时器 1	名称	Timer1
		Enabled	True
		Interval	3000ms（可根据调试情况进行修改）
34	计时器 1	名称	Timer1
		Enabled	True
		Interval	3000ms（可根据调试情况进行修改）
35	MSComm 控件	Caption	MSComm1
		其他属性	在代码窗口设置

在窗体上右击，选择"查看代码"，打开代码窗口，加入以下程序代码：

```
'Option Explicit
'＊＊＊＊窗口加载初始化代码＊＊＊＊
Private Sub Form_Load()
    MSComm1.CommPort = 2                          '设定串口 2
    MSComm1.Settings = "9600, M, 8, 1"           '设置波特率，M校验，8 位数据位，1 位停止位
    MSComm1.InBufferSize = 1024                   '设置接收缓冲区为 1024 字节
    MSComm1.OutBufferSize = 512                   '设置发送缓冲区为 512 字节
    MSComm1.InBufferCount = 0                     '清空输入缓冲区
    MSComm1.OutBufferCount = 0                    '清空输出缓冲区
    MSComm1.SThreshold = 0                        '不触发发送事件
    MSComm1.RThreshold = 1                        '每收到 1 个字符到接收缓冲区引起触发接收事件
    MSComm1.InputLen = 1                          '一次读入 1 个数据
    MSComm1.InputMode = comInputModeBinary        '以二进制方式接收数据
```

```
    MSComm1.PortOpen = True                 '打开串口
    Text1.Text = ""                         '清空接收文本框 1
    Text2.Text = ""                         '清空接收文本框 2
    Text3.Text = ""                         '清空接收文本框 3
    Text4.Text = ""                         '清空接收文本框 4
    Text5.Text = ""                         '清空接收文本框 5
    Text6.Text = ""                         '清空接收文本框 6
    Text7.Text = ""                         '清空接收文本框 7
    Text8.Text = ""                         '清空接收文本框 8
    Text9.Text = ""                         '清空接收文本框 9
    Text10.Text = ""                        '清空接收文本框 10
End Sub
'＊＊＊＊查看 1 号按钮单击事件＊＊＊＊
Private Sub CmdCheck1_Click()               '单击该按钮，可发送 1 号单片机的地址 0x01
    MSComm1.Settings = "9600, M, 8, 1"      '设置波特率，M 校验，8 位数据位，1 位停止位
    Dim Data(1 To 1) As Byte                '定义数组
    Data(1) = CByte(&H1)                    '转换为字节数据
    MSComm1.Output = Data                   '发送 1 号单片机地址 0x01
    MSComm1.OutBufferCount = 0              '清除发送缓冲区
End Sub
'＊＊＊＊查看 2 号按钮单击事件＊＊＊＊
Private Sub CmdCheck2_Click()               '单击该按钮，可发送 1 号单片机的地址 0x02
    MSComm1.Settings = "9600, M, 8, 1"      '设置波特率，M 校验，8 位数据位，1 位停止位
    Dim Data(1 To 1) As Byte                '定义数组
    Data(1) = CByte(&H2)                    '转换为字节数据
    MSComm1.Output = Data                   '发送 2 号单片机地址 0x02
    MSComm1.OutBufferCount = 0              '清除发送缓冲区
End Sub
'＊＊＊＊退出按钮单击事件＊＊＊＊
Private Sub CmdExit_Click()
    If MSComm1.PortOpen = True Then
        MSComm1.PortOpen = False            '先判断串口是否打开，如果打开则先关闭
    End If
    End
    Unload Me
End Sub
'＊＊＊＊显示按钮单击事件＊＊＊＊
Private Sub Command1_Click()
        Text3.Text = "28"                   '1 号室内上限设定温度
        Text4.Text = "26"                   '1 号室内下限设定温度
        Text8.Text = "28"                   '2 号室内上限设定温度
        Text9.Text = "26"                   '2 号室内下限设定温度
End Sub
'＊＊＊＊MSComm1 控件事件＊＊＊＊
```

```
Sub MSComm1 _ OnComm()
    Dim sum As Variant                          '定义累加和变量
    Dim buf1 As Variant                         '定义接收缓冲1变量
    Dim buf2 As Variant                         '定义接收缓冲2变量
    Dim ReArr1() As Byte                        '定义动态数组
    Dim ReArr2() As Byte                        '定义动态数组
    Dim StrReceive As String                    '定义数据暂存字符串
Select Case MSComm1. CommEvent                  '检查串口事件
    Case comEvReceive                           '触发接收事件，接受缓冲区内有数据
    buf1 = MSComm1. Input                        '接收单片机返回的地址或数据
    ReArr1 = buf1                               '接收数据送动态数组
    If ReArr1(0) = &H1 Then                     '判断是否是1号地址
        MSComm1. InBufferCount = 0              '清空接收缓冲区
        Call Auto _ send1                       '调自动发送函数（室内温度）
        MSComm1. PortOpen = False               '关闭串口
        MSComm1. Settings = "9600, S, 8, 1"     '设置波特率，S校验，8位数据位，1位停止位
        MSComm1. InputLen = 5                   '一次读入5个数据
        MSComm1. PortOpen = True                '打开串口
            Do
        DoEvents                                '交出控制权
        Loop Until MSComm1. InBufferCount = 5   '等待接收字节发送完毕
        buf2 = MSComm1. Input                   '将接收的温度数据放入buf2
        ReArr2 = buf2                           '存入到数组ReArr2
        For i = LBound(ReArr2) To UBound(ReArr2) - 1 Step 1
                                                '将数组ReArr2中的数据取出
                StrReceive = StrReceive & Chr(ReArr2(i))
                                                '取出的数据转换为字符串存入StrReceive
        Next i
    End If
    If Hex(ReArr2(4)) = Hex(ReArr2(0) + ReArr2(1) + ReArr2(3)) Then
                                '判断校验累加和是否正确
                Text2. Text = StrReceive        '若校验正确，则送Text2显示
    Else
        MsgBox ("校验错误1")
        Call Auto _ send1                       '校验不正确，调Auto _ send1，要求单片机重发
    End If
    If Val(StrReceive) > 28 Then                '若接收的温度值大于28℃，说明室内温度过高
        Call Auto _ send4                       '调Auto _ send4，发送0x66命令，控制KA2继电器闭合，风机
                                                 运行
            Label8. Caption = "引风机和排风机正在运行"
    Else
        Call Auto _ send5
                                                '调Auto _ send5，发送0x77命令，控制KA2继电器断开，风机
                                                 停止
```

```
              Label8.Caption = "引风机和排风机已停止运行"
End If
Call Auto_send2              '调自动发送函数(室外温度)
MSComm1.PortOpen = False     '关闭串口
MSComm1.Settings = "9600, S, 8, 1"
                             '设置波特率, S校验, 8位数据位, 1位停止位
MSComm1.InputLen = 5         '一次读入5个数据
MSComm1.PortOpen = True      '打开串口
    Do
DoEvents                     '交出控制权
Loop Until MSComm1.InBufferCount = 5   '等待接收字节发送完毕
buf2 = MSComm1.Input         '将接收的温度数据放入buf2
ReArr2 = buf2                '存入到数组ReArr2
 For i = LBound(ReArr2) To UBound(ReArr2) - 1 Step 1
                             '将数组ReArr2中的数据取出
        StrReceive = StrReceive & Chr(ReArr2(i))
                             '取出的数据转换为字符串存入StrReceive
Next i
If Hex(ReArr2(4)) = Hex(ReArr2(0) + ReArr2(1) + ReArr2(3)) Then
                             '判断校验累加和是否正确
        Text1.Text = StrReceive      '若校验正确, 则送Text1显示
Else
    MsgBox ("校验错误2")
    Call Auto_send1          '校验不正确, 调Auto_send1, 要求单片机重发
End If
Call Auto_send3              '调自动发送函数(负荷电流)
MSComm1.PortOpen = False     '关闭串口
MSComm1.Settings = "9600, S, 8, 1"    '设置波特率, S校验, 8位数据位, 1位停止位
MSComm1.InputLen = 5         '一次读入5个数据
MSComm1.PortOpen = True      '打开串口
    Do
DoEvents                     '交出控制权
Loop Until MSComm1.InBufferCount = 5    '等待接收字节发送完毕
buf2 = MSComm1.Input         '将接收的温度数据放入buf2
ReArr2 = buf2                '存入到数组ReArr2
 For i = LBound(ReArr2) To UBound(ReArr2) - 1 Step 1
                             '将数组ReArr2中的数据取出
        StrReceive = StrReceive & Chr(ReArr2(i))
                             '取出的数据转换为字符串存入StrReceive
Next i
If Hex(ReArr2(4)) = Hex(ReArr2(0) + ReArr2(1) + ReArr2(3)) Then
                             '判断校验累加和是否正确
        Text5.Text = StrReceive      '若校验正确, 则送Text5显示
Else
```

```
                MsgBox ("校验错误 3")
                Call Auto _ send1              '校验不正确，调 Auto _ send1，要求单片机重发
            End If
    If ReArr1(0) = &H2 Then                    '判断是否是 2 号地址
            MSComm1. InBufferCount = 0     '清空接收缓冲区
            Call Auto _ send1                 '调自动发送函数(室内温度)
            MSComm1. PortOpen = False       '关闭串口
            MSComm1. Settings = "9600, S, 8, 1"    '设置波特率，S 校验，8 位数据位，1 位停止位
            MSComm1. InputLen = 5           '一次读入 5 个数据
            MSComm1. PortOpen = True        '打开串口
                Do
            DoEvents                         '交出控制权
            Loop Until MSComm1. InBufferCount = 5      '等待接收字节发送完毕
            buf2 = MSComm1. Input            '将接收的温度数据放入 buf2
            ReArr2 = buf2                     '存入到数组 ReArr2
             For i = LBound(ReArr2) To UBound(ReArr2) - 1 Step 1    '将数组 ReArr2 中的数据取出
                    StrReceive = StrReceive & Chr(ReArr2(i))
                                        '取出的数据转换为字符串存入 StrReceive
            Next i
            End If
            If Hex(ReArr2(4)) = Hex(ReArr2(0) + ReArr2(1) + ReArr2(3)) Then
                                 '判断校验累加和是否正确
                    Text7. Text = StrReceive        '若校验正确，则送 Text7 显示
            Else
                'MsgBox ("校验错误 1")
                Call Auto _ send1              '校验不正确，调 Auto _ send1，要求单片机重发
            End If
            If Val(StrReceive) > 28 Then    '若接收的温度值大于 28℃，说明室内温度过高
                Call Auto _ send4             '调 Auto _ send4，发送 0x66 命令，控制 KA2 继电器闭合，风机
                                              运行
                Label8. Caption = "引风机和排风机正在运行"
            Else
                Call Auto _ send5
                                    '调 Auto _ send5，发送 0x77 命令，控制 KA2 继电器断开，风机
                                      停止
                Label8. Caption = "引风机和排风机已停止运行"
            End If
            Call Auto _ send2                '调自动发送函数(室外温度)
            MSComm1. PortOpen = False       '关闭串口
            MSComm1. Settings = "9600, S, 8, 1"    '设置波特率，S 校验，8 位数据位，1 位停止位
            MSComm1. InputLen = 5           '一次读入 5 个数据
            MSComm1. PortOpen = True        '打开串口
                Do
            DoEvents                         '交出控制权
```

```
                Loop Until MSComm1.InBufferCount = 5    '等待接收字节发送完毕
                buf2 = MSComm1.Input          '将接收的温度数据放入 buf2
                ReArr2 = buf2                 '存入到数组 ReArr2
                 For i = LBound(ReArr2) To UBound(ReArr2) - 1 Step 1   '将数组 ReArr2 中的数据取出
                        StrReceive = StrReceive & Chr(ReArr2(i))
                                            '取出的数据转换为字符串存入 StrReceive
                Next i
                If Hex(ReArr2(4)) = Hex(ReArr2(0) + ReArr2(1) + ReArr2(3)) Then
                                    '判断校验累加和是否正确
                        Text6.Text = StrReceive      '若校验正确, 则送 Text6 显示
                Else
                    'MsgBox ("校验错误 2")
                        Call Auto _ send1         '校验不正确, 调 Auto _ send1, 要求单片机重发
                End If
                Call Auto _ send3         '调自动发送函数(负荷电流)
                MSComm1.PortOpen = False     '关闭串口
                MSComm1.Settings = "9600, S, 8, 1"    '设置波特率, S 校验, 8 位数据位, 1 位停止位
                MSComm1.InputLen = 5      '一次读入 5 个数据
                MSComm1.PortOpen = True       '打开串口
                    Do
                DoEvents                      '交出控制权
                Loop Until MSComm1.InBufferCount = 5   '等待接收字节发送完毕
                buf2 = MSComm1.Input          '将接收的温度数据放入 buf2
                ReArr2 = buf2                 '存入到数组 ReArr2
                 For i = LBound(ReArr2) To UBound(ReArr2) - 1 Step 1     '将数组 ReArr2 中的数据取出
                        StrReceive = StrReceive & Chr(ReArr2(i))
                                            '取出的数据转换为字符串存入 StrReceive
                Next i
                If Hex(ReArr2(4)) = Hex(ReArr2(0) + ReArr2(1) + ReArr2(3)) Then
                                    '判断校验累加和是否正确
                        Text10.Text = StrReceive       '若校验正确, 则送 Text10 显示
                Else
                    'MsgBox ("校验错误 3")
                        Call Auto _ send1         '校验不正确, 调 Auto _ send1, 要求单片机重发
                End If
        Case comEventRxOver                   '接收缓冲区溢出
          Text1.Text = ""                     '清空接收文本框 1
          Text2.Text = ""                     '清空接收文本框 2
          Text3.Text = ""                     '清空接收文本框 3
          Text4.Text = ""                     '清空接收文本框 4
          Text5.Text = ""                     '清空接收文本框 5
          Text6.Text = ""                     '清空接收文本框 6
          Text7.Text = ""                     '清空接收文本框 7
          Text8.Text = ""                     '清空接收文本框 8
```

```
        . Text = ""                          '清空接收文本框 9
      t10. Text = ""                         '清空接收文本框 10
    se comEventTxFull                        '发送缓冲区溢出
    Text1. Text = ""                         '清空接收文本框 1
    Text2. Text = ""                         '清空接收文本框 2
    Text3. Text = ""                         '清空接收文本框 3
    Text4. Text = ""                         '清空接收文本框 4
    Text5. Text = ""                         '清空接收文本框 5
    Text6. Text = ""                         '清空接收文本框 6
    Text7. Text = ""                         '清空接收文本框 7
    Text8. Text = ""                         '清空接收文本框 8
    Text9. Text = ""                         '清空接收文本框 9
    Text10. Text = ""                        '清空接收文本框 10
  End Select
End Sub
'＊＊＊＊自动发送函数 1(发送 0x55 命令，控制单片机发送室内温度数据)＊＊＊＊
Private Sub Auto _ send1()
        MSComm1. Settings = "9600，S，8，1"    '设置波特率，S校验，8 位数据位，1 位停止位
        Dim AutoData1(1 To 1) As Byte        '定义数组 AutoData1
        AutoData1(1) = CByte(&H55)           '将 0x55 转换为字节数据
        MSComm1. Output = AutoData1          '发送出去
        MSComm1. OutBufferCount = 0          '清除发送缓冲区
End Sub
'＊＊＊＊自动发送函数 2(发送 0x54 命令，控制单片机发送室外温度数据)＊＊＊＊
Private Sub Auto _ send2()
        MSComm1. Settings = "9600，S，8，1"    '设置波特率，S校验，8 位数据位，1 位停止位
        Dim AutoData2(1 To 1) As Byte        '定义数组 AutoData1
        AutoData2(1) = CByte(&H54)           '将 0x54 转换为字节数据
        MSComm1. Output = AutoData2          '发送出去
        MSComm1. OutBufferCount = 0          '清除发送缓冲区
End Sub
'＊＊＊＊自动发送函数 3(发送 0x53 命令，控制单片机发送电流数据)＊＊＊＊
Private Sub Auto _ send3()
        MSComm1. Settings = "9600，S，8，1"    '设置波特率，S校验，8 位数据位，1 位停止位
        Dim AutoData3(1 To 1) As Byte        '定义数组 AutoData1
        AutoData3(1) = CByte(&H53)           '将 0x53 转换为字节数据
        MSComm1. Output = AutoData3          '发送出去
        MSComm1. OutBufferCount = 0          '清除发送缓冲区
End Sub
'＊＊＊＊自动发送函数 4(发送 0x66 命令，控制 KA2 继电器吸合)＊＊＊＊
Private Sub Auto _ send4()
        MSComm1. Settings = "9600，S，8，1"    '设置波特率，S校验，8 位数据位，1 位停止位
        Dim AutoData4(1 To 1) As Byte        '定义数组 AutoData2
        AutoData4(1) = CByte(&H66)           '将 0x66 转换为字节数据
```

```
        MSComm1.Output = AutoData4              '发送出去
        MSComm1.OutBufferCount = 0              '清除发送缓冲区
End Sub
'自动发送函数 5(发送 0x77 命令，控制 KA2 继电器断开) * * * *
Private Sub Auto _ send5()
        MSComm1.Settings = "9600，S，8，1"        '设置波特率，S校验，8位数据位，1位停止位
        Dim AutoData5(1 To 1) As Byte           '定义数组 AutoData3
        AutoData5(1) = CByte(&H77)              '将 0x77 转换为字节数据
        MSComm1.Output = AutoData5              '发送出去
        MSComm1.OutBufferCount = 0              '清除发送缓冲区
End Sub
' * * * *计时器 1 计时事件 * * * *
Private Sub Timer1 _ Timer()
        MSComm1.Settings = "9600，M，8，1"        '设置波特率，M校验，8位数据位，1位停止位
        Dim Data1(1 To 1) As Byte               '定义数组
    If Check1.Value = 1 Then                    '若复选框被选中
        Timer1.Enabled = True                   '计时器 1 允许
        Timer2.Enabled = False                  '计时器 2 禁止
        Data1(1) = CByte(&H1)                   '发送 1 号地址
        MSComm1.Output = Data1                  '发送出去
        MSComm1.OutBufferCount = 0              '清除发送缓冲区
        Timer1.Enabled = False                  '计时器 1 禁止
        Timer2.Enabled = True                   '计时器 2 允许
    End If
End Sub
' * * * *计时器 2 计时事件 * * * *
Private Sub Timer2 _ Timer()
        MSComm1.Settings = "9600，M，8，1"        '设置波特率，M校验，8位数据位，1位停止位
        Dim Data2(1 To 1) As Byte               '定义数组
    If Check2.Value = 1 Then                    '如果复选框 2 被选中
        Timer1.Enabled = False                  '计时器 1 禁止
        Timer2.Enabled = True                   '计时器 2 允许
        Data2(1) = CByte(&H2)                   '发送 2 号地址
        MSComm1.Output = Data2                  '发送出去
        MSComm1.OutBufferCount = 0              '清除发送缓冲区
        Timer1.Enabled = True                   '计时器 1 允许
        Timer2.Enabled = False                  '计时器 2 禁止
    End If
End Sub
```

程序说明：

由于 VB 是事件驱动的，所以程序的编写必须围绕相应的事件进行。在多机通信系统中，有关通信的工作过程主要是：加载窗体，轮流联系 1 号、2 号单片机，发送 0x55、0x54、0x53 命令控制单片机发送室内温度、室外温度以及负荷电流数据，接收室内温度、室外温度以及负

数据，再发送 0x64 和 0x74 或 0x66 和 0x77 命令，对单片机进行控制。

加载窗体主要完成一些初始化工作，由于 PC 机首先要发送的是地址，因此，在初始化时，要将串口的第 9 位设置为 M 校验（M 值始终为 1）。

初始化完成后，开始轮流联系 1 号、2 号单片机，发送命令与接收数据，这几项工作主要是利用 MSComm1 控件的 OnComm 事件来捕获并处理的。在程序的每个关键功能之后，可以通过检查 CommEvent 属性的值来查询事件和错误。由于 PC 机发送完地址后接收发送的是数据（命令），因此，在发送完地址后，要将串口的第 9 位设置为 S 校验（S 值始终为 0）。PC 机发送完 0x55、0x54、0x53 命令后，开始接收相关数据，并对累加和进行校验。以接收的室内温度数据为例，若校验正确，再判断室内温度值，若室内温度大于 28℃，PC 机向单片机发送 0x66 命令，控制单片机使 KA2 继电器接通；若温度小于 26℃，PC 机向单片机发送 0x77 命令，控制单片机使 KA2 继电器断开。

程序中，"查看 1 号"按钮的作用是手动发送 1 号地址，"查看 2 号"按钮的作用是手动发送 2 号地址。分别按下这两个按钮后，可在文本框 1、文本框 2、文本框 5 和文本框 6、文本框 7、文本框 10 中显示出按下按钮时的温度及电流值，过一段时间，若显示的数据发生了变化，需要再次按下这两个按钮后才能查看。

程序中，"显示设定温度"按钮的作用是，按下该按钮后，在文本框 3、文本框 4 和文本框 8、文本框 9 中显示出室内温度的上下限设定值。

为了实时地在文本框中显示正在运行的实际温度和电流值，程序中设置了两个"复选框"。复选框被选中时，可根据计时器 1、计时器 2 的计时时间，不断刷新实际的温度和电流值，可实时地在 PC 机窗口界面的文本框中显示出来。

计时器 1 和计时器 2 是用来设置 1 号装置和 2 号装置参数显示的刷新时间。也就是说，当两个复选框选中后，计时时间一到，就自动接收单片机发送的相关数据，并在文本框中显示出来。需要注意的是，两个计时器的计时时间最好在 1000 ms 以上，同时，还要控制计时器 1 工作时计时器 2 停止，计时器 2 工作时计时器 1 停止；否则，会引起 PC 机数据"咬线"、"竞争"或"阻塞"，从而导致数据出错或死机现象。

11.3.5 VB 程序的调试及生成 VB 独立文件

1. VB 通信程序的调试

以两台通信基站机房节电及换风节能控制装置为例，简要说明一下怎样对多机通信进行调试，为叙述方便，将两台装置分别设为 1 号从机和 2 号从机，其方法如下：

（1）打开 Keil C51 软件，建立工程项目，再建立一个名为"基站节电 2. c"的源程序文件，输入上面 1 号从机的源程序，将编写的驱动程序"LCD_drive. h""DS18B20_drive2. h""ADC0832_drive. h"软件包添加进来。单击"重新编译"按钮，对源程序"基站节电 2. c""LCD_drive. h""DS18B20_drive2. h""ADC0832_drive. h"进行编译和链接，产生 1 号从机的"基站节电 . HEX"目标文件。将 1 号从机的目标文件下载到 1 号从机的单片机中。

（2）将 1 号从机源程序"基站节电 . c"串行中断函数中的"if（recv_buf==0x01）"改为"if（recv_buf==0x02）"，此时，1 号从机源程序即变为 2 号从机源程序，编译、链接后，产生 2 号从机的目标文件，然后将其下载到 2 号从机的单片机中。

（3）参照图 11-24 所示的连接图，将两台通信基站机房节电及换风节能控制装置的 RS-485 输出接线插头的 R+、R- 引脚分别与 RS-232/RS-485 转换接口的 D+/A、D-/B 引脚连接，RS-232/RS-485 转换接口的另一端与 PC 机的串口连接。

　　（4）输入上面编写的 VB 源程序，单击 VB 工具栏中的"运行"按钮，程序开始运行。在程序运行界面中，单击"查看 1 号"按钮，则文本框 1、文本框 2、文本框 5 便会显示出 1 号通信基站机房节电及换风节能控制装置的当前温度及电流值，在"1 号风机运行状态"标签栏中显示出 1 号风机的有关信息；单击"查看 2 号"按钮，则文本框 6、文本框 7、文本框 10 便会显示出 2 号通信基站机房节电及换风节能控制装置的当前温度及电流值，在"2 号风机运行状态"标签栏中显示出 2 号风机的有关信息；当按下"显示设定温度"按钮时，在文本框 3、文本框 4 和文本框 8、文本框 9 中便会显示出室内温度的上下限设定值；当选中两个复选框时，在文本框 1、文本框 2、文本框 5 和文本框 6、文本框 7、文本框 10 中，会定时刷新温度及电流信息，联机运行后的窗口界面如图 11-28 所示。

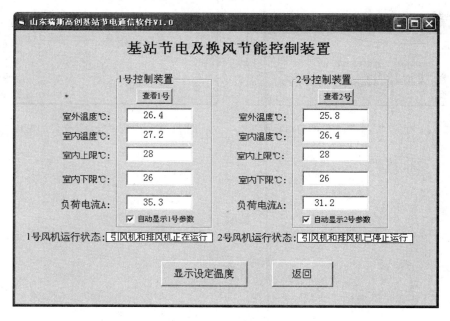

图 11-28　联机运行后的窗口界面

2. 生成上位机独立运行的文件

　　独立运行的文件是指在没有 Visual Basic 的环境下也能够直接在 Windows 下运行的文件。在 VB 环境下，当一个应用程序开始运行后，VB 的解释程序就对其逐行解释，逐行执行。

　　为了使编写的 VB 程序能在 Windows 环境下运行，即作为 Windows 的应用程序，必须建立可执行文件，即".exe"文件。具体操作步骤如下。

　　（1）在 Visual Basic 的环境下，单击"文件"，出现如图 11-29 所示的下拉菜单，在下拉菜单中单击"生成基站节电及换风.exe"命令，弹出"生成工程"对话框，如图 11-30 所示。

　　（2）在图 11-30 所示的对话框中，在"保存在"的下拉列表框中，指出可执行文件的保存路径，也可默认与工程文件在同一路径下。在"文件名"文本框中是可执行文件的名字，也可默认与工程文件同名，其扩展名是.exe；如果不想使用默认文件名，则应输入新文件名（扩展名不变）。

　　（3）单击图 11-30 所示中的"确定"按钮即可生成指定路径下的可执行文件。

　　上面生成的".exe"文件便可以在 Windows 环境下直接运行。

　　以上所介绍的 LKJ-D 型通信基站机房节电及换风节能控制装置节电产品，其技术内容只…部分，读者可在此基础上举一反三，设计出更加完善功能更加强大的节电产品。

图 11-29　建立".exe"文件的窗口界面

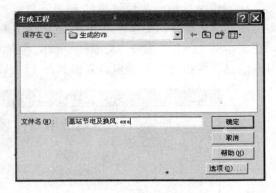

图 11-30　生成".exe"文件的窗口界面

参 考 文 献

[1]　周坚. 单片机 C 语言轻松入门. 北京：北京航空航天大学出版社，2006.

[2]　邹久朋. 80C51 单片机实用技术. 北京：北京航空航天大学出版社，2008.

[3]　夏路易. 单片机原理及应用：基于 51 与高速 SoC51. 北京：电子工业出版社，2010.

[4]　郭天祥. 新概念 51 单片机 C 语言教程：入门、提高、开发、拓展全攻略. 北京：电子工业出版社，2012.

[5]　刘谴等译. 嵌入式微处理器模拟接口设计. 北京：电子工业出版社，2004.

[6]　张毅刚. 新编 MCS-51 单片机应用设计. 哈尔滨：哈尔滨工业大学出版社，2003.

[7]　求是科技. 8051 系列单片机 C 程序设计. 北京：人民邮电出版社，2006.

[8]　徐玮，沈建良. 单片机快速入门. 北京：北京航空航天大学出版社，2008.

[9]　徐玮，徐富军，沈建良. C51 单片机高效入门. 北京：机械工业出版社，2007.

[10]　张志良. 单片机原理与控制技术. 北京：机械工业出版社，2007.

[11]　马忠梅，籍顺心，张凯，等. 单片机的 C 语言应用程序设计. 3 版. 北京：北京航空航天大学出版社，2003.

[12]　赵亮，侯国锐. 单片机 C 语言编程与实例. 北京：人民邮电出版社，2003.

[13]　刘建清. 轻松玩转 51 单片机 C 语言：魔法入门、实例解析、开发揭秘全攻略. 北京：北京航空航天大学出版社，2011.

[14]　王守中. 51 单片机开发入门与典型实例. 北京：人民邮电出版社，2008.

[15]　王质朴，吕运朋. MCS-51 单片机原理、接口及应用. 北京：北京理工大学出版社，2009.

[16]　杨忠宝，康顺哲. VB 语言程序设计教程. 北京：人民邮电出版社，2010.